新巴尔虎右旗野生植物

新巴尔虎右旗农牧业局　组织编写
胡高娃　巴德玛嘎日布　李海山　主编

中国农业科学技术出版社

图书在版编目（CIP）数据

新巴尔虎右旗野生植物 / 胡高娃，巴德玛嘎日布，李海山主编 .—北京：中国农业科学技术出版社，2019. 1
ISBN 978-7-5116-3157-2

Ⅰ. ①新… Ⅱ. ①胡…②巴…③李… Ⅲ. ①野生植物-介绍-新巴尔虎右旗
Ⅳ. ①Q948. 522. 64

中国版本图书馆 CIP 数据核字（2017）第 139485 号

责任编辑　姚　欢
责任校对　贾海霞

出 版 者　中国农业科学技术出版社
　　　　　北京市中关村南大街 12 号　邮编：100081
电　　话　(010)82106636(编辑室)　(010)82109702(发行部)
　　　　　(010)82109709(读者服务部)
传　　真　(010) 82106631
网　　址　http://www.castp.cn
经 销 者　各地新华书店
印 刷 者　北京富泰印刷有限责任公司
开　　本　787 mm×1 092 mm　1/16
印　　张　50
字　　数　1 200 千字
版　　次　2019 年 1 月第 1 版　2019 年 1 月第 1 次印刷
定　　价　198. 00 元

《新巴尔虎右旗野生植物》
编　委　会

前　言

《新巴尔虎右旗野生植物》是依据历届草地资源调查，标本采集、整理、鉴定、分类以及参考《内蒙古植物志（第二版）》《中国草地饲用植物资源》《呼伦贝尔市饲用植物》《内蒙古维管植物检索表》《新巴尔虎右旗植物名录》等著作及资料编写而成的，本书详细记录了新巴尔虎右旗各种草地植被类型中的野生植物，并对其生境、分布、形态特征、饲用价值等进行了全面描述，是全体编著人员共同努力才予以完成的重要成果！

《新巴尔虎右旗野生植物》共记录了野生植物 73 科 291 属 618 种，其中，药用植物 324 种；有毒植物 68 种；有害植物 22 种。

书中植物学名主要以《内蒙古维管植物检索表》为准，植物特征描述、图版以《内蒙古植物志（第二版）》和《呼伦贝尔市饲用植物》为准。本书可为新巴尔虎右旗政府部门、企业提供决策依据，希望对草原生态建设项目进一步研究，为科学工作者提供参考资料，也可为植物爱好者、基层草原工作者、牧民、学生提供阅读学习使用，不做其他商业用途。

《新巴尔虎右旗野生植物》的编著工作从 2011 年开始，包括标本采集、鉴定、分类等工作先后历经 6 年。书中植物标本鉴定得到了内蒙古农业大学王六英教授、敖特根教授，内蒙古大学赵利清教授和呼伦贝尔大学黄学文老师等同志给予的大力支持和帮助，向他们表示衷心的感谢！对呼伦贝尔市草原工作站王伟共同志和现已退休的新巴尔虎右旗草原工作站福祥同志的帮助，特此致谢！同时，呼伦贝尔市草原工作站、新巴尔虎右旗旗委和政府、新巴尔虎右旗农牧业局以及内蒙古农业大学、内蒙古大学、呼伦贝尔大学也给予了极大支持与帮助，在此表示诚挚的谢意！

由于编者的水平有限，难免出现不妥之处，敬请读者批评指正。

《新巴尔虎右旗野生植物》编委会

2018 年 7 月

目　　录

第一章

蕨类植物门 Pteridophyta

木贼科 Equisetaceae

问荆属 *Equisetum* L.

水问荆 *Equisetum fluviatile* L. f. *fluviatile*

蒙名：奥存-西伯里

别名：水木贼

形态特征：根状茎红棕色。地上主茎高40~60厘米，粗3~6毫米，中央腔径2.5~5毫米，茎上部无槽沟，具平滑的浅肋棱14~16条，槽内气孔多行；叶鞘筒长7~10毫米，贴生茎上，鞘齿14~16，黑褐色，狭三角状披针形，渐尖，具狭的膜质白边；中部以上的节生出轮生侧枝，每轮一至多数，叶鞘齿狭三角形，4~8枚，先端渐尖。孢子叶球无柄，长椭圆形，长1~1.2厘米，直径6~7毫米，先端钝圆。

湿生植物。生于沼泽、踏头沼泽、湿草地浅水中。

产地：乌尔逊河河滩地。

饲用价值：中等饲用植物。

问荆 *Equisetum arvense* L.

蒙名：那日存-额布苏

别名：土麻黄

形态特征：根状茎匍匐，具球茎，向上生出地上茎。茎二型，生殖茎早春生出，淡黄褐色，无叶绿素，不分枝，高8~25厘米，粗1~3毫米，具10~14条浅肋棱；叶鞘筒漏斗形，长5~17毫米，叶鞘齿3~5，棕褐色，质厚，每齿由2~3小齿连合而成；孢子叶球有柄，长椭圆形，钝头，长1.5~3.3厘米，粗5~8毫米；孢子叶六角盾形，下生6~8个孢子囊。孢子成熟后，生殖茎渐枯萎，营养茎由同一根茎生出，绿色，高25~40厘米，粗1.5~3毫米，中央腔径约1毫米，具肋棱6~12，沿棱具小瘤状凸起，槽内气孔2纵列，每列具2行气孔；叶鞘筒长7~8毫米，鞘齿条状披针形，黑褐色，具膜质白边，背部具1浅沟。分枝轮生，3~4棱，斜升挺直，常不再分枝。

中生植物。生于草地、河边、沙地。夏季牛和马乐食，干草羊喜食。全草入药。也入蒙药。

产地：阿日哈沙特镇、阿拉坦额莫勒镇、克尔伦苏木。

饲用价值：中等饲用植物。

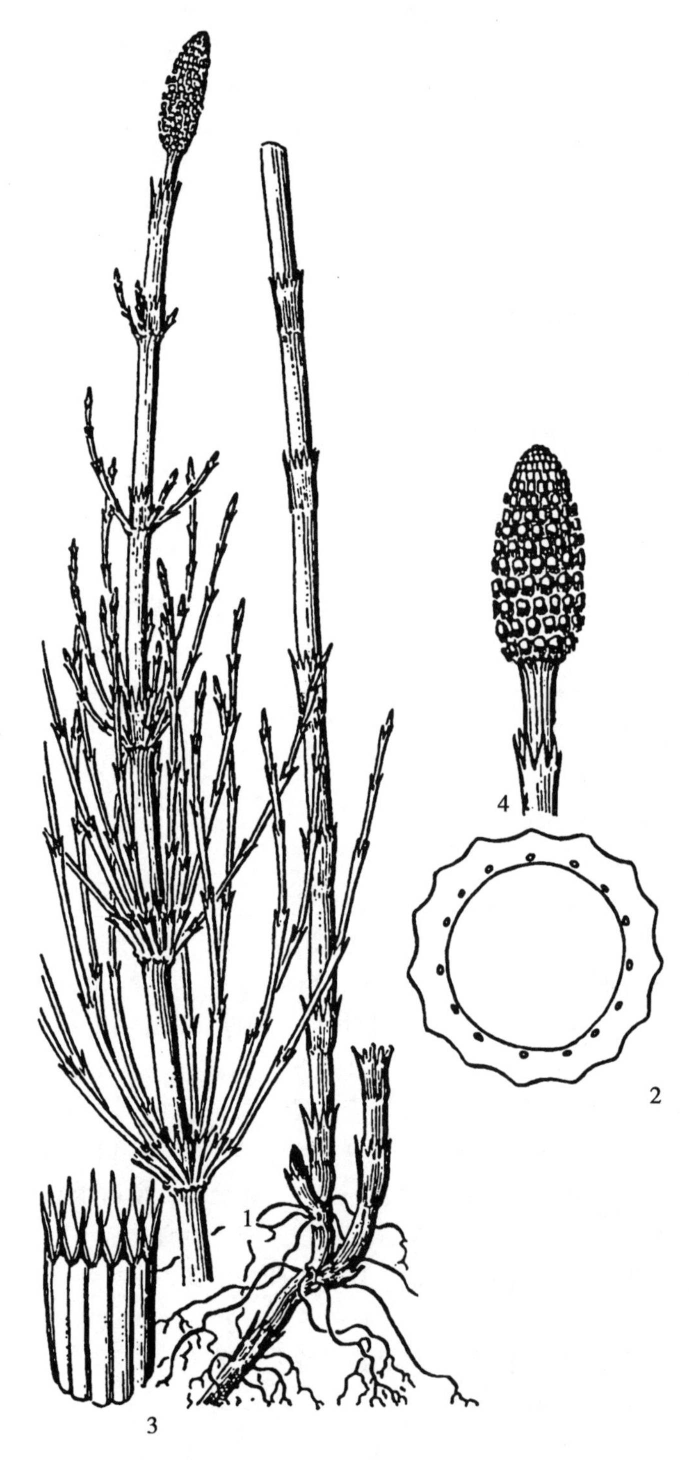

水问荆 ***Equisetum fluviatile*** **L. f.** ***fluviatile***

1. 植株；2. 茎横切；3. 叶鞘；4. 孢子囊穗

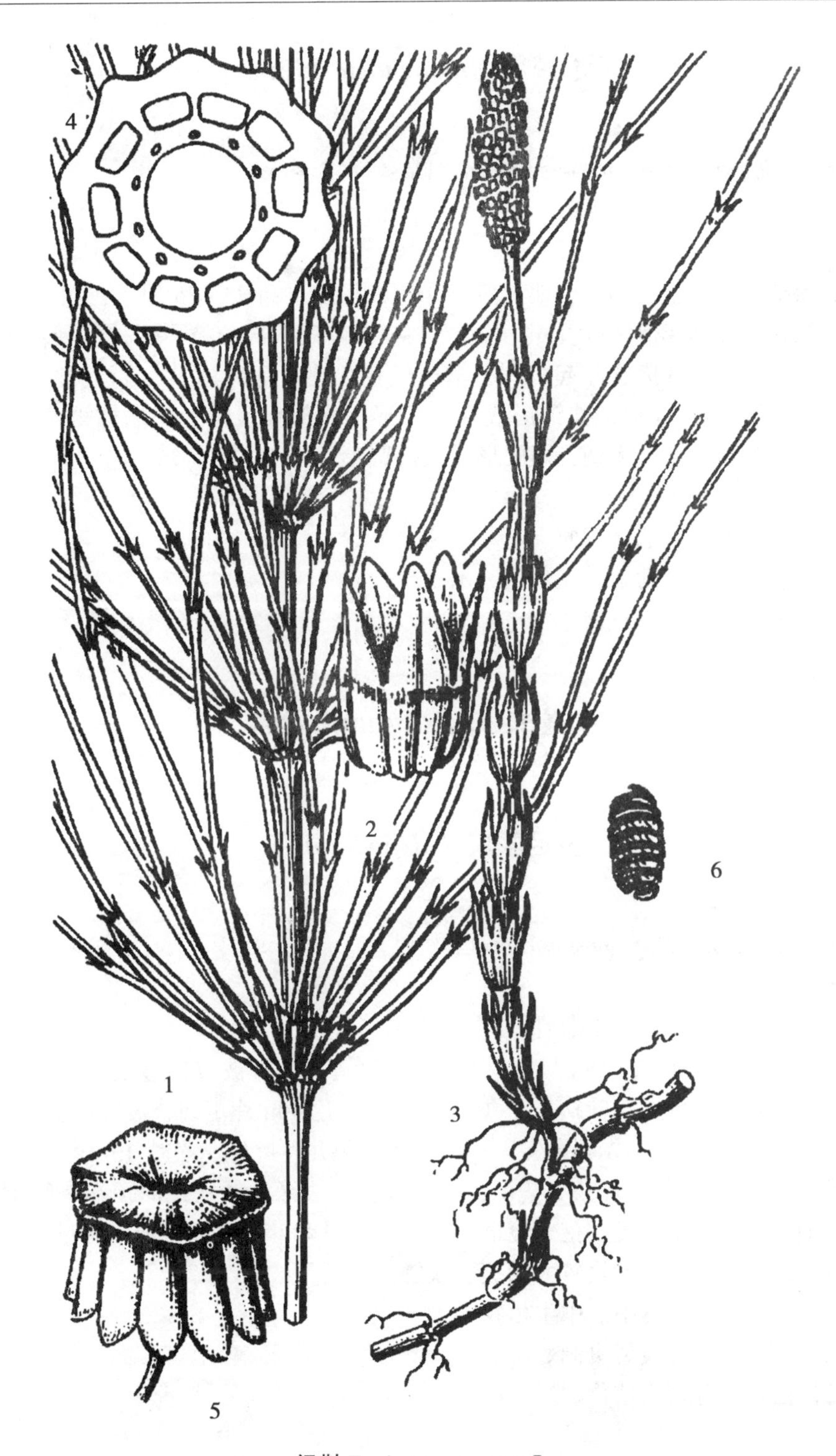

问荆 *Equisetum arvense* L.

1. 营养茎；2. 叶鞘；3. 生殖茎；4. 茎横切面；5. 孢子叶与孢子囊；6. 孢子与弹丝

木贼属 *Hippochaete* Milde

节节草 *Hippochaete ramosissimum*（Desf.）Boem.

蒙名：萨格拉嘎日-西伯里

别名：土麻黄、草麻黄

形态特征：根状茎黑褐色，地上茎灰绿色，粗糙，高 25~75 厘米，粗 1.5~4.5 毫米，中央腔径 1~3.5 毫米；节上轮生侧枝 1~7，或仅基部分枝，侧枝斜展；主茎具肋棱 6~16 条，沿棱脊有疣状凸起 1 列，槽内气孔 2 列，每列具 2~3 行气孔；叶鞘筒长 4~12 毫米，鞘齿 6~16 枚，披针形或狭三角形，背部具浅沟，先端棕褐色，具长尾，易脱落。孢子叶球顶生，无柄，矩圆形或长椭圆形，长 5~15 毫米，直径 3~4.5 毫米，顶端具小凸尖。

中生植物。生于沙地、草原。全草入药。

产地：阿拉坦额莫勒镇、克尔伦苏木。

饲用价值：低等饲用植物。

水龙骨科 Polypodiaceae

多足蕨属 *Polypodium* L.

小多足蕨 *Polypodium virginianum* L.

蒙名：少布棍-努都日嘎

别名：东北水龙骨、小水龙骨

形态特征：植株高 12~18 厘米。根状茎长而横走，密被披针形或卵状披针形的棕色鳞片。叶近生，厚纸质；叶柄长 3~6 厘米，禾秆色；叶片矩圆状披针形，长（5）8~17 厘米，宽 2~3.5 厘米，先端渐尖，一回羽状深裂几达叶轴；裂片 13~24 对，矩圆形或披针形，长 1~2 厘米，宽 3~5 毫米，先端圆钝，边缘浅波状或向顶端有缺刻状浅锯齿；叶脉羽状分叉，不明显。孢子囊群圆形，在主脉和叶边之间各成一行排列，靠近叶边，无盖；孢子较大，外壁具较大的疣状纹饰。

生于林下、林缘石缝中。中生植物。

产地：阿日哈沙特镇阿贵洞。

饲用价值：劣等饲用植物。

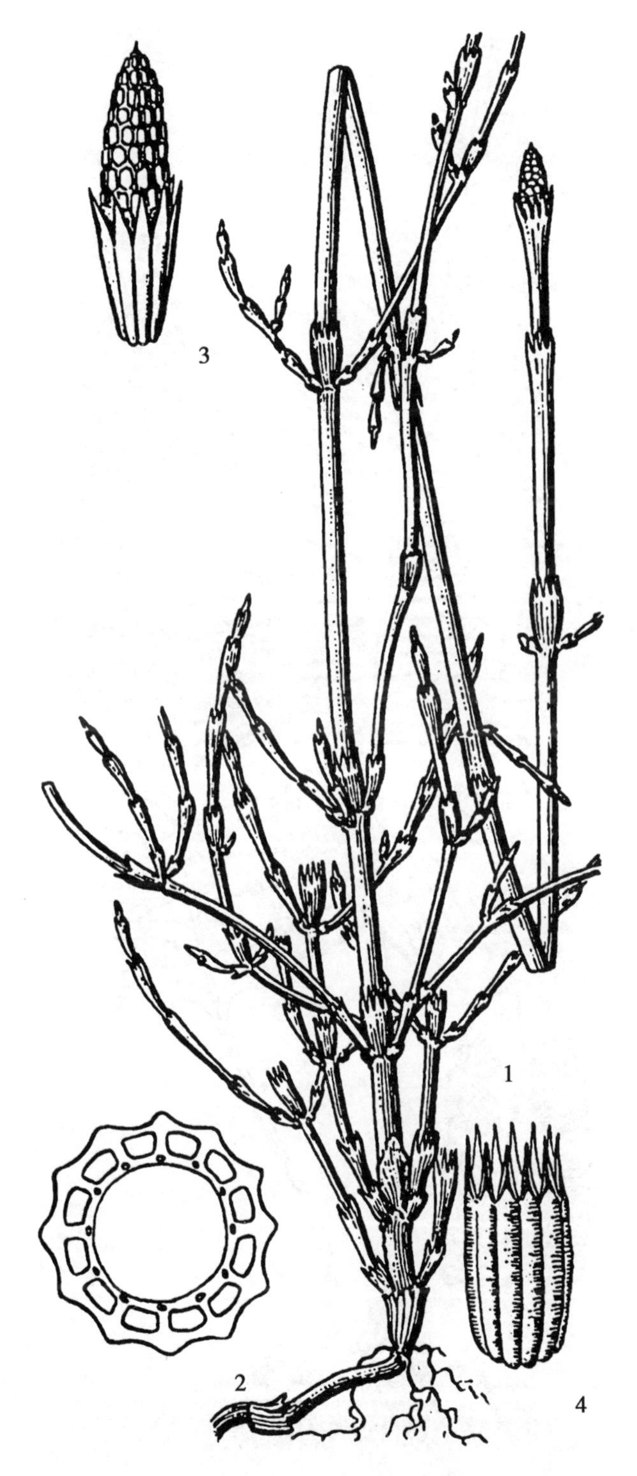

节节草 ***Hippochaete ramosissimum*** **(Desf.) Boem.**

1. 植株；2. 茎横切面；3. 孢子囊穗；4. 叶鞘

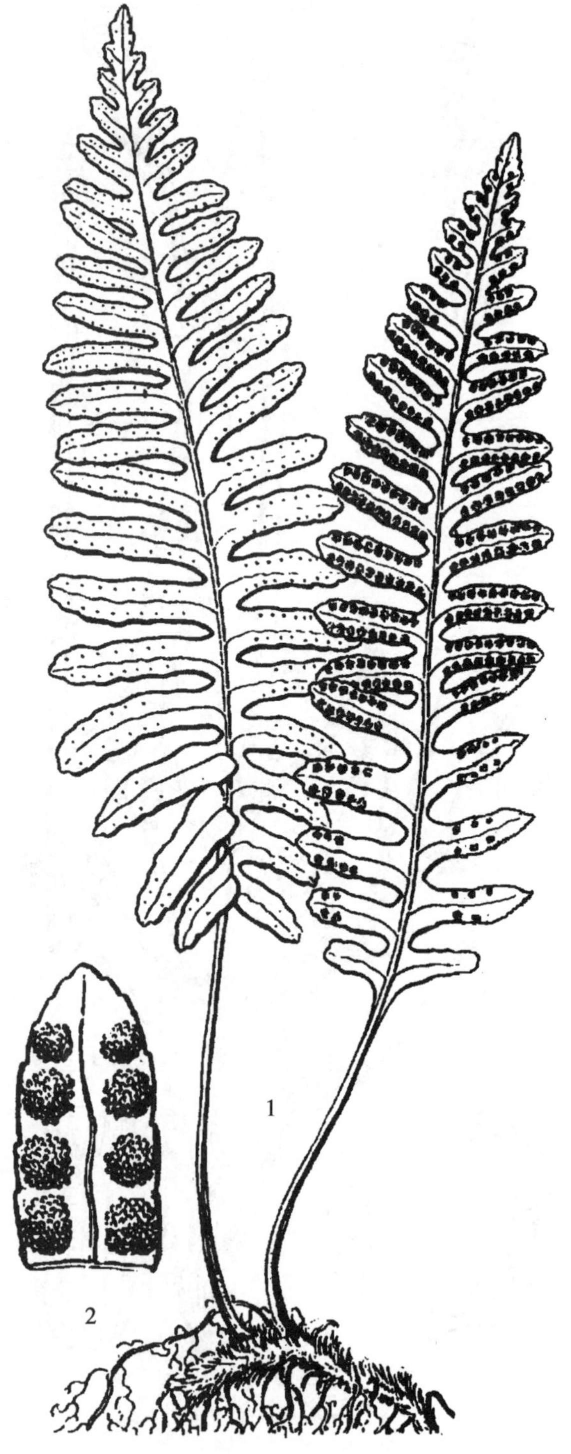

小多足蕨 *Polypodium virginianum* L.

1. 植株；2. 羽片先端示孢子囊群

第二章

裸子植物门 Gymnospermae

松科 Pinaceae

松属 *Pinus* L.

樟子松 *Pinus sylvestris* L. var. *mongolica* Litv.

蒙名：海拉尔–那日苏

别名：海拉尔松

形态特征：乔木，高达 30 米，胸径可达 1 米；树干下部树皮黑褐色或灰褐色，深裂成不规则的鳞状块片脱落，裂缝棕褐色，上部树皮及枝皮黄色或褐黄色，薄片脱落。一年生枝淡黄绿色，无毛，二或三年生枝灰褐色；冬芽褐色或淡黄褐色，长卵圆形，有树脂。针叶 2 针一束，长 4～9 厘米，直径 1.5～2 毫米，硬直，扭曲，边缘有细锯齿，两面有气孔线；横断面半圆形，叶鞘宿存，黑褐色。球果圆锥状卵形，长 3～6 厘米，直径 2～3 厘米，成熟前绿色，成熟时淡褐色，成熟后逐渐开始脱落到翌年春季；鳞盾多呈斜方形，纵横脊显著，肥厚，隆起向后反曲或不反曲，鳞脐小，瘤状凸起，有易脱落的短刺；种子长卵圆形或倒卵圆形，微扁，黑褐色，长 4～5.5 毫米，连翅长 11～15 毫米；花期 6 月，球果成熟于次年 9—10 月。

中生乔木。生于海拔 400～900 米山地的山脊、山顶和阳坡以及较干旱的沙地及石砾沙土地区。木材可供建筑用。瘤状节或枝节、花粉、松针、球果入药。

产地：旗北部边界山坡。

饲用价值：劣等饲用植物。

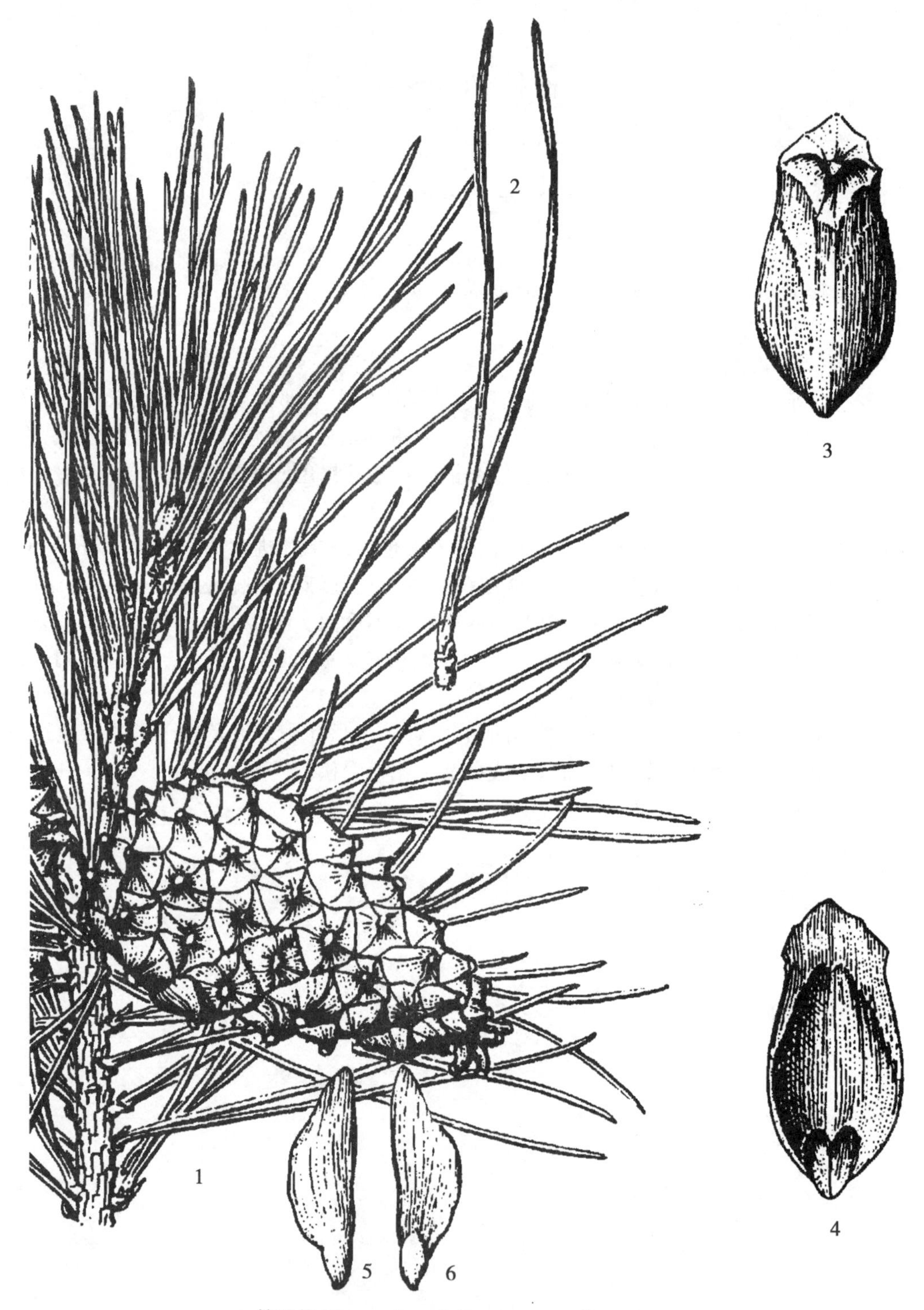

樟子松 *Pinus sylvestris* L. var. *mongolica* Litv.

1. 球果枝；2. 一束针叶；3. 种鳞背面；4. 种鳞腹面；5~6. 种子背腹面

麻黄科 Ephedraceae

麻黄属 *Ephedra* Tourn ex L.

草麻黄 *Ephedra sinica* Stapf

蒙名：哲格日根讷

别名：麻黄

形态特征：草本状灌木，高达 30 厘米，稀较高。由基部多分枝，丛生；木质茎短或成匍匐状，小枝直立或稍弯曲，具细纵槽纹，触之有粗糙感，节间长 2~4（5.5）厘米，直径 1~1.5（2）毫米。叶 2 裂，鞘占全长 1/3~2/3，裂片锐三角形，长 0.5（0.7）毫米，先端急尖，上部膜质薄，围绕基部的变厚，几乎全为褐色，其余略为白色。雄球花为复穗状，长约 14 毫米，具总梗，梗长 2.5 毫米，苞片常为 4 对，淡黄绿色，雄蕊 7~8（10），花丝合生或顶端稍分离；雌球花单生，顶生于当年生枝，腋生于老枝，具短梗，长 1~1.5 毫米，幼花卵圆形或矩圆状卵圆形，苞片 4 对，下面的或中间的苞片卵形，先端锐尖或近锐尖，下面的苞片长 1~2 毫米，基部合生，中间的苞片较宽，合生部分占 1/4~1/3，边缘膜质，其余的为暗黄绿色，最上一对合生部分达 1/2 以上；雌花 2，珠被管长 1~1.5 毫米，直立或顶端稍弯曲，管口裂缝窄长，占全长 1/4~1/2，常疏被毛；雌球花成熟时苞片肉质，红色，矩圆状卵形或近圆球形，长 6~8 毫米，直径 5~6 毫米。种子通常 2 粒，包于红色肉质苞片内，不外露或与苞片等长，长卵形，长约 6 毫米，直径约 3 毫米，深褐色，一侧扁平或凹，一侧凸起，具二条槽纹，较光滑。花期 5—6 月，种子 8—9 月成熟。

旱生植物。生于丘陵坡地、平原、沙地。茎、根入药。茎也入蒙药。在冬季羊和骆驼乐食其干草。

产地：达赉苏木、宝格德乌拉苏木。

饲用价值：低等饲用植物。

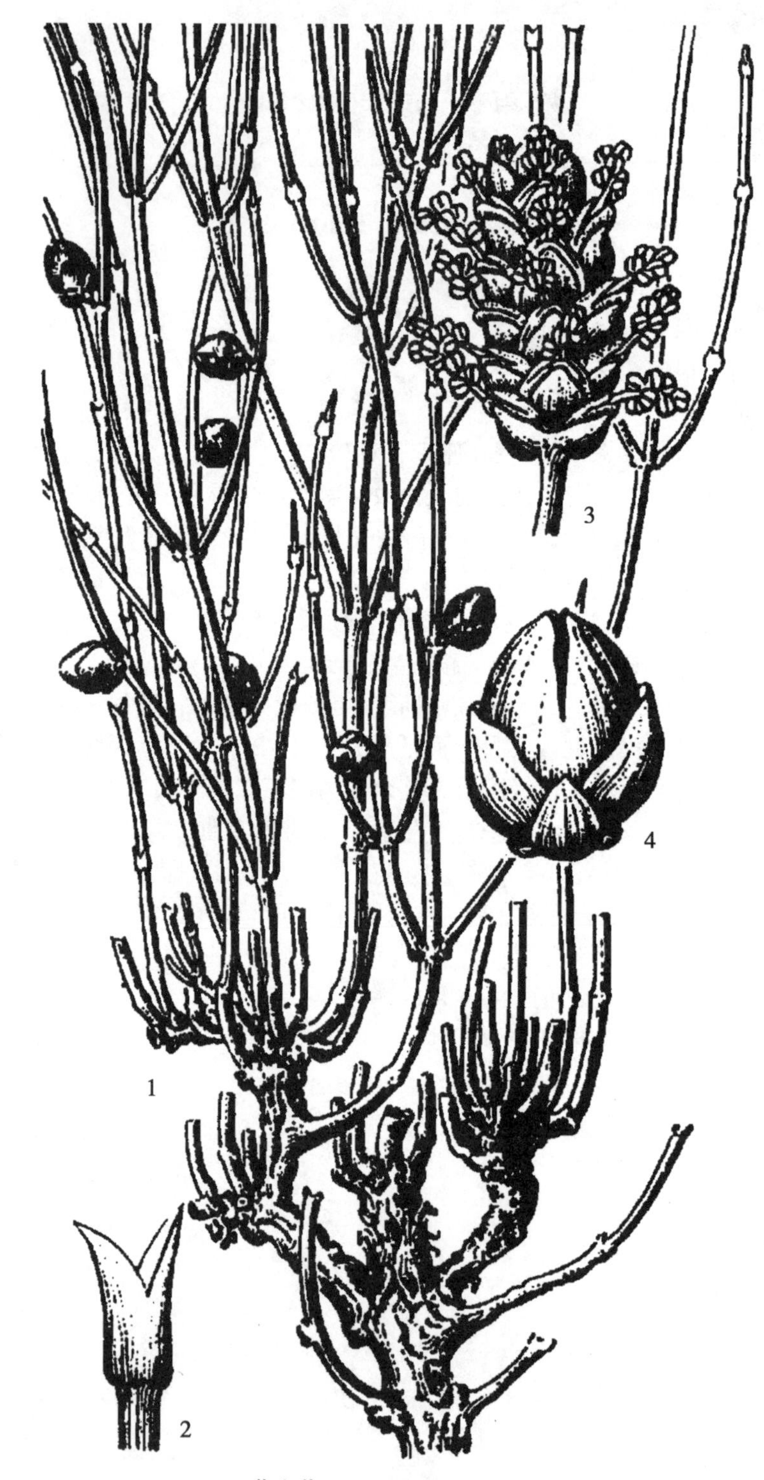

草麻黄 *Ephedra sinica* Stapf

1. 植株；2. 叶及叶鞘；3. 雄球花；4. 成熟的雄球花

第三章

被子植物门 Angiospermae

杨柳科 Salicaceae

杨属 *Populus* L.

山杨 *Populus davidiana* Dode

蒙名：阿古拉音-奥力牙苏

别名：火杨

形态特征：乔木，高 20 米；树冠圆形或近圆形。树皮光滑，淡绿色或淡灰色；老树基部暗灰色。小枝无毛，光滑，赤褐色。叶芽顶生，卵圆形，光滑、微具胶粘，褐色。短枝叶为卵圆形，圆形或三角状圆形，长 3~8 厘米，宽 2.5~7.5 厘米，基部圆形、宽圆形或截形，边缘具波状浅齿，初被疏柔毛，后变光滑；萌发枝的叶大，长达 13.5 厘米；叶柄扁平，长 1.5~5.5 厘米。雄花序轴被疏柔毛；苞片深裂，褐色，具疏柔毛；雄蕊 5~12，花药带红色，雄花苞片淡褐色，被长柔毛；花盘杯状，边缘波形，柱头 2 裂，每裂又 2 深裂，呈红色，近无柄。蒴果椭圆状纺锤形，通常 2 裂。花期 4—5 月，果期 5—6 月。

中生植物。生于山地阴坡或半阴坡，在森林气候区生于阳坡。树皮可入蒙药。可作造纸原料，民用建筑用材料。水土保持植物。

产地：克尔伦苏木。

饲用价值：低等饲用植物。

柳属 *Salix* L.

卷边柳 *Salix siuzevii* Seemen

蒙名：好日比嘎日-巴日嘎苏

形态特征：灌木或乔木，高可达 6 米，树皮灰绿色，一、二年生枝细长，黄绿色或淡褐色，无毛。叶披针形，长 5~7 厘米，宽 6~12 毫米，萌枝叶长可达 14 厘米，宽可达 2 厘米，先端渐尖，基部宽楔形，边缘浅波状或近于全缘。上面深绿色，有光泽，下面具白粉，幼时被短柔毛，后渐脱落；叶柄长 2~10 毫米；托叶披针形或条形，长为叶柄之半，常早落。花序先叶开放，无总柄，基部无小叶；雄花序圆柱形，长约 3 厘米，直径约 1 厘米；雄蕊 2，花丝离生，光滑无毛，花药黄色；苞片倒卵状披针形，先端黑褐色，两面被长柔毛；腺体 1，腹生，长圆柱形；雌花序圆柱形，长 2~3 厘米，果期时可伸长达 5 厘米，直径 5~8 毫米；子房卵状圆锥形，被短柔毛，基部有子房柄，长 0.5~0.8 毫米，花柱细长，长 0.7~1 毫米，柱头 2 裂；苞片椭圆形，被长毛；腹腺 1，长为子房柄之半或比子房柄稍短。蒴果长 3~5 毫米。花期 5 月，果期 6 月。

湿生植物。阳性树种，耐水湿，常生于河流两岸及沟塘内。枝条可供编织。

产地：乌尔逊河滩地。

饲用价值：良等饲用植物。

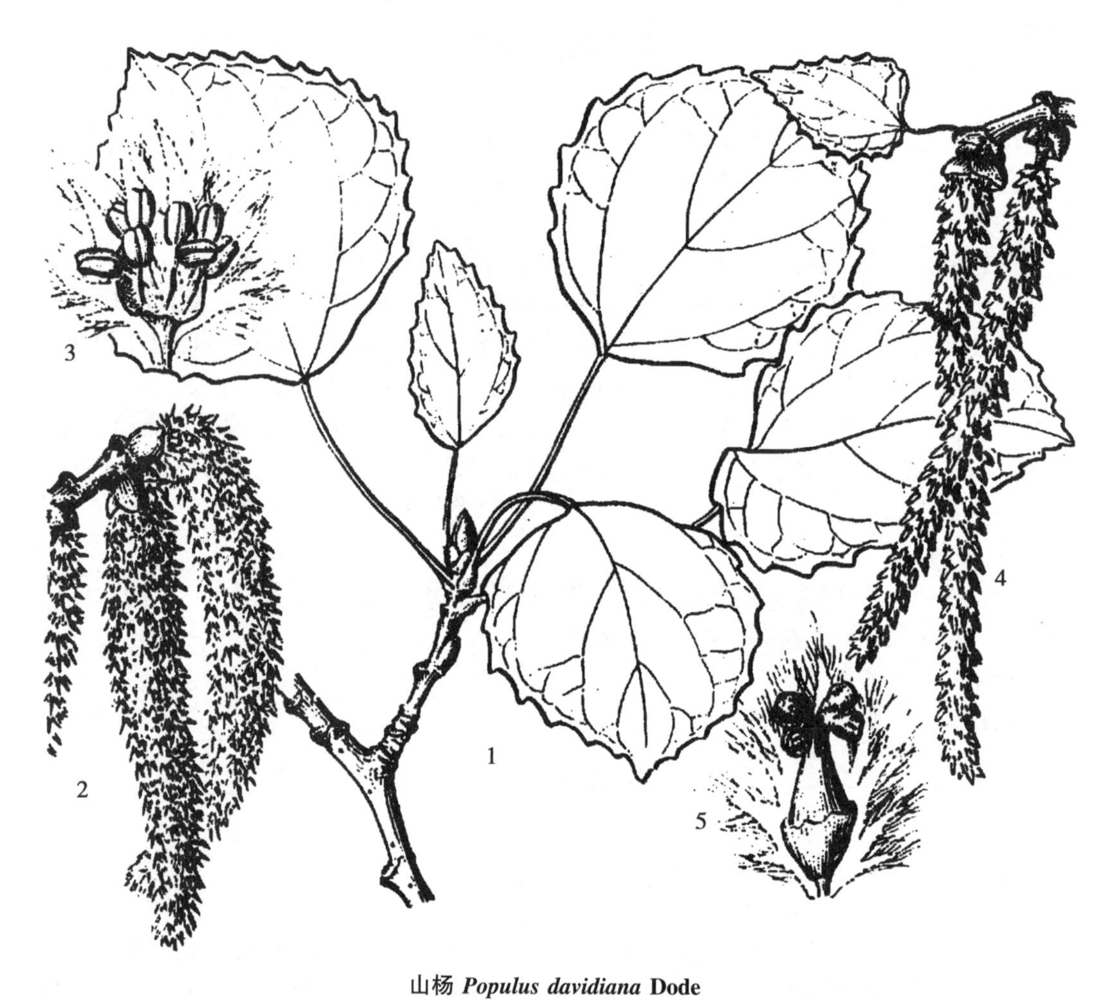

山杨 *Populus davidiana* Dode

1. 叶与枝；2. 雄花序；3. 雄花；4. 雌花序；5. 雌花

细叶沼柳 *Salix rosmarinifolia* L.

蒙名：那林-那木根-巴日嘎苏

别名：西伯利亚沼柳

形态特征：灌木，高50~100厘米，老枝褐色或灰褐色，无毛，当年枝黄色或黄绿色，被短柔毛；芽卵圆形，被短柔毛。叶互生或近于对生，干后常变黑色，长椭圆形或披针状椭圆形，长1.5~4厘米，宽3~6毫米，先端急尖或短尖，基部钝圆形或楔形，全缘，上面深绿色，无毛，下面有白绒毛；叶柄长2~4毫米，被短柔毛；托叶多存在于萌生枝上，披针形，长2~7毫米。花先叶开放；雄花序近无柄，基部无小叶，卵圆形，长8~12毫米，直径6~12毫米；雄蕊2，离生，花丝无毛，花药金黄色；苞片椭圆形，先端尖，两面被长柔毛，淡黄色；腹腺1，圆柱形，长为苞片的1/3~1/2；雌花序圆柱形，长1.5~2厘米，近无柄，果期果序可长达4厘米，有总柄，其上有几片小叶；子房短圆锥状卵形，密被柔毛，有短柄，近无花柱，柱头2裂；苞片长椭圆形，褐色或先端黑褐色，两面被毛；腹腺1。蒴果长6~8毫米，被柔毛。

湿生植物。耐水湿，生于有积水的沟塘附近、较湿润的灌丛和草甸。枝条可供编织，又为早春蜜源植物。

产地：阿拉坦额莫勒镇。

饲用价值：良等饲用植物。

乌柳 *Salix cheilophila* C. K. Schneid.

蒙名：巴日嘎苏

别名：筐柳、沙柳

形态特征：灌木或小乔木，高可达4米；枝细长，幼时被绢毛，后脱落，一、二年生枝常为紫红色或紫褐色，有光泽。叶条形、条状披针形或条状倒披针形，长1.5~5厘米，宽3~7毫米，先端尖或渐尖，基部楔形，边缘常反卷，中上部有细腺齿，基部近于全缘，上面幼时被绢状柔毛，后渐脱落，下面有明显的绢毛；叶柄长1~3毫米。花序先叶开放，圆柱形，长1.5~2.5厘米，直径3~4毫米，花序轴有柔毛；苞片倒卵状椭圆形，淡褐色或黄褐色，先端钝或微凹，基部有柔毛；雄蕊2，完全合生，花丝无毛，花药球形，黄色；腹腺1，狭圆柱形；子房几无柄，卵形或卵状椭圆形，密被短柔毛，花柱极短。蒴果长约3毫米，密被短毛。花期4—5月，果期5—6月。

湿中生植物。生于河流、溪沟两岸及沙丘间低湿地。枝条供编织用，并为护、固沙树种；枝、叶入药。

产地：克尔伦河、乌尔逊河边。

饲用价值：良等饲用植物。

细叶沼柳 ***Salix rosmarinifolia* L.**

1. 果枝；2. 雄花；3. 雌花

乌柳 *Salix cheilophila* C. K. Schneid.

1. 果枝；2. 雄花序；3. 雄花；4. 雌花

小红柳 *Salix microstachya* Turcz. ex. Trautv. var. *bordensis*（Nakai） C.F.Fang

蒙名：宝日-巴日嘎苏

形态特征：灌木。高 1~2 米，小枝细长，常弯曲或下垂，红色或红褐色，幼时被绢毛，后渐脱落。叶条形或条状披针形，长 1.5~4.5 厘米，宽 2~5 毫米，先端渐尖，基部楔形，边缘全缘或有部分不明显的疏齿，幼时两面密被绢毛，后渐脱落；叶柄长 1~3 毫米。花序与叶同时开放，细圆柱形，长 1~2 厘米，直径 3~4 毫米；苞片淡褐色或淡绿色，倒卵形或卵状椭圆形；腺体 1，腹生；雄蕊 2，花丝完全合生，花丝无毛，花红色；子房卵状圆锥形，无毛，花柱明显，柱头 2 裂。蒴果 3~4 毫米，无毛。

生沙丘间低地、河谷。固沙树种；枝条可供编织；羊和骆驼乐食其嫩叶。侧根及须根入药。

产地：阿拉坦额莫勒镇、乌兰泡。

饲用价值：中等饲用植物。

筐柳 *Salix linearistipularis* K. S. Hao

蒙名：呼崩特-巴日嘎苏

别名：棉花柳、白箕柳、蒙古柳

形态特征：灌木，高 1.5~2.5 米。老枝灰色或灰褐色，光泽无毛；一年生枝黄绿色，无毛。叶倒披针形、倒披针状条形或条形，最宽处多在中部以上，长 4~10 厘米，宽 5~10 毫米，萌生枝叶常更大一些，先端急尖或渐尖，基部楔形，边缘具腺齿，幼时疏生毛，后变光滑；叶柄长 3~10 毫米；托叶条形，长 5~10 毫米，萌生枝的托叶可长达 2 厘米，边缘有腺齿。花序圆柱形，长 1.5~2.5 厘米，总柄短或近无总柄，基部常生有 1~3 片小叶；苞片倒卵状椭圆形，黑褐色，两面生有长柔毛；腹腺 1，圆柱形；雄花有雄蕊 2，完全合生，花药球形，花丝光滑无毛；子房卵形，密被灰白色短毛，无柄；花柱极短，柱头 2 裂，每裂再 2 浅裂。蒴果密被短柔毛，长 3~4 毫米。花期 5 月，果熟期 5—6 月。

中生植物。生山地、河流、沟塘边及草原地带的丘间低地。枝条细长、柔软，可供编筐、篓等用。

产地：阿拉坦额莫勒镇。

饲用价值：良等饲用植物。

小红柳 ***Salix microstachya*** **Turcz. ex. Trautv. var.** ***bordensis*** **（Nakai）C.F.Fang**

1. 果枝；2. 果实

筐柳 ***Salix linearistipularis*** **K. S. Hao**

1. 枝叶；2. 萌生枝叶；3. 果枝；4. 雄花

榆科 Ulmaceae

榆属 *Ulmus* L.

大果榆 *Ulmus macrocarpa* Hance

蒙名：得力图

别名：黄榆、蒙古黄榆

形态特征：落叶乔木或灌木，高可达 10 余米。树皮灰色或灰褐色，浅纵裂；一、二年生枝黄褐色或灰褐色，幼时被疏毛，后光滑无毛，其两侧有时具扁平的木栓翅。叶厚革质，粗糙，倒卵状圆形、宽倒卵形或倒卵形，少为宽椭圆形，叶的大小变化甚大，长 3~10 厘米，宽 2~6 厘米，先端短尾状尖或凸尖，基部圆形、楔形或微心形，近对称或稍偏斜，上面被硬毛，后脱落而留下凸起的毛迹，下面具疏毛，脉上较密，边缘具短而钝的重锯齿，少为单齿；叶柄长 3~10 毫米，被柔毛。花 5~9 朵簇生于去年枝上或生于当年枝基部；花被钟状，上部 5 深裂，裂片边缘具长毛，宿存。翅果倒卵形、近圆形或宽椭圆形，长 2~3.5 厘米，宽 1.5~2.5 厘米，两面及边缘具柔毛，果核位于翅果中部；果柄长 2~4 毫米，被柔毛。花期 4 月，果熟期 5—6 月。

旱中生植物。喜光，耐寒冷、干旱，生于海拔 700~1 800 米的山地、沟谷及固定沙地。木材坚硬，可制车辆及各种用具。种子含油量较高，果实可制成中药材，亦为固沟、固坡的水土保持树种。

产地：克尔伦苏木。

饲用价值：中等饲用植物。

榆树 *Ulmus pumila* L.

蒙名：海拉苏

别名：白榆、家榆

形态特征：乔木，高可达 20 米，胸径可达 1 米，树冠卵圆形。树皮暗灰色，不规则纵裂，粗糙；小枝黄褐色，灰褐色或紫色，光滑或具柔毛。叶矩圆状卵形或矩圆状披针形，长 2~7 厘米，宽 1.2~3 厘米，先端渐尖或尖，基部近对称或稍偏斜，圆形、微心形或宽楔形，上面光滑，下面幼时有柔毛，后脱落或仅在脉腋簇生柔毛，边缘具不规则的重锯齿或为单锯齿；叶柄长 2~8 毫米；花先叶开放，两性，簇生于去年枝上；花萼 4 裂，紫红色，宿存；雄蕊 4，花药紫色。翅果近圆形或卵圆形，长 1~1.5 厘米，除顶端缺口处被毛外，余处无毛，果核位于翅果的中部或微偏上，与果翅颜色相同，为黄白色；果柄长 1~2 毫米。花期 4 月，果熟期 5 月。

旱中生植物。喜光，耐旱、耐寒，对烟及有毒气体的抗性较强。常见于森林草原及草原地带的山地、沟谷及固定沙地。羊和骆驼喜食其叶。可供建筑、家具、农具等用。树皮入药。

产地：呼伦镇、阿拉坦额莫勒镇、阿日哈沙特镇、克尔伦苏木。

饲用价值：中等饲用植物。

大果榆 ***Ulmus macrocarpa*** **Hance**

1. 果枝

榆树 ***Ulmus pumila*** **L.**

2. 果枝；3. 花；4. 果实

大麻科 Cannabaceae

大麻属 *Cannabis* L.

野大麻 *Cannabis sativa* L. f. *ruderalis*（Janisch.）Chu

蒙名：哲日力格-敖鲁苏

形态特征：一年生草本，植株较矮小，根木质化。茎直立，皮层富纤维，灰绿色，具纵沟，密被短柔毛。叶互生或下部对生，掌状复叶，小叶较小 3~7（11），生于茎顶的具 1~3 小叶，披针形至条状披针形，两端渐尖，边缘具粗锯齿，上面深绿色，粗糙，被短硬毛，下面淡绿色，密被灰白色毡毛；叶柄长 4~15 厘米，半圆柱形，上有纵沟，密被短绵毛；托叶侧生，线状披针形，长 8~10 毫米，先端渐尖，密被短绵毛。花单性，雌雄异株，雄株名牡麻，雌株名苴麻或苎麻；花序生于上叶的叶腋，雄花排列成长而疏散的圆锥花序，淡黄绿色，萼片 5，长卵形，背面及边缘均有短毛，无花瓣；雄穗 5，长约 5 毫米，花丝细长，花药大，黄色，悬垂，富于花粉，无雌蕊；雌花序成短穗状，绿色，每朵花在外具 1 卵苞片，先端渐尖，内有 1 薄膜状花被，紧包子房，两者背面均有短柔毛，雌蕊 1，子房球形无柄，花柱二歧。瘦果较小，成熟时表面具棕色大理石状花纹，基部具关节。花期 7—8 月，果期 9—10 月。

中生植物。生于草原及向阳干山坡，固定沙丘及丘间低地。叶干后羊食，种仁入蒙药。

产地：阿拉坦额莫勒镇、阿日哈沙特镇、克尔伦苏木。

饲用价值：低等饲用植物。

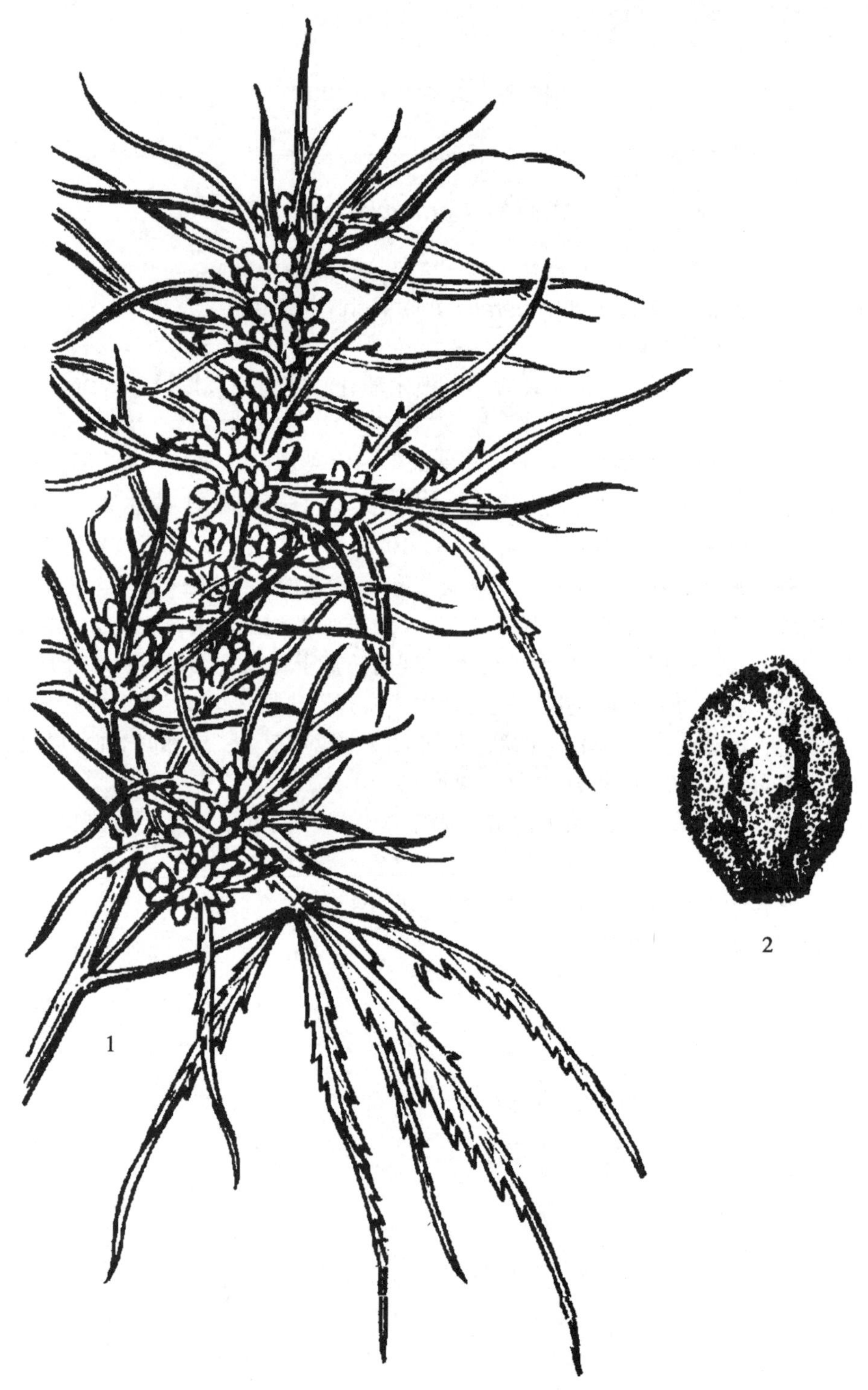

野大麻 *Cannabis sativa* L. f. *ruderalis*（Janisch.）Chu

1. 雌株；2. 果实

荨麻科 Urticaceae

荨麻属 *Urtica* L.

狭叶荨麻 *Urtica angustifolia* Fisch. ex Hornem.

蒙名：奥存-哈拉盖

别名：螫麻子

形态特征：多年生草本，全株密被短柔毛与疏生螫毛，具匍匐根状茎。茎直立，高40~150厘米，通常单一或稍分枝，四棱形，其棱较钝。叶对生，矩圆状披针形、披针形或狭卵状披针形，稀狭椭圆形，长5~12厘米，宽1.2~3厘米，先端渐尖，基部近圆形或宽心形，稀近截形，边缘具粗锯齿，齿端锐尖，有时向内稍弯，上面绿色，密布点状钟乳体，下面淡绿色，主脉3条，上面稍凹入，下面较明显隆起；叶柄较短，长0.5~2厘米；托叶狭披针形或条形，离生，膜质，长5~9毫米。花单性，雌雄异株；花序在茎上部叶腋丛生，穗状或多分枝成狭圆锥状，长2~5厘米，花较密集成簇，断续着生；苞片长约1毫米，膜质；雄花具极短柄或近于无柄，直径约2毫米，花被4深裂，裂片椭圆形或卵状椭圆形，长约1.8毫米，先端钝尖，内弯；雄蕊4，花丝细而稍扁，花药宽椭圆形，退化雌蕊杯状；雌花无柄，花被片4，矩圆形或椭圆形，背生2枚花被片花后增大，宽椭圆形，紧包瘦果，比瘦果稍长；子房矩圆形或长卵形，成熟后黄色，长1~1.2毫米，被包于宿存花被内。花期7—8月，果期8—9月。

中生植物。生于山地林缘、灌丛间、溪沟边、湿地，也见于山野阴湿处、水边沙丘灌丛间。茎皮纤维是很好的纺织、绳索、纸张原料。全草入药。效用与麻叶荨麻相同。幼嫩时可做野菜吃。青鲜时马、牛、羊和骆驼均喜采食。全草入蒙药。

产地：阿日哈沙特镇阿贵洞。

饲用价值：中等饲用植物。

麻叶荨麻 *Urtica cannabina* L.

蒙名：哈拉盖

别名：焮麻

形态特征：多年生草本，全株被柔毛和螫毛；具匍匐根茎。茎直立，高100~200厘米，丛生，通常不分枝，具纵棱和槽。叶片轮廓五角形，长4~13厘米，宽3.5~13厘米，掌状3深裂或3全裂，裂片再成缺刻羽状深裂或羽状缺刻，小裂片边缘具疏生缺刻状锯齿，最下部的小裂片外侧边缘具1枚长尖齿，各裂片顶端小裂片细长，条状披针形，叶片上面深绿色，叶脉凹入，疏生短伏毛或近于无毛。密生小颗粒状钟乳体，下面淡绿色，叶脉稍隆起，被短伏毛和疏生螫毛；叶柄长1.5~8厘米；托叶披针形或宽条形，离生，长7~10毫米，花单生，雌雄同株或异株，同株者雄花序生于下方；穗状聚伞花序丛生于茎上部叶腋间，分枝，长达 12 厘米，具密生花簇；苞膜质，透明，卵圆形；雄花直径约 2 毫米，花被 4 深裂，裂片宽椭圆状卵形，长 1.5 毫米，先端尖而略呈盔状，雄蕊 4，花丝扁，长于花被裂片，花药椭圆形，黄色，退化子房杯状，浅黄色；雌花花被 4 中裂，裂片椭圆形，背生 2 枚裂片花后增大，宽椭圆形，较瘦果长，包着瘦果，侧生 2 枚裂片小，瘦果宽椭圆形状卵形或宽卵形，长 1.5~2 毫米，稍扁，光滑，具少数褐色斑点。花期 7—8 月，果期 8—9 月。

中生杂草。生于人和畜经常活动的干燥山坡、丘陵坡地、沙丘坡地、山野路旁、居民点附近。茎皮纤维可作纺织和制绳索的原料。嫩茎叶可作蔬菜食用，青鲜时羊和骆驼喜采食，牛乐吃。全草入药。

产地：全旗。

饲用价值：中等饲用植物。

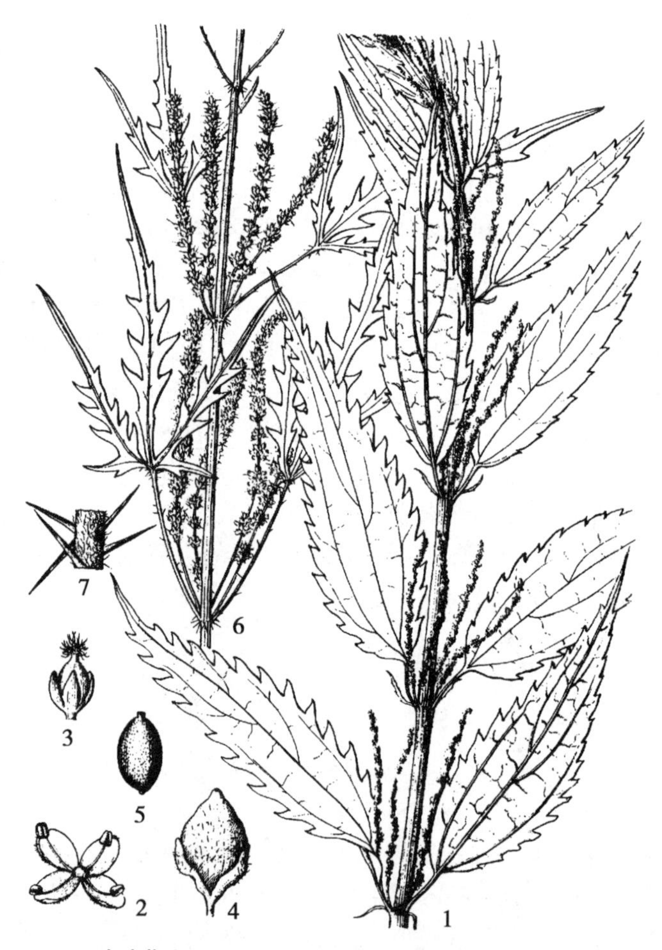

狭叶荨麻 ***Urtica angustifolia*** **Fisch. ex Hornem.**

1. 植株；2. 雄花；3. 雌花；4. 果实；5. 瘦果

麻叶荨麻 ***Urtica cannabina*** **L.**

6. 植株；7. 螯毛

墙草属 *Parietaria* L.

小花墙草 *Parietaria micrantha* Ledeb.

蒙名：麻查日干那

别名：墙草

形态特征：一年生草本，全株无螯毛。茎细而柔弱，稍肉质，直立或平卧，高10~30厘米，长达50厘米，多分枝，散生微柔毛或几乎无毛。叶互生，卵形、菱状卵形或宽椭圆形，长5~30毫米，宽3~20毫米，先端微尖或钝尖，基部圆形、宽椭圆形或微心形，有时偏斜，全缘，两面被疏生柔毛，上面密布细点状钟乳体；叶柄长2~15毫米，有柔毛。花杂性，在叶腋组成具3~5花的聚伞花序，两性花生于花序下部，其余为雌花；花梗短，有毛；苞片狭披针形，与花被近等长，有短毛；两性花花被4深裂，极少5深裂，裂片狭椭圆形，雄蕊4，与花被裂片对生；雌花花被筒状钟形，先端4浅裂，极少5浅裂，花后成膜质并宿存；子房椭圆形或卵圆形，花柱极短，柱头较长。瘦果宽卵形或卵形，长1~1.5毫米，稍扁平，具光泽，成熟后黑色，略长于宿存花被；种子椭圆形，两端尖。花期7—8月，果期8—9月。

中生植物。生于山坡阴湿处、石隙间或湿地上。全草入药。

产地：阿日哈沙特镇阿贵洞。

饲用价值：低等饲用植物。

檀香科 Santalaceae

百蕊草属 *Thesium* L.

长叶百蕊草 *Thesium longifolium* Turcz.

蒙名：乌日特-麦令嘎日

形态特征：多年生草本。根直生，稍肥厚，多分枝，顶部多头。茎丛生，直立或外围者基部斜，高15~50厘米，具纵棱，中上部分枝多，枝较直，无毛。叶互生，条形或条状披针形，长2~4.5厘米，宽1~2.5毫米，稍肉质，先端锐尖，顶端淡黄色，基部稍狭窄，全缘，边缘微粗糙，主脉3条，茎下部有时有小型叶或鳞片状叶；无叶柄。花单生叶腋，长4~5毫米，在茎枝上部集生成，总状花序或圆锥花序；花梗长4~20毫米，有细纵棱；苞片1枚，叶状，条形，长约1厘米；小苞片2枚，狭披针形，长约4.5毫米，先端尖，边缘粗糙，花被白色或绿白色，长2.5~3.5毫米，基部筒状，与子房合生，上部5深裂，裂片条形或条状披针形，先端钝尖而稍内曲，背面绿色，有1条纵棱，边缘微粗糙或具小型耳状凸起，筒部具明显的纵脉棱；雄蕊5，生于花被裂片基部，与其对生，短于或等长于花被裂片，花丝细而短，花药矩圆形、淡黄色；子房下

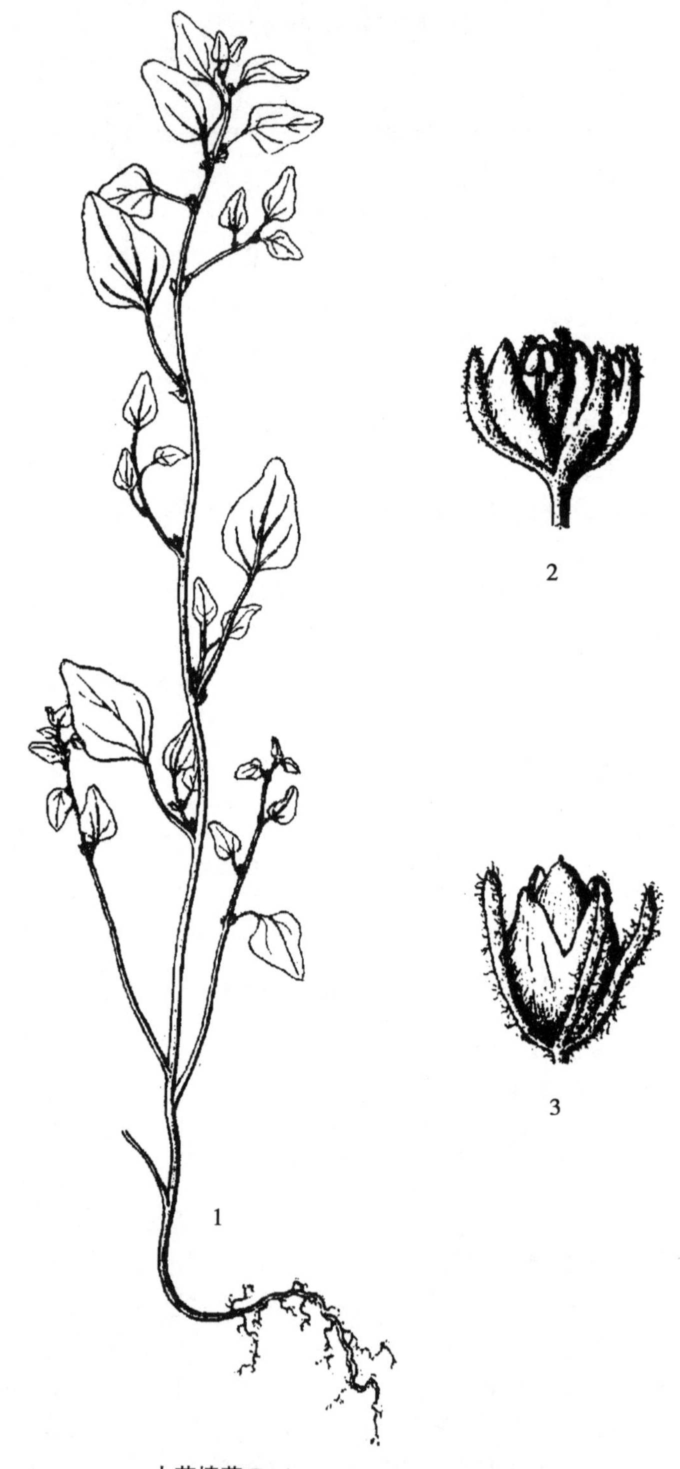

小花墙草 ***Parietaria micrantha*** **Ledeb.**

1. 植株；2. 两性花；3. 果实

位，倒圆锥形，长约 2 毫米，无毛，子房柄长 0.5 毫米，花柱内藏柱头圆球形，浅黄色。坚果近球形或椭圆状球形，长 3.5~4 毫米，通常黄绿色，顶端有宿存花被及花柱；果实表面具 5~8 条明显的纵脉棱和少数分叉的侧脉棱，但绝不形成网状脉棱；果梗长 4~14 毫米；种子 1，球形，浅黄色。花期 5—7 月，果期 7—8 月。

中旱生植物。生于沙地、沙质草原、山坡、山地草原、林缘、灌丛中，也见于山顶草地、草甸上。全草入药。

产地：呼伦镇。

饲用价值：中等饲用植物。

急折百蕊草 *Thesium refractum* C. A. Mey.

蒙名：毛瑞-麦令嘎日

形态特征：多年生草本。根直生，粗壮，顶部多分枝，稍肥厚。茎数条至多条丛生，高 20~45 厘米，具明显的纵棱，叶互生，条形或条状披针形，长 2.5~5 厘米，宽 2~2.5 毫米，先端通常钝或微尖，顶端浅黄色，基部收狭不下延，全缘，两面微粗糙，主脉通常 1 条，有时基部有不明显的 3 条脉；无叶柄。花长 4~6 毫米，在茎枝上部集成总状花序或圆锥花序；总花梗呈之字形曲折，尤其在果熟期更明显；花梗长 5~8 毫米，有纵棱，花后外倾并渐反折；苞片 1 枚，长 6~8 毫米，叶状，开展，先端尖，全缘；小苞片 2 枚，条形，长 2.5~4 毫米；花被白色或浅绿白色，长 13 毫米，筒状或宽漏斗状，下部与子房合生，上部 5 深裂，裂片条状披针形，先端钝尖而甚内曲，背面有 1 条纵棱，中部两侧具小形耳状凸起，筒部有明显脉棱；雄蕊 5，内藏；子房椭圆形，长约 3 毫米，无毛，子房柄长 0.2~0.3 毫米，花柱圆柱形，比花被裂片短。坚果椭圆形或卵形，长约 3 毫米，宽 2~2.5 毫米，常黄绿色，顶端具宿存花被及花柱，宿存花被长 1.5~2.5 毫米；果实表面具 4~10 条不明显的纵脉棱和少数分叉的侧脉棱；但不形成网状棱脉；果梗长达 1 厘米，熟时反折；种子 1，椭圆形或球形，黄色。花期 6—7 月，果期 7—9 月。

中旱生植物。生于山坡草地、多砂砾的坡地、草原、林缘、沙地及草甸上。全草入药。

产地：呼伦镇丘顶。

饲用价值：中等饲用植物。

长叶百蕊草 *Thesium longifolium* Turcz.

1. 植株；2. 花纵切；3. 坚果

急折百蕊草 *Thesium refractum* C. A. Mey.

4. 坚果

蓼科 Polygonaceae

大黄属 *Rheum* L.

波叶大黄 *Rheum rhabarbarum* L.

蒙名：道乐给牙拉森-给西古纳

别名：长叶波叶大黄

形态特征：植株高 0.6~1.5 米。根肥大。茎直立，粗壮，具细纵沟纹，无毛，通常不分枝。基生叶大，叶柄长 7~12 厘米，半圆柱形，甚壮硬；叶片三角状卵形至宽卵形，长 10~16 厘米，宽 8~14 厘米，先端钝，基部心形，边缘具强皱波，有 5 条由基部射出的粗大叶脉，叶柄、叶脉及叶缘被短毛；茎生叶较小，具短柄或近无柄，叶片卵形，边缘呈波状；托叶鞘长卵形，暗褐色，下部抱茎，不脱落。圆锥花序直立顶生；苞片小，肉质通常破裂而不完全，内含 3~5 朵花；花梗纤细，中部以下具关节；花白色，直径 2~3 毫米，花被片 6，卵形或近圆形，排成 2 轮，外轮 3 片较厚而小，花后向背面反曲；雄蕊 9；子房三角状卵形，花柱 3，向下弯曲；极短，柱头扩大，稍呈圆片形。瘦果卵状椭圆形，长 8~9 毫米，宽 6.5~7.5 毫米，具 3 棱，沿棱有宽翅，先端略凹陷，基部近心形，具宿存花被。

中生植物。散生于针叶林区、森林草原区山地的石质山坡、碎石坡麓以及富含砾石的冲刷沟内。根入药。用途同华北大黄。

产地：呼伦镇、阿日哈沙特镇、达赉苏木、宝格德乌拉苏木。

饲用价值：低等饲用植物。

华北大黄 *Rheum franzenbachii* Munt.

蒙名：给西古纳

别名：山大黄、土大黄、子黄、峪黄

形态特征：植株高 30~85 厘米。根肥厚。茎粗壮，直立，具细纵沟纹，无毛，通常不分枝。基生叶大，叶柄长 7~12 厘米，半圆柱形，甚状硬，紫红色，被短柔毛；叶片心状卵形，长 10~16 厘米，宽 7~14 厘米，先端钝，基部近心形，边缘具皱波，上面无毛，下面稍有短毛，叶脉 3~5 条，由基部射出，并于下面凸起，紫红色；茎生叶较小，有短柄或近无柄，托叶鞘长卵形，暗褐色，下部抱茎，不脱落。圆锥花序直立顶生；苞小，肉质，通常破裂而不完全，内含 3 朵花；花梗纤细，长 3~4 毫米，中下部有关节；花白色，较小，直径 2~3 毫米，花被片 6，卵形或近圆形，排成 2 轮，外轮 3 片较厚而小，花后向背面反曲；雄蕊 9；子房呈三棱形，花柱 3，向下弯曲，极短，柱头略扩大，稍呈圆片形。瘦果宽椭圆形，长约 10 毫米，宽 9 毫米，具 3 棱，沿棱生翅，顶端略凹陷，基部心形，具宿存花被。花期 6—7 月，果期 8—9 月。

旱中生草本。多散生于阔叶林区和山地森林草原地区的石质山坡和砾石坡地，沟

谷，为山地石生草原群落的稀见种，数量较少，但景观上比较醒目。根入药。多作兽药用。根又可作工业染料的原料。根也作蒙药用。

产地：达赉苏木。

饲用价值：低等饲用植物。

波叶大黄 *Rheum rhabarbarum* L.

1. 果序及叶；2. 花；3. 瘦果

华北大黄 *Rheum franzenbachii* Munt.

1. 果序及叶；2. 花；3. 雌蕊；4. 瘦果

酸模属 *Rumex* L.

小酸模 *Rumex acetosella* L.

蒙名：吉吉格-爱日干纳

形态特征：多年生草本，高15~50厘米。根状茎横走。茎单一或多数，直立，细弱，常呈之字形曲折，具纵条纹，无毛一般在花序处分枝。茎下部叶柄长2~5厘米，叶片披针形或条状披针形，长1.5~6.5厘米，宽1.5~6毫米，先端渐尖，基部戟形，两侧耳状裂片较短而狭，外展或向上弯，全缘，无毛，茎上部叶无柄或近无柄；托叶鞘白色，撕裂。花序总状，构成疏松的圆锥花序；花单性，雌雄异株，2~7朵簇生在一起，花梗长2~2.5毫米，无关节，花被片6，2轮；雄花花被片直立，外花被片较狭，椭圆形，内花被片宽椭圆形，长约1.5毫米，宽约1毫米，雄蕊6，花丝极短，花药较大，长约1毫米；雌花之外花被片椭圆形，内花被片菱形或宽卵形长1~2毫米，宽1~1.8毫米，有隆起的网脉，果时内花被片不增大或稍增大，子房三棱形，柱头画笔状。瘦果椭圆形，有3棱，长不超过1毫米，淡褐色，有光泽。花期6—7月，果期7—8月。

旱中生植物。生于草甸草原及典型草原地带的沙地、丘陵坡地、砾石地和路旁。夏、秋季节绵羊、山羊采食其嫩枝叶。

产地：呼伦镇、达赉苏木。

饲用价值：低等饲用植物。

酸模 *Rumex acetosa* L.

蒙名：爱日干纳

别名：山羊蹄、酸溜溜、酸不溜

形态特征：多年生草本、高30~80厘米。须根。茎直立，中空，通常不分枝，有纵沟纹，无毛。基生叶与茎下部具长柄，柄长6~10厘米；叶片卵状矩圆形，长2.5~12厘米，宽1.5~3厘米，先端钝或锐尖，基部箭形、全缘，有时略呈波状，上面无毛，下面叶脉及叶缘常具乳头状凸起；茎上部叶较狭小，披针形，无柄且抱茎；托叶鞘长1~2厘米，后则破裂。花序狭圆锥状，顶生，分枝稀疏，纤细，弯曲，花单性；雌雄异株；苞片三角形，膜质，褐色，具乳头状凸起；花梗中部具关节；花被片6，2轮，红色；雄花花被片直立，椭圆形，外花被片较狭小，内花被片长约2毫米，宽约1毫米，雄蕊6，花丝甚短，花药大，长约1.5毫米；雌花之外花被片椭圆形，反折，内花被片直立，果时增大，圆形，近全缘，基部心形，有网纹；子房三棱形，柱头画笔状，紫红色。瘦果椭圆形，有3棱，角棱锐，两端尖，长约2毫米，宽约1毫米，暗褐色，有光泽。花期6—7月，果期7—8月。

中生植物。生于山地、林缘、草甸、路旁等处。全草入药，嫩茎叶味酸，可作蔬菜食用。夏季山羊、绵羊乐意采食其绿叶，牧民认为此草泡水供羊饮用，有增进食欲之效，亦可作猪饲料。

产地：呼伦镇、阿日哈沙特镇、阿拉坦额莫勒镇。

饲用价值：低等饲用植物。

小酸模 *Rumex acetosella* L.

1. 植株；2. 雄花；3. 雌花；4. 雌蕊；5. 瘦果

酸模 *Rumex acetosa* L.

6. 植株；7. 果时增大的内花被片

毛脉酸模 *Rumex gmelinii* Turcz. ex. Ledeb.

蒙名：乌苏图-爱日干纳

形态特征：多年生草本，高 30~120 厘米。根状茎肥厚。茎直立，粗壮，具沟槽，无毛，微红色或淡黄色，中空。基生叶与茎下部叶具长柄，柄长达 30 厘米，具沟；叶片较大，三角状卵形或三角状心形，长 8~14 厘米，基部宽 7~13 厘米，先端钝头，基部深心形，全缘或微皱波状，上面无毛，下面脉上被糙硬短毛；茎上部叶较小，三角状狭卵形或披针形，基部微心形，托叶鞘长筒状，易破裂。圆锥花序，通常多少具叶，直立；花两性，多数花朵簇状轮生，花簇疏离；花梗较长，长 2~8 毫米，中下部具关节；花被片 6，外花被片卵形，长约 2 毫米，内花被片果时增大，椭圆状卵形，宽卵形或圆形，长 3.5~6 毫米，宽 3~4 毫米，圆头，基部圆形，全缘或微波状，背面无小瘤；雄蕊 6，花药大，花丝短；花柱 3，侧生，柱头画笔状。瘦果三棱形，深褐色，有光泽。花期 6—8 月，果期 8—9 月。

中生植物。多散生于森林区和草原区的河岸、林缘、草甸或山地，为草甸、沼泽化草甸群落的伴生种。根作蒙药用，功能同酸模。

产地：呼伦镇、达赉苏木。

饲用价值：低等饲用植物。

皱叶酸模 *Rumex crispus* L.

蒙名：衣曼-爱日干纳

别名：羊蹄、土大黄

形态特征：多年生草本，高 50~80 厘米。根粗大，断面黄棕色，味苦。茎直立，单生，通常不分枝，具浅沟槽，无毛。叶柄比叶片稍短，叶片薄纸质，披针形或矩圆状披针形，长 9~25 厘米，宽 1.5~4 厘米，先端锐尖或渐尖，基部楔形，边缘皱波状，两面均无毛；茎上部叶渐小，披针形或狭披针形，具短柄；托叶鞘筒状，常破裂脱落。花两性，多数花簇生于叶腋，或在叶腋形成短的总状花序，合成 1 狭长的圆锥花序；花梗细，长 2~5 毫米，果时稍伸长，中部以下具关节；花被片 6，外花被片椭圆形，长约 1 毫米，内花被片宽卵形，先端锐尖或钝，基部浅心形，边缘微波状或全缘，网纹明显，各具 1 小瘤；小瘤卵形，长 1.7~2.5 毫米；雄蕊 6，花柱 3，柱头画笔状。瘦果椭圆形，有 3 棱，角棱锐，褐色，有光泽，长约 3 毫米。花果期 6—9 月。

中生植物。生于阔叶林区及草原区的山地、沟谷、河边，也进入荒漠区海拔较高的山地。为草甸、草甸化草原和山地草原群落的伴生种和杂草。根入药，也入蒙药。本种的内花被片果时通常 3 片均有小瘤，但有时仅 1 片具小瘤。

产地：阿拉坦额莫勒镇、乌尔逊河沿岸河滩草甸。

饲用价值：低等饲用植物。

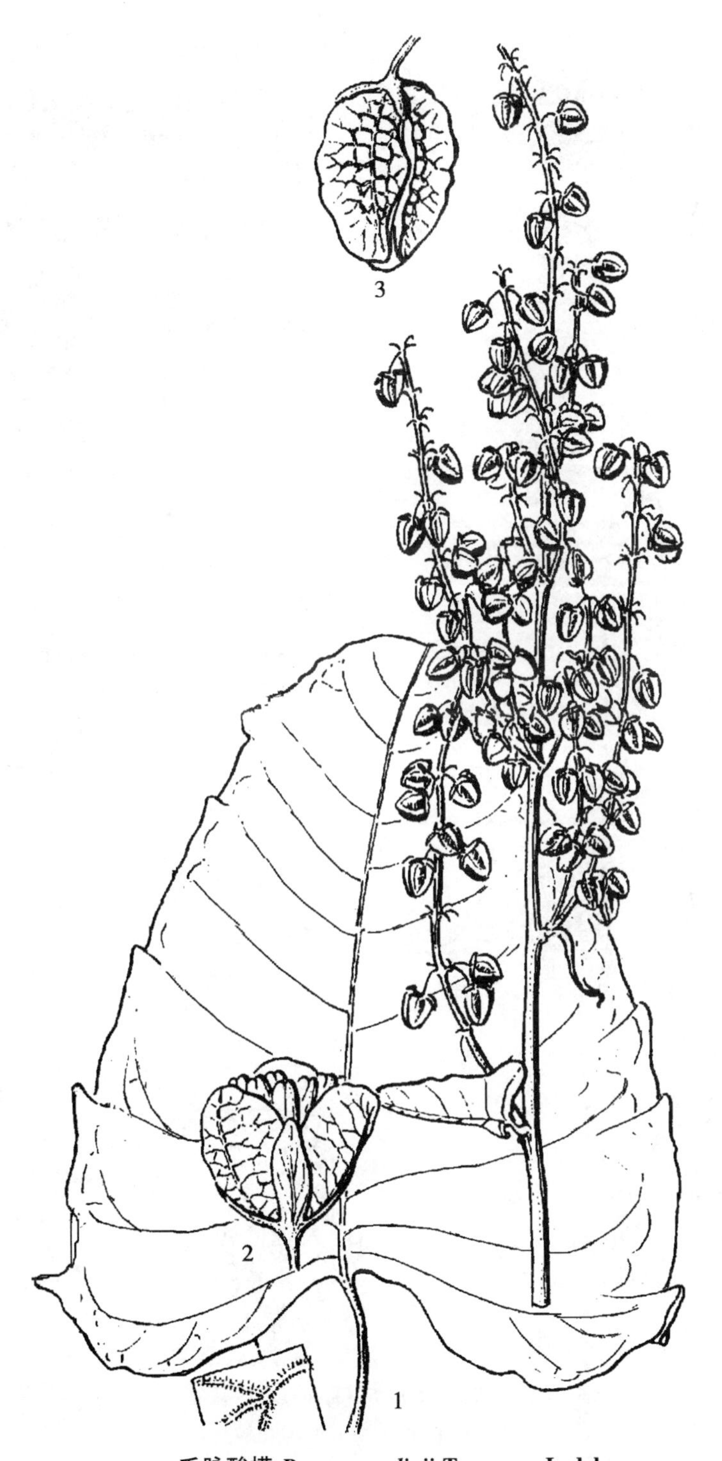

毛脉酸模 *Rumex gmelinii* Turcz. ex. Ledeb.

1. 果序及叶；2. 花；3. 果时增大的内花被片

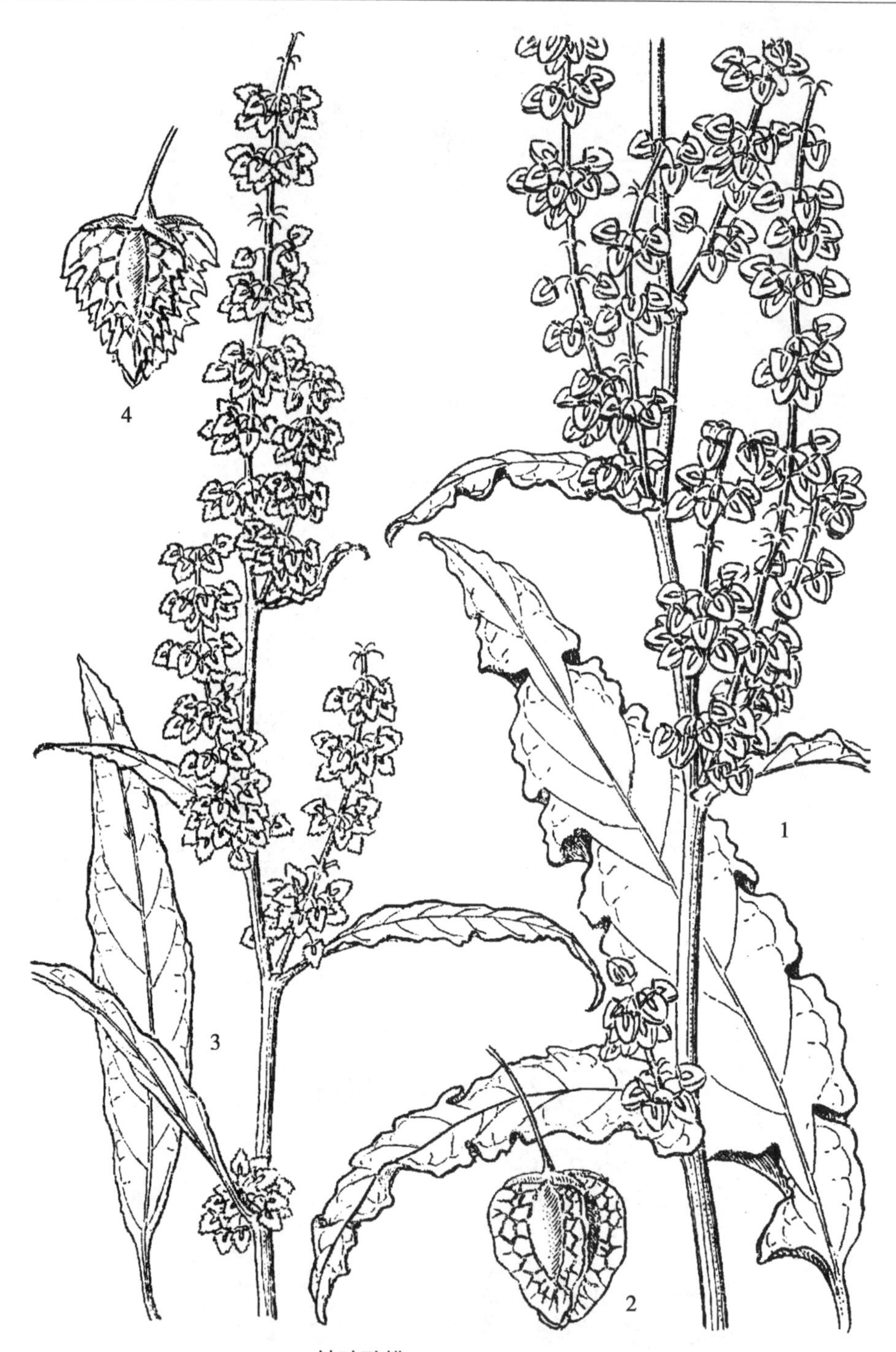

皱叶酸模 *Rumex crispus* L.

1. 果序及叶；2. 果时增大的内花被片

狭叶酸模 *Rumex stenophyllus* Ledeb.

3. 果序及叶；4. 果时增大的内花被片

狭叶酸模 *Rumex stenophyllus* Ledeb.

蒙名：那林-爱日干纳

形态特征：多年生草本，高 40~100 厘米。茎直立，带红紫色，稍有沟棱，无毛或被微毛，由上部分枝。叶柄长 1~4 厘米，叶片椭圆形或狭椭圆形，长 4~15 厘米，宽 0.6~4 厘米，先端渐尖，基部楔形，边缘有波状小齿牙。茎上部叶较狭小，狭披针形或条状披针形，具短柄或几无柄。托叶鞘筒状，膜质，常易破裂。花两性，多数花簇轮生于叶腋，组成顶生具叶的圆锥花序；花梗长 3~5 毫米，果时稍伸长，且向下弯曲，基部具关节；花被片 6，成 2 轮，外花被片矩圆形；内花被片三角状心形，长 3~4 毫米，宽 4 毫米，先端锐尖，边缘有锐尖齿牙，齿牙短于花被片的宽度，全部有小瘤。瘦果有锐 3 棱，长约 3 毫米，淡褐色。花期 6—7 月。

湿中生植物。生长于低湿草甸。根入药。

产地：克尔伦苏木、呼伦湖边。

饲用价值：低等饲用植物。

巴天酸模 *Rumex patientia* L.

蒙名：乌和日-爱日干纳

别名：山荞麦、羊蹄叶、牛西西

形态特征：多年生草本，高 1~1.5 米，根肥厚。茎直立，粗壮，不分枝或分枝，具纵沟纹，无毛，基生叶与茎下部叶有粗壮的叶柄，腹面具沟，长 4~8 厘米，叶片矩圆状披针形或长椭圆形，长 15~20 厘米，宽 5~7 厘米，先端锐尖或钝，基部圆形，宽楔或近心形，边缘皱波状至全缘，两面近无毛；茎上部叶狭小，矩圆状披针形，披针形至条状披针形，具短柄；托叶鞘筒状，长 2~4 厘米，圆锥花序大型，顶生并腋生，狭长而紧密，有分枝，直立，无毛；花两性，多数花朵簇状轮生，花簇紧接；花梗短；近等长或稍长于内花被片，中部以下具关节；花被片 6，2 轮，外花被片矩圆状卵形，全缘，果时外展或微向下反折，内折，内花被片宽心形，果时增大，长约 6 毫米，宽 5~7 毫米，钝圆头，基部心形，全缘或有不明显的细圆齿，膜质，棕褐色，有凸起的网纹，只 1 片具小瘤，小瘤长卵形，其余 2 片无小瘤或发育较差。瘦果卵状三棱形，渐尖头，基部圆形，棕褐色，有光泽，长约 5 毫米。花期 6 月，果期 7—9 月。

中生植物。生长于阔叶林区、草原区的河流两岸、低湿地、村边、路旁等处，为草甸中习见的伴生种。根入药，也入蒙药。本种的变异较大，其植株高度、基生叶的基部以及内花被片的大小诸多变化。它的内花被片常仅 1 片有小瘤，有时各片均有小瘤，但大小不同。

产地：全旗。

饲用价值：低等饲用植物。

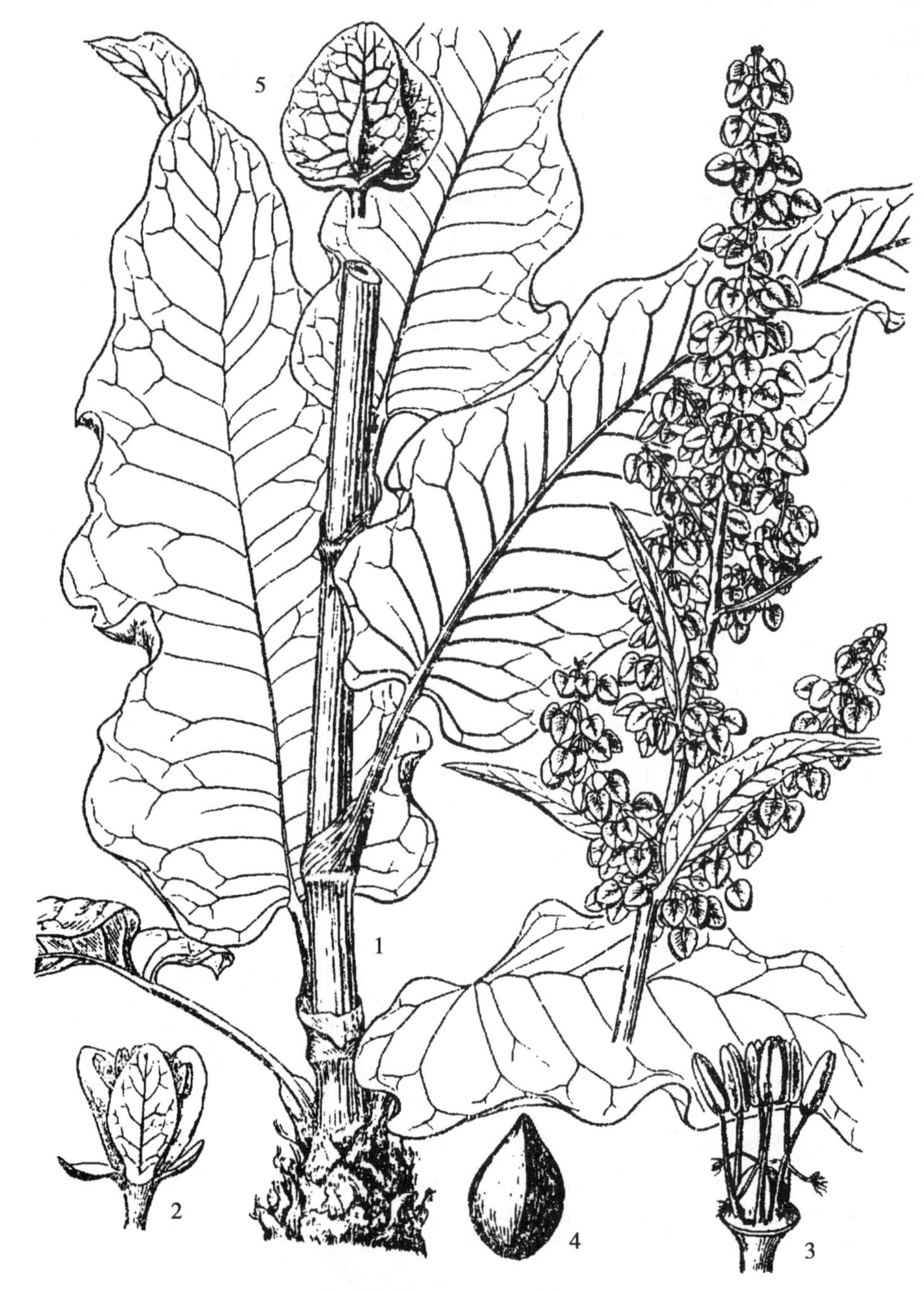

巴天酸模 ***Rumex patientia* L.**

1. 植株；2. 花；3. 雄蕊与雌蕊；4. 果实；5. 果时增大的花被片

长刺酸模 *Rumex maritimus* L.

蒙名：麻日斥乃-爱日干纳

形态特征：一年生草本，高15~50厘米。茎直立，分枝，具明显的棱和沟槽，无毛或被短柔毛。叶具短柄，长5~30毫米；叶片披针形或狭披针形，长1.5~9厘米，宽3~15毫米，先端锐尖或渐尖，基部楔形，全缘，两面无毛，茎下部者较宽大，有时为长椭圆形，上部者较狭小。托叶鞘通常易破裂。花两性，多数花簇轮生于叶腋，组成顶生具叶的圆锥花序，愈至顶端花簇间隔愈密；花梗长1~1.5毫米，果时稍伸长且向下弯曲，下部具关节；花被片6，绿色，花时内外花被片几等长，雄蕊凸出于花被片外；外花被片狭椭圆形，长约1毫米，果时外展；内花被片卵状矩圆形或三角状卵形，长2.5~3毫米，宽1~1.3毫米，边缘具2个针刺状齿，长近于或超过内花被片，背面各具1矩圆形或矩圆状卵形的小瘤，小瘤长1~1.5毫米，有不甚明显的网纹；雄蕊9；子房三棱状卵形，花柱3，纤细，柱头画笔状，瘦果三棱状宽卵形，长约1.5毫米，尖头，黄褐色，光亮。花果期6—9月。

耐盐中生植物。生长于河流沿岸及湖滨盐化低地。全草入药。本种内花被片只有1片2对长刺，其余2片无刺。

产地：呼伦湖、乌尔逊河沿岸、乌兰泡、克尔伦河岸。

饲用价值：低等饲用植物。

盐生酸模 *Rumex marschallianus* Rchb.

蒙名：好吉日萨格-爱日干纳

别名：马氏酸模

形态特征：一年生草本，高10~30厘米。具须根。茎直立，细弱，具纵沟纹，紫红色，有分枝。叶柄长6~20毫米；叶片披针形或椭圆状披针形，长1~3厘米，宽5~7毫米，先端锐尖或渐尖，基部楔形或圆形，边缘皱波状，茎上部叶较狭，柄短。托叶鞘通常破裂脱落。花两性，多数花簇轮生于叶腋，组成具叶的圆锥花序；花具小梗，梗长1~1.5毫米，基部具关节；花被片6，外花被片椭圆形，内花被片果时增大，宽卵形或三角状宽卵形，长1.6~2.1毫米，宽0.8~1.2毫米，先端渐尖，基部圆形，边缘具2~3对针状长刺，长1.5~3毫米，具网纹，仅1枚内花被片具1小瘤，瘤椭圆形，长1毫米，其他2枚无瘤，但各具长刺3对，较前者短。瘦果三棱状卵形，长约1毫米，黄褐色，有光泽。花果期7—8月。

耐盐中生植物。群生或散生于草原区湖滨及河岸低湿地或泥泞地，为盐化草甸。草甸和沼泽化草甸群落的伴生种。

产地：克尔伦河岸、乌尔逊河岸。

饲用价值：低等饲用植物。

长刺酸模 *Rumex maritimus* L.

1. 植株；2. 花；3. 果时增大的内花被片

盐生酸模 *Rumex marschallianus* Rchb.

4. 植株；5. 果时增大的内花被片

木蓼属 *Atraphaxis* L.

东北木蓼 *Atraphaxis manshurica* Kitag.

蒙名：照巴戈日-额木根-希力毕

别名：东北针枝蓼

形态特征：灌木、植株高1米左右，上部多分枝，有匍匐枝；老枝灰褐色，外皮条状剥裂，嫩枝褐色，有光泽。叶互生，近于无柄、革质，倒披针形、披针状矩圆形或条形，长1.5~4厘米，宽2~12毫米，先端锐尖或钝，基部渐狭，全缘，两面绿色或黄绿色，无毛，有明显网状脉；托叶鞘筒状，褐色。总状花序顶生或侧生；苞片矩圆状卵形，淡褐色或白色，膜质；常2~4朵花生于1苞腋内，花梗长2~3毫米，在中部以上具关节；花淡红色，花被片5，2轮，内轮花被片果时增大，卵状椭圆形或宽椭圆形，外轮花被片椭圆形，水平伸展；雄蕊8；子房长卵形，具3棱，柱头3裂，头状。瘦果卵形，长3~4毫米，具3棱，先端尖，基部宽楔形，暗褐色，略有光泽。花果期7—9月。

沙生中旱生灌木。生于典型草原地带东半部的沙地和碎石质坡地。可作固沙植物。

产地：克尔伦苏木、宝格德乌拉苏木。

饲用价值：中等饲用植物。

蓼属 *Polygonum* L.

萹蓄 *Polygonum aviculare* L.

蒙名：布敦纳音-苏勒

别名：萹竹竹、异叶蓼

形态特征：一年生草本，高10~40厘米，茎平卧或斜升，稀直立，由基部分枝，绿色，具纵沟纹，无毛，基部圆柱形。叶具短柄或近无柄；叶片狭椭圆形、矩圆状倒卵形、披针形、条状披针形或近条形，长1~3厘米，宽5~13毫米，先端钝圆或锐尖，基部楔形，全缘，蓝绿色，两面均无毛，侧脉明显，叶基部具关节；托叶鞘下部褐色，上部白色透明，先端多裂，有不明显的脉纹。花几遍生于茎上，常1~5朵簇生于叶腋；花梗细而短，顶部有关节；花被5深裂，裂片椭圆形，长约2毫米，绿色，边缘白色或淡红色；雄蕊8，比花被片短；花柱3，柱头头状。瘦果卵形，具3棱，长约3毫米，黑色或褐色，表面具不明显的细纹和小点，无光泽，微露出于宿存花被之外。花果期6—9月。

中生植物。群生或散生于田野、路旁、村舍附近或河边湿地等处，为盐化草甸和草甸群落的伴生种。全草入药，山羊、绵羊夏、秋季乐食嫩枝叶，冬、春季采食较差，有时牛、马也乐食，并作猪饲料。耐践踏，再生性强。

产地：全旗。

饲用价值：中等饲用植物。

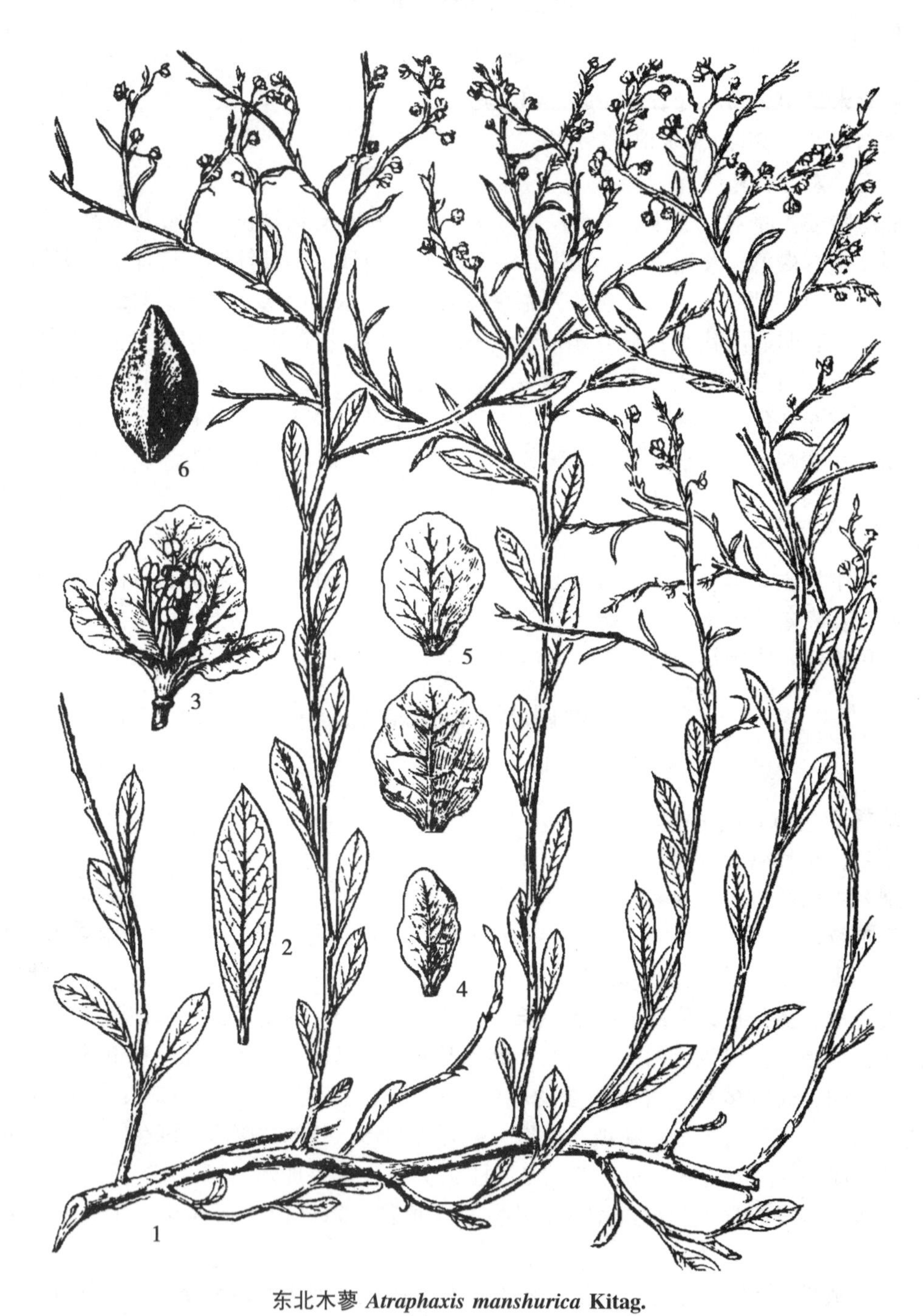

东北木蓼 *Atraphaxis manshurica* Kitag.

1. 植株；2. 叶；3. 花；4. 外轮花被片；5. 内轮花被片；6. 瘦果

萹蓄 *Polygonum aviculare* L.

1. 植株；2. 花；3. 花被纵切；4. 带花被的瘦果；5. 瘦果

两栖蓼 *Polygonum amphibium* L.

蒙名：努日音-希没落得格

别名：醋柳

形态特征：多年生草本，为水陆两生植物。生于水中者：茎横走，无毛，节部生不定根，叶浮于水面，具长柄，叶片矩圆形或矩圆状披针形，长5~12厘米，宽2.5~4厘米，先端锐尖或钝，基部通常为心形，有时为圆形，两面均无毛，上面有光泽，主脉下凹，下面主脉凸起，侧脉多数，几乎与主脉垂直；托叶鞘筒状，长约1.5厘米，平滑，顶端截形。生于陆地者：茎直立或斜升，分枝或不分枝，被长硬毛，绿色稀为淡红色；叶有短柄或近无柄，矩圆状披针形，长5~14厘米，宽1~2厘米，先端渐尖，两面及叶缘均被伏硬毛，上面中心常有1暗色斑迹，侧脉与主脉成锐角，托叶鞘被长硬毛。花序通常顶生，椭圆形或圆柱形，为紧密的穗状花序，长2~4厘米，总花梗较长，有时在总花梗基部侧生1个较小的花穗；苞片三角形，内含3~4朵花；花梗极短；花被粉红色，稀白色，5深裂，长约4毫米，裂片卵状匙形，覆瓦状排列；雄蕊通常5，与花被片互生而包于其内，花药粉红色；花柱2，基部合生，露出于花被外；子房倒卵形，略扁平。

中生—水生植物。生于河溪岸边，湖滨、低湿地以至农田。全草入药。

产地：克尔伦河两岸、乌尔逊河岸、乌兰泡。

饲用价值：中等饲用植物。

桃叶蓼 *Polygonum persicaria* L.

蒙名：乌和日-希没乐得格

形态特征：一年生草本，高20~60厘米。茎直立或基部斜升，不分枝或分枝，无毛或被稀疏的硬伏毛。叶柄短或近于无柄，下部者较明显，长不超过1厘米，被硬刺毛；叶片披针形或条状披针形，长2~10厘米，宽0.2~2厘米，先端长渐尖，基部楔形，两面无毛或被疏毛，主脉与叶缘具硬刺毛；托叶鞘紧密包围茎，疏生伏毛，先端截形，具长缘毛，圆锥花序由多数花穗组成，顶生或腋生，直立，紧密，较细，长1.5~5厘米，总花梗近无毛或被稀疏柔毛，有时具腺；苞漏斗状，长约1.5毫米，紫红色，先端斜形，疏生缘毛；花梗比苞短，花被粉红色或白色，微有腺，长约3毫米，通常5深裂；雄蕊通常6，比花被短；花柱2，稀3，向外弯曲，瘦果宽卵形，两面扁平或稍凸，稀三棱形，长1.8~2.5毫米，黑褐色，有光泽，包于宿存的花被内。花果期7—9月。

中生草本植物。生长于草原区的河岸和低湿地。

产地：克尔伦河边。

饲用价值：低等饲用植物。

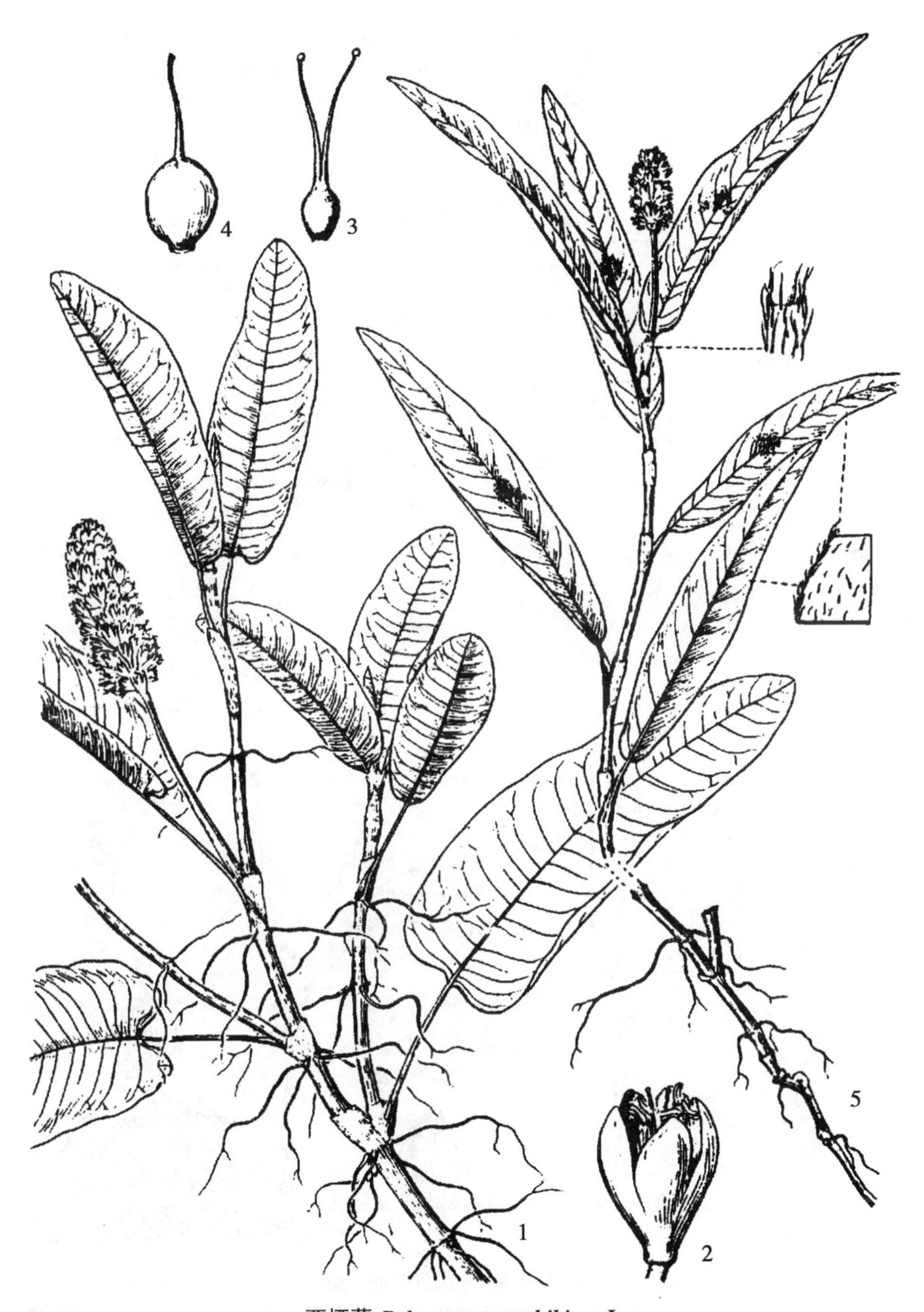

两栖蓼 *Polygonum amphibium* L.

1. 水生植株；2. 花；3. 雌蕊；4. 瘦果；5. 陆生植株

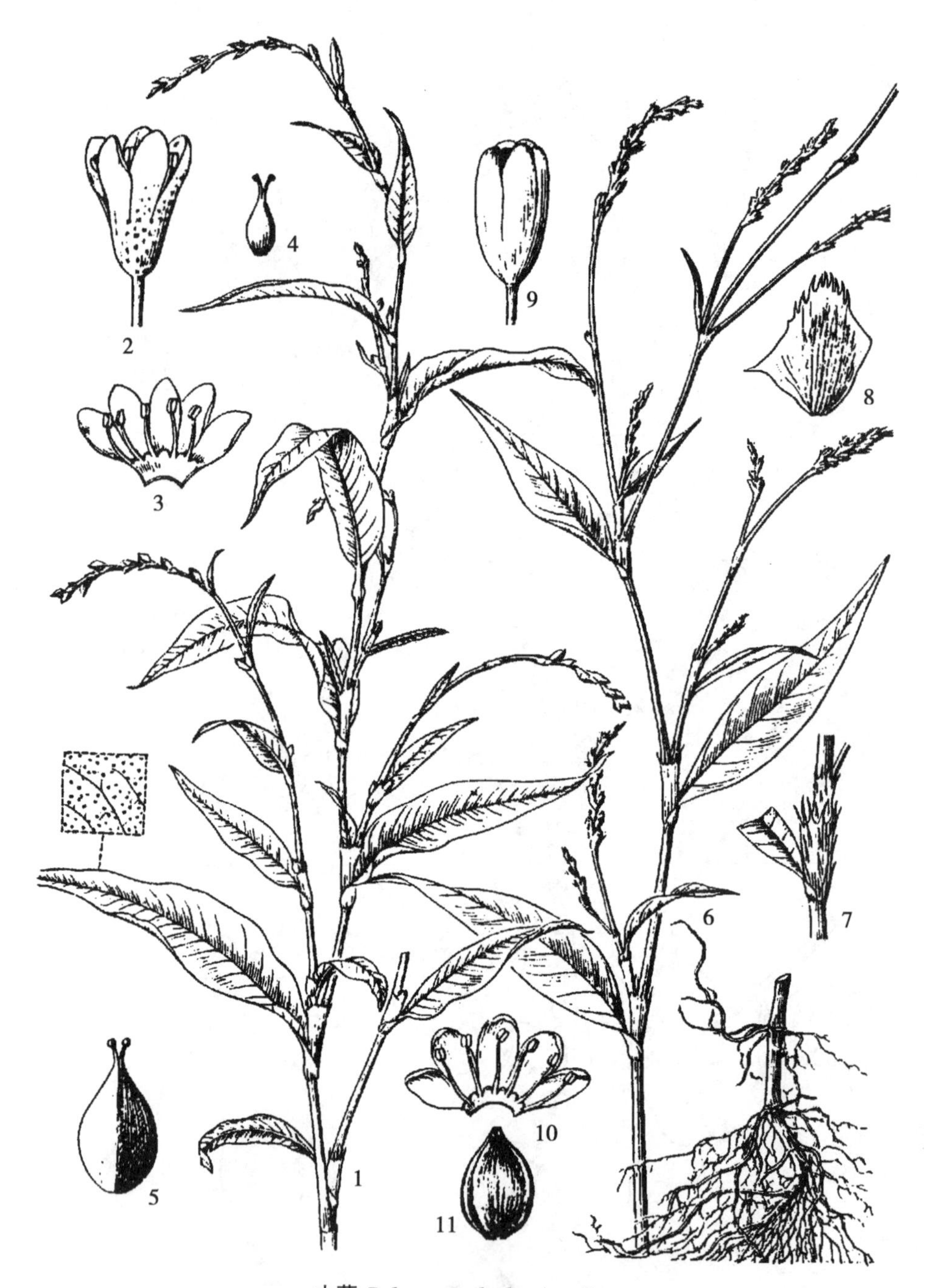

水蓼 *Polygonum hydropiper* L.

1. 植株；2. 花；3. 花展开；4. 雌蕊；5. 瘦果

桃叶蓼 *Polygonum persicaria* L.

6. 植株；7. 茎节；8. 苞；9. 花；10. 花展；11. 瘦果

水蓼 *Polygonum hydropiper* L.

蒙名：奥存-希没乐得格

别名：辣蓼

形态特征：一年生草本，高 30~60 厘米。茎直立或斜升，不分枝或基部分枝，无毛，基部节上常生根，叶具短柄，叶片披针形，长 3~7 厘米；宽 5~15 毫米，先端渐尖，基部狭楔形，全缘，两面被黑褐色腺点，有时沿主脉被稀疏硬伏毛，叶缘具缘毛；托叶鞘筒状，长约 1 厘米，褐色，被稀疏短伏毛，先端截形，具短睫毛。总状花序呈穗状，顶生或腋生，长 4~7 厘米，长弯垂，花疏生，下部间断；苞漏斗状，先端斜形，具腺点及睫毛或近无毛；花通常 3~5 朵簇生于 1 苞内，花梗比苞长；花被 4~5 深裂，淡绿色或粉红色，密被褐色腺点，裂片倒卵形或矩圆形，大小不等；雄蕊通常 6，稀 8，包于花被内；花柱 2~3，基部稍合生，柱头头状。瘦果卵形，长 2~3 毫米，通常一面平另一面凸，稀三棱形，暗褐色，有小点，稍有光泽，外被宿存花被；花果期 8—9 月。

中生—湿生植物。多散生或群生于森林带、森林草原带、草原带的低湿地、水边或路旁。全草或根、叶入药。

产地：全旗。

饲用价值：中等饲用植物。

酸模叶蓼 *Polygonum lapathifolium* L.

蒙名：好日根-希没乐得格

别名：旱苗蓼、大马廖

形态特征：一年生草本，高 30~80 厘米。茎直立，有分枝，无毛，通常紫红色，节部膨大。叶柄短，有短粗硬刺毛；叶片披针形、矩圆形或矩圆状椭圆形，长 5~15 厘米，宽 0.5~3 厘米，先端渐尖或全缘，叶缘被刺毛；托叶鞘筒状，长 1~2 厘米，淡褐色，无毛，具多数脉，先端截形，无缘毛或具稀疏缘毛。圆锥花序由数个花穗组成，花穗顶生或腋生，长 4~6 厘米，近乎直立，具长梗，侧生者梗较短，密被腺；苞漏斗状，边缘斜形并具稀疏缘毛，内含数花；花被淡绿色或粉红色，长 2~2.5 毫米，通常 4 深裂，被腺点，外侧 2 裂片各具 3 条明显凸起的脉纹；雄蕊通常 6；花柱 2，近基部分离，向外弯曲。瘦果宽卵形，扁平，微具棱，长 2~3 毫米，黑褐色，光亮，包于宿存的花被内。花期 6—8 月。果期 7—10 月。

中生植物，轻度耐盐、多散生于阔叶林带、森林草原、草原以及荒漠带的低湿草甸、河谷草甸和山地草甸。果实可作“水红花子”入药，全草入蒙药。

产地：阿拉坦额莫勒镇、呼伦镇。

饲用价值：低等饲用植物。

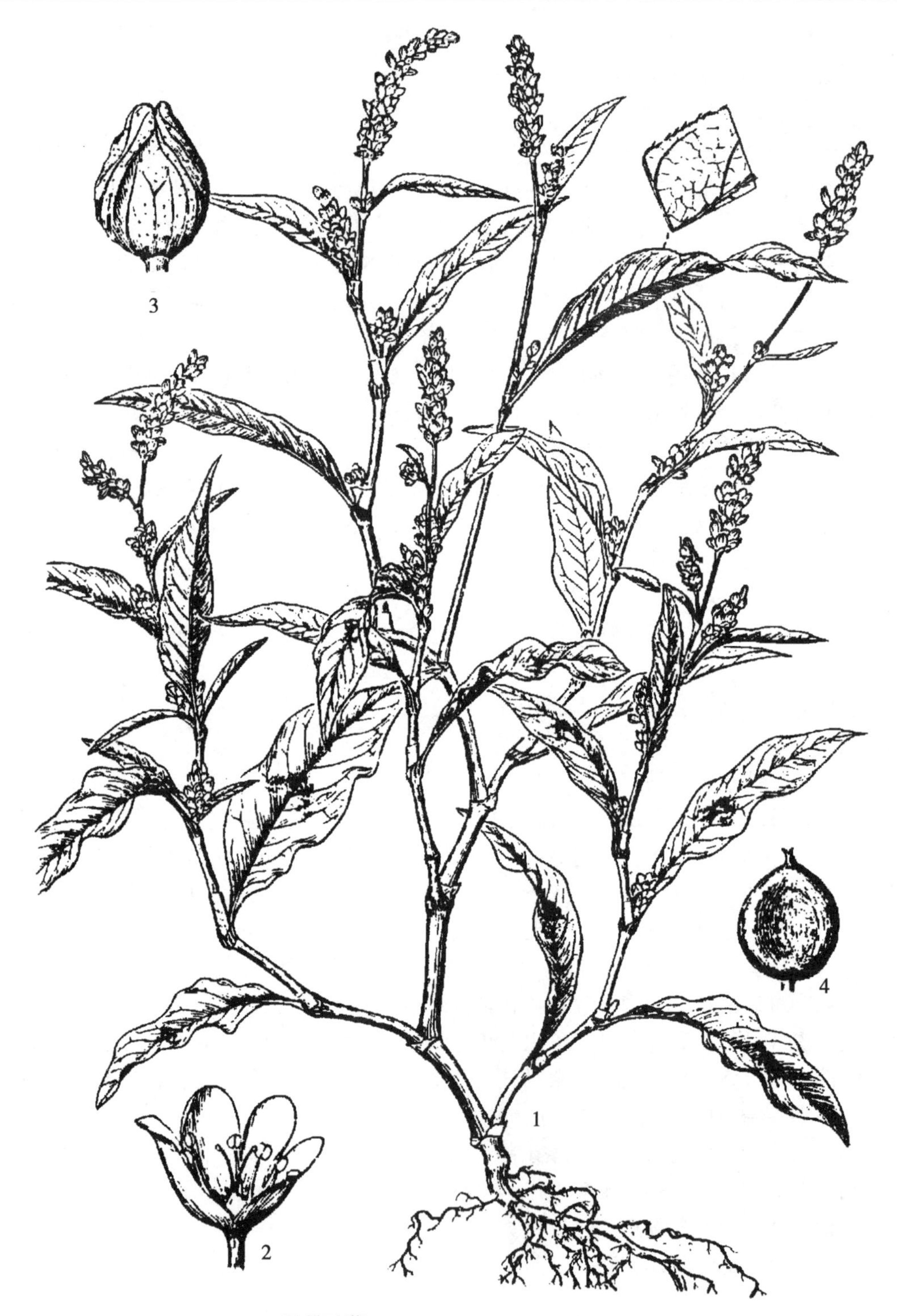

酸模叶蓼 *Polygonum lapathifolium* L.

1. 植株；2. 花展开；3. 成熟果实带宿存花被；4. 瘦果

西伯利亚蓼 *Polygonum sibiricum* Laxm.

蒙名：西伯日-希没乐得格

别名：剪刀股、醋柳

形态特征：多年生草本，高5~30厘米。具细长的根状茎。茎斜升或近直立，通常自基部分枝，无毛；节间短；叶有短柄；叶片近肉质，矩圆形、披针形、长椭圆形或条形，长2~15厘米，宽2~20毫米，先端锐尖或钝，基部略呈戟形，且向下渐狭而成叶柄，两侧小裂片钝或稍尖，有时不发育则基部为楔形，全缘，两面无毛，具腺点；花序为顶生的圆锥花序，由数个花穗相集而成，花穗细弱，花簇着生间断，不密集；苞宽漏斗状，上端截形或具小尖头，无毛，通常内含花5~6朵；花具短梗，中部以上具关节，时常下垂；花被5深裂，黄绿色，裂片近矩圆形，长约3毫米；雄蕊7~8，与花被近等长；花柱3，甚短，柱头头状。瘦果卵形，具3棱，棱钝，黑色，平滑而有光泽，长2.5~3毫米，包于宿存花被内或略露出。花期6—7月，果期8—9月。

耐盐中生植物。广布于草原和荒漠地带的盐化草甸、盐湿低地，局部还可形成群落，也散见于路旁、田野，为农田杂草。骆驼、绵羊、山羊乐意采食其嫩枝叶。根入药。

产地：全旗。

饲用价值：中等饲用植物。

细叶蓼 *Polygonum angustifolium* Pall.

蒙名：好您-塔日纳

形态特征：多年生草本，高15~70厘米。茎直立，多分枝，开展，稀少量分枝，具细纵沟纹，通常无毛。叶狭条形至矩圆状条形，长2~6厘米，宽0.5~3毫米，先端渐尖或锐尖，基部渐狭，边缘常反卷，稀扁平，两面通常无毛，稀具疏长毛，下面主脉显著隆起，营养枝上部的叶常密生；托叶鞘微透明，脉纹明显，常破裂。圆锥花序无叶或于下部具叶，疏散，由多数腋生和顶生的花穗组成；苞卵形，膜质，褐色，内含1~3花；花梗无毛，上端具关节，长1~2毫米；花被白色或乳白色，5深裂，长2~2.5毫米；果实长3毫米左右，裂片倒卵形或倒卵状披针形，大小略相等，开展；雄蕊7~8，比花被短；花柱3，柱头头状。瘦果卵状菱形，具3棱，长约2.5毫米，褐色，有光泽，包于宿存花被内。花果期7—8月。

旱中生草甸种。多散生于森林、森林草原的林缘草甸和山地草甸草原，为伴生种。青鲜状态牛、羊、马、骆驼乐食，干枯后采食较差。

产地：呼伦镇、阿日哈沙特镇、达赉苏木。

饲用价值：低等饲用植物。

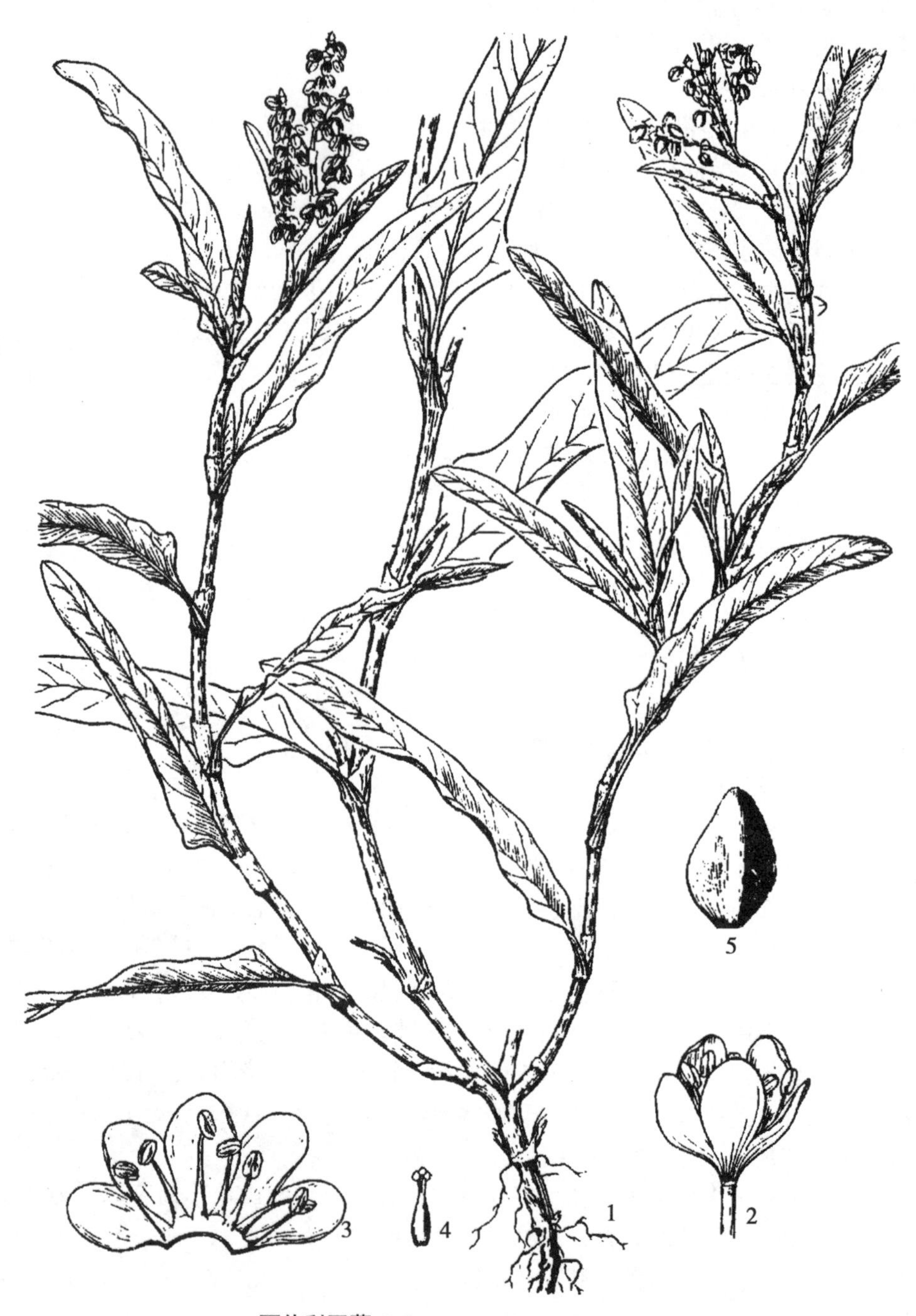

西伯利亚蓼 ***Polygonum sibiricum*** **Laxm.**

1. 植株；2. 花；3. 花被展开；4. 雌蕊；5. 瘦果

叉分蓼 *Polygonum divaricatum* L.

蒙名：希没乐得格

别名：酸不溜

形态特征：多年生草本，高 70~150 厘米。茎直立或斜升，有细沟纹，疏生柔毛或无毛，中空，节部通常膨胀，多分枝，常呈叉状，疏散而开展，外观构成圆球形的株丛。叶具短柄或近无柄，叶片披针形、椭圆形以至矩圆状条形，长 5~12 厘米，宽 0.5~2 厘米，先端锐尖、渐尖或微钝，基部渐狭，全缘或缘部略呈波状，两面被疏长毛或无毛，边缘常具缘毛或无毛；托叶鞘褐色，脉纹明显，有毛或无毛，常破裂而脱落。花序顶生，大型，为疏松开展的圆锥花序；苞卵形，长 2~3 毫米，膜质，褐色，内含 2~3 朵花；花梗无毛，上端有关节，长 2~2.5 毫米；花被白色或淡黄色，5 深裂，长 2.5~4 毫米，裂片椭圆形，大小略相等，开展；雄蕊 7~8，比花被短；花柱 3，柱头头状。瘦果卵状菱形或椭圆形，具 3 锐棱，长 5~6（7）毫米，比花被长约 1 倍，黄褐色，有光泽。花期 6—7 月，果期 8—9 月。

高大的旱中生草本植物。生于森林草原、山地草原的草甸和坡地，以至草原区的固定沙地。青鲜的或干后的茎叶绵羊、山羊乐食，马、骆驼有时也采食一些。全草及根入药。

产地：呼伦镇。

饲用价值：中等饲用植物。

高山蓼 *Polygonum alpinum* All.

蒙名：塔格音–塔日纳

别名：兴安蓼

形态特征：多年生草本，高 50~120 厘米。茎直立，微呈之字形曲折，下部常疏生长毛，上部毛较少，淡紫红色或绿色，具纵沟纹，上部常分枝，但侧枝较短，通常疏生长毛。叶稍具短柄，卵状披针形至披针形，长 3~8 厘米，宽 1~2（3）厘米，先端渐尖，基部楔形，稀近圆形，全缘，上面深绿色，粗糙或近平滑，下面淡绿色，两面被柔毛，边缘密被缘毛；托叶鞘褐色，具疏长毛。圆锥花序顶生，通常无毛，几乎无叶或有时花序的侧枝下具 1 条状披针形叶片；苞卵状披针形，背部具褐色龙骨状凸起，基部包围花梗，边缘及下部有时微有毛，内含 2~4 花；花具短梗，顶部具关节；花被乳白色，5 深裂，裂片卵状椭圆形，长 2~3 毫米，果时 3~3.5 毫米；雄蕊 8；花柱 3，柱头头状。瘦果三棱形，淡褐色，有光泽，常露出花被外，长 3.5~4 毫米。花期 7—8 月，果期 8—9 月。

寒生—中生草甸植物。散生于森林和森林草原地带的林缘草甸和山地杂类草草甸。牛与绵羊乐食其枝叶。全草入蒙药。

产地：呼伦镇。

饲用价值：中等饲用植物。

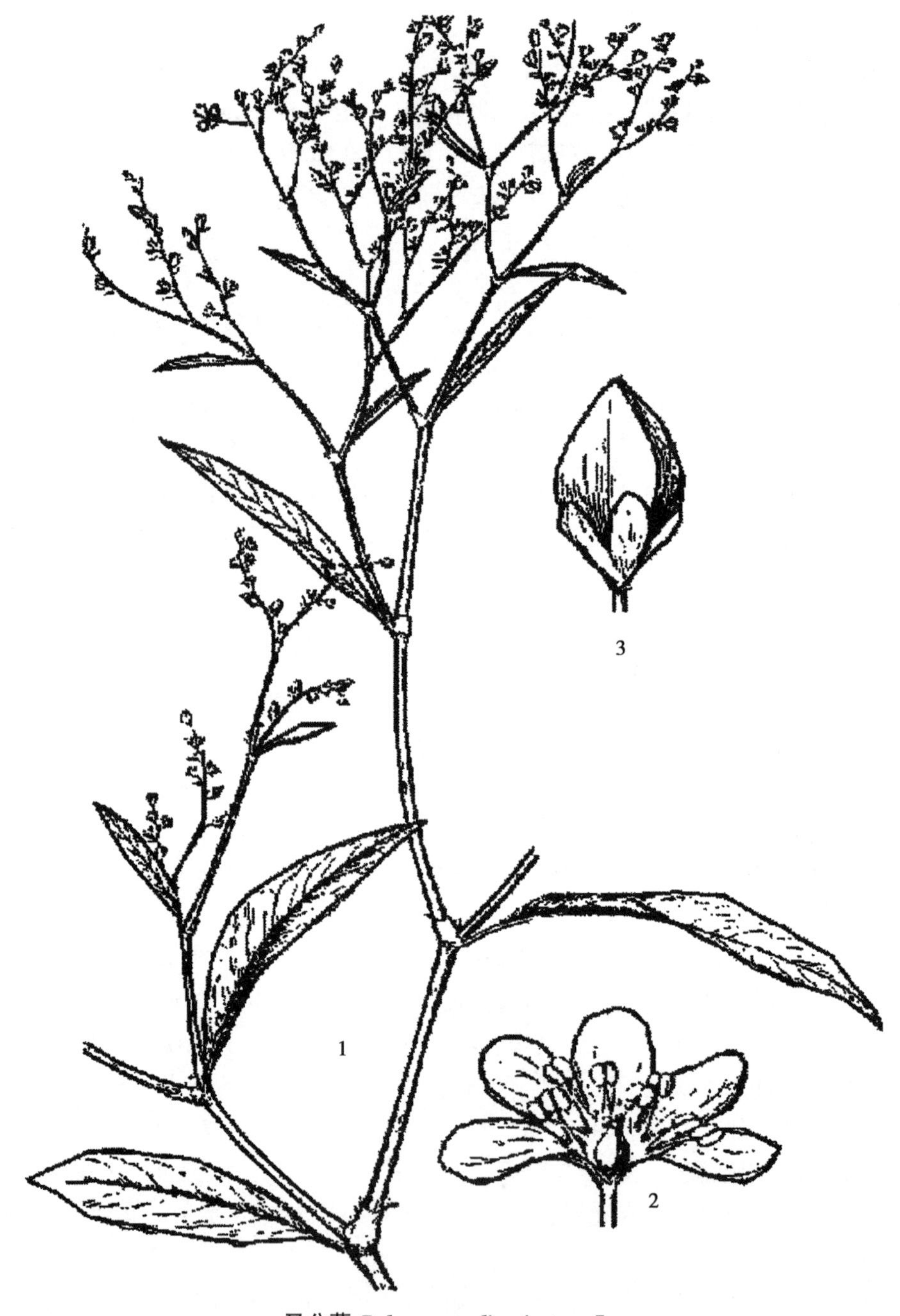

叉分蓼 ***Polygonum divaricatum* L.**

1. 植株；2. 花纵切；3. 瘦果

高山蓼 *Polygonum alpinum* All.

1. 植株；2. 苞片；3. 花被展开；4. 雌蕊；5. 带花被的瘦果；6. 瘦果

荞麦属 *Fagopyrum* Gaertn.

苦荞麦 *Fagopyrum tataricum*（L.）Gaertn.

蒙名：虎日-萨嘎得

别名：野荞麦、胡食子

形态特征：一年生草本，高 30~60 厘米。茎直立，分枝或不分枝，具细沟纹，绿色或微带紫色，光滑，小枝具乳头状凸起。下部茎生叶具长柄，叶片宽三角形或三角状戟形，长 2~7 厘米，宽 2.5~8 厘米，先端渐尖，基部微心形，裂片稍向外开展，尖头，全缘或微波状，两面沿叶脉具乳头状毛；上部茎生叶稍小，具短柄；托叶鞘黄褐色，无毛。总状花序，腋生和顶生，细长，开展，花簇疏松；花被白色或淡粉红色，5 深裂，裂片椭圆形，长 1.5~2 毫米，被稀疏柔毛；雄蕊 8，短于花被；花柱 3，较短，柱头头状。瘦果圆锥状卵形，长 5~7 毫米，灰褐色，有沟槽，具 3 棱，上端角棱锐利，下端圆钝成波状。花果期 6—9 月。

中生田间杂草，多呈半野生状态生长在田边、荒地、路旁和村舍附近，亦有栽培者。根及全草入药。种子供食用或作饲料。

产地：全旗。

饲用价值：良等饲用植物。

首乌属 *Fallopia* Adanson

蔓首乌 *Fallopia convolvula*（L.）A. Love

蒙名：萨嘎得音-奥日阳古

别名：卷茎蓼

形态特征：一年生草本，茎缠绕，细弱，有不明显的条棱，粗糙或生疏柔毛，稀平滑，常分枝。叶有柄，长达 3 厘米，棱上具极小的钩刺；叶片三角状卵心形或戟状卵心形，长 1.5~6 厘米，宽 1~5 厘米，先端渐尖，基部心形至戟形，两面无毛或沿叶脉和边缘疏生乳头状小凸起；托叶鞘短，斜截形，褐色，长达 4 毫米，具乳头状小凸起。花聚集为腋生之花簇，向上而成为间断具叶的总状花序；苞近膜质，具绿色的脊，表面被乳头状凸起，通常内含 2~4 朵花；花梗上端具关节，比花被短；花被淡绿色，边缘白色，长达 3 毫米，5 浅裂，果时稍增大，里面的裂片 2，宽卵形，外面的裂片 3，舟状，背部具脊和狭翅，时常被乳头状凸起；雄蕊 8，比花被短；花柱短，柱头 3，头状。瘦果椭圆形，具 3 棱，两端尖，长约 3 毫米，黑色，表面具小点，无光泽，全体包于花被内。花果期 7—8 月。

中生植物。多散生于阔叶林带、森林草原带和草原带的山地、草甸和农田。

产地：阿拉坦额莫勒镇、呼伦镇、达赉苏木、克尔伦苏木。

饲用价值：中等饲用植物。

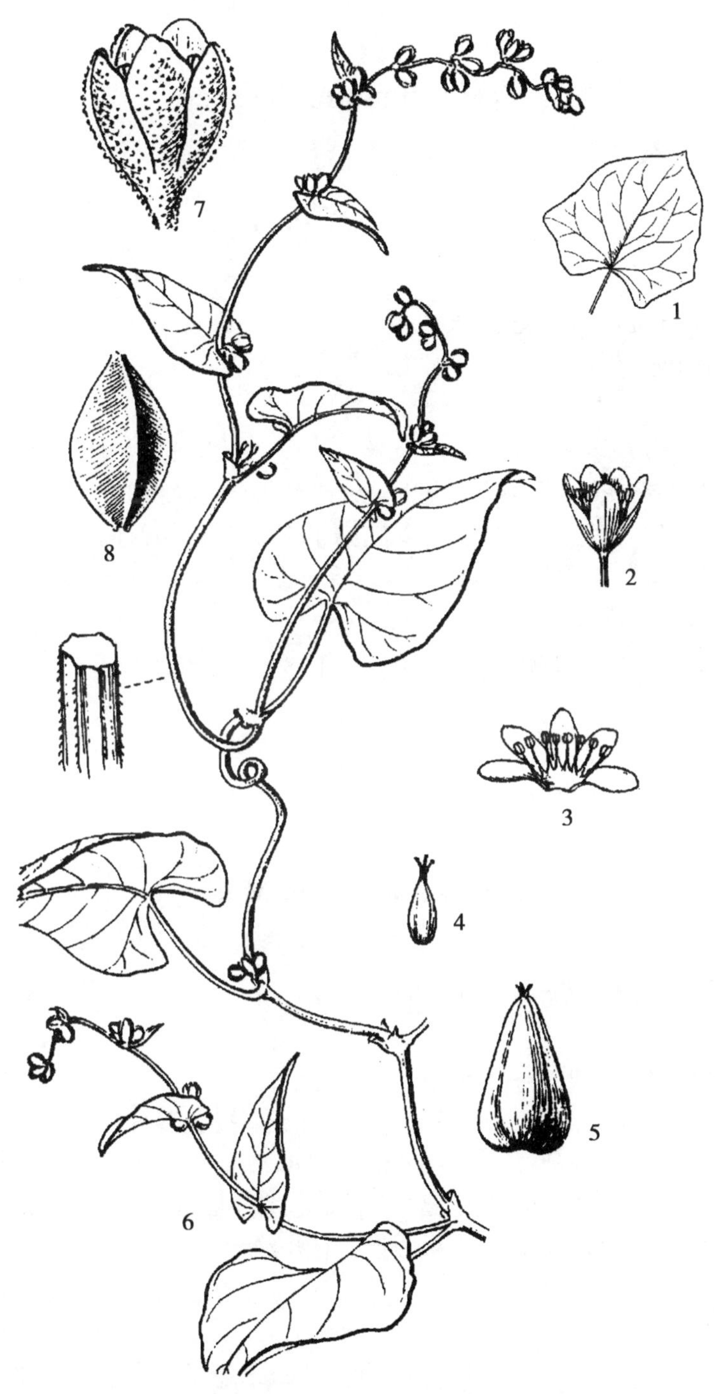

苦荞麦 *Fagopyrum tataricum*（L.）Gaertn.

1. 叶；2. 花；3. 花被展开；4. 雌蕊；5. 瘦果

蔓首乌 *Fallopia convolvula*（L.）A. Love.

6. 植株；7. 花；8. 瘦果

藜科 Chenopodiaceae

盐角草属 *Salicornia* L.

盐角草 *Salicornia europaea* L.

蒙名：希日和日苏

别名：海蓬子、草盐角

形态特征：一年生草本，高 5~30 厘米。茎直立，多分枝；枝灰绿色或为紫红色。叶鳞片状，长 1.5 毫米，先端锐尖，基部连合成鞘状，边缘膜质。穗状花序有短梗，圆柱状，长 1~5 厘米；花每 3 朵成 1 簇，着生于肉质花序轴两侧的凹陷内；花被上部扁平；雄蕊 1 或 2，花药矩圆形。胞果卵形，果皮膜质，包于膨胀的花被内；种子矩圆形，长 1~1.5 毫米。花果期 6—8 月。

典型盐生植物。生于盐湖或盐渍低地，可组成一年生盐生植被。植物体含有多量盐分，家畜不乐食。

产地：克尔伦河以南。

饲用价值：低等饲用植物。

盐爪爪属 *Kalidium* Moq.

盐爪爪 *Kalidium foliatum*（Pall.）Moq. -Tandon

蒙名：巴达日格纳

别名：着叶盐爪爪、碱柴、灰碱柴

形态特征：半灌木，高 20~50 厘米。茎直立或斜升，多分枝；枝灰褐色，幼枝稍为草质，带黄白色。叶圆柱形，长 4~6 毫米，宽 0.7~1.5 毫米，先端钝或稍尖，基部半抱茎，直伸或稍弯，灰绿色。花序穗状，圆柱状或卵形，长 8~20 毫米，直径 3~4 毫米；每 3 朵花生于 1 鳞状苞片内。胞果圆形，直径约 1 毫米，红褐色；种子与果同形。花果期 7—8 月。

盐生半灌木，广布于草原区和荒漠区的盐碱土上，尤喜潮湿疏松的盐土，经常在湖盆外围，盐湿低地和盐化沙地上形成大面积的盐湿荒漠，也以伴生种或亚优势种的形式出现于芨芨草盐化草甸中。

产地：阿拉坦额莫勒镇、克尔伦苏木、宝格德乌拉苏木、达赉苏木盐化草甸。

饲用价值：中等饲用植物。

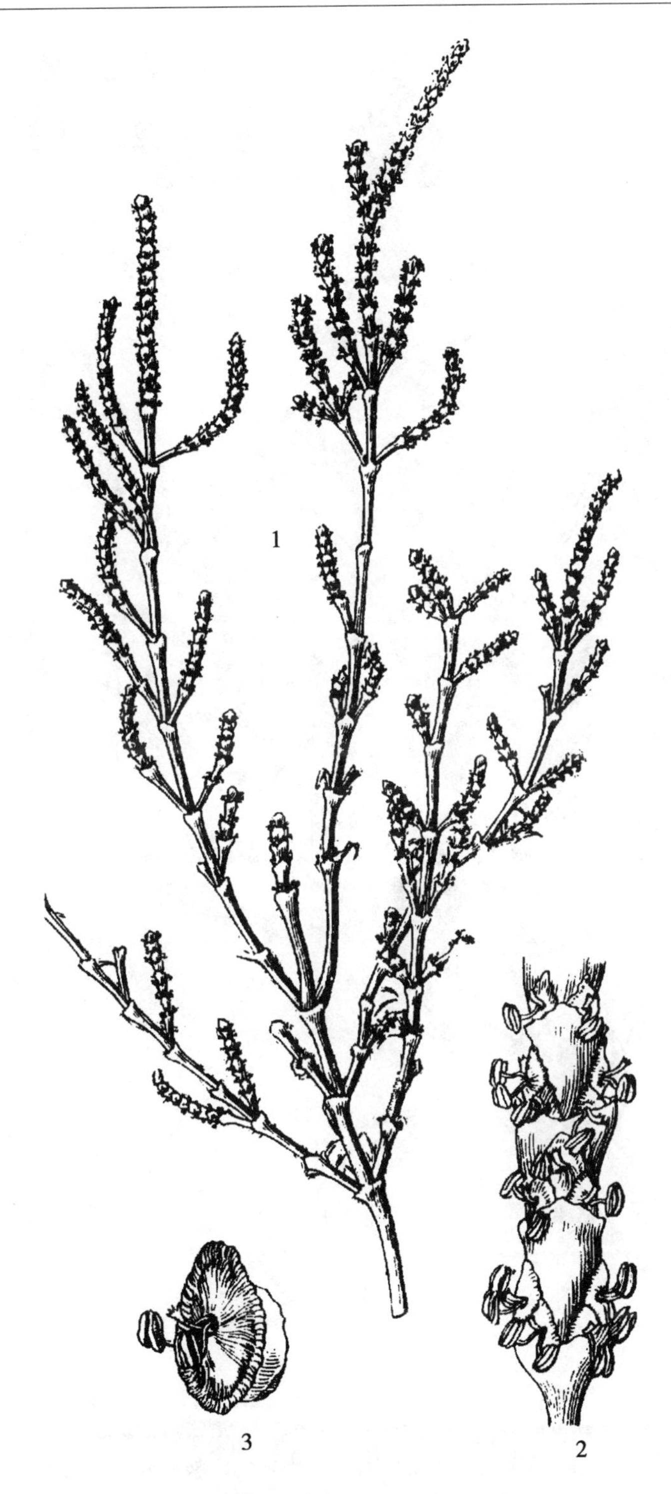

盐角草 *Salicornia europaea* L.

1. 植株；2. 花的一部分；3. 花

盐爪爪 *Kalidium foliatum*（Pall.）Moq.-Tandon

1. 植株；2. 花穗放大；3. 胞果：4. 枝叶放大

细枝盐爪爪 *Kalidium gracile* Fenzl

5. 枝叶放大

细枝盐爪爪 *Kalidium gracile* Fenzl

蒙名：希日-巴达日格纳

别名：绿碱柴

形态特征：半灌木，高 10~30 厘米。茎直立，多分枝；老枝红褐色或灰褐色，幼枝纤细，黄褐色。叶不发达，瘤状，先端钝，基部狭窄，黄绿色，花序穗状，圆柱状，细弱，长 1~3.5 厘米，直径约 1.5 毫米；第 1 朵花生于 1 鳞状苞片内，胞果卵形；种子与果同形。花果期 7—8 月。

盐生半灌木，生于草原区和荒漠区盐湖外围和盐碱土上。散生或群集，可为盐湖外围，河流尾端低湿洼地的建群种，形成盐生荒漠，也进入芨芨草盐化草甸，为伴生成分。秋末至春季返青前，骆驼喜食，羊、马稍食。青鲜状态除骆驼少量采食外其他家畜均不食。

产地：克尔伦河以南。

饲用价值：中等饲用植物。

碱蓬属 *Suaeda* Forsk.

碱蓬 *Suaeda glauca*（Bunge）Bunge

蒙名：和日斯

别名：猪尾巴草、灰绿碱蓬

形态特征：一年生草本，高 30~60 厘米。茎直立，圆柱形，浅绿色，具条纹，上部多分枝，分枝细长，斜升或开展。叶条形，半圆柱状或扁平，灰绿色，长 1.5~3（5）厘米，宽 0.7~1.5 毫米，先端钝或稍尖，光滑或被粉粒，通常稍向上弯曲；茎上部叶渐变短。花两性，单生或 2~5 朵簇生于叶腋的短柄上，或呈团伞状，通常与叶具共同之柄；小苞片短于花被，卵形，锐尖；花被片 5，矩圆形，向内包卷，果时花被增厚，具隆脊，呈五角星状。胞果有 2 型，其一扁平，圆形，紧包于五角星形的花被内；另一呈球形，上端稍裸露，花被不为五角星形，种子近圆形，横生或直立，有颗粒状点纹，直径约 2 毫米，黑色。花期 7—8 月，果期 9 月。

盐生植物。群聚和零星生长于盐渍化和盐碱湿润的土壤上。骆驼采食，山羊、绵羊采食较少。碱蓬是一种良好的油料植物，种子油可作肥皂和油漆等。此外，全株含有丰富的碳酸钾，在印染工业上，玻璃工业上，化学工业上可作多种化学制品的原料。

产地：全旗。

饲用价值：低等饲用植物。

角果碱蓬 *Suaeda corniculata*（C. A. Mey.）Bunge

蒙名：额伯日特-和日斯

形态特征：一年生草本，高 10～30 厘米，全株深绿色，秋季变紫红色，晚秋常变黑色，无毛。茎粗壮，由基部分枝，斜升或直立，有红色条纹，枝细长，开展。叶条形、半圆柱状，长 1～2 厘米，宽 0. 7～1. 5 毫米，先端渐尖，基部渐狭，常被粉粒。花两性或雌性，3～6 朵簇生于叶腋，呈团伞状；小苞片短于花被；花被片 5，肉质或稍肉质，向上包卷，包住果实，果时背部生不等大的角状凸起，其中之一发育伸长成长角状；雄蕊 5，花药极小，近圆形；柱头 2。花柱不明显，胞果圆形，稍扁；种子横生或斜生，直径 1～1. 5 毫米，黑色或黄褐色，有光泽，具清晰的点纹。花期 8—9 月，果期 9—10 月。

典型盐生植物。生于盐碱或盐湿土壤，群集或零星分布，形成群落或层片，在本区可与芨芨草盐生草甸形成镶嵌分布的复合群落，在盐湖、水泡子外围形成优势群落。为盐生植物。用途同碱蓬。

产地：阿拉坦额莫勒镇、克尔伦苏木、达赉苏木。

饲用价值：低等饲用植物。

盐地碱蓬 *Suaeda salsa*（L.）Pall.

蒙名：哈日-和日斯

别名：黄须菜、翅碱蓬

形态特征：一年生草本，高 10～50 厘米，绿色，晚秋变红紫色或墨绿色。茎直立，圆柱形，无毛。有红紫色条纹；上部多分枝或由基部分枝，枝细弱，有时茎不分枝。叶条形，半圆柱状，长 1～3 厘米，宽 1～2 毫米，先端尖或急尖，枝上部叶较短。团伞花序，通常含 3～5 花，腋生，在分枝上排列成间断的穗状花序，花两性或兼有雌性，小苞片短于花被，卵形或椭圆形，膜质，白色；花被半球形，花被片基部合生，果时各花被片背显著隆起，成为兜状或龙骨状，基部具大小不等的翅状凸起；雄蕊 5，花药卵形或椭圆形；柱头 2，丝状有乳头，花柱不明显。种子横生，双凸镜形或斜卵形，直径 0. 8～1. 5 毫米，黑色，表面有光泽，网点纹不清晰或仅边缘较清晰。花果期 8—10 月。

典型盐生植物。生于盐碱或盐湿土壤上。星散或群集分布。在盐碱湖滨、河岸、洼地常形成群落。为典型盐生植物。

产地：全旗。

饲用价值：良等饲用植物。

碱蓬 ***Suaeda glauca*** **（Bunge） Bunge**

1. 植株；2. 胞果包于花被内；3. 种子

角果碱蓬 ***Suaeda corniculata*** **（C. A. Mey.） Bunge**

4. 胞果包于花被内

盐地碱蓬 ***Suaeda salsa*** **（L.） Pall.**

5. 植株；6. 胞果包于花被内

雾冰藜属 *Bassia* All.

雾冰藜 *Bassia dasyphylla*（Fisch. et C. A. Mey.）O. Kuntze

蒙名：马能-哈麻哈格

别名：巴西藜、肯诺藜、五星蒿、星状刺果藜

形态特征：一年生草本，高5~30厘米，全株被灰白色长毛。茎直立，具条纹，黄绿色或浅红色，多分枝，开展，细弱，后变硬。叶肉质，圆柱状或半圆柱状条形，长0.3~1.5厘米，宽1~5毫米，先端钝，基部渐狭，花单生或2朵集生于叶腋，但仅1花发育；花被球状壶形，草质，5浅裂，果时在裂片背侧中部生5个锥状附属物，呈五角星状。胞果卵形；种子横生，近圆形，压扁，直径1~2毫米，平滑，黑褐色。花果期8—10月。

旱生草本植物。散生或群生于草原区和荒漠区的沙质和砂砾质土壤上，也见于沙质撂荒地和固定沙地，稍耐盐。自荒漠草原带向西，个体数量明显增多，在沙地上可形成单一群落。夏季秋初为马乐食，秋季绵羊、山羊、骆驼乐食。

产地：呼伦镇、克尔伦苏木、宝格德乌拉苏木。

饲用价值：中等饲用植物。

猪毛菜属 *Salsola* L.

刺沙蓬 *Salsola tragus* L.

蒙名：乌日格斯图-哈木呼乐

别名：沙蓬、苏联猪毛菜

形态特征：一年生草本，高15~50厘米。茎直立或斜升，由基部分枝，坚硬，绿色，圆筒形或稍有棱，具白色或紫红色条纹，无毛或具乳头状短糙硬毛。叶互生，条状圆柱形，肉质，长1.5~4厘米，厚1~2毫米，先端有白色硬刺尖，基部稍扩展，边缘干膜质，两面苍绿色，无毛或有短糙硬毛，边缘常被硬毛状缘毛。花1~2朵生于苞腋，通常在茎及枝的上端排列成为穗状花序；小苞片卵形，边缘干膜质，全缘或具微小锯齿，先端具刺尖，质硬；花被片5，锥形或长卵形，直立，长约2毫米，其中有2片较短而狭，花期为透明膜质，果时于背侧中部横生5个干膜质或近革质翅，其中3个翅较大，肾形，扇形或倒卵形，淡紫红色或无毛，后期常变为灰褐色，具多数扇状脉纹，水平开展，或稍向上，顶端有不规则的圆齿，另2个翅较小，匙形，各翅边缘互相衔接或重叠；全部翅（包括花被）直径4~10毫米；花被片的上端为薄膜质，聚集在中央部，形成圆锥状，高出于翅，基部变厚硬包围果实；雄蕊5，花药矩圆形，顶部无附属物；柱头2裂，丝形，长为花柱的3~4倍。胞果倒卵形，果皮膜质；种子横生。花期7—9月。果期9—10月。

生于砂质或砂砾质土壤上，喜疏松土壤，也进入农田成为杂草，多雨年份在荒漠草原和荒漠群落中常形成发达的层片。

雾冰藜 *Bassia dasyphylla*（Fisch. et C. A. Mey.）O. Kuntze

1. 植株；2. 胞果及宿存的具铃状物花被

用途同猪毛菜。本种的植物外形、叶形、苞叶的长短及开展状况，果翅、花柱与柱头长度的比例以及胞果的大小都有很大变异。其典型植物的茎多直立，分枝；叶条状圆柱形，基部稍扩展；果翅膜质，淡紫红色或无色，其中3片较大为扇形，另2片较小多为匙形，脉纹粗壮；胞果直径1~2毫米；柱头长为花柱的3~4倍。有的茎基部强烈分枝，中部叶基显著扩展，呈扁平的三角状，苞叶果时强烈反折，穗状花序上部明显变粗(可达1厘米)；有的果翅变为近革质，仅顶端边缘为膜质；有的胞果似浆果状，直径2~3毫米，花被片翅以上部分不聚集在中央呈圆锥状，而向外反折；有的柱头长度为花柱的2倍左右。全草入药。

产地：克尔伦苏木、呼伦湖边。

饲用价值：中等饲用植物。

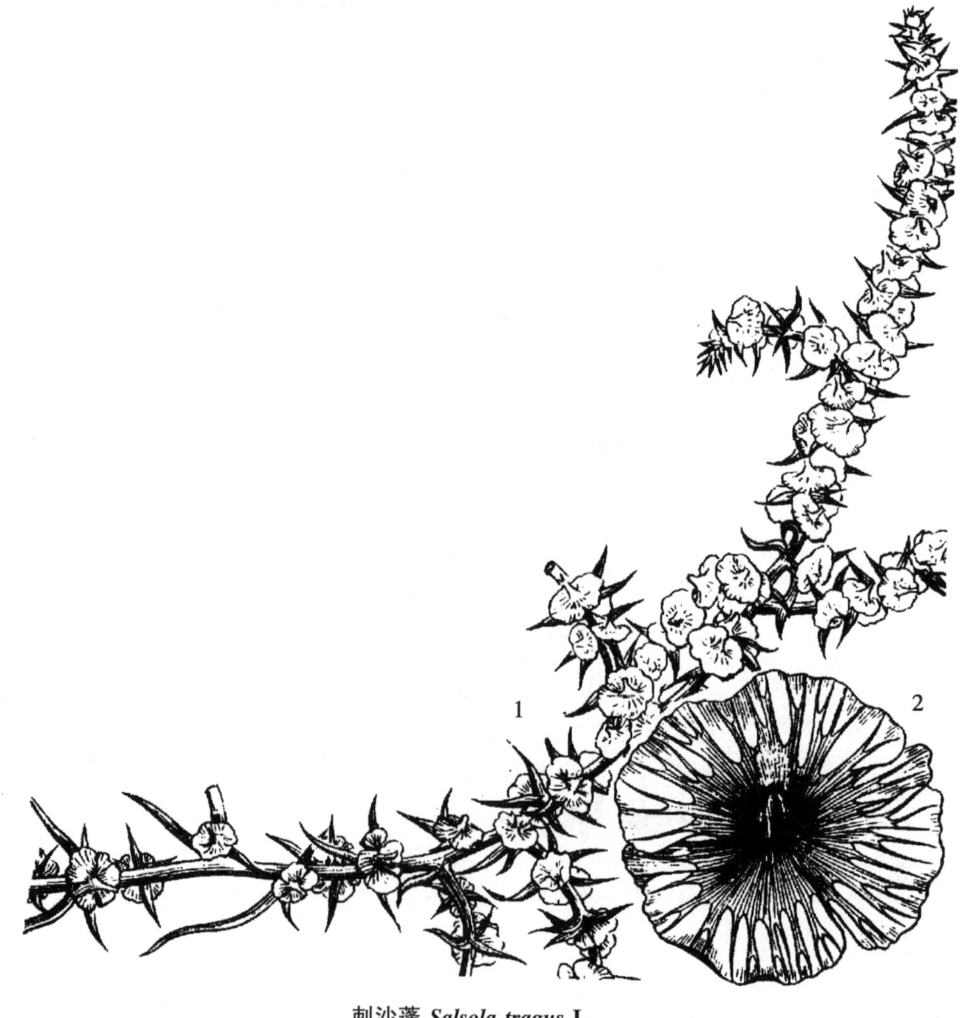

刺沙蓬 ***Salsola tragus* L.**

1. 植株；2. 胞果及宿存具翅的花被

猪毛菜 *Salsola collina* Pall.

蒙名：哈木呼乐

别名：山叉明棵、札蓬棵、沙蓬

形态特征：一年生草本，高 30~60 厘米。茎近直立，通常由基部分枝，开展，茎及枝淡绿色，有白色或紫色条纹，被稀疏的短糙硬毛或无毛。叶条状圆柱形，肉质，长 2~5 厘米，宽 0.5~1 毫米，先端具小刺尖，基部稍扩展，下延，深绿色，有时带红色，无毛或被短糙硬毛。花通常多数，生于茎及枝上端，排列为细长的穗状花序，稀单生于叶腋；苞片卵形，具锐长尖，绿色，边缘膜质，背面有白色隆脊，花后变硬；小苞片狭披针形，先端具针尖，花被片披针形膜质透明，直立，长约 2 毫米，较短于苞，果时背部生有鸡冠状革质凸起，有时为 2 浅裂；雄蕊 5，稍超出花被，花丝基部扩展，花药矩圆形，顶部无附属物；柱头丝状，长为花柱的 1.5~2 倍。胞果倒卵形，果皮膜质；种子倒卵形，顶端截形。花期 7—9 月，果期 8—10 月。

旱中生植物。为欧亚大陆温带地区的习见种。经常进入草原和荒漠群落中成伴生种，亦为农田、撂荒地杂草，可形成群落或纯群落。青鲜状态或干枯后均为骆驼所喜食，绵羊、山羊在青鲜时乐食，干枯后则利用较差，牛马稍采食。全草入药。

产地：全旗。

饲用价值：中等饲用植物。

盐生草属 *Halogeton* C. A. Mey.

盐生草 *Halogeton glomeratus*（Marschall von Bieb.）C. A. Mey.

蒙名：好希-哈麻哈格

形态特征：一年生草本，高 5~30 厘米。茎直立，基部分枝；枝互生，基部枝近对生，无毛，灰绿色，茎和枝常紫红色。叶圆柱状，长 4~12 毫米，宽 1~2 毫米，先端有黄色长刺毛，易脱落，基部扩大，半抱茎，叶腋有白色长毛束。花腋生，通常 4~6 朵聚集成团伞花序，几乎遍布于全植株；苞片卵形；花被片披针形，膜质，背部有 1 条粗脉，果时自背侧近顶部生翅；翅半圆形，膜质，大小近相等，有明显脉纹，有时翅不发育而花被增厚成革质。胞果球形或卵球形；种子直立，圆形。花果期 7—9 月。

一年生强旱生草本，仅见于荒漠区西部轻度盐渍化的黏壤土质或砂砾质、砾质戈壁滩上。在极端严酷的生境条件下，能形成群落，并常以伴生成分进入其他荒漠群落。

产地：全旗盐渍化草地。

饲用价值：良等饲用植物。

猪毛菜 *Salsola collina* Pall.

1. 植株；2. 花；3. 胞果及宿存具翅的花被；4. 胚

盐生草 ***Halogeton glomeratus*** **(Marschall von Bieb.) C. A. Mey.**

1. 植株；2. 胞果及宿存的具翅的花被；3. 果时花被片

蛛丝蓬属 *Micropeplis* Bunge

蛛丝蓬 *Micropeplis arachnoidea*（Moq. -Tandon）Bunge

蒙名：好希-哈麻哈格

别名：蛛丝盐生草、白茎盐生草、小盐大戟

形态特征：一年生草本，高10~40厘米。茎直立，自基部分枝；枝互生；灰白色，幼时被蛛丝状毛，毛以后脱落，叶互生，肉质，圆柱形，长3~10毫米，宽1.5~2毫米，先端钝，有时生小短尖，叶腋有绵毛。花小，杂性，通常2~3朵簇生于叶腋；小苞片2，卵形，背部隆起，边缘膜质；花被片5，宽披针形，膜质，先端钝或尖，全缘或有齿，果时自背侧的近顶部生翅；翅半圆形，膜质，透明；雄花的花被常缺；雄蕊5，花药矩圆形；柱头2，丝形。胞果宽卵形，背腹压扁，果皮膜质，灰褐色；种子圆形，横生，直径1~1.5毫米；胚螺旋状。花果期7—9月。

耐盐碱的旱中生物。多生于荒漠地带的碱化土壤、石质残丘覆沙坡地、沟谷干河床沙地或砾石戈壁滩上。为荒漠群落的常见伴生种，沿盐渍化低地也进入荒漠草原地带，但一般很少进入典型草原地带。骆驼乐食，山羊、绵羊采食较差。

产地：克尔伦苏木、阿日哈沙特镇、阿拉坦额莫勒镇、宝格德乌拉苏木。

饲用价值：中等饲用植物。

沙蓬属 *Agriophyllum* M. Bieb.

沙蓬 *Agriophyllum squarrosum*（L.）Moq. -Tandon

蒙名：楚力给日

别名：沙米、登相子

形态特征：一年生，植株高15~50厘米。茎坚硬，浅绿色，具不明显条棱，幼时全株密被分枝状毛，后脱落；多分枝，最下部枝条通常对生或轮生，平卧，上部枝条互生，斜展。叶无柄，披针形至条形，长1.3~7厘米，宽4~10毫米，先端渐尖有小刺尖，基部渐狭，有3~9条纵行的脉，幼时下面密被分枝状毛，后脱落。花序穗状，紧密，宽卵形或椭圆状，无梗，通常1（3）个着生叶腋；苞片宽卵形，先端急缩具短刺尖，后期反折；花被片1~3，膜质，雄蕊2~3，花丝扁平，锥形，花药宽卵形；子房扁卵形，被毛，柱头2。胞果圆形或椭圆形，两面扁平或背面稍凸，除基部外周围有翅，顶部具果喙，果喙深裂成2个条状扁平的小喙，在小喙先端外侧各有1小齿；种子近圆形，扁平，光滑。花果期8—10月。

沙生先锋植物。生于流动、半流动沙地和沙丘。在草原区沙地和沙漠中分布极为广泛。往往可以形成大面积的先锋植物群落。骆驼终年喜食。山羊、绵羊仅乐食其幼嫩的茎叶，牛、马采食较差。开花后即迅速粗老而多刺，家畜多不食。种子可作精料补饲家畜，或磨粉后，煮熬成糊，喂缺奶羔羊，作幼畜的代乳品。种子萌发力甚强且快，在流动沙丘上遇雨便萌发，具有特殊的先期固沙性能，故在荒漠地带是一种先锋固沙植物。种子作蒙药用。

产地：宝格德乌拉苏木、呼伦湖边沙丘。

饲用价值：良等饲用植物。

蛛丝蓬 *Micropeplis arachnoidea*（Moq. -Tandon）Bunge

1. 植株；2. 果时花被片

沙蓬 ***Agriophyllum squarrosum*** **（L.）Moq. -Tandon**

1. 植株；2. 果实及雄蕊；3. 种子；4. 胚

虫实属 *Corispermum* L.

长穗虫实 *Corispermum elongatum* Bunge

蒙名：图如特-哈麻哈格

形态特征：一年生，植株高 18~50 厘米。茎直立，圆柱形，疏生毛；分枝多，成帚状，最下部分枝较长，斜升，上部分枝通常斜展。叶狭条形，长 3~5 厘米，宽 2~4 毫米，先端渐尖，具小尖头，基部渐狭，1 脉，深绿色。穗状花序圆柱状，较稀疏，延长，长 3~11 厘米，通常 5~8 厘米，直径约 6 毫米，下部的花疏离至稀疏，上部稍密；苞片披针形至卵形，先端渐尖或骤尖，基部圆形，具白色膜质边缘，1~3 脉，绿色，果期毛脱落；花被片 3，雄蕊 5，超过花被片，果实矩圆状椭圆形，长 3.1~4 毫米，宽 2.5~3 毫米，顶端具浅而宽的缺刻，基部圆楔形，背部凸起，中央扁平，腹部凹入，无毛；果喙较短，长 0.7 毫米，直立，翅宽 0.4~0.7 毫米，为果核宽的 1/6~1/2，不透明，边缘具不规则细齿、全缘或呈波状、花果期 7—9 月。

沙生植物。生于草原区的沙地和沙丘上。

产地：宝格德乌拉苏木、克尔伦苏木。

饲用价值：中等饲用植物。

兴安虫实 *Corispermum chinganicum* Iljin

蒙名：虎日恩-哈麻哈格

别名：小果兴安虫实

形态特征：植株高 10~50 厘米。茎直立，圆柱形，绿色或红紫色，由基部分枝，下部分枝较长，斜升，上部分枝较短，斜展，初期疏生长柔毛，后无毛。叶条形，长 2~5 厘米，宽约 2 毫米，先端渐尖，具小尖头，基部渐狭，1 脉。穗状花序圆柱形，稍紧密，长（1.5）4~5 厘米，直径 3~8 毫米，通常约 5 毫米；苞片披针形至卵形或宽卵形，先端渐尖或骤尖，1~3 脉，具较宽的白色膜质边缘，全部包被果实；花被片 3，近轴花被片 1，宽椭圆形，顶端具不规则的细齿；雄蕊 1~5，稍超过花被片。果实矩圆状倒卵形或宽椭圆形，长 3~3.5（3.75）毫米，宽 1.5~2 毫米，顶端圆形，基部近圆形或近心形，背部凸起，腹面扁平，无毛；果核椭圆形，灰绿色至橄榄色，后期为暗褐色，有光泽，常具褐色斑点或无，无翅或翅狭窄，为果核的 1/7~1/8，浅黄色，不透明，全缘；小喙粗短，为喙长的 1/4~1/3。花果期 6—8 月。

一年生沙生植物。生于草原和荒漠草原的沙质土壤上，也出现于荒漠区湖边沙地和干河床。骆驼青绿时采食，干枯后十分喜食。绵羊、山羊在青绿时采食较少，秋冬采食，马稍食，牛通常不食。牧民常收集其籽实做饲料，补喂瘦弱畜及幼畜。

产地：呼伦湖河岸。

饲用价值：良等饲用植物。

蒙古虫实 *Corispermum mongolicum* Iljin

蒙名：蒙古乐-哈麻哈格

形态特征：植株高 10~35 厘米。茎直立，圆柱形，被星状毛，通常分枝集中于基部，最下部分枝较长，平卧或斜升，上部分枝较短，斜展。叶条形或倒披针形，长 1.5~2.5 厘米，宽 0.2~0.5 厘米，先端锐尖，具小尖头，基部渐狭，1 脉。穗状花序细长，不紧密，圆柱形，苞片条状披针形至卵形，长 5~20 毫米，宽约 2 毫米，先端渐尖，基部渐狭，1 脉，被星状毛，具宽的白色膜质边缘，全部包被果实；花被片 1，矩圆形或宽椭圆形，顶端具不规则细齿；雄蕊 1~5，超出花被片。果实宽椭圆形至矩圆状椭圆形，长 1.5~2.25（3）毫米（通常 2 毫米），宽 1~1.5 毫米，顶端近圆形，基部楔形，背部具瘤状凸起，腹面凹入；果核与果同形，黑色、黑褐色到褐色，有光泽，通常具瘤状凸起，无毛；果喙短，喙尖为喙长的 1/2；翅极窄，几近于无翅，浅黄色，全缘。花果期 7—9 月。

一年生沙生植物。生于荒漠区和草原区的砂质土壤、戈壁和沙丘上。用途同兴安虫实。

产地：宝格德乌拉苏木。

饲用价值：良等饲用植物。

绳虫实 *Corispermum declinatum* Steph. ex Iljin

蒙名：布呼根-哈麻哈格

形态特征：植株高 15~50 厘米。茎直立，稍细弱，分枝多，最下部者较长，斜升，绿色或带红色，具条纹。叶条形，长 2~3（6）厘米，宽 1.5~3 毫米，先端渐尖，具小尖头，基部渐狭，1 脉。穗状花序细长，稀疏；苞片较狭，条状披针形至狭卵形，长 3~7 毫米，宽约 3 毫米，先端渐尖，具小尖头，1 脉，边缘白色膜质，除上部萼片较果稍宽外均较果窄。花被片 1，稀 3，近轴花被片宽椭圆形，先端全缘或啮蚀状；雄蕊 1~3，花丝长为花被长的 2 倍。果实倒卵状矩圆形，长 3~4 毫米，宽 1.5~2 毫米，中部以上较宽，顶端锐尖，稀近圆形，基部圆楔形，背面中央稍扁平，腹面凹入，无毛；果核狭倒卵形，平滑或稍具瘤状凸起；果喙长约 0.5 毫米，喙尖为喙长的 1/3，直立；边缘具狭翅，翅宽为果核的 1/8~1/3。花果期 6—9 月。

一年生沙生植物。生于草原区的砂质土壤和固定沙丘上。骆驼青绿时采食，干枯后十分喜食。绵羊、山羊在青绿时采食较少，秋冬采食，马稍食，牛通常不食。牧民常收集其籽实做饲料，补喂瘦弱畜及幼畜。

产地：达赉苏木。

饲用价值：良等饲用植物。

长穗虫实 *Corispermum elongatum* Bunge

1. 胞果

兴安虫实 *Corispermum chinganicum* Iljin

2. 胞果

蒙古虫实 *Corispermum mongolicum* Iljin

3. 胞果

轴藜 *Axyris amaranthoides* L.

4. 植株；5. 雄花穗；6. 雄花；7. 雌花及苞片；8. 雌花穗；9. 果实；10. 胚

杂配轴藜 *Axyris hybrida* L.

11. 果实

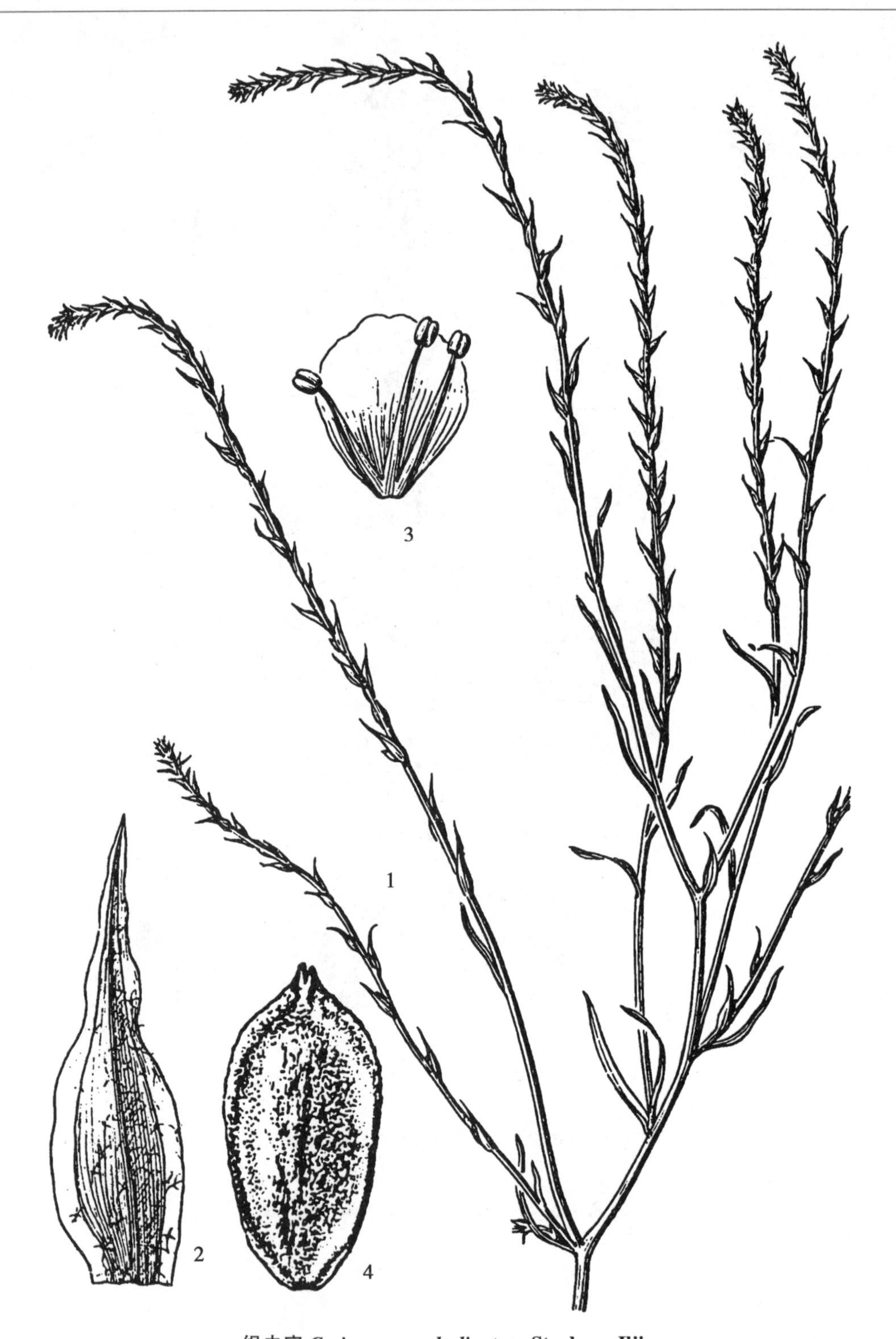

绳虫实 *Corispermum declinatum* Steph. ex Iljin

1. 植株；2. 苞片；3. 花被片及雄蕊；4. 胞果

轴藜属 *Axyris* L.

轴藜 *Axyris amaranthoides* L.

蒙名：查干-图如

形态特征：植株高 20~80 厘米，茎直立，粗壮，圆柱形，稍具条纹，幼时被星状毛，后期大部脱落，多分枝，常集中于中部以上，纤细，下部枝较长，越向上越短。叶具短柄，先端渐尖，具小尖头，基部渐狭，全缘，下面密被星状毛，后期毛脱落，茎生叶较大，披针形，长 3~7 厘米，宽 0.5~1.3 厘米，脉显著；枝生叶及苞片较小，狭披针形或狭倒卵形，长约 1 厘米，宽 2~3 毫米，边缘通常内卷。雄花序呈穗状，花被片 3，膜质，狭矩圆形，背面密被星状毛，后期脱落，雄蕊 3，比花被片短或等长；雌花数朵构成短缩的聚伞花序，位于枝条下部叶腋，花被片 3，膜质，背部密被星状毛，侧生的 2 个花被片较大，宽卵形或近圆形，近苞片处的花被片较小，矩圆形，果时均增大，包被果实。胞果长椭圆状倒卵形，侧扁，长 2~3 毫米，灰黑色，顶端有 1 冠状附属物，其中央微凹。花果期 8—9 月。

一年生中生农田杂草。散生于沙质撂荒地和居民点周围。

产地：克尔伦河以北。

饲用价值：低等饲用植物。

杂配轴藜 *Axyris hybrida* L.

蒙名：额日力斯-查干-图如

形态特征：植株高 5~40 厘米。茎直立，由基部分枝，枝通常斜升，幼时被星状毛，后期脱落。叶具短柄，叶片卵形、椭圆形或矩圆状披针形，长 0.5~3.5 厘米，宽 0.2~1 厘米，先端钝或渐尖，具小尖头，基部楔形，全缘，下面叶脉明显，两面均密被星状毛。雄花序穗状，花被片 3，膜质，矩圆形，背面密被星状毛，后期脱落，雄蕊 3，伸出花被外；雌花无梗，通常构成聚伞花序生于叶腋，苞片披针形或卵形，背面密被星状毛，花被片 3，背部密被星状毛。胞果宽椭圆状倒卵形，长 1.5~2 毫米，宽约 1.5 毫米，侧面具同心圆状皱纹，顶端有 2 个小的三角状附属物。花果期 7—8 月。

一年生的中生杂草，为沙质撂荒地上常见植物，也见于固定沙地、干河床。

产地：呼伦镇、阿日哈沙特镇、阿拉坦额莫勒镇、达赉苏木。

饲用价值：低等饲用植物。

驼绒藜属 *Krascheninnikovia* Gueld.

驼绒藜 *Krascheninnikovia ceratoides*（L.）Gueld.

蒙名：特斯格

别名：优若藜、内蒙驼绒藜

形态特征：半灌木、植株高 0.3~1 米，分枝多集中于下部。叶较小，条形，条状披针形、披针形或矩圆形，长 1~2 厘米，宽 2~5 毫米，先端锐尖或钝，基部渐狭，楔形或圆形，全缘，1 脉，有时近基部有 2 条不甚显著的侧脉，极稀为羽状，两面均有星状毛。雄花序较短而紧密，长达 4 厘米；雌花管椭圆形，长 3~4 毫米，密被星状毛，花管裂片角状，其长为管长的 1/3，叉开，先端锐尖，果实管外具 4 束长毛，其长约与管长相等；胞果椭圆形或倒卵形，被毛；果期 6—9 月。

强旱生半灌木。生于草原区西部和荒漠区沙质、砂砾质土壤，为小针茅草原的伴生种，在草原化荒漠可形成大面积的驼绒藜群落，也出现在其他荒漠群落中。家畜采食其当年生枝条。在各种家畜中、骆驼与山羊、绵羊四季均喜食，而以秋冬为最喜食，绵羊与山羊除喜食其嫩枝停亦喜采食其花序，马四季均喜采食，牛的适口性较差。花可入药。

产地：呼伦镇、阿日哈沙特镇。

饲用价值：优等饲用植物。

地肤属 *Kochia* Roth

木地肤 *Kochia prostrata*（L.）Schrad.

蒙名：道格特日嘎纳

别名：伏地肤

形态特征：小半灌木，高 10~60 厘米。根粗壮，木质。茎基部木质化，浅红色或黄褐色；分枝多而密，于短茎上呈丛生状，枝斜生，纤细，被白色柔毛，有时被长绵毛，上部近无毛。叶于短枝上呈簇生状，叶片条形或狭条形，长 0.5~2 厘米，宽 0.5~1.5 毫米，先端锐尖或渐尖，两面被疏或密的柔毛。花单生或 2~3 朵集生于叶腋，或于枝端构成复穗状花序，花无梗，不具苞，花被壶形或球形，密被柔毛；花被片 5，密生柔毛，果时变革质，自背部横生 5 个干膜质薄翅，翅菱形或宽倒卵形，顶端边缘有不规则钝齿，基部渐狭，具多数暗褐色扇状脉纹，水平开展；雄蕊 5，花丝条形，花药卵形；花柱短，柱头 2，有羽毛状凸起。胞果扁球形，果皮近膜质，紫褐色；种子横生，卵形或近圆形，黑褐色，直径 1.5~2 毫米。花果期 6—9 月。

旱生小半灌木，生态变异幅度很大。多生于草原区和荒漠区东部的栗钙土和棕钙土上，为草原和荒漠草原群落的恒有伴生种，在小针茅-葱类草原中可成为亚优势种，亦可进入部分草原化荒漠群落。绵羊、山羊和骆驼喜食，在秋冬更喜食。

产地：全旗。

饲用价值：优等饲用植物。

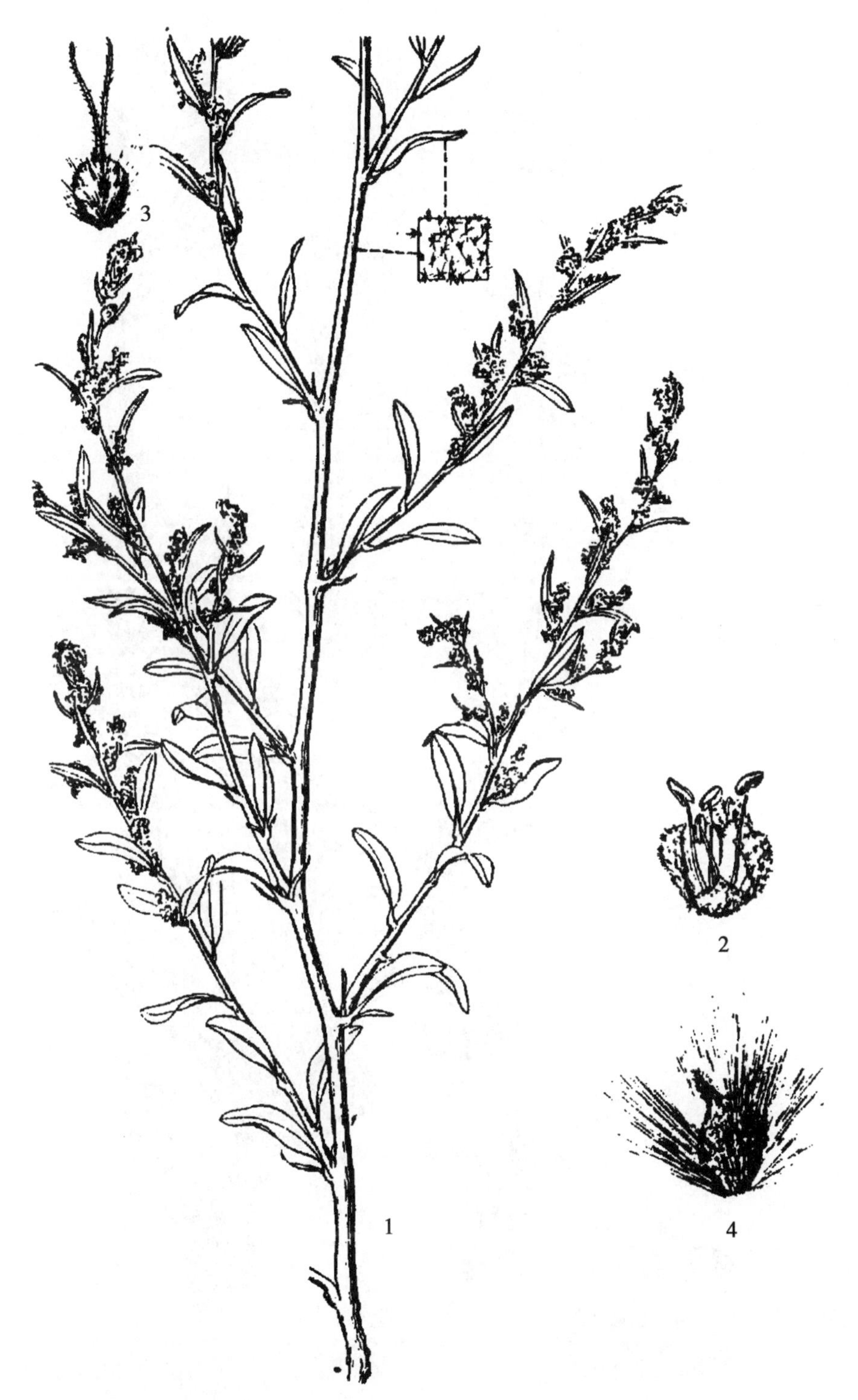

驼绒藜 ***Krascheninnikovia ceratoides*** （**L.**） **Gueld.**

1. 花枝；2. 雄花；3. 幼果；4. 雌花管

木地肤 ***Kochia prostrata*** **（L.）Schrad.**

1. 植株；2. 果序；3. 胞果及宿存具翅的花被

地肤 *Kochia scoparia*（L.）Schrad.

蒙名：疏日-诺高

别名：扫帚菜

形态特征：一年生草本，高 50~100 厘米。茎直立，粗壮，常自基部分枝，多斜生，具条纹，淡绿色或浅红色，至晚秋变为红色，幼枝有白色柔毛。叶片无柄，叶片披针形至条状披针形，长 2~5 厘米，宽 3~7 毫米，扁平，先端渐尖，基部渐狭成柄状，全缘，无毛或被柔毛，边缘常有白色长毛，逐渐脱落，淡绿色或黄绿色，通常具 3 条纵脉。花无梗，通常单生或 2 朵生于叶脉，于枝上排成稀疏的穗状花序；花被片 5，基部合生，黄绿色，卵形，背部近先端处有绿色隆脊及横生的龙骨状凸起，果时龙骨状凸起发育为横生的翅，翅短，卵形，膜质，全缘或有钝齿。胞果扁球形，包于花被内；种子与果同形，直径约 2 毫米，黑色。花期 6—9 月，果期 8—10 月。

一年生中生杂草，多见于夏绿阔叶林区和草原区的撂荒地、路旁、村边，散生或群生，亦为常见农田杂草。嫩茎叶可供食用。果实及全草入药，种子含油量约 15%，供食用及工业用。

产地：全旗。

饲用价值：良等饲用植物。

碱地肤 *Kochia sieversiana*（Pall.）C. A. Mey.

蒙名：好吉日萨格-道格特日嘎纳

别名：秃扫儿

形态特征：一年生草本。花下有束生长柔毛；叶两面及边缘密被白色长柔毛，灰白色。耐一定盐碱的旱中生植物，广布于草原带和荒漠地带，多生长在盐碱化的低湿地和质地疏松的撂荒地上，亦为常见农田杂草和居民点附近伴生植物。骆驼、羊和牛乐食，青嫩时可做猪饲料。全草入药。

产地：全旗。

饲用价值：中等饲用植物。

地肤 *Kochia scoparia*（L.）Schrad.

1~2. 植株；3. 花；4. 胞果及宿存具翅的花被

碱地肤 *Kochia sieversiana*（Pall.）C. A. Mey.

5. 花

滨藜属 *Atriplex* L.

滨藜 *Atriplex patens*（Litv.）Iljin

蒙名：邵日乃-嘎古代

别名：碱灰菜

形态特征：一年生草本，高 20~80 厘米。茎直立，有条纹，上部多分枝；枝细弱，斜生。叶互生，在茎基部的近对生，柄长 5~15 毫米，叶片披针形至条形，长 3~9 厘米，宽 4~15 毫米，先端尖或微钝，基部渐狭，边缘有不规则的弯锯齿或全缘，两面稍有粉粒。花单性，雌雄同株；团伞花簇形成稍疏散的穗状花序，腋生；雄花花被片 4~5，雄蕊和花被片同数；雌花无花被，有 2 个苞片，苞片中部以下合生，果实为三角状菱形，表面疏生粉粒或有时生有小凸起，上半部边缘常有齿，下半部全缘。种子近圆形，扁，红褐色或褐色，光滑，直径 1~2 毫米。花果期 7—10 月。

盐生中生植物。生于草原区和荒漠区的盐渍化土壤上。

产地：呼伦湖沿岸盐化草甸、乌尔逊河沿岸。

饲用价值：中等饲用植物。

西伯利亚滨藜 *Atriplex sibirica* L.

蒙名：西伯日-邵日乃

别名：刺果粉藜、麻落粒

形态特征：一年生草本，高 20~50 厘米。茎直立，钝四棱形，通常由基部分枝，被白粉粒；枝斜生，有条纹，叶互生，具短柄；叶片菱状卵形、卵状三角形或宽三角形，长 3~5（6）厘米，宽 1.5~3（6）厘米，先端微钝，基部宽楔形，边缘具不整齐的波状钝牙齿，中部的 1 对齿较大成裂片状，稀近全缘，上面绿色，平滑或稍有白粉，下面密被粉粒，银白色，花单性，雌雄同株，簇生于叶腋，成团伞花序，于茎上部构成穗状花序；雄花花被片 5，雄蕊 3~5，生花托上；雌花无花被，为 2 个合生苞片包围；果时苞片膨大，木质，宽卵形或近圆形，两面凸，膨大，成球状，顶端具牙齿，基部楔形，有短柄，表面被白粉，生多数短棘状凸起。胞果卵形或近圆形，果皮薄，贴附种子；种子直立，圆形，两面凸，稍呈扁球形，红褐色或淡黄褐色，直径 2~2.5 毫米。花期 7—8 月，果期 8—9 月。

盐生中生植物。生于草原区和荒漠区的盐土和盐化土壤上，也散见于路边及居民点附近。青鲜时各种家畜一般不采食。果实入药。

产地：全旗。

饲用价值：中等饲用植物。

滨藜 *Atriplex patens*（Litv.）Iljin

1. 植株；2. 幼嫩果苞；3. 果苞

西伯利亚滨藜 *Atriplex sibirica* L.

1. 植株；2. 果时苞片密生棘状凸起；3. 苞片的纵切及果实

野滨藜 *Atriplex fera*（L.）Bunge

蒙名：希日古恩-邵日乃

别名：三齿滨藜、三齿粉藜

形态特征：一年生草本，高 30～60 厘米。茎直立或斜升，钝四棱形，具条纹，黄绿色，通常多分枝，有时不分枝，叶互生，叶柄长 8～20 毫米，叶片卵状披针形或矩圆状卵形，长 2.5～7 厘米，宽 5～25 毫米，先端钝或渐尖，基部宽楔形或近圆形，全缘或微波状缘，两面绿色或灰绿色，上面稍被粉粒，下面被粉粒，后期渐脱落，花单性，雌雄同株，簇生于叶腋，成团伞花序；雄花 4～5 基数，早脱落；雌花无花被，有 2 个苞片，苞片的边缘全部合生，果时两面膨胀，包住果实，呈卵形、宽卵形成椭圆形，木质化，具明显的梗，顶端具 3 齿，中间的 1 齿稍尖，两侧者稍短而钝，表面被粉状小膜片，不具棘状凸起，或具 1～3 个棘状凸起。果皮薄膜质，与种子紧贴，种子直立，圆形，稍压扁，暗褐色，直径 1.5～2 毫米。花期 7—8 月，果期 8—9 月。

一年生盐生中生草本植物。生于湖滨、河岸、盐碱化低湿地、居民点、路旁、沟渠边。干枯后除马以外，各种家畜均乐食。

产地：全旗。

饲用价值：良等饲用植物。

藜属 *Chenopodium* L.

矮藜 *Chenopodium minimum* W. Wang et P. Y. Fu

别名：无刺刺藜

形态特征：植株矮小，高 5～20 厘米；叶近无柄，背面无白粉；雄蕊不超出花被。叶片狭长，条形或条状披针形，长 2～5 厘米，全缘。叶的先端无小尖头；花在腋生分枝上排列成短于叶的花序。

一年生中生杂草。生长于山沟、干河床、撂荒地、田边、路旁沙质地。

产地：全旗。

灰绿藜 *Chenopodium glaucum* L.

蒙名：呼和-诺干-诺衣乐

别名：水灰菜

形态特征：一年生草本，高 15～30 厘米。茎通常由基部分枝，斜升或平卧，有沟槽及红色或绿色条纹，无毛。叶有短柄，柄长 3～10 毫米，叶片稍厚，带肉质，矩圆状卵形、椭圆形、卵状披针形、披针形或条形，长 2～4 厘米，宽 7～15 毫米，先端钝或锐尖，基部渐狭，边缘具波状牙齿，稀近全缘，上面深绿色，下面灰绿色或淡紫红色，密被粉粒，中脉黄绿色。花序穗状或复穗状，顶生或腋生；花被片 3～4，稀为 5，狭矩圆形，先端钝，内曲，背部绿色，边缘白色膜质，无毛；雄蕊通常 3～4，稀 1～5，花丝较短；柱头 2，甚短。胞果不完全包于花被内，果皮薄膜质；种子横生，稀斜生，扁球形，暗褐色，有光泽，直径约 1 毫米。花期 6—9 月，果期 8—10 月。

耐盐中生杂草。生于居民点附近和轻度盐渍化农田。骆驼喜食，又为养猪的良好饲料。

产地：全旗。

饲用价值：中等饲用植物。

野滨藜 ***Atriplex fera*** **（L.）Bunge**

1. 植株；2. 苞无棘状凸起，合生并包住果实

灰绿藜 ***Chenopodium glaucum* L.**

1. 植株；2. 胞果；3. 花被；4. 胚

尖头叶藜 *Chenopodium acuminatum* Willd.

蒙名：道古日格-诺衣乐

别名：绿珠藜、渐尖藜、由杓杓

形态特征：一年生草本，高 10~30 厘米。茎直立，分枝或不分枝，枝通常平卧或斜升，粗壮或细弱，无毛，具条纹，有时带紫红色。叶具柄，长 1~3 厘米；叶片卵形、宽卵形、三角状卵形、长卵形或菱状卵形，长 2~4 厘米，宽 1~3 厘米，先端钝圆或锐尖，具短尖头，基部宽楔形或圆形，有时近平截，全缘，通常具红色或黄褐色半透明的环边，上面无毛，淡绿色，下面被粉粒，灰白色或带红色；茎上部叶渐狭小，几为卵状披针形或披针形。花每 8~10 朵聚生为团伞花簇，花簇紧密地排列于花枝上，形成有分枝的圆柱形花穗，或再聚为尖塔形大圆锥花序；花序轴密生玻璃管状毛；花被片 5，宽卵形，背部中央具绿色龙骨状隆脊，边缘膜质，白色，向内弯曲，疏被膜质透明的片状毛，果时包被果实，全部呈五角星状；雄蕊 5，花丝极短。胞果扁球形，近黑色，具不明显放射状细纹及细点，稍有光泽；种子横生，直径约 1 毫米，黑色，有光泽，表面有不规则点纹。花期 6—8 月，果期 8—9 月。

中生杂草。生于盐碱地、河岸沙质地、居民点附近及草原群落中。开花结实后，山羊、绵羊采食它的籽实，青绿时骆驼少采食。又为养猪饲料。种子可榨油。

产地：全旗。

饲用价值：低等饲用植物。

狭叶尖头叶藜（亚种） *Chenopodium acuminatum* Willd. subsp. *virgatum* (Thunb.) Kitam.

形态特征：本亚种与正种的区别在于叶较狭小，狭卵形、矩圆形至披针形，其长度明显大于宽度。

一年生中生杂草。生于草原区的湖边荒地。

产地：呼伦湖、克尔伦河边。

饲用价值：低等饲用植物。

菱叶藜 *Chenopodium bryoniaefolium* Bunge

蒙名：古日伯乐金-诺衣乐

形态特征：一年生草本，高 30~80 厘米。茎直立，绿色，具条纹，光滑无毛，不分枝或分枝，枝细长，斜升。叶具细长柄，叶片三角状戟形、长三角状菱形或卵状戟形，先端锐尖或稍钝，基部宽楔形，两侧各有 1 个牙齿状裂片，裂片稍向外伸展，锐尖或钝头，整个叶片呈 3 裂状，上面绿色，下面疏被白粉而呈白绿色；上部叶渐小，近矩圆形或椭圆状披针形。花无梗，单生于小枝或少数花聚为团伞花簇，再形成宽阔的疏圆锥花序；花被片 5，宽倒卵形或椭圆形，先端钝，背部具绿色的龙骨状隆脊，半包被果实。果皮薄，与种子紧贴，具不平整的放射状线纹；种子横生，暗褐色或近黑色，有光泽，直径 1.25~1.5 毫米，具放射状网纹。花期 7 月，果期 8 月。

中生杂草。生于湿润而肥沃的土壤上，偶见于河岸低湿地。

产地：阿拉坦额莫勒镇。

饲用价值：低等饲用植物。

东亚市藜 *Chenopodium urbicum* L. subsp. *sinicum* H. W. Kung et G. L. Chu

蒙名：特没恩-诺衣乐

形态特征：一年生草本，高30~60厘米。茎粗壮，直立，淡绿色，具条棱，无毛，不分枝或上部分枝，枝斜升。叶具长柄，长2~6厘米；叶片菱形或菱状卵形，长5~12厘米，宽4~9（12）厘米，先端锐尖，基部宽楔形，边缘有不整齐的弯缺状大锯齿，有时仅近基部生2个尖裂片，自基部分生3条明显的叶脉，两面光绿色，无毛；上部叶较狭，近全缘。花序穗状圆锥状，顶生或腋生，花两性兼有雌性；花被3~5裂，花被片狭倒卵形，先端钝圆，基部合生，背部稍肥厚，黄绿色，边缘膜质淡黄色，果时通常开展；雄蕊5，超出花被；柱头2，较短，胞果小，近圆形，两面凸或成扁球状，直径0.5~0.7毫米，果皮薄，黑褐色，表面有颗粒状凸起；种子横生、斜生、稀直立，红褐色，边缘锐，有点纹。花期8—9月，果期8—9月。

中生杂草。生于盐化草甸和杂类草草甸较潮湿的轻度盐化土壤上，也见于撂荒地和居民点附近。

产地：阿拉坦额莫勒镇。

饲用价值：中等饲用植物。

杂配藜 *Chenopodium hybridum* L.

蒙名：额日力斯-诺衣乐

别名：大叶藜、血见愁

形态特征：一年生草本，高40~90厘米。茎直立，粗壮，具5锐棱，无毛，基部通常不分枝，枝细长，斜伸。叶具长柄，长2~7厘米；叶片质薄，宽卵形或卵状三角形，长5~9厘米，宽4~6.5厘米，先端锐尖或渐尖，基部微心形或几为圆状截形，边缘具不整齐微弯缺状渐尖或锐尖的裂片，两面无毛，下面叶脉凸起，黄绿色。花序圆锥状，较疏散，顶生或腋生；花两性兼有雌性；花被片5，卵形，先端圆钝，基部合生，边缘膜质，背部具肥厚隆脊，腹面凹，包被果实，胞果双凸镜形，果皮薄膜质，具蜂窝状的4~6角形网纹；种子横生，扁圆形，两面凸，直径1.5~2毫米，黑色，无光泽，边缘具钝棱，表面具明显的深洼点；胚环形。花期8—9月，果期9—10月。

一年生中生杂草。生于林缘、山地沟谷、河边及居民点附近。种子可榨油及酿酒。嫩枝叶可做猪饲料。地上部分入药。

产地：全旗。

饲用价值：中等饲用植物。

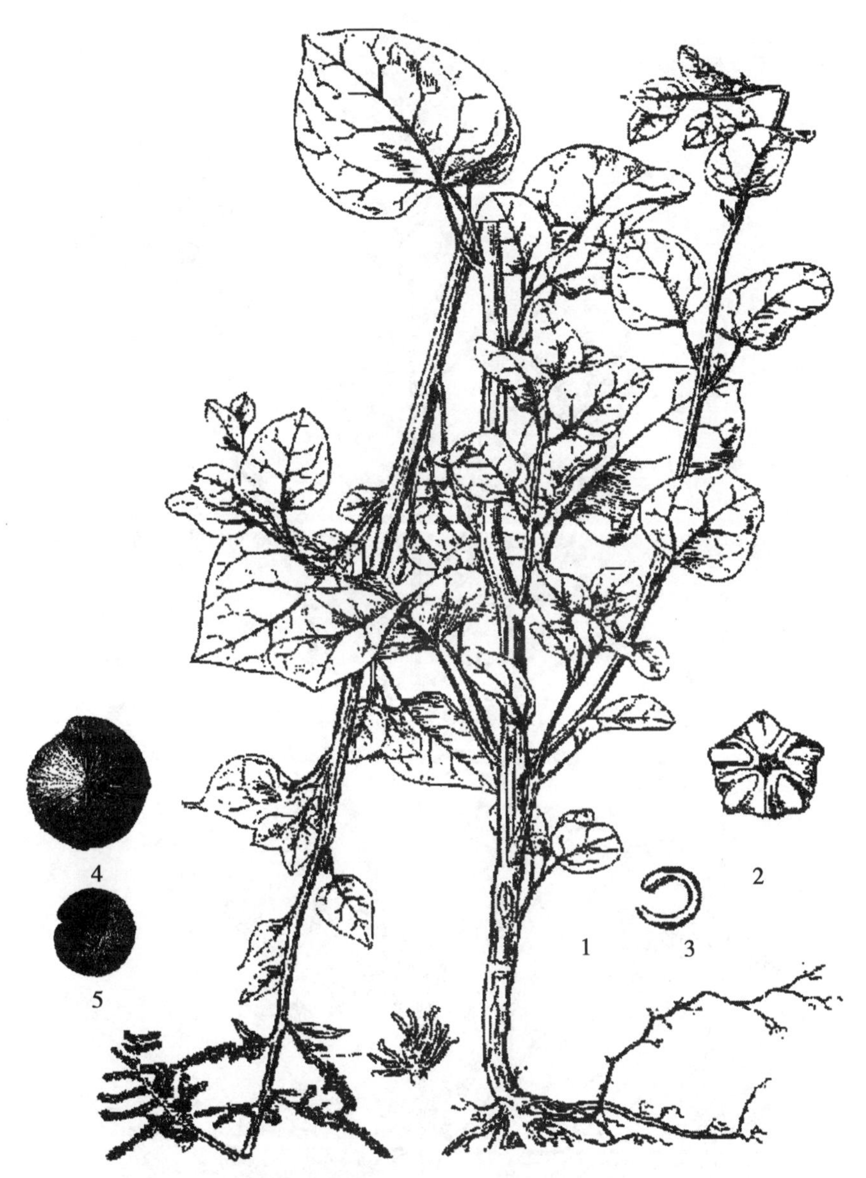

尖头叶藜 *Chenopodium acuminatum* Willd.

1. 植株；2. 胞果；3. 胚

菱叶藜 *Chenopodium bryoniaefolium* Bunge

4. 胞果

东亚市藜 *Chenopodium urbicum* L. subsp. *sinicum* H. W. Kung et G. L. Chu

5. 胞果

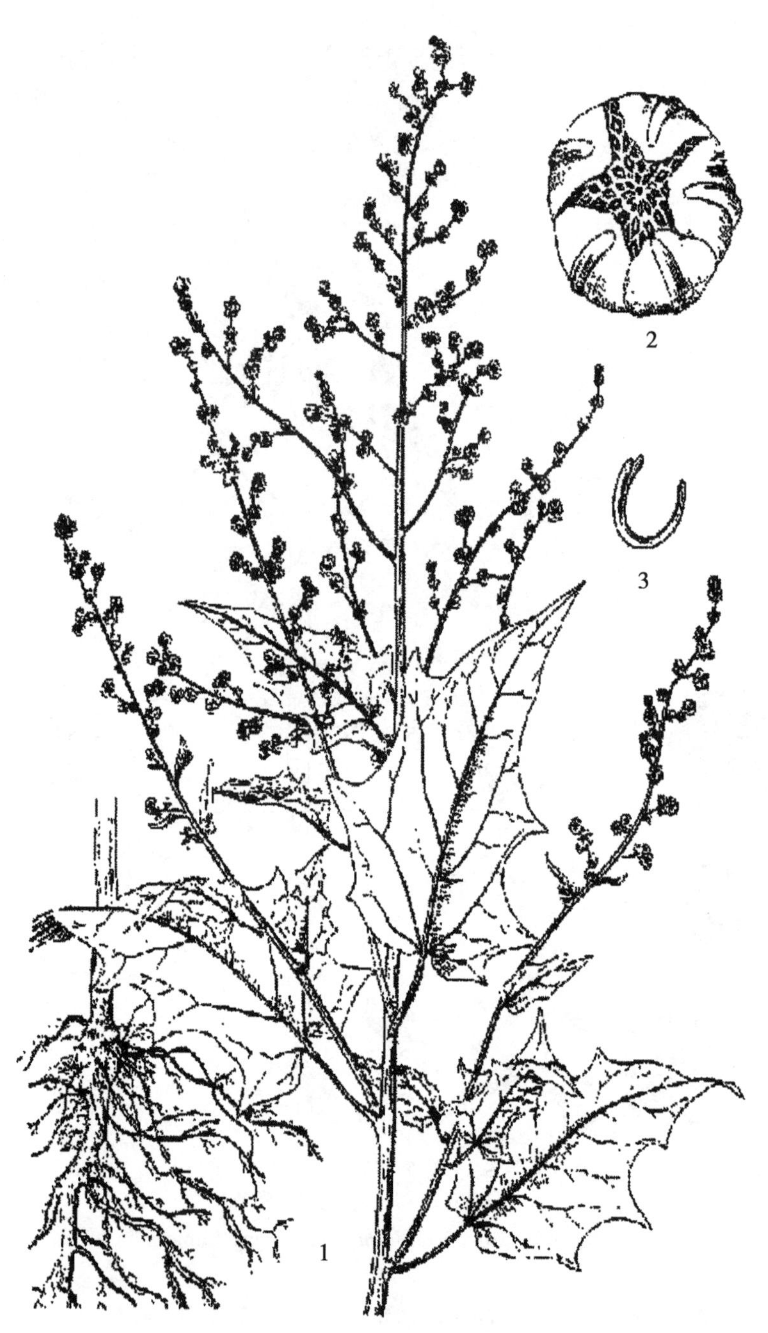

杂配藜 ***Chenopodium hybridum* L.**

1. 植株；2. 胞果；3. 胚

小藜 *Chenopodium ficifolium* Smith

蒙名：吉吉格-诺衣乐

形态特征：一年生草本，高 20~50 厘米。茎直立，有角棱及条纹，疏被白粉，渐变光滑，单生或分枝。叶具柄，细弱，长 1~3 厘米；叶片长卵形或矩圆形，长 2.5~5 厘米，宽 1~3 厘米，先端钝，基部楔形，边缘有不整齐波状牙齿，下部叶 3 裂，近基部有两个较大的裂片，椭圆形或三角形，中裂片较长，两侧边缘几乎平行，具波状牙齿或全缘；下部叶渐小，矩圆形，有浅齿或近全缘；叶的两面疏被白粉。花序穗状，腋生或顶生，全枝形成圆锥花序；花被片 5，宽卵形，先端钝，淡绿色，边缘白色，微有龙骨状凸起，向内弯曲，被粉粒；雄蕊 5，和花被片对生，且长于花被；柱头 2，条形。胞果包于花被内，果皮膜质，有明显的蜂窝状网纹；种子横生，圆形，直径约 1 毫米，黑色，边缘有棱，表面有清晰的六角形细洼；胚环形。花期 6—7 月，果期 7—9 月。

一年生中生杂草。生于潮湿和疏松的撂荒地、田间、路旁、垃圾堆。

产地：阿拉坦额莫勒镇。

饲用价值：良等饲用植物。

藜 *Chenopodium album* L.

蒙名：诺衣乐

别名：白藜、灰菜

形态特征：一年生草本，高 30~120 厘米。茎直立，粗壮，圆柱形，具棱，有沟槽及红色或紫色的条纹，嫩时被白色粉粒，多分枝，枝斜升或开展。叶具长柄，叶片三角状卵形或菱状卵形，有时上部的叶呈狭卵形或披针形，长 3~6 厘米，宽 1.5~5 厘米，先端钝或尖，基部楔形，边缘具不整齐的波状牙齿，或稍呈缺刻状，稀近全缘，上面深绿色，下面灰白色或淡紫色，密被灰白色粉粒。花黄绿色，每 8~15 朵花或更多聚成团伞花簇，多数花簇排成腋生或顶生的圆锥花序；花被片 5，宽卵形至椭圆形，被粉粒，背部具纵隆脊，边缘膜质，先端钝或微尖；雄蕊 5，伸出花被外，花柱短，柱头 2。胞果全包于花被内或顶端稍露，果皮薄，初被小泡状凸起，后期小泡脱落变成皱纹，和种子紧贴；种子横生，两面凸或呈扁球形，直径 1~1.3 毫米，光亮，近黑色，表面有浅沟纹及点洼；胚环形。花期 8—9 月，果期 9—10 月。

一年生中生杂草。生长于田间、路旁、荒地、居民点附近和河岸低湿地。为养猪的优良饲料，终年均可利用，生饲或煮后喂。牛亦乐食，骆驼、羊利用较差；一般以干枯时利用较好。全草及果实入药。全草也入蒙药。

产地：全旗。

饲用价值：良等饲用植物。

小藜 ***Chenopodium ficifolium*** **Smith**

1. 植株上部；2. 花；3. 种子；4. 胚

藜 ***Chenopodium album*** **L.**

1. 胞果

刺藜 ***Dysphania aristata*** **（L.） Mosyakin et Clemants**

2. 植株；3. 刺状枝及花

刺藜属 *Dysphania* R. Brown

刺藜 *Dysphania aristata*（L.）Mosyakin et Clemants

蒙名：塔黑彦-希乐毕-诺高

别名：野鸡冠子花、刺穗藜、针尖藜

形态特征：一年生草本，高 10～25 厘米。植物体不具腺毛，无香气；茎直立，圆柱形，稍有角棱，具条纹，淡绿色，或老时带红色，无毛或疏生毛，多分枝，开展，下部枝较长，上部者较短。叶条形或条状披针形，长 2～5 厘米，宽 3～7 毫米，先端锐尖或钝，基渐狭成不明显之叶柄，全缘，两面无毛，秋季变成红色，中脉明显。二歧聚伞花序，分枝多且密，花近无梗，花序末端的不育枝成针刺状，生于刺状枝腋内；花被片 5，矩圆形，长 0.5 毫米，先端钝圆或尖，背部绿色，稍具隆脊，边缘膜质白色或带粉红色，内曲；雄蕊 5，不外露，胞果上下压扁，圆形，果皮膜质，不全包于花被内。种子横生，扁圆形，黑褐色，有光泽，直径约 0.5 毫米；胚球形。花果期 8—10 月。

中生杂草。生于沙质地或固定沙地上，为农田杂草。在夏季各种家畜稍采食。全草入药。

产地：全旗。

饲用价值：中等饲用植物。

苋科 Amaranthaceae

苋属 *Amaranthus* L.

反枝苋 *Amaranthus retroflexus* L.

蒙名：阿日白-诺高

别名：西风古、野千穗谷、野苋菜

形态特征：一年生草本，高 20～60 厘米。茎直立，粗壮，分枝或不分枝，被短柔毛，淡绿色，有时具淡紫色条纹，略有钝棱。叶片椭圆状卵形或菱状卵形，长 5～10 厘米，宽 3～6 厘米，先端锐尖或微缺，具小凸尖，基部楔形，全缘或波状缘，两面及边缘被柔毛，下面毛较密，叶脉隆起；叶柄长 3～5 厘米，有柔毛。圆锥花序顶生及腋生，直立，由多数穗状序组成，顶生花穗较侧生者长；苞片及小苞片锥状，长 4～6 毫米，远较花被为长，顶端针芒状，背部具隆脊，边缘透明膜质；花被片 5，矩圆形或倒披针形，长约 2 毫米，先端锐尖或微凹，具芒尖，透明膜质，有绿色隆起的中肋；雄蕊 5，超出花被；柱头 3，长刺锥状。胞果扁卵形，环状横裂，包于宿存的花被内，种子近球形，直径约 1 毫米，黑色或黑褐色，边缘钝。花期 7—8 月，果期 8—9 月。

中生杂草。多生于田间、路旁、住宅附近。嫩茎叶可食；为良好的养猪养鸡饲料；植株可作绿肥。全草入药。

产地：全旗。

饲用价值：良等饲用植物。

反枝苋 *Amaranthus retroflexus* L.

1. 植株；2. 雄花；3. 雌花；4. 种子

北美苋 *Amaranthus blitoides* S. Watson

蒙名：虎日-萨日伯乐吉

形态特征：一年生草本，高 15~30 厘米。茎平卧或斜升，通常由基部分枝，绿白色，具条棱，无毛或近无毛。叶片倒卵形、匙形至矩圆状倒披针形，长 0.5~2 厘米，宽 0.3~1.5 厘米，先端圆钝或锐尖，具小凸尖，基部楔形，全缘，具白色边缘，上面绿色，下面淡绿色，叶脉隆起，两面无毛；叶柄长 5~1.5 毫米。花簇小形，腋生，有少数花；苞片及小苞片披针形，长约 3 毫米；花被片通常 4，有时 5，雄花的卵状披针形，先端短渐尖，雌花的矩圆披针形，长短不一，基部成软骨质肥厚。胞果椭圆形，长约 2 毫米，环状横裂；种子卵形，直径 1.3~1.6 毫米，黑色，有光泽。花期 8—9 月，果期 9—10 月。

中生杂草。生于田边、路旁、居民地附近、山谷。

产地：阿拉坦额莫勒镇、克尔伦苏木。

饲用价值：中等饲用植物。

白苋 *Amaranthus albus* L.

蒙名：查干-阿日白-诺高

形态特征：一年生草本，高 20~30 厘米。茎斜升或直立，由基部分枝，分枝铺散，绿白色，无毛或有时被糙毛。叶小而多，叶片倒卵形或匙形，长 8~20 毫米，宽 3~6 毫米，先端圆钝或微凹，具凸尖，基部渐狭，边缘微波状，两面无毛；叶柄长 3~5 毫米，花簇腋生，或成短穗状花序；苞片及小苞片钻形，长 2~2.5 毫米，稍坚硬，顶端长锥状锐尖，向外反曲，背面具龙骨；花被片 3，长约 1 毫米，稍呈薄膜状，雄花的矩圆形，先端长渐尖，雌花的矩圆形或钻形，先端短渐尖；雄蕊伸出花外；柱头 3。胞果扁平，倒卵形，长约 1.3 毫米，黑褐色，皱缩，环状横裂；种子近球形，直径约 1 毫米，黑色至黑棕色，边缘锐。花期 7—8 月，果期 9 月。

中生杂草。生于田边、路旁、居民地附近的杂草地上。幼嫩时可作青贮饲料。

产地：阿拉坦额莫勒镇。

饲用价值：中等饲用植物。

北美苋 *Amaranthus blitoides* S. Watson

1. 植株；2. 雄花；3. 雌花；4. 胞果

白苋 *Amaranthus albus* L.

5. 植株；6. 雌花

凹头苋 *Amaranthus blitum*. L. （**中国植物志**）

别名：人情菜、野苋菜

形态特征：一年生草本，高 10~30 厘米，全体无毛，茎伏卧而上升，从基部分枝，淡绿色或紫红色。叶片卵形或菱状卵形，长 1.5~4.5 厘米，宽 1~3 厘米，顶端凹缺，有 1 芒尖，或微小不显，基部宽楔形，全缘或稍呈波状；叶柄长 1~3.5 厘米。花成腋生花簇，直至下部叶的腋部，生在茎端和枝端者形成直立穗状花序或圆锥花序；苞片及小苞片矩圆形，长不及 1 毫米；花被片矩圆形或披针形，长 1.2~1.5 毫米，淡绿色，顶端急尖，边缘内曲，背部有 1 隆起中脉；雄蕊比花被片稍短；柱头 3 或 2，果熟时脱落。胞果扁卵形，长 3 毫米，不裂，微皱缩而近平滑，超出宿存花被片。种子环形，直径约 12 毫米，黑色至黑褐色，边缘具环状边。花期 7—8 月。果期 8—9 月。

生在田野、人家附近的杂草地上。茎叶可作猪饲料；全草入药。

产地：克尔伦苏木。

饲用价值：良等饲用植物。

马齿苋科 Portulacaceae

马齿苋属 *Portulaca* L.

马齿苋 *Portulaca oleracea* L.

蒙名：娜仁-淖嘎

别名：马齿草、马苋菜

形态特征：一年生肉质草本，全株光滑无毛。茎平卧或斜升，长 10~25 厘米，多分枝，淡绿色或红紫色。叶肥厚肉质，倒卵状楔形或匙状楔形，长 6~20 毫米，宽 4~10 毫米，先端圆钝，平截或微凹，基部宽楔形，全缘，中脉微隆起；叶柄短粗。花小，黄色，3~5 朵簇生于枝顶，直径 4~5 毫米，无梗，总苞片 4~5，叶状，近轮生；萼片 2，对生，盔形，左右压扁，长约 4 毫米，先端锐尖，背部具翅状隆脊；花瓣 5，黄色，倒卵状矩圆形或倒心形，顶端微凹，较萼片长；雄蕊 8~12，长约 12 毫米，花药黄色；雌蕊 1，子房半下位，1 室，花柱比雄蕊稍长，顶端 4~6，条形。蒴果圆锥形，长约 5 毫米，自中部横裂成帽盖状，种子多数，细小，黑色，有光泽，肾状卵圆形。花期 7—8 月，果期 8—10 月。

中生植物。生于田间、路旁、菜园，为习见田间杂草。全草入药。可作土农药，用来杀虫，防治植物病害。嫩茎叶可作蔬菜，也可作饲料。

产地：阿拉坦额莫勒镇、贝尔苏木。

饲用价值：中等饲用植物。

凹头苋 *Amaranthus blitum*. L.
植株

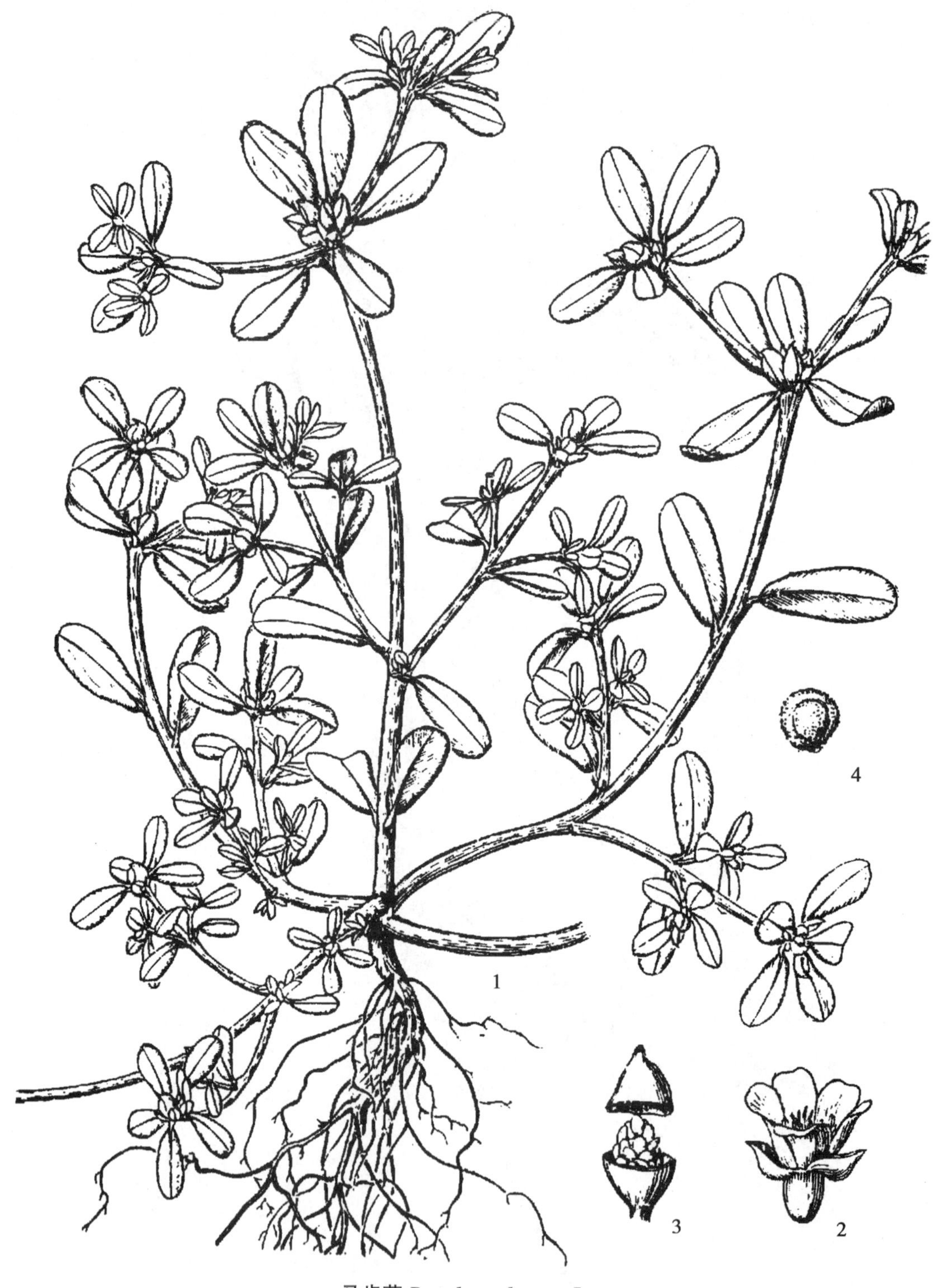

马齿苋 *Portulaca oleracea* L.

1. 植株；2. 花；3. 盖裂蒴果；4. 种子

石竹科 Caryophyllaceae

牛漆姑草属 *Spergularia* (Pers.) J. et C. Presl

牛漆姑草 *Spergularia marina* (L.) Griseb.

蒙名：达嘎木

别名：拟漆姑

形态特征：一年生草本，主根粗壮，侧根多数，呈须状，淡褐黄色。茎铺散，多分枝，具节，下部平卧，无毛，上部稍直立，被腺毛，长5~20厘米。叶稍肉质，条形，长5~25毫米，宽1~1.5毫米，先端钝，带凸尖，基部渐狭，全缘，近无毛，有时顶部叶鞘被腺毛；托叶膜质，三角状卵形，长1.5~2毫米，基部合生。蝎尾状聚伞花序生枝顶端；花梗长1~2毫米，被腺毛；萼片卵状披针形，长约3毫米，宽约1.6毫米，先端钝，背部被腺毛，具白色宽膜质边缘；花瓣淡粉紫色或白色，椭圆形，长1~2毫米；雄蕊5或2~3；子房卵形，稍扁；花柱3。蒴果卵形，长约4毫米，先端锐尖，3瓣裂。种子近卵形，长0.5~0.7毫米，褐色，稍扁，多数无翅，只基部少数周边具宽膜质翅。花期6—7月，果期7—9月。

耐盐中生植物。生于盐化草甸及沙质轻度盐碱地。

产地：克尔伦苏木。

饲用价值：低等饲用植物。

蚤缀属 *Arenaria* L.

毛叶蚤缀（zǎozhuì） *Arenaria capillaris* Poir.

蒙名：得伯和日格纳

别名：兴安鹅不食、毛叶老牛筋、毛梗蚤缀

形态特征：多年生密丛生草本，高8~15厘米，全株无毛。主根圆柱状，黑褐色，顶部多头。植株基部具多数木质化多分枝的老茎，由此丛生多数直立茎和叶簇，茎基部包被枯黄色的老叶残余。基生叶簇生，丝状钻形，长2~6厘米，宽0.3~0.5毫米，顶端短尖头，边缘狭软骨质，具微细尖齿状毛，基部膨大成鞘状；茎生叶2~4对，与基生叶同形而较短，长5~20毫米，基部合生而抱茎。二歧聚伞花序顶生，苞片披针形至卵形，先端具短尖，边缘宽膜质；花梗纤细，直立，长5~15毫米；萼片狭卵形或椭圆状卵形，长4~5毫米，宽2~2.5毫米，先端锐尖，边缘宽膜质；花瓣白色，倒卵形，长7~8毫米，宽4~5毫米，先端圆形或微凹；雄蕊2轮，每轮5，外轮雄蕊基部增宽且具腺体；子房近球形，花柱3条。蒴果椭圆状卵形，长4~5毫米，6齿裂。种子近卵形，长1.2~1.5毫米，黑褐色，稍扁，被小瘤状凸起。花期6—7月，果期8—9月。

旱生植物。生于石质干山坡、山顶石缝间。根入蒙药。

产地：呼伦镇、阿日哈沙特镇阿贵洞山上。

饲用价值：低等饲用植物。

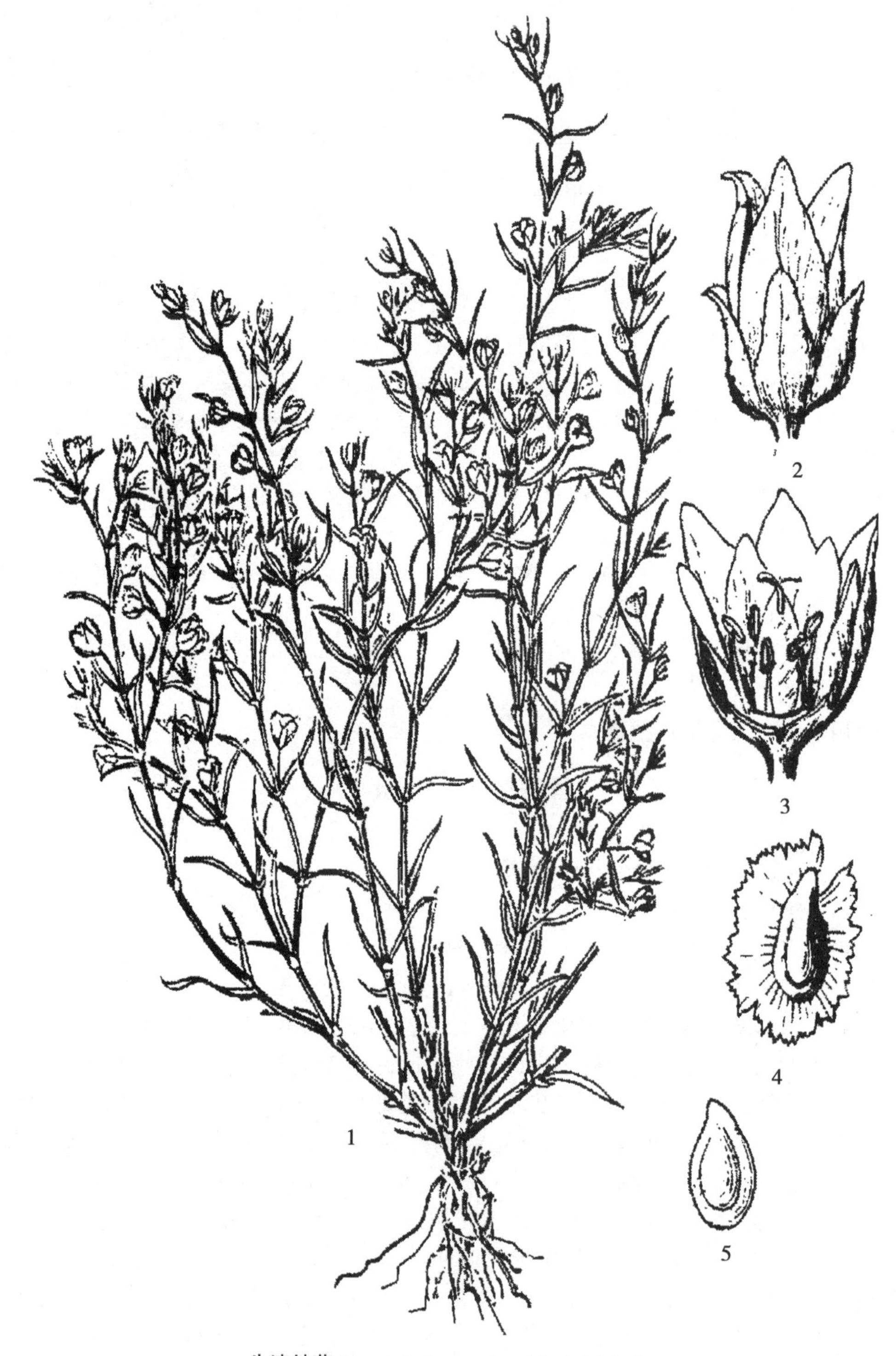

牛漆姑草 ***Spergularia marina*** **（L.） Griseb.**

1. 植株；2. 花；3. 花纵剖；4. 具翅种子；5. 无翅种子

毛叶蚤缀 *Arenaria capillaris* Poir.

1. 植株；2. 花纵切；3. 花瓣；4. 种子

美丽蚤缀 *Arenaria formosa* Fisch. ex Ser.

蒙名：毕乐楚图-得伯和日格纳

别名：腺毛鹅不食、腺毛蚤缀

形态特征：本变种与种的区别是：茎上部、花梗及萼片背面被腺毛。

旱生植物。生于向阳石质山坡或山顶石缝。

产地：呼伦镇。

繁缕属 *Stellaria* L.

叉歧繁缕 *Stellaria dichotoma* L.

蒙名：特门-章给拉嘎

别名：叉繁缕

形态特征：多年生草本，全株呈扁球形，高 15～30 厘米。主根粗长，圆柱形，直径约 1 厘米，灰黄褐色，深入地下。茎多数丛生，由基部开始多次二歧式分枝，被腺毛或腺质柔毛，节部膨大。叶无柄，卵形、卵状矩圆形或卵状披针形，长 4～15 毫米，宽 3～7 毫米，先端锐尖或渐尖，基部圆形或心形，稍抱茎，全缘，两面被腺毛或腺质柔毛，有时近无毛，下面主脉隆起，二歧聚伞花序生枝顶，具多数花；苞片和叶同形而较小；花梗纤细，长 8～16 毫米；萼片披针形，长 4～5 毫米，宽约 1.5 毫米，先端锐尖，膜质边缘稍内卷，背面多少被腺毛或腺质柔毛，有时近无毛；花瓣白色，近椭圆形，长约 4 毫米，宽约 2 毫米，2 叉状分裂至中部，具爪；雄蕊 5 长，5 短，基部稍合生，长雄蕊基部增粗且有黄色蜜腺；子房宽倒卵形，花柱 3 条。蒴果宽椭圆形，长约 3 毫米，直径约 2 毫米，全部包藏在宿存的花萼内，含种子 1～3，稀 4 或 5；果梗下垂，长达 25 毫米；种子宽卵形，长 1.8～2.0 毫米，褐黑色，表面有小瘤状凸起。花果期 6—8 月。

旱生植物。生于向阳石质山坡、山顶石缝间、固定沙丘。根入蒙药。

产地：全旗。

饲用价值：中等饲用植物。

银柴胡（变种） *Stellaria lanceolata*（Bunge） Y. S. Lian

蒙名：那林-那布其特-特门-章给拉嘎

别名：披针叶叉繁缕、狭叶歧繁缕、条叶叉歧繁缕

形态特征：本变种与正种不同点在于：叶披针形至条形，长达 3 厘米，宽 1～4 毫米；花瓣比萼片稍长。

旱生植物。生于固定或半固定沙丘、向阳石质山坡、山顶石缝间、沙质草原。根供药用。

产地：呼伦镇、克尔伦苏木、宝格德乌拉苏木。

饲用价值：中等饲用植物。

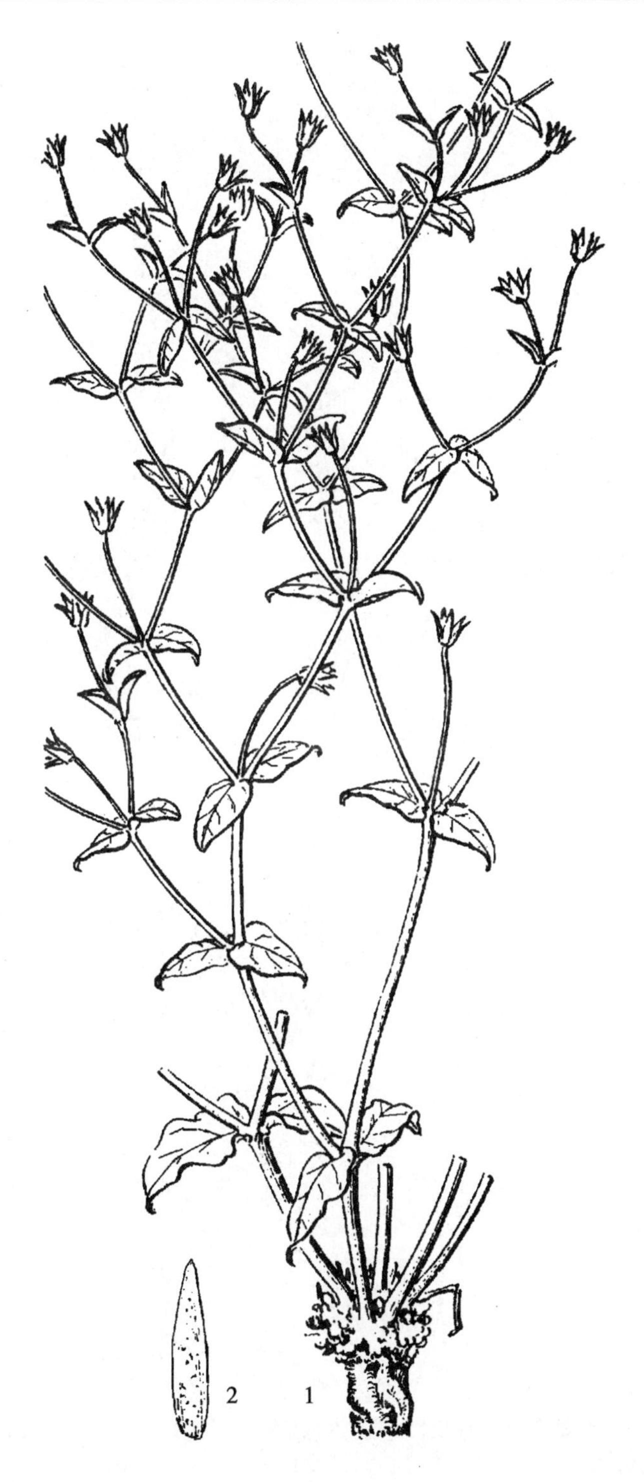

叉歧繁缕 *Stellaria dichotoma* L.

1. 植株；2. 萼片

银柴胡（变种）*Stellaria lanceolata*（Bunge）Y. S. Lian

1. 叶

兴安繁缕 *Stellaria cherleriae*（Fisch. ex Ser.）F. N. Williams

2. 植株；3. 花瓣及萼片；4. 蒴果；5. 种子

叶苞繁缕 *Stellaria crassifolia* Ehrh.

蒙名：纳布其日呼-阿吉干纳

别名：厚叶繁缕

形态特征：多年生草本。高 7~20 厘米，全珠无毛。根状茎细长，节上生极细的不定根。茎斜倚或斜升，四棱形；叶披针状椭圆形至条状披针形，长 0.5~2.5 厘米，宽 1.5~6 毫米，先端急尖或锐尖，全缘，下面中脉明显凸起。花单生于叶腋或顶生；苞片叶状；萼片卵状披针形，长 3~3.5 毫米，中脉不明显；花瓣白色，比萼片稍长或近等长；蒴果 6 瓣裂。花果期 6—8 月。

湿中生植物。生于河岸沼泽、草甸、山地溪边、水渠旁。

产地：乌尔逊河、克尔伦河。

兴安繁缕 *Stellaria cherleriae*（Fisch. ex Ser.） F. N. Williams

蒙名：兴安-阿吉干纳

别名：东北繁缕

形态特征：多年生草本，高 10~25 厘米。主根常粗壮。茎多数成密丛，被卷曲柔毛。叶条形或披针状条形，长 10~25 毫米，宽 1~2 毫米，稍肉质，先端锐尖，全缘，下半部边缘有时具睫毛，两面无毛，下面中脉隆起，二歧状聚伞花序，顶生或腋生；苞片条状披针形，边缘膜质；花梗被短柔毛；萼片矩圆状披针形，先端急尖，中脉凸起；花瓣白色，裂片条形；蒴果卵形，6 瓣裂，常含 2 种子。花果期 6—8 月。

旱生植物。生于向阳石质山坡、山顶石缝间。

产地：呼伦镇、阿日哈沙特镇。

饲用价值：中等饲用植物。

雀舌草 *Stellaria alsine* Grimm

蒙名：和乐力格-阿吉干纳

别名：天蓬草、雀舌繁缕

形态特征：一、二年生草本，高 5~15 厘米，全株无毛。茎细弱，丛生，四棱形，斜升，由基部开始分枝。叶无柄，矩圆形至卵状披针形，长 5~15 毫米，宽 2~4 毫米，先端急尖，基部楔形或狭楔形，边缘多少皱波状。二歧聚伞花序顶升或腋生，具少数花；花梗丝状，长 5~15 毫米，果时下倾，有时基部具 2 枚披针形膜质苞片；萼片披针形，长约 3 毫米，宽约 1 毫米，先端尖锐，边缘白膜质，背面具 1 条脉，脉在花期不明显，于果期较明显；花瓣白色，稍短于萼片或近等长，2 深裂达基部。裂片条状矩圆形，后期的花有无花瓣；雄蕊 5，稍短于花瓣；子房卵形，花柱 3，极短。蒴果卵圆形，6 瓣裂，种子倒卵形，褐色，表面具疣状凸起。花期 5—6 月，果期 6—7 月。

湿中生植物。生于河滩湿草地、农田湿地等处。

产地：克尔伦苏木浩日海廷阿尔山泉水边。

饲用价值：低等饲用植物。

雀舌草 *Stellaria alsine* Grimm

1. 植株；2. 花瓣；3. 种子

长叶繁缕 *Stellaria longifolia* Muehl. ex Willd.

蒙名：疏古日-阿吉干纳

别名：铺散繁缕、伞繁缕、睫伞繁缕

形态特征：多年生草本，高 10~25 厘米，根状茎细长，节部具鳞叶与须根。茎自基部丛生、斜升或直立，多分枝，四棱形，有时沿棱具细齿状小凸起，有时平滑无毛。叶无柄，条形，长 1~4 厘米，宽 0.5~2 毫米，先端渐尖，基部渐狭，常具少数短睫毛，全缘，有时边缘具细齿小凸起或疏睫毛，上面具中脉一条，下陷，下面隆起。聚伞花序顶生或腋生；苞片膜质，披针形，长 2~3 毫米，先端长渐尖，边缘有时有睫毛；花梗纤细，长 1~2 厘米，花后长达 2.5 厘米，开展；萼片卵状披针形或披针形，长 2~3（3.5）毫米，先端锐尖或渐尖，边缘膜质，具 3 脉；花瓣白色，比萼片稍长或 1/3，2 深裂几达基部，裂片矩圆状条形，先端钝；雄蕊 10，花丝向基部变宽；子房近椭圆形，花柱 3 条。蒴果卵形或椭圆形，比萼片长半倍至 1 倍，成熟时通常变紫黑色，有光泽，很少为麦秆黄色，含多数种子。种子椭圆形或宽卵形，稍扁平，长约 1 毫米，棕褐色，表面被极细皱纹状凸起。花期 6—7 月，果期 7—8 月。

湿中生植物。生于沼泽草甸、河滩湿草甸、沟谷湿草甸及沙丘林缘等处。

产地：呼伦镇山坡阴湿地。

饲用价值：中等饲用植物。

翻白繁缕 *Stellaria discolor* Turcz.

蒙名：阿拉格-阿吉干纳

别名：异色繁缕

形态特征：多生草本，高 10~20 厘米，全株无毛。根状茎细长，淡黄白色，节部具鳞叶与须根。茎纤细，斜倚，多分枝，四棱形，有光泽。叶无柄，披针形，长 2~4.5 厘米，宽 3~10 毫米，先端渐尖，基部近圆形或宽楔形，全缘，上面绿色，中脉下凹，下面淡灰绿色，中脉明显凸起。聚伞花序顶生或腋生；总花梗细长，有光泽；苞片披针形，长 3~5 毫米，先端长渐尖，边缘宽膜质，花梗纤细，长 1~2 厘米，常下弯；萼片披针形，长约 5 毫米，先端长渐尖，边缘宽膜质，具 3 脉；花瓣白色，与萼片等长、稍长或稍短，2 叉状深裂，裂片近条形；雄蕊 10，比花瓣短；子房宽卵形，花柱 3 条。蒴果宽卵形，稍短于萼片，6 瓣裂，具多数种子。种子肾圆形，稍扁，长约 1 毫米，表面被皱纹状凸起。花果期 6—8 月，果期 7—8 月。

湿中生植物。生于沟谷溪边，河岸林下。

产地：阿日哈沙特镇。

饲用价值：中等饲用植物。

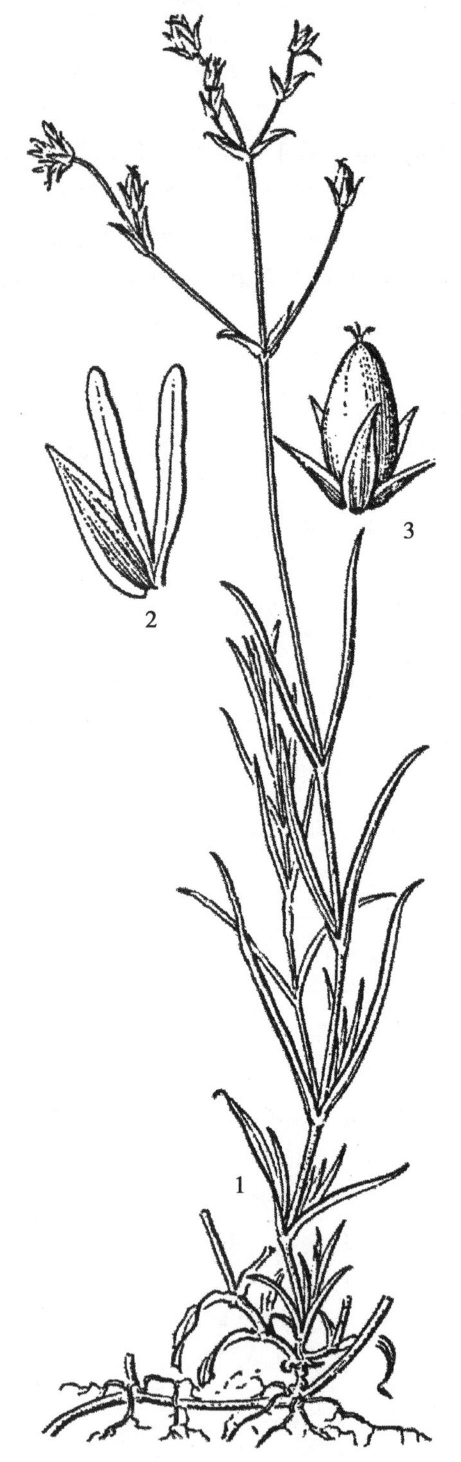

长叶繁缕 *Stellaria longifolia* Muehl. ex Willd.

1. 植株；2. 花瓣及萼片；3. 蒴果

翻白繁缕 *Stellaria discolor* Turcz.

1. 植株；2. 花瓣及萼片；3. 种子

高山漆姑草属 *Minuartia* L.

高山漆姑草 *Minuartia laricina*（L.）Mattf.

蒙名：塔格音-阿拉嘎力格-其其格

别名：石米努草

形态特征：多年生草本，高 10~30 厘米。茎丛生，单一，上升，被细短毛。叶线状锥形，无柄，长 5~15 毫米，宽 0.5~1 毫米，具 1 条脉，先端渐尖，两面无毛，基部边缘疏生长睫毛，上部多少被短刺毛，叶腋内具叶簇，基部叶腋有时具短缩的分枝。花单生或成聚伞花序；花梗长 5~20 厘米，被细短毛；萼片矩圆状披针形，长 4~5 毫米，先端钝或稍钝，背面无毛，具 3 条脉，边缘膜质；花瓣白色，倒卵状矩圆形，长 6~10 毫米，宽 3~3.5 毫米，先端圆钝；雄蕊 10，花丝下部加宽；花柱 3；蒴果矩圆状锥形，长 7~10 毫米；种子近卵形，边缘具流苏状篦齿，成盘状，成熟时黑褐色，表面微具条状凸起，花期 6—8 月，果期 7—9 月。

中生植物。生于山坡、林缘、林下及河岸柳林下。

产地：呼伦镇、宝格德乌拉苏木宝格德乌拉山。

饲用价值：低等饲用植物。

女娄菜属 *Melandrium* Roehl.

女娄菜 *Melandrium apricum*（Turcz. ex Fisch. et Mey.）Rohrb.

蒙名：苏尼吉没乐-其其格

别名：桃色女娄菜

形态特征：一年生或二年生草本，全株密被倒生短柔毛。茎直立，高 10~40 厘米，基部多分枝。叶条状披针形或披针形，长 2~5 厘米，宽 2~8 毫米，先端锐尖，基部渐狭，全缘，中脉在下面明显凸起，下部叶具柄，上部叶无柄。聚伞花序顶生和腋生；苞片披针形或条形，先端长渐尖，紧贴花梗；花梗近直立，长短不一；萼片椭圆形，长 6~8 毫米，密被短柔毛，具 10 条纵脉，果期膨大呈卵形，顶端 5 裂，裂片近披针形或三角形，边缘膜质；花瓣白色或粉红色，与萼近等长或稍长，瓣片倒卵形，先端浅 2 裂，基部渐狭成长爪，瓣片与爪间有 2 鳞片；花丝基部被毛；子房长椭圆形，花柱 3。蒴果卵形或椭圆状卵形，长 8~9 毫米，具短柄，顶端 6 齿裂，包藏在宿存花萼内。种子圆肾形，黑褐色，表面被钝的瘤状凸起。花期 5—7 月，果期 7—8 月。

中旱生植物。生于石砾质坡地、固定沙地、疏林及草原中。全草入药，也作蒙药用。

产地：全旗。

饲用价值：中等饲用植物。

高山漆姑草 *Minuartia laricina*（L.）Mattf.

1. 植株；2. 叶；3. 蒴果；4. 种子

女娄菜 *Melandrium apricum*（Turcz. ex Fisch. et Mey.）Rohrb.

1. 植株；2. 花瓣

麦瓶草属 *Silene* L.

狗筋麦瓶草 *Silene vulgaris*（Moench）Garcke

蒙名：哈特日音-舍日格纳

形态特征：多年生草本，高 40~100 厘米，全株无毛，呈灰绿色。根数条，圆柱状，具纵条棱。茎直立，丛生，上部分枝。叶披针形至卵状披针形，长 3~8 厘米，宽 5~25 毫米，茎下部叶渐狭成短柄，先端急尖或渐尖，全缘或边缘具刺状微齿，中脉明显，茎上部叶无柄，基部抱茎，全缘。聚伞花序，大形，花较稀疏；花梗长短不等，长 5~25 毫米；萼筒宽卵形，膜质，膨大成囊泡状，无毛，长 14~16 毫米，宽 7~10 毫米，具 20 条纵脉，脉间由多数网状细脉相连，常带紫堇色，萼齿宽三角形，边缘具白色短毛；雌雄蕊柄长约 2 毫米，无毛；花瓣白色，长 15~17 毫米，瓣片 2 深裂，爪上部加宽，基部渐狭，喉部无附属物；雄蕊超出花冠；子房卵形，长约 3 毫米。塑果球形，直径约 8 毫米，平滑而有光泽，6 齿裂；种子肾形，黑褐色，长约 1.5 毫米，宽约 1.2 毫米，表面被乳头状凸起。花期 6—8 月，果期 7—9 月。

中生植物。生于沟谷草甸。全草药用。幼嫩植株可作野菜食用。根富含皂甙。可代肥皂用。

产地：阿拉坦额莫勒镇、达赉苏木。

饲用价值：低等饲用植物。

毛萼麦瓶草 *Silene repens* Patr.

蒙名：模乐和-舍日格纳

别名：蔓麦瓶草、匍生蝇子草、细叶麦瓶草、宽叶麦瓶草

形态特征：多年生草本，高 15~50 厘米。根状茎细长，匍匐地面。茎直立或斜升，有分枝，被短柔毛。叶条状披针形、条形或条状倒披针形，长 1.5~4.5 厘米，宽（1）2~8 毫米，先端锐尖，基部渐狭，全缘，两面被短柔毛或近无毛。聚伞状狭圆锥花序生于茎顶；苞片叶状，披针形，常被短柔毛；花梗长 3~6 毫米，被短柔毛；萼筒棍棒形，长 12~14 毫米，直径 3~5 毫米，具 10 条纵脉，密被短柔毛，萼齿宽卵形，先端钝，边缘宽膜质；花瓣白色、淡黄白色或淡绿白色，瓣片开展，顶端 2 深裂，瓣片与爪之间有 2 鳞片，基部具长爪；雄蕊 10；子房矩圆柱形，无毛，花柱 3；雌雄蕊柄长 4~8 毫米，被短柔毛。塑果卵状矩圆形，长 5~7 毫米。种子圆肾形，长约 1 毫米，黑褐色，表面被短条形的细微凸起。花果期 6—9 月。

中生植物。生于山坡草地、固定沙丘、山沟溪边、林下、林缘草甸、沟谷草甸、河滩草甸、泉水边及撂荒地。

产地：全旗。

饲用价值：低等饲用植物。

狗筋麦瓶草 *Silene vulgaris*（Moench）Garcke

1. 植株；2. 花序；3. 花瓣；4. 花萼；5. 种子

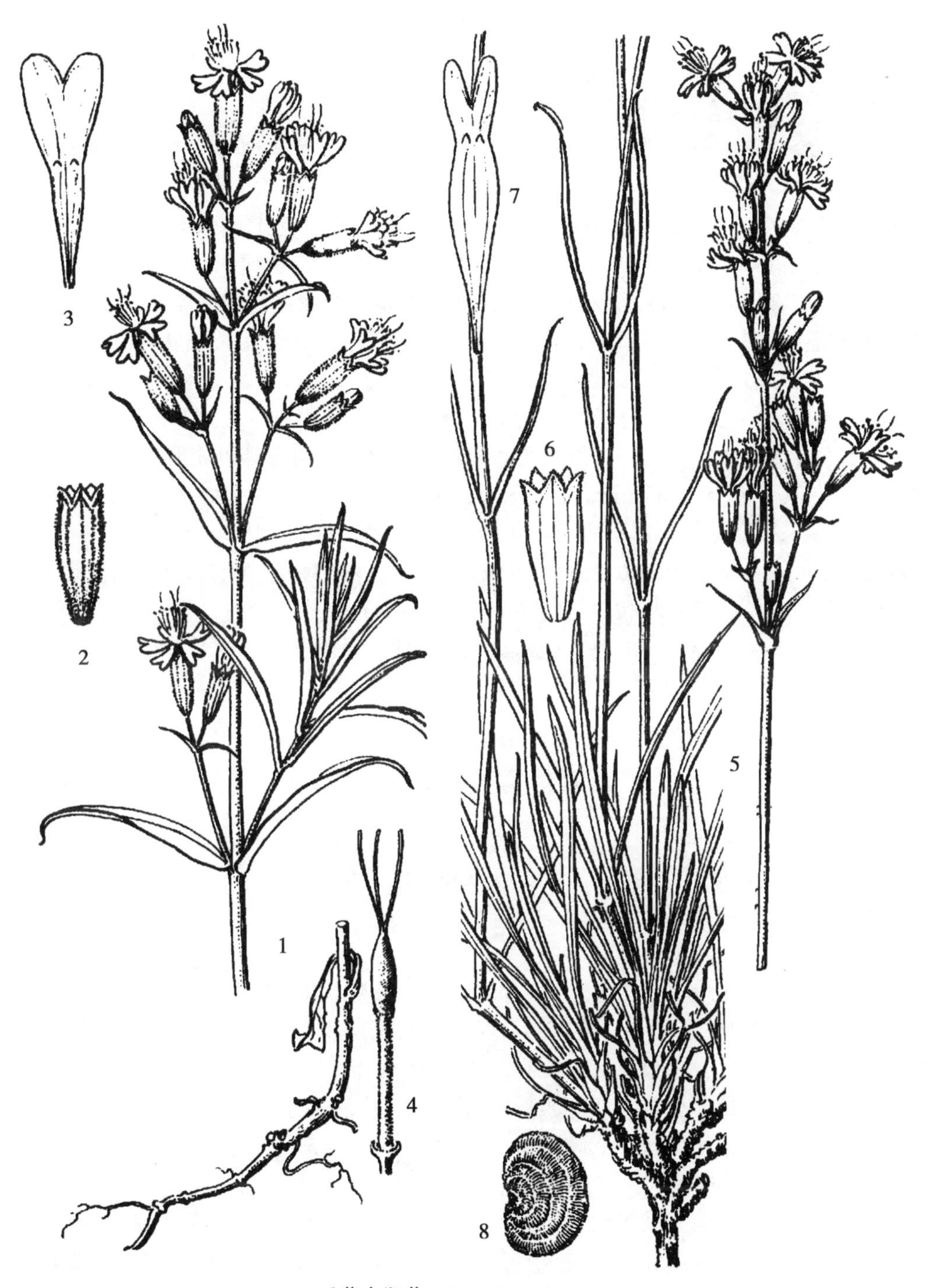

毛萼麦瓶草 *Silene repens* Patr.

1. 植株；2. 花萼；3. 花瓣；4. 子房

旱麦瓶草 *Silene jenisseensis* Willd.

5. 植株；6. 花萼；7. 花瓣；8. 种子

旱麦瓶草 *Silene jenisseensis* Willd.

蒙名：额乐存-舍日格纳

别名：麦瓶草、山蚂蚱、薄毛旱麦瓶草、小花旱麦瓶草、细叶旱麦瓶草

形态特征：多年生草本，高 20~50 厘米。直根粗长，直径 6~12 毫米，黄褐色或黑褐色，顶部具多头。茎几个至 10 余个丛生，直立或斜升，无毛或基部被短糙毛，基部常包被枯黄色残叶。基生叶簇生，多数，具长柄，柄长 1~3 厘米，叶片披针状条形，长 3~5 厘米，宽 1~3 毫米，先端长渐尖，基部渐狭，全缘或有微齿状凸起，两面无毛或稍被疏短毛，茎生叶 3~5 对，与基生叶相似但较小。聚伞状圆锥花序顶生或腋生，具花 10 余朵；苞片卵形，先端长尾状，边缘宽膜质，具睫毛，基部合生；花梗长 3~6 毫米，果期延长；花萼筒状，长 8~9 毫米，无毛，具 10 纵脉，先端脉网结，脉间白色膜质，果期膨大呈管状钟形，萼齿三角状卵形，边缘宽膜质，具短睫毛；花瓣白色，长约 12 毫米，瓣片 4~5 毫米，开展，2 中裂，裂片矩圆形，爪倒披针形，瓣片与爪间有 2 小鳞片；雄蕊 5 长，5 短；子房矩圆状圆柱形，花柱 3 条；雌雄蕊柄长约 3 毫米，被短柔毛。蒴果宽卵形，长约 6 毫米，包藏在花萼内，6 齿裂。种子圆肾形，长约 1 毫米，黄褐色，被条状细微凸起。花期 6—8 月，果期 7—8 月。

旱生植物。生于砾石质山地、草原及固定沙地。根入药。

产地：全旗。

饲用价值：低等饲用植物。

丝石竹属 *Gypsophila* L.

荒漠丝石竹 *Gypsophila desertorum*（Bunge）Fenzl

蒙名：楚乐音-台日

别名：荒漠石头花、荒漠霞草

形态特征：多年生草本，高 6~10 厘米，全株被腺状柔毛。根粗长，木质化，圆柱形，直径 6~12 毫米，棕褐色。根茎多分枝，木质化。茎多数，密丛生，不分枝或上部稍分枝，直立或斜升，密被腺状短柔毛。叶坚硬，钻形，长 4~9 毫米，宽 0.5~1 毫米，先端锐尖，基部渐狭，全缘，两面被腺状短柔毛，中脉在下面明显凸起，叶腋内常生 2~4 叶，对生叶呈假轮生状，二歧聚伞花序顶生，具 2~5 花；苞片卵状披针形或披针形，长 2~4 毫米，先端锐尖，密被腺毛；花梗长 6~14 毫米，直立，密被腺毛；花萼钟形，长约 4 毫米，外面密被腺毛，萼齿宽卵形，长约 1.5 毫米，先端钝圆，边缘膜质；花瓣白色带淡紫纹，倒披针形或倒卵形，长约 7 毫米，先端微凹或截形，基部楔形；雄蕊比花瓣短；子房椭圆状卵形，花柱 2 条。蒴果椭圆形，长 4~5 毫米，4 瓣裂。种子圆肾形，直径约 1 毫米，两侧压扁，表面具短条形瘤状凸起。花期 5 月下旬至 7 月。

旱生植物。生于荒漠草原、砾质与沙质干草原。

产地：达赉苏木。

饲用价值：中等饲用植物。

荒漠丝石竹 *Gypsophila desertorum*（Bunge）Fenzl

1. 植株；2. 种子

草原丝石竹 *Gypsophila davurica* Turcz. ex Fenzl

3. 植株；4. 花纵切；5. 种子

草原丝石竹 *Gypsophila davurica* Turcz. ex Fenzl

蒙名：达古日-台日

别名：草原石头花、北丝石竹、狭叶草原丝石竹

形态特征：多年生草本，高 30~70 厘米，全株无毛。直根粗长，圆柱形，灰黄褐色；根茎分歧，灰黄褐色，木质化，有多数不定芽。茎多数丛生，直立或稍斜升，二歧式分枝。叶条状披针形，长 2.5~5 厘米，宽 2.5~8 毫米，先端锐尖，基部渐狭，全缘，灰绿色，中脉在下面明显凸起，聚伞状圆锥花序顶生或腋生，具多数小花；苞片卵状披针形，长 2~4 毫米，膜质，有时带紫色，先端尾尖；花梗长 2~4 毫米；花萼管状钟形，果期呈钟形，长 2.5~3.5 毫米，具 5 条纵脉，脉有时带紫绿色，脉间白膜质，先端具 5 萼齿，齿卵状三角形，先端锐尖，边缘膜质；花瓣白色或粉红色，倒卵状披针形，长 6~7 毫米，先端微凹；雄蕊比花瓣稍短；子房椭圆形，花柱 2 条。蒴果卵状球形，长约 4 毫米，4 瓣裂；种子圆肾形，两侧压扁，直径约 1.2 毫米，黑褐色，两侧被矩圆状小凸起，背部被小瘤状凸起。花期 7—8 月；果期 8—9 月。

旱生植物。生于典型草原、山地草原。根含皂甙，用于纺织、染料、香料、食品等工业。根入药。此外根可作肥皂代用品，可洗濯羊毛和毛织品。

产地：呼伦镇、阿日哈沙特镇、达赉苏木。

饲用价值：中等饲用植物。

石竹属 *Dianthus* L.

瞿麦(qú) *Dianthus superbus* L.

蒙名：高要-巴希卡

别名：洛阳花

形态特征：多年生草本，高 30~50 厘米。根茎横走。茎丛生，直立，无毛，上部稍分枝。叶条状披针形或条形，长 3~8 厘米，宽 3~6 毫米，先端渐尖，基部成短鞘状围抱节上，全缘，中脉在下面凸起，聚伞花序顶生，有时成圆锥状，稀单生，苞片 4~6，倒卵形，长 6~10 毫米，宽 4~5 毫米，先端骤凸；萼筒圆筒形，长 2.5~3.5 厘米，直径约 4 毫米，常带紫色，具多数纵脉，萼齿 5，直立，披针形，长 4~5 毫米，先端渐尖；花瓣 5，淡紫红色，稀白色，长 4~5 厘米，瓣片边缘细裂成流苏状，基部有须毛，爪与萼近等长。蒴果狭圆筒形，包于宿存萼内，与萼近等长；种子扁宽卵形，长约 2 毫米，边缘具翅。花果期 7—9 月。

中生植物。生于林缘、疏林下、草甸、沟谷溪边。地上部分入药。可作观赏植物。

产地：呼伦镇。

饲用价值：低等饲用植物。

瞿麦 *Dianthus superbus* L.

1. 植株；2. 种子

簇茎石竹 *Dianthus repens* Willd.

3. 植株；4. 种子

簇茎石竹 *Dianthus repens* Willd.

蒙名：宝特力格-巴希卡

形态特征：多年生草本，高达 30 厘米，全株光滑无毛。直根粗壮；根茎多分歧。茎多数，密丛生，直立或上升。叶条形或条状披针形，长 3~5 厘米，宽 2~3 毫米，先端渐尖，基部渐狭，叶脉 1 或 3 条，中脉明显。花顶生，单一或有时 2 朵；萼下苞片 1~2 对，外面 1 对条形，叶状，比萼长或近等长，内面 1 对卵状披针形，比萼短，先端具长凸尖，边缘膜质；萼筒长 12~16 毫米，粗 4~5 毫米，有时带紫色，萼齿直立，披针形，具凸尖，长 3~4 毫米，边缘膜质，具微细睫毛；雌雄蕊柄长约 1 毫米；花瓣倒卵状楔形，紫红色，长 22~30 毫米，上部宽 8~10 毫米，上缘具不规则的细长牙齿，喉部表面具暗紫色彩圈并簇生长软毛，爪长 14~15 毫米。塑果狭圆筒形，包于宿存萼内，比萼短；种子圆盘状，中央凸起，直径约 1.5 毫米，边缘具翅。花期 6—8 月，果期 8—9 月。

中生植物。生于山地草甸。地上部分入药。

产地：呼伦镇。

饲用价值：低等饲用植物。

石竹 *Dianthus chinensis* L.

蒙名：巴希卡-其其格

别名：洛阳花

形态特征：全年生草本，高 20~40 厘米，全株带粉绿色。茎常自基部簇生，直立，无毛，上部分枝。叶披针状条形或条形，长 3~7 厘米，宽 3~6 毫米，先端渐尖，基部渐狭合生抱茎，全缘，两面平滑无毛，粉绿色，下面中脉明显凸起。花顶生，单一或 2~3 朵成聚伞花序；花下有苞片 2~3 对，苞片卵形，长约为萼的一半，先端尾尖，边缘膜质，有睫毛；花萼圆筒形，长 15~18 毫米，直径 4~5 毫米，具多数纵脉，萼齿披针形，长约 5 毫米，先端锐尖，边缘膜质，具细睫毛；花瓣瓣片平展，卵状三角形，长 13~15 毫米，边缘有不整齐齿裂，通常红紫色、粉红色或白色，具长爪，爪长 16~18 毫米，瓣片与爪间有斑纹与须毛；雄蕊 10；子房矩圆形，花柱 2 条。蒴果矩圆状圆筒形，与萼近等长，4 齿裂。种子宽卵形，稍扁，灰黑色，边缘有狭翅，表面有短条状细凸起。花果期 6—9 月。

旱中生植物。生于山地草甸及草甸草原。地上部分入药。用途同瞿麦。

产地：呼伦镇、阿日哈沙特镇、达赉苏木。

饲用价值：中等饲用植物。

兴安石竹 *Dianthus chinensis* L. var. *versicolor*（Fisch. ex Link） Y. C. Ma

蒙名：蒙古乐-巴希卡

别名：丝叶石竹、蒙古石竹

形态特征：本变种与正种不同点在于：茎和叶稍粗糙，叶条状锥形，斜向上，花较小。

中旱生植物。生于山地草原、典型草原。地上部分入药。

产地：呼伦镇、阿日哈沙特镇、达赉苏木、克尔伦苏木。

饲用价值：中等饲用植物。

石竹 *Dianthus chinensis* L.

1. 植株；2. 花瓣；3. 雄、雌蕊及子房；4 种子

兴安石竹 *Dianthus chinensis* L. var.*versicolor*（Fisch. ex Link）Y. C. Ma

5. 植株一部分

金鱼藻科 Ceratophyllaceae

金鱼藻属 *Ceratophyllum* L.

金鱼藻 *Ceratophyllum demersum* L.

蒙名：阿拉垣-扎木嘎

别名：松藻、五针金鱼藻、五刺金鱼藻

形态特征：多年生沉水草本。茎细长，多分枝，叶4~10片轮生，一至二回二歧分叉。裂片条形或丝状条形，长10~15毫米，宽0.1~0.4毫米，边缘仅一侧有疏细锯齿，齿尖常软骨质。花微小，直径约2毫米，具短花梗；花被片8~12，矩圆形或条状矩圆形，长1.5~2毫米，顶端有2~3尖齿；雄花有雄蕊10~16，雌花有1雌蕊，子房宽卵形，花柱钻形。坚果扁椭圆形，长4~5毫米，宽约2毫米，黑色，有3刺，顶端刺长8~10毫米，基部两侧有2刺，长4~7毫米。花果期6—9月。

水生植物。生于池沼、湖泡、河流中。全草为鱼的饲料，也可作猪的饲料；全草供药用。

产地：乌尔逊河浅水中。

饲用价值：良等饲用植物。

毛茛科 Ranunculaceae

耧斗菜属 *Aquilegia* L.

耧斗菜 *Aquilegia viridiflora* Pall.

蒙名：乌日乐其-额布斯

别名：血见愁

形态特征：多年生草本，高20~40厘米。直根粗大，圆柱形，粗大1.5厘米，黑褐色。茎直立，上部稍分枝，被短柔毛和腺毛。基生叶数数，有长柄，长达15厘米，被短柔毛或腺毛，柄基部加宽，二回三出复叶；中央小叶楔状倒卵形，长1.5~3.5厘米，宽1~3.5厘米，具短柄，柄长1~5毫米，侧生小叶歪倒卵形，无柄，小叶3浅裂至中裂，小裂片具2~3个圆齿，上面绿色，无毛，下面灰绿色带黄色，被短柔毛；茎生。叶少数，与基生叶同形而较小，或只一回三出，具柄或无柄。单歧聚伞花序；花梗长2~5厘米，被腺毛和短柔毛；花黄绿色；萼片卵形至卵状披针形，长1.2~1.5厘米，宽5~8毫米，与花瓣瓣片长近等长，先端渐尖，里面无毛，外面疏被毛；花瓣瓣片长约1.4厘米，上部宽达1.5厘米，先端圆状截形，两面无毛，距细长，长约1.8厘米，直伸或稍弯；雄蕊多数，比花瓣长，伸出花外，花丝丝状，花药黄色；退化雄蕊白色膜质，条状披针形，长7~8毫米；心皮4~6，通常5，密被腺毛和柔毛，花柱细丝状，显

着超出花的其他部分。蓇葖果直立，被毛，长约 2 厘米，相互靠近，宿存花柱细长，与郭果近等长，稍弯曲；种子狭卵形，长约 2 毫米，宽约 0.7 毫米，黑色，有光泽，三棱状，其中有 1 棱较宽，种皮密布点状皱纹。花期 5—6 月，果期 7 月。

旱中生植物。生于石质山坡的灌丛间与基岩露头上及沟谷中。全草入药。

产地：阿日哈沙特镇阿贵洞山上。

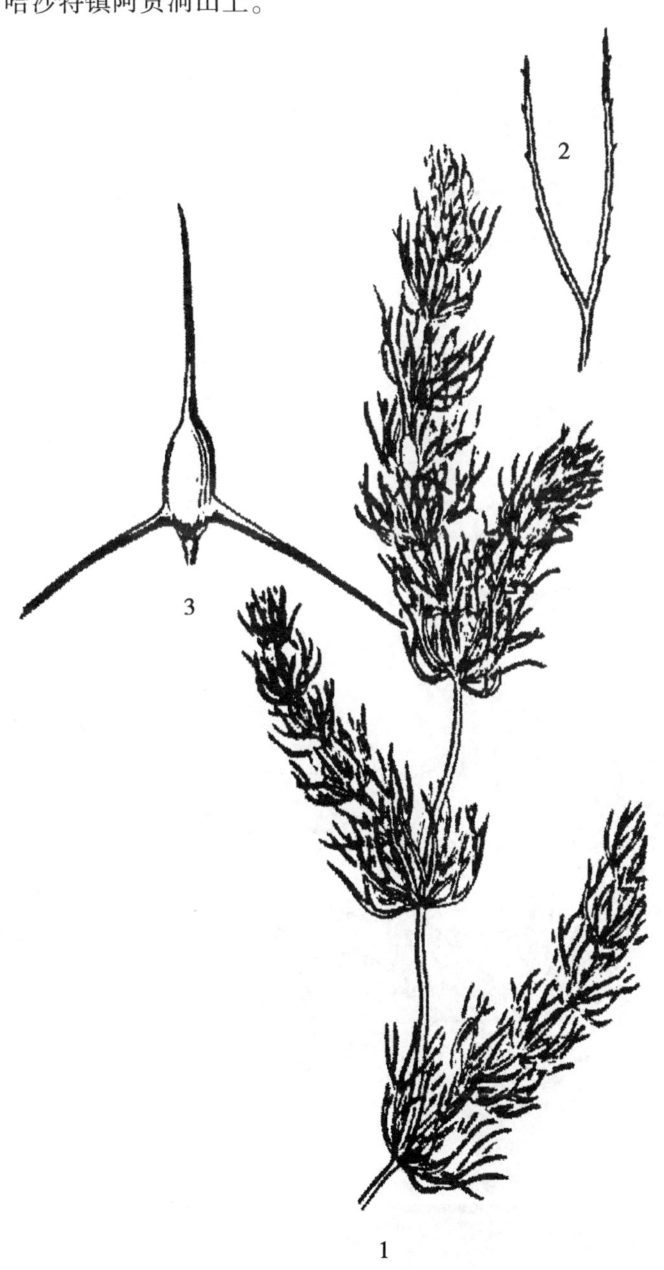

金鱼藻 ***Ceratophyllum demersum*** **L.**

1. 植株；2. 叶；3. 果实

耧斗菜 *Aquilegia viridiflora* Pall.

1. 植株；2. 退化雄蕊；3. 果实

蓝堇草属 *Leptopyrum* Reichb.

蓝堇草 *Leptopyrum fumarioides*（L.）Reichb.

蒙名：巴日巴达

形态特征：一年生小草本，高 5~30 厘米，全株无毛，呈灰绿色。根直，细长，黄褐色。茎直立或上升，通常从基部分枝。基生叶多数，丛生，通常为二回三出复叶，具长柄，叶片卵形或三角形，长 2~4 厘米，宽 1.5~3 厘米，中央小叶柄较长，约 1.5 厘米，侧生小叶柄较短，约 5~7 毫米，小叶三全裂，裂片又 2~3 浅裂，小裂片狭倒卵形，宽 1~3 毫米，先端钝圆；茎下部叶通常互生，具柄，叶柄基部加宽成鞘，叶鞘上侧具 2 个条形叶耳；茎上部叶对生至轮生，具短柄，几乎全部加宽成鞘，叶片二至三回三出复叶；叶灰蓝绿色，两面无毛。单歧聚伞花序具 2 至数花；苞片叶状；花梗近丝状，长 1~4 厘米；萼片 5，淡黄色，椭圆形，长约 4 毫米，宽 1.5~2 毫米，先端尖；花瓣 4~5，漏斗状，长约 1 毫米，与萼片互生，比萼片显著短，2 唇形，下唇比上唇显著短，微缺，上唇全缘；雄蕊 10~15，花丝丝状，长约 2.5 毫米，花药近球形；心皮 5~20，无毛。蓇葖果条状矩圆形，长达 1 厘米，宽约 2 毫米，内含种子多数，果喙直伸；种子暗褐色，近椭圆形或卵形，长 0.6~0.8 毫米，宽 0.4~0.6 毫米，两端稍尖，表面被小瘤状凸起。花期 6 月，果期 6—7 月。

中生植物。生于田野、路边或向阳山坡。全草入药。

产地：阿拉坦额莫勒镇。

唐松草属 *Thalictrum* L.

展枝唐松草 *Thalictrum squarrosum* Steph. ex Willd.

蒙名：莎格莎嘎日-查存-其其格、汉腾 铁木尔-额布斯

别名：叉枝唐松草、歧序唐松草、坚唐松草

形态特征：多年生草本，高达 1 米。须根发达，灰褐色。茎呈“之”字形曲折，常自中部二叉状分枝，分枝多，通常无毛。叶集生于茎下部和中部，近向上直展，具短柄，基部加宽呈膜质鞘状，为三至四回三出羽状复叶，小叶具短柄或近无柄，顶生小叶柄较长，小叶卵形、倒卵形或宽倒卵形，长 6~20 毫米，宽 3~15 毫米，基部圆形或楔形，顶端通常具 3 个大牙齿或全缘，有时上部 3 浅裂，中裂片具 3 个牙齿，上面绿色，下面色淡，两面无毛，脉在下面稍隆起。圆锥花序近二叉状分枝，呈伞房状，花梗长 1.5~3 厘米，基部具披针形小苞；花直径 5~7 毫米；萼片 4，淡黄绿色，稍带紫色，狭卵形，长 3~5 毫米，宽 1.2~2 毫米；无花瓣；雄蕊 7~10，花丝细，长 2~5 毫米，花药条形，长约 3 毫米，比花丝粗，先端渐尖；心皮 1~3，无柄，柱头三角形，有翼。瘦果新月形或纺锤形，一面直，另一面呈弓形弯曲，长 5~8 毫米，宽 1.2~2 毫米，两面稍扁，具 8~12 条凸起的弓形纵肋，果喙微弯，长约 1.5 毫米。花期 7—8 月，果期 8—9 月。

生于典型草原、沙质草原群落中。全草入药。秋季山羊、绵羊稍采食。种子含油，供工业用。

产地：全旗。

饲用价值：低等饲用植物。

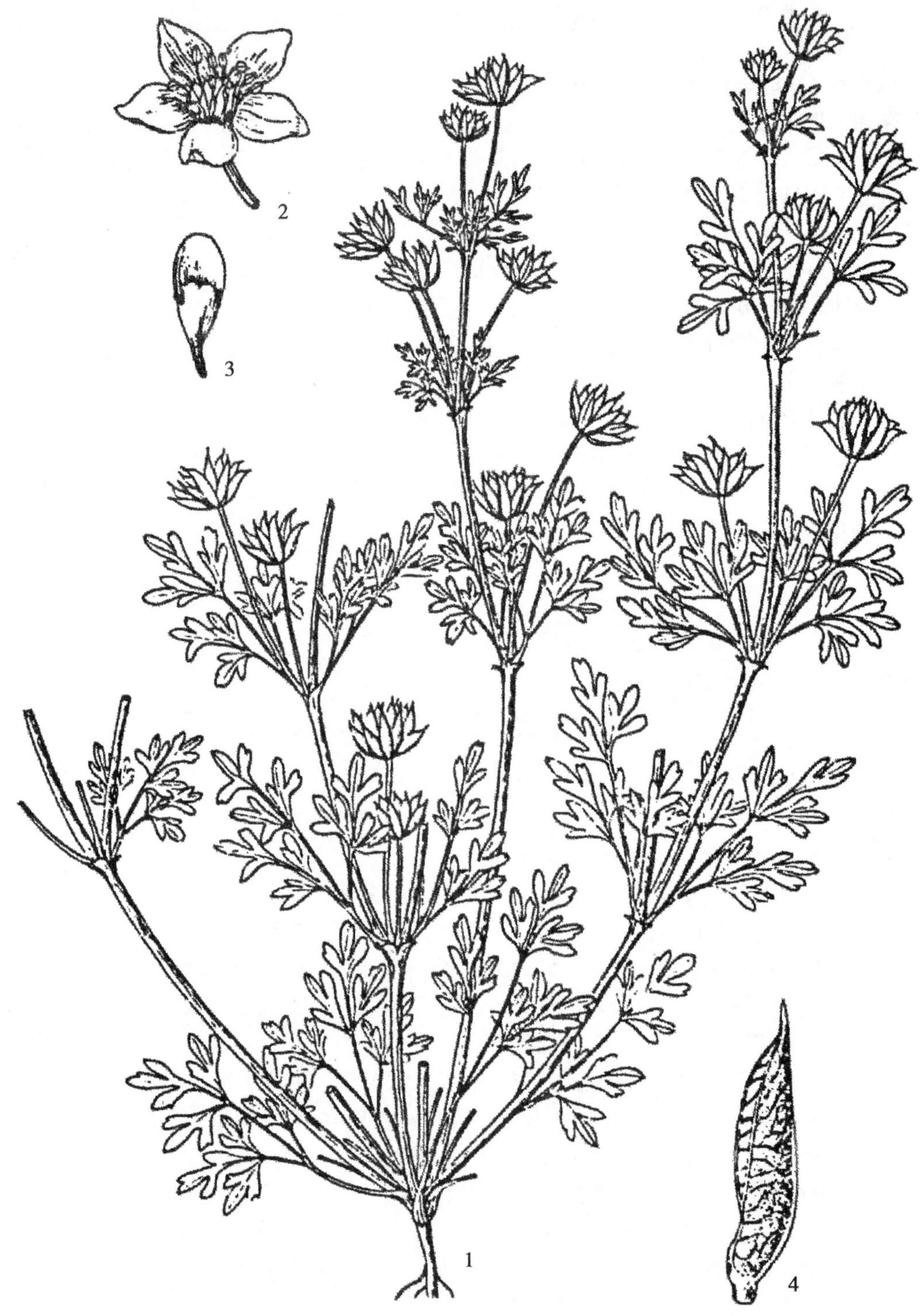

蓝堇草 ***Leptopyrum fumarioides*** **（L.） Reichb.**

1. 植株；2. 花；3. 花瓣；4. 蓇葖果

香唐松草 *Thalictrum foetidum* L.

蒙名：乌努日特-查存-其其格

别名：腺毛唐松草

形态特征：多年生草本，高达 20~50 厘米，根茎较粗，具多数须根。茎具纵槽，基部近无毛，上部被短腺毛。茎生叶三至四回三出羽状复叶，基部叶具较长的柄，柄长达 4 厘米，上部叶柄较短，密被短腺毛或短柔毛，叶柄基部两侧加宽，呈膜质鞘状；复叶轮廓宽三角形，长约 10 厘米，小叶具短柄，密被短腺毛或短柔毛，小叶片卵形、宽倒卵形或近圆形，长 2~10 毫米，宽 2~9 毫米，基部微心形或圆状楔形，先端 3 浅裂，裂片全缘或具 2~3 个钝牙齿，上面绿色，下面灰绿色，两面均被短腺毛或短柔毛，下面较密，叶脉上面凹陷，下面明显隆起。圆锥花序疏松，被短腺毛；花小，直径 5~7 毫米，通常下垂；花梗长 0.5~1.2 厘米；萼片 5，淡黄绿色，稍带暗紫色，卵形，长约 3 毫米，宽约 1.5 毫米；无花瓣；雄蕊多数，比萼片长 1.5~2 倍，花丝丝状，长 3~5 毫米，花药黄色，条形，长 1.5~3 毫米，比花丝粗，具短尖；心皮 4~9 或更多，子房无柄，柱头具翅，长三角形。瘦果扁，卵形或倒卵形，长 2~5 毫米，具 8 条纵肋，被短腺毛，果喙长约 1 毫米，微弯。花期 8 月，果期 9 月。

中旱生植物。生于山地草原及灌丛中。种子油可供工业用。全草可供药用。

产地：呼伦镇、达赉苏木、阿日哈沙特镇阿贵洞。

饲用价值：中等饲用植物。

箭头唐松草 *Thalictrum simplex* L.

蒙名：楚斯 希日-查存-其其格

别名：水黄连、黄唐松草

形态特征：多年生草本，高 50~100 厘米，全株无毛。茎直立，通常不分枝，具纵条棱。基生叶为二至三回三出羽状复叶，叶柄长 3~7 厘米，基部加宽，半抱茎，小叶宽倒卵状楔形、椭圆状楔形或矩圆形，长 1~2 厘米，宽 0.7~2 厘米，具短柄或无柄，基部楔形至近圆形，先端通常 3 浅裂或全缘，小裂片先端钝或圆；下部茎生叶为二回三出羽状复叶，具柄，柄长 2~5 厘米，小叶倒卵状楔形、椭圆状楔形或矩圆形，长 1.5~2.5 厘米，宽 0.8~2 厘米，基部楔形，稀近圆形，先端通常 2~3 浅裂，小裂片先端钝、圆或锐尖，中部茎生叶为二回三出羽状复叶，无柄或具短柄，叶柄两侧加宽呈棕褐色的膜质鞘，上部边缘有细齿，小叶椭圆状楔形或宽披针形，长 2~3 厘米，宽 0.5~1.5 厘米，基部楔形或近圆形，先端通常有 2~3 个大牙齿，牙齿先端锐尖；上部茎生叶为一回三出羽状复叶，小叶披针形至条状披针形，基部楔形，全缘或先端具 2~3 个大牙齿，牙齿尖锐；小叶质厚，边缘稍反卷，上面深绿色，下面灰绿色，叶脉隆起。圆锥花序生于茎顶，分枝向上直展；花多数，花梗长 2~3 毫米，花直径约 6 毫米；萼片 4，淡黄绿色，卵形或椭圆形，长 2~3 毫米，边缘膜质；无花瓣；雄蕊多数，花丝丝状，长 2~3 毫米，花药黄色，长约 2 毫米，比花丝粗，先端具短尖；心皮 4~12，柱头箭头状，宿存。瘦果椭圆形或狭卵形，长约 2 毫米，宽约 1.5 毫米，具 3~9 条明显的纵棱；心皮梗长约1厘米。花期7—8月，果期8—9月。

中生杂类草。生于河滩草甸及山地灌丛、林缘草甸。全草入药。种子油可供制油漆用。

产地：阿日哈沙特镇阿贵洞、乌尔逊河沿岸河滩草甸。

饲用价值：中等饲用植物。

展枝唐松草 ***Thalictrum squarrosum*** **Steph. ex Willd.**

1. 果序和叶；2. 瘦果

香唐松草 ***Thalictrum foetidum*** **L.**

3. 叶；4. 瘦果

箭头唐松草 ***Thalictrum simplex*** **L.**

5. 植株

锐裂箭头唐松草 *Thalictrum simplex* L. var. *affine*（Ledeb.）Regel

蒙名：敖尼图-希日-查存-其其格

形态特征：本变种与正种的区别在于：小叶楔形或狭楔形，基部狭楔形，小裂片狭三角形，顶端锐尖。花梗长 4~7 毫米。

中生植物。生于河岸草甸、山地草甸。

产地：阿日哈沙特镇。

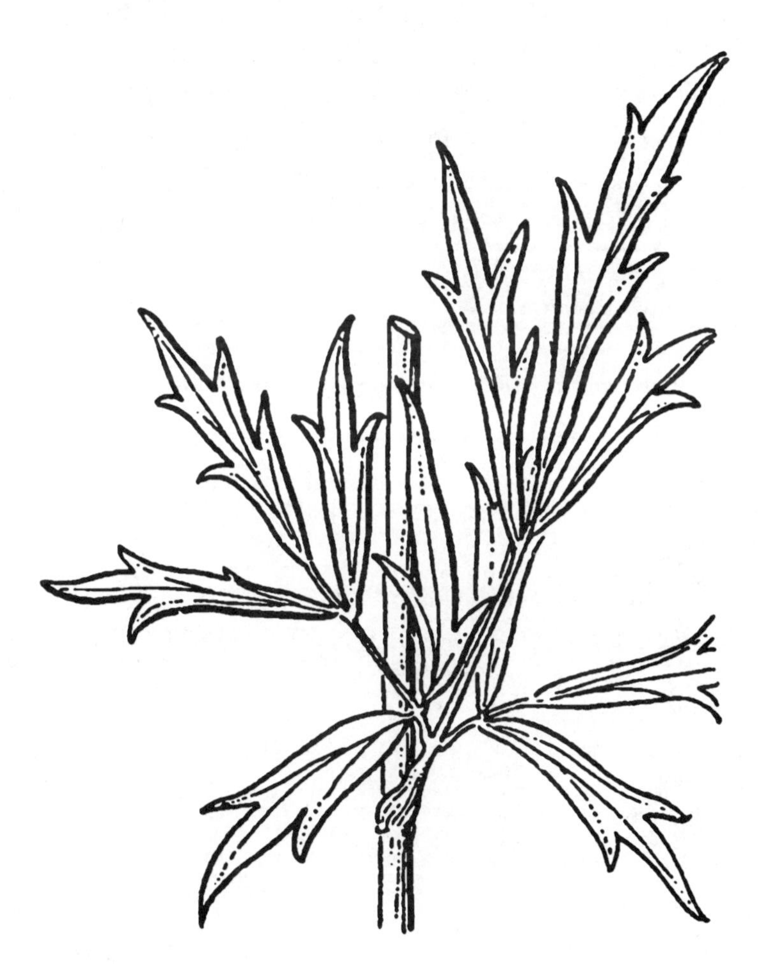

锐裂箭头唐松草 ***Thalictrum simplex*** **L. var.** ***affine*** **（Ledeb.）Regel**

叶

欧亚唐松草 *Thalictrum minus* L.

蒙名：阿翟音-查存-其其格

别名：小唐松草

形态特征：多年生草本，高 60~120 厘米，全株无毛。茎直立，具纵棱。下部叶为三至四回三出羽状复叶，有柄，柄长达 4 厘米，基部有狭鞘，复叶长达 20 厘米，上部叶为二至三回三出羽状复叶，有短柄或无柄，小叶纸质或薄革质，楔状倒卵形、宽倒卵形或狭菱形，长 0.5~1.2 厘米，宽 0.3~1 厘米，基部楔形至圆形，先端 3 浅裂或有疏牙齿，上面绿色，下面淡绿色，脉不明显隆起，脉网不明显。圆锥花序长达 30 厘米；花梗长 3~8 毫米；萼片 4，淡黄绿色，外面带紫色，狭椭圆形，长约 3.5 毫米，宽约 1.5 毫米，边缘膜质；无花瓣；雄蕊多数，长约 7 毫米，花药条形，长约 3 毫米，顶端具短尖头，花丝丝状；心皮 3~5，无柄，柱头正三角状箭头形。瘦果狭椭圆球形，稍扁，长约 3 毫米，有 8 条纵棱。花期 7—8 月，果期 8—9 月。

中生植物。生于山地林下、林缘、灌丛及草甸中。根入药。也作蒙药用。

产地：呼伦镇、达赉苏木、克尔伦苏木。

饲用价值：中等饲用植物。

东亚唐松草 *Thalictrum minus* L. var. *hypoleucum*（Sieb. et Zucc.）Miq.

蒙名：淘木-查存-其其格

别名：腾唐松草、小金花

形态特征：本变种与正种的不同点在于：小叶较大，长宽 1.5~4 厘米，背面有白粉，粉绿色，脉隆起，脉网明显。

中生植物。生于山地林下、林缘、灌丛、沟谷草甸。根入药。也作蒙药用。干后家畜采食一些，幼嫩时植物含氢氰酸，家畜采食过多可引起中毒。

产地：呼伦镇、达赉苏木、克尔伦苏木。

饲用价值：中等饲用植物。

欧亚唐松草 *Thalictrum minus* L.

1. 植株；2. 雄蕊

东亚唐松草 *Thalictrum minus* L. var. *hypoleucum*（Sieb. et Zucc.）Miq.

3. 叶；4. 雄蕊；5. 瘦果

瓣蕊唐松草 *Thalictrum petaloideum* L.

蒙名：查存-其其格

别名：肾叶唐松草、花唐松草、马尾黄连

形态特征：多年生草本，高 20~60 厘米，全株无毛。根茎细直，外面被多数枯叶柄纤维，下端生多数须根，细长，暗褐色。茎直立，具纵细沟。基生叶通常 2~4，有柄，柄长约 5 厘米，三至四回三出羽状复叶，小叶近圆形、宽倒卵形或肾状圆形，长 3~12 毫米，宽 2~15 毫米，基部微心形、圆形或楔形，先端 2~3 圆齿状浅裂或 3 中裂至深裂，不裂小叶为卵形或倒卵形，边缘不反卷或有时稍反卷；茎生叶通常 2~4，上部者具短柄至近无柄，叶柄两侧加宽成翼状鞘，小叶片形状与基生叶同形，但较小。花多数，较密集，生于茎顶部，呈伞房状聚伞花序；萼片 4，白色，卵形，长 3~5 毫米，先端圆，早落；无花瓣；雄蕊多数，长 5~12 毫米，花丝中上部呈棍棒状，狭倒披针形，花药黄色，椭圆形；心皮 4~13，无柄，花柱短，柱头狭椭圆形，稍外弯。瘦果无梗，卵状椭圆形，长 4~6 毫米，宽 2~3 毫米，先端尖，呈喙状，稍弯曲，具 8 条纵肋棱。花期 6—7 月，果期 8 月。

旱中生杂类草。生于草甸、草甸草原及山地沟谷中。根入药，也作蒙药用。种子入蒙药。

产地：呼伦镇、达赉苏木。

饲用价值：中等饲用植物。

卷叶唐松草 *Thalictrum petaloideum* L. var. *supradecompositum*（Nakai）Kitag.

蒙名：保日吉给日-查存-其其格

别名：蒙古唐松草、狭裂瓣蕊唐松草

形态特征：本变种与正种的不同点在于：小叶全缘或 2~3 全裂或深裂，全缘小叶和裂片为条状披针形、披针形或卵状披针形，边缘全部反卷。

生于干燥草原和沙丘上。为草原中旱生杂类草。根入药。

产地：克尔伦苏木。

饲用价值：中等饲用植物。

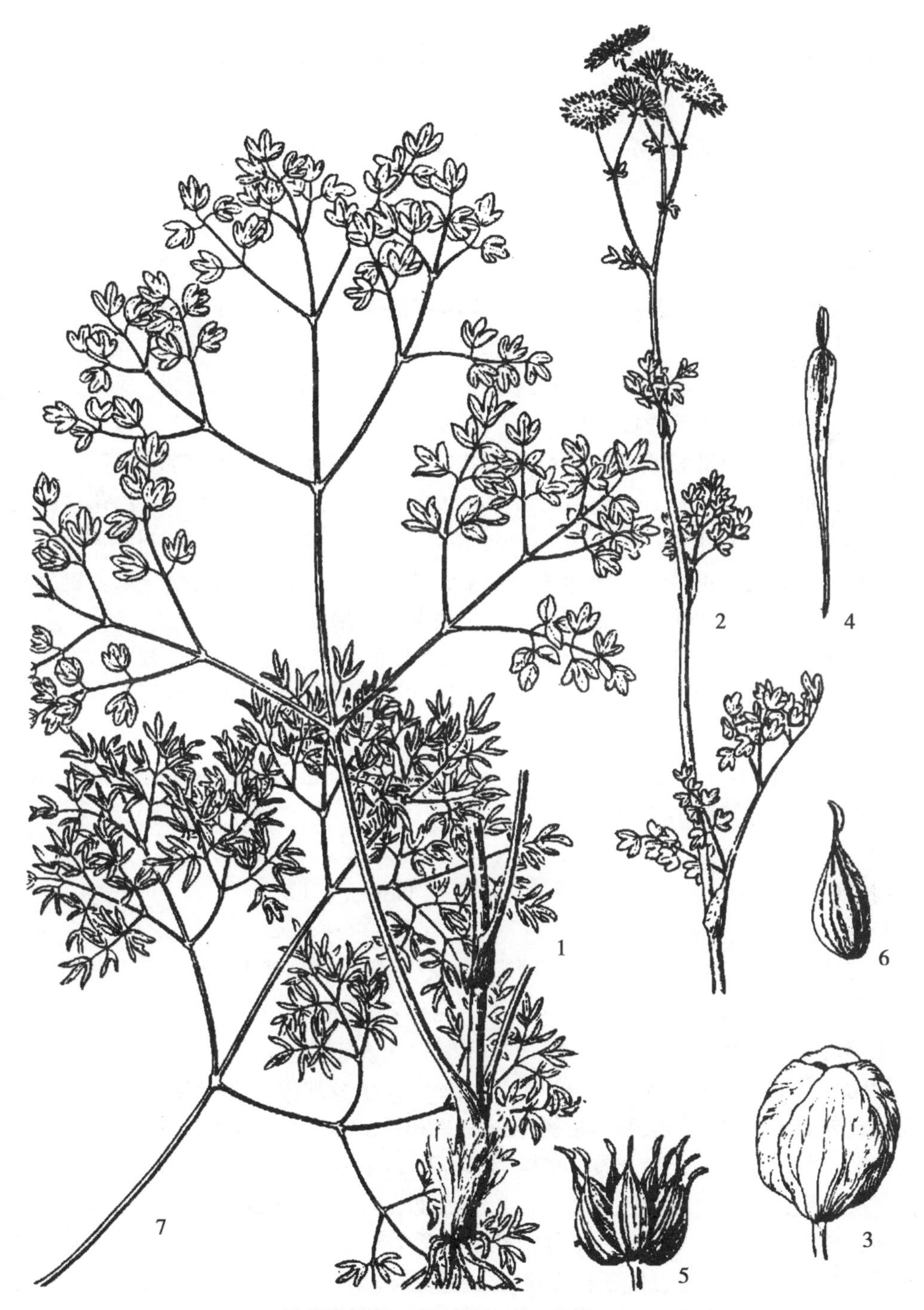

瓣蕊唐松草 ***Thalictrum petaloideum*** **L.**

1. 植株下部；2. 植株上部；3. 花蕾；4. 雄蕊；5. 聚合果；6. 瘦果

卷叶唐松草 ***Thalictrum petaloideum*** **L. var.** ***supradecompositum*** **（Nakai）Kitag.**

7. 叶

白头翁属 *Pulsatilla* Adans.

细叶白头翁 *Pulsatilla turczaninovii* Kryl. et Serg.

蒙名：古拉盖-花儿 那林-高乐贵

别名：毛姑朵花

形态特征：多年生草本，高 10~40 厘米，植株基部密包被纤维状的枯叶柄残余。根粗大，垂直，暗褐色。基生叶多数，通常与花同时长出，叶柄长达 14 厘米，被白色柔毛；叶片轮廓卵形，长 4~14 厘米，宽 2~7 厘米，二至三回羽状分裂，第一回羽片通常对生或近对生，中下部的裂片具柄，顶部的裂片无柄，裂片羽状深裂，第二回裂片再羽状分裂，最终裂片条形或披针状条形，宽 1~2 毫米，全缘或具 2~3 个牙齿，成长叶两面无毛或沿叶脉稍被长柔毛。总苞叶掌状深裂，裂片条形或倒披针状条形，全缘或 2~3 分裂，里面无毛，外面被长柔毛，基部联合呈管状，管长 3~4 毫米；花葶疏或密被白色柔毛；花向上开展；萼片 6，蓝紫色或蓝紫红色，长椭圆形或椭圆状披针形，长 2.5~4 厘米，宽达 1.4 厘米，外面密被伏毛；雄蕊多数，比萼片短约一半。瘦果狭卵形，宿存花柱长 3~6 厘米，弯曲，密被白色羽毛。花果期 5—6 月。

生于典型草原及森林草原带的草原与草甸草原群落中，可在群落下层形成早春开花的杂类草层片，也可见于山地灌丛中。为中旱生植物。根入药。早春为山羊、绵羊乐食。

产地：全旗。

饲用价值：低等饲用植物。

细裂白头翁 *Pulsatilla tenuiloba*（Turcz. ex Hayek） Juz.

蒙名：萨拉没乐-伊日贵

形态特征：多年生草本，高约 8 厘米。根状茎粗壮，具基生叶枯叶柄残基；直根暗褐色，基生叶轮廓狭矩圆形，长约 5 厘米，宽约 2 厘米，二回羽状全裂，小裂片狭条形，先端锐尖，宽 0.5~1 毫米，两面星散长柔毛；叶柄长约 2.5 毫米，被白色贴伏或稍开展的长柔毛。总苞 3 深裂，裂片又羽状分裂，小裂片狭条形，宽 0.5~1 毫米，里面无毛，外面密被白色长柔毛，花葶单一，在花期密被贴伏或稍开展的白色长柔毛，果期疏被毛；萼片蓝紫色，半开展，狭椭圆形，长 2~3 厘米，宽 6~10 毫米，里面无毛，外面密被伏毛；雄蕊长约为萼片之半；心皮密被柔毛；瘦果长椭圆形，先端具尾状的宿存花柱，长约 2 厘米，稍弯曲，下部密被白色长柔毛，上部被短伏毛，顶端无毛。花果期 6 月，7 月下旬时出现二次开花现象。

中旱生植物。生于草原区丘陵石质坡地。

产地：阿日哈沙特镇阿贵洞、呼伦镇北部中蒙国境线处。

饲用价值：低等饲用植物。

细叶白头翁 *Pulsatilla turczaninovii* Kryl. et Serg.

1. 植株；2. 雌蕊及雄蕊；3. 瘦果

细裂白头翁 *Pulsatilla tenuiloba*（Turcz. ex Hayek）Juz.

4. 植株；5. 瘦果

蒙古白头翁 *Pulsatilla ambigua*（Turcz. ex Hayek.）Juz.

蒙名：伊日贵、呼和-高乐贵

别名：北白头翁

形态特征：多年生草本，高 5~8 厘米，植株基部密包被纤维状的枯叶柄残余。根粗直，暗褐色。基生叶少数，通常与花同时长出，叶柄密被开展的白色长柔毛，长约 4 厘米，叶片轮廓宽卵形，近羽状分裂，有羽 2 对，中央全裂片近无柄或具短柄，又 3 全裂，小裂片条状披针形，宽约 1.5 毫米，全缘或具少数尖牙齿，被长柔毛。总苞叶掌状深裂，小裂片又 2~3 深裂或羽状分裂，小裂片条形，里面无毛，外面密被长柔毛，基部联合呈管状，管长约 2 毫米。花葶密被白色长柔毛，花钟形，先下垂，后直立；萼片通常 6，蓝紫色，狭卵形至长椭圆形，长约 2.8 厘米，宽约 1 厘米，外面被伏长柔毛，里面无毛，先端钝圆；雄蕊多数，长约为萼片之半；心皮多数。瘦果狭卵形，宿存花柱长约 3 厘米，密被白色羽毛。花果期 5—6 月。

中旱生植物。生于山地草原灌丛。根入药。早春为山羊、绵羊乐食。

产地：呼伦镇、阿拉坦额莫勒镇。

饲用价值：低等饲用植物。

黄花白头翁 *Pulsatilla sukaczewii* Juz.

蒙名：希日-高乐贵

形态特征：多年生草本，高约 15 厘米，植株基部密包被纤维状枯叶柄残余。根粗壮，垂直，暗褐色。基生叶多数，丛生状，叶柄长约 5 厘米，被白色长柔毛，基部稍加宽。密被稍开展的白色长柔毛；叶片轮廓长椭圆形，长约 5 厘米，宽约 2 厘米，二回羽状全裂，小裂片条形或狭针状条形，宽 0.5~1 毫米，边缘及两面疏被白色长柔毛，总苞叶 3 深裂，裂片的中下部两侧常各具 1 侧裂片，裂片又羽状分裂，小裂片狭条形，宽 0.5~1 毫米，上面无毛，下面密被白色长柔毛。花葶在花期密被贴伏或稍开展的白色长柔毛，果期疏被毛；萼片 6 或较多，开展，黄色，有时白色，椭圆形或狭椭圆形，长 1~2 厘米，宽 0.5~1 厘米，外面稍带紫色，密被伏毛，里面无毛；雄蕊多数，长约为萼片之半；心皮多数，密被柔毛。瘦果长椭圆形，先端具尾状的宿存花柱，长 2~2.5 厘米，下部被斜展的长柔毛，上部密被贴伏的短毛，顶端无毛。花果期 5—6 月，7 月下旬有时出现二次开花现象。

中旱生植物。生于草原区石质山地及丘陵坡地和沟谷中。根入药。

产地：呼伦镇。

饲用价值：低等饲用植物。

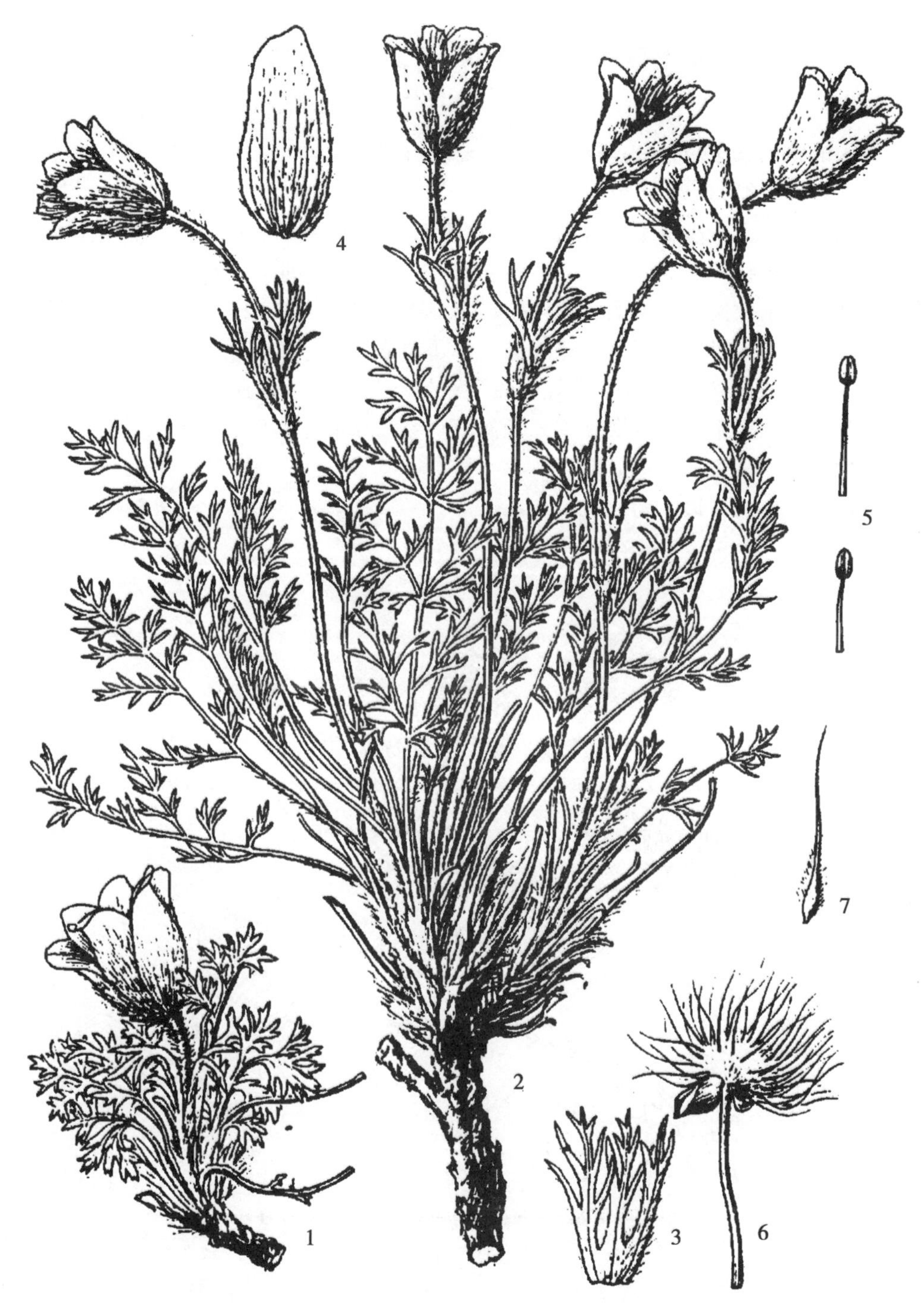

蒙古白头翁 ***Pulsatilla ambigua*** **（Turcz. ex Hayek.）Juz.**

1. 植株

黄花白头翁 ***Pulsatilla sukaczewii*** **Juz.**

2. 植株；3. 总苞；4. 萼片；5. 雄蕊；6. 聚合果；7. 瘦果

水毛茛属 *Batrachium*（DC.）J. F. Gray

小水毛茛 *Batrachium eradicatum*（Laest.）Fries

蒙名：温都斯归-希木白

形态特征：水生小草本。茎高不过 10 厘米，节间短，长 0.5~1 厘米，无毛。叶有柄，长 5~15 毫米，基部具鞘，通常无毛；叶片扇形，长约 1 厘米，末回裂片丝形，长约 2 毫米，在水外叉开，无毛。花直径 6~8 毫米；花梗长 1~2 厘米，无毛；萼片卵形，长约 2 毫米，边缘膜质，无毛；花瓣白色，下部黄色，狭倒卵形，长 3~4 毫米，基部具爪，蜜槽点状；雄蕊 8~10；花托有短毛。聚合果球形，直径约 3 毫米；瘦果倒卵球形，稍扁，长约 1 毫米，有横皱纹，沿背棱有毛，喙稍弯。花果期 5—7 月。

水生植物。生于池水边。

产地：克尔伦河边、乌兰泡。

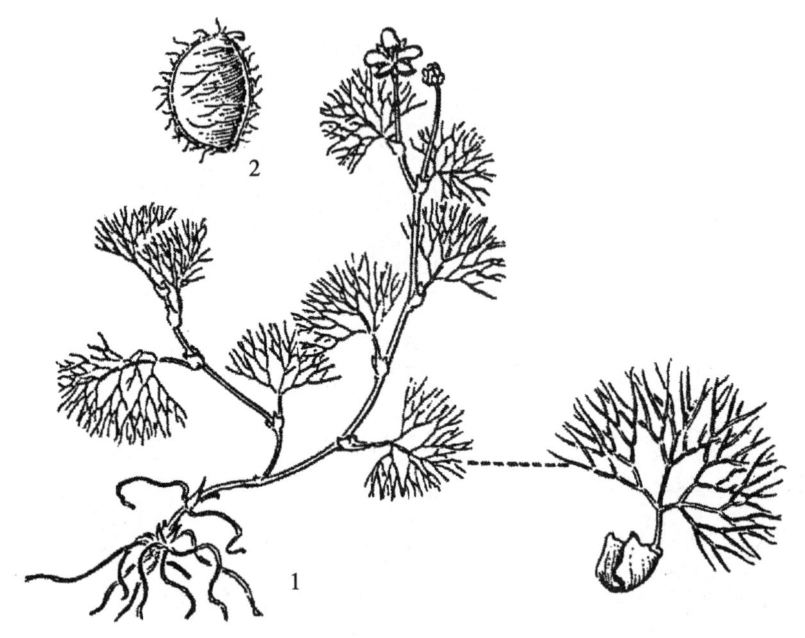

小水毛茛 *Batrachium eradicatum*（Laest.）Fries

1. 植株；2. 瘦果

水葫芦苗属（碱毛茛属）*Halerpestes* E. L. Greene

长叶碱毛茛 *Halerpestes ruthenica*（Jacq.）Ovcz.

蒙名：格乐-其其格

别名：金戴戴、黄戴戴

形态特征：多年生草本，高 10~25 厘米。具细长的匍匐茎，节上生根长叶。叶全部基生，具长柄，柄长 2~14 厘米，基部加宽成鞘，无毛或近无毛；叶片宽梯形或卵状梯形，长 1.2~4 厘米，宽 0.7~2.5 厘米，基部宽楔形、近截形、圆形或微心形，两侧常全缘，稀有牙齿，先端具 3（稀 5）个圆齿，中央牙齿较大，两面无毛，近革质。花葶较粗而直，疏被柔毛，单一或上部分枝，具 1~3（4）花；苞片披针状条形，长约 1 厘米，基部加宽，膜质，抱茎，着生在分枝处；花直径约 2 厘米；萼片 5，淡绿色，膜质，狭卵形，长约 7 毫米，外面有毛；花瓣 6~9，黄色，狭倒卵形，长约 10 毫米，宽约 5 毫米，基部狭窄，具短爪，有蜜槽，先端钝圆；花托圆柱形，被柔毛。聚合果球形或卵形，长约 1 厘米，瘦果扁，斜倒卵形，长约 3 毫米，具纵肋，先端有微弯的果喙。花期 5—6 月，果期 7 月。

生于各种低湿地草甸及轻度盐化草甸，为轻度耐盐的中生植物，可成为草甸优势成分，并常与水葫芦苗在同一群落中混生。可作蒙药。

产地：阿日哈沙特镇阿贵洞、阿拉坦额莫勒镇、克尔伦苏木、达赉苏木。

饲用价值：中等饲用植物。

碱毛茛 *Halerpestes sarmentosa*（Adams）Kom. et Aliss.

蒙名：那木格音-格乐-其其格

别名：水葫芦苗

形态特征：多年生草本，高 3~12 厘米。具细长的匍匐茎，节上生根长叶，无毛。叶全部基生，具长柄，柄长 1~10 厘米，无毛或稍被毛，基部加宽成鞘状；叶片近圆形、肾形或宽卵形，长 0.4~1.5 厘米，宽度稍大于长度，基部宽楔形、截形或微心形，先端 3 或 5 浅裂，有时 3 中裂，无毛，基出脉 3 条。花葶 1~4，由基部抽出或由苞腋伸出两个花梗，直立，近无毛；苞片条形；花直径约 7 毫米；萼片 5，淡绿色，宽椭圆形，长约 3.5 毫米，无毛；花瓣 5，黄色，狭椭圆形，长约 3 毫米，宽约 1.5 毫米，基部具爪，爪长约 1 毫米，蜜槽位于爪的上部；花托长椭圆形或圆柱形，被短毛。聚合果椭圆形或卵形，长约 6 毫米，宽约 4 毫米；瘦果狭倒卵形，长约 1.5 毫米，两面扁而稍臌凸，具明显的纵肋，顶端具短喙。花期 5—7 月，果期 6—8 月。

生于低湿地草甸及轻度盐化草甸，为轻度耐盐的中生植物，可成为草甸优势种。全草作蒙药用。

产地：呼伦湖畔、阿日哈沙特镇阿贵洞。

饲用价值：低等饲用植物。

碱毛茛 ***Halerpestes sarmentosa*** **（Adams） Kom. et Aliss.**

1. 植株；2. 果实

长叶碱毛茛 ***Halerpestes ruthenica*** **（Jacq. ） Ovcz.**

3. 植株；4. 果实

毛茛属 *Ranunculus* L.

石龙芮 *Ranunculus sceleratus* L.

蒙名：乌热乐和格-其其格

形态特征：一、二年生草本，高约 30 厘米。须根细长成束状，淡褐色。茎直立，无毛，稀上部疏被毛，中空，具纵槽，分枝，稍肉质。基生叶具长柄，柄长 4~8 厘米，叶片轮廓肾形，长 2~3 厘米，宽 3~4.5 厘米，3~5 深裂，裂片楔形，再 2~3 浅裂，小裂片具牙齿，两面无毛；茎生叶与基生叶同形，叶柄较短，分裂或不分裂，裂片较狭。聚伞花序多花，花梗近无毛或微被毛；花径约 7 毫米；萼片 5，卵状椭圆形，长约 3 毫米，膜质，反卷，外面被柔毛；花瓣 5，倒卵形，长约 4 毫米，黄色；花托矩圆形，长约 7 毫米，宽约 3 毫米，被柔毛。聚合果矩圆形，长约 8 毫米，宽约 5 毫米；瘦果多数（70~130），近圆形，长约 1 毫米，两侧扁，无毛，果喙极短。花果期 7—9 月。

湿生植物。生于沼泽草甸及草甸。全草入药，也作蒙药用。有毒。马、牛采食过多发生中毒现象，而以花期毒性最强烈，植物干后，毒性消失。

产地：乌兰泡周围、阿日哈沙特镇阿贵洞。

浮毛茛 *Ranunculus natans* C. A. Mey.

蒙名：呼布德格-好乐得存-其其格

形态特征：多年生草本，高 20~40 厘米。茎分枝，铺散蔓生，节上生须根，无毛。叶全部具柄，柄长 2~5 厘米，无毛；叶片肾形，长 1~1.5 厘米，宽 1.3~1.8 厘米，3~5 浅裂，裂片钝圆，全缘或具 2~3 个圆齿，基部近截形或浅心形，两面无毛；上部叶较小，3 浅裂，叶柄较短。花单生，直径约 7 毫米，花梗与上部叶对生，长 1~4 厘米，无毛；萼片 5，卵圆形，长约 3 毫米，膜质；花瓣 5，黄色，倒卵形，稍长于萼片，有 3~5 脉，下部具短爪，蜜槽点状；花托近球形，直径约 3 毫米，散生短毛。聚合果近球形，直径约 6 毫米；瘦果卵球形，稍扁，长约 1.5 毫米，无毛，背腹纵肋常内凹成细槽，喙短，长约 0.2 毫米。

水生植物。生于浅水或沼泽地。

产地：乌尔逊河边浅水中、阿日哈沙特镇阿贵洞。

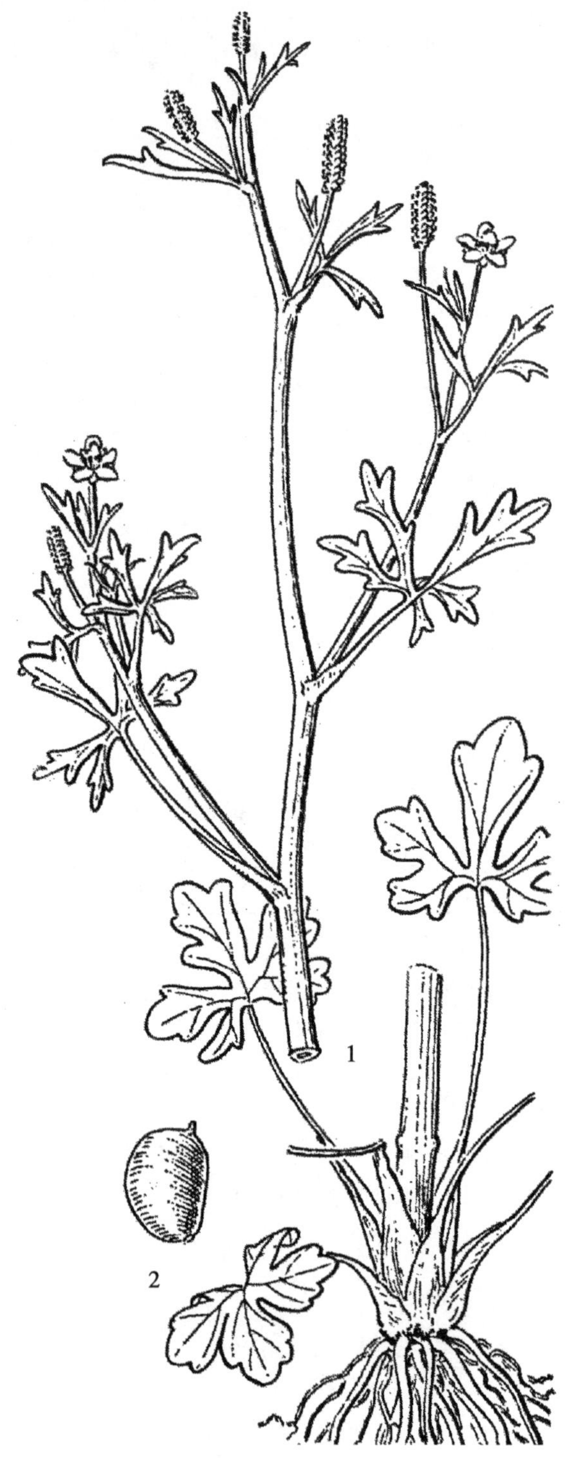

石龙芮 *Ranunculus sceleratus* L.

1. 植株；2. 果实

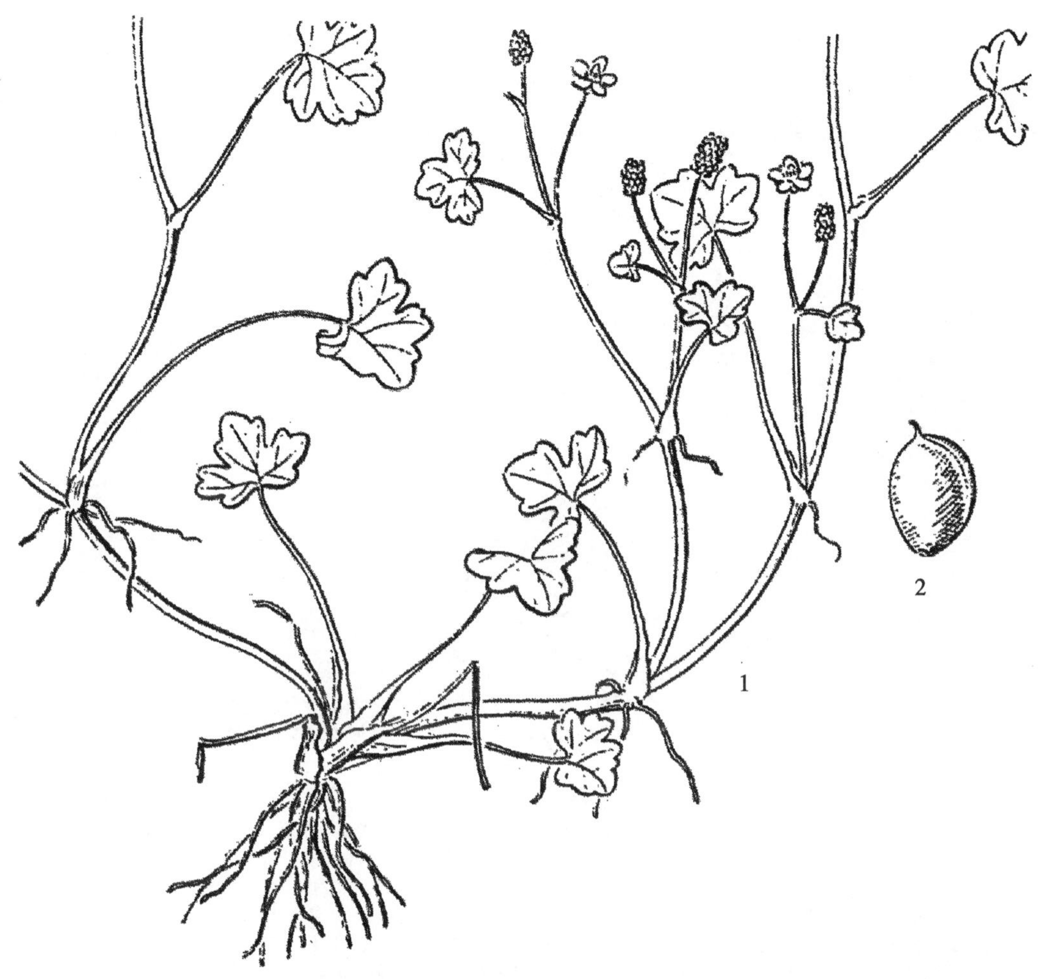

浮毛茛 *Ranunculus natans* C. A. Mey.
1. 植株；2. 果实

沼地毛茛 *Ranunculus radicans* C. A. Mey.

蒙名：那木格力格-好乐得存-其其格

形态特征：多年生草本、茎伸长，细弱，节上生多数簇状须根，上升或漂浮于水中，上部有分枝，无毛。叶具柄，柄长2~10厘米，无毛，基部加宽成白色膜质的叶鞘；叶片肾状圆形，长8~16毫米，宽12~25毫米，3中裂或深裂，裂片倒卵形或倒卵状楔形，2~3浅裂，小裂片全缘或具2~3个圆齿，叶基部深心形至截形，薄纸质，两面无毛。花顶生或腋生，直径约1厘米；花梗细短，长2~5厘米，无毛；萼片5，卵形，长约3毫米，疏生柔毛，边缘白膜质，开展；花瓣5，倒卵形，长约6毫米，基部渐狭成爪，蜜槽成杯状凹穴；花托被短毛。聚合果球形，直径约5毫米；瘦果卵球形，稍扁，长1~1.5毫米，无毛，喙长0.3毫米，直伸或弯曲。花果期6—8月。

水生植物。生于湖水中。

产地：呼伦湖浅水中。

沼地毛茛 *Ranunculus radicans* C. A. Mey.

植株

毛茛 *Ranunculus japonicus* Thunb.

蒙名：好乐得存-其其格

形态特征：多年生草本，高 15~60 厘米。根茎短缩，有时地下具横走的根茎，须根发达成束状。茎直立，常在上部多分枝，被伸展毛或近无毛；基生叶丛生，具长柄，长达 20（30）厘米，被展毛或近无毛；叶片轮廓五角形，基部心形，长 2.5~6 厘米，宽 4~10 厘米，3 深裂至全裂，中央裂片楔状倒卵形或菱形，上部 3 浅裂，侧裂片歪倒卵形，不等 2 浅裂，边缘具尖牙齿；叶两面被伏毛，有时背面毛较密；茎生叶少数，似基生叶，但叶裂片狭窄，牙齿较尖，具短柄或近无柄，上部叶 3 全裂，裂片披针形，再分裂或具尖牙齿；苞叶条状披针形，全缘，有毛。聚伞花序，多花；花梗细长，密被伏毛；花径 1.5~2.3 厘米；萼片 5，卵状椭圆形，长约 6 毫米，边缘膜质，外面被长毛；花瓣 5，鲜黄色，倒卵形，长 7~12 毫米，宽 5~8 毫米，基部狭楔形，里面具蜜槽，先端钝圆，有光泽；花托小，长约 2 毫米，无毛。聚合果球形，直径约 7 毫米；瘦果倒卵形，长约 3 毫米，两面扁或微凸，无毛，边缘有狭边，果喙短。花果期 6—9 月。

湿中生植物。生于山地林缘草甸、沟谷草甸、沼泽草甸中。全草入药，也作蒙药用。有毒。

产地：乌尔逊河岸。

回回蒜 *Ranunculus chinensis* Bunge

蒙名：乌斯图-好乐得存-其其格

别名：回回蒜毛茛、野桑椹

形态特征：多年生草本，高 15~40 厘米，须根细长，茎直立，中空，单一或分枝，密被开展的淡黄色长硬毛。叶为三出复叶，基生叶与下部茎生叶具长柄，长 5~10 厘米，被长硬毛；复叶轮廓宽卵形，长 2~7 厘米，宽 2.5~8 厘米，中央小叶具长柄，两侧小叶柄稍短，3 深裂或全裂，裂片基部楔形，上部具不规则的牙齿；茎上部叶渐小，叶柄渐短至无柄；叶两面被硬伏毛。花 1~2 朵生于茎顶或分枝顶端；花梗被硬伏毛，长 1.5~3 厘米；花径约 1 厘米；萼片 5，黄绿色，狭卵形，长约 4 毫米，宽约 2 毫米，向下反卷，外面被长硬毛；花瓣 5，黄色，倒卵状椭圆形，长约 5 毫米，宽约 3 毫米，基部具蜜槽；花托在果期伸长，圆柱形或长椭圆形，长约 1 厘米，宽约 3 毫米，密被短柔毛。聚合果椭圆形，长约 1.1 厘米，宽约 7 毫米；瘦果卵状椭圆形，长约 2.5 毫米，两面扁，边缘具棱线，果喙短，微弯。花期 5—8 月，果期 6—9 月。

湿中生植物。生于河滩草甸、沼泽草甸。全草入药。有毒。

产地：乌尔逊河边、克尔伦河边。

毛茛 *Ranunculus japonicus* Thunb.

1. 植株；2. 果实

回回蒜 *Ranunculus chinensis* Bunge

3. 植株；4. 果实

铁线莲属 *Clematis* L.

棉团铁线莲 *Clematis hexapetala* Pall.

蒙名：依日绘、哈得衣日音-查干-额布斯

别名：山蓼、山棉花

形态特征：多年生草本，高 40~100 厘米。根茎粗壮，具多数须根，黑褐色。茎直立，圆柱形，有纵纹，疏被短柔毛或近无毛，基部有时具 1 对单叶或具枯叶纤维。叶对生，近革质，为一至二回羽状全裂；具柄，长 0.5~3.5 厘米，叶柄基部稍加宽，微抱茎，疏被长柔毛；裂片矩圆状披针形至条状披针形，长 3~9 厘米，宽 0.1~3 厘米，两端渐尖，全缘，两面叶脉明显，近无毛或疏被长柔毛。聚伞花序腋生或顶生，通常 3 朵花；苞叶条状披针形；花梗被柔毛；萼片 6，稀 4 或 8，白色，狭倒卵形，长 1~1.5 厘米，宽 5~9 毫米，顶端圆形，里面无毛，外面密被白色绵毡毛，花蕾时棉毛更密，像棉球，开花时萼片平展，后逐渐向下反折；无花瓣；雄蕊多数，长约 9 毫米，花药条形，黄色，花丝与花药近等长，条形，褐色，无毛；心皮多数，密被柔毛。瘦果多数，倒卵形，扁平，长约 4 毫米，宽约 3 毫米，被紧贴的柔毛，羽毛状宿存花柱长达 2.2 厘米，羽毛污白色。花期 6—8 月，果期 7—9 月。

中旱生植物。生于典型草原、森林草原及山地草原地带的草原及灌丛群落中，是草原杂类草层片的常见中，亦生长于固定沙丘或山坡林缘、林下。根入药，亦可作农药，对马铃薯疫病和红蜘蛛有良好的防治作用。在青鲜状态时牛与骆驼乐食，马与羊通常不采食。

产地：呼伦镇、阿日哈沙特镇、达赉苏木。

饲用价值：低等饲用植物。

翠雀花属 *Delphinium* L.

翠雀花 *Delphinium grandiflorum* L.

蒙名：伯日-其其格

别名：大花飞燕草、鸽子花、摇咀咀花、翠雀

形态特征：多年生草本，高 20~65 厘米。直根，暗褐色。茎直立，单一或分枝，全株被反曲的短柔毛。基生叶与茎下部叶具长柄，柄长达 10 厘米，中上部叶柄较短，最上部叶近无柄；叶片轮廓圆肾形，长 2~6 厘米，宽 4~8 厘米，掌状 3 全裂，裂片再细裂，小裂片条形，宽 0.5~2 毫米。总状花序具花 3~15 朵，花梗上部具 2 枚条形或钻形小苞片，长 3~4 毫米；萼片 5，蓝色、紫蓝色或粉紫色，椭圆形或卵形，长 1.2~1.8 厘米，宽 0.6~1 厘米，上萼片向后伸长成中空的距，距长 1.7~2.3 厘米，钻形，末端稍向下弯曲，外面密被白色短毛；花瓣 2，瓣片小，白色，基部有距，伸入萼距中；退化雄蕊 2，瓣片蓝色，宽倒卵形，里面中部有一小撮黄色髯毛及鸡冠状凸起，基部有爪，爪具短凸起；雄蕊多数，花丝下部加宽，花药深蓝色及紫黑色。蓇葖果 3，长 1.5~2 厘米，宽 3~5 毫米，密被短毛，具宿存花柱；种子多数，四面体形，具膜质翅。花期 7—8 月，果期 8—9 月。

旱中生植物。生于森林草原、山地草原及典型草原带的草甸草原、沙质草原及灌丛中，也可生于山地草甸及河谷草甸中，是草甸草原的常见杂类草。全草入药。有毒。可供观赏。

产地：呼伦镇。

棉团铁线莲 ***Clematis hexapetala*** **Pall.**

1. 植株；2. 雄蕊

翠雀花 *Delphinium grandiflorum* L.

1. 植株上部及下部；2. 退化雄蕊；3. 果实；4. 种子

乌头属 *Aconitum* L.

西伯利亚乌头 *Aconitum barbatum* Pers. var. *hispidum*（DC）. Seringe

蒙名：西伯日-好日苏

别名：牛扁、黄花乌头、黑大艽、瓣子艽

形态特征：多年生草本，高达1米余。直根，扭曲，暗褐色。茎直立，中部以下被伸展的淡黄色长毛，上部被贴伏反曲的短柔毛，在花序之下分枝。基生叶2~4，具长柄，被白色至淡黄色伸展的柔毛；叶片轮廓近圆肾形，长4~10厘米，宽7~14厘米，3全裂，全裂片分裂程度小，较宽而端钝，末回裂片披针形或狭卵形，上面被短毛，下面被长柔毛。总状花序长10~30厘米，花多而密集；花序轴和花梗密被贴伏反曲短柔毛；小苞片条形，着生于花梗中下部，密被反曲短柔毛；萼片黄色，外面密被反曲短柔毛，上萼片圆筒形，高1.3~2厘米，粗3~4毫米，下缘长0.8~1.2厘米，侧萼片宽倒卵形，长约9毫米，里面上部有一簇长毛，边缘具长纤毛；下萼片矩圆形，长约9毫米，宽约4毫米；花瓣无毛，唇长约2.5毫米，距直或稍向后弯曲，比唇稍短；雄蕊无毛或有短毛，花丝全缘，中下部加宽；心皮3，疏被毛蓇葖果长约1厘米，疏被短毛；种子倒卵球形，长约2.5毫米，褐色，密生横狭翅。花期7—8月，果期8—9月。

中生植物。生于山地林下、林缘及中生灌丛。根入药。有毒。

产地：呼伦镇、阿日哈沙特镇。

罂粟科 Papaveraceae

罂粟属 *Papaver* L.

野罂粟 *Papaver nudicaule* L.

蒙名：哲日利格-阿木-其其格

别名：野大烟、山大烟、岩罂粟、毛果黑水罂粟

形态特征：多年生草本。植物25~60厘米；高主根圆柱形，木质化，黑褐色。叶全部基生，叶片轮廓矩圆形、狭卵形或卵形，长（1）3~5（7）厘米，宽（5）15~30（40）毫米，羽状深裂或近二回羽状深裂，一回深裂片卵形或披针形，再羽状深裂，最终小裂片狭矩圆形、披针形或狭长三角形，先端钝，全缘，两面被刚毛或长硬毛，多少被白粉；叶柄长（1）3~6（10）厘米，两侧具狭翅，被刚毛或长硬毛。花葶1至多条，高10~60厘米，被刚毛状硬毛；花蕾卵形或卵状球形，常下垂；花黄色、橙黄色、淡黄色，稀白色，直径2~6厘米；萼片2，卵形，被铡毛状硬毛；花瓣外2片较大，内2片较小，倒卵形，长1.5~3厘米，边缘具细圆齿；花丝细丝状，淡黄色，花药矩圆形。蒴果矩圆形或倒卵状球形，长1~1.5厘米，直径5~10厘米，被刚毛，稀无毛，宿存盘状柱头常6辐射状裂片。种子多数肾形，褐色。花期5—7月，果期7—8月。

旱中生植物。生于山地林缘、草甸、草原、固定沙丘。药用果实。花入蒙药。

产地：呼伦镇、阿日哈沙特镇、达赉苏木、克尔伦苏木。

角茴香属 *Hypecoum* L.

角茴香 *Hypecoum erectum* L.

蒙名：嘎伦-塔巴格

形态特征：一年生低矮草本，高 10~30 厘米，全株被白粉。基生叶呈莲座状，轮廓椭圆形或倒披针形，长 2~9 厘米，宽 5~15 毫米，二至三回羽状全裂，一回全裂片 2~6 对，二回全裂片 1~4 对，最终小裂片细条形或丝形，先端尖；叶柄长 2~2.5 厘米。花莛 1 至多条，直立或斜升，聚伞花序，具少数或多数分枝；苞片叶状细裂；花淡黄色；萼片 2，卵状披针形，边缘膜质，长约 3 毫米，宽约 1 毫米；花瓣 4，外面 2 瓣较大，倒三角形，顶端有圆裂片，内面 2 瓣较小，倒卵状楔形，上部 3 裂，中裂片长矩圆形；雄蕊 4，长约 8 毫米，花丝下半部有狭翅；雌蕊 1，子房长圆柱形，长约 8 毫米，柱头 2 深裂，长约 1 毫米，胚珠多数，蒴果条形，长 3.5~5 厘米，种子间有横隔，2 瓣开裂。种子黑色，有明显的十字形凸起。

中生植物。生于草原与荒漠草原地带的砾石质坡地、沙质地、盐化草甸等处，多为零星散生。根及全草入药。

产地：阿拉坦额莫勒镇、克尔伦苏木、达赉苏木、贝尔苏木、宝格德乌拉苏木。

饲用价值：低等饲用植物。

十字花科 Cruciferae

菘蓝属 *Isatis* L.

三肋菘蓝 *Isatis costata* C. A. Mey.

蒙名：苏达拉图-呼呼日格纳

别名：肋果菘蓝、毛三肋菘蓝

形态特征：一年生或二年生草本，高 30~80 厘米，全株稍被蓝粉霜，无毛。茎直立，上部稍分枝。基生叶条形或椭圆状条形，长 5~10 厘米，宽 5~15 毫米，顶端钝，基部渐狭，全缘，近无柄；茎生叶无柄，披针形或条状披针形，比基生叶小，基部耳垂状，抱茎。总状花序顶生或腋生，组成圆锥状花序；花小，直径 1.5~2.5 毫米，黄色；花梗丝状，长 2~4 毫米；萼片矩圆形至长椭圆形，长 1.5~2 毫米，边缘宽膜质；花瓣倒卵形，长 2.5~3 毫米。短角果成熟时倒卵状矩圆形或椭圆状矩圆形，长 10~14 毫米，宽 4~5 毫米，顶端和基部常圆形，有时微凹，无毛，中肋扁平且有 2~3 条纵向脊棱，棕黄色，有光泽。种子条状矩圆形，长约 3 毫米，宽约 1 毫米，棕黄色。花果期 5—7 月。

中生植物。生于干河床、芨芨草滩、山坡或沟谷。叶可提取蓝色染料。

产地：宝格德乌拉苏木宝东山。

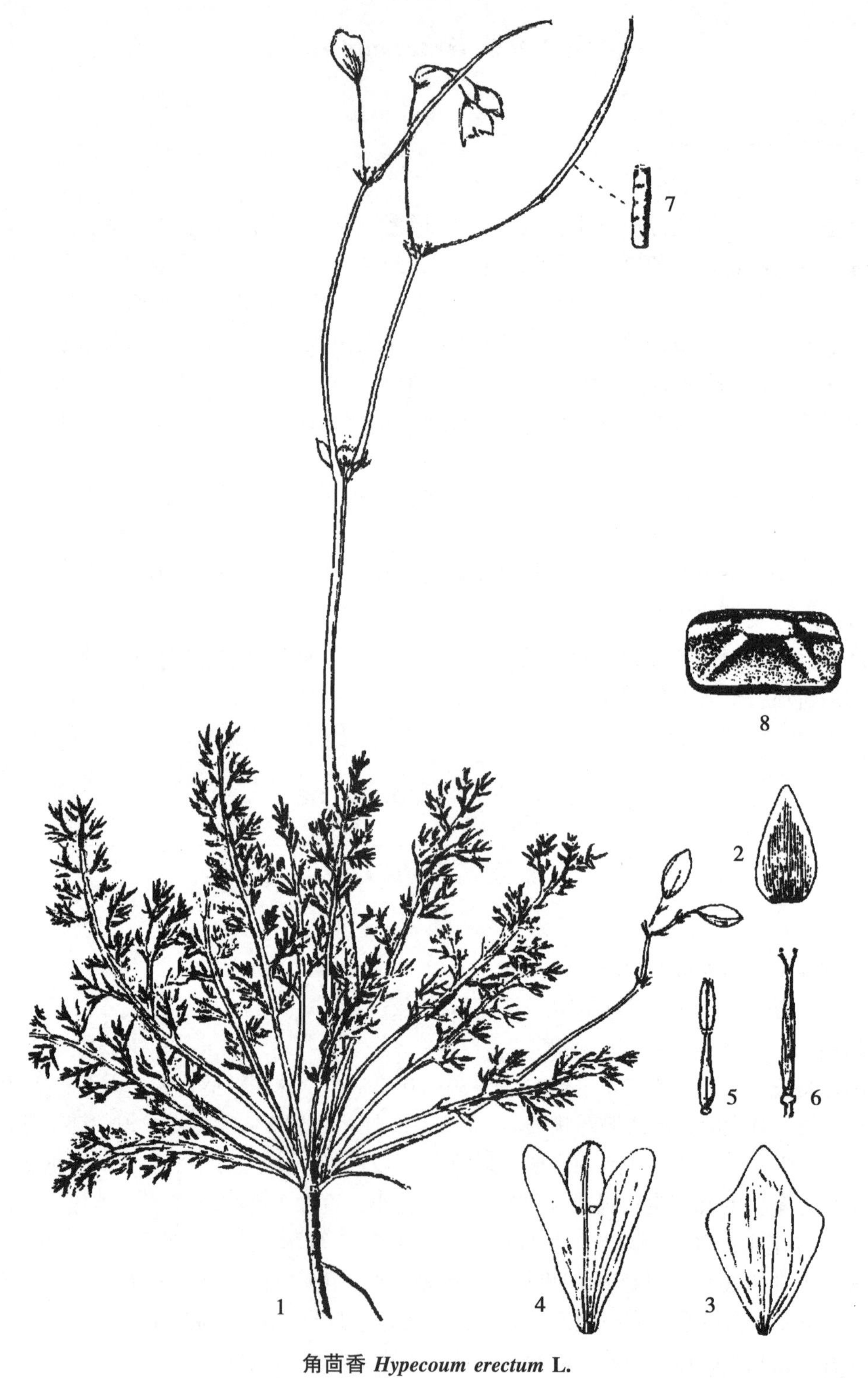

角茴香 *Hypecoum erectum* L.

1. 植株；2. 萼片；3. 外花瓣；4. 内花瓣；5. 雄蕊；6. 雌蕊；7. 果实局部放大；8. 种子

三肋菘蓝 *Isatis costata* C. A. Mey.

1. 植株；2. 短角果

匙荠属 *Bunias* L.

匙荠 *Bunias cochlearioides* Murr.

蒙名：塔林-布奶斯

形态特征：二年生草本，高 15~20 厘米，无毛或稍被毛。茎多分枝。基生叶有长柄，羽状深裂，顶裂片较大；茎生叶无柄，矩圆形或倒披针形。长 1~3 厘米，宽 5~10 毫米，具波状或深波状牙齿，基部有耳，半抱茎。总状花序，具多数小花；萼片椭圆形或矩圆形，长约 2 毫米；花瓣白色，矩圆形，长 3.5~4 毫米，宽约 2 毫米，基部骤狭成短爪；花丝扁平，基部加宽。短角果近卵形，具 4 棱，长 4~5 毫米，宽 2~2.5 毫米，先端具圆锥形喙，表面常多褶皱。种子近球形，黄褐色，直径约 1 毫米。花期 6—7 月，果期 7—8 月。

中生植物。生于湖边草甸。

产地：呼伦湖边、克尔伦河边。

饲用价值：中等饲用植物。

蔊菜属 *Rorippa* Scop.

风花菜 *Rorippa palustris*（L.）Bess.

蒙名：那木根-萨日布

别名：沼生蔊菜

形态特征：二年生或多年生草本，无毛。茎直立或斜升，高 10~60 厘米，多分枝，有时带紫色。基生叶和茎下部叶具长柄，大头羽状深裂，长 5~12 厘米，顶生裂片较大，卵形，侧裂片较小，3~6 对，边缘有粗钝齿；茎生叶向上渐小，羽状深裂或具齿，有短柄，其基部具耳状裂片且抱茎。总状花序生枝顶，花极小，直径约 2 毫米；花梗纤细，长 1~2 毫米；萼片直立，淡黄绿色，矩圆形，长 1.5~2 毫米，宽 0.5~0.7 毫米；花瓣黄色，倒卵形，与萼片近等长。短角果稍弯曲，圆柱状长椭圆形，长 4~6 毫米，宽约 2 毫米；果梗长 4~6 毫米。种子近卵形，长约 0.5 毫米。花果期 6—8 月。

湿中生沼泽草甸与草甸植物。生于水边、沟谷。种子含油量约 30%，供食用或工业用。嫩苗可作饲料。全草入药。

产地：阿拉坦额莫勒镇、克尔伦苏木、达赉苏木。

饲用价值：低等饲用植物。

匙荠 ***Bunias cochlearioides*** **Murr.**

1. 植株；2. 花；3. 花瓣；4. 雄蕊；5. 果实

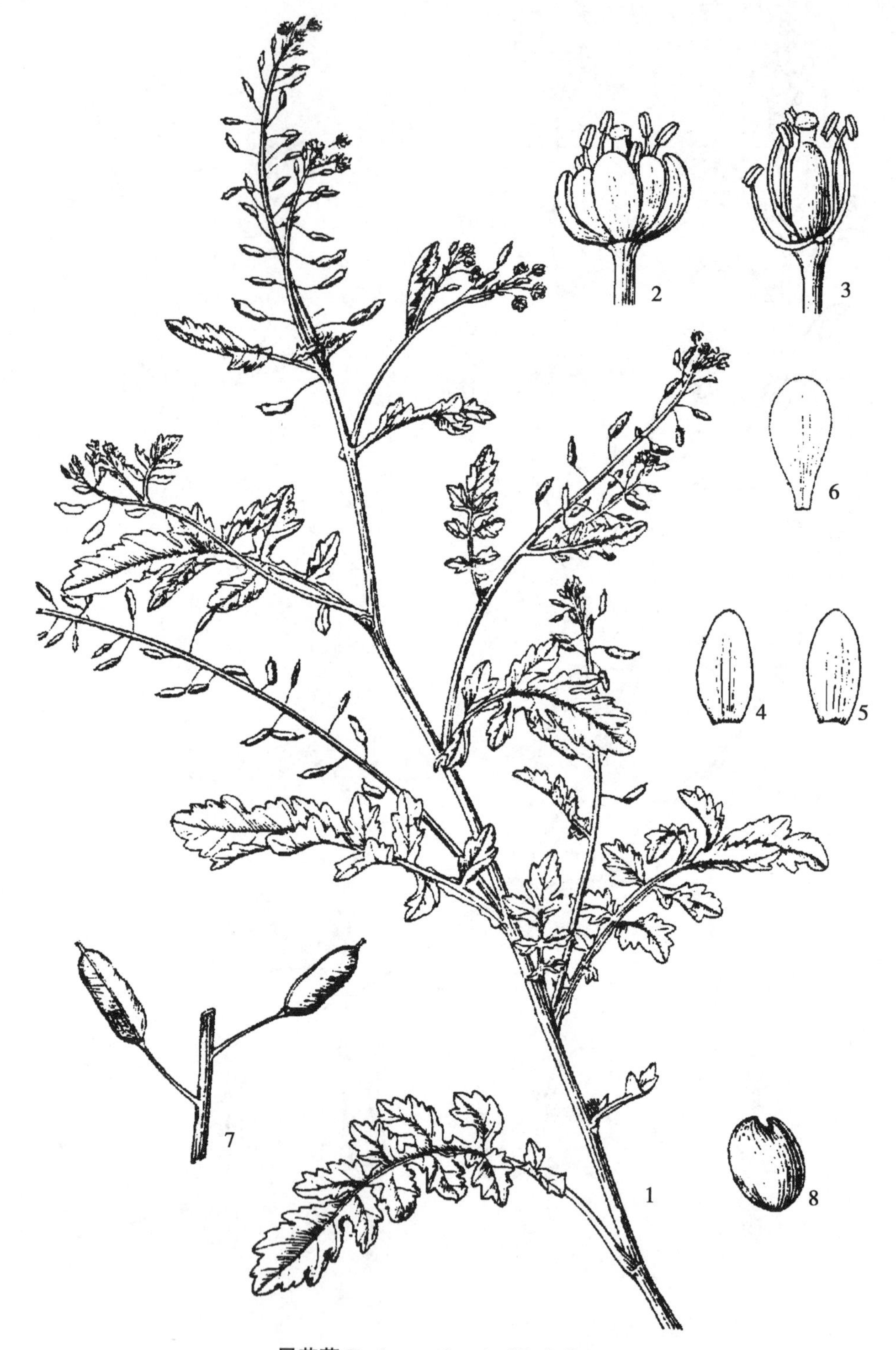

风花菜 *Rorippa palustris*（L.）Bess.

1. 植株；2. 花；3. 雄蕊与雌蕊；4. 外萼片；5. 内萼片；6. 花瓣；7. 短角果；8. 种子

菥蓂属（遏蓝菜属）*Thlaspi* L.

xī mì
菥蓂 *Thlaspi arvense* L.

蒙名：淘力都-额布斯

别名：遏蓝菜

形态特征：一年生草本，全株无毛。茎直立，高 15~40 厘米，不分枝或稍分枝，无毛。基生叶早枯萎，倒卵状矩圆形，有柄；茎生叶倒披针形或矩圆状披针形，长 3~6 厘米，宽 5~16 毫米，先端圆钝，基部箭形，抱茎，边缘具疏齿或近全缘，两面无毛。总状花序顶生或腋生，有时组成圆锥花序；花小，白色；花梗纤细，长 2~5 毫米；萼片近椭圆形，长 2~2.3 毫米，宽 1.2~1.5 毫米，具膜质边缘；花瓣长约 3 毫米，宽约 1 毫米，瓣片矩圆形，下部渐狭成爪。短角果近圆形或倒宽卵形，长 8~16 毫米，扁平，周围有宽翅，顶端深凹缺，开裂，每室有种子 2~8 粒。种子宽卵形，长约 1.5 毫米，稍扁平，棕褐色，表面有果粒状环纹。花果期 5—7 月。

中生植物。生于山地草甸、沟边、村庄附近。种子油供工业用。全草和种子入药，种子也入蒙药，嫩枝可代蔬菜食用。

产地：呼伦镇、达赉苏木。

饲用价值：良等饲用植物。

山菥蓂 *Thlaspi cochleariforme* DC.

蒙名：乌拉音-淘力都-额布斯

别名：山遏蓝菜

形态特征：多年生草本，高 5~20 厘米；直根圆柱状，淡灰黄褐色；根状茎木质化，多头。茎丛生，直立或斜升，无毛。基生叶莲座状，具长柄，矩圆形或卵形，长 8~20 毫米，宽 5~7 毫米；茎生叶卵形或披针形，长 6~16 毫米，宽 3~10 毫米，先端钝，基部箭形或心形抱茎，全缘，稍肉质。总状花序生枝顶；萼片矩圆形，长约 3 毫米，宽 1.2~1.8 毫米，外萼片比内萼片稍宽，具膜质边缘；花瓣白色，长约 6 毫米，宽约 3 毫米，瓣片矩圆形，边缘浅波状，下部具条形的爪。短角果倒卵状楔形，长 4~6 毫米，宽 2~3 毫米，顶端凹缺，宿存花柱长 1~2 毫米，在果的上半部具狭翅，每室有种子约 4 粒。种子近卵形，长约 1.5 毫米，宽约 1 毫米，黄褐色。花果期 5—7 月。

砾石生旱生植物。生于山地石质山坡或石缝间。种子入蒙药，功能同遏蓝菜。

产地：呼伦镇、阿拉坦额莫勒镇、阿日哈沙特镇、达赉苏木、宝格德乌拉苏木。

饲用价值：中等饲用植物。

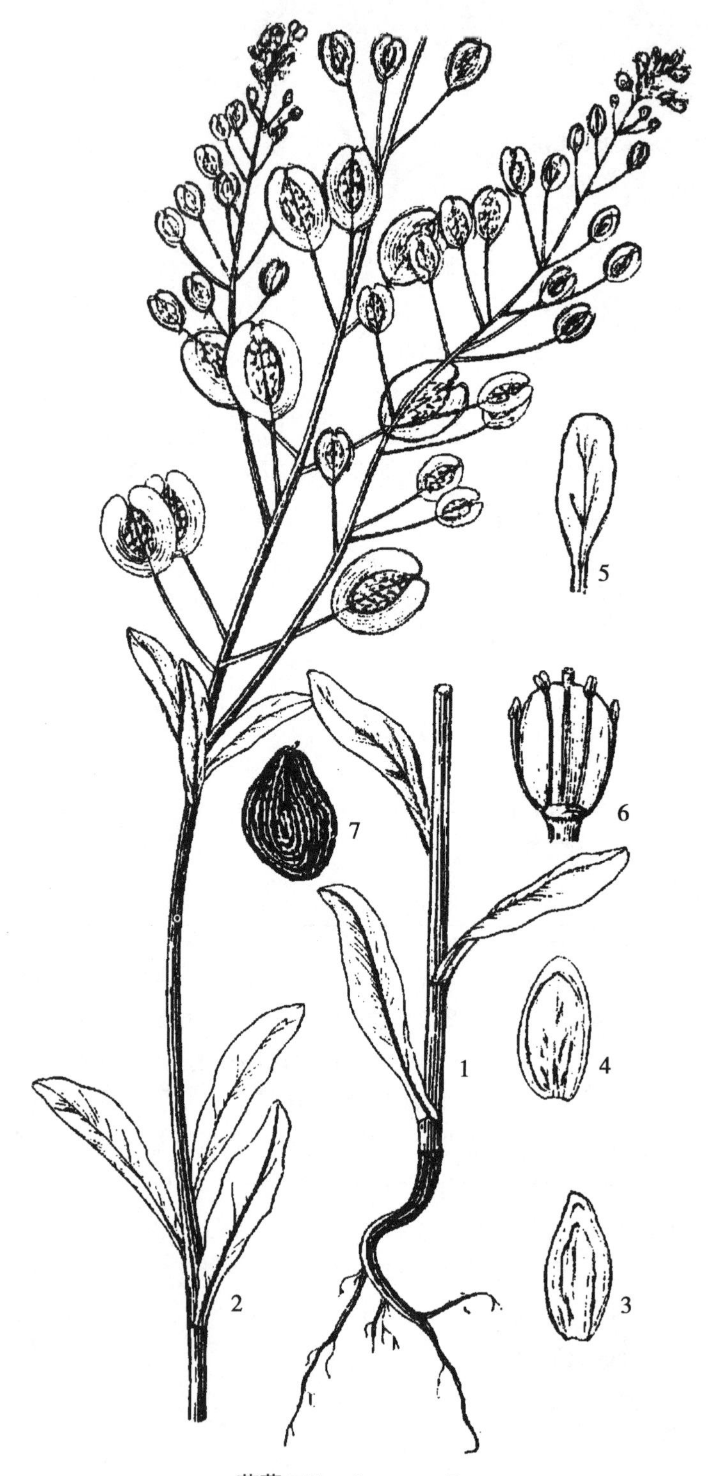

菥蓂 ***Thlaspi arvense*** **L.**

1. 植株下部；2. 植株上部；3. 外萼片；4. 内萼片；5. 花瓣；6. 雄蕊与雌蕊；7. 种子

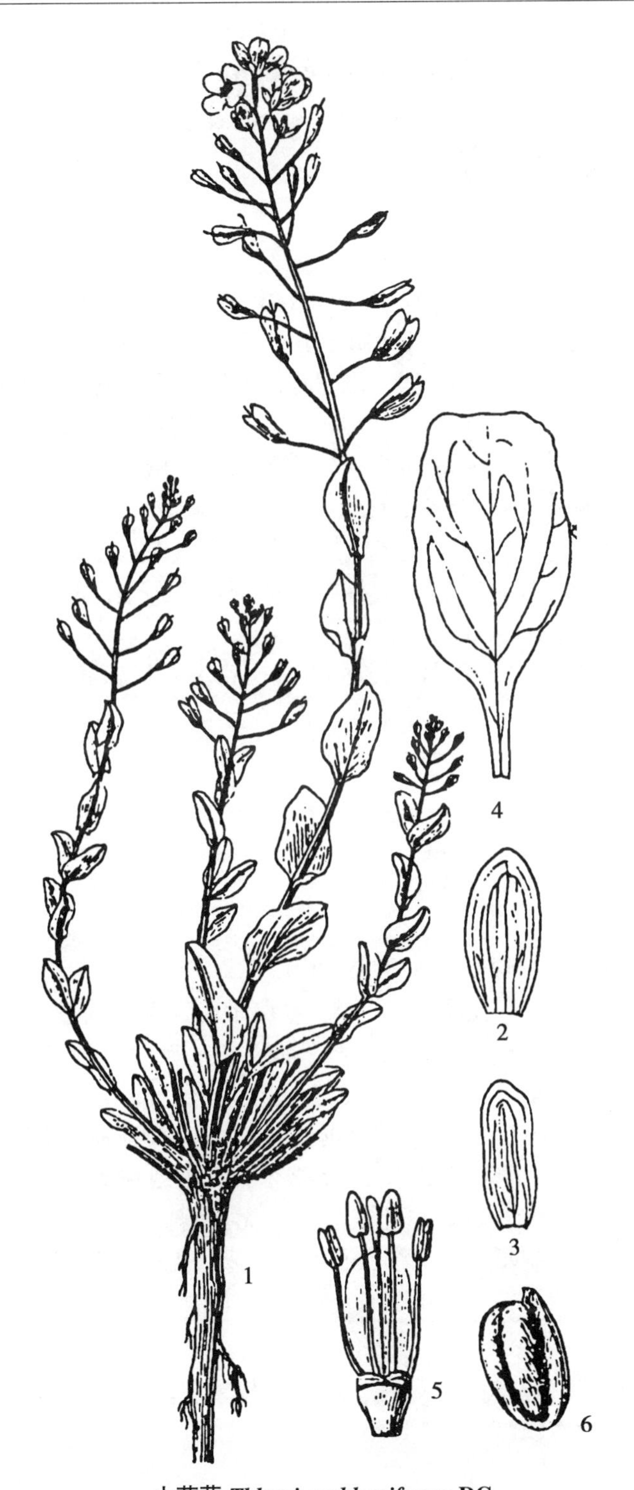

山菥蓂 *Thlaspi cochleariforme* DC.

1. 植株；2. 外萼片；3. 内萼片；4. 花瓣；5. 雄蕊和雌蕊；6. 种子

独行菜属 *Lepidium* L.

宽叶独行菜 *Lepidium latifolium* L.

蒙名：乌日根-昌古

别名：羊辣辣

形态特征：多年生草本，高 20~50 厘米，具粗长的根茎。茎直立，上部多分枝，被柔毛或近无毛。基生叶和茎下叶具叶柄，矩圆状披针形或卵状披针形，长 4~7 厘米，宽 2~3.5 厘米，先端圆钝，基部渐狭，边缘有粗锯齿，两面被短柔毛；茎上部叶无柄，披针形或条状披针形，长 2~5 厘米，宽 5~20 毫米，先端具短尖或钝，边缘有不明显的疏齿或全缘，两面被短柔毛。总状花序顶生或腋生，成圆锥状花序；萼片开展，宽卵形，长约 1.2 毫米，宽 0.7~1 毫米，无毛，具白色膜质边缘；花瓣白色，近倒卵形，长 2~3 毫米；雄蕊 6，长 1.5~1.7 毫米。短角果近圆形或宽卵形，直径 2~3 毫米，扁平，被短柔毛稀近无毛，顶端有宿存短柱头。种子近椭圆形，长约 1 毫米，稍扁，褐色。花期 6—7 月，果期 8—9 月。

习见的耐盐中生杂草。生于村舍旁、田边、路旁、渠道边及盐化草甸等。全草入药。

产地：全旗。

饲用价值：良等饲用植物。

独行菜 *Lepidium apetalum* Willd.

蒙名：昌古

别名：腺茎独行菜、辣辣根、辣麻麻

形态特征：一年生或二年生草本，高 5~30 厘米。茎直立或斜升，多分枝，被微小头状毛。基生叶莲座状，平铺地面，羽状浅裂或深裂，叶片狭匙形，长 2~4 厘米，宽 5~10 毫米，叶柄长 1~2 厘米；茎生叶狭披针形至条形，长 1.5~3.5 厘米，宽 1~4 毫米，有疏齿或全缘。总状花序顶生，果后延伸；花小，不明显；花梗丝状，长约 1 毫米，被棒状毛；萼片舟状，椭圆形，长 5~7 毫米，无毛或被柔毛，具膜质边缘；花瓣极小，匙形，长约 0.3 毫米；有时退化成丝状或无花瓣；雄蕊 2（稀 4），位于子房两侧，伸出萼片外。短角果扁平，近圆形，长约 3 毫米，无毛，顶端微凹，具 2 室，每室含种子 1 粒。种子近椭圆形，长约 1 毫米，棕色，具密而细的纵条纹；子叶背倚。花果期 5—7 月。

常见的旱中生杂草，也轻度耐盐碱。多生于村旁、路旁、田间撂荒地，也生于山地、沟谷。全草及种子入药。

产地：全旗。

饲用价值：良等饲用植物。

宽叶独行菜 ***Lepidium latifolium*** **L.**

1. 花枝；2. 根茎与茎基部；3. 花；4. 外萼片；5. 内萼片；6 花瓣；
7. 短雄蕊；8. 长雄蕊；9. 雄蕊；10. 短角果；11. 短角果裂开

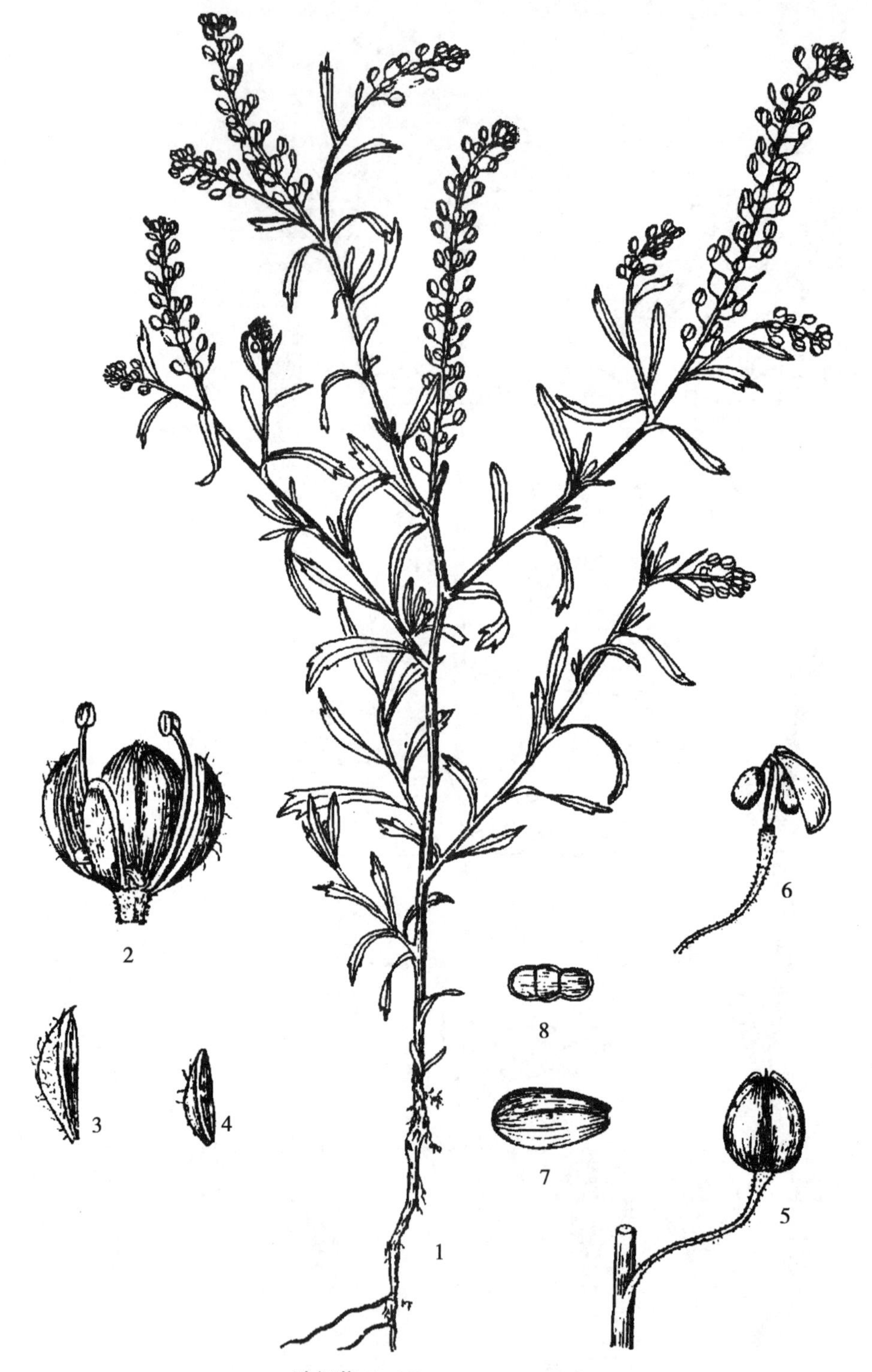

独行菜 *Lepidium apetalum* **Willd.**

1. 植株；2. 花；3. 外萼片；4. 内萼片；5. 短角果；6. 开裂的短角果；7. 种子；8. 种子横切

荠属 *Capsella* Medic.

荠 *Capsella bursa-pastoris*（L.）Medic.

蒙名：阿布嘎

别名：荠菜

形态特征：一年生或二年生草本，高 10~50 厘米。茎直立，有分枝，稍有单毛及星状毛。基生叶具长柄，大头羽裂，不整齐羽裂或不分裂，连叶柄长 5~7 厘米，宽 8~15 毫米；茎生叶无柄，披针形，长 1~4 厘米，宽 3~13 毫米，先端锐尖，基部箭形且抱茎，全缘或具疏细齿，两面被星状毛并混生单毛。总状花序生枝顶，花后伸长；萼片狭卵形，长约 1.5 毫米，宽约 1 毫米，具膜质边缘；花瓣白色，矩圆状倒卵形，长约 2 毫米，具短爪，短角果倒三角形，长 6~8 毫米，宽 4~7 毫米，扁平，无毛，先端微凹，有极短的宿存花柱。种子 2 行，长椭圆形，长约 1 毫米，宽约 0.5 毫米，黄棕色。花果期 6—8 月。

中生杂草。生于田边、村舍附近或路旁。嫩枝可作蔬菜食用；全草及根入药；种子油可供工业用。果实入蒙药。

产地：宝格德乌拉苏木路旁。

饲用价值：中等饲用植物。

庭荠属 *Alyssum* L.

北方庭荠 *Alyssum lenense* Adams

蒙名：希日-得米格

别名：条叶庭荠、线叶庭荠

形态特征：多年生草本，高 3~15 厘米，全株密被长星状毛，呈灰白色，有时呈银灰白色；根长圆柱形，灰褐色。茎于基部木质化，自基部多分枝，下部茎斜倚，分枝直立，草质。叶多数，集生于分枝的顶部，条形或倒披针状条形，长 6~15 毫米，宽 1~2 毫米，先端锐尖或稍钝，向基部渐狭，全缘，两面密被长星状毛，无柄。总状花序具多数稠密的花，花序轴于结果时延长；萼片直立，近椭圆形，长约 3 毫米，宽约 1.4 毫米，具膜质边缘，背面被星状毛；花瓣黄色，倒卵状矩圆形，长约 4.5 毫米，宽约 2.5 毫米，顶端凹缺，中部两侧常具尖裂，向基部渐狭成爪；花丝基部具翅，翅长为 1 毫米以下。短角果矩圆状倒卵形或近椭圆形，长 3~5 毫米，宽 2.5~4 毫米，顶端微凹，表面无毛，花柱长 1.5~2.5 毫米，果瓣开裂后果实呈团扇状。种子黄棕色，宽卵形，长约 2.5 毫米，稍扁平，种皮潮湿时具胶黏物质。花果期 5—7 月。

砾石生旱生植物。散生于草原区的丘陵坡地、石质丘顶、沙地。

产地：呼伦镇、阿拉坦额莫勒镇、阿日哈沙特镇阿贵洞、达赉苏木、宝格德乌拉苏木、克尔伦苏木。

饲用价值：劣等饲用植物。

葶苈 *Draba nemorosa* L.

1. 植株；2. 花；3. 花瓣；4. 雌蕊；5. 果实；6. 种子

荠 *Capsella bursa-pastoris*（L.）Medic.

7. 植株；8. 花；9. 短角果

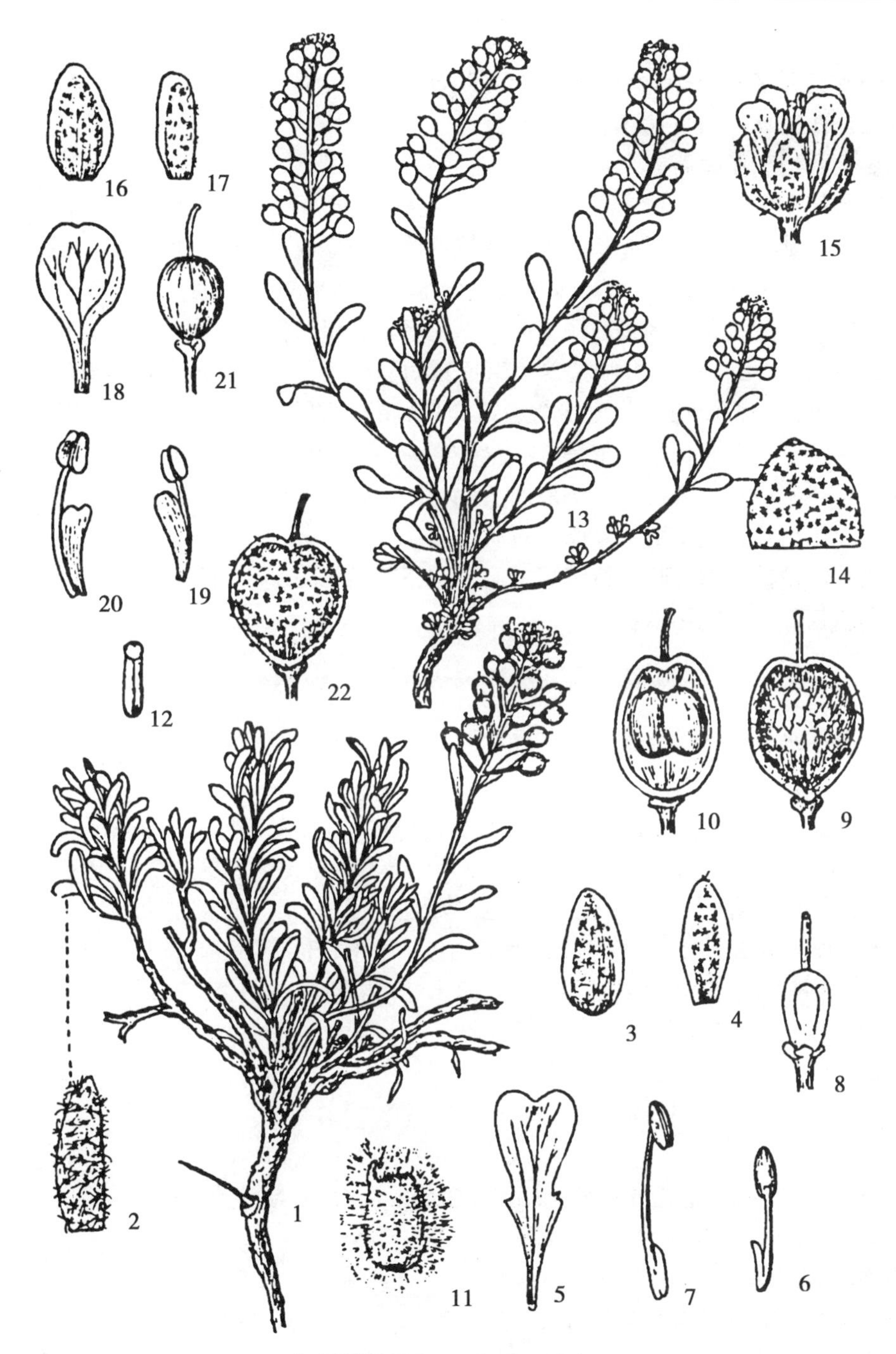

北方庭荠 *Alyssum lenense* Adams

1. 植株；2. 叶一部分放大，星状毛；3. 外萼片；4. 内萼片；5. 花瓣；6. 短雄蕊；7. 长雄蕊；8. 雌蕊；9. 短角果；10. 开裂的短角果；11. 种子潮湿后外包胶黏物质；12. 胚横切

倒卵叶庭荠 *Alyssum obovatum*（C. A. Mey.）Turcz.

13. 植株；14. 叶一部分放大；星状毛；15. 花；16. 外萼片；17. 内萼片；18. 花瓣；19. 短雄蕊；20. 长雄蕊；21. 雌蕊；22. 短角果

倒卵叶庭荠 *Alyssum obovatum*（C. A. Mey.）Turcz.

蒙名：西伯日-希日-得米格

别名：西伯利亚庭荠

形态特征：多年生草本，高4~15厘米，全株密被短星状毛，呈银灰绿色。茎于基部木质化，自基部分枝，下部茎平卧，分枝草质，直立或稍弯曲。叶匙形，长4~12毫米，宽1~3毫米，先端圆钝，基部渐狭，全缘，两面被短星状毛，下面较密，中脉在下面凸起。顶生总状花序具多数稠密的花，花序轴于果时伸长；萼片直立，矩圆形或近椭圆形，长约2.5毫米，具膜质边缘，背面被短星状毛；花瓣黄色，长约4毫米，瓣片圆状卵形，下部渐狭成长爪，顶端全缘或微凹；花丝具长翅，其长度为花丝的2/3以上。短角果倒宽卵形，长与宽都是3~4毫米，被短星状毛。种子黄棕色，宽卵形，长约1.5毫米，稍扁平，具狭翅。花果期7—9月。

草原旱生植物。生于山地草原、石质山坡。

产地：呼伦镇、阿日哈沙特镇阿贵洞、宝格德乌拉苏木、克尔伦苏木。

饲用价值：劣等饲用植物。

燥原荠属 *Ptilotrichum* C. A. Mey.

燥原荠 *Ptilotrichum canescens*（DC.）C. A. Mey.

蒙名：其黑-好日格

形态特征：小半灌木，高3~8厘米，全株被星状毛，呈灰白色；茎自基部具多数分枝，近地面茎木质化，着生稠密的叶。叶条状矩圆形，长4~12毫米，宽1.5~3毫米，先端钝，基部渐狭，全缘，两面密被星状毛，灰白色，无柄。花序密集，呈半球形，果期稍延长；萼片矩圆形，长1.5~2毫米，边缘膜质；花瓣白色，匙形，长2~3毫米，短角果椭圆形，长3~5毫米，密被星状毛，宿存花柱长1~1.5毫米。花果期6—9月。

旱生植物。生于荒漠带的石、砾质山坡、干河床。

产地：全旗。

饲用价值：中等饲用植物。

细叶燥原荠 *Ptilotrichum tenuifolium*（Steph.）C. A. Mey.

别名：薄叶燥原荠

形态特征：半灌木，高（5）10~30（40）厘米，全株密被星状毛，茎直立或斜升，过地面茎木质化，常基部多分枝。叶条形，长（5）10~15（20）毫米，宽1~1.5毫米，先端锐尖或钝，基部渐狭，全缘，两面被星状毛，呈灰绿色，无柄，花序伞房状，果期极延长；萼片矩圆形，长约3毫米；花瓣白色，长3.5~4.5毫米，瓣片近圆形，基部具爪。短角果椭圆形或卵形，长3~4毫米，被星状毛，宿存花柱长1.5~2毫米。花果期6—9月。

旱中生植物，生于草原带或荒漠化草原带的砾石质山坡，草地，河谷。

产地：达赉苏木、克尔伦苏木。

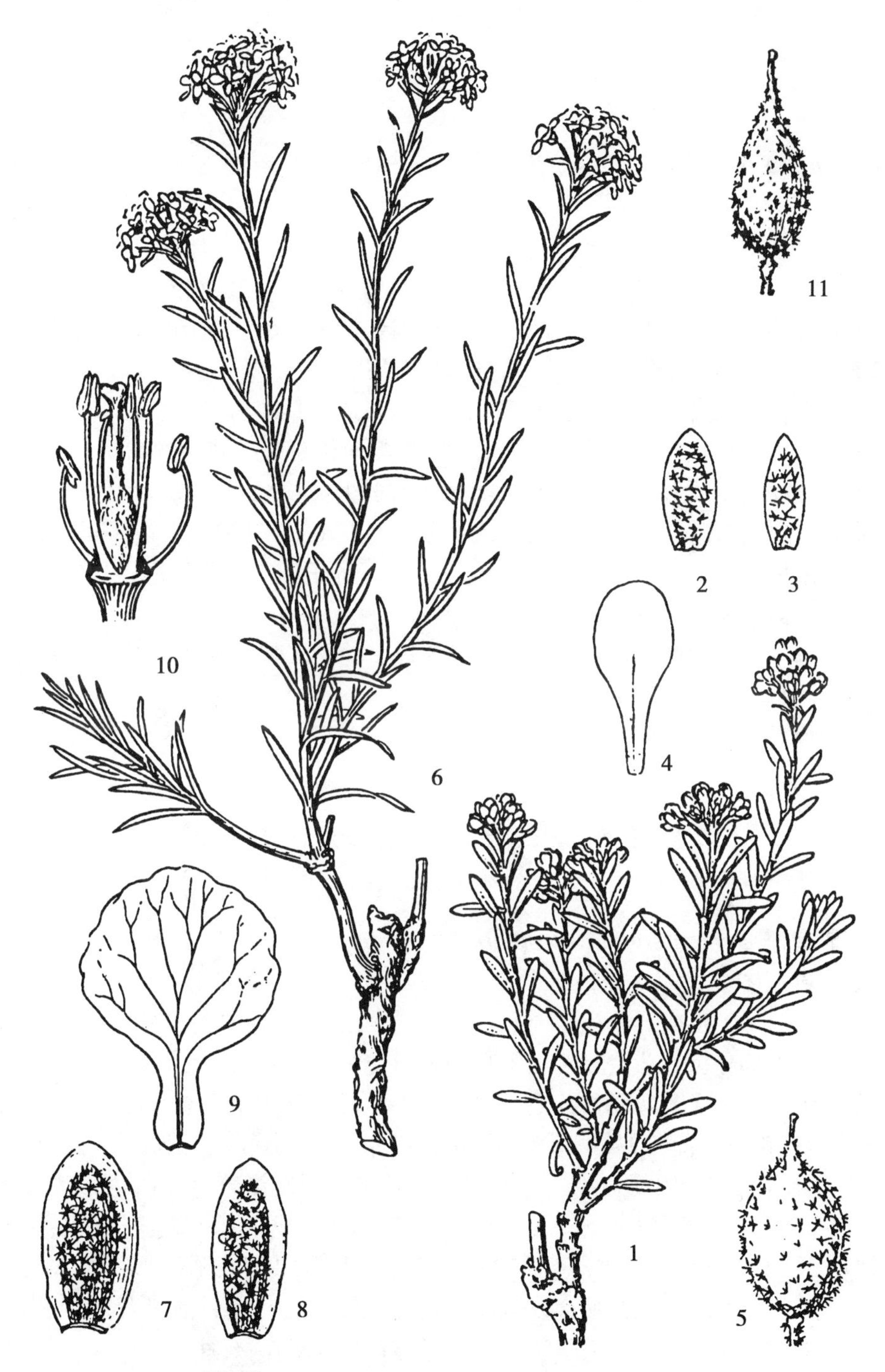

燥原荠 ***Ptilotrichum canescens*** **（DC.） C. A. Mey.**

1. 植株；2. 外萼片；3. 内萼片；4. 花瓣；5. 短角果

细叶燥原荠 ***Ptilotrichum tenuifolium*** **（Steph.） C. A. Mey.**

6. 植株；7. 外萼片；8. 内萼片；9. 花瓣；10. 雄蕊与雌蕊；11. 短角果

葶苈属 *Draba* L.

葶苈 *Draba nemorosa* L.

蒙名：哈木比乐

别名：光果葶苈

形态特征：一年生草本，高 10~30 厘米。茎直立，不分枝或分枝，下半部被单毛，二或三叉状分枝毛和星状毛，上半部近无毛。基生叶莲座状，矩圆状倒卵形、矩圆形，长 1~2 厘米，宽 4~6 毫米，先端稍钝，边缘具疏齿或近全缘，茎生叶较基生叶小，矩圆形或披针形，先端尖或稍钝，基部楔形，无柄，边缘具疏齿或近全缘，两面被单毛、分枝毛和星状毛。总状花序在开花时伞房状，结果时极延长；花梗丝状，长 4~6 毫米，直立开展；萼片近矩圆形，长约 1.5 毫米，背面多少被长柔毛；花瓣黄色，近矩圆形，长约 2 毫米，顶端微凹。短角果矩圆形或椭圆形，长 6~8 毫米，密被短柔毛，果瓣具网状脉纹；果梗纤细，长 10~15 毫米，直立开展。种子细小，椭圆形，长约 0.6 毫米，淡棕褐色，表面有颗粒状花纹。花果期 6—8 月。

中生植物。生于山坡草甸、林缘、沟谷溪边。种子入药。油供工业用。

产地：阿日哈沙特镇、达赉苏木。

饲用价值：低等饲用植物。

花旗杆属 *Dontostemon* Andrz. ex Ledeb.

小花花旗杆 *Dontostemon micranthus* C. A. Mey.

蒙名：吉吉格-巴格太-额布斯

形态特征：一年生或二年生草本，植株被卷曲柔毛和硬单毛。茎直立，高 20~50 厘米，单一或上部分枝。茎生叶着生较密，条形，长 1.5~5 厘米，宽 0.5~3 毫米，顶端钝，基部渐狭，全缘，两面稍被毛，边缘与中脉常被硬单毛。总状花序结果时延长，长达 25 厘米；花小，直径 2~3 毫米；萼片近相等，稍开展，近矩圆形，长约 3 毫米，宽 0.8~1 毫米，具白色膜质边缘，背部稍被硬单毛；花瓣淡紫色或白色，条状倒披针形，长 3.5~4 毫米，宽约 1 毫米，顶端圆形，基部渐狭成爪；短雄蕊长约 3 毫米，花药矩圆形，长约 0.5 毫米；长雄蕊长约 3.5 毫米，长角果细长圆柱形，长 2~3 厘米，宽约 1 毫米，果梗斜上开展，劲直或弯曲，宿存花柱极短，柱头稍膨大。种子淡棕色，矩圆形，长约 0.8 毫米，表面细网状；子叶背倚。花果期 6—8 月。

中生植物。生于山地林缘草甸、沟谷、河滩、固定沙地。

产地：克尔伦苏木。

饲用价值：低等饲用植物。

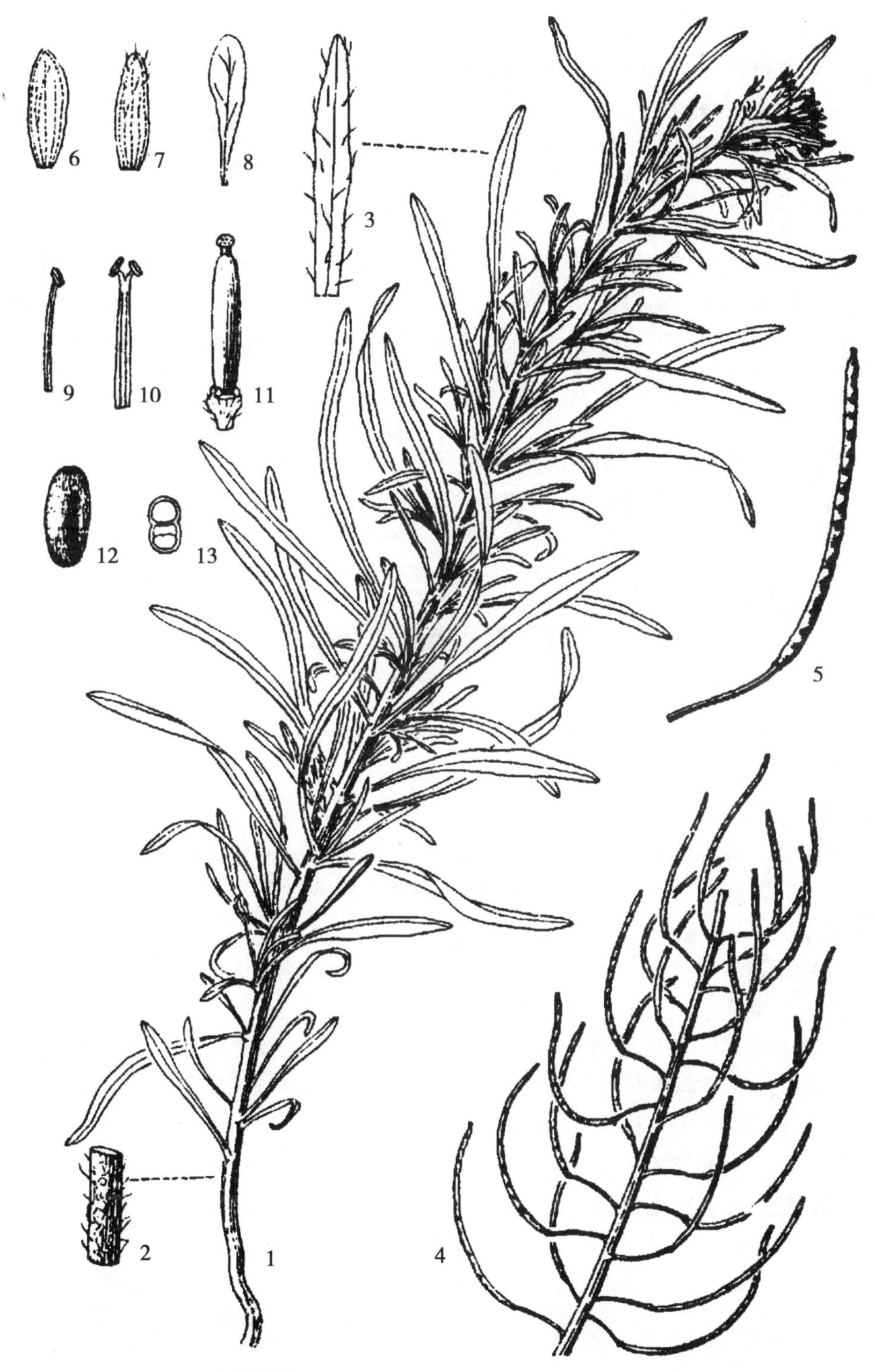

小花花旗杆 *Dontostemon micranthus* C. A. Mey.

1. 植株；2. 茎放大；3. 叶；4. 果序；5. 长角果；6. 外萼片；7. 内萼片；8. 花瓣；
9. 短雄蕊；10. 长雄蕊；11. 雌蕊；12. 种子；13. 种子横切面

全缘叶花旗杆 *Dontostemon integrifolius*（L.）C. A. Mey.

蒙名：布屯-巴格太

别名：线叶花旗杆、无腺花旗杆

形态特征：一年生或二年生草本，高5~25厘米，植株被短曲柔毛和长柔毛，或有腺毛。茎直立，多分枝。叶狭条形，长1~3厘米，宽1~2毫米，先端钝，基部渐狭，全缘。总状花序顶生或侧生，果期延长；萼片矩圆形，长达2.5~3毫米，稍开展，边缘膜质；花瓣淡紫色，稀白色，宽倒卵形，长5~7毫米，宽约3毫米，顶端平截微凹，下部具爪。长角果狭条形，长1~3厘米，宽约1毫米，稍扁，被深紫色腺体，宿存花柱极短，柱头稍膨大；果梗纤细；开展，长5~10毫米。种子扁椭圆形，长约1毫米。花果期6—8月。

中生植物。生于沙质草原、石质坡地。

产地：呼伦镇、阿拉坦额莫勒镇、达赉苏木、宝格德乌拉苏木。

饲用价值：中等饲用植物。

大蒜芥属 *Sisymbrium* L.

多型蒜芥 *Sisymbrium polymorphum*（Murr.）Roth

蒙名：敖兰其-哈木白

别名：寿蒜芥

形态特征：多年生草本，高15~35厘米，全株无毛，淡灰蓝色。直根粗壮，木质，多头。茎直立，有分枝。叶多型，稍肉质，羽状全裂或羽状深裂，长2~4厘米，顶裂片丝状狭条形，长1~2.5厘米，宽约1毫米，先端钝，边缘稍内卷，侧裂片较短；或叶片不分裂而有大的缺刻；茎上部叶丝状狭条形，全缘。总状花序疏松，花期伞房状，后显著伸长；萼片披针状矩圆形，长4~5毫米，花瓣黄色，狭倒卵状楔形，长7~9毫米；子房狭圆柱形。长角果斜开展，狭条形，长3~4厘米，宽约1毫米；果梗纤细，长7~10毫米；种子矩圆形，长约1.3毫米，棕色。花果期6—8月。

中旱生植物。生于草原地区的山坡或草地。

产地：阿日哈沙特镇、宝格德乌拉苏木、克尔伦苏木、达赉苏木。

饲用价值：低等饲用植物。

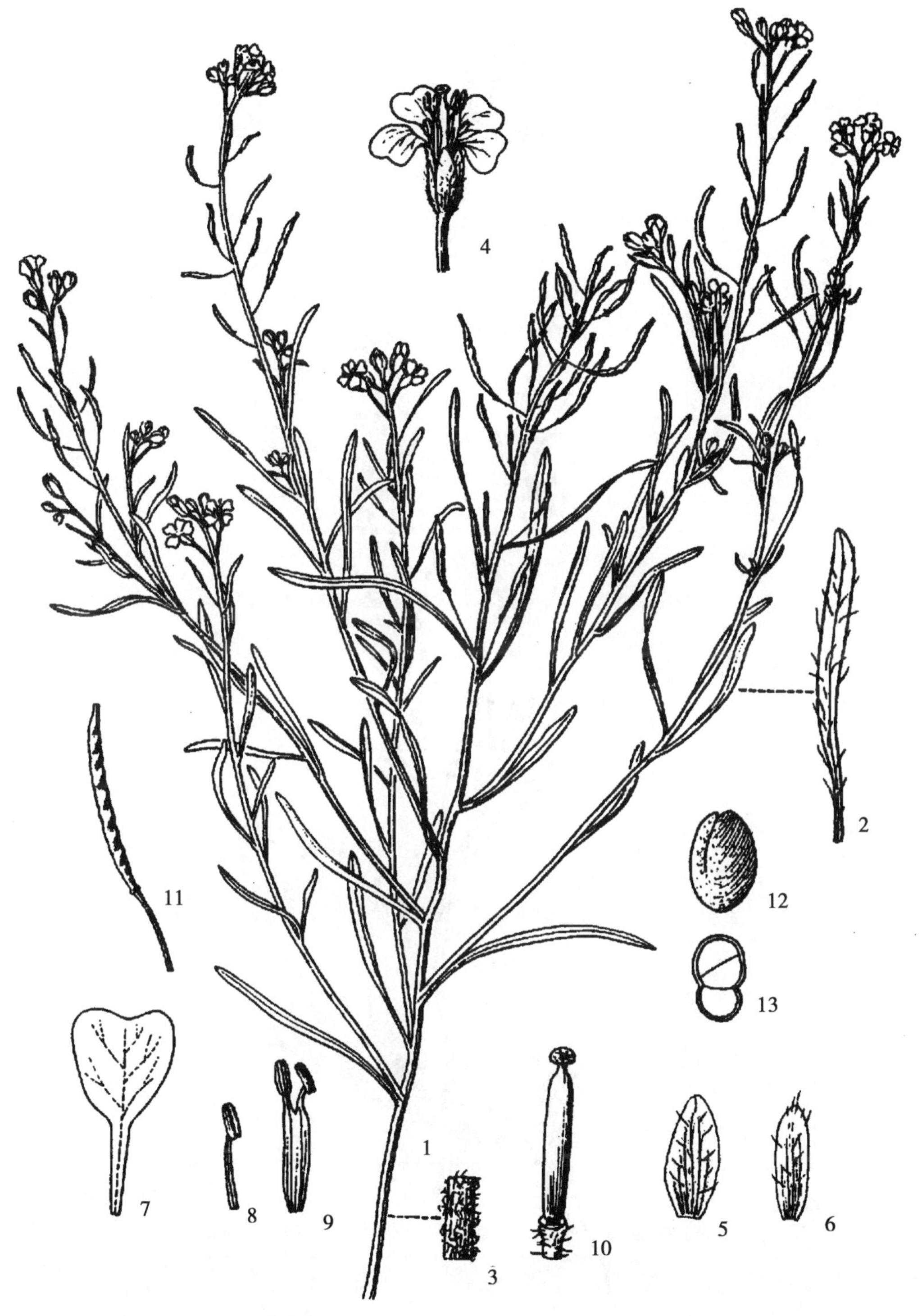

全缘叶花旗杆 ***Dontostemon integrifolius*** **（L.）C. A. Mey.**

1. 植株；2. 叶；3. 茎的一部分；4. 花；5. 外萼片；6. 内萼片；7. 花瓣；8. 短雄蕊；9. 长雄蕊；10. 雌蕊；11. 长角果；12. 种子；13. 种子横切面

多型蒜芥 ***Sisymbrium polymorphum*** **(Murr.) Roth**

植株

播娘蒿属 *Descurainia* Webb. et Berth.

播娘蒿 *Descurainia sophia*（L.）Webb. ex Prantl

蒙名：希热乐金-哈木白

别名：野芥菜

形态特征：一年生或二年生草本，高 20~80 厘米，全株呈灰白色。茎直立，上部分枝，具纵棱槽，密被分枝状短柔毛。叶轮廓为矩圆形或矩圆状披针形，长 3~5（7）厘米，宽 1~2（4）厘米，二至三回羽状全裂或深裂，最终裂片条形或条状矩圆形，长 2~5 毫米，宽 1~1.5 毫米，先端钝，全缘，两面被分枝短柔毛；茎下部叶有叶柄，向上叶柄逐渐缩短或近于无柄。总状花序顶生，具多数花；花梗纤细，长 4~7 毫米；萼片条状矩圆形，先端钝，长约 2 毫米，边缘膜质，背面有分枝细柔毛；花瓣黄色，匙形，与萼片近等长；雄蕊比花瓣长。长角果狭条形，长 2~3 厘米，宽约 1 毫米，直立或稍弯曲，淡黄绿色，无毛，顶端无花柱，柱头压扁头状。种子 1 行，黄棕色，矩圆形，长约 1 毫米，宽约 0.5 毫米，稍扁，表面有细网纹，潮湿后有胶黏物质；子叶背倚。花果期 6—9 月。

中生杂草。生于山地草甸、沟谷、村旁、田边。种子含油时约 40%，可供制肥皂和油漆用，也可食用。种子入药，也可入蒙药。全草可制农药，对于棉蚜、菜青虫等有杀死效果。

产地：达赉苏木、宝格德乌拉山沟谷。

饲用价值：低等饲用植物。

糖芥属 *Erysimum* L.

小花糖芥 *Erysimum cheiranthoides* L.

蒙名：高恩淘格

别名：桂竹香糖芥

形态特征：一年生或二年生草本，高 30~50 厘米。茎直立，有时上部分枝，密被伏生丁字毛。叶狭披针形至条形，长 2~5 厘米，宽 4~8 毫米，先端渐尖，基部渐狭，全缘或疏生微牙齿，中脉在下面明显隆起，两面伏生二、三或四叉状分枝毛，其中三叉状毛最多。总状花序顶生；萼片披针形或条形，长 2~3 毫米，宽约 1 毫米，背面伏生三叉状分枝毛；花瓣黄色或淡黄色，近匙形，长 3~5 毫米，先端近圆形，基部渐狭成爪。长角果条形，长 2~3 厘米，宽 1~1.5 毫米，通常向上斜伸，果瓣伏生三或四叉状分枝毛，中央具凸起主脉 1 条。种子宽卵形，长约 1 毫米，棕褐色；子叶背倚。花果期 7—8 月。

中生植物。生于山地林缘、草原、草甸、沟谷。全草入药。

产地：呼伦镇、贝尔苏木。

饲用价值：良等饲用植物。

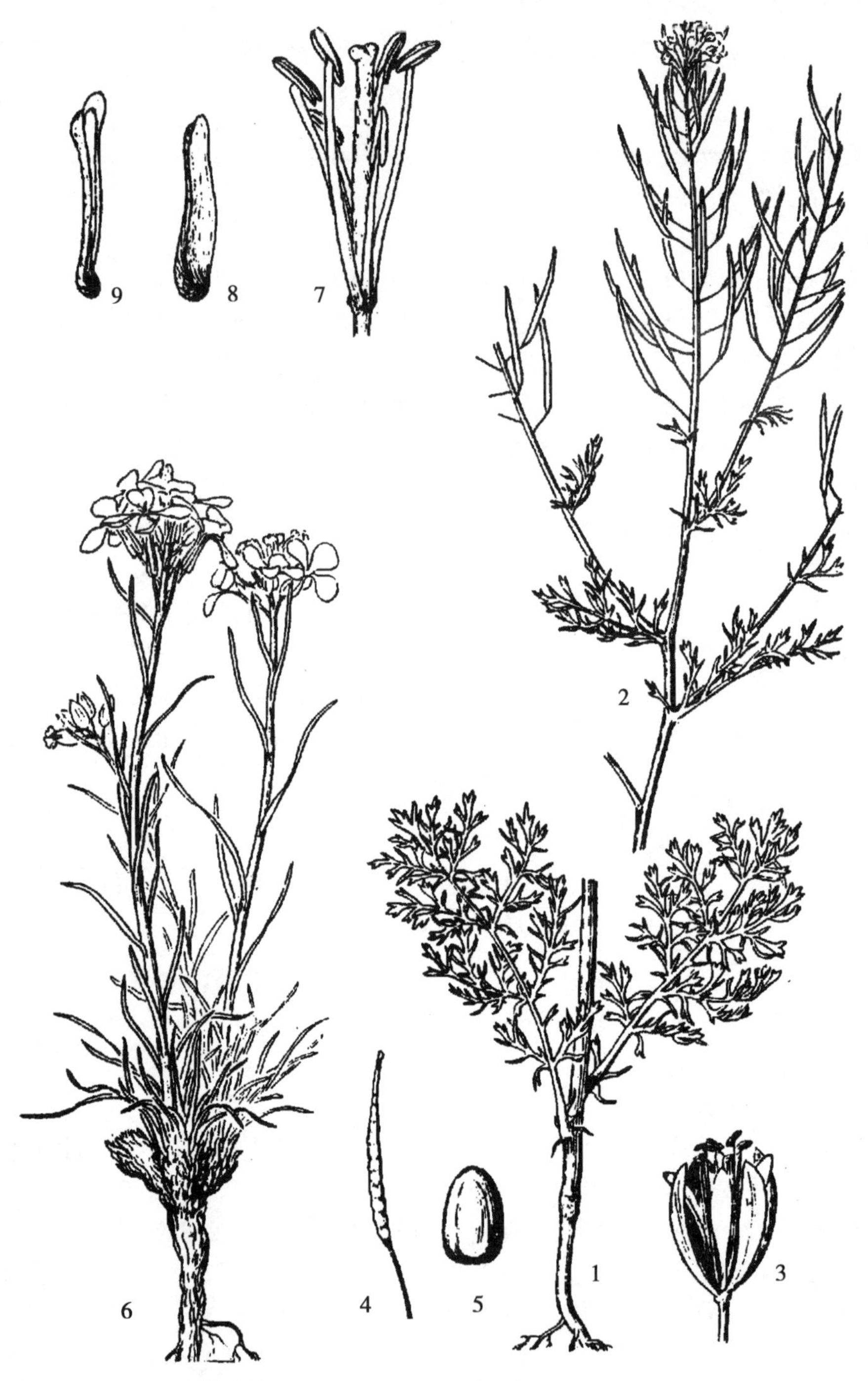

播娘蒿 ***Descurainia sophia*** **（L.） Webb. ex Prantl**

1. 植株；2. 植株上部；3. 花；4. 果实；5. 种子

蒙古糖芥 ***Erysimum flavum*** **（Georgi） Bobrov**

6. 植株；7. 雄蕊与雌蕊；8. 外萼片；9. 内萼片

小花糖芥 ***Erysimum cheiranthoides*** **L.**

1. 植株；2. 花；3. 雄蕊与雌蕊；4. 长角果；5. 种子；6. 胚；7. 茎放大；8. 叶放大

蒙古糖芥 *Erysimum flavum*（Georgi）Bobrov

蒙名：希日-高恩淘格

别名：阿尔泰糖芥、兴安糖芥

形态特征：多年生草本，直根粗壮，淡黄褐色；根状茎缩短，比根粗些，顶部常具多头，外面包被枯黄残叶。茎直立，不分枝，高5~30厘米，被丁字毛。叶狭条形或条形，长1~3.5厘米，宽0.5~2毫米，先端锐尖，基部渐狭，全缘，两面密被丁字毛，灰蓝绿色，边缘内卷或对褶。总状花序顶生；萼片狭矩圆形，长8~9毫米，基部囊状，外萼片较宽，背面被丁字毛；花瓣淡黄色或黄色，长15~18毫米，瓣片近圆形或宽倒卵形，爪细长，比萼片稍长些。长角果长3~10厘米，宽1~2毫米，直立或稍弯，稍扁，宿存花柱长1~3毫米，柱头2裂。种子矩圆形，棕色，长1.5~2毫米。花果期5—8月。

中旱生杂类草。生于山坡、河滩及典型草原、草甸草原。种子入蒙药。

产地：阿拉坦额莫勒镇、贝尔苏木、宝格德乌拉苏木。

饲用价值：良等饲用植物。

南芥属 *Arabis* L.

垂果南芥 *Arabis pendula* L.

蒙名：文吉格日-少布都海

别名：粉绿垂果南芥

形态特征：一年生或二年生草本。茎直立，不分枝或上部稍分枝，高20~80厘米，被硬单毛，有时混生短星状毛。叶披针形或矩圆状披针形，长3~9厘米，宽0.5~3厘米，先端长渐尖，基部耳状抱茎，边缘具疏锯齿或近全缘，上面疏生三叉丁字毛，下面密生三叉丁字毛和星状毛，混生硬单毛。总状花序顶生或腋生；萼片矩圆形，长约3毫米，宽约1毫米，具白色膜质边缘，背面被短星状毛；花瓣白色，倒披针形，长约3.5毫米，宽约1.5毫米。长角果向下弯曲，长条形，长5~9厘米，宽约2毫米，扁平，种子2行；果梗长1~3厘米。种子近椭圆形，长约1.2毫米，扁平，棕色，具狭翅，表面细网状。花果期6—9月。

中生植物。生于山地林缘、灌丛、沟谷、河边。果实入药。

产地：阿日哈沙特镇阿贵洞。

饲用价值：低等饲用植物。

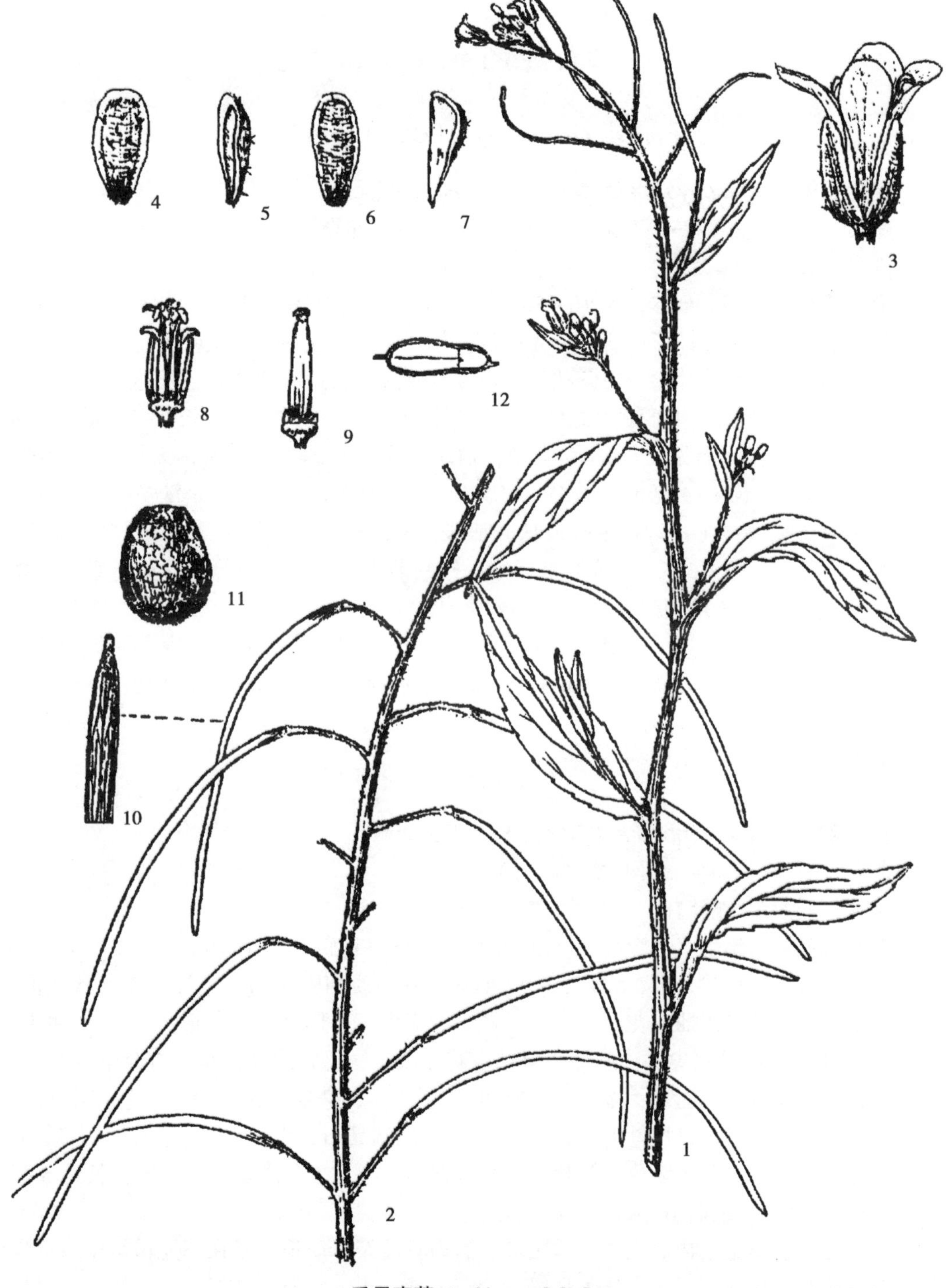

垂果南芥 *Arabis pendula* L.

1. 花枝；2. 果序；3. 花；4. 外萼片（背）；5. 外萼片（侧）；6. 内萼片（背）；7. 内萼片（侧）；8. 雄蕊；9. 雄蕊和侧蜜腺；10. 果实放大；11. 种子；12. 种子横切

景天科 Crassulaceae

瓦松属 *Orostachys*（DC.）Fisch.

钝叶瓦松 *Orostachys malacophyllus*（Pall.）Fisch.

蒙名：矛回日-斯琴-额布斯、矛回日-爱日格-额布斯

别名：石莲华

形态特征：二年生草本，高 10~30 厘米。第一年仅有莲座状叶，叶矩圆形、椭圆形、倒卵形、矩圆状披针形或卵形，先端钝；第二年抽出花茎。茎生叶互生，无柄，接近，匙状倒卵形、倒披针形、矩圆状披针形或椭圆形，较莲座状叶大，长达 7 厘米，先端有短尖或钝，绿色，两面有紫红色斑点。花序圆柱状，有时总状，长 5~20 厘米。苞片宽卵形或菱形，先端尖，长 3~5 毫米，边缘膜质，有齿。花紧密，无梗或有短梗；萼片 5，矩圆形，长 3~4 毫米，锐尖；花瓣 5，白色或淡绿色，干后呈淡黄色，矩圆状卵形，长 4~6 毫米，上部边缘常有齿缺，基部合生；雄蕊 10，较花瓣稍长，花药黄色；鳞片 5，条状长方形；心皮 5。蓇葖果卵形，先端渐尖，几与花瓣等长；种子细小，多数。花期 8—9 月，果期 10 月。

肉质旱生植物。多生于山地、丘陵的砾石质坡地及平原的沙质地。常为草原及草甸草原植被的伴生植物。为多汁饲用植物，羊采食后可减少饮水量。全草入药。

产地：全旗。

饲用价值：中等饲用植物。

瓦松 *Orostachys fimbriata*（Turcz.）A. Berger

蒙名：斯琴-额布斯、爱日格-额布斯

别名：酸溜溜、酸窝窝

形态特征：二年生草本，高 10~30 厘米，全株粉绿色，密生紫红色斑点，第一年生莲座状叶短，叶匙状条形，先端有一个半圆形软骨质的附属物，边缘有流苏状牙齿，中央具 1 刺尖；第二年抽出花茎。茎生叶散生，无柄，条形至倒披针形，长 2~3 厘米，宽 3~5 毫米，先端具刺尖头，基部叶早枯。花序顶生，总状或圆锥状，有时下部分枝，呈塔形；花梗长可达 1 厘米；萼片 5，狭卵形，长 2~3 毫米，先端尖，绿色；花瓣 5，红色，干后常呈蓝紫色，披针形，长 5~6 毫米，先端具凸尖头，基部稍合生；雄蕊 10，与花瓣等长或稍短，花药紫色；鳞片 5，近四方形；心皮 5。蓇葖果矩圆形，长约 5 毫米。花期 8—9 月，果期 10 月。

肉质砾石生旱生植物。生于石质山坡、石质丘陵及沙质地。常在草原植被中零星生长，在一些石质丘顶可形成小群落片段。全草入药，也入蒙药。有毒，应慎用。又可作农药，也可制成叶蛋白后供食用。又能提制草酸，供工业用。

产地：全旗。

饲用价值：中等饲用植物。

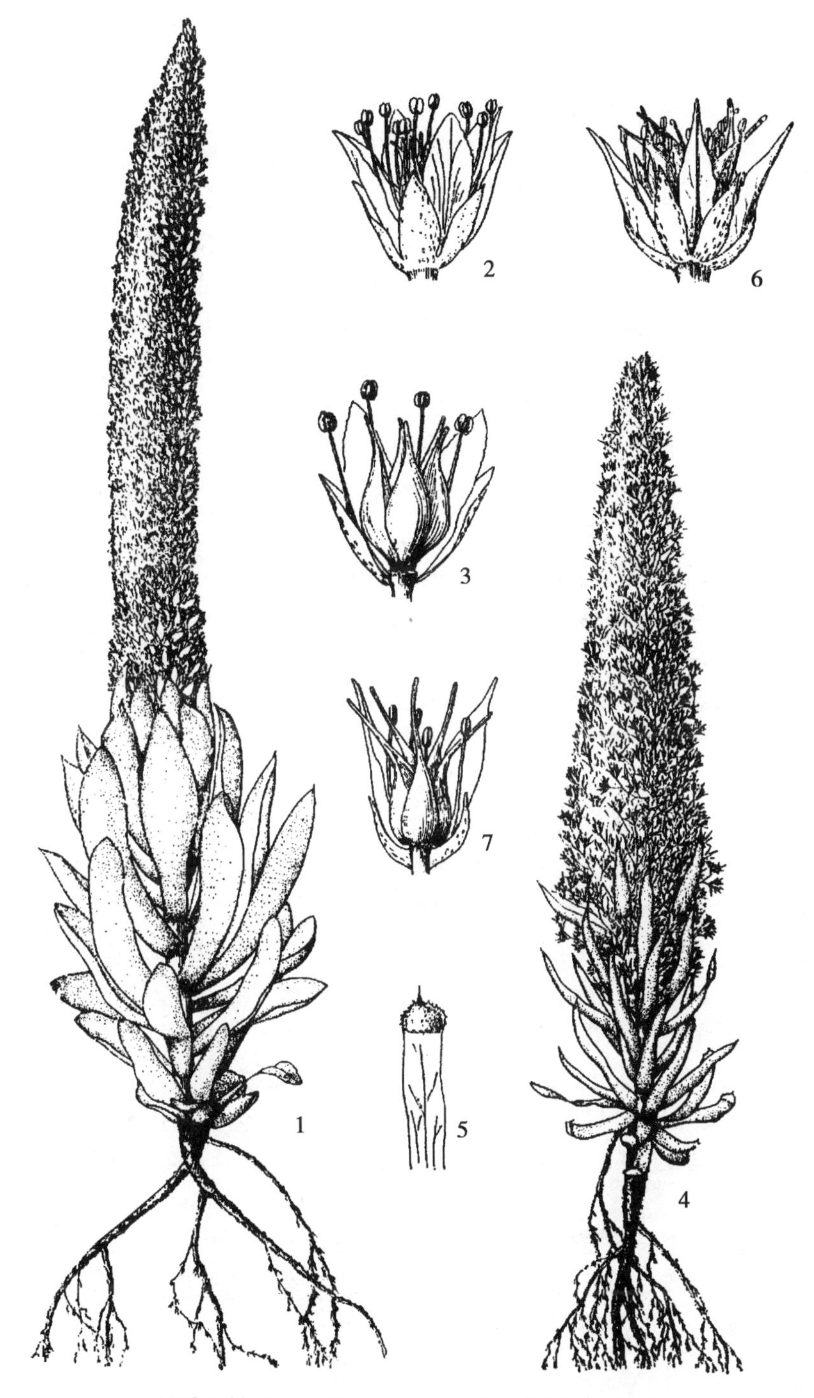

钝叶瓦松 ***Orostachys malacophyllus*** **(Pall.) Fisch.**

1. 植株；2. 花；3. 花纵切面

瓦松 ***Orostachys fimbriata*** **(Turcz.) A. Berger**

4. 植株；5. 莲座状叶；6. 花；7. 花纵切面

黄花瓦松 *Orostachys spinosa* (L.) Sweet

蒙名：希日-斯琴-额布斯

形态特征：二年生草本，高10~30厘米。第一年有莲座状叶丛，叶矩圆形，先端有半圆形，白色，软骨质的附属物，中央具1长2~4毫米的刺尖；第二年抽出花茎；茎生叶互生，宽条形至倒披针形，长1~3厘米，宽2~5毫米，先端渐尖，有软骨质的刺尖，基部无柄。花序顶生，狭长，穗状或总状，长5~20厘米；花梗长1毫米；或无梗，苞片披针形至矩圆形，长4毫米，有刺尖；萼片5，卵状矩圆形，长2~3毫米，先端有刺尖，有红色斑点；花瓣5，黄绿色，卵状披针形，长5~7毫米，先端渐尖，基部稍合生；雄蕊10，较花瓣稍长，花药黄色；鳞片5，近正方形，先端有微缺；心皮5。蓇葖果，椭圆状披针形，长5~6毫米。花期8—9月，果期9—10月。

肉质旱生植物。生于山坡石缝中及林下岩石上。在草甸草原及草原石质山坡植被中常为伴生种。全草入药。用途同瓦松。

产地：呼伦镇、宝格德乌拉苏木宝格德乌拉山。

饲用价值：中等饲用植物。

狼爪瓦松 *Orostachys cartilaginea* A. Bor.

蒙名：查干-斯琴-额布斯

别名：辽瓦松、瓦松、干滴落

形态特征：二年生草本，高10~20厘米，全株粉白色，密布紫红色斑点。第一年生莲座状叶，叶片矩圆状披针形，先端有1半圆形白色的软骨质附属物，全缘或有圆齿，中央具1长约2毫米的刺尖；第二年抽出花茎。茎生叶互生，无柄，条形或披针状条形，长1.5~3.5厘米，宽2~4毫米，先端渐尖，有白色软骨质刺尖，基部叶早枯。圆柱状总状花序，长3~15厘米；苞片条形或条状披针形，先端尖，与花等长或较长；花梗长约5毫米或稍长，常在1花梗上着生数花；萼片5，披针形，长2~3毫米，淡绿色；花瓣5，白色，稀具红色斑点而呈粉红色，矩圆状披针形，长约5毫米，先端锐尖，基部合生；雄蕊10，与花瓣等长和稍长，花药暗红色；鳞片5，近四方形；心皮5。蓇葖果矩圆形；种子多数，细小，卵形，长约0.5毫米，褐色。花期8—9月，果期10月。

肉质旱生植物。生长于石质山坡。全草入蒙药。

产地：呼伦镇、阿日哈沙特镇、宝格德乌拉苏木宝格德乌拉山。

饲用价值：低等饲用植物。

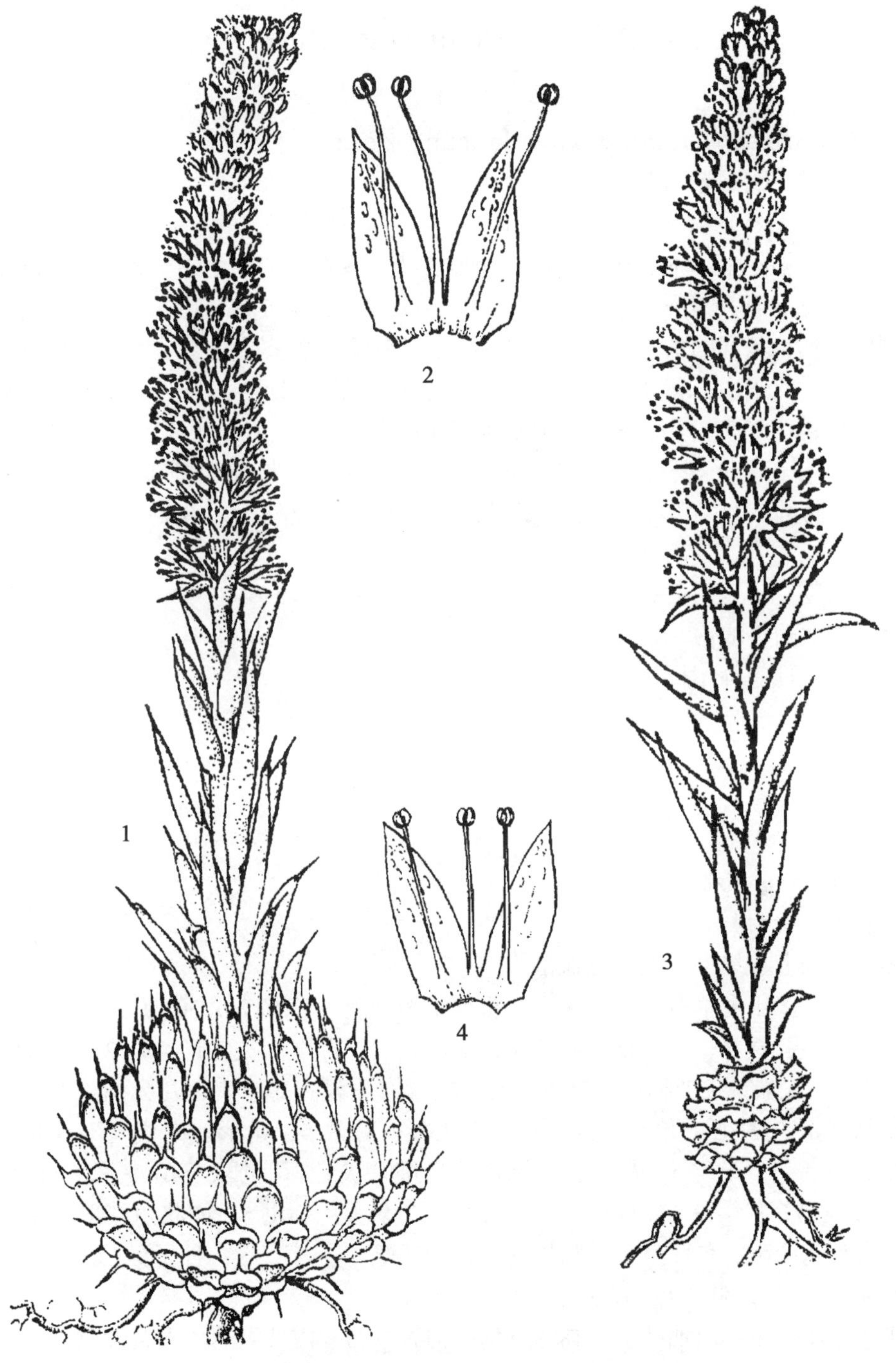

黄花瓦松 *Orostachys spinosa*（L.）Sweet

1. 植株；2. 花瓣

狼爪瓦松 *Orostachys cartilaginea* A. Bor.

3. 植株；4. 花瓣

八宝属 *Hylotelephium* H. Ohba

紫八宝 *Hylotelephium triphyllum*（Haworth）Holub

蒙名：宝日-黑鲁特日根纳

别名：紫景天

形态特征：多年生草本。块根多数，胡萝卜状。茎直立，单生或少数聚生，高 30~60 厘米。叶互生，卵状矩圆形至矩圆形，长 2~7 厘米，宽 1~2.5 厘米，先端锐尖或钝，上部叶无柄，基部圆形，下部叶基部楔形，边缘有不整齐牙齿，上面散生斑点。伞房状聚散花序，花密生，花梗长约 4 毫米，萼片 5，卵状披针形，长约 2 毫米，先端渐尖，基部合生；花瓣 5，紫红色，矩圆状披针形，长 5~6 毫米，锐尖，自中部向外反折；雄蕊 10，与花瓣近等长；鳞片 5，条状匙形，长约 1 毫米，先端稍宽，有缺刻；心皮 5，直立，椭圆状披针形，长约 6 毫米，两端渐狭；花柱短。花期 7—8 月，果期 9 月。

旱中生植物。生于山坡草甸、林下、灌丛间或沙地。

产地：旗北边境线内。

饲用价值：低等饲用植物。

费菜属 *Phedimus* Rafin

费菜 *Phedimus aizoon*（L.）'t Hart.

蒙名：矛钙-伊得

别名：土三七、景天三七、见血散

形态特征：多年生草本，全体无毛。根状茎短而粗。茎高 20~50 厘米，具 1~3 条茎，少数茎丛生，直立，不分枝。叶互生，椭圆状披针形至倒披针形，长 2.5~8 厘米，宽 5~20 毫米，先端锐尖或稍钝，基部楔形，边缘有不整齐的锯齿，几无柄。聚伞花序顶生，分枝平展，多花，下托以苞叶；花近无梗；萼片 5，条形，肉质，不等长，长 3~5 毫米，先端钝；花瓣 5，黄色，矩圆形至椭圆状披针形，长 6~10 毫米，有短尖；雄蕊 10，较花瓣短；鳞片 5，近正方形，长约 0.3 毫米；心皮 5，卵状矩圆形，基部合生，腹面有囊状凸起。蓇葖呈星芒状排列，长约 7 毫米，有直喙；种子椭圆形，长约 1 毫米。花期 6—8 月，果期 8—10 月。

旱中生植物。生于山地林下、林缘草甸、沟谷草甸、山坡灌丛。根含鞣质，可提制栲胶。根及全草入药。

产地：呼伦镇、阿日哈沙特镇、宝格德乌拉苏木、克尔伦苏木、达赉苏木。

饲用价值：劣等饲用植物。

费菜 *Phedimus aizoon*（L.）'t Hart.

1. 植株；2. 萼片；3. 花冠纵切；4. 蓇葖果

虎耳草科 Saxifragaceae

梅花草属 *Parnassia* L.

梅花草 *Parnassia palustris* L.

蒙名：孟根-地格达

别名：苍耳七

形态特征：多年生草本，高 20~40 厘米，全株无毛。根状茎近球形，肥厚，从根状茎上生出多数须根。基生叶，丛生，有长柄；叶片心形或宽卵形，长 1~3 厘米，宽 1~2.5 厘米，先端钝圆或锐尖，基部心形，全缘；茎生叶 1 片，无柄，基部抱茎，生于花茎中部以下或以上。花白色或淡黄色，直径 1.5~2.5 厘米，外形如梅花，因此称“梅花草”；花单生于花茎顶端；萼片 5，卵状椭圆形，长 6~8 毫米；花瓣 5，平展，宽卵形，长 10~13 毫米；雄蕊 5；退化雄蕊 5，上半部有多数条裂，条裂先端有头状腺体；子房上位，近球形，柱头 4 裂，无花柱。蒴果，上部 4 裂；种子多数。花期 7—8 月，果期 9—10 月。

湿中生植物。多在林区及草原带山地的沼泽化草甸中零星生长。全草入药，也可入蒙药，又可作蜜源植物及观赏植物。

产地：阿日哈沙特镇。

饲用价值：中等饲用植物。

茶藨属 *Ribes* L.

小叶茶藨（biāo） *Ribes pulchellum* Turcz.

蒙名：高雅-乌混-少布特日

别名：美丽茶藨、酸麻子、蝶花茶藨子

形态特征：灌木，高 1~2 米。当年生小枝红褐色，密生短柔毛；老枝灰褐色，稍纵向剥裂，节上常有皮刺 1 对。叶宽卵形，长与宽各 1~2 厘米，有时达 3 厘米，掌状 3 深裂，少 5 深裂，先端尖，边缘有粗锯齿，基部近截形，两面有短柔毛，掌状三至五出脉，叶柄长 5~18 毫米，有短柔毛。花单性，雌雄异株，总状花序生于短枝上，总花梗、花梗和苞片有短柔毛与腺毛；花淡绿黄色或淡红色，萼筒浅碟形；萼片 5，宽卵形，长 1.5 毫米；花瓣 5，鳞片状，长约 0.5 毫米；雄蕊 5，与萼片对生；子房下位，近球形，柱头 2 裂。浆果，红色，近球形，直径 5~8 毫米。花期 5—6 月，果期 8—9 月。

中生灌木。山地灌丛的伴生植物，生于石质山坡与沟谷。观赏灌木；浆果可食；木材坚硬，可制手杖等。

产地：阿日哈沙特镇、克尔伦苏木。

饲用价值：低等饲用植物。

梅花草 *Parnassia palustris* L.

1. 植株；2. 花瓣；3. 退化雄蕊；4. 果实

小叶茶藨 ***Ribes pulchellum*** **Turcz.**

1. 果枝；2. 雄花枝；3. 雄花；4. 雌花

蔷薇科 Rosaceae

绣线菊属 *Spiraea* L.

柳叶绣线菊 *Spiraea salicifolia* L.

蒙名：塔比勒干纳

别名：绣线菊、空心柳、贫齿柳叶绣线菊

形态特征：灌木，高1~2米。小枝黄褐色，幼时被短柔毛，逐渐变无毛；芽宽卵形，外有数鳞片。叶片矩圆状披针形或披针形，长4~8厘米，宽1~2.5厘米，先端渐尖或急尖，基部楔形，边缘具锐锯齿或重锯齿，上面绿色，下面淡绿色，两面无毛；叶柄长1~5毫米。圆锥花序，长4~8厘米，花多密集，总花梗被柔毛；花梗长4~7毫米，被短柔毛；苞片条状披针形或披针形，全缘或有锯齿，被柔毛，花直径7毫米；萼片三角形，里面边缘被短柔毛；花瓣宽卵形，长与宽近相等，约2毫米，粉红色，雄蕊多数，花丝长短不等，长者约长于花瓣2倍；花盘环状，裂片呈细圆锯齿状；子房仅腹缝线有短柔毛，花柱短于雄蕊。蓇葖果直立，沿腹缝线有短柔毛，花萼宿存。花期7—8月，果期8—9月。

湿中生灌木。生于河流沿岸、湿草甸、山坡林缘及沟谷。

产地：乌尔逊河岸、克尔伦河边。

饲用价值：低等饲用植物。

楼斗叶绣线菊 *Spiraea aquilegifolia* Pall.

蒙名：扎巴根-塔比勒干纳

形态特征：灌木，高50~60厘米，小枝紫褐色、褐色或灰褐色，有条裂或片状剥落，嫩枝有短柔毛，老时近无毛。芽小，卵形，褐色，有几个褐色鳞片，被柔毛。花及果枝上的叶通常为倒披针形或狭倒卵形，长6~13毫米，宽2~5毫米，全缘或先端3浅裂，基部楔形，不孕枝上的叶为扇形或倒卵形，长7~15毫米，宽5~8毫米，有时长与宽近相等，先端常3~5裂或全缘，基部楔形，上面绿色，下面灰绿色，两面均被短柔毛；叶柄短或近于无柄。伞形花序无总花梗，有花2~6（7）朵，基部有数片簇生的小叶，全缘，被短柔毛；花梗长4~6毫米，无毛，稀被柔毛；花直径5~6毫米；萼片三角形，里面微被短柔毛；花瓣近圆形，长与宽近相等，各约2毫米，白色；雄蕊20，约与花瓣等长；花盘环状，呈10深裂，子房被短柔毛，花柱短于雄蕊。蓇葖果上半部或沿腹缝线有短柔毛，花萼宿存，直立。花期5—6月，果期6—8月。

旱中生灌木。主要见于草原带的低山丘陵阴坡。可成为建群种，形成团块状的山地灌丛，也零星见于石质山坡；往东可进入森林草原地带，往西可进入荒漠草原地带东部的山地。栽培供观赏用，也可做水土保持植物。

产地：阿日哈沙特镇、克尔伦苏木、宝格德乌拉苏木宝东山上。

饲用价值：低等饲用植物。

柳叶绣线菊 ***Spiraea salicifolia*** **L.**

1. 果枝；2. 花纵切；3. 果实

耧斗叶绣线菊 ***Spiraea aquilegifolia*** **Pall.**

4. 花枝；5. 花纵切；6. 果实

苹果属 *Malus* Mill.

山荆子 *Malus baccata*（L.）Borkh.

蒙名：乌日勒

别名：山定子、林荆子

形态特征：乔木，高达 10 米。树皮灰褐色，枝红褐色或暗褐色，无毛；芽卵形，鳞片边缘微被毛，红褐色。叶片椭圆形、卵形，少卵状披针形或倒卵形，长 2~7（12）厘米，宽 1.2~3.5（5.5）厘米，先端渐尖或尾状渐尖，稀锐尖，基部楔形或圆形，边缘有细锯齿，幼时沿叶脉稍被毛或无毛；叶柄长 1~4.5 厘米，无毛；托叶披针形，早落。伞形花序或伞房花序，有花 4~8 朵；花梗长 1.5~4 厘米，无毛；花直径 3~3.5 厘米；萼片披针形，外面无毛，里面被毛；花瓣卵形、倒卵形或椭圆形，长 1.5~2.2 厘米，宽 0.8~1.4 厘米，基部有短爪，白色；雄蕊 15~20，长短不齐，比花瓣短约一半；花柱 5（4），基部合生，有柔毛，比雄蕊长。果实近球形，直径 8~10 毫米，红色或黄色，花萼早落。花期 5 月，果期 9 月。

中生落叶阔叶小乔木或乔木，喜肥沃、潮湿的土壤，常见于落叶阔叶林区的河流两岸谷地，为河岸杂木林的优势种；也见于山地林缘及森林草原带的沙地。嫩叶可代茶叶用。

产地：克尔伦苏木。

饲用价值：低等饲用植物。

蔷薇属 *Rosa* L.

山刺玫 *Rosa davurica* Pall.

蒙名：扎木日

别名：刺玫果

形态特征：落叶灌木，高 1~2 米，多分枝。枝通常暗紫色，无毛，在叶柄基部有向下弯曲的成对的皮刺。单数羽状复叶，小叶 5~7（9），小叶片矩圆形或长椭圆形，长 1~2.5 厘米，宽 0.7~1.5 厘米，先端锐尖或稍钝，基部近圆形，边缘有细锐锯齿，近基部全缘，上面绿色，近无毛，下面灰绿色，被短柔毛和粒状腺点；叶柄和叶轴被短柔毛、腺点和小皮刺；托叶大部分和叶柄合生，被短柔毛和腺点。花常单生，有时数朵簇生，直径 3~4 厘米；萼片披针状条形，长 1.5~2.5 厘米，先端长尾尖并稍宽，被短柔毛及腺毛；花瓣紫红色，宽倒卵形，先端微凹。蔷薇果近球形或卵形，直径 1~1.5 厘米，红色，平滑无毛，顶端有直立宿存的萼片。花期 6—7 月，果期 8—9 月。

中生灌木。见于落叶阔叶林地带或草原带的山地，生于林下、林缘及石质山坡，亦见于河岸沙质地；为山地灌丛的建群种或优势种，多呈团块状分布。蔷薇果含多种维生素，可食用，制果酱与酿酒；花味清香，可制成玫瑰酱，做点心馅或提取香精。花、果入药，果实入蒙药。

产地：克尔伦苏木。

饲用价值：低等饲用植物。

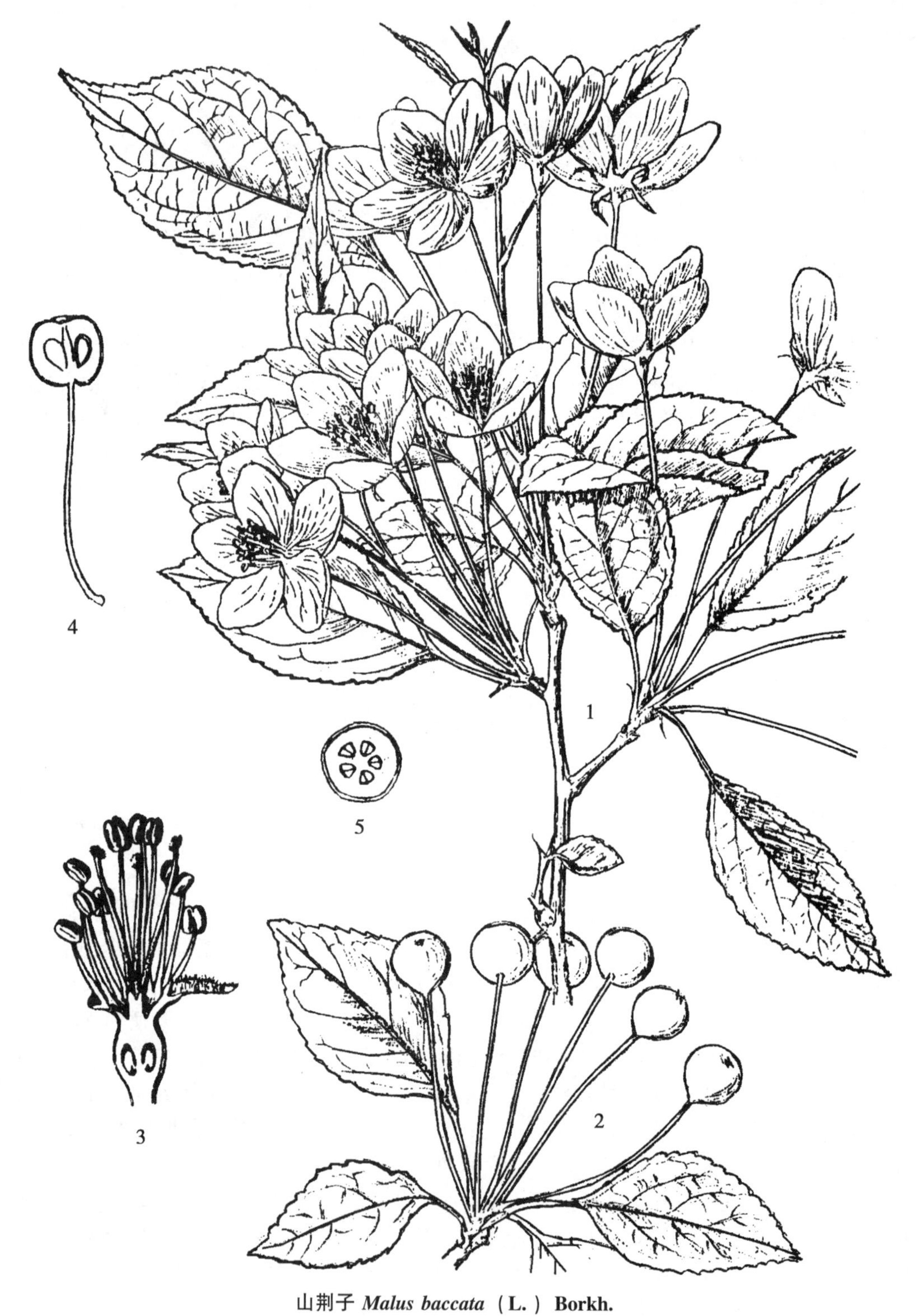

山荆子 ***Malus baccata*** **（L.）Borkh.**

1. 花枝；2. 果枝；3. 花纵切；4. 果实纵切；5. 果实横切

山刺玫 ***Rosa davurica* Pall.**

果枝

地榆属 *Sanguisorba* L.

地榆 *Sanguisorba officinalis* L.

蒙名：苏都-额布斯

别名：蒙古枣、黄瓜香

形态特征：多年生草本，高 30~80 厘米，全株光滑无毛。根粗壮，圆柱形或纺锤形。茎直立，上部有分枝，有纵细棱和浅沟。单数羽状复叶，基生叶和茎下部叶有小叶 9~15，连叶柄长 10~20 厘米；小叶片卵形、椭圆形、矩圆状卵形或条状披针形，长 1~3 厘米，宽 0.7~2 厘米，先端圆钝或稍尖，基部心形或截形，边缘具尖圆牙齿，上面绿色，下面淡绿色，两面均无毛；小叶柄长 2~10（15）毫米，基部有时具叶状小托叶 1 对；茎上部叶比基生叶小，有短柄或无柄，小叶数较少。茎生叶的托叶上半部小叶状，下半部与叶柄合生。穗状花序顶生，多花密集，卵形、椭圆形、近球形或圆柱形，长 1~3 厘米，直径 6~12 毫米；花由顶端向下逐渐开放；每花有苞片 2，披针形，长 1~2 毫米，被短柔毛；萼筒暗紫色，萼片紫色，椭圆形，长约 2 毫米，先端有短尖头；雄蕊与萼片近等长，花药黑紫色，花丝红色；子房卵形，被柔毛；花柱细长，紫色，长约 1 毫米，柱头膨大，具乳头状凸起。瘦果宽卵形或椭圆形，长约 3 毫米，有 4 纵脊棱，被短柔毛，包于宿存的萼筒内。花期 7—8 月，果期 8—9 月。

中生植物。为林缘草甸（五花草塘）的优势种和建群种，是森林草原地带起重要作用的杂类草，生态幅比较广，在落叶阔叶林中可生于林下，在草原区则见于河滩草甸及草甸草原中，但分布最多的是森林草原地带。根入药，也含淀粉，可作酿酒。种子油可供制肥皂和工业用。

产地：全旗。

饲用价值：良等饲用植物。

地榆 *Sanguisorba officinalis* L.

1. 植株；2. 花；3. 瘦果

水杨梅属 *Geum* L.

水杨梅 *Geum aleppicum* Jacq.

蒙名：高哈图如

别名：路边青

形态特征：多年生草本，高 20~70 厘米。根状茎粗短，着生多数须根。茎直立，上部分枝，被开展的长硬毛和稀疏的腺毛。基生叶为不整齐的单数羽状复叶，有小叶 7~13，连叶柄长 10~25 厘米；顶生小叶大，长 3~6 厘米，宽 2~4 厘米，常 3~5 深裂，裂片菱形、倒卵状菱形或矩圆状菱形，先端圆钝，基部宽楔形，边缘有浅裂片或粗钝锯齿，上面绿色，疏生伏毛，下面淡绿色，密生短毛并疏生伏毛；侧生小叶较小，无柄，与顶生叶裂片相似，小叶间常夹生小裂片；叶柄被开展的长硬毛及腺毛；茎生叶与基生叶相似，叶柄短，有小叶 3~5；托叶卵形，长 1.5~3 厘米；与小叶片相似。花常 3 朵成伞房状排列，直径 1.5~2 厘米；花梗长 1~1.5 厘米，花萼和花梗被开展的长柔毛、腺毛及茸毛；副萼片条状披针形，长约 3 毫米；萼片三角状卵形，长约 6 毫米，花后反折；花瓣黄色，近圆形，长 7~9 毫米，先端圆形；雄蕊长约 3 毫米；子房密生长毛，花柱于顶端弯曲，柱头细长，被短毛。瘦果长椭圆形，稍扁，长约 2 毫米，被毛长，棕褐色，顶端有由花柱形成的钩状长喙，喙长约 4 毫米。花期 6—7 月，果期 8—9 月。

中生植物，喜湿润。散生于林缘草甸，河滩沼泽草甸、河边。全草入药。

产地：乌尔逊河、克尔伦河边。

饲用价值：良等饲用植物。

龙牙草属 *Agrimonia* L.

龙牙草 *Agrimonia pilosa* Ledeb.

蒙名：淘古如-额布斯

别名：仙鹤草、黄龙尾

形态特征；多年生草本，高 30~60 厘米。根茎横走地下，粗壮，具节，棕褐色，节上着生多数黑褐色的不定根。茎单生或丛生，直立，不分枝或上部分枝，被开展长柔毛和微小腺点。不整齐单数羽状复叶，具小叶（3）5~7（9），连叶柄长 5~15 厘米，小叶间夹有小裂片；小叶近无柄，菱状倒卵形或倒卵状椭圆形，长 1.5~5 厘米，宽 1~2.5 厘米，先端锐尖或渐尖，基部楔形，边缘常在 1/3 以上部分有粗圆齿状锯齿或缺刻状锯齿，上面疏生长柔毛和腺点，下面被长柔毛和腺点，顶生小叶常较下部小叶大；叶柄被开展长柔毛和细腺点；托叶卵形或卵状披针形，长 1~1.5 厘米，先端渐尖，边缘有粗锯齿或缺刻状齿，两面被开展长柔毛和细腺点。总状花序顶生，长 5~10 厘米，花梗长 1~2 毫米，被疏柔毛；苞片条状 3 裂，被柔毛，与花梗近等长或较长；花直径 5~8 毫米；萼筒倒圆锥形，长约 1.5 毫米，外面有 10 条纵沟，被柔毛，顶部有钩状刺毛，萼片卵状三角形，与萼筒近等长；花瓣黄色，长椭圆形，长约 3 毫米；雄蕊约 10，长约 2 毫米；雌蕊 1，子房椭圆形，包在萼筒内；花柱 2 条，伸出萼筒。瘦果椭圆形，长约 3.5 毫米，果皮薄，包在宿存萼筒内，萼筒顶端有 1 圈钩状刺；种子 1，扁球形，直径约 2 毫米。花期 6—7 月，果期 8—9 月。

中生植物。散生于山地林缘草甸。低湿地草甸、河边、路旁；主要见于落叶阔叶林地区，往南可进入常绿阔叶林北部。全草入药。全株含鞣质，可提取栲胶。也可作农药。

产地：阿日哈沙特镇路旁、达赉苏木。

饲用价值：良等饲用植物。

水杨梅 ***Geum aleppicum*** **Jacq.**

1. 植株；2. 花萼及雄蕊、雌蕊；3. 瘦果

龙牙草 *Agrimonia pilosa* Ledeb.

1. 植株；2. 花；3. 瘦果

金露梅属 *Pentaphylloides* Ducham.

小叶金露梅 *Pentaphylloides parvifolia*（Fisch. ex Lehm.）Sojak

蒙名：吉吉格-乌日阿拉格

别名：小叶金老梅

形态特征：灌木，高20~80厘米，多分枝。树皮灰褐色，条状剥裂；小枝棕褐色，被绢状柔毛。单数羽状复叶，长5~15（20）毫米，小叶5~7，近革质，下部2对常密集似掌状或轮状排列，小叶片条状披针形或条形，长5~10毫米，宽1~3毫米，先端渐尖，基部楔形，全缘，边缘强烈反卷，两面密被绢毛，银灰绿色，顶生3小叶基部常下延与叶轴汇合；托叶膜质，淡棕色，披针形，长约5毫米，先端尖或钝，基部与叶枕合生并抱茎。花单生叶腋或数朵成伞房状花序，直径10~15毫米，花萼与花梗均被绢毛；副萼片条状披针形，长约5毫米，先端渐尖；萼片近卵形，比副萼片稍短或等长，先端渐尖；花瓣黄色，宽倒卵形，长与宽各约1厘米；子房近卵形，被绢毛；花柱侧生，棍棒状，向下渐细，长约2毫米；柱头头状。瘦果近卵形，被绢毛，褐棕色。花期6—8月，果期8—10月。

旱中生小灌木。多生于草原带的山地与丘陵砾石质坡地，也见于荒漠区的山地。嫩叶可代茶叶用。花、叶入药，花入蒙药。

产地：阿日哈沙特镇阿贵洞山上。

饲用价值：中等饲用植物。

委陵菜属 *Potentilla* L.

匍枝委陵菜 *Potentilla flagellaris* Willd. ex Schlecht.

蒙名：哲勒图-陶来音-汤乃

别名：蔓委陵菜

形态特征：多年生匍匐草本。根纤细，3~5条，黑褐色。茎匍匐，纤细，长10~25厘米，基部常包被黑褐色老叶柄残余，被伏柔毛。掌状五出复叶（有时2侧生小叶基部稍连合），基生叶具长柄，叶柄纤细，长3~6厘米，被伏柔毛；小叶菱状披针形，长1.5~3厘米，宽5~10毫米，先端尖，基部楔形，边缘有大小不等的缺刻状锯齿或圆齿状牙齿，两面伏生柔毛，下面沿脉较密；托叶膜质，大部与叶柄合生，分离部分条形或条状披针形，被伏柔毛；茎生叶与基生叶同形，但叶柄较短，托叶草质，下半部与叶柄合生，分离部分卵状披针形，先端渐尖，全缘或分裂，被伏柔毛。花单生叶腋；花梗纤细，长2~4厘米，被伏柔毛；花直径约1厘米；花萼伏生柔毛，副萼片条状披针形，长约3毫米，萼片卵状披针形，与副萼片近等长；花瓣黄色，宽倒卵形，先端微凹，稍长于萼片；花柱近顶生，柱头膨大。瘦果矩圆状卵形，褐色，表面微皱。花果期6—8月。

中生植物。山地林间草甸及河滩草甸的伴生植物，可在局部成为优势种，林下也分布。全草入药。

产地：阿拉坦额莫勒镇。

饲用价值：中等饲用植物。

小叶金露梅 ***Pentaphylloides parvifolia*** **（Fisch. ex Lehm.）Sojak**

1. 植株的一部分

匍枝委陵菜 ***Potentilla flagellaris*** **Willd. ex Schlecht.**

2. 植株；3. 雌蕊

鹅绒委陵菜 *Potentilla anserina* L.

蒙名：陶来音-汤乃

别名：河篦梳、蕨麻委陵菜、曲尖委陵菜

形态特征：多年生匍匐草本。根木质，圆柱形，黑褐色；根状茎粗短，包被棕褐色托叶。茎匍匐，纤细，有时长达 80 厘米，节上生不定根、叶与花，节间长 5~15 厘米。基生叶多数，为不整齐的单数羽状复叶，长 5~15 厘米，小叶间夹有极小的小叶片，有大的小叶 11~25，小叶无柄，矩圆形、椭圆形或倒卵形，长 1~3 厘米，宽 5~10 毫米，基部宽楔形，边缘有缺刻状锐锯齿，上面无毛或被稀疏柔毛，极少被绢毛状毡毛，下面密被绢毛状毡毛或较稀疏；极小的小叶片披针形或卵形，长仅 1~4 毫米；托叶膜质，黄棕色，矩圆形，先端钝圆，下半部与叶柄合生。花单生于匍匐茎上的叶腋间，直径 1.5~2 厘米，花梗纤细，长达 10 厘米，被长柔毛；花萼被绢状长柔毛，副萼片矩圆形，长 5~6 毫米，先端 2~3 裂或不分裂；萼片卵形，与副萼片等长或较短，先端锐尖；花瓣黄色，宽倒卵形或近圆形，先端圆形，长约 8 毫米；花柱侧生，棍棒状，长约 2 毫米；花托内部被柔毛。瘦果近肾形，稍扁，褐色，表面微有皱纹。花果期 5—9 月。

中生耐盐植物。为河滩及低湿地草甸的优势植物，常见于苔草草甸、矮杂类草草甸、盐化草甸、沼泽化草甸等群落中，在灌溉农田上也可成为农田杂草。根及全草入药，全草也入蒙药。嫩茎叶作野菜或为家禽饲料，茎叶可提取黄色染料，又为蜜源植物。

产地：阿日哈沙特镇、呼伦镇、阿拉坦额莫勒镇、克尔伦苏木。

饲用价值：中等饲用植物。

二裂委陵菜 *Potentilla bifurca* L.

蒙名：阿叉-陶来音-汤乃

别名：叉叶委陵菜

形态特征：多年生草本或亚灌木，全株被稀疏或稠密的伏柔毛，高 5~20 厘米。根状茎木质化，棕褐色，多分枝，纵横地下。茎直立或斜升，自基部分枝。单数羽状复叶，有小叶 4~7 对，最上部 1~2 对，顶生 3 小叶常基部下延与叶柄汇合，连叶柄长 3~8 厘米；小叶片无柄，椭圆形或倒卵椭圆形，长 0.5~1.5 厘米，宽 4~8 毫米，先端钝或锐尖，部分小叶先端 2 裂，顶生小叶常 3 裂，基部楔形，全缘，两面有疏或密的伏柔毛；托叶膜质或草质，披针形或条形。先端渐尖，基部与叶柄合生。聚伞花序生于茎顶部，花梗纤细，长 1~3 厘米，花直径 7~10 毫米，花萼被柔毛，副萼片椭圆形，萼片卵圆形，花瓣宽卵形或近圆形，子房近椭圆形，无毛，花柱侧生，棍棒状，向两端渐细，柱头膨大，头状；花托有密柔毛。瘦果近椭圆形，褐色。花果期 5—8 月。

广幅耐旱植物。是干草原及草甸草原的常见伴生种，在荒漠草原带的小型凹地、草原化草甸、轻度盐化草甸、山地灌丛、林缘、农田、路旁等生境中也常零星生长。在植物体基部有时由幼芽密集簇生而形成红紫色的垫状丛，称“地红花”，可入药。青鲜时羊喜食，干枯后一般采食；骆驼四季均食；牛、马采食较少。

产地：全旗。

饲用价值：良等饲用植物。

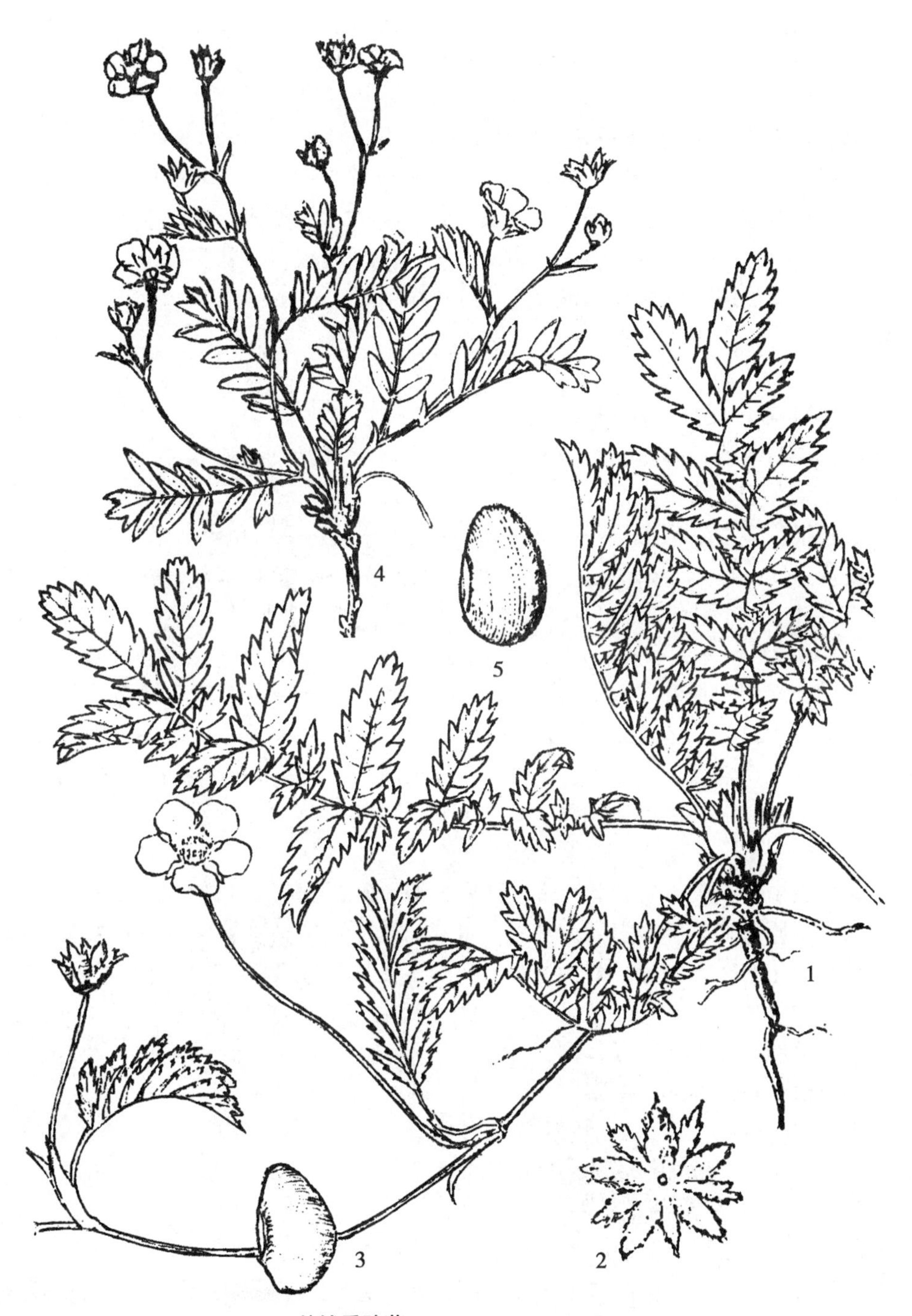

鹅绒委陵菜 *Potentilla anserina* L.

1. 植株；2. 花萼；3. 瘦果

二裂委陵菜 *Potentilla bifurca* L.

4. 植株；5. 瘦果

高二裂委陵菜 *Potentilla. bifurca* L. var. *major* Ledeb.

蒙名：陶日格-阿叉-陶来音-汤乃班木毕日

别名：长叶二裂委陵菜

形态特征：本变种与正种的区别在于：植株较高大，叶柄、花茎下部伏生柔毛或脱落几无毛，小叶片长椭圆形或条形；花较大，直径 12~15 毫米。花果期 5—9 月。

旱中生植物。生于农田、路旁、河滩沙地、山地草甸。

产地：阿拉坦额莫勒镇、达赉苏木、呼伦湖河岸。

饲用价值：良等饲用植物。

星毛委陵菜 *Potentilla acaulis* L.

蒙名：纳布塔嘎日-陶来音-汤乃

别名：无茎委陵菜

形态特征：多年生草本，高 2~10 厘米，全株被白色星状毡毛，呈灰绿色。根状茎木质化，横走，棕褐色，被伏毛，节部常可生出新植株。茎自基部分枝，纤细，斜倚。掌状三出复叶，叶柄纤细，长 5~15 毫米；小叶近无柄，倒卵形，长 6~12 毫米，宽 3~5 毫米，先端圆形，基部楔形，边缘中部以上有钝齿，中部以下全缘，两面均密被星状毛与毡毛，灰绿色；托叶草质，与叶柄合生，顶端 2~3 条裂，基部抱茎。聚伞花序，有花 2~5 朵，稀单花；花直径 1~1.5 厘米，花萼外面被星状毛与毡毛，副萼片条形，先端钝，长约 3.5 毫米，萼片卵状披针形，先端渐尖，长约 4 毫米；花瓣黄色，宽倒卵形，长约 6 毫米，先端圆形或微凹；花托密被长柔毛；子房椭圆形，无毛，花柱近顶生。瘦果近椭圆形。花期 5—6 月，果期 7—8 月。

草原旱生植物。生于典型草原带的沙质草原、砾石质草原及放牧退化草原。在针茅草原、矮禾草原及冷蒿群落中最为多见，可成为草原优势植物，常形成斑块状小群落。是草原放牧退化的标志植物。羊在冬季与春季喜食其花与嫩叶，牛、骆驼不食，马仅在缺草情况下少量采食。

产地：全旗。

饲用价值：中低等饲用植物。

三出委陵菜 *Potentilla betonicifolia* Poir.

蒙名：沙嘎吉钙音-萨布日

别名：白叶委陵菜、三出叶委陵菜、白萼委陵菜

形态特征：多年生草本。根木质化，圆柱状，直伸。茎短缩，粗大，多头，外包以褐色老托叶残余。花茎直立或斜升，高 6~20 厘米，被蛛丝状毛或近无毛，常带暗紫红色。基生叶为掌状三出复叶，叶柄带暗紫红色，有光泽，如铁丝状，疏生蛛丝状毛，长 2~5 厘米；小叶无柄，革质，矩圆状披针形、披针形或条状披针形，长 1~5 厘米，宽 5~15 毫米，先端钝或尖，基部宽楔形或歪楔形，边缘有圆钝或锐尖粗大牙齿，稍反卷，上面暗绿色，有光泽，无毛，下面密被白色毡毛；托叶披针状条形，棕色，膜质，

被长柔毛，宿存。聚伞花序生于花茎顶部，苞片掌状 3 全裂，花梗长 1~3 厘米，被蛛丝状毛；花直径 6~9 毫米，花萼被蛛丝状毛和长柔毛；副萼片条状披针形，先端钝或稍尖；萼片披针状卵形，先端锐尖或钝，较副萼片稍长；花瓣黄色，倒卵形，长约 4 毫米，先端圆形；花托密生长柔毛；子房椭圆形，无毛，花柱顶生。瘦果椭圆形，稍扁，长 1.5 毫米，表面有皱纹。花期 5—6 月，果期 6—8 月。

砾石生草原旱生植物。生于向阳石质山坡、石质丘顶及粗骨性土壤上。可在砾石丘顶上形成群落片段。地上部分入药。

产地：全旗。

饲用价值：中等饲用植物。

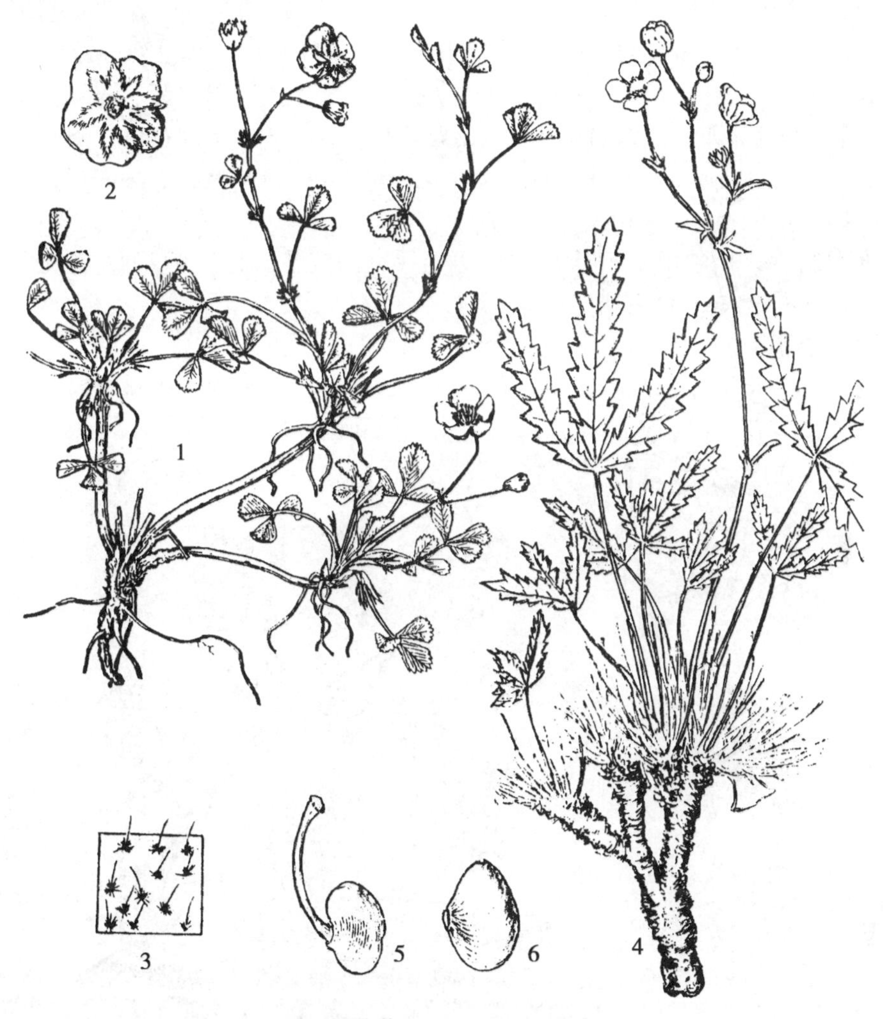

星毛委陵菜 *Potentilla acaulis* L.

1. 植株；2. 花背面；3. 星状毛

三出委陵菜 *Potentilla betonicifolia* Poir.

4. 植株；5. 雌蕊；6. 瘦果

朝天委陵菜 *Potentilla supina* L.

蒙名：诺古音-陶来音-汤乃

别名：铺地委陵菜、伏委陵菜、背铺委陵菜

形态特征：一年生或二年生草本，高 10~35 厘米。茎斜倚、平卧或近直立，从基部分枝，茎、叶柄和花梗都被稀疏长柔毛。单数羽状复叶，基生叶和茎下部叶有长柄，连叶柄长达 10 厘米；小叶 5~9，无柄，矩圆形、椭圆形或倒卵形，长 5~15 毫米，宽 3~8 毫米，先端圆钝，基部楔形，边缘具羽状浅裂片或圆齿，两面均绿色，被疏柔毛，顶端 3 小叶片基部常下延与叶柄汇合，托叶膜质，披针形，先端渐尖；上部茎生叶与下部叶相似，但叶柄较短与小叶较少，托叶草质，卵形或披针形，先端渐尖，基部与叶柄合生，全缘或有牙齿，被疏柔毛。花单生于茎顶部的叶腋内，常排列成总状；花梗纤细，长 5~10 毫米；花直径 5~6 毫米；花萼疏被柔毛，副萼片披针形，先端锐尖，长约 4 毫米；萼片披针状卵形，先端渐尖，比副萼片稍长或等长；花瓣黄色，倒卵形，先端微凹，比萼片稍短或近等长；花柱近顶生；花托有柔毛。瘦果褐色，扁卵形，表面有皱纹，直径约 0.6 毫米。花果期 5—9 月。

轻度耐盐的旱中生植物。生于草原区及荒漠区的低湿地上，为草甸及盐化草甸的伴生植物，也常见于农田及路旁。

产地：全旗。

饲用价值：低等饲用植物。

朝天委陵菜 ***Potentilla supina* L.**

1. 植株；2. 花；3. 花背面观；4. 雌蕊

轮叶委陵菜 *Potentilla verticillaris* Steph. ex Willd.

蒙名：道给日存-陶来音-汤乃

形态特征：多年生草本，高4~15厘米，全株除叶上面和花瓣外几乎全都覆盖一层厚或薄的白色毡毛。根木质化，圆柱状，粗壮，黑褐色；根状茎木质化，多头，包被多数褐色老叶柄与残余托叶。茎丛生，直立或斜升。单数羽状复叶多基生；基生叶长7~15厘米，有小叶9~13，顶生小叶羽状全裂，侧生小叶常2全裂，稀3全裂或不裂，侧生小叶成假轮状排列，小叶无柄，近革质，条形，长（5）10~20（25）毫米，宽1~2.5毫米，先端微尖或钝，基部楔形，全缘，边缘向下反卷，上面绿色，疏生长柔毛，少被蛛丝状毛，下面被白色毡毛，沿主脉与边缘有绢毛；托叶膜质，棕色，大部分与叶柄合生，合生部分长约15毫米，分离部分钻形，长1~2毫米，被长柔毛；茎生叶1~2，无柄，有小叶3~5。聚伞花序生茎顶部；花直径6~10毫米；花萼被白色毡毛，副萼片条形，长约3毫米，先端微尖或稍钝，萼片狭三角状披针形，长约3.5毫米，先端渐尖；花瓣黄色，倒卵形，长6毫米，先端圆形；花柱顶生。瘦果卵状肾形，长1.5毫米，表面有皱纹。花果期5—9月。

旱生植物。零星生长为典型草原的常见伴生种，也偶见于荒漠草原、山地草原和灌丛中。

产地：全旗。

饲用价值：低等饲用植物。

绢毛委陵菜 *Potentilla sericea* L.

蒙名：给拉嘎日-陶来音-汤乃

形态特征：多年生草本。根木质化，圆柱形；根状茎粗短，多头，包被褐色残余托叶。茎纤细，自基部弧曲斜升或斜倚，长5~25厘米，茎、总花梗与叶柄都有短柔毛和开展的长柔毛。单数羽状复叶，基生叶有小叶7~13，连叶柄长4~8厘米，小叶片矩圆形，长5~15毫米，宽约5毫米，边缘羽状深裂，裂片矩圆状条形，呈篦齿状排列，上面密生短柔毛与长柔毛，下面密被白色毡毛，毡毛上覆盖一层绢毛，边缘向下反卷；托叶棕色，膜质，与叶柄合生，合生部分长约2厘米，先端分离部分披针状条形，长约3毫米，先端渐尖，被绢毛；茎生叶少数，与基生叶同形，但小叶较少，叶柄较短，托叶草质，下半部与叶柄合生，上半部分离，分离部分披针形，长约6毫米。伞房状聚伞花序，花梗纤细，长5~8毫米；花直径7~10毫米；花萼被绢状长柔毛，副萼片条状披针形，长约2.5毫米，先端稍钝，萼片披针状卵形，长约3毫米，先端锐尖，花瓣黄色，宽倒卵形，长约4毫米，先端微凹；花柱近顶生；花托被长柔毛。瘦果椭圆状卵形，褐色，表面有皱纹。花果期6—8月。

旱生植物。为典型草原群落的伴生植物，也稀见于荒漠草原中。

产地：阿日哈沙特镇、呼伦镇、达赉苏木、宝格德乌拉苏木。

饲用价值：低等饲用植物。

轮叶委陵菜 *Potentilla verticillaris* Steph. ex Willd.

1. 花枝；2. 叶

绢毛委陵菜 *Potentilla sericea* L.

3. 植株；4. 花背面；5. 叶下面放大

大萼委陵菜 *Potentilla conferta* Bunge

蒙名：都如特-陶来音-汤乃

别名：白毛委陵菜、大头委陵菜

形态特征：多年生草本，高 10～45 厘米。直根圆柱形，木质化，粗壮；根茎短，木质，包被褐色残叶柄与托叶。茎直立、斜生或斜倚，茎、叶柄、总花梗密被开展的白色长柔毛和短柔毛。单数羽状复叶，基生叶和茎下部叶有长柄，连叶柄长 5～15（20）厘米，有小叶 9～13；小叶长椭圆形或椭圆形，长 1～5 厘米，宽 7～18 毫米，羽状中裂或深裂，裂片三角状矩圆形、三角状披针形或条状矩圆形，上面绿色，被短柔毛或近无毛，下面被灰白色毡毛，沿脉被绢状长柔毛；茎上部叶与下部者同形，但小叶较少，叶柄较短；基生叶托叶膜质，外面被柔毛，有时脱落，茎生叶托叶草质，边缘常有牙齿状分裂，顶端渐尖。伞房状聚伞花序紧密，花梗长 5～10 毫米，密生短柔毛和稀疏长柔毛；花直径 12～15 毫米，花萼两面都密生短柔毛和疏生长柔毛，副萼片条状披针形，花期长约 3 毫米，果期增大，长约 6 毫米；萼片卵状披针形，与副萼片等长，也一样增大，并直立；花瓣倒卵形，长约 5 毫米，先端微凹；花柱近顶生。瘦果卵状肾形，长约 1 毫米，表面有皱纹。花期 6—7 月，果 7—8 月。

旱生植物。为常见的草原伴生植物。生于典型草原及草甸草原。根入药。

产地：全旗。

饲用价值：低等饲用植物。

多裂委陵菜 *Potentilla multifida* L.

蒙名：奥尼图-陶来音-汤乃

别名：细叶委陵菜

形态特征：多年生草本，高 20～40 厘米，直根圆柱形。木质化；根状茎短，多头，包被棕褐色老叶柄与托叶残余。茎斜升、斜倚或近直立；茎、总花梗与花梗都被长柔毛和短柔毛。单数羽状复叶，基生叶和茎下部叶具长柄，柄有伏生短柔毛，连叶柄长 5～15 厘米，通常有小叶 7，小叶间隔 5～10 毫米，小叶羽状深裂几达中脉，狭长椭圆形或椭圆形，长 1～4 厘米，宽 5～15 毫米，裂片条形或条状披针形，先端锐尖，边缘向下反卷，上面伏生短柔毛，下面被白色毡毛，沿主脉被绢毛；托叶膜质，棕色，与叶柄合生部分长达 2 厘米，先端分离部分条形，长 5～8 毫米，先端渐尖，被柔毛或脱落；茎生叶与基生叶同形，但叶柄较短，小叶较少，托叶草质，下半部与叶柄合生，上半部分离，披针形，长 5~8 毫米，先端渐尖。伞房状聚伞花序生于茎顶端，花梗长 5～20 毫米；花直径 10～12 毫米；花萼密被长柔毛与短柔毛，副萼片条状披针形，长 2～3 毫米（开花时），先端稍钝，萼片三角状卵形，长约 4 毫米（开花时），先端渐尖；花萼各部果期增大；花瓣黄色，宽倒卵形，长约 6 毫米；花柱近顶生，基部明显增粗。瘦果椭圆形，褐色，稍具皱纹。花果期 7—9 月。

中生植物。生于山坡草甸、林缘。全草入药。

产地：呼伦镇、阿拉坦额莫勒镇、达赉苏木、克尔伦苏木。

饲用价值：中等饲用植物。

掌叶多裂委陵菜 *Potentilla multifida* L. var. *ornithopoda*（Tausch）Th. Wolf

形态特征：本变种与正种的区别在于，单数羽状复叶，有小叶 5，小叶排列紧密，似掌状复叶。

草原旱生杂类草。是典型草原的常见伴生种，偶然可渗入荒漠草原及草甸草原中。

产地：呼伦镇、贝尔苏木。

饲用价值：中等饲用植物。

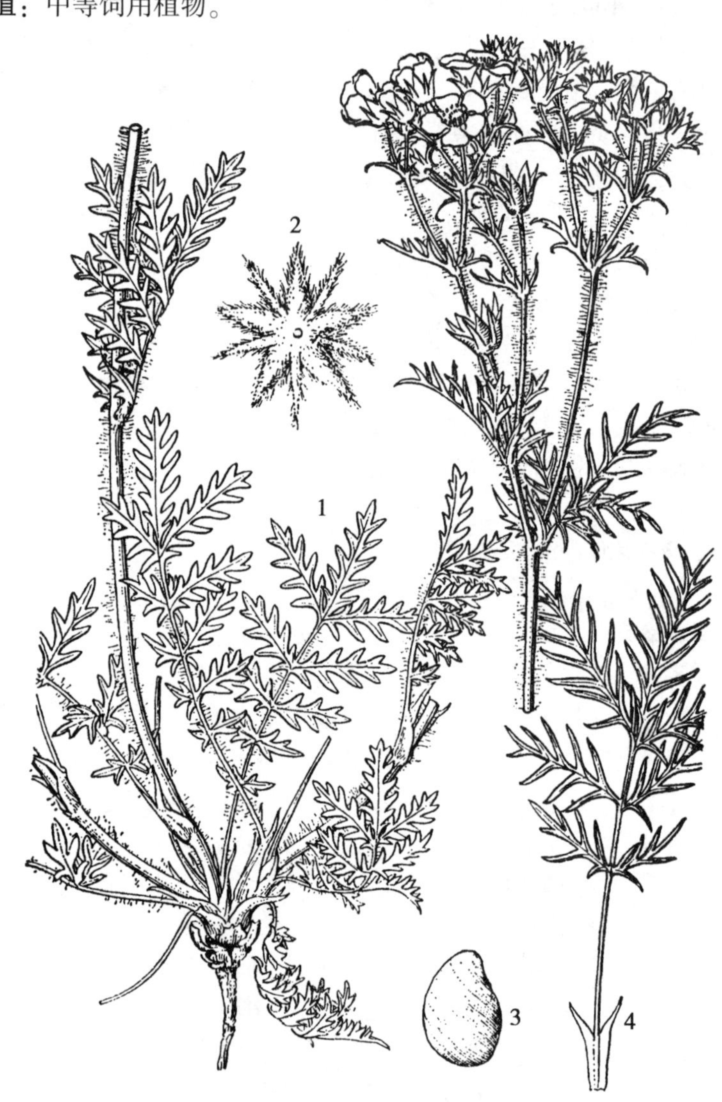

大萼委陵菜 ***Potentilla conferta*** **Bunge**

1. 植株；2. 花萼；3. 瘦果

多裂委陵菜 ***Potentilla multifida*** **L.**

4. 叶

委陵菜 *Potentilla chinensis* Ser.

蒙名：希林-陶来音-汤乃

形态特征：多年生草本，高 20~50 厘米。根圆柱状，木质化，黑褐色。茎直立或斜升，被短柔毛及开展的绢状长柔毛。单数羽状复叶，基生叶丛生，有小叶 11~25，连叶柄长达 20 厘米，顶生小叶最大，两侧小叶逐渐变小，小叶片狭长椭圆形或椭圆形，长 1.5~4 厘米，宽 5~10 毫米，羽状中裂或深裂，每侧有 2~10 个裂片，裂片三角状卵形或三角状披针形，先端锐尖，边缘向下反卷，上面绿色，被短柔毛，下面被白色毡毛，沿叶脉被绢状长柔毛；茎生叶较小，叶柄较短或无柄，小叶较少，叶柄被长柔毛；基生叶托叶与叶柄合生，呈鞘状而抱茎，两侧上端呈披针形而分离；茎生叶托叶草质，卵状披针形，先端渐尖，全缘或分裂。伞房状聚伞花序，有多数花，较紧密；花梗长 5~10 毫米，与总花梗都有短柔毛和长柔毛；花直径约 1 厘米；花萼两面均被柔毛，副萼片条状披针形或条形，长约 2 毫米；萼片卵状披针形，较大，长 3~4 毫米；花瓣黄色，宽倒卵形，长约 4 毫米；花柱近顶生；花托被长柔毛。瘦果肾状卵形，稍有皱纹。花果期 7—9 月。

中旱生植物。为草原、草甸草原的偶见伴生种，也见于山地林缘、灌丛中。全草入药。

产地：全旗。

饲用价值：中等饲用植物。

菊叶委陵菜 *Potentilla tanacetifolia* Willd. ex Schlecht.

蒙名：希日勒金-陶来音-汤乃

别名：蒿叶委陵菜、沙地委陵菜

形态特征：多年生草本，高 10~45 厘米。直根木质化，黑褐色；根状茎短缩，多头，木质，包被老叶柄和托叶残余。茎自基部丛升、斜升、斜倚或直立，茎、叶柄、花梗被长柔毛、短柔毛或曲柔毛，茎上部分枝。单数羽状复叶，基生叶与茎下部叶，长 5~15 厘米，有小叶 11~17，顶生小叶最大，侧生小叶向下逐渐变小，顶生 3 小叶基部常下延与叶柄汇合，小叶片狭长椭圆形、椭圆形或倒披针形，长 1~3 厘米，宽 4~10 毫米，先端钝，基部楔形，边缘有缺刻状锯齿，上面绿色，被短柔毛，下面淡绿色，被短柔毛，沿叶脉被长柔毛；托叶膜质，披针形，被长柔毛；茎上部叶与下部叶同形但较小，小叶数较少，叶柄较短；托叶草质，卵状披针形，全缘或 2~3 裂。伞房状聚伞花序，花多数，花梗长 1~2 厘米，花直径 8~20 毫米；花萼被柔毛，副萼片披针形，长 3~4 毫米，萼片卵状披针形，比副萼片稍长，先端渐尖；花瓣黄色，宽倒卵形，先端微凹，长 5~7 毫米；花柱顶生；花托被柔毛。瘦果褐色，卵形，微皱。花果期 7—10 月。

中旱生植物。为典型草原和草甸草原的常见伴生植物。牛、马在青鲜时少量采食，干枯后几乎不食；在干鲜状态时，羊均少量采食其叶。全草入药。

产地：全旗。

饲用价值：中等饲用植物。

委陵菜 *Potentilla chinensis* Ser.

1. 植株；2. 花；3. 聚合果；4. 雄蕊；5. 雌蕊；6. 瘦果

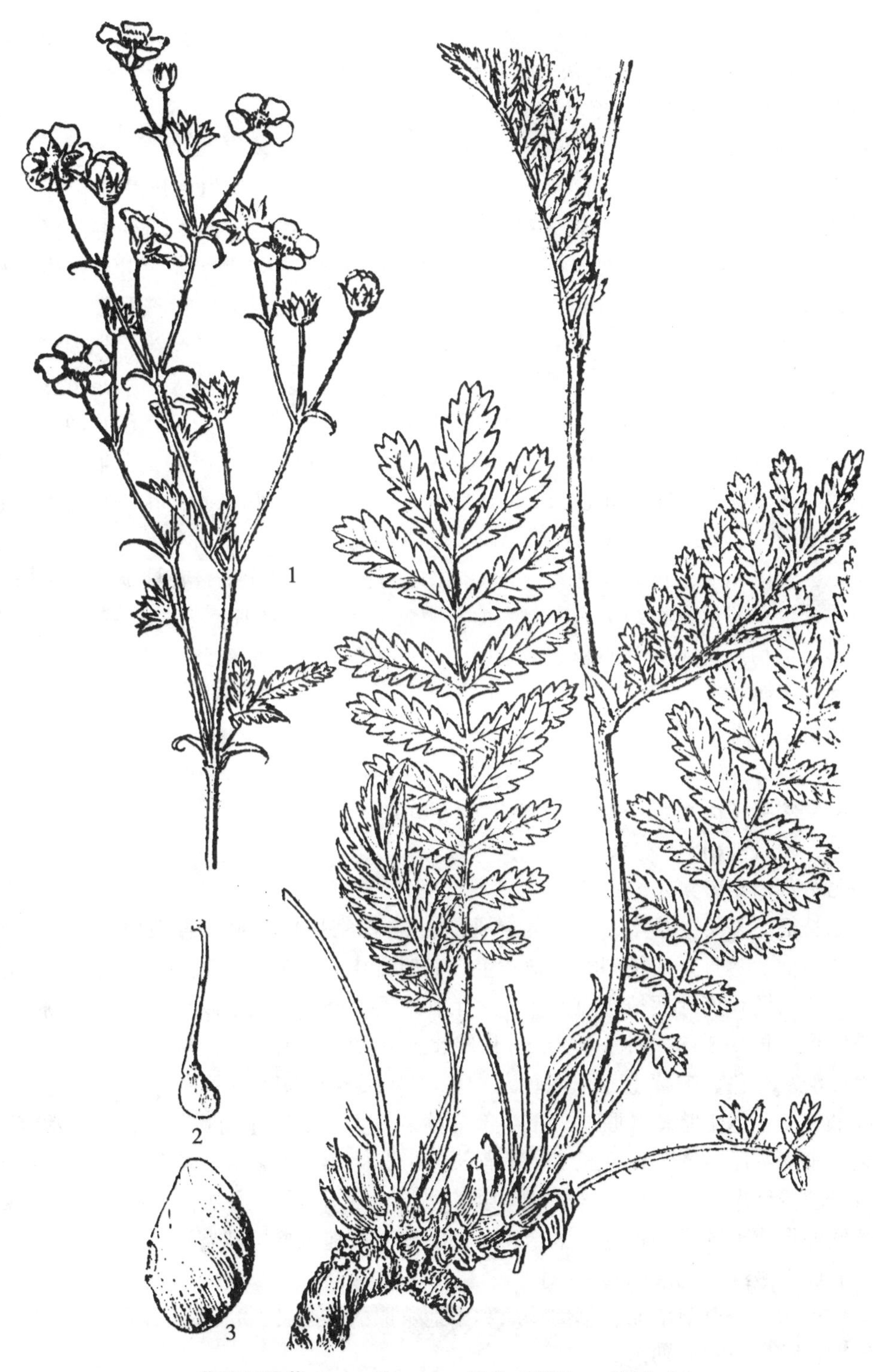

菊叶委陵菜 ***Potentilla tanacetifolia*** **Willd. ex Schlecht.**

1. 植株；2. 雌蕊；3. 瘦果

腺毛委陵菜 *Potentilla longifolia* Willd. ex Schlecht.

蒙名：乌斯图-陶来音-汤乃

别名：粘委陵菜

形态特征；多年生草本，高（15）20~40（60）厘米。直根木质化，粗壮，黑褐色；根状茎木质化，多头，包被棕褐色老叶柄与残余托叶。茎自基部丛生，直立或斜升；茎、叶柄、总花梗和花梗被长柔毛、短柔毛和短腺毛。单数羽状复叶，基生叶和茎下部叶，长10~25厘米，有小叶11~17，顶生小叶最大，侧生小叶向下逐渐变小；小叶片无柄，狭长椭圆形、椭圆或倒披针形，长1~4厘米，宽5~15毫米，先端钝，基部楔形，有时下延，边缘有缺刻状锯齿，上面绿色，被短柔毛、稀疏长柔毛或脱落无毛，下面淡绿色，密被短柔毛和腺毛，沿脉疏生长柔毛；托叶膜质，条形，与叶柄合生；茎上部叶的叶柄较短，小叶数较少，托叶草质，卵状披针形，先端尾尖，下半部与叶柄合生。伞房状聚伞花序紧密，花梗长5~10毫米，花直径15~20毫米；花萼密被短柔毛和腺毛，花后增大，副萼片披针形，长6~7毫米，先端渐尖；萼片卵形，比副萼片短；花瓣黄色，宽倒卵形，长约8毫米，先端微凹，子房卵形，无毛；花柱顶生；花托被柔毛。瘦果褐色，卵形，长约1毫米，表面有皱纹。花期7—8月，果期8—9月。

中旱生植物。是典型草原和草甸草原的常见伴生种。全草入药。

产地：全旗。

饲用价值：低等饲用植物。

茸毛委陵菜 *Potentilla strigosa* Pall. ex Pursh.

蒙名：阿日扎格日-陶来音-汤乃

别名：灰白委陵菜

形态特征：多年生草本，高15~45厘米，全株密被短茸毛。直根粗壮，根状茎多头，被残叶柄。茎直立或稍斜升，被茸毛，有时混生长柔毛。单数羽状复叶，基生叶和茎下部叶有长柄，连叶柄长4~12厘米，有小叶7~9；小叶狭矩圆形、矩圆状倒披针形或倒披针形，长0.5~3厘米，宽0.5~1厘米，羽状中裂或浅裂，裂片披针形或狭矩圆形，上面淡灰绿色。被茸毛，下面被灰白色毡毛；茎上部叶与基生叶相似，但小叶较少，叶柄较短；基生叶托叶膜质，下半部与叶柄合生，茎生叶托叶草质，边缘常有牙齿状分裂。伞房花序紧密，花梗长5~10毫米，花直径8~10毫米；花萼被茸毛，副萼片条形或条状披针形，长约4毫米，萼片卵状披针形，长约5毫米，果期增大；花瓣黄色，宽倒卵形或近圆形，长约5毫米；花柱近顶生。瘦果椭圆状肾形，长约1毫米，棕褐色，表面有皱纹。花果期6—9月。

旱生植物。是典型草原、草甸草原和山地草原的伴生种，也见于山地草甸、沙丘。

产地：阿拉坦额莫勒镇。

饲用价值：中等饲用植物。

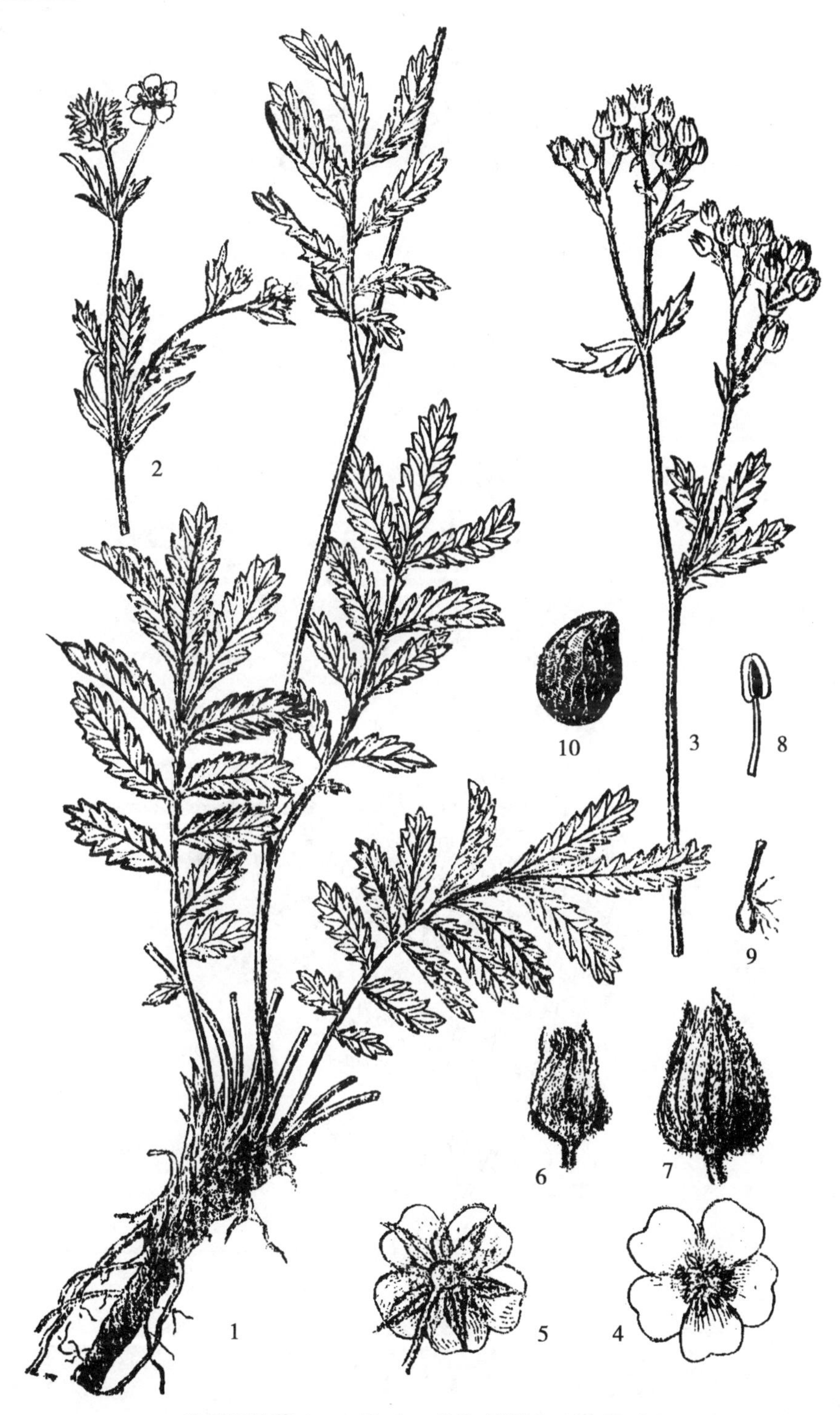

腺毛委陵菜 *Potentilla longifolia* Willd. ex Schlecht.

1. 植株；2. 花枝；3. 果枝；4. 花；5. 花背面；6. 花蕾；7. 花萼；8. 雄蕊；9. 雌蕊；10. 瘦果

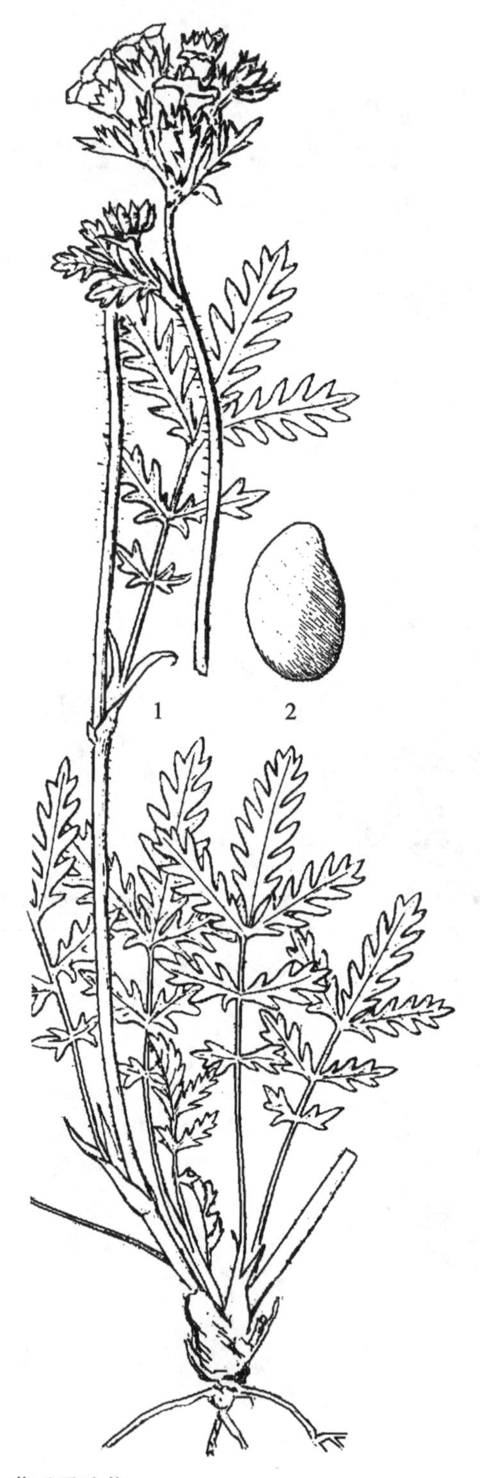

茸毛委陵菜 *Potentilla strigosa* Pall. ex Pursh.

1. 植株；2. 瘦果

山莓草属 *Sibbaldia* L.

伏毛山莓草 *Sibbaldia adpressa* Bunge

蒙名：贺热格黑

形态特征：多年生草本。根粗壮，黑褐色，木质化；从根的顶部生出多数地下茎，细长，有分枝，黑褐色，皮稍纵裂，节上生不定根。花茎丛生，纤细，斜倚或斜升，长2~10厘米，疏被绢毛。基生叶为单数羽状复叶，有小叶5或3，连叶柄长2~4厘米，柄疏被绢毛；顶生3小叶，常基部下延与叶柄合生；顶生小叶倒披针形或倒卵状矩圆形，长5~15毫米，宽3~7毫米，顶端常有3牙齿，基部楔形，全缘；侧生小叶披针形或矩圆状披针形，长3~12毫米，宽2~5毫米，先端锐尖，基部楔形，全缘，边缘稍反卷，上面疏被绢毛，稀近无毛，下面被绢毛；托叶膜质，棕黄色，披针形；茎生叶与基生叶相似。托叶草质，绿色，披针形。聚伞花序具花数朵，或单花，花五基数，稀四基数，直径5~7毫米；花萼被绢毛，副萼片披针形，长约2.5毫米，先端锐尖或钝，萼片三角状卵形，具膜质边缘，与副萼片近等长；花瓣黄色或白色，宽倒卵形，与萼片近等长或较短；雄蕊10，长约1毫米；雌蕊约10，子房卵形，无毛，花柱侧生；花托被柔毛。瘦果近卵形，表面有脉纹。花果期5—7月。

旱生植物。生于沙质土壤及砾石性土壤的干草原或山地草原群落中。

产地：全旗。

饲用价值：低等饲用植物。

绢毛山莓草 *Sibbaldia sericea*（Grub.） Sojak.

蒙名：给鲁格日-贺热格黑

形态特征：多年生矮小草本。根黑褐色，圆柱形，木质化；从根的顶部生出多数地下茎，细长，有分枝，黑褐色，节部包被托叶残余，节上生不定根。基生叶为单数羽状复叶，有小叶3或5，连叶柄长1~4厘米，柄密被绢毛；小叶倒披针形或披针形，长5~10毫米，宽2~3毫米，先端锐尖或渐尖，基部楔形，全缘，两面灰绿色，密被绢毛；托叶膜质，棕色，披针形；被绢毛或脱落无毛。花1~2朵，自基部生出，花梗纤细，长5~15毫米，被绢毛；花四基数，有时五基数，直径4~5毫米；花萼密被绢毛；副萼片披针形，长约1.5毫米，先端尖；萼片披针状卵形，长约2毫米，先端锐尖，花瓣白色，矩圆状椭圆形，先端圆形，比萼片长；雄蕊长约0.7毫米；花柱侧生；花托被长柔毛。花期5月。

旱生植物。生于草原带的低山丘陵，山坡、砂砾质草原。为干草原群落的伴生种或为退化草场的优势种，

产地：呼伦镇、阿拉坦额莫勒镇、阿日哈沙特镇、宝格德乌拉苏木。

伏毛山莓草 ***Sibbaldia adpressa*** **Bunge**

1. 植株；2. 叶；3. 花

地蔷薇属 *Chamaerhodos* Bunge

地蔷薇 *Chamaerhodos erecta*（L.）Bunge

蒙名：图门-塔那

别名：直立地蔷薇

形态特征：二年生或一年生草本，高（8）15~30（40）厘米。根较细，长圆锥形。茎单生，稀数茎丛生，直立，上部有分枝，密生腺毛和短柔毛，有时混生长柔毛。基生叶三回三出羽状全裂，长1~2.5厘米，宽1~3厘米，最终小裂片狭条形，长1~3毫米，宽约1毫米，先端钝，全缘，两面均为绿色，疏生伏柔毛，具长柄，结果时枯萎；茎生叶与基生叶相似，但柄较短，上部者几乎无柄，托叶3至多裂，基部与叶柄合生。聚伞花序着生茎顶，多花，常形成圆锥花序；花梗纤细，长1~6毫米，密被短柔毛与长柄腺毛；苞片常3条裂；花小，直径2~3毫米；花密被短柔毛与腺毛，萼筒倒圆锥形，长约1.5毫米，萼片三角状卵形或长三角形，与萼筒等长，先端渐尖；花瓣粉红色，倒卵状匙形，长2.5~3毫米，先端微凹，基部有爪；雄蕊长约1毫米，生于花瓣基部；雌蕊约10，离生；花柱丝状，基生；子房卵形，无毛；花盘边缘和花托被长柔毛。瘦果近卵形，长1~1.5毫米，淡褐色。花果期7—9月。

中旱生植物。生于草原带的砾石质丘坡、丘顶及山坡，也可生在砂砾质草原，在石质丘顶可成为优势植物，组成小面积的群落片段。全草入药。

产地：全旗。

饲用价值：低等饲用植物。

三裂地蔷薇 *Chamaerhodos trifida* Ledeb.

蒙名：海日音-图门-塔那

别名：矮地蔷薇

形态特征：多年生草本，高5~18厘米。主根圆柱形，木质化，黑褐色。茎多数，丛生，直立或斜升。茎基部密被褐色老叶残余，近无毛或被极细小腺毛。基生叶密丛生，长1~3（4）厘米，羽状3全裂，裂片狭条形，长4~8毫米，宽0.6~1毫米，先端稍钝或稍尖，全缘，两面灰绿色，被伏生长柔毛；茎生叶与基生叶同形，但较短，3~5全裂，向上逐渐变小，裂片减少。疏松的伞房状聚伞花序，花梗纤细，长3~5毫米，被稀疏长柔毛和极细小腺毛；花直径6~8毫米，花萼筒钟状，基部有疏柔毛，稍膨大，筒部被极细小腺毛；萼片披针状三角形，长2毫米，先端尖。被稀疏长柔毛，密生极细小腺毛与睫毛；花瓣粉红色，宽倒卵形，长与宽各约3毫米，先端微凹，基部渐狭；雄蕊长约1毫米；花柱基生，长约3.5毫米，脱落；花盘着生萼筒基部，其边缘密生稍硬长柔毛。瘦果灰褐色，卵形，先端渐尖，无毛，有细点。花期6—8月，果期8—9月。

旱生植物。生于草原带的山地、丘陵砾石质坡地及沙质土壤上。

产地：全旗。

饲用价值：中等饲用植物。

地蔷薇 ***Chamaerhodos erecta*** **（L.）Bunge**

1. 植株；2. 花瓣；3. 花萼

三裂地蔷薇 ***Chamaerhodos trifida*** **Ledeb.**

4. 植株；5. 花萼；6. 花瓣

杏属 *Armeniaca* Mill.

西伯利亚杏 *Armeniaca sibirica*（L.）Lam.

蒙名：西伯日-归勒斯

别名：山杏

形态特征：小乔木或灌木，高1~2（4）米。小枝灰褐色或淡红褐色，无毛或被疏柔毛。单叶互生，叶片宽卵形或近圆形，长3~7厘米，宽3~5厘米，先端尾尖，尾部长达2.5厘米，基部圆形或近心形，边缘有细钝锯齿，两面无毛或下面脉腋间有短柔毛；叶柄长2~3厘米，有或无小腺体。花单生，近无梗，直径1.5~2厘米；萼筒钟状，萼片矩圆状椭圆形，先端钝，被短柔毛或无毛，花后反折；花瓣白色或粉红色，宽倒卵形或近圆形，先端圆形，基部有短爪；雄蕊多数，长短不一，比花瓣短；子房椭圆形，被短柔毛；花柱顶生，与雄蕊近等长，下部有时被短柔毛。核果近球形，直径约2.5厘米，两侧稍扁，黄色而带红晕，被短柔毛，果梗极短；果肉较薄而干燥，离核，成熟时开裂；核扁球形，直径约2厘米，厚约1厘米，表面平滑，腹棱增厚有纵沟，沟的边缘形成2条平行的锐棱，背棱翅状凸出，边缘极锐利如刀刃状。花期5月，果期7—8月。

西伯利亚杏 *Armeniaca sibirica*（L.）Lam.
1. 植株；2. 花纵切；3. 核正、侧面

耐旱落叶灌木。多见于森林草原地带及其邻近的落叶阔叶林地带边缘。在陡峻的石质向阳山坡，常成为建群植物，形成山地灌丛；在大兴安岭南麓森林草原地带，为灌丛草原的优势种和景观植物；也散见于草原地带的沙地。山杏仁入药。

产地：克尔伦苏木。

饲用价值：低等饲用植物。

豆科 Leguminosae

黄花属 *Thermopsis* R. Br.

披针叶黄花 *Thermopsis lanceolata* R. Br.

蒙名：他日巴干-希日

别名：苦豆子、面人眼睛、绞蛆爬 牧马豆

形态特征：多年生草本，高 10～30 厘米。主根深长。茎直立，有分枝，被平伏或稍开展的白色柔毛。掌状三出复叶，具小叶 3，叶柄长 4～8 毫米；托叶 2，卵状披针形，叶状，先端锐尖，基部稍连合，背面被平伏长柔毛；小叶矩圆状椭圆形或倒披针形，长 30～50 毫米，宽 5～15 毫米，先端通常反折，基部渐狭，上面无毛，下面疏被平伏长柔毛。总状花序长 5～10 厘米，顶生；花于花序轴每节 3～7 朵轮生；苞片卵形或卵状披针形；花梗长 2～5 毫米；花萼钟状，长 16～18 毫米，萼齿披针形，长 5～10 毫米，被柔毛；花冠黄色，旗瓣近圆形，长 26～28 毫米，先端凹入，基部渐狭成爪，翼瓣与龙骨瓣比旗瓣短，有耳和爪；子房被毛。荚果条形，扁平，长 5～6 厘米，宽（6）9～10（15）毫米，疏被平伏的短柔毛，沿缝线有长柔毛。花期 5—7 月，果期 7—10 月。

耐盐中旱生植物。为草甸草原和草原带的草原化草甸、盐化草甸伴生植物，也见于荒漠草原和荒漠区的河岸盐化草甸、沙质地或石质山坡。羊、牛于晚秋、冬春喜食，或在干旱年份采食。全草入药。

产地：呼伦镇、阿日哈沙特镇、阿拉坦额莫勒镇、宝格德乌拉苏木、达赉苏木。

饲用价值：中等饲用植物。

披针叶黄花 ***Thermopsis lanceolata*** **R. Br.**

1. 植株；2. 荚果；3. 花萼纵切

苦马豆属 *Sphaerophysa* DC.

苦马豆 *Sphaerophysa salsula*（Pall.）DC.

蒙名：洪呼图-额布斯

别名：羊卵蛋、羊尿泡

形态特征：多年生草本，高 20~60 厘米。茎直立，具开展的分枝，全株被灰白色短伏毛。单数羽状复叶，小叶 13~21；托叶披针形，长约 3 毫米，先端锐尖或渐尖，有毛；小叶倒卵状椭圆形或椭圆形，长 5~15 毫米，宽 3~7 毫米，先端圆钝或微凹，有时具 1 小刺尖，基部宽楔形或近圆形，两面均被平伏的短柔毛，有时上面毛较少或近无毛；小叶柄极短。总状花序腋生，比叶长；总花梗有毛；花梗长 3~4 毫米；苞片披针形，长约 1 毫米，花萼杯状，长 4~5 毫米，有白色短柔毛，萼齿三角形；花冠红色，长 12~13 毫米，旗瓣圆形，开展，两侧向外翻卷，顶端微凹，基部有短爪，翼瓣比旗瓣稍短，矩圆形，顶端圆，基部有爪及耳，龙骨瓣与翼瓣近等长；子房条状矩圆形，有柄，被柔毛，花柱稍弯，内侧具纵列须毛。荚果宽卵形或矩圆形，膜质，膀胱状，长 1.5~3 厘米，直径 1.5~2 厘米，有柄；种子肾形，褐色。花期 6—7 月，果期 7—8 月。

苦马豆 *Sphaerophysa salsula*（Pall.）DC.

1. 植株；2. 旗瓣；3. 翼瓣；4. 龙骨瓣；5. 荚果

耐盐耐旱草本。在草原带的盐碱性荒地、河岸低湿地、沙质地上常可见到，也进入荒漠带。青鲜状态家畜不乐意采食，秋季干枯后，绵羊、山羊、骆驼采食一些。全草、果入药。

产地：克尔伦苏木、达赉苏木。

饲用价值：良等饲用植物。

甘草属 *Glycyrrhiza* L.

甘草 *Glycyrrhiza uralensis* Fsich. ex DC.

蒙名：希禾日-额布斯

别名：甜草苗

形态特征：多年生草本，高 30~70 厘米。具粗壮的根茎，常由根茎向四周生出地下匐枝，主根圆柱形，粗而长，可达 1~2 米或更长，伸入地中，根皮红褐色至暗褐色，有不规则的纵皱及沟纹，横断面内部呈淡黄色或黄色，有甜味。茎直立，稍带木质，密被白色短柔毛及鳞片状、点状或小刺状腺体。单数羽状复叶，具小叶 7~17；叶轴长 8~20 厘米，被细短毛及腺体；托叶小，长三角形、披针形或披针状锥形，早落；小叶卵形、倒卵形、近圆形或椭圆形。长 1~3.5 厘米，宽 1~2.5 厘米，先端锐尖、渐尖或近于钝，稀微凹，基部圆形或宽楔形，全缘，两面密被短毛及腺体。总状花序腋生，花密集，长 5~12 厘米；花淡蓝紫色或紫红色，长 14~16 毫米；花梗甚短，苞片披针形或条状披针形，长 3~4 毫米；花萼筒状，密被短毛及腺点，长 6~7 毫米，裂片披针形，比萼筒稍长或近等长；旗瓣椭圆形或近矩圆形，顶端钝圆，基部渐狭成短爪，翼瓣比旗瓣短，而比龙骨瓣长，均具长爪；雄蕊长短不一；子房无柄，矩圆形，具腺状凸起。荚果条状矩圆形、镰刀形或弯曲成环状，长 2~4 厘米，宽 4~7 毫米，密被短毛及褐色刺状腺体，刺长 1~2 毫米；种子 2~8 颗，扁圆形或肾形，黑色，光滑。花期 6—7 月，果期 7—9 月。

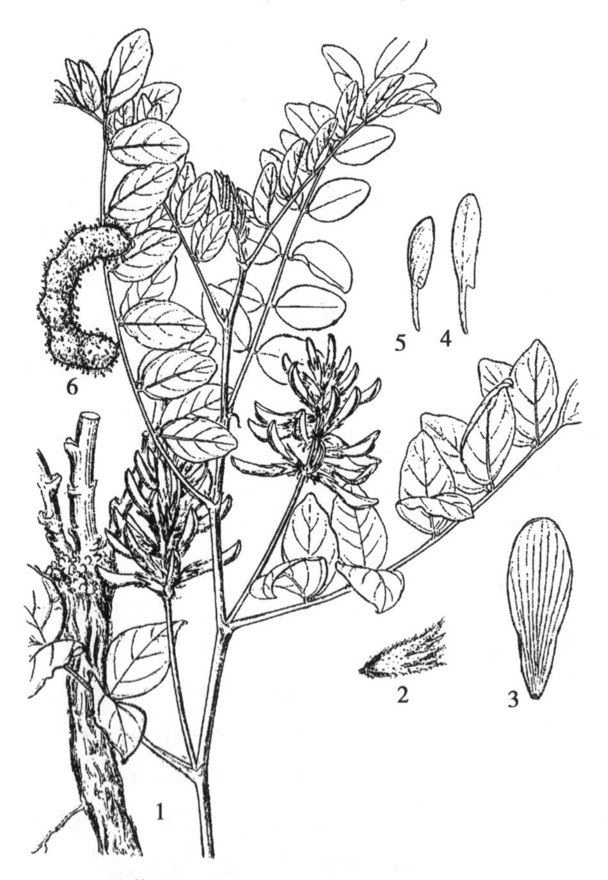

甘草 *Glycyrrhiza uralensis* Fsich. ex DC.

1. 植株；2. 花萼；3. 旗瓣；4. 翼瓣；5. 龙骨瓣；6. 荚果

中旱生植物。生于碱化沙地、沙质草原、沙质土的田边、路旁、低地边缘及河岸轻度碱化的草甸。现蕾前骆驼乐意采食，绵羊、山羊亦采食，但不十分乐食。渐干后各种家畜均采食，绵羊、山羊尤喜食其荚果。根入药。

产地：全旗。

饲用价值：良等饲用植物。

米口袋属 *Gueldenstaedtia* Fisch.

狭叶米口袋 *Gueldenstaedtia stenophylla* Bunge

蒙名：纳日音-莎勒吉日

别名：地丁、甘肃米口袋

形态特征：多年生草本，高5~15厘米，全株有长柔毛。主根圆柱状，较细长。茎短缩，在根颈上丛生，短茎上有宿存的托叶。叶为单数羽状复叶，具小叶7~19；托叶三角形，基部与叶柄合生，外面被长柔毛；小叶片矩圆形至条形，或春季小叶常为近卵形（通常夏秋季的小叶变窄，成条状矩圆形或条形），长2~35毫米，宽1~6毫米，先端锐尖或钝尖，具小尖头，全缘，两面被白柔毛，花期毛较密，果期毛少或有时近无毛。总花梗数个自叶丛间抽出，顶端各具2~3（4）朵花，排列成伞形；花梗极短或无梗；苞片及小苞片披针形；花粉紫色；花萼钟形，长4~5毫米，密被长柔毛，上2萼齿较大；旗瓣近圆形，长6~8毫米，顶端微凹，基部渐狭成爪，翼瓣比旗瓣短，长约7毫米，龙骨瓣长约4.5毫米。荚果圆筒形，长14~18毫米，被灰白色长柔毛。花期5月，果期5—7月。

草原旱生植物。为草原带的沙质草原伴生种，少量向东进入森林草原带。幼嫩时绵羊、山羊采食，结实后则乐意采食其荚果。全草入药。

产地：阿日哈沙特镇、阿拉坦额莫勒镇。

饲用价值：优等饲用植物。

少花米口袋 *Gueldenstaedtia verna*（Georgi）Boriss.

蒙名：莎勒吉日、消布音-他不格

别名：地丁、多花米口袋

形态特征：多年生草本，高10~20厘米，全株被白色长柔毛，果期后毛渐稀少。主根圆锥形，粗壮，不分歧或少分歧。茎短缩，在根颈上丛生。叶为单数羽状复叶，具小叶9~21，托叶卵形、卵状三角形至披针形，基部与叶柄合生，外面被长柔毛；小叶片长卵形至披针形，长4~15毫米，宽2~8毫米，先端钝或稍尖，具小尖头，基部圆形或宽楔形，全缘，两面被白色长柔毛，或上面毛较少以至近无毛。总花梗数个自叶丛间抽出，花期之初较叶长，后则约与叶等长；伞形花序，具花2~4朵；花梗极短或近无梗；苞片及小苞片披针形至条形；花蓝紫色或紫红色；花萼钟状，长6~8毫米，密被长柔毛，萼齿不等长，上2萼齿较大，其长与萼筒相等，下3萼齿较小；旗瓣宽卵形，长12~14毫米，顶端微凹，基部渐狭成爪，翼瓣矩圆形，较旗瓣短，长约8~11毫米，上端稍宽，具斜截头，基部有爪，龙骨瓣长5~6毫米；子房密被柔毛，花柱顶端卷曲。荚果圆筒状，1室，长13~20（22）毫米，宽3~4毫米，被长柔毛；种子肾形，具浅的蜂窝状凹点，有光泽。花期5月，果期6—7月。

草原旱生植物。散生于草原带的沙质草原或石质草原。幼嫩时绵羊、山羊采食，结实后则乐意采食其荚果。全草入药。

产地：阿日哈沙特镇、呼伦镇、达赉苏木、宝格德乌拉苏木。

饲用价值：良等饲用植物。

狭叶米口袋 *Gueldenstaedtia stenophylla* Bunge

1. 植株；2. 花萼；3. 旗瓣；4. 翼瓣；5. 龙骨瓣；6. 雌蕊

少花米口袋 *Gueldenstaedtia verna*（Georgi）Boriss.

7. 植株；8. 旗瓣；9. 翼瓣；10. 龙骨瓣

棘豆属 *Oxytropis* DC.

线棘豆 *Oxytropis filiformis* DC.

蒙名：乌他存-奥日图哲

形态特征：多年生草本，高 10~15 厘米。无地上茎或茎极短缩，分歧（并常于表土下），形成密丛。单数羽状复叶，长 6~12 厘米；托叶长卵形，膜质，密被硬毛，基部与叶柄合生，彼此连合或近分离；小叶 21~31（41），披针形、条状披针形或卵状披针形，长约 5 毫米，宽 1~2 毫米，先端渐尖，基部圆形，两面均被平伏柔毛，干后边缘反卷。总花梗细弱，常弯曲，有毛，比叶长；总状花序长 2.5~5 厘米，具花 10~15 朵；花蓝紫色，长 6~7 毫米；萼钟状，长 2.5（3）毫米，萼齿三角形，长约 1 毫米，表面混生白色与黑色的短柔毛；旗瓣近圆形，长 6~7 毫米，基部楔形，顶端微凹，翼瓣于旗瓣近等长，比龙骨瓣稍长，龙骨瓣顶端的喙长约 2 毫米。荚果宽椭圆形或卵形，长 5~8（10）毫米，宽 3~5 毫米，先端具喙，表面疏生短毛。花期 7—8 月，果期 8 月。

草原砾石生旱生植物。在森林草原及草原带的丘陵或山地的砾石性草原群落中为稀疏生长的伴生成分。生长于石质山坡和碎石坡地。夏季和秋季绵羊和山羊采食。

产地：呼伦镇、克尔伦苏木、达赉苏木。

饲用价值：良等饲用植物。

大花棘豆 *Oxytropis grandiflora*（Pall.）DC.

蒙名：陶木-奥日图哲

形态特征：多年生草本，高 20~35 厘米。通常无地上茎，叶基生或近基生，成丛生状，全株被白色平伏柔毛。单数羽状复叶，长 5~25 厘米；托叶宽卵形，先端尖，稍贴生于叶柄，密生白色柔毛；小叶 15~25，矩圆状披针形，有时为矩圆状卵形，长 10~25（30）毫米，宽 5~7 毫米，先端渐尖，基部圆形，全缘，两面被白色绢状柔毛。总状花序比叶长，花大，密集于总花梗顶端呈穗状或头状；苞片矩圆状卵形或披针形，渐尖，长 7~13 毫米，被毛；萼筒状，长 10~14 毫米，带紫色，被毛，萼齿三角状披针形，长 2~3 毫米；花冠红紫色或蓝紫色，长 20~30 毫米，旗瓣宽卵形，顶端圆，基部有长爪，翼瓣比旗瓣短，比龙骨瓣长，具细长的爪及稍弯的耳，龙骨瓣顶端有稍弯曲的短喙，喙长 2~3 毫米，基部具长爪；子房有密毛。荚果矩圆状卵形或矩圆形，革质，长 20~30 毫米，宽 4~8 毫米，被白色平伏柔毛，有时混生有黑色毛，顶端渐狭，具细长的喙，腹缝线深凹，具宽的假隔膜，成假 2 室；种子多数。花期 6—7 月，果期 7—8 月。

草甸旱中生草本。在森林草原带含丰富杂类草的草甸草原群落中是较常见的伴生成分，也见于山地杂类草草甸群落。

产地：呼伦镇。

饲用价值：良等饲用植物。

线棘豆 *Oxytropis filiformis* DC.

1. 植株；2. 花萼；3. 旗瓣；4. 翼瓣；5. 龙骨瓣；6. 荚果

大花棘豆 *Oxytropis grandiflora*（Pall.）DC.

1. 植株；2. 旗瓣；3. 翼瓣；4. 龙骨瓣；5. 荚果

薄叶棘豆 *Oxytropis leptophylla*（Pall.）DC.

6. 植株；7. 苞片；8. 旗瓣；9. 翼瓣；10. 龙骨瓣；11. 荚果

薄叶棘豆 *Oxytropis leptophylla*（Pall.）DC.

别名：山泡泡、光棘豆、陀螺棘豆

形态特征：多年生草本，无地上茎。根粗壮，通常呈圆柱状伸长。叶轴细弱；托叶小，披针形，与叶柄基部合生，密生长毛；单数羽状复叶，小叶 7~13，对生，条形，长 13~35 毫米，宽 1~2 毫米，通常干后边缘反卷，两端渐尖，上面无毛，下面被平伏柔毛。总花梗稍倾斜，常弯曲，与叶略等长或稍短，密生长柔毛，花 2~5 朵集生于总花梗顶部构成短总状花序，花紫红色或蓝紫色，长 18~20 毫米；苞片椭圆状披针形，长 3~5 毫米；萼筒状，长 8~12 毫米，宽约 3.5 毫米，密被毛，萼齿条状披针形，长为萼筒的 1/4；旗瓣近椭圆形，顶端圆或微凹，基部渐狭成爪，翼瓣比旗瓣短，具细长的爪和短耳，龙骨瓣稍短于翼瓣，顶端有长约 1.5 毫米的喙；子房密被毛，花柱顶部弯曲。荚果宽卵形，长 14~18 毫米，宽 12~15 毫米，膜质，膨胀，顶端具喙，表面密生短柔毛，内具窄的假隔膜。花期 5—6 月，果期 6 月。

旱生植物。在森林草原及草原带的砾石性和沙性土壤的草原群落中，为多度不高的伴生成分。

产地：全旗。

饲用价值：中等饲用植物。

黄毛棘豆 *Oxytropis ochrantha* Turcz.

蒙名：希日-乌斯图-奥日图哲

别名：黄土毛棘豆、黄穗棘豆、长苞黄毛棘豆、异色黄毛棘豆

形态特征：多年生草本，高 10~30 厘米。无地上茎或茎极短缩。羽状复叶，长 8~25 厘米；叶轴有沟，密生土黄色长柔毛；托叶膜质，中下部与叶柄连合，分离部分披针形，表面密生土黄色长柔毛；小叶 8~9 对，对生或 4 枚轮生，卵形、披针形、条形或矩圆形，长 6~25 毫米，宽 3~10 毫米，先端锐尖或渐尖，基部圆形，两面密生或疏生白色或土黄色长柔毛。花多数，排列成密集的圆柱状的总状花序；总花梗几与叶等长，密生土黄色长柔毛；苞片披针状条形，与花近等长，先端渐尖，有密毛；花萼筒状，近膜质，长约 10 毫米，萼齿披针状锥形，与筒部近等长，密生土黄色长柔毛；花冠白色或黄色，旗瓣椭圆形，长 18~22 毫米，顶端圆形，基部渐狭成爪，翼瓣与龙骨瓣较旗瓣短，龙骨瓣顶端具喙，喙长约 1.5 毫米；子房密生土黄色长柔毛。荚果卵形，膨胀，长 12~15 毫米，宽约 6 毫米，1 室，密生土黄色长柔毛。花期 6—7 月，果期 7—8 月。

草原中旱生植物。散生于草原带的干山坡与干河谷沙地上，也见于芨芨草滩。

产地：呼伦湖边。

饲用价值：中等饲用植物。

黄毛棘豆 *Oxytropis ochrantha* Turcz.

1. 植株；2. 小叶；3. 花；4. 旗瓣；5. 翼瓣；6. 龙骨瓣；7. 雄蕊；8. 雌蕊

多叶棘豆 *Oxytropis myriophylla*（Pall.）DC.

蒙名：达兰-奥日图哲

别名：狐尾藻棘豆、鸡翎草

形态特征：多年生草本，高 20~30 厘米。主根深长，粗壮。无地上茎或茎极短缩。托叶卵状披针形，膜质，下部与叶柄合生，密被黄色长柔毛；叶为具轮生小叶的复叶，长 10~20 厘米，通常可达 25~32 轮，每轮有小叶（4）6~8（10）枚，小叶片条状披针形，长 3~10 毫米，宽 0.5~1.5 毫米，先端渐尖，干后边缘反卷，两面密生长柔毛。总花梗比叶长或近等长，疏或密生长柔毛；总状花序具花 10 余朵，花淡红紫色，长 20~25 毫米，花梗极短或近无梗；苞片披针形，比萼短；萼筒状，长 8~12 毫米，宽 3~4 毫米，萼齿条形，长 2~4 毫米，苞及萼均密被长柔毛；旗瓣矩圆形，顶端圆形或微凹，基部渐狭成爪，翼瓣稍短于旗瓣，龙骨瓣短于翼瓣，顶端具长 2~3 毫米的喙；子房圆柱形，被毛。荚果披针状矩圆形，长约 15 毫米，宽约 5 毫米，先端具长而尖的喙，喙长 5~7 毫米，表面密被长柔毛，内具稍后的假隔膜，成不完全的 2 室，花期 6—7 月，果期 7—9 月。

砾石生草原中旱生植物。多出现于森林草原带的丘陵顶部和山地砾石性土壤上。为草甸草原群落的伴生成分或次优势种；也进入干草原地带和林区边缘，但总生长在砾石质或沙质土壤上。青鲜状态各种家畜均不采食，夏季和枯后绵羊、山羊采食少许，饲用价值不高。全草入药。

产地：旗北部草原。

饲用价值：中等饲用植物。

尖叶棘豆 *Oxytropis oxyphylla*（Pall）. DC.

蒙名：海拉日-奥日图哲

别名：山棘豆、呼伦贝尔棘豆、海拉尔棘豆、光果海拉尔棘豆

形态特征：多年生草本，高 7~20 厘米。根深而长，黄褐色至黑褐色。茎短缩，基部多分歧，稀为少分歧，不分歧或近于无地上茎。托叶宽卵形或三角状卵形，下部与叶柄基部连合，先端锐尖，膜质，具明显的中脉或有时为 2~3 脉，外面及边缘密生白色或黄色长柔毛；叶长 2.5~14 厘米，叶轴密被白色柔毛；小叶轮生或有时近轮生，3~9 轮，每轮有（2）3~4（6）枚小叶，条状披针形、矩圆状披针形或条形，长 10~20（30）毫米，宽 1~2.5（3）毫米，先端渐尖，全缘，边缘常反卷，两面密被绢长状柔毛。总花梗稍弯曲或直立，比叶长或近相等，被白色柔毛；短总状花序于总花梗顶端密集为头状；花红紫色、淡紫色或稀为白色；苞片披针形或狭披针形，渐尖，外面被长柔毛，通常比萼短而比花梗长；萼筒状，长 6~8 毫米，外面密被白色与黑色长柔毛，有时只生白色毛，萼齿条状披针形，比萼筒短，通常上方的 2 萼齿稍宽；旗瓣椭圆状卵形，长（13）14~18（21）毫米，顶端圆形，基部渐狭成爪，翼瓣比旗瓣短，具明显的耳部及长爪，龙骨瓣又比翼瓣短，顶端具长约 1.5~3 毫米的喙；子房有毛。荚果宽卵形或卵形，膜质，膨大，长 10~18（20）毫米，宽 9~12 毫米，被黑色或白色（有时

混生）短柔毛，通常腹缝线向内凹形成很窄的假隔膜。花期6—7月，果期7—8月。

草原旱生植物。在草原带的沙质草原中稀疏生长，有时进入石质丘陵坡地。本种由于生境不同而其生态变异幅度较大。凡生于沙丘及疏松沙地的，其植株较大，花也较大；而生于干旱的山坡砾质地的，植株小，花小，茎极短缩或几乎无茎，分歧少。

产地：全旗。

饲用价值：中等饲用植物。

砂珍棘豆 *Oxytropis racemosa* Turcz.

蒙名：额勒苏音-奥日图哲、炮静-额布斯

别名：泡泡草、砂棘豆

形态特征：多年生草本，高5~15厘米。根圆柱形，伸长，黄褐色。茎短缩或几乎无地上茎，叶丛生，多数。托叶卵形，先端尖，密被长柔毛，大部与叶柄连合；叶为具轮生小叶的复叶，叶轴细弱，密生长柔毛，每叶约有6~12轮，每轮有4~6小叶。均密被长柔毛，小叶条形、披针形或条状矩圆形，长3~10毫米，宽1~2毫米，先端锐尖，基部楔形，边缘内卷。总花梗比叶长或与叶近等长；总状花序近头状，生于总花梗顶端；花较小，长8~10毫米，粉红色或带紫色；苞片条形，比花梗稍短；萼钟状，长3~4毫米，宽2~3毫米，密被长柔毛，萼齿条形，与萼筒近等长或为萼筒长的1/3，密被长柔毛；旗瓣倒卵形，顶端圆或微凹，基部渐狭成短爪，翼瓣比旗瓣稍短，龙骨瓣比翼瓣稍短或近等长，顶端具长约1毫米余的喙；子房被短柔毛，花柱顶端稍弯曲。荚果宽卵形，膨胀，长约1厘米，顶端具短喙，表面密被短柔毛，腹缝线向内凹形成1条狭窄的假隔膜，为不完全的2室，花期5—7月，果期（6）7~8（9）月。

草原沙地旱生植物。在草原带和森林草原带的沙生植被中为偶见成分。生长于沙丘、河岸沙地及沙质坡地。绵羊、山羊采食少许，饲用价值不高。全草入药。

产地：宝格德乌拉苏木、克尔伦苏木、呼伦湖畔。

饲用价值：中等饲用植物。

多叶棘豆 *Oxytropis myriophylla*（Pall.）DC.

1. 植株

尖叶棘豆 *Oxytropis oxyphylla*（Pall）. DC.

2. 植株；3. 花萼；4. 旗瓣；5. 翼瓣；6. 龙骨瓣；7. 荚果

砂珍棘豆 *Oxytropis racemosa* Turcz.

8. 植株；9. 花萼；10. 旗瓣；11. 翼瓣；12. 龙骨瓣

二色棘豆 *Oxytropis bicolor* Bunge

蒙名：阿拉格-奥日图哲

形态特征：多年生草本，高 5~10 厘米，植物体各部有开展的白色绢状长柔毛。茎极短，似无茎状。托叶卵状披针形，先端渐尖，与叶柄基部连生，密被长柔毛，叶长 2.5~10 厘米，叶轴密被长柔毛；叶为具轮生小叶的复叶，每叶有 8~14 轮，每轮有小叶 4，少有 2 片对生，小叶片条形或条状披针形，长 5~6 毫米，宽 1.5~3.5 毫米，先端锐尖，基部圆形，全缘，边缘常反卷，两面密被绢状长柔毛。总花梗比叶长或叶近相等，被白色长柔毛；花蓝紫色，于总花梗顶端疏或密地排列成短总状花序；苞片披针形，长约 3 毫米，先端锐尖，有毛；花萼筒状，长约 9 毫米，宽 2.5~3 毫米，密生长柔毛，萼齿条状披针形，长 2~3 毫米；旗瓣菱状卵形，干后有黄绿色斑，长 15~18 毫米，顶端微凹，基部渐狭成爪；翼瓣较旗瓣稍短，具耳和爪；龙骨瓣顶端有长约 1 毫米的喙；子房有短柄，密被长柔毛。荚果矩圆形，长 17 毫米，宽约 5 毫米，腹背稍扁，顶端有长喙，密被白色长柔毛，假 2 室。花期 5—6 月，果期 7—8 月。

中旱生植物。为典型草原和沙质草原的伴生种，也进入荒漠草原带。生长于干山坡、沙质地、撂荒地。

产地：呼伦镇。

饲用价值：良等饲用植物。

鳞萼棘豆 *Oxytropis squammulosa* DC.

蒙名：查干-奥日图哲

形态特征：多年生矮小草本，高 3~5 厘米。根粗壮，常扭曲成辫状，向下直伸，褐色。茎极短，丛生；叶轴宿存，近于刺状，淡黄色，无毛。托叶膜质，条状披针形，先端渐尖，边缘疏生长毛，与叶柄基部连合；单数羽状复叶，小叶 7~13，条形，常内卷成圆筒状，长 5~12 毫米，宽 1~1.5 毫米，先端渐尖，基部圆形或宽楔形，两面有腺点，无毛或于先端疏生白毛。花葶极短，具花 1~3 朵；苞片披针形，膜质，长 5~6 毫米，先端渐尖，表面有腺点，边缘疏生白毛；花萼筒状，长 12~14 毫米，宽约 4 毫米，表面密生鳞片状腺体，无毛，萼齿近三角形，长约 2 毫米，边缘疏生白毛；花冠乳黄白色，龙骨瓣先端带紫色；旗瓣匙形，长 25 毫米，宽达 6 毫米，顶端钝，基部渐狭，翼瓣较旗瓣短 1/3，有长爪及短耳，龙骨瓣较翼瓣短，顶端具喙，长约 1 毫米。荚果卵形，革质，膨胀，长约 10~15 毫米，宽 7~8 毫米，顶端有硬尖。花期 4—5 月，果期 6 月。

荒漠草原旱生植物，在荒漠草原和荒漠植被中仅为次要的伴生成分，多生于砾石质山坡与丘陵，砂砾质河谷阶地薄层的沙质土上。

产地：阿拉坦额莫勒镇、达赉苏木。

饲用价值：中等饲用植物。

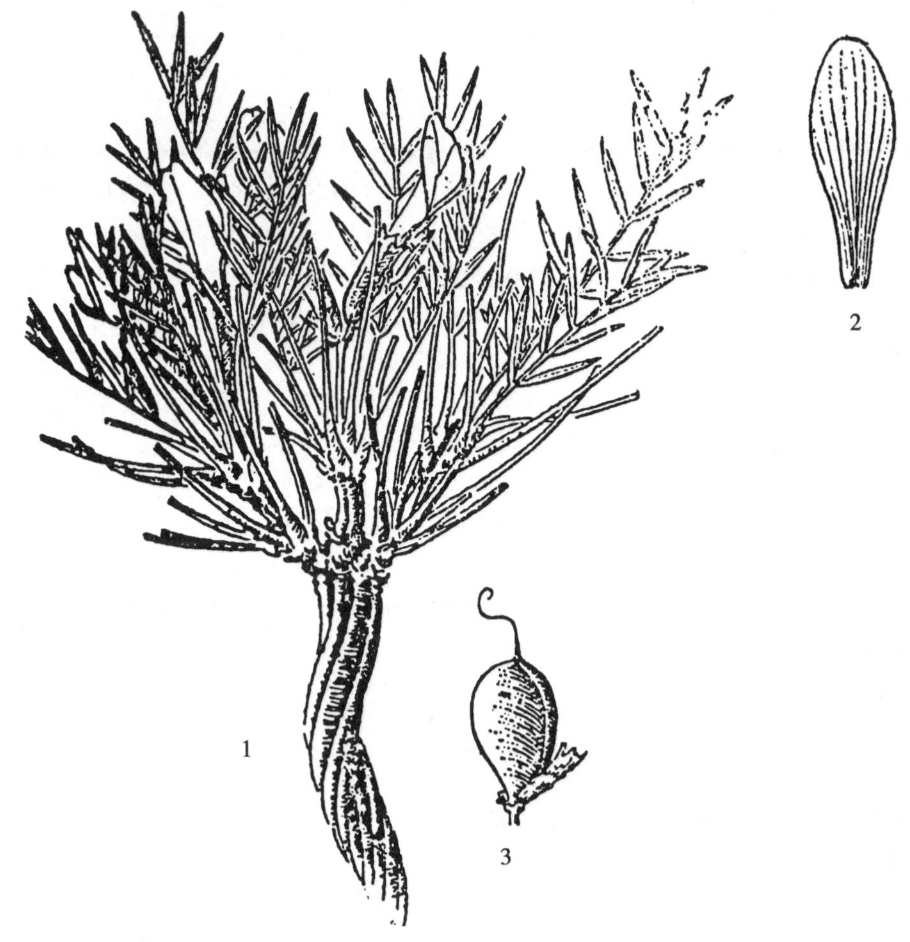

鳞萼棘豆 *Oxytropis squammulosa* DC.

1. 植株；2. 旗瓣；3. 荚果

小花棘豆 *Oxytropis glabra* DC.

蒙名：扫格图-奥日图哲、扫格图-额布斯、霍勒-额布斯

别名：醉马草、包头棘豆

形态特征：多年生草本，高 20~30 厘米。茎伸长，匍匐，上部斜升，多分枝，疏被柔毛。单数羽状复叶，长 5~10 厘米，具小叶（5）11~19；托叶披针形、披针状卵形、卵形以至三角形，长 5~10 毫米，草质，疏被柔毛，分离或基部与叶柄联合；小叶披针形、卵状披针形、矩圆状披针形以至椭圆形，长（5）10~20（30）毫米，宽 3~7（10）毫米，先端锐尖、渐尖或钝，基部圆形，上面疏被平伏的柔毛和近无毛，下面被疏或较密的平伏柔毛。总状花序腋生，花排列稀疏，总花梗较叶长，疏被柔毛；苞片条状披针形，长约 2 毫米，先端尖，被柔毛，花梗长约 1 毫米；花小，长 6~8 毫米，淡蓝紫色；花萼钟状，长 4~5 毫米，被平伏的白色柔毛，萼齿披针状钻形，长 1.5~2 毫米；旗瓣宽倒卵形，长 5~8 毫米，先端近截形，微凹或具细尖，翼瓣长稍短于旗瓣，

龙骨瓣稍短于翼瓣，喙长 0.3~0.5 毫米。荚果长椭圆形，长 10~17 毫米，宽 3~5 毫米，下垂，膨胀，背部圆，腹缝线稍凹，喙长 1~1.5 毫米，密被平伏的短柔毛。花期 6—7 月，果期 7—8 月。

轻度耐盐的草甸中生植物。在草原带西部、荒漠草原以至荒漠区的低湿地上，许多湖盆边缘和沙丘间的盐湿低地多度达优势种，也伴生于芨芨草草甸群落。为有毒植物。据研究，它含有具强烈溶血性的蛋白质毒素，家畜大量采食后，能引起慢性中毒，其中以马最为严重，其次为牛、绵羊与山羊。若在刚中毒时，改饲其他牧草，或将中毒家畜驱至生长有葱属植物或冷蒿的放牧地上，可以解毒。据报道，采用机械铲除或用 2，4-D丁酯进行化学除莠，效果较好。此外，采取去毒饲喂的方法，可变害为利。

产地：阿拉坦额莫勒镇、克尔伦河南岸河滩草甸。

饲用价值：低等饲用植物。

平卧棘豆 *Oxytropis prostrata*（Pall.）DC.

形态特征：多年生草本，植株平卧。根粗壮，深而长。茎短缩，基部多分枝（分枝多簇生于表土下）。托叶大部分与叶柄连合，裂片卵形，先端急尖，外面具多条凸出的脉，密被白色长茸毛，使短缩的茎顶端呈白色绒球状。叶长 5~25 厘米，叶轴疏被平伏的白色长柔毛；小叶 2~4 枚轮生，10~17 轮，狭矩圆形，先端钝圆、截形或微凹，边缘反卷，幼叶被平伏的白色长柔毛，后渐稀疏，（6~14）毫米×（2~4）毫米。总花梗较叶长，疏被平伏的长柔毛，花蓝紫色，稀白色，于总花梗顶端稀疏排列成总状花序；苞片狭椭圆形，草质，（3~6）毫米×（1.5~2.5）毫米，先端渐尖或钝圆，萼筒状，8.5~11 毫米，疏生开展的长柔毛，萼齿披针形、线形，长约 2 毫米，旗瓣长 18~22（25）毫米，瓣片菱形，中央有黄绿色斑，先端钝圆或微凹；旗瓣长约 16（20）毫米，瓣片斜倒卵形，爪长 7~9 毫米，耳长约 2 毫米，龙骨瓣顶端有长约 2 毫米的喙；子房无柄，光滑，花柱光滑。荚果长 15~17 毫米，弯曲、光滑，假 2 室，花期 5—6 月，果期 6—8 月。

生于湖盆砾石质盐湿滩地上。

产地：呼伦湖边。

黄耆属 *Astragalus* L.

华黄耆 *Astragalus chinensis* L. f.

蒙名：道木大图音-好恩其日

别名：地黄耆、忙牛花

形态特征：多年生草本，高 20~90 厘米。茎直立，通常单一，无毛，有条棱。单数羽状复叶，具小叶 13~27；托叶条状披针形，长 7~10 毫米，与叶柄分离，基部彼此稍连合，无毛或稍有毛；小叶椭圆形至矩圆形，长 1.2~2.5 厘米，宽 4~9 毫米，先端圆形或稍截形，有小尖头，基部近圆形或宽楔形，上面无毛，下面疏生短柔毛。总状花序于茎上部腋生，比叶短，具花 10 余朵，黄色，长 13~17 毫米；苞片狭披针形，长约

5毫米；花萼钟状，长约5毫米，无毛，萼齿披针形，长为萼筒的1/2；旗瓣宽椭圆形至近圆形，开展，长12~17毫米，顶端微凹，基部具短爪，翼瓣长9~12毫米，龙骨瓣与旗瓣近等长或稍短；子房无毛，有长柄。荚果椭圆形或倒卵形，长10~15毫米，宽8~10毫米，革质，膨胀，密布横皱纹，无毛，顶部有长约1毫米的喙，柄长5~10毫米，几乎为完全的2室，成熟后开裂；种子略呈圆形而一侧凹陷，呈缺刻状，长2.5~3毫米，黄棕色至灰棕色。花期6—7月，果期7—8月。

旱中生植物。在草原带的草甸草原群落中为多度不高的伴生种，轻度盐碱地，河岸砂砾地有散生的。种子入药。

产地：呼伦湖边砂砾地。

饲用价值：良等饲用植物。

草木樨状黄耆 *Astragalus melilotoides* Pall.

蒙名：哲格仁-希勒比

别名：扫帚苗、层头、小马层子

形态特征：多年生草本，高30~100厘米。根深长，较粗壮。茎多数由基部丛生，直立或稍斜升，多分枝，有条棱，疏生短柔毛或近无毛。单数羽状复叶，具小叶3~7；托叶三角形至披针形，基部彼此连合；叶柄有短柔毛；小叶有短柄，矩圆形或条状矩圆形，长5~15毫米，宽1.5~3毫米，先端钝、截形或微凹，基部楔形，全缘，两面疏生白色短柔毛。总状花序腋生，比叶显著长；花小，长约5毫米，粉红色或白色，多数，疏生，苞片甚小，锥形，比花梗短；花萼钟状，疏生短柔毛，萼齿三角形，比萼筒显著短；旗瓣近圆形或宽椭圆形，基部具短爪，顶端微凹，翼瓣比旗瓣稍短，顶端成不均等的2裂，基部具耳和爪，龙骨瓣比翼瓣短；子房无毛，无柄。荚果近圆形或椭圆形，长2.5~3.5毫米，顶端微凹，具短喙，表面有横纹，无毛，背部具稍深的沟，2室。花期7—8月，果期8—9月。

中旱生植物。为典型草原及森林草原最常见的伴生植物，在局部可成为次优势成分。多适应于沙质及轻壤质土壤。春季幼嫩时，羊、马、牛喜采食，可食率达80%，开花后茎质逐渐变硬，可食率降为40%~50%。骆驼四季均采食，且为其抓膘草之一。此草又可作水土保持植物。全草入药。

产地：全旗。

饲用价值：优等饲用植物。

细叶黄耆 *Astragalus tenuis* Turcz.

形态特征：本变种与正种的不同点在于，植株由基部生出多数细长的茎，通常分枝多，呈扫帚状。小叶3~5，狭条形或丝状，长10~15毫米，宽0.5毫米，先端尖。

旱生植物。为典型草原的常见伴生植物，喜生于轻壤质土壤上，为草木樨状黄芪的旱化变种。绵羊、山羊只采食茎稍，其他家畜不喜食。

产地：全旗。

饲用价值：良等饲用植物。

华黄耆 *Astragalus chinensis* L. f.

1. 植株；2. 旗瓣；3. 翼瓣；4. 龙骨瓣；5. 雄蕊与雌蕊；6. 果实；7. 种子

草木樨状黄耆 *Astragalus melilotoides* Pall.

8. 植株；9. 花萼；10. 旗瓣；11. 翼瓣；12. 龙骨瓣；13. 荚果

草原黄耆 *Astragalus dalaiensis* Kitag.

蒙名：塔拉音-好恩其日

形态特征：多年生草本。根木质化，分歧。茎丛生，短缩，通常覆盖于表土下。叶基生，具长柄，长可达20厘米，叶柄及叶轴被白色单毛，单数羽状复叶，具小叶13~27；托叶下部与叶柄连合，上部彼此分离，长约10毫米，外面及边缘被长柔毛，里面无毛；小叶椭圆形、矩圆形或宽椭圆形，长5~15毫米，先端稍尖至圆形，两面被白色长柔毛，呈灰绿色。花白色，无梗，密集与叶柄基部；花萼筒形，长10毫米，被白色绵毛，萼齿钻状条形，长2.5~3毫米；旗瓣长12毫米，瓣片宽椭圆形、顶端圆，基部渐狭成极短的爪，翼瓣长16毫米，瓣片狭矩圆形，顶端圆，中部缢缩，基部具短的圆形耳和细长爪，爪与瓣片等长，龙骨瓣长17毫米，瓣片卵状椭圆形，顶端钝，基部亦具细长爪，爪较瓣片长。荚果稍扁，椭圆状卵形，长10毫米，直立，密被白色长柔毛。

中旱生植物。生于草原及森林草原带的草原群落中。

产地：呼伦湖附近。

饲用价值：良等饲用植物。

蒙古黄耆 *Astragalus mongholicus* Bunge

蒙名：蒙古勒-好恩其日

别名：黄耆、绵黄耆、内蒙黄耆

形态特征：多年生草本，高50~100厘米。主根粗而长，直径1.5~3厘米，圆柱形，稍带木质，外皮淡棕黄色至深棕色。茎直立，上部多分枝，有细棱，被白色柔毛。单数羽状复叶，互生，托叶披针形、卵形至条状披针形，长6~10毫米，有毛；小叶25~37，椭圆形、矩圆形或卵状披针形，长5~10毫米，宽3~5毫米，先端钝、圆形或微凹，具小刺尖或不明显，基部圆形或宽楔形，上面绿色，近无毛，下面带灰绿色，有平伏白色柔毛。总状花序于枝顶部腋生，总花梗比叶稍长或近等长，至果期显著伸长，具花10~25朵，较稀疏；黄色或淡黄色，长12~18毫米；花梗与苞片近等长，有黑色毛；苞片条形；花萼钟状，长约5毫米，常被黑色或白色柔毛，萼齿不等长，为萼筒长的1/5或1/4，三角形至锥形，长萼齿（即位于旗瓣一方者）较短，下萼齿（即位于龙骨瓣一方者）较长；旗瓣矩圆状倒卵形，顶端微凹，基部具短爪，翼瓣与龙骨瓣近等长，比旗瓣微短，均有长爪和短耳；子房有柄，无毛。荚果无毛，半椭圆形，一侧边缘呈弓形弯曲，膜质，稍膨胀，长20~30毫米，宽8~12毫米，顶端有短喙，基部有长柄，有种子3~8颗；种子肾形，棕褐色。花期6—8月，果期（7）8—9月。

旱中生植物。散生于山地草原、灌丛、林缘、沟边。根入药。

产地：旗北部草原。

饲用价值：中等饲用植物。

乳白花黄耆 *Astragalus galactites* Pall.

蒙名：希敦-查干、查干-好恩其日

别名：白花黄耆、河套盐生黄耆、科布尔黄耆、宁夏黄耆

形态特征：多年生草本，高 5~10 厘米，具短缩而分歧的地下茎。地上部分无茎或具极短的茎。单数羽状复叶，具小叶 9~21；托叶下部与叶柄合生，离生部分卵状三角形，膜质，密被长毛；小叶矩圆形、椭圆形、披针形至条状披针形，长 5~10（15）毫米，宽 1.5~3 毫米，先端钝或锐尖，有小凸尖，基部圆形或楔形，全缘，上面无毛，下面密被白色平伏的丁字毛。花序近无梗，通常每叶腋具花 2 朵，密集于叶丛基部如根生状，花白色或稍带黄色；苞片披针形至条状披针形，长 5~9 毫米，被白色长柔毛；萼筒状钟形，长 8~13 毫米，萼齿披针状条形或近锥形，为萼筒的 1/2 至近等长，密被开展的白色长柔毛，旗瓣菱状矩圆形，长 20~30 毫米，顶端微凹，中部稍缢缩，中下部渐狭成爪，两侧成耳状，翼瓣长 18~26 毫米，龙骨瓣长 17~20 毫米；翼瓣及龙骨瓣均具细长爪；子房有毛，花柱细长。荚果小，卵形，长 4~5 毫米，先端具喙，通常包于萼内，幼果密被白毛，以后毛较少，1 室；通常含种子 2 颗。花果期 5—6 月，果期 6—8 月。

旱生植物。是草原区分布广泛的植物种，也进入荒漠草原群落中，春季在草原群落中可形成明显的开花季相。喜砾石质和砂砾质土壤，尤其在放牧退化的草场上大量繁殖。绵羊、山羊春季喜食其花和嫩叶，花后采食其叶，马春、夏季均喜食。

产地：全旗。

饲用价值：中等饲用植物。

卵果黄耆 *Astragalus grubovii* Sancz.

蒙名：温得格勒金-好恩其日

别名：新巴黄耆、拟糙叶黄耆、荒漠黄芪

形态特征：多年生草本，高 5~20 厘米，无地上茎或有多数短缩存在于地表的或埋入表土层的地下茎，叶与花密集于地表呈丛生状。全株灰绿色，密被开展的丁字毛。根粗壮，直伸，黄褐色或褐色，木质。单数羽状复叶，长 4~20 厘米，具小叶 9~29；托叶披针形，长 7~15 毫米，膜质，长渐尖，基部与叶柄连合，外面密被长柔毛；小叶椭圆形或倒卵形，长（3）5~10（15）毫米，宽（2）3~8 毫米，先端圆钝或锐尖，基部楔形、或近圆形，两面密被开展的丁字毛。花序近无梗，通常每叶腋具 5~8 朵花，密集于叶丛的基部，淡黄色；苞片披针形，长 3~6 毫米，膜质，先端渐尖，外面被开展的白毛；花萼筒形，长 10~15 毫米，密被半开展的白色长柔毛，萼齿条形，长 2~5 毫米；旗瓣矩圆状倒卵形，长 17~24 毫米，宽 6~9 毫米，先端圆形或微凹，中部稍缢缩，基部具短爪，翼瓣长 16~20 毫米，瓣片条状矩圆形，顶端全缘或微凹，基部具长爪及耳，龙骨瓣长 14~17 毫米，瓣片矩圆状倒卵形，先端钝，爪较瓣片长约 2 倍。子房密被白色长柔毛。荚果无柄，矩圆状卵形，长 10~15 毫米，稍膨胀，喙长（2）3~6 毫米，密被白色长柔毛，2 室。花期 5—6 月，果期 6—7 月。

密丛旱生植物。广布于草原带以至荒漠区的砾质或沙质地、干河谷、山麓或湖盆边缘。

产地：克尔伦苏木、呼伦湖畔。

饲用价值：良等饲用植物。

乳白花黄耆 *Astragalus galactites* Pall.

1. 植株；2. 花萼纵切；3. 旗瓣；4. 翼瓣；5. 龙骨瓣；6. 荚果

卵果黄耆 *Astragalus grubovii* Sancz.

7. 植株；8. 花萼纵切；9. 旗瓣；10. 翼瓣；11. 龙骨瓣；12. 荚果

斜茎黄耆 *Astragalus laxmannii* Jacq.

蒙名：茅日音-好恩其日

别名：直立黄耆、马拌肠

形态特征：多年生草本，高 20~60 厘米。根较粗壮，暗褐色。茎数个至多数丛生，斜升，稍有毛或近无毛。单数羽状复叶，具小叶 7~23；托叶三角形，渐尖，基部彼此稍连合或有时分离，长 3~5 毫米；小叶卵状椭圆形、椭圆形或矩圆形，长 10~25（30）毫米，宽 2~8 毫米，先端钝或圆，有时稍尖，基部圆形或近圆形，全缘，上面无毛或近无毛，下面有白色丁字毛。总状花序于茎上部腋生，总花梗比叶长或近相等，花序矩圆状，少为近头状，花多数，密集，有时稍稀疏，蓝紫色、近蓝色或红紫色，稀近白色，长 11~15 毫米；花梗极短；苞片狭披针形至三角形，先端尖，通常较萼筒显著短；花萼筒状钟形，长 5~6 毫米，被黑色或白色丁字毛或两者混生，萼齿披针状条形或锥状，约为萼筒的 1/3~1/2，或比萼筒稍短；旗瓣倒卵状匙形，长约 15 毫米，顶端深凹，基部渐狭，翼瓣比旗瓣稍短，比龙骨瓣长；子房有白色丁字毛，基部有极短的柄。荚果矩圆形，长 7~15 毫米，具 3 棱，稍侧扁，背部凹入成沟，顶端具下弯的短喙，基部有极短的果梗，表面被黑色、褐色或白色的丁字毛，或彼此混生，由于背缝线凹入将荚果分隔为 2 室。花期 7—8（9）月，果期 8—10 月。

中旱生植物。在森林草原及草原带中是草甸草原的重要伴生种或亚优势种。有的渗入河滩草甸、灌丛和林缘下层成为伴生中，少数进入森林区和荒漠草原带的山区。开花前，牛、马、羊均乐食，开花后，茎质粗硬，适口性降低，骆驼冬季采食。可作为改良天然草场和培育人工牧草地之用，引种实验栽培颇有前途。有可作为绿肥植物，用于改良土壤。种子可作入药。

产地：全旗。

饲用价值：良等饲用植物。

糙叶黄耆 *Astragalus scaberrimus* Bunge

蒙名：希日古恩-好恩其日

别名：春黄耆、掐不齐

形态特征：多年生草本，地下具短缩而分歧的、木质化的茎或具横走的木质化根状茎，无地上茎或有极短的地上茎，或有稍长的平卧的地上茎，叶密集于地表，呈莲座状，全株密被白色丁字毛，呈灰白色或灰绿色。单数羽状复叶，长 5~10 厘米，具小叶 7~15；托叶与叶柄连合达 1/3~1/2，长 4~7 毫米，离生部分为狭三角形至披针形，渐尖；小叶椭圆形、近矩圆形，有时为披针形，长 5~15 毫米，宽 2~7 毫米，先端锐尖或钝，常有小凸尖，基部宽楔形或近圆形，全缘，两面密被白色平伏的丁字毛。总状花序由基部腋生，总花梗长 1~3. 5 厘米，具花 3~5 朵；花白色或淡黄色，长 15~20 毫米，苞片披针形，比花梗长；花萼筒状，长 6~9 毫米，外面密被丁字毛，萼齿条状披针形，长为萼筒的 1/3~1/2；旗瓣椭圆形，顶端微凹，中部以下渐狭，具短爪，翼瓣和龙骨瓣较短，翼瓣顶端微缺；子房有短毛。荚果矩圆形，稍弯，长 10~15 毫米，宽 2~4 毫米，喙不明显，背缝线凹入成浅沟，果皮革质，密被白色丁字毛，内具假隔膜，2 室。花期 5—8 月，果期 7—9 月。

草原旱生植物。为草原带中常见的伴生植物。多生于山坡、草地和沙质地。也见于草甸草原、山地林缘。

产地：全旗。

饲用价值：良等饲用植物。

斜茎黄耆 ***Astragalus laxmannii*** **Jacq.**

1. 植株；2. 旗瓣；3. 翼瓣；4. 龙骨瓣；5. 花萼；6. 荚果

糙叶黄耆 ***Astragalus scaberrimus*** **Bunge**

7. 植株；8. 花萼；9. 旗瓣；10. 翼瓣；11. 龙骨瓣；12. 荚果

达乌里黄耆 *Astragalus dahuricus*（Pall.）DC.

蒙名：禾伊音干-好恩其日

别名：驴干粮、兴安黄耆、野豆角花

形态特征：一或二年生草本，高 30~60 厘米，全株被白色柔毛。根较深长，单一或稍分歧。茎直立，单一，通常多分枝，有细沟，被长柔毛。单数羽状复叶，具小叶 11~21；托叶狭披针形至锥形，与叶柄离生，被长柔毛，长 5~10 毫米；小叶矩圆形、狭矩圆形至倒卵状矩圆形，稀近椭圆形，长 10~20 毫米，宽（1.5）3~6 毫米，先端钝尖或圆形，基部楔形或近圆形，全缘，上面疏生白色伏柔毛。下面毛较多，小叶柄极短。总状花序腋生，通常比叶长，总花梗长 2~5 厘米；花序较紧密或稍稀疏，具 10~20 朵花，花紫红色，长 10~15 毫米；苞片条形或刚毛状，有毛，比花梗长；花萼钟状，被长柔毛，萼齿不等长，上萼有 2 齿较短，与萼筒近等长，三角形，下萼有 3 齿较长，比萼筒长约 1 倍，条形；旗瓣宽椭圆形，顶端微缺，基部具短爪，龙骨瓣比翼瓣长，比旗瓣稍短，翼瓣狭窄，宽为龙骨瓣的 1/3~1/2；子房有长柔毛，具柄。荚果圆筒状，呈镰刀状弯曲，有时稍直，背缝线凹入成深沟，纵隔为 2 室，顶端具直或稍弯的喙，基部有短柄，长 2~2.5 厘米，宽 2~3 毫米，果皮较薄，表面具横纹，被白色短毛。花期 7—9 月，果期 8—10 月。

旱中生植物。为草原化草甸及草甸草原的伴生种，在农田、撂荒地及沟渠边也常有散生。

产地：阿拉坦额莫勒镇、克尔伦苏木。

饲用价值：良等饲用植物。

细弱黄耆 *Astragalus miniatus* Bunge

蒙名：塔希古-好恩其日

别名：红花黄耆、细茎黄耆

形态特征：多年生草本，高 7~15 厘米，全株被白色平伏的丁字毛；稍呈灰白色。茎自基部分枝，细弱，斜升。单数羽状复叶，具小叶 5~11；托叶三角状，渐尖，下部彼此连合，被毛，长在 2 毫米以下；小叶丝状或狭条形，长 7~14 毫米，宽 0.2~0.8 毫米，先端钝，基部楔形，上面无毛，下面被白色平伏的丁字毛，边缘常内卷。总状花序腋生或顶生，具 4~10 朵花，总花梗与叶近等长或超出于叶；花粉红色，长 7~8 毫米；苞片卵状三角形，长 0.7~0.9 毫米；花梗长 0.7~1.5 毫米；花萼钟状，长 2.5~3 毫米，被白色丁字毛，有时混生黑毛，上萼齿较短，近三角形，下萼齿较长，狭披针形；旗瓣椭圆形或倒卵形，顶端微凹，基部渐狭，具短爪，翼瓣比旗瓣稍短，比龙骨瓣长，先端 2 裂；子房无柄，圆柱状，有毛。荚果圆筒形，长 9~14 毫米，宽 1.5~2 毫米，顶端具短喙，喙长约 1 毫米，背缝线深凹，具沟，将荚果纵隔为 2 室，果皮薄革质，表面被白色丁字毛。花期 5—7 月，果期 7—8 月。

旱生植物。生于草原带和荒漠草原带的砾石质坡地及盐化低地。各种家畜均乐食，羊、马最喜食。

产地：全旗。

饲用价值：良等饲用植物。

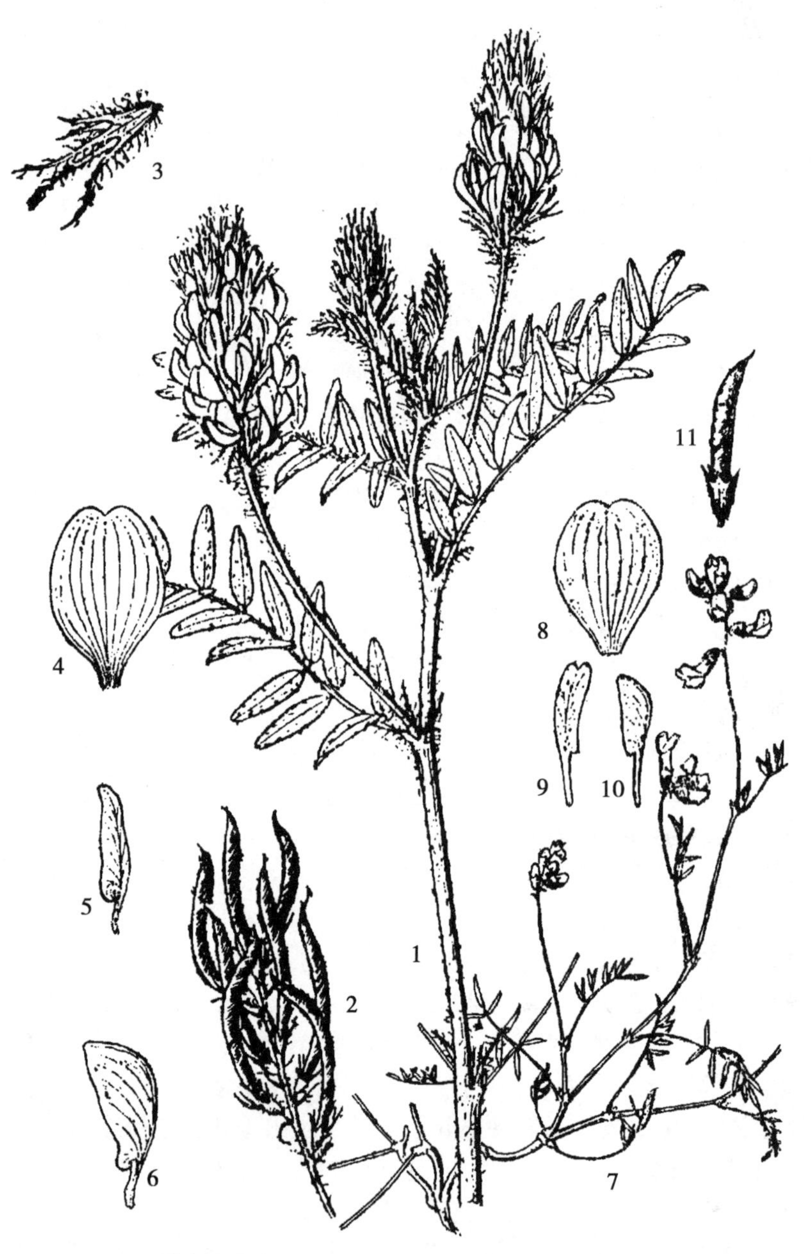

达乌里黄耆 *Astragalus dahuricus*（Pall.）DC.

1. 植株；2. 果序；3. 花萼；4. 旗瓣；5. 翼瓣；6. 龙骨瓣

细弱黄耆 *Astragalus miniatus* Bunge

7. 植株；8. 旗瓣；9. 翼瓣；10. 龙骨瓣；11. 荚果

锦鸡儿属 *Caragana* Fabr.

狭叶锦鸡儿 *Caragana stenophylla* Pojark.

蒙名：纳日音-哈日嘎纳

别名：红柠条、羊柠角、红刺、柠角、小花矮锦鸡儿

形态特征：矮灌木，高 15～70 厘米。树皮灰绿色、灰黄色、黄褐色或深褐色，有光泽；小枝纤细，褐色、黄褐色或灰黄色，具条棱，幼时疏生柔毛。长枝上的托叶宿存并硬化成针刺状，长 3 毫米；叶轴在长枝上者亦宿存而硬化成针刺状，长达 7 毫米，直伸或稍弯曲，短枝上的叶无叶轴；小叶 4，假掌状排列，条状倒披针形，长 4～12 毫米，宽 1～2 毫米，先端锐尖或钝，有刺尖，基部渐狭，绿色，或多或少纵向折叠，两面疏生柔毛或近无毛。花单生；花梗较叶短，长 5～10 毫米，有毛，中下部有关节；花萼钟形或钟状筒形，基部稍偏斜，长 5～6.5 毫米，无毛或疏生柔毛，萼齿三角形，有针尖，长为萼筒的 1/4，边缘有短柔毛；花冠黄色，长 14～17（20）毫米；旗瓣圆形或宽倒卵形，有短爪，长为瓣片的 1/5，翼瓣上端较宽成斜截形，瓣片约为爪长的 1.5 倍，爪为耳长的 2～2.5 倍，龙骨瓣比翼瓣稍短，具较长的爪（与瓣片等长，或为瓣片的 1/2 以下），耳短而钝；子房无毛。荚果圆筒形，长 20～30 毫米，宽 2.5～3 毫米，两端渐尖。花期 5—9 月，果期 6—10 月。

旱生小灌木。可在典型草原、荒漠草原、山地草原及草原化荒漠等植被中成为稳定的伴生种。喜生于砂砾质土壤、覆沙地及砾石质坡地。绵羊、山羊均乐意采食其一年生枝条，尤其在春季最喜食其花，食后体力恢复较快，易上膘。骆驼一年四季均乐意采食其枝条。

产地：全旗。

饲用价值：良等饲用植物。

狭叶锦鸡儿 *Caragana stenophylla* Pojark.

1. 植株；2. 短枝叶；3. 花萼；4. 旗瓣；5. 翼瓣；6. 龙骨瓣；7. 荚果

小叶锦鸡儿 *Caragana microphylla* Lam.

蒙名：乌禾日-哈日嘎纳、阿拉他嘎纳

别名：柠条、连针、中间锦鸡儿、灰色小叶锦鸡儿

形态特征：灌木，高40~70厘米，最高可达1米。树皮灰黄色或黄白色；小枝黄白色至黄褐色，直伸或弯曲，具条棱，幼时被短柔毛。长枝上的托叶宿存硬化成针刺状，长5~8毫米，常稍弯曲；叶轴长15~55毫米，幼时被伏柔毛，后无毛，脱落。小叶10~20，羽状排列，倒卵形或倒卵状矩圆形，近革质，绿色，长3~10毫米，宽2~5毫米，先端微凹或圆形，少近截形，有刺尖，基部近圆形或宽楔形，幼时两面密被绢状短柔毛，后仅被极疏短柔毛。花单生、长20~25毫米；花梗长10~20毫米，密被绢状短柔毛，近中部有关节；花萼钟形或筒状钟形，基部偏斜，长9~12毫米，宽5~7毫米，密被短柔毛，萼齿宽三角形，长约3毫米，边缘密生短柔毛，花冠黄色，旗瓣近圆形，顶端微凹，基部有短爪，翼瓣爪长为瓣片的1/2，耳短，圆齿状，长约为爪的1/5，龙骨瓣顶端钝，爪约与瓣片等长，耳不明显；子房无毛。荚果圆筒形，长（3）4~5厘米，宽4~6毫米。深红褐色，无毛，顶端斜长渐尖。花期5—6月，果期8—9月。

典型草原的旱生灌木。在砂砾质、沙壤质或轻壤质土壤的针茅草原群落中形成灌木层片，并可成为亚优势成分，在群落外貌上十分明显，成为草原带景观植物，组成了一类独特的灌丛化草原群落。绵羊、山羊及骆驼均乐意采食其嫩枝，尤其于春末喜食其花。牧民认为它的花营养价值高。有抓膘作用，能使经冬后的瘦弱畜迅速肥壮起来。马、牛不乐意采食。全草、根、花、种子入药。种子也入蒙药。

产地：全旗。

饲用价值：良等饲用植物。

小叶锦鸡儿 *Caragana microphylla* Lam.

1. 植株；2. 旗瓣；3. 翼瓣；4. 龙骨瓣；5. 荚果

野豌豆属 *Vicia* L.

广布野豌豆 *Vicia cracca* L.

蒙名：伊曼-给希

别名：草藤、落豆秧

形态特征：多年生草本，高 30~120 厘米。茎攀援或斜升，有棱，被短柔毛。叶为双数羽状复叶，具小叶 10~24，叶轴末端成分枝或单一的卷须；托叶为半边箭头形或半戟形，长（3）5~10 毫米，有时狭细成条性；小叶条形、矩圆状条形或披针状条形，膜质，长 10~30 毫米，宽 2~4 毫米，先端锐尖或圆形，具小刺尖，基部近圆形，全缘，叶脉稀疏，不明显，上面无毛或近无毛，下面疏生短柔毛，稍呈灰绿色。总状花序腋生，总花梗超出于叶或与叶近等长，7~20 朵花；花紫色或蓝紫色，长 8~11 毫米；花萼钟状，有毛，下萼齿比上萼齿长；旗瓣中部缢缩成提琴形，顶端微缺，瓣片与瓣爪近等长，翼瓣稍短于旗瓣或近等长，龙骨瓣显著短于翼瓣，先端钝；子房有柄，无毛，花柱急弯，上部周围有毛，柱头头状。荚果矩圆状菱形，稍膨胀或压扁，长 15~25 毫米，无毛，果柄通常比萼筒短，含种子 2~6 颗。花期 6—9 月，果期 7—9 月。

广布野豌豆 *Vicia cracca* L.

1. 植株；2. 旗瓣；3. 翼瓣；4. 龙骨瓣；5. 荚果

中生植物，为草甸种，稀进入草甸草原。生于草原带的山地和森林草原带的河滩草甸、林缘、灌丛、林间草甸，亦生于林区的撂荒地。品质良好，有抓膘作用，但产草量不甚高，可补播改良草场或引入与禾本科牧草混播。也为水土保持及绿肥植物。全草可作“透骨草”入药。

产地：呼伦镇。

饲用价值：优等饲用植物。

山野豌豆 *Vicia amoena* Fisch. ex Seringe

蒙名：乌拉音-给希

别名：山黑豆、落豆秧、透骨草、狭叶山野豌豆、绢毛山野豌豆

形态特征：多年生草本，高 40~80 厘米，主根粗壮。茎攀援或直立，具四棱，疏生柔毛或近无毛。叶为双数羽状复叶，具小叶（6）10~14，互生；叶轴末端成分枝或单一的卷须；托叶大，2~3 裂成半边戟形或半边箭头形，长 10~16 毫米，有毛，小叶椭圆形或矩圆形，长 15~30 毫米，宽（6）8~15 毫米，先端圆或微凹，具刺尖，基部通常圆，全缘，侧脉与中脉呈锐角，通常达边缘，在末端不连合成波状，牙齿状或不明显，上面无毛，下面沿叶脉及边缘疏生柔毛或近无毛。总状花序，腋生；总花梗通常超出叶，具 10~20 朵花，花梗有毛；花红紫色或蓝紫色，长 10~13（16）毫米；花萼钟状，有毛，上萼齿较短，三角形，下萼齿较长，披针状锥形；旗瓣倒卵形，顶端微凹，翼瓣与旗瓣近等长，龙骨瓣稍短于翼瓣，顶端渐狭，略呈三角形；子房有柄，花柱急弯，上部周围有毛，柱头头状。荚果矩圆状菱形，长 20~25 毫米，宽约 6 毫米，无毛，含种子 2~4 颗。种子圆形，黑色。花期 6—7 月，果期 7—8 月。

山野豌豆 *Vicia amoena* **Fisch. ex Seringe**

1. 植株；2. 花萼；3. 旗瓣；4. 翼瓣；5. 龙骨瓣；6. 荚果

旱中生植物。为草甸草原和林缘草甸的优势种或伴生种。生长在山地林缘、灌丛和广阔的草甸草原群落中。茎叶柔嫩，各种牲畜均乐食，羊喜采食其叶，马于秋、冬、春季采食，骆驼四季均采食。种子采收容易，发芽率高、耐荫性强，可与多年生丛生性禾本科牧草混播，改良天然草场和打草用。全草入蒙药。

产地：呼伦镇、阿日哈沙特镇。

饲用价值：优等饲用植物。

歪头菜 *Vicia unijuga* A. Br.

蒙名：好日黑纳格-额布斯

别名：草豆、白花歪头菜

形态特征：多年生草本，高 40~100 厘米。根茎粗壮，近木质。茎直立，常数茎丛生。有棱，无毛或疏生柔毛。叶为双数羽状复叶，具小叶 2；叶轴末端成刺状；托叶半边箭头形，长（6）8~20 毫米，具 1 至数个齿裂，稀近无齿；小叶卵形或椭圆形，有时为卵状披针形，长卵形、近菱形等，长 30~60 毫米，宽 20~35 毫米，先端锐尖或钝，基部楔形，宽楔形或圆形，全缘状，具微凸出的小齿，上面无毛，下面无毛或沿中脉疏生柔毛，叶脉明显，成密网状。总状花序，腋生或顶生，比叶长，具花 15~25 朵；总花梗疏生柔毛；小苞片短，披针状锥形；花蓝紫色或淡紫色，长 11~14 毫米；花萼钟形或筒状钟形，疏生柔毛，萼齿长，三角形，上萼齿较短，披针状锥形；旗瓣倒卵形，顶端微凹，中部微缢缩，比翼瓣长，翼瓣比龙骨瓣长；子房无毛，花柱急弯，上部周围有毛，柱头头状。荚果扁平，矩圆形，两端尖，长 20~30 毫米，宽 4~6 毫米，无毛，含种子 1~5 颗；种子扁，圆形，褐色。花期 6—7 月，果期 8—9 月。

歪头菜 ***Vicia unijuga*** **A. Br.**

1. 植株；2. 花萼；3. 旗瓣；4. 翼瓣；5. 龙骨瓣；6. 荚果

中生植物，森林草甸种。生于山地林下、林缘草甸、山地灌丛和草甸草原，是森林边缘草甸群落（五花草塘）的亚优势种或伴生种。马、牛最喜食其嫩叶和枝，干枯后仍喜食；羊一般采食，枯后稍食。营养价值较高，耐牧性强，可用作改良天然草地和混播之用。也可作为水土保持植物。全草入药。

产地：呼伦镇、阿日哈沙特镇。

饲用价值：优等饲用植物。

山黧豆属 *Lathyrus* L.

山黧豆 *Lathyrus quinquenervius*（Miq.）Litv.

蒙名：他布都-扎嘎日-豌豆

别名：五脉山黧豆、五脉香豌豆

形态特征：多年生草本，高 20~40 厘米。根茎细而稍弯，横走地下。茎单一，直立或稍斜升，有棱，具翅，有毛或近无毛。双数羽状复叶，小叶 2~6，叶轴末端成为单一不分歧的卷须，下部叶的卷须很短，常成刺状；托叶为狭细的半箭头状，长 5~15 毫米，宽 0.5~1.5 毫米；小叶矩圆状披针形，条状披针形或条形，长 4~6.5 厘米，宽 2~8 毫米，先端锐尖或渐尖，具短刺尖，基部楔形，全缘，上面无毛或近无毛，下面有柔毛，有时老叶渐无毛，具 5 条明显凸出的纵脉。总状花序腋生，花序的长短多变化，通常为叶的 2 倍至数倍长，具 3~7 朵花；花梗与花萼近等长或稍短，疏生柔毛；花蓝紫色或紫色，长 15~20 毫米；花萼钟状，长约 6 毫米，被长柔毛，上萼齿三角形、先端锐尖或渐尖，比萼筒显著短，下萼齿锥形或狭披针形，比萼筒稍短或近等长；旗瓣宽倒卵形，于中部缢缩，顶端微缺，翼瓣比旗瓣稍短或近等长，龙骨瓣比翼瓣短，子房有毛，花柱下弯。荚果矩圆状条形，直或微弯，顶端渐尖，长 3~5 厘米，宽约 5 毫米，有毛。花期 6—7 月，果期 8—9 月。

草甸中生草本，是森林草原带的山地草甸、河谷草甸群落伴生种，也进入草原带的草甸化草原群落。

产地：呼伦镇。

饲用价值：良等饲用植物。

毛山黧豆 *Lathyrus palustris* L. var. *pilosus*（Cham.）Ledeb.

蒙名：乌斯图-扎嘎日-豌豆

别名：柔毛山黧豆

形态特征：多年生草本，高 30~50 厘米。根茎细，横走地下。茎攀援，常呈之字形屈曲，有翅，通常稍分枝，疏生长柔毛。双数羽状复叶，具小叶 4~8（10）；叶轴末端具分歧的卷须；托叶半箭头形，长 6~15 毫米，宽 1.5~4 毫米；小叶披针形、条状披针形、条形或近矩圆形，长 2.5~6.5 厘米，宽 2~7 毫米，先端钝，具短刺尖，基部宽楔形或近圆形，上面绿色，有柔毛，下面淡绿色，密或疏生长柔毛。总状花序腋生，通常比叶长，有时近等长，具花 2~6 朵；花蓝紫色，长（13）15~16（18）毫米，花梗比萼短或近等长；花萼钟形，长约 6 毫米，有长柔毛，上萼齿较短，三角形至披针形，下萼齿较长，狭三角形；旗瓣宽倒卵形，于中部缢缩，顶端微凹，翼瓣比旗瓣短，比龙骨瓣长，具稍弯曲的瓣爪，龙骨瓣的瓣片半圆形，顶端稍尖，具细长爪；子房条形，有毛至近无毛。荚果矩圆状条形或条形，扁或稍膨胀，两端狭，顶端具短喙，长 4~6 厘米，宽 6~8 毫米，被柔毛或近无毛。花期 6—7 月，果期 8—9 月。

草甸中生植物。在森林草原及草原带的沼泽化草甸和草甸群落中为伴生成分，也进入山地林缘和沟谷草甸。羊在秋季采食一些，马、牛乐食其嫩枝叶。

产地：克尔伦河边。

饲用价值：良等饲用植物。

山黧豆 *Lathyrus quinquenervius*（Miq.）Litv.

1. 植株；2. 花萼；3. 旗瓣；4. 翼瓣；5. 龙骨瓣；6. 荚果

毛山黧豆 *Lathyrus palustris* L.（Cham.）Ledeb.

7. 植株；8. 花萼；9. 旗瓣；10. 翼瓣；11. 龙骨瓣；12. 荚果

车轴草属 *Trifolium* L.

野火球 *Trifolium lupinaster* L.

蒙名：禾日音-好希扬古日

别名：野车轴草、白花野火球

形态特征：多年生草本，高15~30厘米，通常数茎丛生。根系发达，主根粗而长。茎直立或斜升，多分枝，略呈四棱形，疏生短柔毛或近无毛。掌状复叶，通常具小叶5，稀为3~7；托叶膜质鞘状，紧贴生于叶柄上，抱茎，有明显脉纹；小叶长椭圆形或倒披针形，长1.5~5厘米，宽（3）5~12（16）毫米，先端稍尖或圆，基部渐狭，边缘具细锯齿，两面密布隆起的侧脉，下面沿中脉疏生长柔毛。花序呈头状，顶生或腋生，花多数，红紫色或淡红色；花梗短，有毛；花萼钟状，萼齿锥形，长于萼筒，均有柔毛；旗瓣椭圆形，长约14毫米，顶端钝或圆，基部稍狭，翼瓣短于旗瓣，矩圆形，顶端稍宽而略圆，基部具稍向内弯曲的耳，爪细长，龙骨瓣比翼瓣稍短，耳较短，爪细长，顶端常有1小凸起；子房条状矩圆形，有柄，通常内部边缘有毛，花柱长，上部弯曲，柱头头状。荚果条状矩圆形，含种子1~3颗。花期7—8月，果期8—9月。

野火球 *Trifolium lupinaster* L.

1. 植株；2. 花；3. 旗瓣；4. 翼瓣；5. 龙骨瓣

中生植物，为森林草甸种。在森林草原地带，是林缘草甸（五花草塘）的伴生种或次优势种。也见于草甸草原、山地灌丛及沼泽化草甸，多生于肥沃的壤质黑钙土及黑土上，但也可适应于砾石质粗骨土。青嫩时为各种家畜所喜食，其中以牛为最喜食，开花后质地粗糙，适口性稍有下降，刈制成干草各种家畜均喜食。可在水分条件较好的地区引种驯化，推广栽培，与禾本科牧草混播建立人工打草场及放牧场。又为蜜源植物。全草入药。

产地：达赉苏木。

饲用价值：良等饲用植物。

苜蓿属 *Medicago* L.

天蓝苜蓿 *Medicago lupulina* L.

蒙名：呼和-查日嘎苏

别名：黑荚苜蓿

形态特征：一年生或二年生草本，高 10~30 厘米。茎斜倚或斜升，细弱，被长柔毛或腺毛，稀近无毛。羽状三出复叶，叶柄有毛；托叶卵状披针形或狭披针形，先端渐尖，基部边缘常有牙齿，下部与叶柄合生，有毛；小叶宽倒卵形，倒卵形至菱形，长 7~14 毫米，宽 4~14 毫米，先端钝圆或微凹，基部宽楔形，边缘上部具锯齿，下部全缘，上面疏生白色长柔毛。下面密被长柔毛。花 8~15 朵密集成头状花序，生于总梗顶端，总花梗长 2~3 厘米，超出叶，有毛；花小，黄色；花梗短，有毛；苞片极小，条状锥形；花萼钟状，密被柔毛，萼齿条状披针形或条状锥状，比萼筒长 1~2 倍；旗瓣近圆形，顶端微凹，基部渐狭，翼瓣显著比旗瓣短，具向内弯的长爪及短耳，龙骨瓣与翼瓣近等长或比翼瓣稍长；子房长椭圆形，内侧有毛，花柱向内弯曲，柱头头状。荚果肾形，长 2~3 毫米，成熟时黑色，表面具纵纹，疏生腺毛，有时混生细柔毛，含种子 1 颗；种子小，黄褐色。花期 7—8 月，果期 8—9 月。

中生植物。草原带的草甸常见伴生种。多生于微碱性草甸、沙质草原、田边、路旁等处。营养价值较高，适口性好，各种家畜一年四季均喜食，其中以羊最喜食。牧民称家畜采食此草上膘快，可以与禾本科牧草混播或改良天然草场。此外，又为水土保持植物及绿肥植物。全草入药。

产地：阿拉坦额莫勒镇、阿日哈沙特镇、呼伦湖沿岸。

饲用价值：优等饲用植物。

黄花苜蓿 *Medicago falcata* L.

蒙名：希日-查日嘎苏

别名：野苜蓿、镰荚苜蓿

形态特征：多年生草本。根粗壮，木质化。茎斜升或平卧，长 30~60（100）厘米。多分枝，被短柔毛。叶为羽状三出复叶；托叶卵状披针形或披针形，长 3~6 毫米，长渐尖，下部与叶柄合生；小叶倒披针形、条状倒披针形、稀倒卵形或矩圆状卵形，长（5）9~13（20）毫米，宽 2.5~5（7）毫米，先端钝圆或微凹，具小刺尖，基部楔形，边缘上部有锯齿，下部全缘，上面近无毛，下面被长柔毛。总状花序密集成头状，腋生，通常具花 5~20 朵，总花梗长，超出叶；花黄色，长 6~9 毫米；花梗长约 2 毫米，有毛；苞片条状锥形，长约 1.5 毫米；花萼钟状，密被柔毛；萼齿狭三角形，长渐尖，比萼筒稍长或与萼筒近等长；旗瓣倒卵形，翼瓣比旗瓣短，耳较长，龙骨瓣与翼瓣近等长，具短耳及长爪；子房宽条形，稍弯曲或近直立，有毛或近无毛，花柱向内弯曲，柱头头状。荚果稍扁，镰刀形，稀近于直，长 7~12 毫米，被伏毛，含种子 2~3（4）颗。花期 7—8 月，果期 8—9 月。

耐寒的旱中生植物。在森林草原及草原带的草原化草甸群落中可形成伴生种或优势种，草甸化羊草草原的亚优势成分。喜生于砂质或砂壤质土，多见于河滩、沟谷等低湿生境中。营养丰富，适口性好，各种家畜均喜食。牧民称此草有增加产乳最有效，对幼畜则能促进发育。产草量也较高，用作放牧或打草均可。但茎多为半直立或平卧，可选择直立型的进行驯化栽培，也可作为杂交育种材料，很有引种栽培前途。全草入药。

产地：阿拉坦额莫勒镇、克尔伦苏木、呼伦湖附近。

饲用价值：优等饲用植物。

草木樨属 *Melilotus*（L.）Mill.

草木樨 *Melilotus officinalis*（L.）Lam.

蒙名：呼庆黑

别名：黄花草木犀、马层子、臭苜蓿

形态特征：一或两年生草本，高 60~90 厘米，有时可达 1 米以上。茎直立，粗壮。多分枝，光滑无毛。叶为羽状三出复叶；托叶条状披针形，基部不齿裂，稀有时靠近下部叶的托叶基部具 1 或 2 齿裂；小叶倒卵形、矩圆形或倒披针形，长 15~27（30）毫米，宽（3）4~7（12）毫米，先端钝，基部楔形或近圆形，边缘有不整齐的疏锯齿。总状花序细长，腋生，有多数花；花黄色，长 3.5~4.5 毫米；花萼钟状，长约 2 毫米，萼齿 5，三角状披针形，近等长，稍短于萼筒；旗瓣椭圆形，先端圆或微凹，基部楔形，翼瓣比旗瓣短，与龙骨瓣略等长；子房卵状矩圆形，无柄，花柱细长。荚果小，近球形或卵形，长约 3.5 毫米，成熟时近黑色，表面具网纹，内含种子 1 颗，近圆形或椭圆形，稍扁。花期 6—8 月，果期 7—10 月。

旱中生植物。在森林草原和草原带的草甸或轻度盐化草甸中为常见伴生种，并可进入荒漠草原的河滩低湿地，以及轻度盐化草甸。多生于河滩、沟谷、湖盆洼地等低湿地生境中。幼嫩时为各种家畜所喜食。开花后质地粗糙，有强烈的“香豆素”气味，故家畜不乐意采食，但逐步适应后，适口性还可提高。营养价值较高，适应性强，较耐旱，可作饲料、绿肥及水土保持之用。又可作蜜源植物。全草入药，也入蒙药。

产地：阿拉坦额莫勒镇路旁、呼伦湖沿岸、克尔伦河河滩草甸。

饲用价值：优等饲用植物。

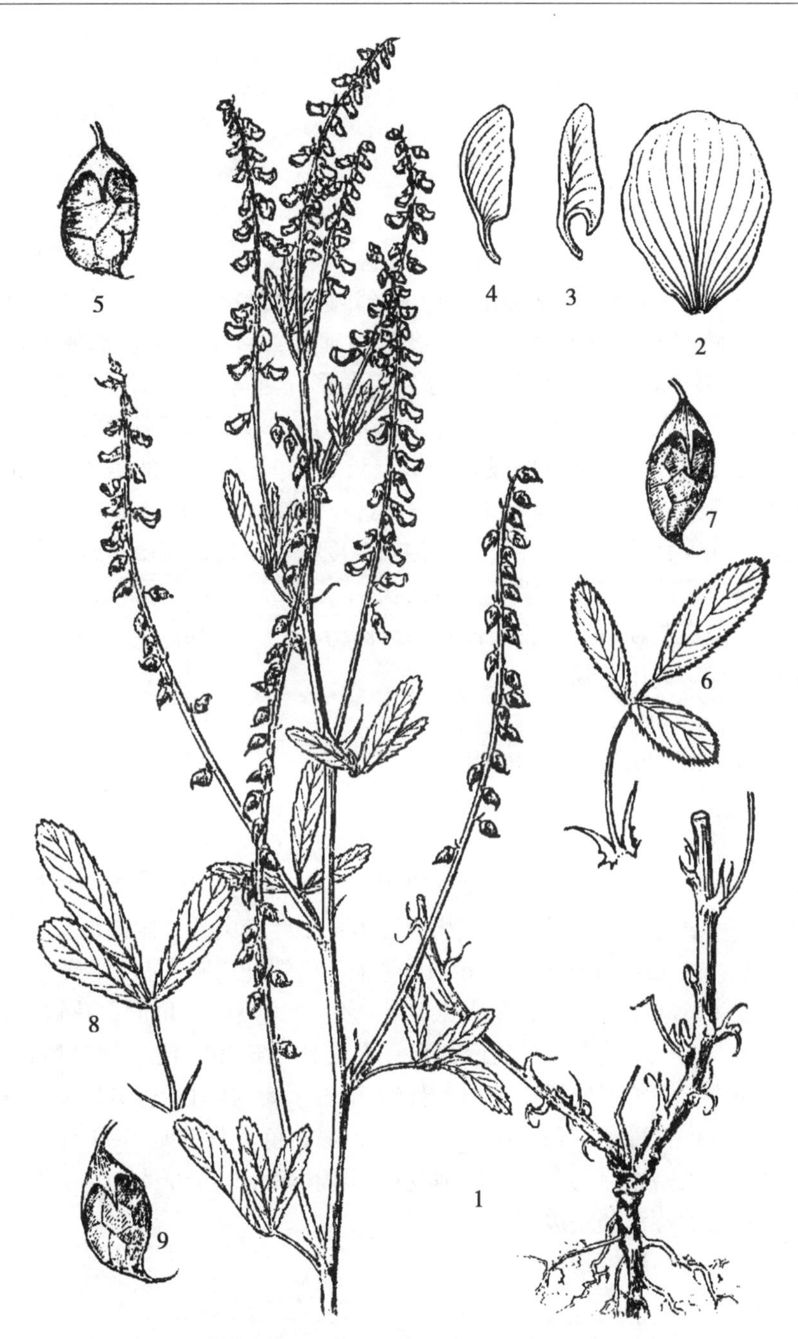

草木樨 *Melilotus officinalis*（L.）Lam.

1. 植株；2. 旗瓣；3. 翼瓣；4. 龙骨瓣；5. 荚果

细齿草木樨 *Melilotus dentatus*（Wald. et Kit.）Pers.

6. 叶；7. 荚果

白花草木樨 *Melilotus albus* Medik.

8. 叶；9. 荚果

细齿草木樨 *Melilotus dentatus*（Wald. et Kit.）Pers.

蒙名：纳日音-呼庆黑

别名：马层、臭苜蓿

形态特征：二年生草本，高 20~50 厘米。茎直立，有分枝，无毛。叶为羽状三出复叶；托叶条形或条状披针形，先端长渐尖，基部两侧有齿裂；小叶倒卵状矩圆形，长 15~30 毫米，宽 4~10 毫米，先端圆或钝，基部圆形或近楔形，边缘具密的细锯齿，上面无毛，下面沿脉稍有毛或近无毛。总状花序细长，腋生，花多而密；花黄色，长 3.5~4 毫米；花萼钟状，长约 2 毫米，萼齿三角形，近等长，稍短于萼筒；旗瓣椭圆形，先端圆或微凹，无爪，翼瓣比旗瓣稍短，龙骨瓣比翼瓣稍短或近等长；子房条状矩圆形，无柄，花柱细长。荚果卵形或近球形，长 3~4 毫米，表面具网纹，成熟时黑褐色，含种子 1~2 颗；种子近圆形或椭圆形，稍扁。花期 6—8 月，果期 7—9 月。

中生植物。在森林草原和草原带的草甸及轻度盐化草甸群落中是常见伴生种。多生于低湿草地、路旁、滩地等生境中。全草入药。

产地：阿拉坦额莫勒镇、阿日哈沙特镇公路旁。

饲用价值：优等饲用植物。

白花草木樨 *Melilotus albus* Medik.

蒙名：查干-呼庆黑

别名：白香草木樨

形态特征：一或二年生草本，高达 1 米以上。茎直立，圆柱形，中空，全株有香味。叶为羽状三出复叶；托叶锥形或条状披针形；小叶椭圆形、矩圆形、卵状矩圆形或倒卵状矩圆形等，长 15~30 毫米，宽 6~11 毫米，先端钝或圆，基部楔形，边缘具疏锯齿。总状花序腋生，花小，多数，稍密生，花萼钟状，萼齿三角形；花冠白色，长 4~4.5 毫米；旗瓣椭圆形，顶端微凹或近圆形，翼瓣比旗瓣短，比龙骨瓣稍长或近等长；子房无柄。荚果小，椭圆形或近矩圆形，长约 3.5 毫米，初时绿色，后变黄褐色至黑褐色，表面具网纹，内含种子 1~2 颗；种子肾形，褐黄色。花果期 7—8 月。

中生植物。生于路边、沟旁、盐碱地及草甸等生境中。全草入药。

产地：阿日哈沙特镇公路边。

饲用价值：优等饲用植物。

扁蓿豆属 *Melilotoides* Heist. ex Fabr.

扁蓿豆 *Melilotoides ruthenica*（L.）Sojak

蒙名：其日格-额布苏

别名：花苜蓿、野苜蓿、细叶扁蓿豆

形态特征：多年生草本，高 20~60 厘米。根茎粗壮。茎斜生、近平卧或直立，多分枝，茎、枝常四棱形，疏生短毛。叶为羽状三出复叶；托叶披针状锥形、披针形或半箭头形，顶端渐尖，全缘或基部具牙齿或裂片，有毛；小叶矩圆状倒披针形、矩圆状楔形或条状楔形，茎下部或中下部的小叶，常为倒卵状楔形或倒卵形，长 5~15（25）毫米，宽 2~4（7）毫米，先端钝或微凹，有小尖头，基部楔形，边缘常在中上部有锯齿，有时中下部亦具锯齿，上面近无毛，下面疏生伏毛，叶脉明显。总状花序，腋生，稀疏，具花（3）4~10（12）朵，总花梗超出于叶，疏生短毛；苞片极小，锥形；花黄色，带深紫色，长 5~6 毫米；花梗长 2~3 毫米，有毛；花萼钟状，长 2~2.5（3）毫米，密被伏毛，萼齿披针形，比萼筒短或近等长；旗瓣矩圆状倒卵形，顶端微凹，翼瓣短于旗瓣，近矩圆形，顶端钝而稍宽，基部具爪和耳，龙骨瓣短于翼瓣；子房条形，有柄。荚果扁平，矩圆形或椭圆形，长 8~12（18）毫米，宽 3.5~5 毫米，网纹明显，先端有短喙，含种子 2~4 颗；种子矩圆状椭圆形，长 2~2.5 毫米，淡黄色。花期 7—8 月，果期 8—9 月。

中旱生植物。多为草原带的典型草原或草甸草原常见伴生成分，有时多度可达次优势种，在沙质草原也可见到。生于丘陵坡地、山坡、林缘、沙质地、半固定或固定沙丘、路旁草地等处。营养价值高，适口性好；各种家畜一年四季均喜食。牧民称家畜采食此草后，15~20 天便可上膘。乳畜食后，乳的质量可提高。孕畜所产仔畜肥壮，可选择直立类型引种驯化，推广种植。也可作补播材料改良草场。又为水土保持植物。

产地：全旗。

饲用价值：优等饲用植物。

扁蓄豆 ***Melilotoides ruthenica*（L.）Sojak**

1. 花果枝；2. 花萼；3. 旗瓣；4. 翼瓣；5. 龙骨瓣

岩黄耆属 *Hedysarum* L.

山岩黄耆 *Hedysarum alpinum* L.

蒙名：乌拉音-他日波勒吉

形态特征：多年生草本，高 40~100 厘米。根粗壮，暗褐色。茎直立，具纵沟，无毛。单数羽状复叶，小叶 9~21；托叶披针形或近三角形，基部彼此合生或合生至中部以上，膜质，褐色；小叶卵状矩圆形、狭椭圆形或披针形，长 15~30 毫米，宽 4~10 毫米，先端钝或稍尖，基部圆形或宽楔形，全缘，上面无毛，下面疏生短柔毛或近无毛，侧脉密而明显。总状花序腋生，显著比叶长，花多数，20~30（60）朵；花梗长 2~4 毫米；苞片条形，长约 2 毫米，膜质，褐色；花蓝紫色，长 13~17 毫米，稍下垂；萼短钟状，长 3~4 毫米，有短柔毛，萼齿 5，三角形至狭披针形，下方的萼齿稍狭长，旗瓣长倒卵形，顶端微凹，无爪，翼瓣比旗瓣稍短或近等长，宽不及旗瓣的 1/2，耳条形，约与爪等长，龙骨瓣比旗瓣及翼瓣显著长，有爪及短耳；子房无毛。荚果有荚节（1）2~3（4），荚节近扁平，椭圆形至狭倒卵形，两面具网状脉纹，无毛。花期 7 月，果期 8 月。

草甸中生植物。为森林区的河谷草甸、林间草甸、林缘、灌丛及草甸草原的伴生种，稀疏进入森林草原和草原带。

产地：呼伦镇。

饲用价值：良等饲用植物。

华北岩黄耆 *Hedysarum gmelinii* Ledeb.

蒙名：伊曼-他日波勒吉

别名：刺岩黄耆、矮岩黄耆、窄叶华北岩黄耆

形态特征：多年生草本，高 20~70 厘米。根粗壮，深长，暗褐色。茎直立或斜升，伸长或短缩，具纵沟，被疏或密的白色柔毛。单数羽状复叶，小叶 9~23；托叶卵形或卵状披针形，长 8~12 毫米，先端锐尖，膜质，褐色，有柔毛；叶轴有柔毛；小叶椭圆形、矩圆形或卵状矩圆形，长 7~30 毫米，宽 3~12 毫米，先端圆形或钝尖，基部圆形或近宽楔形，上面密被褐色腺点，无毛或近无毛，下面密被平伏或开展的长柔毛。总状花序腋生，紧缩或伸长，长 4~8 厘米；总花梗长可达 25 厘米，显著比叶长；花多数，15~40 朵；花梗短；苞片披针形，长约 4 毫米，小苞片条形，约与萼筒等长，膜质，褐色；花红紫色，有时为淡黄色，长 15~20 毫米，斜立或直立；花萼钟状，长 7~8 毫米，有白色伏柔毛，萼齿条状披针形，较萼筒长 1.5~3 倍，下萼齿较上萼齿和中萼齿稍长；旗瓣倒卵形，顶端微凹，无爪，翼瓣长为旗瓣的 2/3，爪较耳长 1 倍，龙骨瓣与旗瓣近等长，有爪及短耳，爪较耳长 5~6 倍；子房有白色柔毛，有短柄。荚果有荚节 3~6，荚节宽椭圆形或宽卵形，有网状肋纹、针刺和白色柔毛。花期 6—8（9）月，果期 7—9 月。

草原旱生植物。常在典型草原和森林草原砾石质土壤上散生，局部数量较多，但不

占优势。

产地：旗北部草原。

饲用价值：良等饲用植物。

山岩黄耆 *Hedysarum alpinum* L.

1. 植株；2. 旗瓣；3. 翼瓣；4. 龙骨瓣；5. 荚果

山竹子属 *Corethrodendron* Fisch. et Basin.

山竹子 *Corethrodendron fruticosum*（Pall.）B. H. Choi et H. Ohashi

蒙名：他日波勒吉

别名：山竹岩黄耆、蒙古岩黄耆

形态特征：半灌木或呈小灌木状，高 60~120 厘米。根粗壮，深长，少分枝，红褐色。茎直立，多分枝。树皮灰黄色或灰褐色，常呈纤维状剥落。小枝黄绿色或带紫褐色，嫩枝灰绿色，密被平伏的短柔毛，具纵沟。单数羽状复叶，具小叶 9~21；托叶卵形或卵状披针形，长 4~5 毫米，膜质，褐色，外面有平伏柔毛，中部以下彼此连合，早落；叶轴长 3~10 厘米，有毛；小叶具短柄，柄长 2~3 毫米；小叶多互生，矩圆形、椭圆形或条状矩圆形，长 10~20（25）毫米，宽 3~10 毫米，先端圆形或钝尖，有小凸尖，基部近圆形或宽楔形，全缘，上面密布红褐色腺点并疏生平伏短柔毛，下面被稍密的短伏毛。总状花序腋生，与叶近等长，具 4~10 朵花，疏散；花梗短，长 2~3 毫米，有毛，苞片小，三角状卵形，膜质，褐色，有毛；花紫红色，长 15~20（25）毫米；花萼筒状钟形或钟形，长 4~5 毫米，被短柔毛，萼齿三角形、近等长，渐尖，长约为萼筒的 1/2，边缘有长柔毛；旗瓣宽倒卵形，顶端微凹，基部渐狭，翼瓣小，长约为旗瓣的 1/3，具较长的耳，龙骨瓣稍短于旗瓣；子房条形，密被短柔毛，花柱长而屈曲。荚果通常具 2~3 荚节，有时仅 1 节发育，荚节矩圆状椭圆形，两面稍凸，具网状脉纹，长 5~7 毫米，宽 3~4 毫米，幼果密被柔毛，以后毛渐稀少。花期 7—8（9）月，果期 9—10 月。

草原区的沙生中旱生植物。生于草原区的沙丘及沙地及戈壁红土断层冲刷沟沿砾石质地，也进入森林草原地区。青鲜时绵羊、山羊采食其枝叶，骆驼也采食。

产地：宝格德乌拉苏木。

饲用价值：良等饲用植物。

华北岩黄耆 ***Hedysarum gmelinii*** **Ledeb.**

1. 植株；2. 花萼纵切；3. 旗瓣；4. 翼瓣；5. 龙骨瓣；6. 荚果

山竹子 ***Corethrodendron fruticosum*** **（Pall.） B. H. Choi et H. Ohashi**

7. 植株；8. 旗瓣；9. 翼瓣；10. 龙骨瓣；11. 荚果

胡枝子属 *Lespedeza* Michx.

绒毛胡枝子 *Lespedeza tomentosa*（Thunb.）Sieb. ex Maxim.

蒙名：萨格萨嘎日-呼日布格

别名：山豆花

形态特征：草本状半灌木，高 50~100 厘米，全体被黄色或白色柔毛。枝具细棱。羽状三出复叶，互生；托叶 2，条形，长约 8 毫米，被毛，宿存；叶柄长 1.5~4 厘米；顶生小叶较大，矩圆形或卵状椭圆形，长 3~6 厘米，宽 1.5~3 厘米；先端圆形或微凹，有短尖，基部圆形或微心形，上面被平伏短柔毛，下面密被长柔毛，叶脉明显，脉上密被黄褐色柔毛。总状花序顶生或腋生，花密集，花梗短，无关节；无瓣花腋生，呈头状花序；小苞片条状披针形，花萼杯状，萼齿 5，披针形，先端刺芒状，被柔毛；花冠淡黄白色，旗瓣椭圆形，长约 1 厘米，有短爪；比翼瓣短或等长；翼瓣矩圆形，龙骨瓣与翼瓣等长，子房被绢毛。荚果倒卵形，长 3~4 毫米，宽 2~3 毫米，上端具凸尖，密被短柔毛，网脉不明显。花期 7—8 月，果期 9—10 月。

中旱生半灌木。生长于山坡、砂质地或灌丛间。根入药。

产地：呼伦镇。

饲用价值：优等饲用植物。

达乌里胡枝子 *Lespedeza davurica*（Laxm.）Schindl.

蒙名：呼日布格

别名：牤牛茶、牛枝子、无梗达乌里胡枝子

形态特征：多年生草本，高 20~50 厘米。茎单一或数个簇生，通常稍斜升。老枝黄褐色或赤褐色，有短柔毛，嫩枝绿褐色，有细棱并有白色短柔毛。羽状三出复叶，互生；托叶 2，刺芒状，长 2~6 毫米；叶轴长 5~15 毫米，有毛；小叶披针状矩圆形，长 1.5~3 厘米，宽 5~10 毫米，先端圆钝，有短刺尖，基部圆形，全缘，上面绿色，无毛或有平伏柔毛，下面淡绿色，伏生柔毛。总状花序腋生，较叶短或与叶等长；总花梗有毛；小苞片披针状条形，长 2~5 毫米，先端长渐尖，有毛；萼筒杯状，萼片披针状钻形，先端刺芒状，几与花冠等长；花冠黄白色，长约 1 厘米，旗瓣椭圆形，中央常稍带紫色，下部有短爪；翼瓣矩圆形，先端钝，较短，龙骨瓣长于翼瓣，均有长爪；子房条形，有毛。荚果小，包于宿存萼内，倒卵形或长倒卵形，长 3~4 毫米，宽约 2~3 毫米，顶端有宿存花柱，两面凸出，伏生白色柔毛。花期 7—8 月，果期 8—10 月。

中旱生小半灌木。较喜温暖，生于森林草原和草原带的干山坡、丘陵坡地、沙地以及草原群落中，为草原群落的次优势成分或伴生成分。幼嫩枝条为各种家畜所乐食，但开花以后茎叶粗老，可食性降低。全草入药。

产地：全旗。

饲用价值：优等饲用植物。

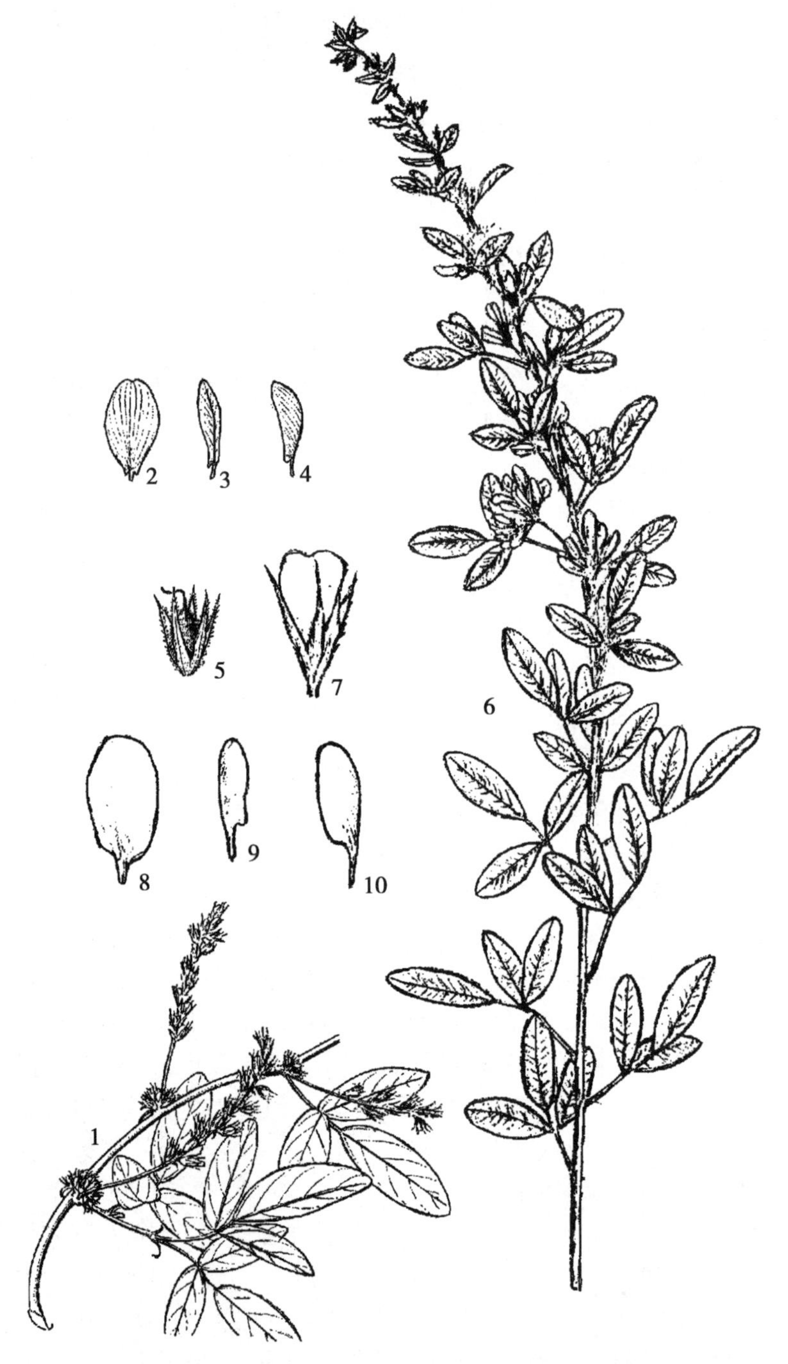

绒毛胡枝子 ***Lespedeza tomentosa*** **（Thunb.）Sieb. ex Maxim.**

1. 植株；2. 旗瓣；3. 翼瓣；4. 龙骨瓣；5. 荚果

达乌里胡枝子 ***Lespedeza davurica*** **（Laxm.）Schindl.**

6. 植株；7. 花；8. 旗瓣；9. 翼瓣；10. 龙骨瓣

牛枝子 *Lespedeza potaninii* V. N. Vassil.

蒙名：乌日格斯图-呼日布格

别名：牛筋子

形态特征：本变种与正种的区别在于：总状花序比叶长；小叶距圆形或倒卵状矩圆形。

荒漠草原旱生小半灌木。稀疏地生长在荒漠草原的砾石性丘陵坡地、干燥的沙质地、少量进入草原带的边缘。秋季各种家畜均喜食。耐干旱，可作水土保持及固沙植物。

产地：克尔伦苏木。

饲用价值：优等饲用植物。

多花胡枝子 *Lespedeza floribunda* Bunge

蒙名：莎格拉嘎日-呼日布格

形态特征：半灌木，高30~50厘米，多于茎的下部分枝，枝略斜升。枝灰褐色或暗褐色，有细棱并密被白色柔毛。羽状三出复叶，互生；托叶2，条形，长约5毫米，褐色，先端刺芒状，有毛；叶轴长3~15毫米，有毛；顶生小叶较大，纸质，倒卵形或倒卵状矩圆形，长8~15毫米，宽4~10毫米，先端微凹，少截形，有短刺尖，基部宽楔形，上面初被平伏短柔毛，后变近无毛，下面密被白色柔毛，侧生小叶较小，具短柄，长约1毫米。总状花序腋生；总花梗较叶为长，有毛。长1.5~2.5厘米；小苞片卵状披针形，长约1毫米，与萼筒贴生，赤褐色，有毛；花萼杯状，长4~5毫米，密生绢毛，萼片披针形，先端渐尖，较萼筒长；花冠紫红色，旗瓣椭圆形，长约8毫米，顶端圆形，基部有短爪，翼瓣略短，条状矩圆形，基部有爪及耳，龙骨瓣长于旗瓣，顶端钝，有爪，子房有毛。荚果卵形，长5~7毫米，宽约3毫米，顶端尖，有网状脉纹，密被柔毛。花期6—9月，果期9—10月。

旱中生小半灌木。生于山地石质山坡、林缘及灌丛中；较喜温暖。可作饲料及绿肥。又可用以保持水土。

产地：旗北部干燥的荒山坡。

饲用价值：良等饲用植物。

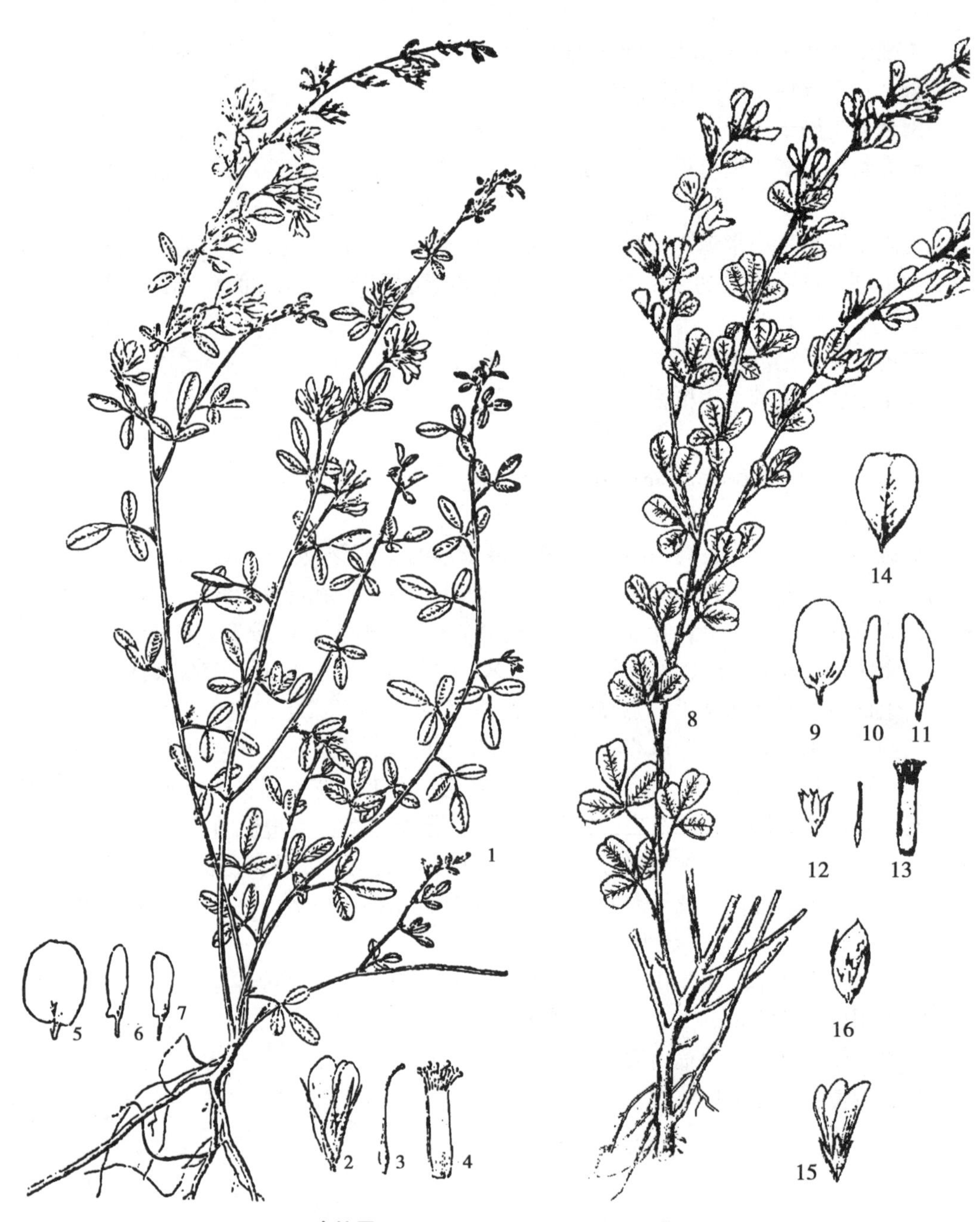

牛枝子 *Lespedeza potaninii* V. N. Vassil.

1. 植株；2. 花；3. 雌蕊；4. 雄蕊；5. 旗瓣；6. 翼瓣；7. 龙骨瓣

多花胡枝子 *Lespedeza floribunda* Bunge

8. 植株的一部分；9. 旗瓣；10. 翼瓣；

11. 龙骨瓣；12. 花萼；13. 雌蕊；14. 雄蕊；15. 花；16. 荚果

尖叶胡枝子 *Lespedeza juncea*（L. f.）Pers.

蒙名：好尼音-呼日布格

别名：尖叶铁扫帚、铁扫帚、黄蒿子

形态特征：草本状半灌木，高 30~50 厘米，分枝少或上部多分枝成帚状。小枝灰绿色或黄绿色，基部褐色，具细棱并被白色平伏柔毛。羽状三出复叶；托叶刺芒状，长 1~1.5 毫米，有毛；叶轴甚短，长 2~4 毫米；顶生小叶较大，条状矩圆形、矩圆状披针形、矩圆状倒披针形或披针形，长 1~3 厘米，宽 2~7 毫米，先端锐尖或钝，有短刺尖，基部楔形，上面灰绿色，近无毛，下面灰色，密被平伏柔毛，侧生小叶较小。总状花序腋生，具 2~5 朵花，总花梗长 2~3 厘米，较叶为长，细弱，有毛；花梗甚短，长约 3 毫米；小苞片条状披针形，长约 1.5 毫米，先端锐尖，与萼筒近等长并贴生于其上；花萼杯状，长 5~6 毫米，密被柔毛，萼片披针形，顶端渐尖，较萼筒长，花开后有明显的 3 脉；花冠白色，有紫斑，长 8 毫米，旗瓣近椭圆形，顶端圆形，基部有短爪，翼瓣矩圆形，较旗瓣稍短，顶端圆，基部有爪，爪长约 2 毫米，龙骨瓣与旗瓣近等长，顶端钝，爪长为瓣片的 1/2；子房有毛。无瓣花簇生于叶腋，有短花梗。荚果宽椭圆形或倒卵形，长约 3 毫米，宽约 2 毫米，顶端宿存花柱，有毛。花期 8—9 月，果期 9—10 月。

尖叶胡枝子 ***Lespedeza juncea*（L. f.）Pers.**

1. 植株；2. 花；3. 荚果；4. 花萼展开

中旱生小半灌木。生于草甸草原带的丘陵坡地、沙质地，也见于栎林边缘的干山坡。在山地草甸草原群落中为次优势种或伴生种。幼嫩时，牛、马、羊均乐食，粗老后适口性降低。可作水土保持植物。

产地：呼伦镇。

饲用价值：良等饲用植物。

牻牛儿苗科 Geraniaceae

牻牛儿苗属 *Erodium* L'Herit.

máng
牻牛儿苗 *Erodium stephanianum* Willd.

蒙名：曼久亥

别名：太阳花

形态特征：一年生或二年生草本；根直立，圆柱状。茎平铺地面或稍斜升，高10~60厘米，多分枝，具开展的长柔毛或有时近无毛。叶对生，二回羽状深裂，轮廓长卵形或矩圆状三角形，长6~7厘米，宽3~5厘米，一回羽片4~7对，基部下延至中脉，小羽片条形，全缘或具1~3粗齿，两面具疏柔毛；叶柄长4~7厘米，具开展长柔毛或近无毛，托叶条状披针形，渐尖，边缘膜质，被短柔毛。伞形花序腋生，花序轴长5~15厘米，通常有2~5花，花梗长2~3厘米，萼片矩圆形或近椭圆形，长5~8毫米，具多数脉及长硬毛，先端具长芒；花瓣淡紫色或紫蓝色，倒卵形，长约7毫米，基部具白毛；子房被灰色长硬毛。蒴果长4~5厘米，顶端有长喙，成熟时5个果瓣与中轴分离，喙部呈螺旋状卷曲。

旱中生植物，广布种。生于山坡、干草地、河岸、沙质草原、沙丘、田间、路旁。全草入药。

产地：全旗。

饲用价值：中等饲用植物。

老鹳草属 *Geranium* L.

草地老鹳草 *Geranium pratense* L.

蒙名：塔拉音-西木德格来

别名：草甸老鹳草、大花老鹳草、草原老鹳草

形态特征：多年生草本；根状茎短，被棕色鳞片状托叶，具多数肉质粗根。茎直立，高20~70厘米，下部被倒生伏毛及柔毛，上部混生腺毛。叶对生，肾状圆形，直径5~10厘米，掌状7~9深裂，裂片菱状卵形或菱状楔形，羽状分裂，羽状缺刻或大牙齿，顶部叶常3~5深裂，两面均被稀疏伏毛，而下面沿脉较密；基生叶具长柄，柄长约20厘米，茎生叶柄较短，顶生叶无柄；托叶狭披针形，淡棕色。花序生于小枝顶端，花序轴长2~5厘米，通常生2花，花梗长0.5~2厘米，果期弯曲，花序轴与花梗皆被短柔毛和腺毛；萼片狭卵形或椭圆形，具3脉，顶端具短芒，密被短毛及腺毛，长约8毫米；花瓣蓝紫色，比萼片长约1倍，基部有毛；花丝基部扩大部分具长毛；花柱合生部分长5~7毫米，花柱分枝长约2~3毫米。蒴果具短柔毛及腺毛，长约2~3厘米；种子浅褐色。花期7—8月，果期8—9月。

中生植物。生于山地林下、林缘草甸、灌丛、草甸、河边湿地。青鲜时家畜不食，干燥后家畜稍采食。

产地：呼伦镇、阿日哈沙特镇、达赉苏木。

饲用价值：中等饲用植物。

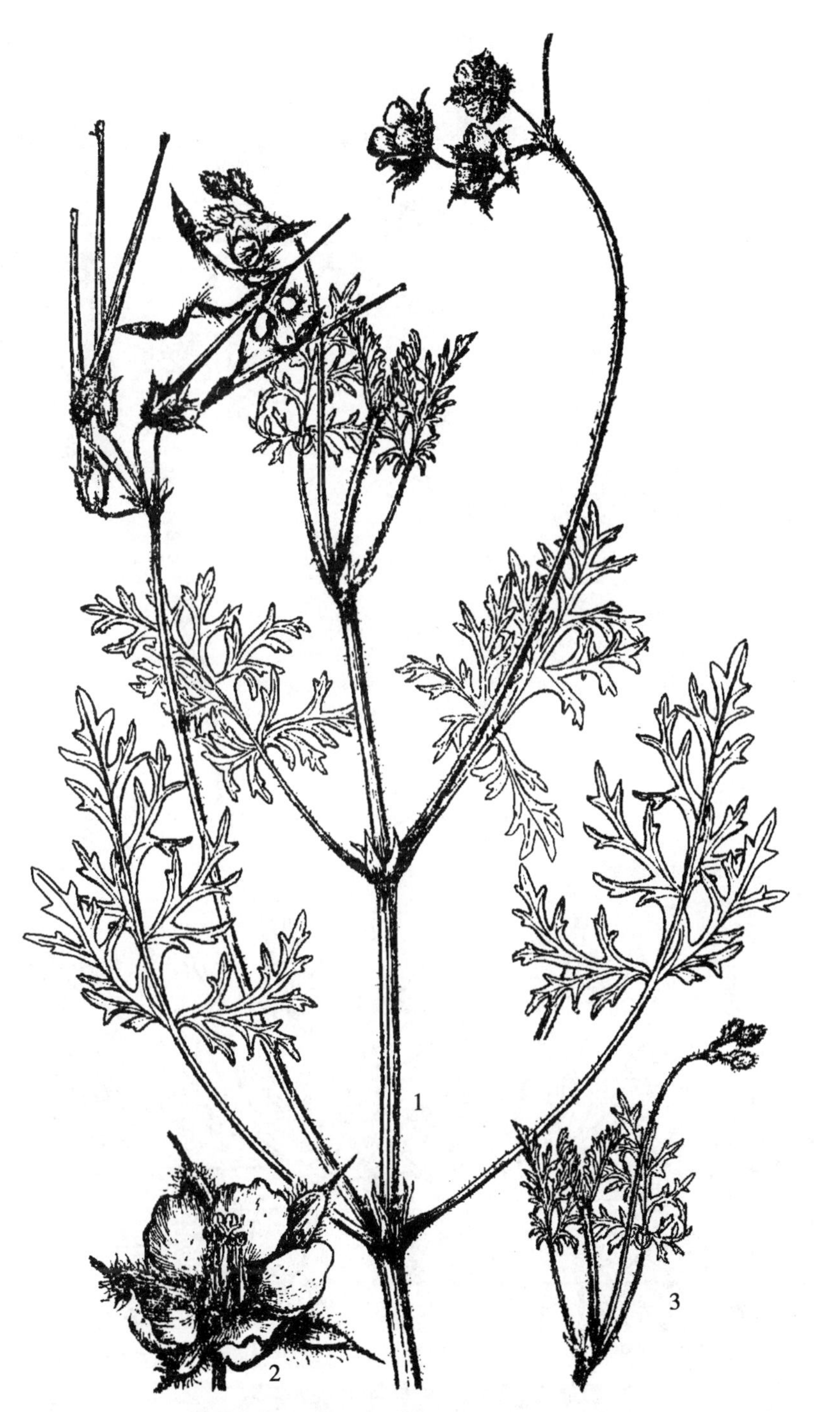

牻牛儿苗 *Erodium stephanianum* Willd.

1. 植株；2. 花；3. 花枝

草地老鹳草 ***Geranium pratense*** **L.**

植株

灰背老鹳草 *Geranium wlassowianum* Fisch. ex Link

蒙名：柴布日-西木德格来

形态特征：多年生草本；根状茎短，倾斜或直立，具肉质粗根，植株基部具淡褐色托叶。茎高 30~70 厘米，直立或斜升，具纵棱，多分枝，具伏生或倒生短柔毛。叶片肾圆形，长 3.5~6 厘米，宽 4~7 厘米，5 深裂达 2/3~3/4，上部叶 3 深裂；裂片倒卵状楔形或倒卵状菱形，上部 3 裂，中央小裂片略长，3 齿裂，其余的有 1~3 牙齿或缺刻，上面具伏柔毛，下面具较密的伏柔毛；呈灰白色；基生叶具长柄，茎生叶具短柄，顶部叶具很短柄，叶柄均被开展短柔毛；托叶具缘毛。花序腋生，花序轴长 3~8 厘米，通常具 2 花，花梗长 2~4 厘米，果期下弯，花序轴及花梗皆被短柔毛；萼片狭卵状矩圆形，长约 1 厘米，具 5~7 脉，背面密生短毛；花瓣宽倒卵形，淡紫红色或淡紫色，长约 2 厘米，具深色脉纹，基部具长毛，花丝基部扩大部分的边缘及背部均有长毛；花柱合生部分长约 1 毫米，花柱分枝部分长 5~7 毫米。蒴果长约 3 厘米，具短柔毛；种子褐色，近平滑。花期 7—8 月，果期 8—9 月。

湿中生植物，草甸种，生于沼泽草甸、河岸湿地、山地林下。

产地：呼伦镇。

饲用价值：低等饲用植物。

鼠掌老鹳草 *Geranium sibiricum* L.

蒙名：西比日-西木德格来

别名：鼠掌草

形态特征：多年生草本，高 20~100 厘米。根垂直，分枝或不分枝，圆锥状圆柱形。茎细长，伏卧或上部斜向上，多分枝，被倒生毛。叶对生，肾状五角形，基部宽心形，长 3~6 厘米，宽 4~8 厘米，掌状 5 深裂；裂片倒卵形或狭倒卵形，上部羽状分裂或具齿状深缺刻；上部叶 3 深裂；叶片两面有疏伏毛，沿脉毛较密；基生叶及下部茎生叶有长柄，上部叶具短柄，柄皆具倒生柔毛或伏毛。花通常单生叶腋，花梗被倒生柔毛，近中部具 2 枚披针形苞片，果期向侧方弯曲；萼片卵状椭圆形或矩圆状披针形，具 3 脉沿脉有疏柔毛，长 4~5 毫米，顶端具芒，边缘膜质；花瓣淡红色或近于白色，长近于萼片，基部微有毛；花丝基部扩大部分具缘毛；花柱合生部分极短，花柱分枝长约 1 毫米。蒴果长 1.5~2 厘米，具短柔毛；种子具细网状隆起。花期 6—8 月，果期 8—9 月。

中生植物，杂草。生于居民点附近及河滩湿地、沟谷、林缘、山坡草地。全草入药，也作入蒙药。

产地：呼伦镇、达赉苏木、乌尔逊河沿岸河滩地。

饲用价值：低等饲用植物。

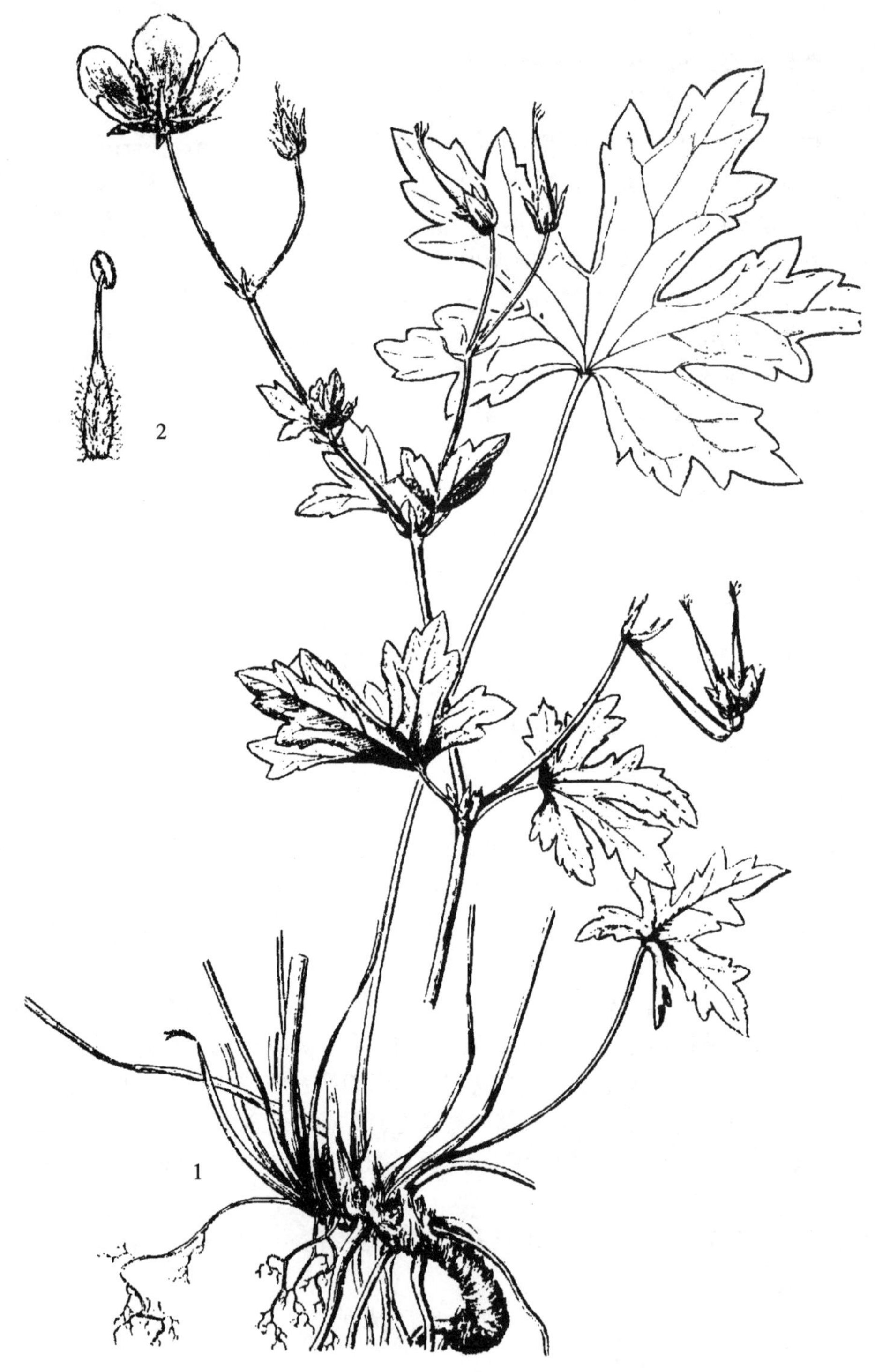

灰背老鹳草 *Geranium wlassowianum* Fisch. ex Link

1. 植株；2. 雄蕊

鼠掌老鹳草 *Geranium sibiricum* L.

植株

亚麻科 Linaceae

亚麻属 *Linum* L.

野亚麻 *Linum stelleroides* Planch.

蒙名：哲日力格-麻嘎领古

别名：山胡麻

形态特征：一年生或二年生草本，高 40~70 厘米。茎直立，圆柱形，光滑，基部稍木质，上部多分枝。叶互生，密集，条形或条状披针形，长 1~4 厘米，宽 1~2.5 毫米，先端尖，基部渐狭，全缘，两面无毛，具 1~3 条脉，无柄。聚伞花序，分枝多；花梗细长，长 0.5~1.5 厘米；花径约 1 厘米；萼片 5，卵形或卵状披针形，长约 3 毫米，具 3 条脉，先端急尖，边缘稍膜质，具黑色腺点；花瓣 5，倒卵形，长约 7 毫米，淡紫色、蓝紫色或蓝色；雄蕊与花柱等长；柱头倒卵形。蒴果球形或扁球形，直径约 4 毫米；种子扁平，褐色。花果期 6—8 月。

中生杂草。生于干燥山坡、路旁。可作人造棉、麻布及造纸原料等；种子供榨油。种子也作蒙药用。

产地：呼伦镇都乌拉。

饲用价值：低等饲用植物。

宿根亚麻 *Linum perenne* L.

蒙名：塔拉音-麻嘎领古

形态特征：多年生草本，高 20~70 厘米。主根垂直，粗壮，木质化。茎从基部丛生，直立或稍斜生，分枝，通常有或无不育枝。叶互生，条形或条状披针形，长 1~2.3 厘米，宽 1~3 毫米，基部狭窄，先端尖，具 1 脉，平或边缘稍卷，无毛；下部叶有时较小，鳞片状；不育枝上的叶较密，条形，长 7~12 毫米，宽 0.5~1 毫米。聚伞花序，花通常多数，暗蓝色或蓝紫色，直径约 2 厘米，花梗细长，稍弯曲，偏向一侧，长 1~2.5 厘米；萼片卵形，长 3~5 毫米，宽 2~3 毫米，下部有 5 条凸出脉，边缘膜质，先端尖；花瓣倒卵形，长约 1 厘米，基部楔形；雄蕊与花柱异长，稀等长。蒴果近球形，直径 6~7 毫米，草黄色，开裂；种子矩圆形，长约 4 毫米，宽约 2 毫米，栗色。花期 6—8 月，果期 8—9 月。

旱生植物，草原种。广泛生于草原地带，多见于砂砾质地、山坡、为草原伴生植物。茎皮纤维可用。种子可榨油。药用植物。

产地：克尔伦苏木、贝尔苏木。

饲用价值：低等饲用植物。

野亚麻 *Linum stelleroides* Planch.

1. 植株；2. 萼片；3. 蒴果；4. 种子

宿根亚麻 *Linum perenne* L.

5. 植株；6. 萼片

白刺科 Nitrariaceae

白刺属 *Nitraria* L.

小果白刺 *Nitraria sibirica* Pall.

蒙名：哈日莫格

别名：西伯利亚白刺、哈莫儿

形态特征：灌木，高 0.5~1 米。多分枝，弯曲或直立，有时横卧，被沙埋压形成小沙丘，枝上生不定根；小枝灰白色，尖端刺状。叶在嫩枝上多为 4~6 个簇生，倒卵状匙形，长 0.6~1.5 厘米，宽 2~5 毫米，全缘，顶端圆钝，具小凸尖，基部窄楔形，无毛或嫩时被柔毛；无柄。花小，黄绿色，排成顶生蝎尾状花序；萼片 5，绿色，三角形；花瓣 5，白色，矩圆形；雄蕊 10~15；子房 3 室。核果近球形或椭圆形，两端钝圆，长 6~8 毫米，熟时暗红色，果汁暗蓝紫色；果核卵形，先端尖，长 4~5 毫米。花期 5—6 月，果期 7—8 月。

耐盐旱生植物。生于轻度盐渍化低地、湖盆边缘、干河床边，可成为优势种并形成群落。在荒漠草原及荒漠地带，株丛下常形成小沙堆。重要固沙植物，能积沙而形成白刺沙滩，固沙能力较强。果实味酸甜，可食。果实入药。果实也作蒙药用。

产地：呼伦镇、达赉苏木、克尔伦河以南。

饲用价值：低等饲用植物。

骆驼蓬科 Peganaceae

骆驼蓬属 *Peganum* L.

匍根骆驼蓬 *Peganum nigellastrum* Bunge

蒙名：哈日-乌没黑-超布苏

别名：骆驼蓬、骆驼蒿

形态特征：多年生草本，高 10~25 厘米，全株密生短硬毛，茎有棱，多分枝。叶二回或三回羽状全裂，裂片长约 1 厘米。萼片稍长于花瓣，5~7 裂，裂片条形；花瓣白色、黄色，倒披针形，长 1~1.5 厘米；雄蕊 15，花丝基部增宽；子房 3 室。蒴果近球形，黄褐色。种子纺锤形，黑褐色，有小疣状凸起。花期 5—7 月，果期 7—9 月。

根蘖性耐盐旱生植物。多生于居民点附近、旧舍地、水井边、路旁、白刺堆间、芨芨草植丛中。全草及种子入药。全草有毒。

产地：克尔伦苏木。

饲用价值：低等饲用植物。

小果白刺 *Nitraria sibirica* Pall.

1. 果枝；2. 果实；3. 花

匍根骆驼蓬 *Peganum nigellastrum* Bunge

4. 植株一部分；5. 种子

蒺藜 *Tribulus terrestris* L.

6. 植株；7. 分果

蒺藜科 Zygophyllaceae

蒺藜属 *Tribulus* L.

蒺藜 *Tribulus terrestris* L.

蒙名：伊曼-章古

形态特征：一年生草本。茎由基部分枝，平铺地面，深绿色到淡褐色，长可达1米左右，全株被绢状柔毛。双数羽状复叶，长1.5~5厘米；小叶5~7对，对生，矩圆形，长6~15毫米，宽2~5毫米，顶端锐尖或钝，基部稍偏斜，近圆形，上面深绿色，较平滑，下面色略淡，被毛较密。萼片卵状披针形，宿存；花瓣倒卵形，长约7毫米；雄蕊10；子房卵形，有浅槽，凸起面密被长毛，花柱单一，短而膨大，柱头5，下延。果由5个分果瓣组成，每果瓣具长短棘刺各1对，背面有短硬毛及瘤状凸起。花果期5—9月。

中生杂草。生于荒地、山坡、路旁、田间、居民点附近，在荒漠区亦见于石质残丘坡地、白刺堆间沙地及干河床边。青鲜时可作饲料。果实入药；果实也作蒙药用。

产地：克尔伦河以南。

饲用价值：低等饲用植物。

芸香科 Rutaceae

拟芸香属 *Haplophyllum* Juss.

北芸香 *Haplophyllum dauricum*（L.）G. Don

蒙名：呼吉-额布苏

别名：假芸香、单叶芸香、草芸香

形态特征：多年生草本，高6~25厘米，全株有特殊香气。根棕褐色。茎基部埋于土中的部分略粗大，木质，淡黄色，无毛；茎丛生，直立，上部较细，绿色，具不明显细毛。单叶互生，全缘，无柄，条状披针形至狭矩圆形，长0.5~1.5厘米，宽1~2毫米，灰绿色，全缘，茎下部叶较小，倒卵形，叶两面具腺点，中脉不显。花聚生于茎顶，黄色，直径约1厘米，花的各部分具腺点；萼片5，绿色，近圆形或宽卵形，长约1毫米；花瓣5，黄色，椭圆形，边缘薄膜质，长约7毫米，宽1.5~4毫米；雄蕊10，离生，花丝下半部增宽，边缘密被白色长睫毛，花药长椭圆形，药隔先端的腺点黄色；子房3室，少为2~4室，黄棕色，基部着生在圆形花盘上，花柱长约3毫米，柱头稍膨大，蒴果，成熟时黄绿色，3瓣裂，每室有种子2粒；种子肾形，黄褐色，表面有皱纹。花期 6—7 月，果期 8—9 月。

旱生植物。广布于草原和森林草原区，亦见于荒漠草原区的山地，为草原群落的伴生种。在西部地区，青鲜时为各种家畜所乐食，秋季为羊和骆驼所喜食，有抓膘作用。

产地：全旗。

饲用价值：良等饲用植物。

白鲜属 *Dictamnus* L.

白鲜 *Dictamnus dasycarpus* Turcz.

蒙名：阿格查嘎海

别名：八股牛、好汉拔、山牡丹

形态特征：多年生草本，高约 1 米。根肉质，粗长，淡黄白色。茎直立，基部木质。叶常密集于茎的中部；小叶 9~13，卵状披针形或矩圆状披针形，长 3.5~9 厘米，宽 1~3 厘米。先端渐尖，基部宽楔形，稍偏斜，无柄，边缘有锯齿，上面密布油点，沿脉被柔毛，尤以下面较多，老时脱落，叶轴两侧有狭翼。总状花序顶生，长约 20 厘米；花大，淡红色或淡紫色，稀白色，萼片狭披针形，宿存，长 6~8 毫米，宽约 2 毫米，其背面有多数红色腺点；花瓣倒披针形，长 2~2.5 厘米，宽 5~8 毫米，有紫红色脉纹，顶端有 1 红色腺点，基部狭长呈爪状，背面沿中脉两侧和边缘有腺点和柔毛；花丝细长伸出花瓣外，花丝上部密被黑紫色腺点；花药黄色，矩圆形；子房上位，倒卵圆形，宽约 3 毫米，5 深裂，密被柔毛和腺点，子房柄密生长毛，花柱细长，长约 10 毫米，表面密被短柔毛，柱头头状，蒴果成熟时 5 裂，裂瓣长约 1 厘米，背面密被棕色腺点及白色柔毛，尖端具针刺状的喙，喙长约 5 毫米；种子近球形，黑色，有光泽。花期 7 月，果期 8—9 月。

中生植物。生于山坡林缘、疏林灌丛、草甸。根皮入药。

产地：呼伦镇。

饲用价值：劣等饲用植物。

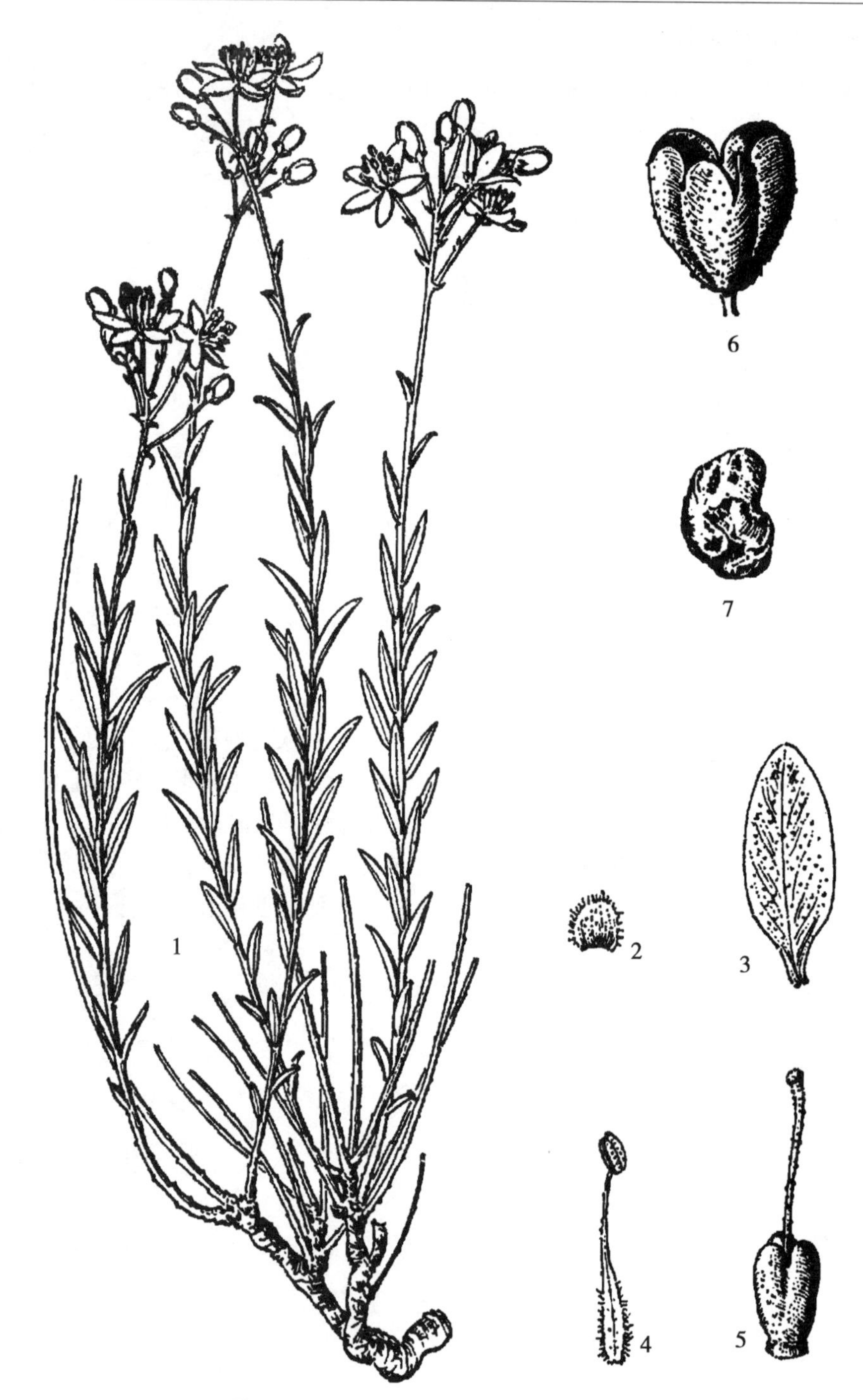

北芸香 ***Haplophyllum dauricum*（L.）G. Don**

1. 植株；2. 萼片；3. 花瓣；4. 雄蕊；5. 雌蕊；6. 蒴果；7. 种子

白鲜 *Dictamnus dasycarpus* Turcz.

1. 植株；2. 雄蕊；3. 雌蕊；4. 蒴果；5. 种子

远志科 Polygalaceae

远志属 *Polygala* L.

细叶远志 *Polygala tenuifolia* Willd.

蒙名：吉如很-其其格

别名：远志、小草

形态特征：多年生草本，高 8~30 厘米。根肥厚，圆柱形，直径约 2~8 毫米，长达 10 余厘米，外皮浅黄色或棕色。茎多数，较细，直立或斜升。叶近无柄，条形至条状披针形，长 1~3 厘米，宽 0.5~2 毫米，先端渐尖，基部渐窄，两面近无毛或稍被短曲柔毛。总状花序顶生或腋生，长 2~10 厘米，基部有苞片 3，披针形，易脱落；花淡蓝紫色；花梗长 4~6 毫米，萼片 5，外侧 3 片小，绿色，披针形，长约 3 毫米，宽 0.5~1 毫米，内侧两片大，呈花瓣状，倒卵形，长约 6 毫米，宽 2~3 毫米，背面近中脉有宽的绿条纹，具长约 1 毫米的爪；花瓣 3，紫色，两侧花瓣长倒卵形，长约 3.5 毫米，宽 1.5 毫米，中央龙骨状花瓣长 5~6 毫米，背部顶端具流苏状缨，其缨长约 2 毫米；子房扁圆形或倒卵形，2 室，花柱扁，长约 3 毫米，上部明显弯曲，柱头 2 裂。蒴果扁圆形，先端微凹，边缘有狭翅，表面无毛；种子 2，椭圆形，长约 1.3 毫米，棕黑色，被白色茸毛。花期 7—8 月，果期 8—9 月。

广旱生植物，嗜砾石。多见于石质草原及山坡、草地、林缘、灌丛下。根入药。根皮入蒙药。

产地：全旗。

饲用价值：低等饲用植物。

细叶远志 *Polygala tenuifolia* Willd.

1. 根；2. 植株上部；3. 花；4. 雄蕊；5. 果实

大戟科 Euphorbiaceae

大戟属 *Euphorbia* L.

乳浆大戟 *Euphorbia esula* L.

蒙名：查干-塔日努

别名：猫儿眼、烂疤眼、松叶乳浆大戟

形态特征：多年生草本，高可达 50 厘米。根细长，褐色。茎直立，单一或分枝，光滑无毛，具纵沟。叶条形、条状披针形或倒披针状条形，长 1~4 厘米，宽 2~4 毫米，先端渐尖或稍钝，基部钝圆或渐狭，边缘全缘，两面无毛；无柄；有时具不孕枝，其上的叶较密而小。总花序顶生，具 3~10 伞梗（有时由茎上部叶腋抽出单梗），基部有 3~7 轮生苞叶，苞叶条形，披针形、卵状披针形或卵状三角形，长 1~3 厘米，宽（1）2~10 毫米，先端渐尖或钝，基部钝圆或微心形，少有基部两侧各具 1 小裂片（似叶耳）者，每伞梗顶端常具 1~2 次叉状分出的小伞梗，小伞梗基部具 1 对苞片，三角状宽卵形、肾状半圆形或半圆形，长 0.5~1 厘米，宽 0.8~1.5 厘米；杯状总苞长 2~3 毫米，外面光滑无毛，先端 4 裂；腺体 4，与裂片相间排列，新月形，两端有短角，黄褐色或深褐色；子房卵圆形，3 室，花柱 3，先端 2 浅裂。蒴果扁圆球形，具 3 沟，无毛，无瘤状凸起。种子卵形，长约 2 毫米。花期 5—7 月，果期 7—8 月。

生态幅度较宽，多零散分布于草原、山坡、干燥沙质地、石质坡地、路旁。全株入药，有毒；全草也作蒙药用。

产地：全旗。

狼毒大戟 *Euphorbia fischeriana* Steud.

蒙名：塔日努

别名：狼毒、猫眼草

形态特征：多年生草本，高 30~40 厘米。根肥厚肉质，圆柱形，分枝或不分枝，外皮红褐色或褐色。茎单一，粗壮，无毛，直立，直径 4~6 毫米。茎基部的叶为鳞片状，膜质，黄褐色，覆瓦状排列，向上逐渐增大，互生，披针形或卵状披针形，无柄，具疏柔毛或无毛，中上部的叶常 3~5 轮生，卵状矩圆形，长 2.5~4 厘米，宽 1~2 厘米，先端钝或稍尖，基部圆形，边缘全缘，表面深绿色，背面淡绿色。花序顶生，伞梗 5~6；基部苞叶 5，轮生，卵状矩圆形；每伞梗先端具 3 片长卵形小苞叶，上面再抽出 2~3 小伞梗，先端有 2 三角状卵形的小苞片及 1~3 个杯状聚伞花序；总苞广钟状，外被白色长柔毛，先端 5 浅裂；腺体 5，肾形，子房扁圆形，3 室，外被白色柔毛，花柱 3，先端 2 裂。蒴果宽卵形，初时密被短柔毛，后渐光滑，熟时 3 瓣裂。种子椭圆状卵形，长约 4 毫米，淡褐色。花期 6 月，果期 7 月。

中旱生植物。生于森林草原及草原区石质山地向阳山坡。根入药，有大毒；根也作蒙药。

产地：呼伦镇。

乳浆大戟 *Euphorbia esula* L.

1. 根；2. 植株的中上部；3. 不孕枝；4. 杯状花序；5. 种子

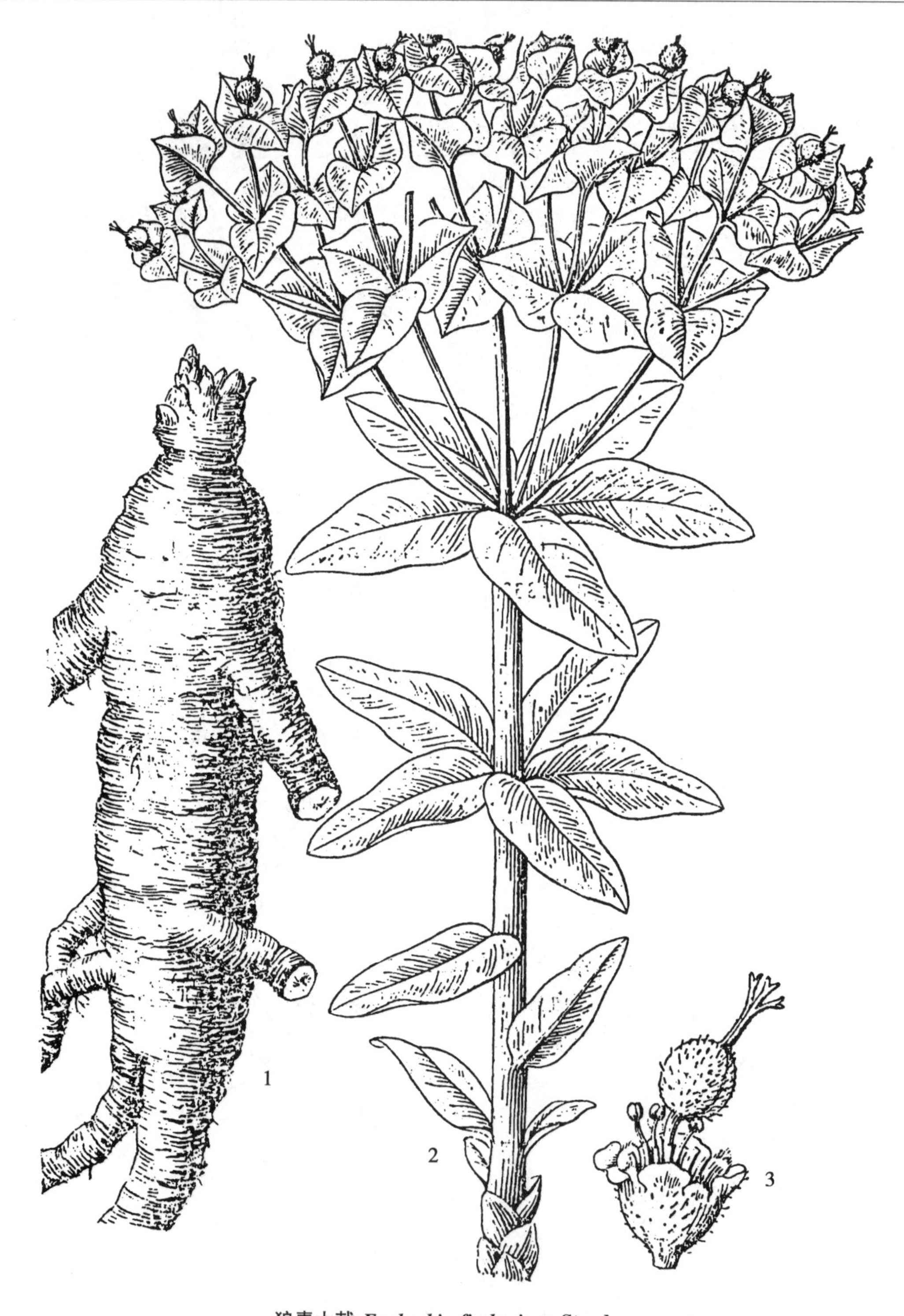

狼毒大戟 *Euphorbia fischeriana* Steud.

1. 根；2. 植株的地上部分；3. 杯状花序

钩腺大戟 *Euphorbia sieboldiana* C. Morr. et Decne

蒙名：少布格日-塔日努

别名：锥腺大戟

形态特征：多年生草本，高 30~50 厘米；根纤细，不肥大。茎单一或几条丛生，直立，光滑无毛。叶互生，倒卵形或倒卵状矩圆形，长 1.5~2.5 厘米，宽 3~8 毫米，先端钝圆或微尖，基部楔形，边缘全缘，两面光滑无毛。总花序出自茎的顶部，花梗 5~6（亦有单一的伞梗出自茎上部的叶腋），基部有苞叶 4~5，矩圆形或卵圆形，长 0.5~1 厘米，每伞梗顶端可再 1~2 次分叉，小伞梗基部有小苞片 2，半圆形，长约 5 毫米，宽约 1 厘米；杯状总苞倒圆锥形，先端 4 裂，裂片间有腺体 4，半月形，两端各有一明显的角状凸起，先端锐尖；子房具三纵沟，花柱 3，先端分叉。蒴果扁球形，长约 3 毫米，光滑无毛，熟时三瓣开裂。种子卵形，长约 2 毫米，褐色或淡褐色。

中旱生植物。生于山地林下及杂灌丛中。

产地：呼伦镇。

地锦 *Euphorbia humifusa* Willd.

蒙名：马拉盖音-扎拉-额布苏

别名：铺地锦、铺地红、红头绳

形态特征：一年生草本。茎多分枝，纤细，平卧，长 10~30 厘米，被柔毛或近光滑。单叶对生，矩圆形或倒卵状矩圆形，长 0.5~1.5 厘米，宽 3~8 毫米，先端钝圆，基部偏斜，一侧半圆形，一侧楔形，边缘具细齿，两面无毛或疏生毛，绿色，秋后常带紫红色；托叶小，锥形，羽状细裂；无柄或近无柄。杯状聚伞花序单生于叶腋，总苞倒圆锥形，长约 1 毫米，边缘 4 浅裂，裂片三角形；腺体 4，横矩圆形；子房 3 室，具 3 纵沟，花柱 3，先端 2 裂。蒴果三棱状圆球形，直径约 2 毫米，无毛，光滑。种子卵形，长约 1 毫米，略具三棱，褐色，外被白色蜡粉。花期 6—7 月，果期 8—9 月。

中生杂草，生田野、路旁、河滩及固定沙地。全草入药；全草也作蒙药用。

产地：阿拉坦额莫勒镇、阿日哈沙特镇、克尔伦苏木、贝尔苏木、宝格德乌拉苏木。

饲用价值：低等饲用植物。

钩腺大戟 ***Euphorbia sieboldiana*** **C. Morr. et Decne**

1. 植株；2. 杯状花序

地锦 ***Euphorbia humifusa*** **Willd.**

3. 植株；4. 茎叶放大

鼠李科 Rhamnaceae

鼠李属 *Rhamnus* L.

柳叶鼠李 *Rhamnus erythroxylon* Pall.

蒙名：哈日-牙西拉

别名：黑格兰、红木鼠李

形态特征：灌木，高达2米，多分枝，具刺。当年生枝红褐色，初有稀柔毛，枝先端为针刺状，二年生枝为灰褐色，光滑。单叶在长枝上互生或近对生，在短枝上簇生，条状披针形，长2~9厘米，宽0.3~1.2厘米，先端渐尖，少为钝圆，基部楔形，边缘稍内卷，具疏细锯齿，齿端具黑色腺点，上面绿色，有毛，下面淡绿色，具细柔毛，中脉显著隆起，侧脉4~5（6）对，不明显；叶柄长0.5~1.6厘米，具柔毛。花单性，黄绿色，10~20朵束生于短枝上，萼片5；花瓣5；雄蕊5。核果球形，熟时黑褐色，直径4~6毫米，果梗长0.4~0.8（1.0）厘米，内具2核，有时为3核；种子倒卵形，背面有沟，种沟开口占种子全长的5/6。

旱中生植物。生于山坡、沙丘间地及灌木丛中。叶入药。

产地：克尔伦苏木。

饲用价值：低等饲用植物。

柳叶鼠李 ***Rhamnus erythroxylon*** **Pall.**

1. 果枝；2. 种子

锦葵科 Malvaceae

木槿属 *Hibiscus* L.

野西瓜苗 *Hibiscus trionum* L.

蒙名：塔古-诺高

别名：和尚头、香铃草

形态特征：一年生草本。茎直立，或下部分枝铺散，高 20~60 厘米，具白色星状粗毛。叶近圆形或宽卵形，长 3~6（8）厘米，宽 2~6（10）厘米，掌状 3 全裂，中裂片最长，长卵形，先端钝，基部楔形，边缘具不规则的羽状缺刻，侧裂片歪卵形，基部一边有一枚较大的小裂片，有时裂达基部，上面近无毛，下面被星状毛；叶柄长 2~5 厘米，被星状毛；托叶狭披针形，长 5~9 毫米，边缘具硬毛。花单生于叶腋，花柄长 1~5 厘米，密生星状毛及叉状毛；花萼卵形，膜质，基部合生，先端 5 裂，淡绿色，有紫色脉纹，沿脉纹密生 2~3 叉状硬毛，裂片三角形，长 7~8 毫米，宽 5~6 毫米，副萼片通常 11~13，条形，长约 1 厘米，宽不到 1 毫米，边缘具长硬毛；花瓣 5，淡黄色，基部紫红色，倒卵形，长 1~2.5 厘米，宽 0.5~1 厘米；雄蕊紫色，无毛；子房 5 室，胚珠多数；花柱顶端 5 裂。蒴果圆球形，被长硬毛，花萼宿存。种子黑色，肾形，表面具粗糙的小凸起。花期 6—9 月，果期 7—10 月。

中生杂草，生于田野、路旁、村边、山谷等处。全草及种子入药。

产地：全旗。

饲用价值：中等饲用植物。

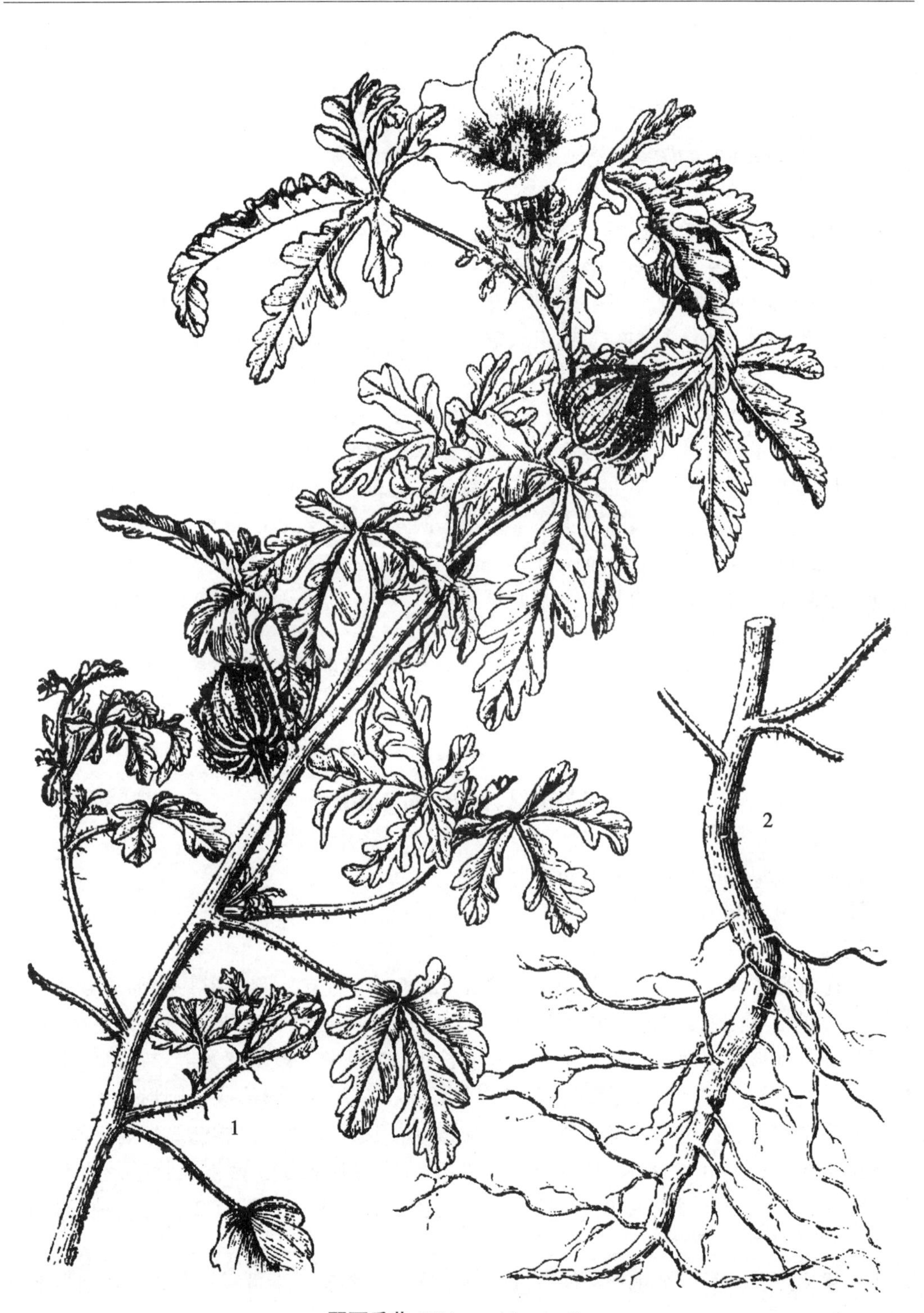

野西瓜苗 *Hibiscus trionum* L.

1. 植株；2. 根部及茎基部

锦葵属 *Malva* L.

野葵 *Malva verticillata* L.

蒙名：札木巴-其其格

别名：菟葵、冬苋菜

形态特征：一年生草本。茎直立或斜升，高 40~100 厘米，下部近无毛，上部具星状毛。叶近圆形或肾形，长 3~8 厘米，宽 3~11 厘米，掌状 5 浅裂，裂片三角形，先端圆钝，基部心形，边缘具圆钝重锯齿或锯齿，下部叶裂片有时不明显，上面通常无毛，幼时稍被毛，下面疏生星状毛；叶柄长 5~17 厘米，下部及中部叶柄较长，被星状毛；托叶披针形，长 5~8 毫米，宽 2~3 毫米，疏被毛。花多数，近无梗，簇生于叶腋，少具短梗，长不超过 1 厘米；花萼 5 裂，裂片卵状三角形，长宽约相等，均为 3 毫米，背面密被星状毛，边缘密生单毛，小苞皮（副萼片）3，条状披针形，长 3~5 毫米，宽不足 1 毫米，边缘有毛；花直径约 1 厘米，花瓣淡紫色或淡红色，倒卵形，长 7 毫米，宽 4 毫米，顶端微凹；雄蕊筒上部具倒生毛；雌蕊由 10~12 心皮组成，10~12 室，每室 1 胚珠。分果果瓣背面稍具横皱纹，侧面具辐射状皱纹，花萼宿存。种子肾形，褐色。花期 7—9 月，果期 8—10 月。

中生杂草。生于田野、路旁、村边、山坡。种子入药，果实作蒙药用。

产地：阿日哈沙特镇、阿拉坦额莫勒镇、贝尔苏木。

饲用价值：低等饲用植物。

苘麻属 *Abutilon* Mill.

qǐng
苘麻 *Abutilon theophrasti* Medik.

蒙名：黑衣麻-敖拉苏

别名：青麻、白麻、车轮草

形态特征：一年生亚灌木状草本，高 1~2 米。茎直立。圆柱形，上部常分枝，密被柔毛及星状毛，下部毛较稀疏。叶圆心形，长 8~17 厘米，先端长渐尖，基部心形，边缘具细圆锯齿，两面密被星状柔毛。叶柄长 4~15 厘米，被星状柔毛。花单生于茎上部叶腋；花梗长 1~3 厘米，近顶端有节；萼杯状，裂片 5，卵形或椭圆形，顶端急尖，长约 6 毫米；花冠黄色，花瓣倒卵形，顶端微缺，长约 1 厘米；雄蕊筒短，平滑无毛；心皮 15~20，长 1~1.5 厘米，排列成轮状，形成半球形果实，密被星状毛及粗毛，顶端变狭为芒尖。分果瓣 15~20，成熟后变黑褐色，有粗毛，顶端有 2 长芒，种子肾形、褐色。花果期 7—9 月。

生于田野、路旁、荒地和河岸等处。种子入药。茎皮纤维可编织麻袋、搓制绳索等纺织材料。

产地：阿拉坦额莫勒镇、克尔伦河岸。

饲用价值：低等饲用植物。

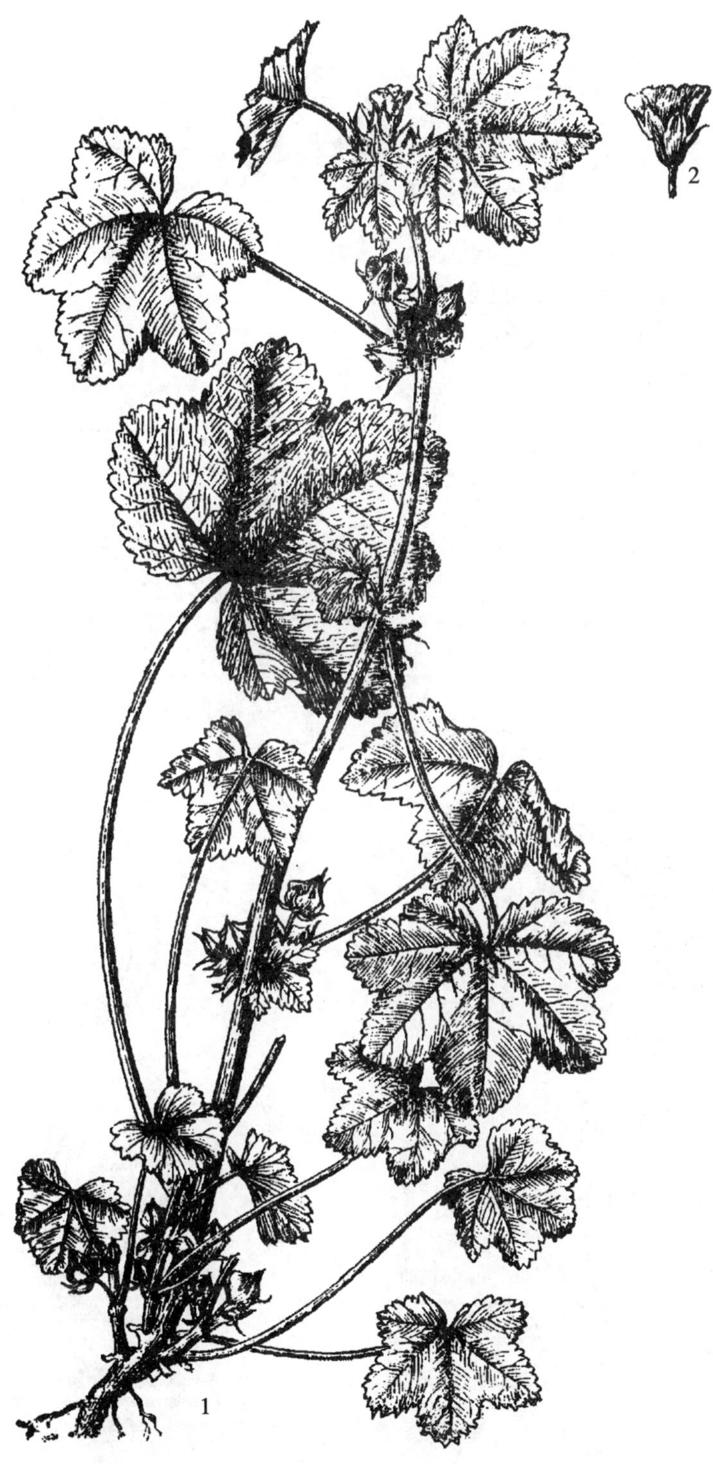

野葵 *Malva verticillata* L.

1. 植株；2. 花

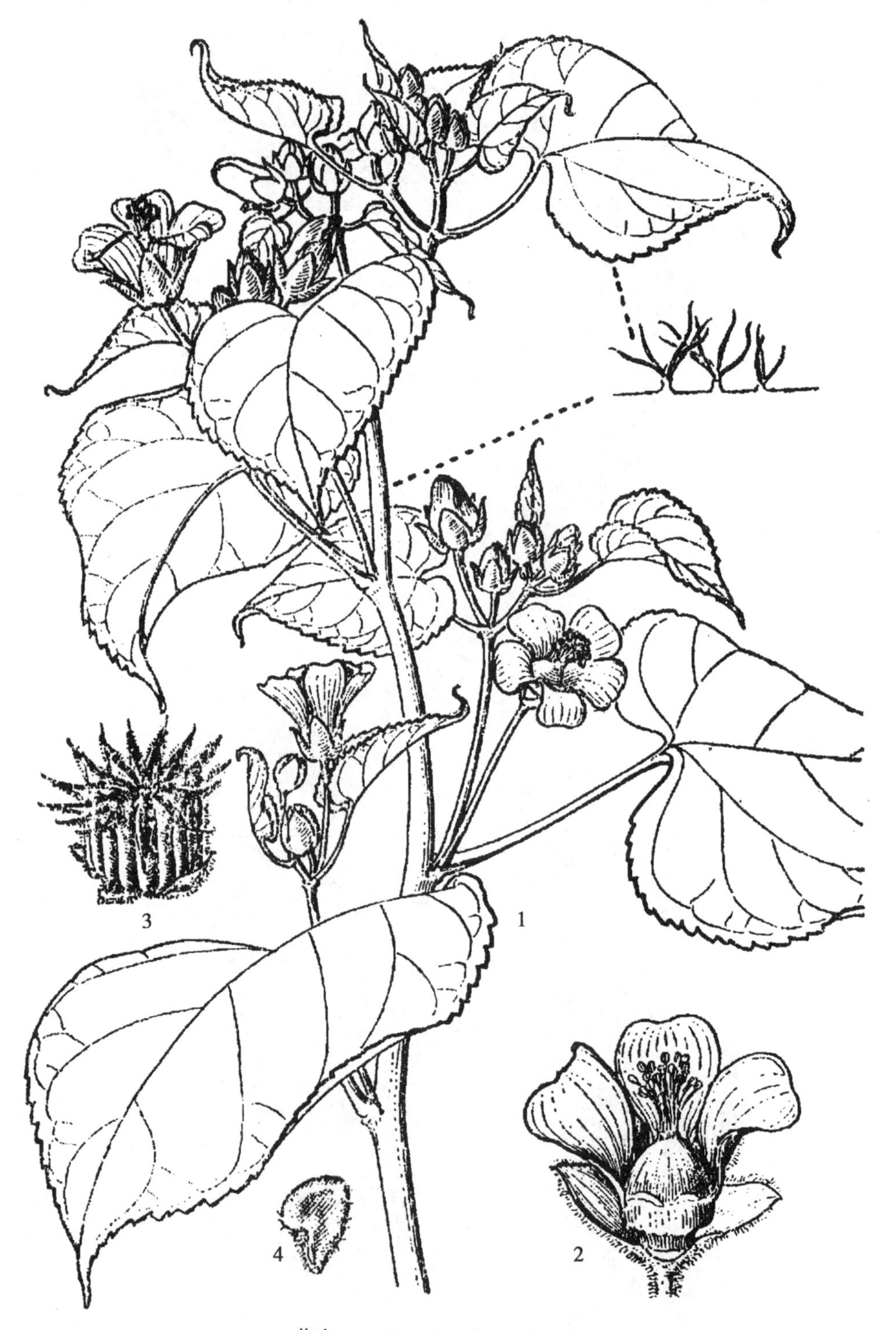

苘麻 *Abutilon theophrasti* Medik.

1. 植株；2. 花；3. 果实；4. 种子

柽柳科 Tamaricaceae

红砂属 *Reaumuria* L.

红砂 *Reaumuria songarica* (Pall.) Maxim.

蒙名：乌兰-宝都日嘎纳

别名：枇杷柴、红虱

形态特征：小灌木，高 10~30 厘米；多分枝。老枝灰黄色，幼枝色稍淡。叶肉质，圆柱形，上部稍粗，常 3~5 叶簇生，长 1~5 毫米，宽约 1 毫米，先端钝，浅灰绿色。花单生叶腋或在小枝上集为稀疏的穗状花序状，无柄；苞片 3，披针形，长 0.5~0.7 毫米，比萼短 1/3~1/2；萼钟形，中下部合生，上部 5 齿裂，裂片三角形，锐尖，边缘膜质；花瓣 5，开张，粉红色或淡白色，矩圆形，长 3~4 毫米，宽约 2.5 毫米，下半部具两个矩圆形的鳞片；雄蕊 6~8，少有更多者，离生，花丝基部变宽，与花瓣近等长；子房长椭圆形，花柱 3。蒴果长椭圆形，长约 5 毫米，直径约 2 毫米，光滑，3 瓣开裂。种子 3~4，矩圆形，长 3~4 毫米，全体被淡褐色毛。花期 7—8 月，果期 8—9 月。

超旱生小灌木，广泛分布于荒漠及荒漠草原地带，砾质戈壁、盐渍低地、干河床。枝、叶入药。秋季为羊和骆驼所喜食。

产地：阿拉坦额莫勒镇、阿日哈沙特镇、贝尔苏木、克尔伦苏木、宝格德乌拉苏木。

饲用价值：良等饲用植物。

瑞香科 Thymelaeaceae

狼毒属 *Stellera* L.

狼毒 *Stellera chamaejasme* L.

蒙名：达伦-图茹

别名：断肠草、小狼毒、红火柴头花、棉大戟

形态特征：多年生草本，高 20~50 厘米。根粗大，木质，外包棕褐色。茎丛生，直立，不分枝，光滑无毛。叶较密生，椭圆状披针形，长 1~3 厘米，宽 2~8 毫米，先端渐尖，基部钝圆或楔形，两面无毛。顶生头状花序；花萼筒细瘦，长 8~12 毫米，宽约 2 毫米，下部常为紫色，具明显纵纹，顶端 5 裂，裂片近卵圆形，长 2~3 毫米，具紫红色网纹；雄蕊 10，2 轮，着生于萼喉部与萼筒中部，花丝极短；子房椭圆形，1 室，上部密被淡黄色细毛，花柱极短，近头状；子房基部一侧有长约 1 毫米矩圆形密腺。小坚果卵形，长 4 毫米，棕色，上半部被细毛，果皮膜质，为花萼管基部所包藏。花期 6—7 月。

旱生植物。广泛分布于草原区，为草原群落的伴生种，在过度放牧影响下，数量常常增多，成为景观植物。根入药，有大毒。根也作蒙药用。

产地：全旗。

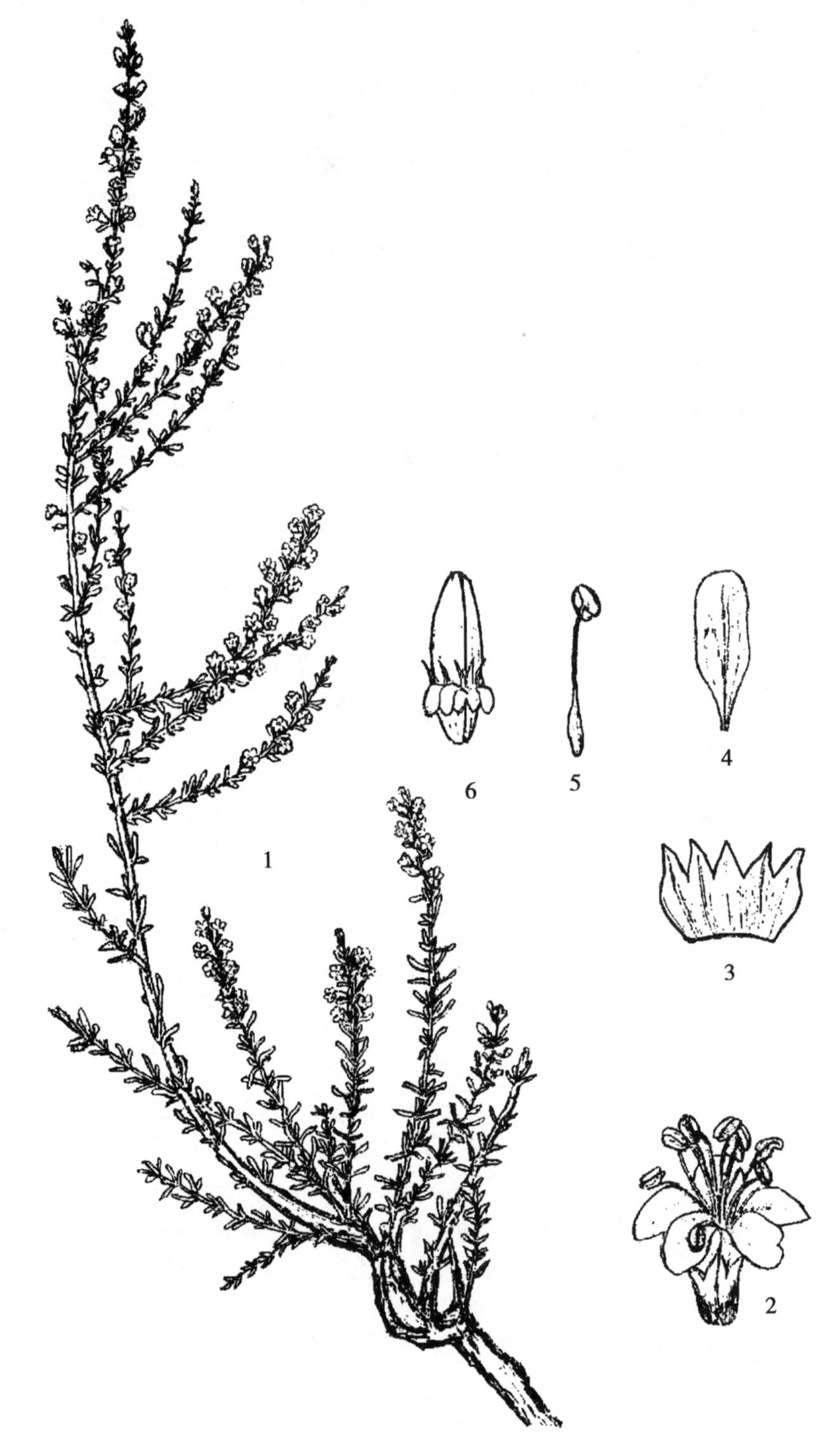

红砂 ***Reaumuria songarica*（Pall.）Maxim.**

1. 花枝；2. 花；3. 花萼；4. 花瓣；5. 雄蕊；6. 果实

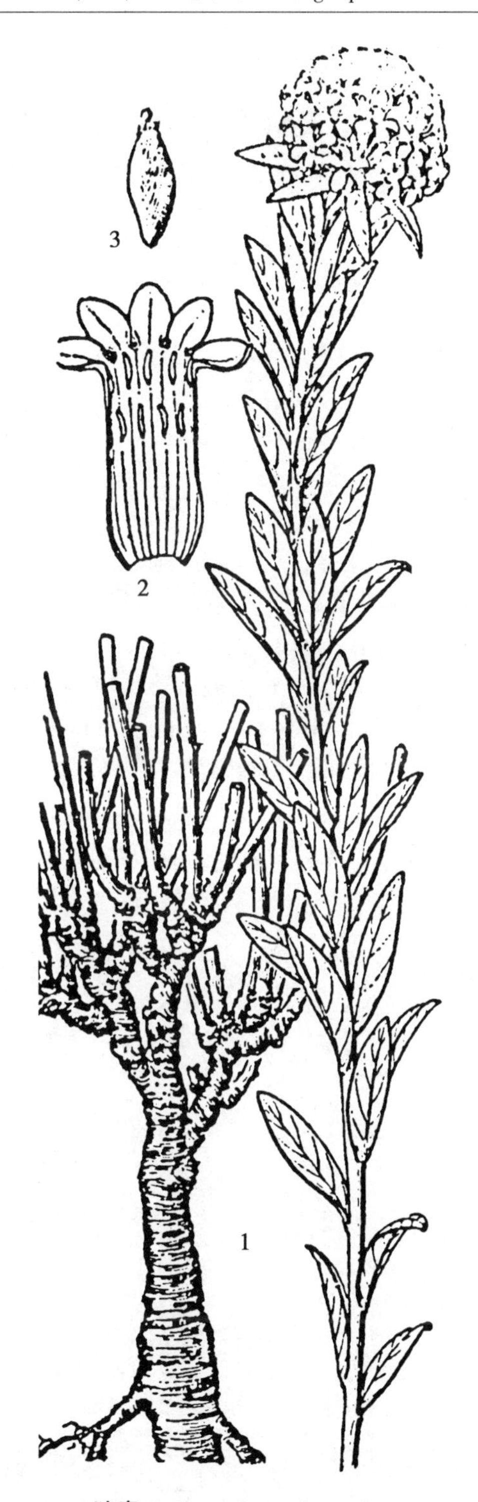

狼毒 *Stellera chamaejasme* L.

1. 植株；2. 花被纵剖；3. 雌蕊

千屈菜科 Lythraceae

千屈菜属 *Lythrum* L.

千屈菜 *Lythrum salicaria* L.

蒙名：西如音-其其格

形态特征：多年生草本；茎高40~100厘米，直立，多分枝，四棱形。被白色柔毛或仅嫩枝被毛。叶对生，少互生，长椭圆形或矩圆状披针形，长3~5厘米，宽0.7~1.3厘米，先端钝或锐尖，基部近圆形或心形，略抱茎，上面近无毛，下面有细柔毛，边缘有极细毛，无柄。顶生总状花序，长3~18厘米；花两性，数朵簇生于叶状苞腋内，具短梗，苞片卵状披针形至卵形，长约5毫米，宽约2.5毫米，顶端长渐尖，两面及边缘密被短柔毛；小苞片狭条形，被柔毛；花萼筒紫色，长4~6毫米，萼筒外面具12条凸起纵脉，沿脉被细柔毛，顶端有6齿裂，萼齿三角状卵形，齿裂间有被柔毛的长尾状附属物；花瓣6，狭倒卵形，紫红色，生于萼筒上部，长6~8毫米，宽约4毫米；雄蕊12，6长，6短，相间排列，在不同植株中雄蕊有长、中、短三型，与此对应，花柱也有短、中、长三型；子房上位，长卵形，2室，胚珠多数，花柱长约7毫米，柱头头状；花盘杯状，黄色。蒴果椭圆形，包于萼筒内。花期8月，果期9月。

湿生植物。生于河边，下湿地，沼泽。全草入药。

产地：阿拉坦额莫勒镇。

饲用价值：低等饲用植物。

千屈菜 *Lythrum salicaria* L.

1. 花枝；2. 茎和叶；3. 花瓣；4. 花；5. 花萼展开

柳叶菜科 Onagraceae（Oenotheraceae）

柳叶菜属 *Epilobium* L.

柳兰 *Epilobium angustifolium* L.

蒙名：呼崩-奥日耐特

形态特征：多年生草本，根粗壮，棕褐色，具粗根茎；茎直立，高约1米，光滑无毛，叶互生，披针形，长5~15厘米，宽0.8~1.5厘米，上面绿色，下面灰绿色，两面近无毛；或中脉稍被毛，全缘或具稀疏腺齿，无柄或具极短的柄。总状花序顶生，花序轴幼嫩时密被短柔毛，老时渐稀或无，苞片狭条形，长1~2厘米，有毛或无毛；花梗长0.5~1.5厘米，被短柔毛；花萼紫红色，裂片条状披针形，长1~1.5厘米，宽约2毫米，外面被短柔毛；花瓣倒卵形，紫红色，长1.5~2厘米，顶端钝圆，基部具短爪；雄蕊8，花丝4枚较长，基部加宽，具短柔毛；花药矩圆形，长约3毫米；子房下位，密被毛，花柱比花丝长。蒴果圆柱状，略四棱形，长6~10厘米，具长柄，皆被密毛。种子顶端具一簇白色种缨，花期7—8月，果期8—9月。

中生植物。主要分布于林区，亦见于森林草原及草原带的山地，生于山地林缘、森林采伐迹地，有时在路旁或新翻动的土壤上形成占优势的小群落。全草或根状茎入药，有小毒。

产地：呼伦镇北边防线防火道内。

饲用价值：低等饲用植物。

沼生柳叶菜 *Epilobium palustre* L.

蒙名：那木嘎音-呼崩朝日

别名：沼泽柳叶菜、水湿柳叶菜

形态特征：多年生草本。茎直立，高20~50厘米，基部具匍匐枝或地下有匍匐枝，上部被曲柔毛，下部通常稀少或无。茎下部叶对生，上部互生，披针形或长椭圆形，长2~6厘米，宽3~10（15）毫米，先端渐尖，基部楔形或宽楔形，上面有弯曲短毛，下面仅沿中脉密生弯曲短毛，全缘，边缘反卷；无柄。花单生于茎上部叶腋，粉红色；花萼裂片披针形，长约3毫米，外被短柔毛；花瓣倒卵形，长约5毫米，顶端2裂，花药椭圆形，长约0.5毫米；子房密被白色弯曲短毛，柱头头状。蒴果长3~6厘米，被弯曲短毛，果梗长1~2厘米，被稀疏弯曲的短毛。种子倒披针形，暗棕色，长约1.2毫米。种缨淡棕色或乳白色。花期7—8月，果期8—9月。

湿生植物。生于山沟溪边、河岸边或沼泽草甸中。带根全草入药。

产地：阿日哈沙特镇阿贵洞。

饲用价值：低等饲用植物。

柳兰 *Epilobium angustifolium* L.

1. 花枝；2. 果实；3. 茎中部叶

沼生柳叶菜 *Epilobium palustre* L.

1. 花果枝；2. 柱头；3. 花瓣；4. 种子

小二仙草科 Haloragaceae

狐尾藻属 *Myriophyllum* L.

狐尾藻 *Myriophyllum spicatum* L.

蒙名：图门德苏-额布苏

别名：穗状狐尾藻

形态特征；多年生草本，根状茎生于泥中。茎光滑，多分枝，圆柱形，长 50~100 厘米，随水之深浅不同而异。叶通常 4~5 片轮生，长 2~3 厘米，羽状全裂，裂片丝状，长 0.6~1.5 厘米，无叶柄。穗状花序生于茎顶，花单性或杂性，雌雄同株，花序上部为雄花，下部为雌花，中部有时有两性花；基部有一对小苞片，一片大苞片，苞片卵形，长 1~3 毫米，全缘或呈羽状齿裂；花萼裂片卵状三角形，极小，花瓣匙形，长 1.5~2 毫米，早落，雌花萼裂片有时不明显；通常无花瓣，有时有较小的花瓣；雄蕊 8，花药椭圆形，长 1.5 毫米，淡黄色，花丝短，丝状；子房下位，4 室，柱头 4 裂，羽毛状，向外反卷。果实球形，长约 2 毫米，具 4 条浅槽，表面有小凸起。花果期 7—8 月。

水生植物。生于池塘、河边浅水中。

产地：乌兰泡、贝尔湖边浅水中。

饲用价值：良等饲用植物。

轮叶狐尾藻 *Myriophllum verticillatum* L.

蒙名：布力古日-图门德苏

别名：狐尾藻

形态特征；多年生水生草本，泥中具根状茎。茎直立，圆柱形，光滑无毛，高 20~40 厘米。叶通常 4 叶轮生，叶长 1~2 厘米，羽状全裂。水上叶裂片狭披针形，长约 3 毫米，沉水叶裂片呈丝状，长可达 1.5 厘米，无叶柄。花单性，雌雄同株或杂性，单生于水上叶的叶腋内，上部为雄花，下部为雌花，有时中部为两性花；雌花花萼与子房合生，顶端 4 裂，裂片较小长不到 1 毫米，卵状三角形；花瓣极小，早落；雄花花萼裂片三角形；花瓣椭圆形，长 2~3 毫米；雄蕊 8，花药椭圆形，长 2 毫米，花丝丝状，开花后伸出花冠外；子房下位，4 室，卵形，柱头 4 裂，羽毛状，向外反卷。果实卵球形，长约 3 毫米，具 4 浅沟。花期 8—9 月。

水生植物。生于池塘、河边浅水中。

产地：乌兰泡。

饲用价值：良等饲用植物。

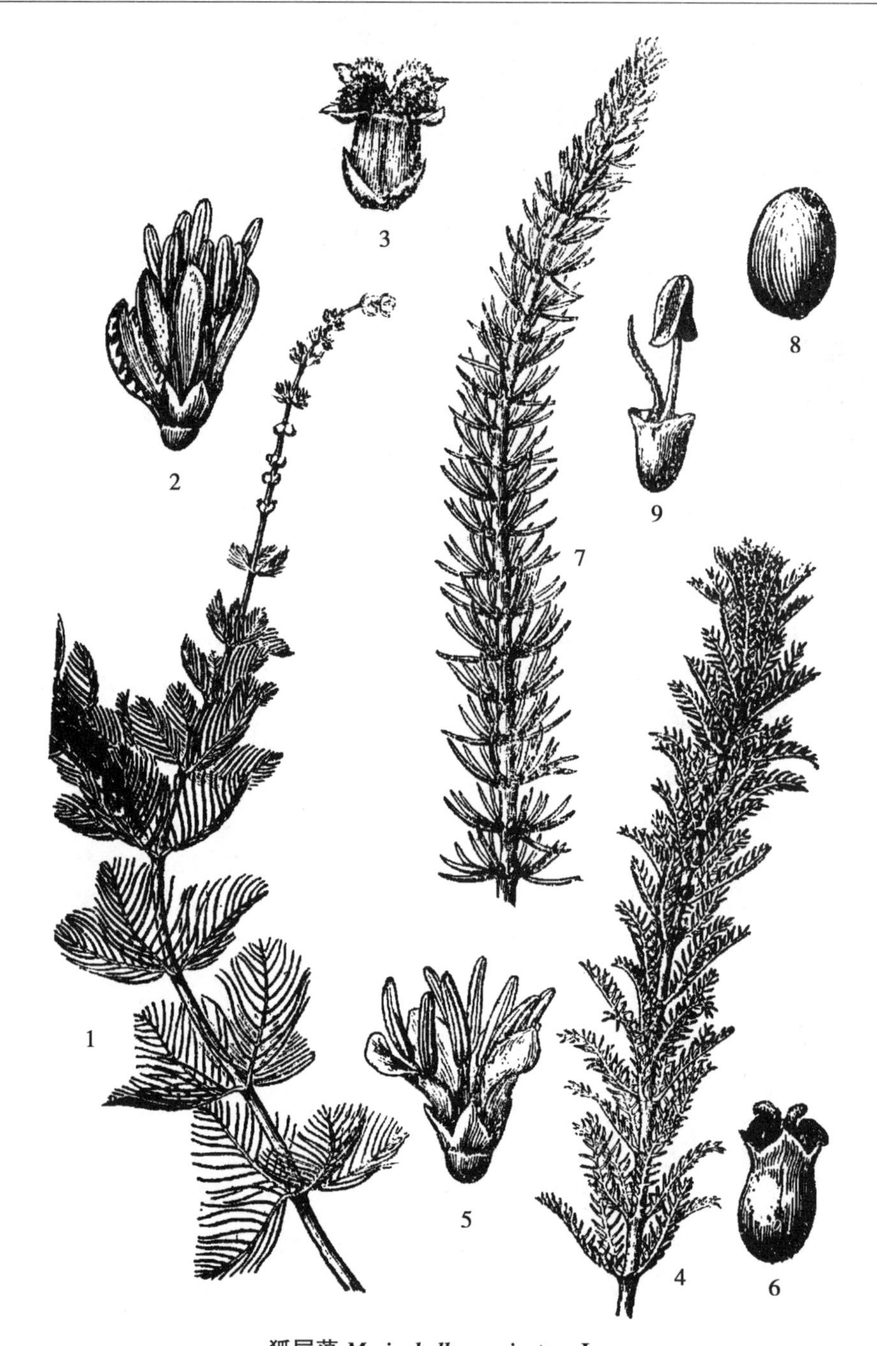

狐尾藻 *Myriophyllum spicatum* L.

1. 植株上部及花序；2. 雄花；3. 雌花

轮叶狐尾藻 *Myriophllum verticillatum* L.

4. 植株上部；5. 雄花；6. 雌花

杉叶藻 *Hippuris vulgaris* L.

7. 植株上部；8. 果实；9. 花

杉叶藻科 Hippuridaceae

杉叶藻属 *Hippuris* L.

杉叶藻 *Hippuris vulgaris* L.

蒙名：嘎海音-色古乐-额布苏

别名：螺旋杉叶藻、分枝杉叶藻

形态特征：多年生草本，生于水中，全株光滑无毛，根茎匍匐，生于泥中，茎圆柱形，直立，不分枝，高20~60厘米，有节。叶轮生，6~12片一轮，条形，长6~13毫米，宽约1毫米，全缘，无叶柄，茎下部叶较短小。花小，两性，稀单性，无梗，单生于叶腋；萼与子房大部分合生；无花瓣；雄蕊1，生于子房上，略偏一侧；花药椭圆形，长约1毫米，子房下位，椭圆形，长不到1毫米，花柱丝状，稍长于花丝。核果矩圆形，长1.5~2毫米，直径约1毫米，平滑，无毛，棕褐色。花期6月，果期7月。

生于池塘浅水中或河岸边湿草地。全草入药，也作蒙药用。

产地：乌尔逊河边、克尔伦河边。

饲用价值：低等饲用植物。

伞形科 Umbelliferae

柴胡属 *Bupleurum* L.

锥叶柴胡 *Bupleurum bicaule* Helm

蒙名：疏布格日-宝日车-额布苏

形态特征：植株高10~35厘米。主根圆柱形，常具支根，黑褐色；根茎常分枝，包被毛刷状叶鞘残留纤维。茎常多数丛生，直立，稍呈“之”字形弯曲，具纵细棱。茎生叶近直立，狭条形，长3~10厘米，宽1~2（3）毫米，先端渐尖，边缘常对折或内卷，有时稍呈锥形，具平行脉3~5条，叶基部半抱茎；基生叶早枯落。复伞形花序顶生和腋生，直径1~3厘米；伞幅3~7，长5~15毫米，纤细；总苞片3~5，披针形或条状披针形，长2~6毫米；小伞形花序直径3~5毫米，具花4~10朵；花梗长0.5~1.5毫米，不等长；小总苞片常5，披针形，长1.5~3毫米，先端渐尖，常具3脉；无萼齿；花瓣黄色。果矩圆状椭圆形，长约2.5毫米。花期7—8月，果期8—9月。

旱生植物，嗜砾石。山地草原伴生种。生于石质坡地。根供药用。茎与叶青鲜时羊喜食，而在渐干状态乐食；马稍能吃一些，其他牲畜则不食。

产地：呼伦镇、宝格德乌拉苏木。

饲用价值：中等饲用植物。

红柴胡 *Bupleurum scorzonerifolium* Willd.

蒙名：乌兰-宝日车-额布苏

别名：狭叶柴胡、软柴胡

形态特征：植株高（10）20~60 厘米。主根长圆锥形，常红褐色；根茎圆柱形，具横皱纹，不分枝，上部包被毛刷状叶鞘残留纤维。茎通常单一，直立，稍呈“之”字形弯曲，具纵细棱。基生叶与茎下部叶具长柄，叶片条形或披针状条形，长 5~10 厘米，宽 3~5 毫米，先端长渐尖，基部渐狭，具脉 5~7 条，叶脉在下面凸起；茎中部与上部叶与基生叶相似，但无柄。复伞形花序顶生和腋生，直径 2~3 厘米；伞幅 6~15，长 7~22 毫米，纤细；总苞片常不存在或 1~5，大小极不相等，披针形、条形或鳞片状；小伞形花序直径 3~5 毫米，具花 8~12 朵；花梗长 0.6~2.5 毫米，不等长；小总苞片通常 5，披针形，长 2~3 毫米，先端渐尖，常具 3 脉；花瓣黄色。果近椭圆形，长 2.5~3 毫米，果棱钝，每棱槽中常具油管 3 条，合生面常具 4 条。花期 7—8 月，果期 8—9 月。

旱生植物。草原群落的优势杂类草，亦为草甸草原、山地灌丛、沙地植被的常见伴生种。生于草原、丘陵坡地、固定沙丘。根入药，也作蒙药用。青鲜时为各种牲畜所喜食，在渐干时也为各种牲畜所乐食。

产地：全旗。

饲用价值：中等饲用植物。

红柴胡 *Bupleurum scorzonerifolium* Willd.

1. 植株；2. 花；3. 双悬果；4. 分生果横切面

锥叶柴胡 *Bupleurum bicaule* Helm

5. 植株

泽芹属 *Sium* L.

泽芹 *Sium suave* Walt.

蒙名：那木格音-朝古日

形态特征：多年生草本，高40~100厘米。根多数成束状，棕褐色。茎直立，上部分枝，具明显纵棱与宽且深的沟槽，节部稍膨大，节间中空。基生叶与茎下部叶具长柄，长达8厘米，叶柄中空，圆筒状，有横隔，叶片为一回单数羽状复叶，轮廓卵状披针形，卵形或矩圆形，长6~20厘米，宽3~7厘米，具小叶3~7对，小叶片无柄，远离，条状披针形、条形或披针形，长3~8厘米，宽3~14毫米，先端渐尖，基部近圆形或宽楔形，边缘具尖锯齿。复伞形花序直径花期为3~5厘米，果期5~7厘米；伞幅10~20，长8~18毫米，具纵细棱；总苞片5~8，条形或披针状条形，先端长渐尖，边缘膜质；小伞形花序直径8~10毫米，具花10~20余朵，花梗长1~4毫米；小总苞片6~9，条形或披针状条形，长1~4毫米，宽约0.5毫米，先端长渐尖，边缘膜质；萼齿短齿状；花瓣白色；花柱基厚垫状，比子房宽，边缘微波状。果近球形，直径约2毫米，果棱等形，具锐角状宽棱，木栓质，每棱槽中具油管1条，合生面具2条；心皮柄2裂。花期7—8月，果期9—10月。

湿生植物。生于沼泽、池沼边、沼泽草甸。全草入药。

产地：阿日哈沙特镇、乌尔逊河沿岸。

饲用价值：低等饲用植物。

毒芹属 *Cicuta* L.

毒芹 *Cicuta virosa* L.

蒙名：好日图-朝古日

别名：芹叶钩吻

形态特征：多年生草本，高50~140厘米，具多数肉质须根；根茎绿色，节间极短，节的横隔排列紧密，内部形成许多扁形腔室。茎直立，上部分枝，圆筒形，节间中空，具纵细棱。基生叶与茎下部叶具长柄，叶柄圆筒形，中空，基部具叶鞘；叶片二至三回羽状全裂，轮廓为三角形或卵状三角形，长与宽各达20厘米；一回羽片4~5对，远离，具柄，轮廓近卵形；二回羽片1~2对，远离，无柄或具短柄，轮廓宽卵形；最终裂片披针形至条形，长2~6厘米，宽（2）3~10毫米，先端锐尖，基部楔形或渐狭，边缘具不整齐的尖锯齿或缺刻状，两面沿中脉与边缘稍粗糙；茎中部与上部叶较小与简化，叶柄全部成叶鞘。复伞形花序直径5~10厘米，伞辐8~20，具纵细棱，长1.5~4厘米；通常无总苞片；小伞形花序直径1~1.5厘米；具多数花；花梗长2~3毫米；小总苞片8~12，披针状条形至条形，比花梗短，先端尖，全缘；萼齿三角形；花瓣白色。果近球形，直径约2毫米。花期7—8月，果期8—9月。

湿中生植物。生于河边、沼泽、沼泽草甸和林缘草甸。根茎入药，有大毒。全草有剧毒，人或家畜误食后往往中毒致死。根茎有香气，带甜味，切开后流出淡黄色毒液，其有毒物质主要是毒芹毒素。

产地：阿日哈沙特镇、克尔伦苏木、乌尔逊河沿岸。

泽芹 *Sium suave* Walt.

1. 植株；2. 分生果；3. 分生果横切面

毒芹 ***Cicuta virosa*** **L.**

1. 植株上部及根；2. 分生果；3. 分生果横切面

茴芹属 *Pimpinella* L.

羊洪膻（shān） *Pimpinella thellungiana* H. Wolff

蒙名：和勒特日黑-那布其特-其禾日

别名：缺刻叶茴芹、东北茴芹

形态特征：多年生或二年生草本，高 30~80 厘米。主根长圆锥形，直径 2~5 毫米。茎直立，上部稍分枝，下部密被稍倒向的短柔毛，具纵细棱，节间实心。基生叶与茎下部叶具长柄，叶柄被短柔毛，基部具叶鞘；叶片一回单数羽状复叶，轮廓矩圆形至卵形，长 4~8；厘米，宽 2.5~6 厘米，侧生小叶 3~5 对，小叶无柄，矩圆状披针形、卵状披针形或卵形，长 1.5~3.5 厘米，宽 1~2 厘米，先端锐尖，基部楔形或歪斜的宽楔形，缘边羽状深裂、羽状缺刻状尖锯齿，上面疏生短柔毛，下面密生短柔毛；中部与上部茎生叶较小与简化，叶柄部分或全部成叶鞘；顶生叶为一至二回羽状全裂，最终裂片狭条形。复伞形花序直径 3~6 厘米；伞幅 8~20，长 1~3 厘米，具纵细棱，无毛；无总苞片与小总苞片，小伞形花序直径 7~14 毫米，具花 15~20 朵，花梗长 2.5~5 毫米；萼齿不明显；花瓣白色；花柱细长叉开。果卵形，长约 2 毫米，宽约 1.5 毫米，棕色。花期 6—8 月，果期 8—9 月。

中生植物。生于林缘草甸、沟谷及河边草甸。全草入药。

产地：阿拉坦额莫勒镇。

饲用价值：劣等饲用植物。

葛缕子属 *Carum* L.

田葛缕子 *Carum buriaticum* Turcz.

蒙名：塔林-哈如木吉

别名：田貫蒿

形态特征：二年生草本，全株无毛，高 25~80 厘米。主根圆柱形或圆锥形，直径 6~12 毫米，肉质。茎直立，常自下部多分枝，具纵细棱，节间实心，基部包被老叶残留物。基生叶与茎下部叶具长柄，具长三角状叶鞘；叶片二至三回羽状全裂，轮廓矩圆状卵形，长 5~12 厘米，宽 3~6 厘米；一回羽片 5~7 对，远离，轮廓近卵形，无柄；二回羽片 1~4 对，无柄，轮廓卵形至披针形，羽状全裂；最终裂片狭条形，长 2~10 毫米，宽 0.3~0.5 毫米，上部和中部茎生叶逐渐变小与简化，叶柄全成条形叶鞘，叶鞘具白色狭膜质边缘。复伞形花序直径 3~8 厘米；伞辐 8~12，长 8~13 毫米；总苞片 1~5，披针形或条状披针形，先端渐尖，边缘膜质；小伞形花序直径 5~10 毫米，具花 10~20 朵，花梗长 1~3 毫米；小总苞片 8~12，披针形或条状披针形，比花梗短，先端锐尖，具窄白色膜质边缘；萼齿短小，钝；花瓣白色。果椭圆形，长 3~3.5 毫米，宽约 1.5 毫米，棱槽棕色，果棱棕黄色；心皮柄 2 裂达基部。花期 7—8 月，果期 9 月。

旱中生杂草。有时成为撂荒地建群种。生于田边路旁、撂荒地、山地沟谷。全草及根入药。

产地：阿拉坦额莫勒镇、克尔伦苏木。

饲用价值：优等饲用植物。

羊洪膻 *Pimpinella thellungiana* H. Wolff

1. 植株一部分；2. 花序；3. 花；4. 双悬果；5. 分生果横切面

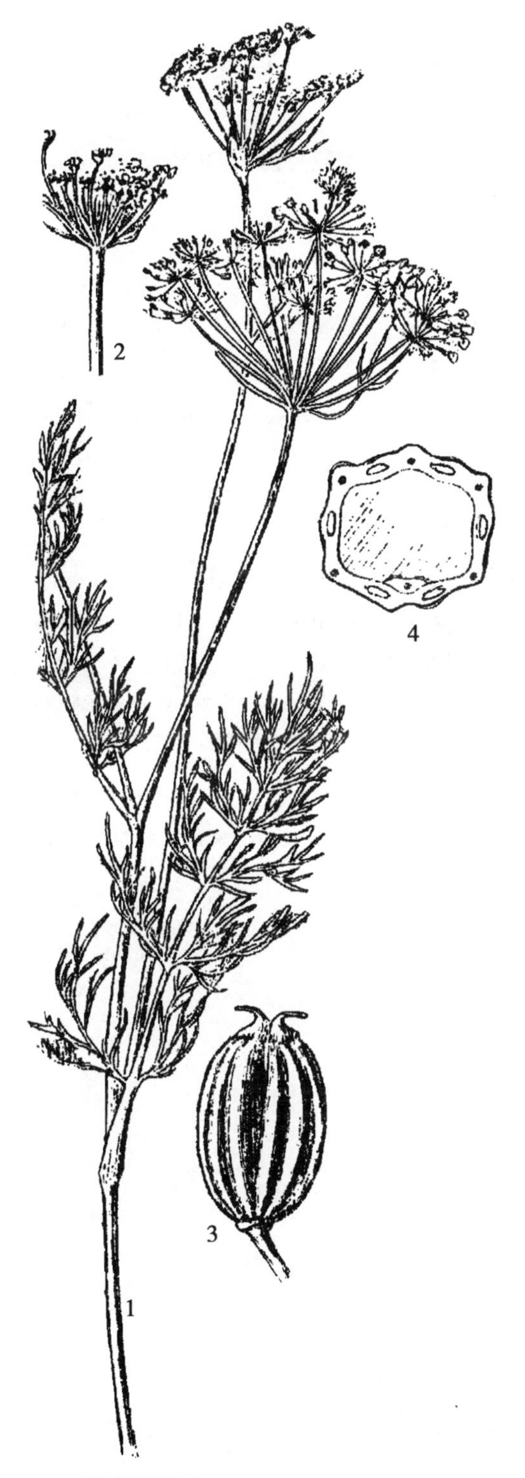

田葛缕子 *Carum buriaticum* Turcz.

1. 花序枝；2. 伞形花序；3. 双悬果；4. 分生果横切面

防风属 *Saposhnikovia* Schischk.

防风 *Saposhnikovia divaricata* (Turcz.) Schischk.

蒙名：疏古日根

别名：关防风、北防风、旁风

形态特征：多年生草本，高 30~70 厘米。主根圆柱形，粗壮，直径约 1 厘米，外皮灰棕色；根状茎短圆柱形，外面密被棕褐色纤维状老叶残基。茎直立，二歧式多分枝，表面具细纵棱，稍呈“之”字弯曲，圆柱形，节间实心。基生叶多数簇生，具长柄与叶鞘；叶片二至三回羽状深裂，轮廓披针形或卵状披针形，长 10~15 厘米，宽 4~6 厘米；一回羽片具柄，3~5 对，远离，轮廓卵形或卵状披针形；二回羽片无柄，2~3 对；最终裂片狭楔形，长 1~2 厘米，宽 2~5 毫米，顶部常具 2~3 缺刻状齿，齿尖具小凸尖，两面淡灰蓝绿色，无毛；茎生叶与基生叶相似，但较小与简化，顶生叶柄几乎完全呈鞘状，具极简化的叶片或无叶片。复伞形花序多数，直径 3~6 厘米；伞幅 6~10，长 1~3 厘米；通常无总苞片；小伞形花序直径 5~12 毫米，具花 4~10 朵；花梗长 2~5 毫米；小总苞片 4~10，披针形，比花梗短；萼齿卵状三角形；花瓣白色；子房被小瘤状凸起；果长 4~5 毫米，宽 2~2.5 毫米。花期 7—8 月，果期 9 月。

旱生植物。分布广泛，常为草原植被伴生种，也见于丘陵坡地，固定沙丘。根入药。青鲜时骆驼乐食，别种牲畜不喜食。

产地：全旗。

饲用价值：低等饲用植物。

防风 *Saposhnikovia divaricata*（Turcz.）Schischk.

1. 植株基部与叶；2. 花序；3. 花；4. 幼果；5. 分生果；6. 分生果横切面

蛇床属 *Cnidium* Cuss.

兴安蛇床 *Cnidium dahuricum* (Jacq.) Fesch. et C. A. Mey.

蒙名：兴安乃-哈拉嘎拆

别名：山胡萝卜

形态特征：二年生或多年生草本，高（40）80~150（200）厘米。根圆锥状，直径6~15毫米，肉质，黄褐色。茎直立，具细纵棱，平滑无毛，上部分枝。基生叶和茎下部叶具长柄，叶柄长度约为叶片的一半，基部具叶鞘，叶鞘抱茎，常带红紫色，边缘宽膜质；叶片二至三（四）回羽状全裂，变异大，菱形、三角形、卵形或披针形，长达25厘米，宽达28厘米；一回羽片4~5对，具柄，远离，轮廓披针形；二回羽片3~5对，远离，具短柄或无柄，卵状披针形；最终裂片卵状披针形，长（0.5）1~2厘米，宽（4）7~15毫米，羽状深裂，先端锐尖，具小尖头，基部楔形或渐狭，边缘向下稍卷折，下面中脉隆起，沿脉与叶缘具微短硬毛；茎中、上部叶的叶柄全部成叶鞘，较小与简化。复伞形花序直径花时3~7厘米，果时6~12厘米；伞辐10~20，具纵棱，内侧被微短硬毛；总苞片6~9，条形，长6~12毫米，先端具短尖头，边缘宽膜质；小伞形花序直径约1厘米，具花20~40朵；花梗长1~4毫米，内侧被微短硬毛；小总苞片8~12，倒披针形或倒卵形，长3~7毫米，宽约2毫米，先端具短小尖头，具极宽的白色膜质边缘；萼齿不明显；花瓣白色，宽倒卵形，先端具小舌片，内卷呈凹缺状；花柱基扁圆锥形。双悬果矩圆形或椭圆状矩圆形，长3.5~4.5毫米，宽约2.5~3毫米，果棱翅淡黄色，棱槽棕色。花期7—8月，果期8—9月。

中生植物。生于山坡林缘、河边草甸。

产地：阿日哈沙特镇阿贵洞水边草甸、克尔伦苏木浩日海廷阿尔山泉水边。

饲用价值：低等饲用植物。

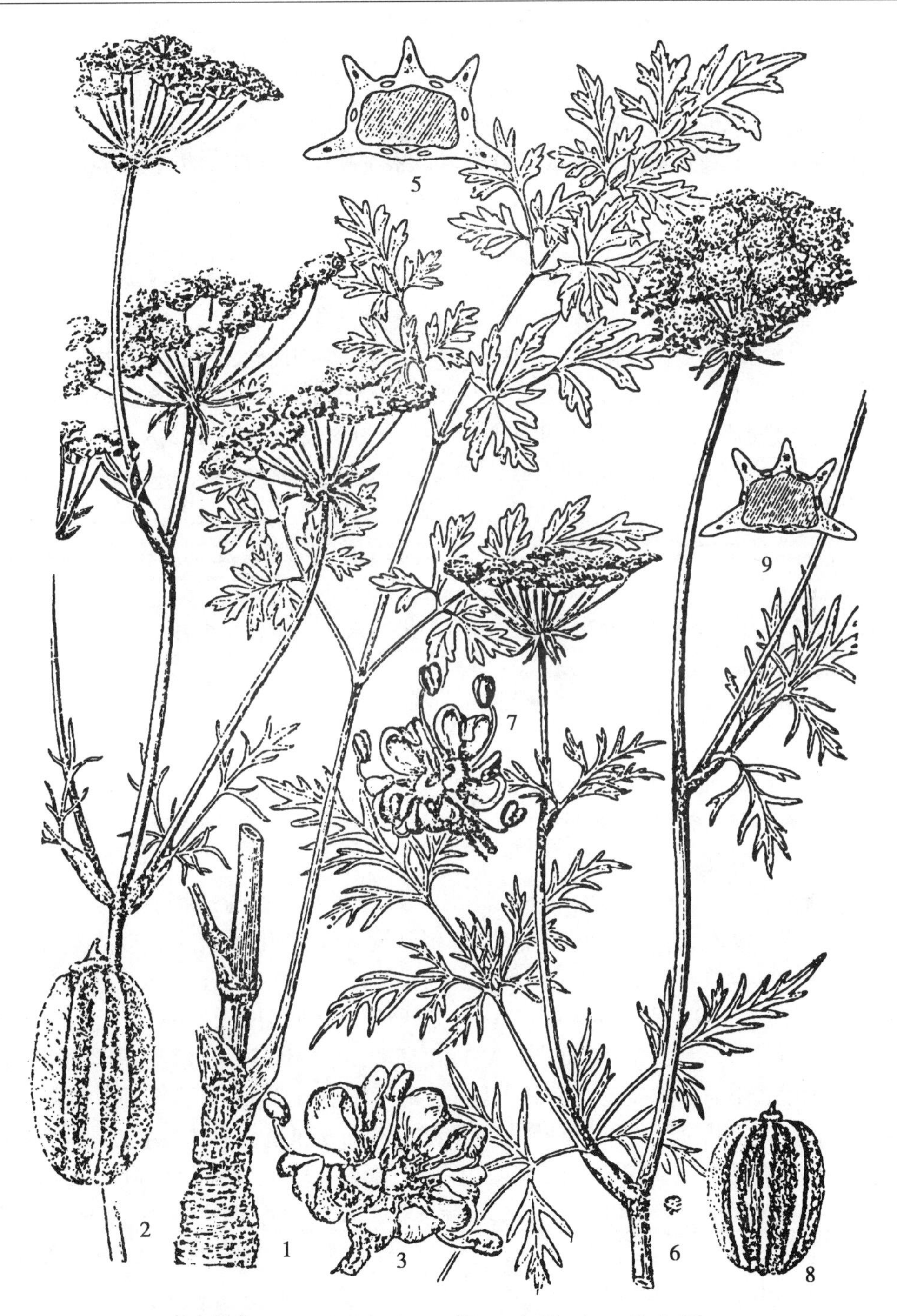

兴安蛇床 ***Cnidium dahuricum*** **（Jacq.） Fesch. et C. A. Mey.**

1. 植株基部与基生叶；2. 植株上部；3. 花；4. 分生果；5. 分生果横切面

蛇床 ***Cnidium monnieri*** **（L.） Cuss.**

6. 植株；7. 花；8. 分生果；9. 分生果横切面

蛇床 *Cnidium monnieri*（L.）Cuss.

蒙名：哈拉嘎拆

形态特征：一年生草本，高 30~80 厘米。根细瘦，圆锥形，直径 2~4 毫米，褐黄色。茎单一，上部稍分枝，具细纵棱，下部被微短硬毛，上部近无毛。基生叶与茎下部叶具长柄与叶鞘；叶片二至三回羽状全裂，轮廓近三角形，长 5~8 厘米，宽 3~6 厘米；一回羽片 3~4 对，远离，具柄，轮廓三角状卵形；二回羽片具短柄或无柄，轮廓近披针形；最终裂片条形或条状披针形，长 2~10 毫米，宽 1~2 毫米，先端锐尖，具小刺尖，沿叶脉与边缘常被微短硬毛；茎中部与上部叶较小与简化，叶柄全部成叶鞘。复伞形花序直径花时 1.5~3.5 厘米，果时达 5 厘米；伞辐 12~20，内侧被微短硬毛；总苞片 7~13，条状锥形，边缘宽膜质和具短睫毛，长为伞辐的 1/3~1/2；小伞形花序直径约 5 毫米，具花 20~30 朵，花梗长 0.5~3 毫米；小总苞片 9~11，条状锥形，长 4~5 毫米，边缘膜质具短睫毛；萼齿不明显；花瓣白色，宽倒心形，先端具内卷小舌片；花柱基垫状。双悬果宽椭圆形，长约 2 毫米，宽约 1.8 毫米。花期 6—7 月，果期 7—8 月。

中生植物，生于河边或湖边草地、田边。果实入药，也作蒙药用。

产地：乌尔逊河边。

饲用价值：低等饲用植物。

碱蛇床 *Cnidium salinum* Turcz.

蒙名：好吉日色格-哈拉嘎拆

别名：根茎碱蛇床

形态特征：二年生或多年生草本，高 20~50 厘米。主根圆锥状，直径 4~7 毫米，褐色，具支根。茎直立或下部稍膝曲，上部稍分枝，具纵细棱，无毛，节部膨大，基部常带红紫色。叶少数，基生叶和茎下部叶具长柄与叶鞘；叶片二至三回羽状全裂，为卵形或三角状卵形，一回羽片 3~4 对，具柄，近卵形；二回羽片 2~3 对，无柄，披针状卵形；最终裂片条形，长 3~20 毫米，宽 1~2 毫米，顶端锐尖，边缘稍卷折，两面蓝绿色，光滑无毛，下面中脉隆起；茎中、上部叶的叶较小与简化，叶柄全部成叶鞘，叶片简化成一或二回羽状全裂。复伞形花序直径花时 3~5.5 厘米，果时 6~8 厘米；伞辐 8~15，长 1.5~3 厘米，具纵棱，内侧被微短硬毛；小总苞片 3~6，条状锥形，比花梗长；萼齿不明显；花瓣白色，长约 1 毫米，先端具小舌片，内卷呈凹缺状；花柱基短圆锥形；花柱于花后延长，比花柱基长得多。双悬果近椭圆形或卵形，长 2.5~3 毫米，宽约 1.5 毫米。花期 8 月，果期 9 月。

耐盐中生植物。生于湖边草甸、盐湿草甸。

产地：呼伦湖沿岸。

碱蛇床 *Cnidium salinum* Turcz.

1. 植株下部；2. 花序枝；3. 双悬果；4. 分生果横切面

独活属 *Heracleum* L.

短毛独活 *Heracleum moellendorffii* Hance

蒙名：巴勒其日嘎那

别名：短毛白芷、东北牛防风、兴安牛防风

形态特征：多年生草本，高 80~200 厘米，植株幼嫩时几乎全被绒毛，老时被短硬毛。主根圆锥形，多支根，淡黄棕色或褐棕色，直径 1.5~2.5 厘米。茎直立，具粗钝棱与宽沟槽，节间中空，上部分枝。基生叶与茎下部叶具长柄与叶鞘，叶鞘卵形披针形，具多数纵脉，抱茎；一回羽状复叶或二回羽状分裂，小叶下面 1 对小叶具柄，其他常无柄，顶生小叶较大，宽卵形或卵形，长 6~15 厘米，宽 7~13 厘米，3~5 浅裂或深裂（有时二回羽分裂），先端尖或钝，边缘具粗大的圆牙齿，齿先端具小凸尖，基部心形、楔形或歪斜，有时宽楔形，上面被疏短硬毛或近无毛，下面被绒毛、长柔毛或近无毛；侧生小叶斜卵形或斜椭圆状卵形，比顶生叶稍小；茎中上部叶与下部叶相似，无叶柄，叶鞘特别膨大；顶生叶小叶极小，叶鞘明显。复伞形花序顶生与腋生，直径花期 8~13 厘米，果期达 25 厘米；伞幅 12~30，花期长 4~7 厘米，果期达 12 厘米，具纵细棱；总苞片通常无，有时 1~5，条形；小伞形花序直径 15~25 毫米，具花 10~20 余朵，花梗长 4~10 毫米；小总苞片 6~8，条状锥形，比花梗稍长；萼齿小，三角形；花瓣白色；子房被短毛，随果实成熟而脱落；花柱基短圆锥形。果宽椭圆形或倒卵形，长 6~8 毫米，宽 5~6 毫米，淡棕黄色，油管棕色，背面上半部有 4 条油管，合生面有 2 条。花期 7—8 月，果期 8—9 月。

中生植物。生于山坡林下、林缘、山沟溪边。地下部分入药。

产地：达赉苏木。

饲用价值：劣等饲用植物。

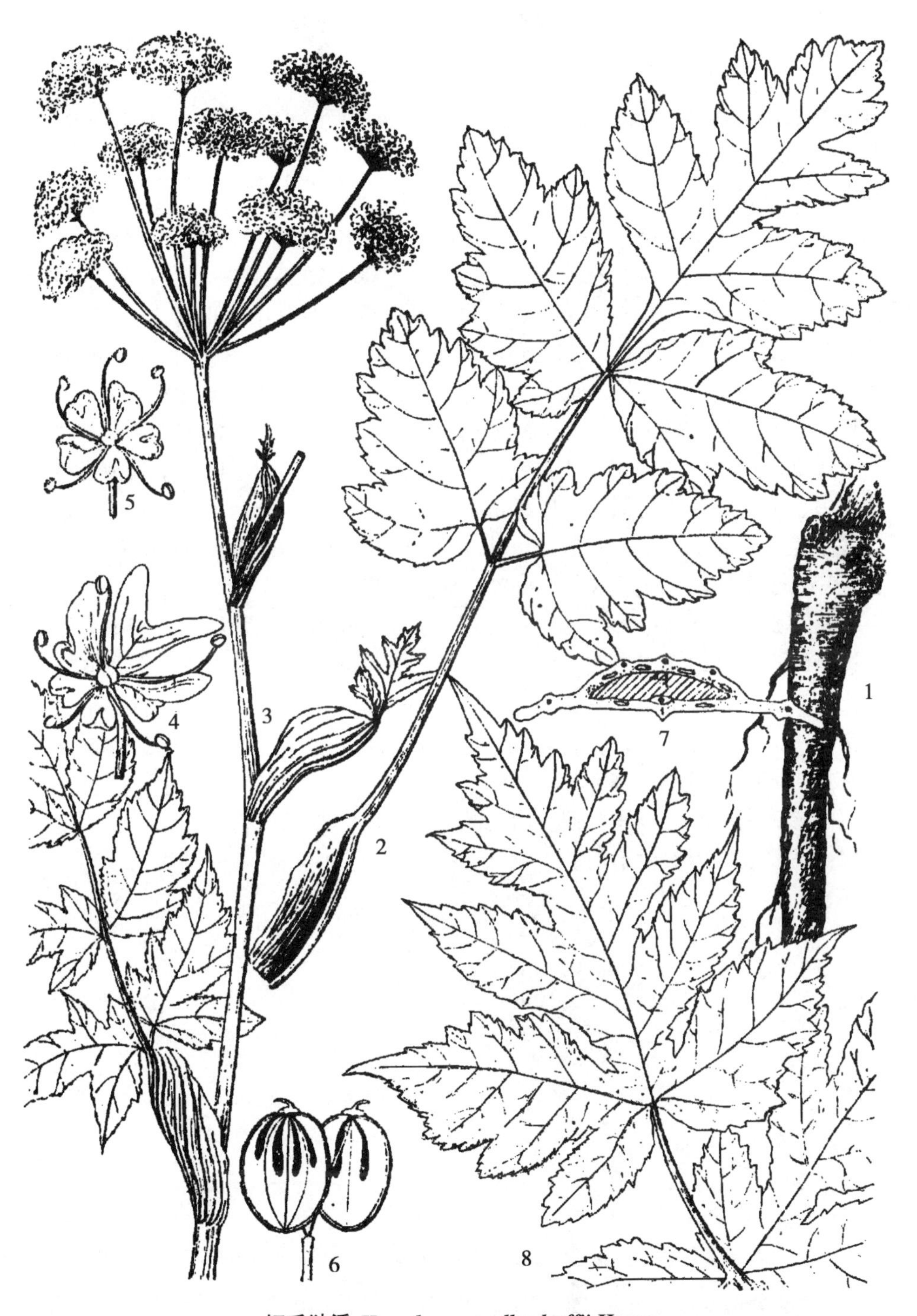

短毛独活 ***Heracleum moellendorffii* Hance**

1. 根；2~8. 叶；3. 花序枝；4. 具辐射边缘花；5. 中央花；6. 双悬果；7. 分生果横切面

柳叶芹属 *Czernaevia* Turcz.

柳叶芹 *Czernaevia laevigata* Turcz.

蒙名：乌日-朝古日高那

别名：小叶独活

形态特征：二年生草本，高 40~100 厘米。主根较细短，圆锥形，直径 3~6 毫米，黑褐色。茎单一，直立，不分枝或顶部稍分枝，基部直径 5~7 毫米，中空，具纵细棱，黄绿色，有光泽，无毛，仅花序下具长短不等的硬毛。基生叶于开花时早枯萎；茎生叶 3~5 片；茎下部具长柄与叶鞘，鞘三角状卵形，边缘膜质，抱茎；叶片二回羽状全裂，卵状三角形，长与宽均为 9~12 厘米，一回羽片 2~3 对，远离，具短柄；二回（最终）羽片披针形至矩圆状披针形，长 15~55 毫米，宽 5~16 毫米，先端渐尖，基部楔形或稍歪斜，边缘具白色软骨质的锯齿或重锯齿，齿尖常具小凸尖，上面沿中脉被短硬毛，下面无毛；中、上部叶渐小与简化，叶柄部分或全部成叶鞘，叶鞘披针状条形，抱茎。复伞形花序直径 4~9 厘米，伞幅 15~30，长短不等，长 15~45 毫米，内侧被短硬毛；通常无总苞片；小伞形花序直径 8~15 毫米，具多数花，花梗长 1~8 毫米，内侧被极短硬毛；小总苞片 2~8，条状锥形，常比花梗短；主伞为两性花，常结实，侧伞为雄花，常不结实；萼齿不明显；花瓣白色，倒卵形，长约 1 毫米，花序外缘花具辐射瓣，长约 3 毫米；花柱果时延长，下弯。果宽椭圆形，长约 3 毫米，宽约 2 毫米，背部稍扁，背棱与中棱狭翅状，侧棱为宽翅状，翅为黄色，棱槽为棕色，每棱槽具油管 3~5 条，合生面 6~10 条。花期 7—8 月，果期 9 月。

中生植物。生于河边沼泽草甸、山地灌丛、林下、林缘草甸。

产地：乌尔逊河边沼泽草甸。

柳叶芹 *Czernaevia laevigata* Turcz.

1. 根与茎基部；2. 花序枝；3. 花；4. 双悬果；5. 分生果横切面；6. 叶

胀果芹属 *Phlojodicarpus* Turcz.

胀果芹 *Phlojodicarpus sibiricus* (Fisch. ex Spreng.) K. -Pol.

蒙名：达格沙、都日根-查干

别名：燥芹、膨果芹

形态特征：多年生草本，15~30 厘米。主根粗大，圆柱形，深入地下，直径 1~2 厘米，褐色，表面具横皱纹；根状茎具多头，包被许多褐色老叶柄和纤维。茎数条至 10 余条自根状茎顶部丛生，直立，不分枝，如花葶状，具细纵棱，无毛，仅花序下部被微短硬毛，有时带红紫色，有光泽。基生叶多数，丛生，灰蓝绿色，具长柄与叶鞘，鞘卵状矩圆形，具白色宽膜质边缘，有时带红紫色；叶片三回羽状全裂，矩圆形、矩圆状卵形或条形，长 4~6 厘米，宽 8~18 毫米；一回羽片 4~6 对，无柄，远离；二回羽状 1~3 对，无柄；最终裂片条形或条状披针形，长 1~4 毫米，宽 0. 3~0. 6 毫米，先端锐尖，两面平滑无毛；茎生叶 1~3 片，极简化，叶柄全部成宽叶鞘。复伞形花序单生茎顶，直径 2~3 厘米，伞幅 8~14，长 3~10 毫米，内侧密被微短硬毛；总苞片数片至 10 余片，狭条形，边缘膜质，先端长渐尖，有时下面被微短硬毛，不等长；有时其中 1 片如顶生叶；小伞形花序直径 7~10 毫米，具花 10 余朵，花梗长 0. 5~2 毫米，内侧被微短硬毛；小总苞片 5~10，条形，长 3~5 毫米，先端长渐尖，边缘膜质，沿脉稍被微短硬毛；萼齿披针形或狭三角形，长 0. 5 毫米；花瓣白色，果宽椭圆形，长 6~7 毫米，宽 4~5 毫米，果棱黄色，棱槽棕褐色，无毛或被微短硬毛。花期 6 月，果期 7—8 月。

嗜砾石旱生植物。生于草原区石质山顶、向阳山坡。

产地：呼伦镇边境线山上。

山芹属 *Ostericum* Hoffm.

全叶山芹 *Ostericum maximowiczii* (F. Schmidt ex Maxim.) Kitag.

蒙名：布屯-哲日力格-朝古日

形态特征：多年生草本，高 40~80 厘米。根分歧，具细长的地下匍枝，节上生根。茎直立，上部稍分枝，圆柱形，表面具纵棱。茎下部叶具长柄，柄基部具长叶鞘，抱茎，茎上部叶具短柄或无柄，但具长叶鞘；叶片三至四回三出羽状全裂，最终裂片细长，条状披针形、矩圆状条形或条形，长 1~3 厘米，宽 1. 5~5 毫米，先端渐尖，全缘，沿叶脉及边缘常被短硬毛。复伞形花序，直径 4~8 厘米，伞幅 7~16，稍不等长；总苞片通常 1，披针形，边缘白膜质，早落；小伞形花序直径 1~1. 5 厘米，具花 10~20 余多，花梗长 3~5 毫米；小总苞片 5~9，条状丝形，不等长；萼齿卵状三角形；花瓣白色，宽椭圆状倒心形，基部具短爪；花柱基短圆锥形。双悬果扁平，宽椭圆形，长 4~5 毫米，宽 3~4 毫米，分生果背棱隆起，稍尖，侧棱翼状，翼宽约 1 毫米，棱槽中各具 1 条油管，合生面有 2 条。花果期 8—10 月。

湿中生植物。生于山地河谷草甸、林缘草甸或林下草甸。

产地：克尔伦苏木、呼伦湖拴马桩。

胀果芹 ***Phlojodicarpus sibiricus*** **（Fisch. ex Spreng.） K. -Pol.**

1. 植株；2. 花；3. 分生果；4. 分生果横切面

全叶山芹 *Ostericum maximowiczii*（F. Schmidt ex Maxim.）Kitag.

4. 花序；5. 花；6. 分生果；7. 分生果横切面

丝叶山芹 *Ostericum maximowiczii*（F. Schmidt ex Maxim.）Kitag. var. *filisectum*

（Y. C. Chu）C. Q. Yuan et R. H. Shan

1. 果序；2. 花；3. 分生果

丝叶山芹 *Ostericum maximowiczii*（F. Schmidt ex Maxim.）Kitag. var. *filisectum*（Y. C. Chu）C. Q. Yuan et R. H. Shan

蒙名：那林-哲日力格-朝古日

形态特征：多年生草本，高30~60厘米，具细长地下匍枝。茎直立，上部稍多枝，纤细，直径2~3毫米，表面具细微纵棱。基生叶具长柄，柄基部具长叶鞘，抱茎，茎上部叶具短柄或无柄，但具长叶鞘；叶片三至四回羽状全裂，卵状三角形；一回羽片3~5对，具长小柄，小柄背曲；二回羽状2~3对，具短小柄或无柄；最终裂片狭条状丝形或丝形，稍背曲，长4~8毫米，宽0.4~1毫米，先端微尖，茎上部叶逐渐简化。复伞形花序直径5~7厘米，伞幅5~11，稍不等长，内侧稍粗糙；总苞片1，披针形，早落；小伞形花序直径1~1.5厘米，具花10~15；小总苞片6~10，狭条形；萼齿三角形；花瓣白色，倒卵状宽椭圆形，基部具短爪；花柱基短圆锥形。双悬果矩圆形；分生果背棱稍凸起，侧棱宽翼状，棱槽中各具1条油管，合生面具2条。花期7—8月，果期8—9月。

中生植物。生于落叶松林下、河边草甸。

产地：大黑山东侧湿草甸。

迷果芹属 *Sphallerocarpus* Bess. ex DC.

迷果芹 *Sphallerocarpus gracilis*（Bess. ex Trev.）K. -Pol.

蒙名：朝高日乐吉

别名：东北迷果芹

形态特征：一年生或二年生草本，高30~120厘米。茎直立，多分枝，具纵细棱，被开展的或弯曲的长柔毛，毛长0.5~3毫米，茎下部与节部毛较密，茎上部与节间常无毛或近无毛。基生叶开花时早枯落，茎下部叶具长柄，叶鞘三角形，抱茎，茎中部或上部叶的叶柄一部分或全部成叶鞘，叶柄和叶鞘常被长柔毛；叶片三至四回羽状全裂，轮廓为三角状卵形，一回羽片3~4对，具柄，轮廓卵状披针形；二回羽片3~4对，具短柄或无柄，轮廓同上；最终裂片条形或披针状条形，长2~10毫米，宽1~2毫米，先端尖，两面无毛或有时被极稀疏长柔毛；上部叶渐小并简化。复伞形花序直径花期为2.5~5厘米，果期为7~9厘米；伞幅5~9，不等长，长5~20毫米，无毛；通常无总苞片；小伞形花序直径6~10毫米，具花12~20朵，花梗不等长，长1~4毫米，无毛；小总苞片通常5，椭圆状卵形或披针形，长2~3毫米，宽约1毫米，顶端尖，边缘具睫毛，宽膜质，果期向下反折；花两性（主伞的花）或雄性（侧伞的花）；萼齿很小，三角形；花瓣白色，倒心形，长约1.5毫米，先端具内卷小舌片，外缘花的外侧花瓣增大；花柱基短圆锥形。双悬果矩圆状椭圆形，长4~5毫米，宽2~2.5毫米，黑色，两侧压扁；分生果横切面圆状五角形，果棱隆起，狭窄，内有1条维管束，棱槽宽阔，每棱槽中具油管2~4条，合生面具4~6条；胚乳腹面具深凹槽；心皮柄2中裂。花期7—8月，果期8—9月。

中生植物。杂草，有时成为撂荒地植被的建群种。生于田野村旁，撂荒地及山地林缘草甸。青鲜时骆驼乐食，在干燥状态不喜欢吃，其他牲畜不吃。

产地：阿拉坦额莫勒镇、呼伦镇、克尔伦苏木。

饲用价值：劣等饲用植物。

迷果芹 *Sphallerocarpus gracilis*（**Bess. ex Trev.**）**K. -Pol.**

1. 茎基部与根；2. 花序枝；3. 叶；4. 花；5. 果序；6. 双悬果；7. 分生果横切

报春花科 Primulaceae

报春花属 *Primula* L.

段报春 *Primula maximowiczii* Regel

蒙名：套日格-哈布日西乐-其其格

别名：胭脂花、胭脂报春

形态特征：多年生草本，全株无毛，亦无粉状物。须根多而粗壮，黄白色。叶大，矩圆状倒披针形、倒卵状披针形或椭圆形，连直柄长 6~21（34）厘米，宽 2~4（6）厘米，先端钝圆，基部渐狭下延成宽翅状柄，或近无柄，叶缘有细三角状牙齿。花葶粗壮，高 22~76 厘米，直径 3~7 毫米；层叠式伞形花序，1~3 轮，每轮有花 4~16 朵；苞片多数，披针形，长 3~6 毫米，先端长渐尖，基部连合；花梗长 1~5 厘米；花萼钟状，萼筒长 7~10 毫米，裂片宽三角形，长 2~2.5 毫米，顶端渐尖；花冠暗红紫色，花冠筒长 10~12 毫米，喉部有环状凸起，冠檐直径约 1.5 厘米，裂片矩圆形，全缘，长 5~6 毫米，先端常反折；子房矩圆形，长 2 毫米，花柱长 7 毫米。蒴果圆柱形，长 9~22 毫米，常比花萼长 1~1.5 倍，直径 3.5~6 毫米。种子黑褐色，不整齐多面体，长约 0.8 毫米，宽约 0.5 毫米，种皮具网纹。花期 6 月，果期 7—8 月。

耐阴中生植物。生于山地林下、林缘以及山地草甸等腐殖质较丰富的潮湿生境。全草有些地方作蒙药用，可供观赏。

产地：阿日哈沙特镇。

段报春 *Primula maximowiczii* Regel

1. 植株下部；2. 层叠式伞形花序；3. 花冠展开，雄蕊着生处；4. 蒴果及宿存萼；5. 种子

点地梅属 *Androsace* L.

北点地梅 *Androsace septentrionalis* L.

蒙名：塔拉音-达邻-套布其

别名：雪山点地梅

形态特征：一年生草本。直根系，主根细长，支根较少。叶倒披针形、条状倒披针形至狭菱形，长（0.4）1~2（4）厘米，宽（1.5）3~6（8）毫米，先端渐尖，基部渐狭，无柄或下延呈宽翅状柄，通常中部以上叶缘具稀疏锯齿或近全缘，上面及边缘被短毛及2~4分叉毛，下面近无毛。花葶1至多数，直立，高7~25（30）厘米，黄绿色，下部略呈紫红色，花葶与花梗都被2~4分叉毛和短腺毛；伞形花序具多数花，苞片细小，条状披针形，长2~3毫米；花梗细，不等长，长1.5~6.7厘米，中间花梗直立，外围的微向内弧曲；萼钟形，果期稍增大，长3~3.5毫米，外面无毛，中脉隆起，5浅裂，裂片狭三角形，质厚，长约1毫米，先端急尖；花冠白色，坛状，直径3~3.5毫米，花冠筒短于花萼，长约1.5毫米，喉部紧缩，有5凸起与花冠裂片对生，裂片倒卵状矩圆形，长约1.2毫米，宽0.6毫米，先端近全缘；子房倒圆锥形，花柱长0.3毫米，柱头头状。蒴果倒卵状球形，顶端5瓣裂。种子多数，多面体形，长约0.6毫米，宽0.4毫米，棕褐色，种皮粗糙，具蜂窝状凹眼。花期6月，果期7月。

旱中生植物。散生于草甸草原、砾石质草原、山地草甸、林缘及沟谷中。全草作蒙药用。

产地：阿日哈沙特镇、呼伦镇、达赉苏木。

饲用价值：低等饲用植物。

大苞点地梅 *Androsace maxima* L.

蒙名：伊和-达邻-套布其

形态特征：二年生矮小草本。全株被糙伏毛。主根细长，淡褐色，稍有分枝。叶倒披针形、矩圆状披针形或椭圆形，长（0.5）5~15（20）毫米，宽1~3（6）毫米，先端急尖，基部渐狭下延呈宽柄状，叶质较厚。花葶3至多数，直立或斜升，高1.5~7.5厘米，常带黄褐色，花葶、苞片、花梗和花萼都被糙伏毛并混生短腺毛；伞形花序有花2~10余多；苞片大，椭圆形或倒卵状矩圆形，长（3）5~6毫米，宽12.5毫米；花梗长5~12毫米，超过苞片1~3倍；花萼漏斗状，长3~4毫米，裂达中部以下，裂片三角状披针形或矩圆状披针形，长约2~2.5毫米，宽1毫米，先端锐尖，花后花萼略增大成杯状，萼筒光滑带白色，近壳质，直径约3~4毫米；花冠白色或淡粉红色，直径3~4毫米，花冠筒长约为2/3，喉部有环状凸起，裂片矩圆形，长1.2~1.8毫米，先端钝圆；子房球形，直径1毫米，花柱长0.3毫米，柱头头状。蒴果球形，直径约3~4毫米，光滑，外被宿存膜质花冠，5瓣裂。种子小，多面体形，背面较宽，长约1.2毫米，宽0.8毫米，10余粒，黑褐色，种皮具蜂窝状凹眼。花期5月，果期5—6月。

旱中生植物。散生于山地砾石质坡地、固定沙地、丘间低地及撂荒地。

产地：克尔伦苏木。

北点地梅 *Androsace septentrionalis* L.

1. 植株；2. 苞片；3. 花萼；4. 花冠展开

大苞点地梅 *Androsace maxima* L.

5. 植株（花期）；6. 蒴果及宿存萼

海乳草属 *Glaux* L.

海乳草 *Glaux maritima* L.

蒙名：苏子-额布斯

形态特征：多年生小草本，高4~25（40）厘米。根常数条束生，粗壮，有少数纤细支根，根状茎横走，节上有对生的卵状膜质鳞片。茎直立或斜升，通常单一或下部分枝。基部茎节明显，节上有对生的淡褐色卵状膜质鳞片。叶密集，交互对生，近互生，偶三叶轮生；叶片条形、矩圆状披针形至卵状披针形，长（3）7~12（30）毫米，宽（1）1.8~3.5（8）毫米，先端稍尖，基部楔形，全缘；无柄或有长约1毫米的短柄。花小，直径约6毫米；花梗长约1毫米，或近无梗；花萼宽钟状，粉白色至蔷薇色，5裂近中部，裂片卵形至矩圆状卵形，长约2.5毫米，宽2毫米，全缘；雄蕊5，与萼近等长，花丝基部宽扁，长4毫米，花药心形，背部着生；子房球形，长1.3毫米，花柱细长，长2.5毫米，胚珠8~9枚。蒴果近球形，长2毫米，直径2.5毫米，顶端5瓣裂。种子6~8粒，棕褐色，近椭圆形，长1毫米，宽0.8毫米，背面宽平，腹面凸出，有2~4条棱，种皮具网纹。花期6月，果期7—8月。

耐盐中生植物。生于低湿地矮草草甸、轻度盐化草甸，可成为草甸优势成分之一。

产地：阿日哈沙特镇、宝格德乌拉苏木、克尔伦河南岸。

饲用价值：中等饲用植物。

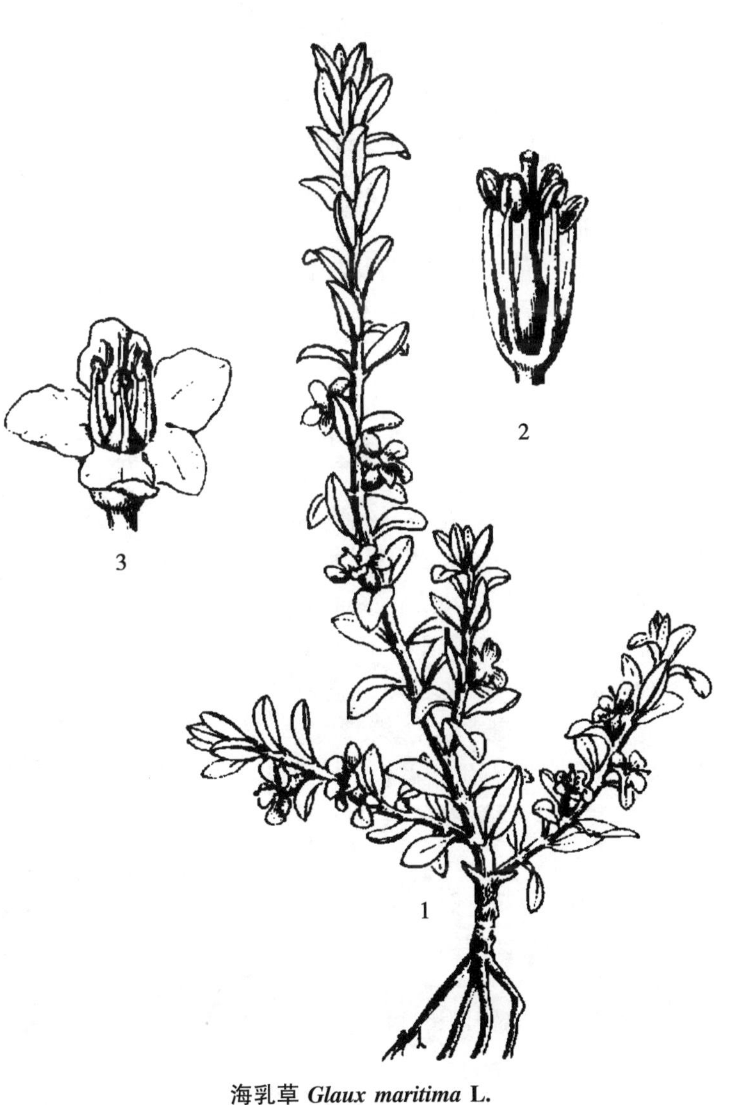

海乳草 *Glaux maritima* L.

1. 植株；2. 雄蕊与雌蕊；3. 花

珍珠菜属 *Lysimachia* L.

狼尾花 *Lysimachia barystachys* Bunge

蒙名：侵娃音-苏乐

别名：重穗珍珠菜

形态特征：多年生草本。根状茎横走，红棕色，节上有红棕色鳞片。茎直立，高35~70厘米，单一或有短分枝，上部被密长柔毛。叶互生，条状倒披针形、披针形至矩圆状披针形，长4~11厘米，宽（4）8~13毫米，先端尖，基部渐狭，边缘多少向外卷折，两面及边缘疏被短柔毛，通常无腺状斑点；无叶柄或近无柄。总状花序顶生，花密集，常向一侧弯曲呈狼尾状，长4~6厘米，果期伸直，长可达25厘米，花轴及花梗均被长柔毛，花梗长4~6毫米，苞片条形或条状披针形，长6毫米，萼近钟状，基部疏被柔毛，长约3.5毫米，5深裂，裂片矩圆形，长约2.2毫米，边缘宽膜质，外缘呈小流苏状；花冠白色，裂片长卵形，长5.5毫米，宽1.5毫米，花冠筒长1.2毫米；雄蕊5，花丝等长，贴生于花冠上，长约1.8毫米，基部宽扁，花药狭心形，顶端尖，长1毫米，背部着生；子房近球形，长1毫米，直径1.1毫米，花柱较短，直径约0.6毫米，花2毫米，柱头膨大。蒴果近球形，直径约2.5毫米，长2毫米。种子多数，红棕色。花期6—7月。

狼尾花 ***Lysimachia barystachys*** **Bunge**

1. 植株上部；2. 花冠及雄蕊；3. 蒴果及宿存花萼

中生植物。生于草甸、沙地、山地灌丛及路旁。全草入药。

产地：呼伦镇。

饲用价值：低等饲用植物。

白花丹科 Plumbaginaceae

驼舌草属 *Goniolimon* Boiss.

驼舌草 *Goniolimon speciosum*（L.）Boiss.

蒙名：和乐日格-额布斯

别名：棱枝草、刺叶矶松

形态特征：多年生草本，高 16~30 厘米。直根粗壮，深褐色，直径 0.5~1 厘米。木质根颈常具 2~4 个极短的粗分枝，枝端有基生叶组成的莲座叶丛。叶灰绿色或上面绿色，质硬，倒卵形，矩圆状倒卵形至披针形，长 2~6（9.5）厘米（连下延的柄），宽 1~3 厘米，先端短渐尖或急尖，有细长刺尖，基部渐狭下，延为宽扁叶柄，两面显著被灰白色细小钙质颗粒，下面更密而呈白霜状。花 2~4（5）朵组成小穗，5~9（11）个小穗紧密排列成二列，外苞顺序覆盖如覆瓦状而组成穗状花序，多数穗状花序再组成伞房状或圆锥状复花序；花序轴直立，沿节多少呈“之”字形曲折，2~3 回分枝，下部圆柱形，分枝以上主轴及分枝上有明显的棱或狭翼而成二棱形或三棱形，密被短硬毛，外苞片宽卵圆形至椭圆状倒卵形，长 7~8 毫米，宽 4~6 毫米，先端具一草质硬尖，两侧有宽膜质边缘，第一内苞片形状与外苞片相似而较小，先端常具 2~3 个硬尖；花萼漏斗状，长 7~8 毫米，萼筒径约 1 毫米，具 5~10 条褐色脉棱，沿脉与下部被毛，萼檐具 5 裂片，裂片先端钝，无明显齿牙，有不明显的间生小裂片；花冠淡紫红色，较萼长；雄蕊 5，花丝长约 6 毫米，花药背部近中央着生，长约 0.8 毫米；子房矩圆形，具棱，顶端骤细，花柱 5，离生，丝状，长 2.5 毫米，柱头扁头状。蒴果矩圆状卵形。花期 6—7 月，果期 7—8 月。

砾石质草原伴生的中旱生植物。生于草原带及森林草原带的石质丘陵山坡或平原。

产地：呼伦镇、阿日哈沙特镇、宝格德乌拉苏木。

饲用价值：低等饲用植物。

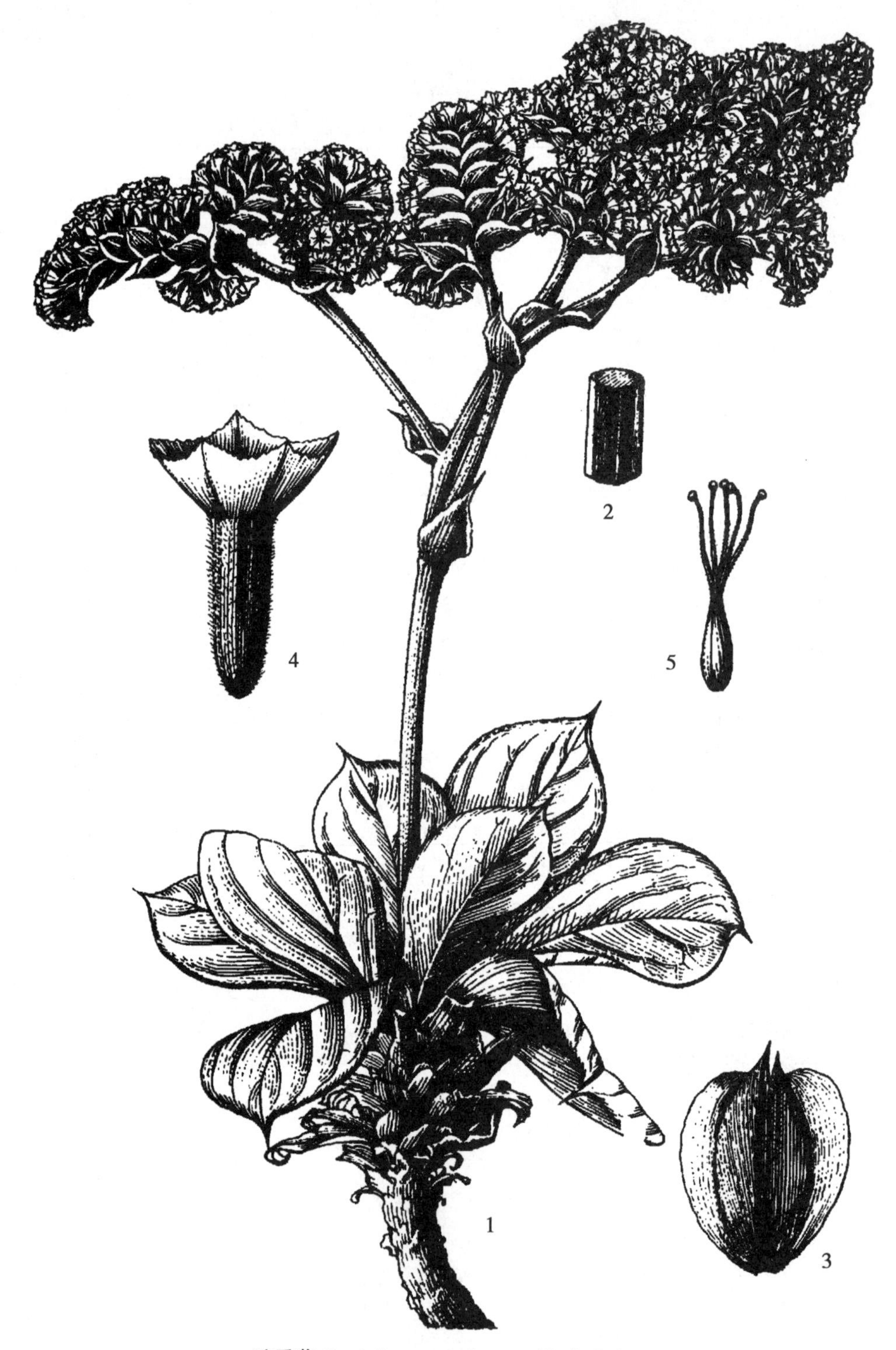

驼舌草 ***Goniolimon speciosum*** **（L.）Boiss.**

1. 植株；2. 花序轴；3. 第一内苞；4. 花萼；5. 雌蕊

补血草属 *Limonium* Mill.

黄花补血草 *Limonium aureum*（L.）Hill

蒙名：希日-义拉干-其其格

别名：黄花苍蝇架、金匙叶草、金色补血草

形态特征：多年生草本，高 9~30 厘米，全株除萼外均无毛。根皮红褐色至黄褐色。根颈逐年增大而木质化并变为多头，常被有残存叶柄和红褐色芽鳞。叶灰绿色，花期常早凋，矩圆状匙形至倒披针形，长 1~3.5（6.5）厘米，宽 5~8（22）毫米，顶端圆钝而有短凸尖，基部渐狭下延为扁平的叶柄，两面被钙质颗粒。花序为伞房状圆锥花序，花序轴（1）2 至多数，绿色，密被疣状凸起（有时稀疏或仅上部嫩枝具疣），自下部作数回叉状分枝，常呈“之”形曲折，下部具多数不育枝，最终不育枝短而弯曲；穗状花序位于上部分枝顶端，由 3~5（7）个小穗组成，小穗含 2~3（5）花，外苞片宽卵形，长约 1.5~2 毫米，顶端钝，有窄膜质边缘；第一内苞片倒宽卵圆形，长约 4~5.5 毫米，具宽膜质边缘而包裹花的大部，先端 2 裂；萼漏斗状，长 5~7 毫米，萼筒基部偏斜，密被细硬毛，萼檐金黄色，直径约 5 毫米，裂片近正三角形，脉伸出裂片顶端成一芒尖，沿脉常疏被微柔毛；花冠橙黄色，长约 6.5 毫米，常超出花萼；雄蕊 5，花丝长 4.5 毫米，花药矩圆形；子房狭倒卵形，柱头丝状圆柱形，与花柱共长 5 毫米。蒴果倒卵状矩圆形，长约 2.2 毫米，具 5 棱。花期 6—8 月，果期 7—8 月。

耐盐旱生植物。散生于荒漠草原带和草原带的盐化低地上，适应于轻度盐化的土壤，及砂砾质、沙质土壤，常见于芨芨草草甸群落，芨芨草加白刺群落。花入药。

产地：阿日哈沙特镇、呼伦镇、克尔伦苏木、达赉苏木。

饲用价值：低等饲用植物。

二色补血草 *Limonium bicolor*（Bunge）Kuntze

蒙名：义拉干-其其格

别名：苍蝇架、落蝇子花

形态特征：多年生草本，高（6.5）20~50 厘米，全株除萼外均无毛。根皮红褐色至黑褐色，根颈略肥大，单头或具 2~5 个头。基生叶匙形、倒卵状匙形至矩圆状匙形，长 1.4~11 厘米（连下延的叶柄），宽 0.5~2 厘米，先端圆或钝，有时具短尖，基部渐狭下延成扁平的叶柄，全缘。花序轴 1~5 个，有棱角或沟槽，少圆柱状，自中下部以上作数回分枝，最终小枝（指单个穗状花序的轴）常为二棱形，不育枝少；花（1）2~4（6）朵花集成小穗，3~5（11）个小穗组成有柄或无柄的穗状花序，由穗状花序再在花序分枝的顶端或上部组成或疏或密的圆锥花序；外苞片矩圆状宽卵形，长 2.5~3.5 毫米，有狭膜质边缘，第一内苞片与外苞片相似，长 6~6.5 毫米，有宽膜质边缘，草质部分无毛，紫红色、栗褐色或绿色；萼长 6~7 毫米，漏斗状，萼筒径 1~1.2 毫米，沿脉密被细硬毛；萼檐宽阔，长 3~3.5 毫米，约为花萼全长的一半，开放时直径与萼长相等，在花蕾中或展开前呈紫红或粉红色，后变白色，萼檐裂片明显，为宽短的三角形，先端圆钝或脉伸出裂片前端成一易落的短软尖，间生小裂片明显，沿脉下部被微短

硬毛；花冠黄色，与萼近等长，裂片5，顶端微凹，中脉有时紫红色；雄蕊5；子房倒卵圆形，具棱，花柱及柱头共长5毫米。花期5月下旬至7月，果期6—8月。

草原旱生杂类草。散生于典型草原、草甸草原及山地，能适应于沙质土、砂砾质土及轻度盐化土壤，也偶见于旱化的草甸群落中。带根全草入药。

产地：全旗。

饲用价值：低等饲用植物。

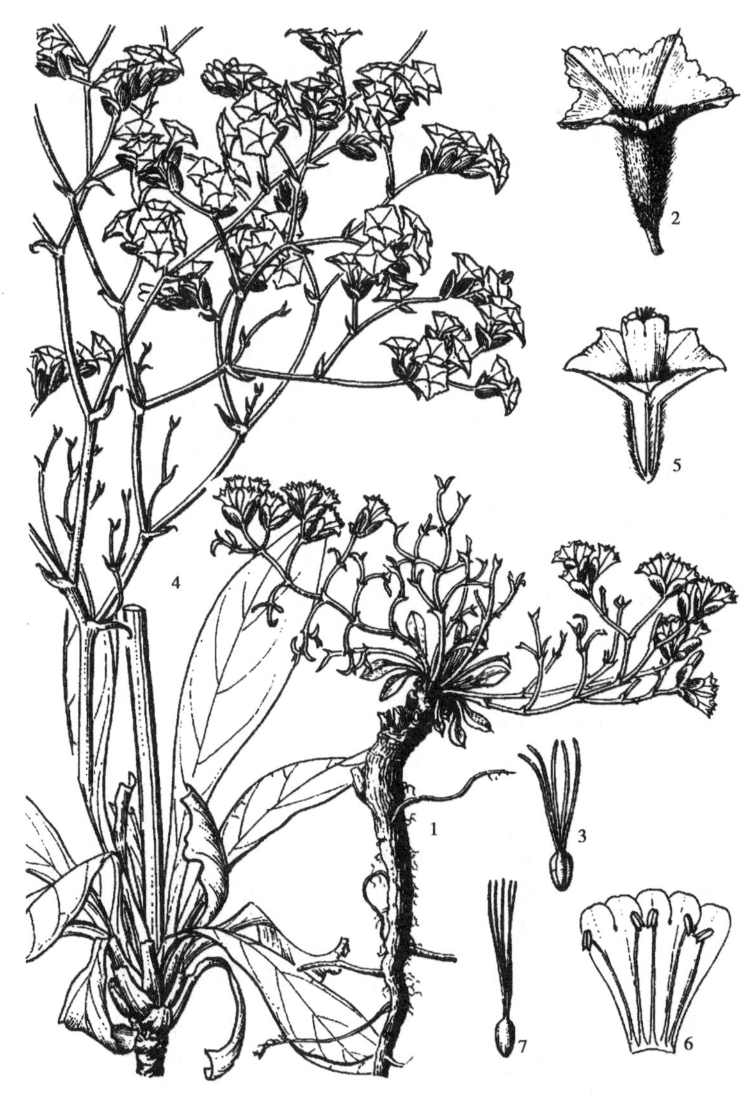

黄花补血草 ***Limonium aureum*** **（L.）Hill**

1. 植株；2. 花萼；3. 雌蕊

二色补血草 ***Limonium bicolor*** **（Bunge）Kuntze**

4. 植株；5. 花；6. 花冠纵切；7. 雌蕊

曲枝补血草 *Limonium flexuosum*（L.）Kuntze

蒙名：塔黑日-义拉干-其其格

别名：苍蝇架、落蝇子花

形态特征：多年生草本，高10~30（45）厘米，全株除萼外均无毛。根皮红褐色至黑褐色，根颈常略肥大。基生叶倒卵状矩圆形至矩圆状倒披针形，稀披针形，长4~8（12）厘米，宽0.6~1.5厘米，先端急尖或钝，常具短尖，基部渐狭下延成扁平的叶柄。花序轴1至数枚，略呈“之”字形曲折，微具棱槽，自中下部或上部作数回分枝，小枝有疣状凸起，下部1~5节上有叶片，不育枝很少；小穗含2~4花，7~9（13）一穗状花序，每2~3个穗状花序集生于花序分枝的顶端或紧密的头状，再组成伞房状圆锥花序；外苞片宽倒卵形，第一内苞片与苞片相似，长约4.5~5毫米，具极宽的膜质边缘，几完全包裹花部；萼长5~6毫米，漏斗状，萼筒径约1毫米，沿脉密被细硬毛，脉红紫色，萼檐近白色，常折叠而不完全开展，开张时径3~4毫米，5浅裂，裂片略呈三角形，脉不达于萼檐顶缘；花冠淡紫红色，长4.5~5毫米，比萼短；雄蕊5，子房倒卵形，长1.2毫米，直径0.4毫米，具棱，花柱与柱头共长4.5毫米。花期6月下旬至8月上旬，果期7—8月。

草原旱生杂类草。散生于草原。

产地：呼伦镇、克尔伦苏木。

龙胆科 Gentianaceae

百金花属 *Centaurium* Hill

百金花 *Centaurium pulchellum*（Swartz）Druce var. *altaicum*（Griseb.）Kitag. et H. Hara

蒙名：森达日阿-其其格

别名：麦氏埃雷

形态特征：一年生草本，高6~25厘米。根纤细，淡褐黄色。茎纤细，直立，分枝，具4条纵棱，光滑无毛。叶椭圆形至披针形，长8~15毫米，宽3~6毫米，先端锐尖，基部宽楔形，全缘，三出脉，两面平滑无毛；无叶柄。花序为疏散的二歧聚伞花序；花长10~15毫米，具细短梗，梗长2~5毫米；花萼管状，管长约4毫米，直径1~1.5毫米，具5裂片，裂片狭条形，长3~4毫米，先端渐尖；花冠近高脚碟状，管部长约8毫米，白色，顶端具5裂片，裂片白色或淡红色，矩圆形，长约4毫米。蒴果狭矩圆形，长6~8毫米；种子近球形，直径0.2~0.3毫米，棕褐色，表面具皱纹。花果期7—8月。

湿中生植物。生于低湿草甸、水边。带花的全草蒙医有的作为一种“地格达（地丁）”入药。

产地：阿日哈沙特镇阿贵洞。

饲用价值：劣等饲用植物。

曲枝补血草 ***Limonium flexuosum*** （**L.**） **Kuntze**

1. 植株上部；2. 花萼

百金花 ***Centaurium pulchellum*** **（Swartz）Druce var.** ***altaicum*** **（Griseb.）Kitag. et H. Hara**

1. 植株；2. 花；3. 花冠展开；4. 雌蕊

龙胆属 *Gentiana* L.

鳞叶龙胆 *Gentiana squarrosa* Ledeb.

蒙名：希日根-主力根-其木格

别名：小龙胆、石龙胆

形态特征：一年生草本，高2~7厘米。茎纤细，近四棱形，通常多分枝，密被短腺毛。叶边缘软骨质，稍粗糙或被短腺毛，先端反卷，具芒刺；基生叶较大，卵圆形或倒卵状椭圆形，长5~8毫米，宽3~6毫米；茎生叶较小，倒卵形至披针形，长2~4毫米，宽1~1.5毫米，对生叶基部合生成筒，抱茎。花单顶生；花萼管状钟形，长约5毫米，具5裂片，裂片卵形，长约1.5毫米，先端反折，具芒刺，边缘软骨质，粗糙；花冠管状钟形，长7~9毫米，蓝色，裂片5，卵形，长约2毫米，宽约1.5毫米，先端锐尖，褶三角形，长约1毫米，宽约1.5毫米，顶端2裂或不裂。蒴果倒卵形或短圆状倒卵形，长约5毫米，淡黄褐色，2瓣开裂，果柄在果期延长，通常伸出宿存冠外。种子多数，扁椭圆形，长约0.5毫米，宽约0.3毫米，棕褐色，表面具细网纹。花果期6—8月。

中生植物。散生于山地草甸、旱化草甸及草甸草原。全草入药。

产地：呼伦镇、阿日哈沙特镇。

饲用价值：劣等饲用植物。

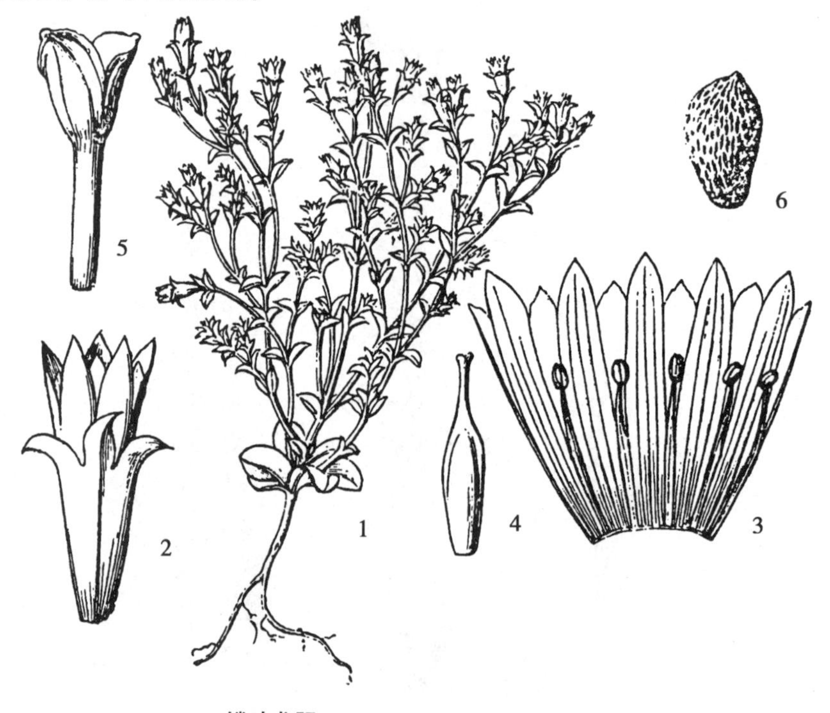

鳞叶龙胆 *Gentiana squarrosa* Ledeb.

1. 植株；2. 花；3. 花冠展开；4. 雌蕊；5. 开裂的蒴果；6. 种子

达乌里龙胆 *Gentiana dahurica* Fisch.

蒙名：达古日-主力格-其木格

别名：小秦艽、达乌里秦艽

形态特征：多年生草本，高 10~30 厘米。直根圆柱形，深入地下，有时稍分枝，黄褐色。茎斜升，基部为纤维状的残叶基所包围。基生叶较大，条状披针形，长达 20 厘米，宽达 2 厘米，先端锐尖，全缘，平滑无毛，五出脉，主脉在下面明显凸起；茎生叶较小，2~3 对，条状披针形或条形，长 3~7 厘米，宽 4~8 毫米，三出脉。聚伞花序顶生或腋生；花萼管状钟形，管部膜质，有时 1 侧纵裂，具 5 裂片，裂片狭条形，不等长；花冠管状钟形，长 3.5~4.5 厘米，具 5 裂片，裂片展开，卵圆形，先端尖，蓝色；褶三角形，对称，比裂片短一半。蒴果条状倒披针形，长 2.5~3 厘米，宽约 3 毫米，稍扁，具极短的柄，包藏在宿存花冠内。种子多数，狭椭圆形，长 1~1.3 毫米，宽约 0.4 毫米，淡棕褐色，表面细网状。花果期 7—9 月。

中旱生植物，也是草甸草原的常见伴生种。生于草原、草甸草原、山地草原；灌丛。根入药。

产地：全旗。

饲用价值：中等饲用植物。

条叶龙胆 *Gentiana manshurica* Kitag.

蒙名：少布给日-主力根-其木格

别名：东北龙胆

形态特征：多年生草本，高 30~60 厘米。根状茎短，簇生数条至多条绳索状长根，淡棕黄色。茎直立，常单一，不分枝，有时 2~3 枝自根状茎生出。叶条形或条状披针形，长 5~10 厘米，宽 3~12 毫米，先端渐尖，全缘，基部合生且抱茎，三出脉，上面绿色，下面淡绿色。主脉明显凸起，两面平滑无毛；茎下部数对叶，较小，鳞片状。花无梗或梗极短。1~3（5）朵簇生枝顶及上部叶腋；苞片条形，长 2~3 厘米，宽 3~4 毫米；花萼管状钟形，长 1.5~2 厘米，膜质，具 5 裂片，裂片条形，长短不一，长 6~12 毫米；花冠管状钟形，长 4~5 厘米，蓝色或蓝紫色，具 5 裂片，裂片卵圆形，先端锐尖；褶极短，近三角形，边缘有时具不整齐的齿。蒴果狭矩圆形，长 1.5~2 厘米，压扁，具有长约 1 厘米的柄。种子多数，矩圆形，两端具翅，淡棕褐色。花果期 8—10 月。

中生植物。生于山地林缘、灌丛、草甸。根入药。

产地：呼伦镇、达赉苏木。

饲用价值：劣等饲用植物。

达乌里龙胆 *Gentiana dahurica* Fisch.

1. 植株；2. 花萼展开；3. 花冠纵切；4. 蒴果；5. 种子

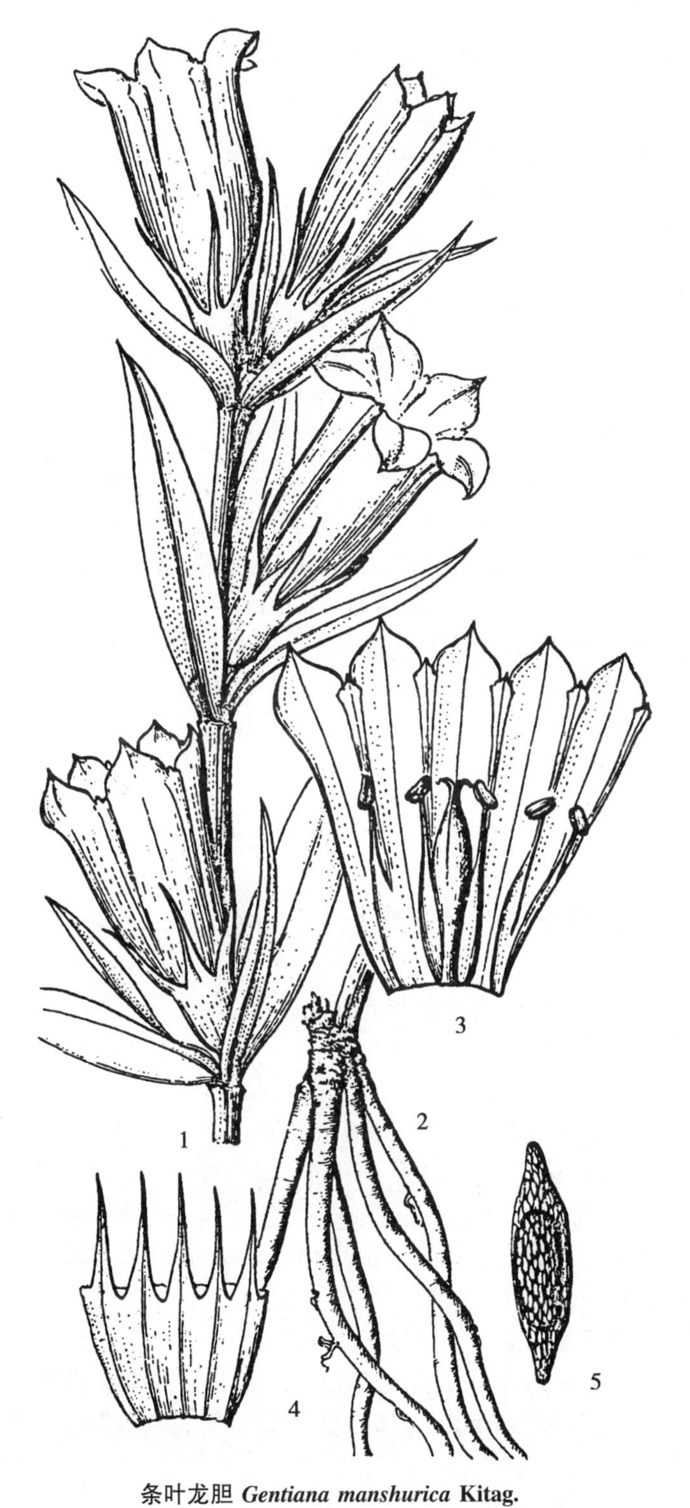

条叶龙胆 *Gentiana manshurica* Kitag.

1. 植株上部；2. 根；3. 花冠纵剖；4. 花萼；5. 种子

扁蕾属 *Gentianopsis* Y. C. Ma

扁蕾 *Gentianopsis barbata*（Froel.） Y. C. Ma

蒙名：乌苏图-特木日-地格达

别名：剪割龙胆、中国扁蕾

形态特征：一年生直立草本，高 20~50 厘米；根细长圆锥形，稍分枝。茎具 4 纵棱，光滑无毛，有分枝，节部膨大。叶对生，条形，长 2~6 厘米，宽 2~4 毫米，先端渐尖，基部 2 对生叶几相连，全缘，下部一条主脉明显凸起；基生叶匙形或条状倒披针形，长 1~2 厘米，宽 2~5 毫米，早枯落。单花生于分枝的顶端，直立，花梗长 5~12 厘米；花萼管状钟形，具 4 棱，萼筒长 12 ~20 毫米，内对萼裂片披针形，先端尾尖，与萼筒近等长，外对萼裂片条状披针形，比内对裂片长；花冠管状钟形，全长 3~5 厘米，裂片矩圆形，蓝色或蓝紫色，两旁边缘剪割状，无褶；密腺 4，着生于花冠管近基部，近球形而下垂，蒴果狭矩圆形，长 2~3 厘米，具柄，2 瓣裂开。种子椭圆形，长约 1 毫米，棕褐色，密被小瘤状凸起。花果期 7—9 月。

中生植物。生于山坡林缘、灌丛、低湿草甸、沟谷及河滩砾石层中。全草入蒙药。

产地：呼伦镇边境线。

饲用价值：中等饲用植物。

睡菜科 Menyanthaceae

荇菜属（莕菜属）*Nymphoides* Seguier

荇菜 *Nymphoides peltata*（S. G. Gmel.） Kuntze

蒙名：扎木勒-额布斯

别名：莲叶荇菜、水葵、莕菜

形态特征：多年生水生植物。地下茎生于水底泥中，横走匍匐状。茎圆柱形，多分枝，生水中，节部有时具不定根。叶漂浮水面，对生或互生，近革质，叶片圆形或宽椭圆形，长 2~7 厘米，宽 2~6 厘米，先端圆形，基部深心形，全缘或微波状，上面绿色，具粗糙状凸起，下面密被褐紫色的小腺点；叶柄长 5~10 厘米，基部变宽，抱茎。花序伞形状簇生叶腋；花梗比叶长，长短不等，被腺点；萼裂片披针形，长 7~9 毫米，先端钝，边缘膜质，被褐紫色腺点；花冠长 15~22 毫米，黄色，管长 5~7 毫米，喉部具毛，裂片卵圆形，长 10~14 毫米，先端凹缺，边缘具齿状毛；假雄蕊 5，密被白色长毛，位于花冠管中部。蒴果卵形，长 18~22 毫米。种子宽椭圆形，稍扁，边缘具翅，褐色。花果期 7—9 月。

水生植物。生于池塘或湖泊中。全草入药。

产地：乌尔逊河、乌兰泡。

饲用价值：中等饲用植物。

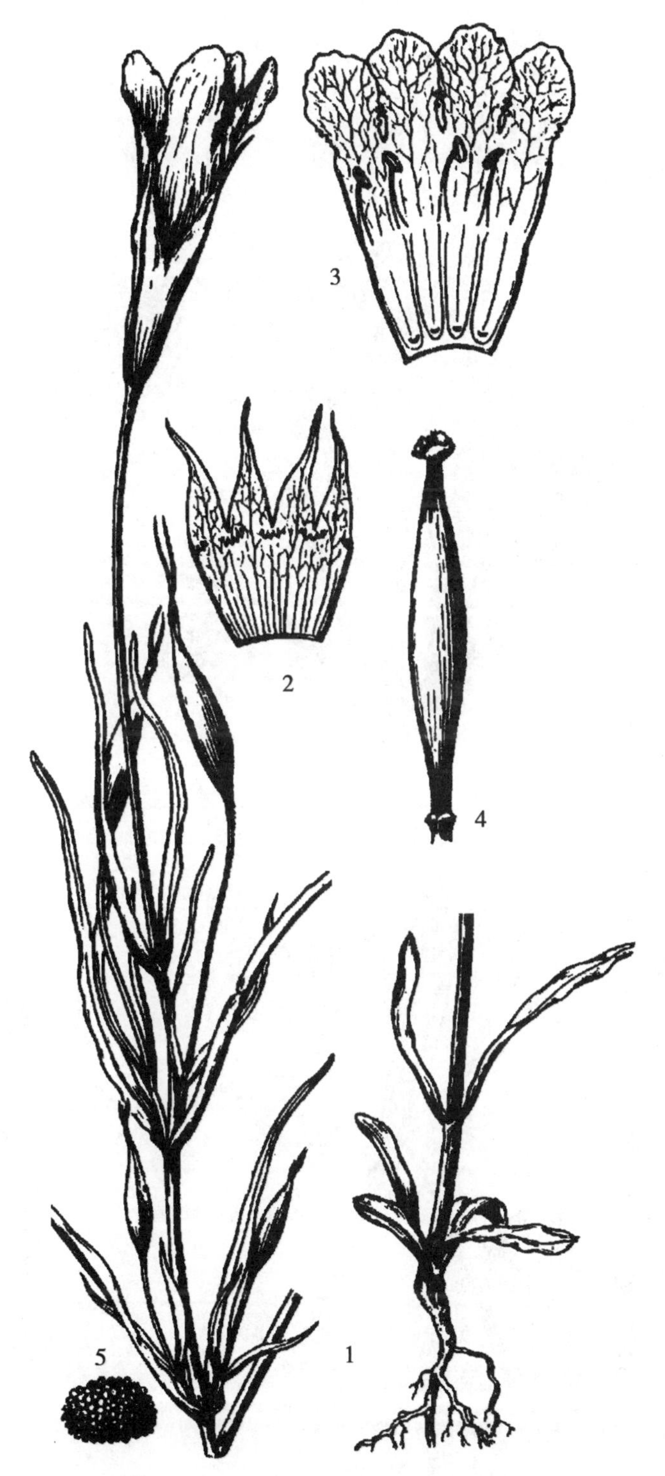

扁蕾 *Gentianopsis barbata*（Froel.）Y. C. Ma

1. 植株；2. 花萼展开；3. 花冠展开；4. 雌蕊；5. 种子

荇菜 ***Nymphoides peltata*** **（S. G. Gmel.） Kuntze**

1. 花；2. 花冠纵切；3. 雌蕊

萝藦科 Asclepiadaceae

鹅绒藤属 *Cynanchum* L.

紫花杯冠藤 *Cynanchum purpureum*（Pall.）K. Schum.

蒙名：布日-特木根-呼呼

别名：紫花白前、紫花牛皮消

形态特征：多年生草本，高 20~40 厘米。根颈部粗大；根木质，暗棕褐色，垂直生长的粗根直径 5~10 毫米，有时具水平方向的粗根。茎直立，自基部抽出数条，上部分枝，被疏长柔毛，干时中空。叶对生，纸质，集生于分枝的上部，条形，长 1~3.5 厘米，宽 1~2 毫米，先端渐尖，全缘，基部渐狭，上面绿色，下面淡绿色，中脉明显隆起，两面被柔毛，边缘较密，有时下面无毛；叶柄长 1~2 毫米。聚伞花序伞状，腋生或顶生，呈半球形，总花梗长 1~5 厘米，花梗细，长 5~15 毫米；苞片条状披针形，长 1~2 毫米，总花梗、花梗、苞片、花萼均被长柔毛；萼裂片狭长三角形，长约 5 毫米，宽约 1 毫米；花冠紫色，裂片条状矩圆形，长约 10 毫米，宽约 3 毫米；副花冠黄色，圆筒形，长 5~6 毫米，具 10 条纵皱褶，顶端具 5 裂片，裂片椭圆形，长约 1 毫米，比合蕊柱高 1 倍。蓇葖纺锤形，长 6~8 厘米，直径 1.5~2 厘米，顶端长渐尖。

旱中生植物。生于石质山地及丘陵阳坡、山地灌丛、林缘草甸、草甸草原中。药用植物。

产地：达赉苏木、贝尔苏木。

地梢瓜 *Cynanchum thesioides*（Freyn）K. Schum.

蒙名：特木根-呼呼

别名：沙奶草、地瓜瓢、沙奶奶、老瓜瓢

形态特征：多年生草本，高 15~30 厘米。根细长，褐色，具横行绳状的支根。茎自基部多分枝，直立，圆柱形，具纵细棱，密被短硬毛。叶对生，条形，长 2~5 厘米，宽 2~5 毫米，先端渐尖，全缘，基部楔形，上面绿色，下面淡绿色，中脉明显隆起，两面被短硬毛，边缘常向下反折；近无柄。伞状聚伞花序腋生，着花 3~7 朵，总花梗长 2~3（5），花梗长短不一；花萼 5 深裂，裂片披针形，长约 2 毫米，外面被短硬毛，先端锐尖；花冠白色；辐状，5 深裂，裂片矩圆状披针形，长 3~3.5 毫米，外面有时被短硬毛；副花冠杯状，5 深裂，裂片三角形，长约 1.2 毫米，与合蕊柱近等长；花粉块每药室 1 个，矩圆形，下垂。蓇葖单生，纺锤形、长 4~6 厘米，直径 1.5~2 厘米，先端渐尖，表面具纵细纹。种子近矩圆形，扁平，长 6~8 毫米，宽 4~5 毫米，棕色，顶端种缨白色，绢状，长 1~2 厘米。花期 6—7 月，果期 7—8 月。

旱生植物。生于干草原、丘陵坡地、沙丘、撂荒地、田埂。带果实的全草入药，种子作蒙药用，可作工业原料，幼果可食。

产地：阿拉坦额莫勒镇、达赉苏木、宝格德乌拉苏木、克尔伦苏木。

饲用价值：良等饲用植物。

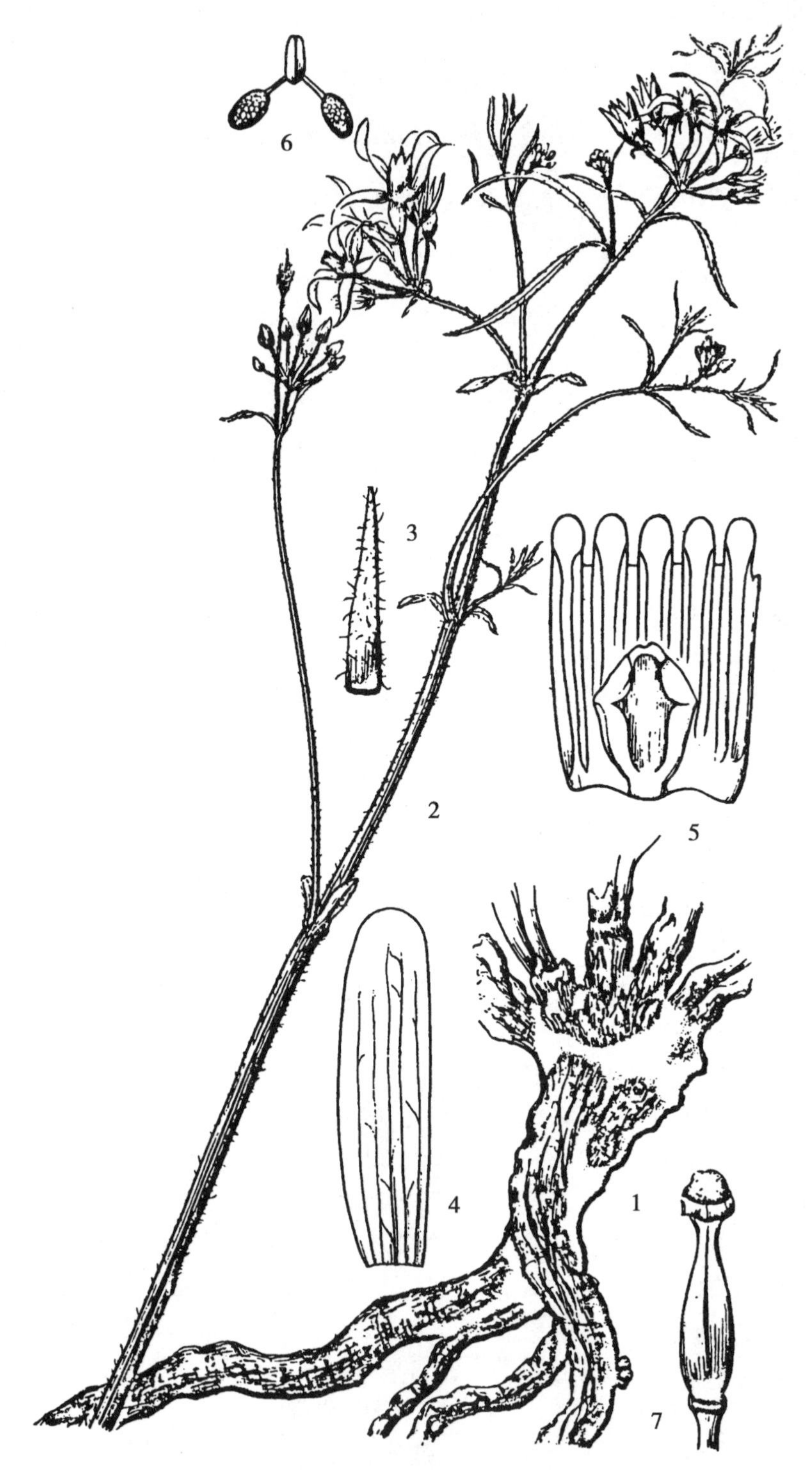

紫花杯冠藤 ***Cynanchum purpureum*** **（Pall.）K. Schum.**

1. 根；2. 花枝；3. 萼片；4. 花冠裂片；5. 副花冠与合蕊柱；6. 花粉器；7. 雌蕊

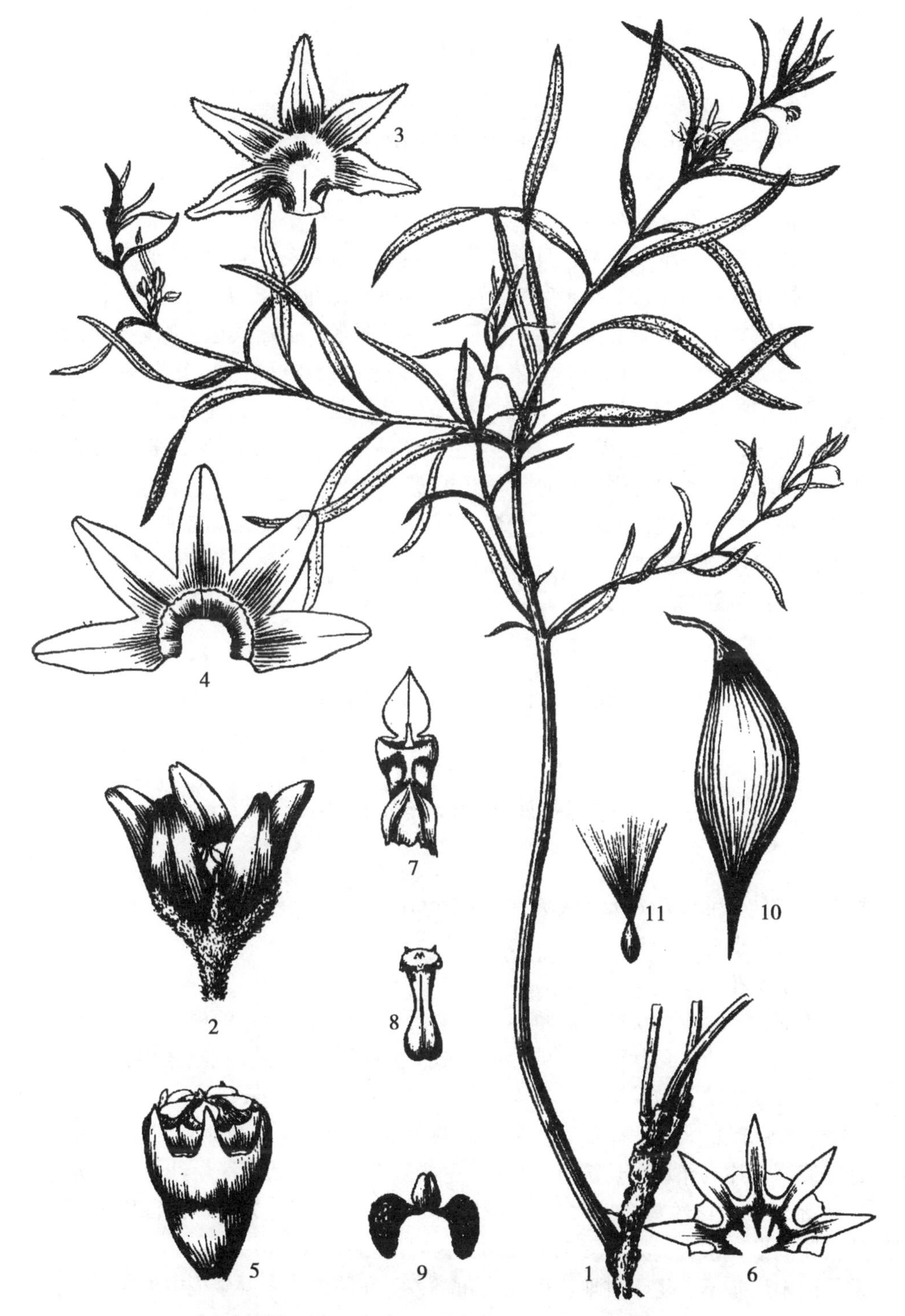

地梢瓜 ***Cynanchum thesioides*（Freyn）K. Schum.**

1. 植株；2. 花；3. 花萼展开；4. 花冠展开；5. 副花冠与合蕊柱；
6. 副花冠展开；7. 雄蕊；8. 雌蕊；9. 花粉器；10. 蓇葖果；11. 种子

萝藦属 *Metaplexis* R. Br.

萝藦 *Metaplexis japonica*（Thunb.）Makino

蒙名：阿古乐朱日-吉米斯

别名：赖瓜瓢、婆婆针线包

形态特征：多年生草质藤本，具乳汁。茎缠绕，圆柱形，具纵棱，被短柔毛。叶卵状心形，少披针状心形，长 5~11 厘米，宽 3~10 厘米，顶端渐尖或骤尖，全缘，基部心形，两面被短柔毛，老时毛常脱落；叶柄长 2~6 厘米，顶端具丛生腺体。花序腋生，着花 10 余朵，总花梗长 7~12 厘米，花梗长 3~6 毫米，被短柔毛；花蕾圆锥形，顶端锐尖；萼裂片条状披针形，长 6~8 毫米，被短柔毛；花冠白色，近幅状，条状披针形，长约 10 毫米，张开，里面被柔毛。蓇葖叉生，纺锤形，长 6~8 厘米，被短柔毛。种子扁卵圆形，顶端具 1 簇白色绢质长种毛。花果期 7—9 月。

中生植物。生于河边沙质坡地。全株可药用。茎皮纤维可制人造棉。

产地：阿拉坦额莫勒镇。

饲用价值：劣等饲用植物。

旋花科 Convolvulaceae

打碗花属 *Calystegia* R. Br.

打碗花 *Calystegia hederacea* Wall. ex Roxb.

蒙名：阿牙根-其其格

别名：小旋花

形态特征：一年生缠绕或平卧草本，全体无毛，具细长白色的根茎。茎具细棱，通常由基部分枝。叶片三角状卵形，戟形或箭形，侧面裂片尖锐，近三角形，或 2~3 裂，中裂片矩圆形或矩圆状披针形，长 2~4.5（5）厘米，基部（最宽处）宽（1.7）3.5~4.8 厘米，先端渐尖，基部微心形，全缘，两面通常无毛。花单生叶腋，花梗长于叶柄，有细棱；苞片宽卵形，长 7~11（16）毫米；花冠漏斗状，淡粉红色或淡紫色，直径 2~3 厘米；雄蕊花丝基部扩大，有细鳞毛；子房无毛，柱头 2 裂，裂片矩圆形，扁平。蒴果卵圆形，微尖，光滑无毛。花期 7—9 月，果期 8—10 月。

常见的中生杂草。生于耕地、撂荒地和路旁，在溪边或潮湿生境中生长最好，并可聚生成丛。根茎含淀粉，可造酒，也可制饴糖。根茎及花入药。

产地：阿拉坦额莫勒镇。

饲用价值：良等饲用植物。

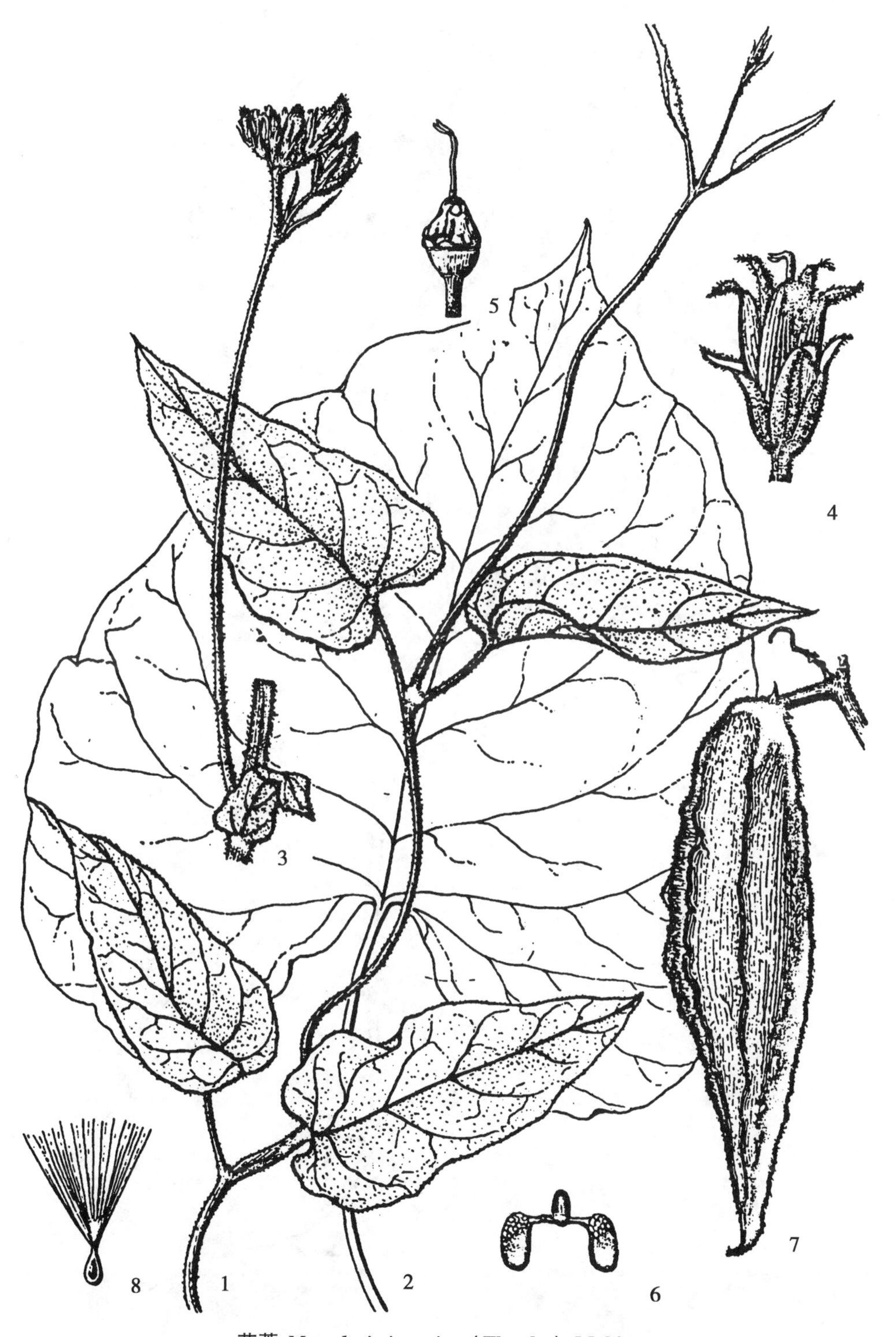

萝藦 *Metaplexis japonica*（Thunb.）Makino

1. 植株上部；2. 叶；3. 花序；4. 花；5. 合蕊柱和副花冠；6. 花粉器；7. 蓇葖；8. 种子

打碗花 ***Calystegia hederacea*** **Wall. ex Roxb.**

植株

旋花属 *Convolvulus* L.

银灰旋花 *Convolvulus ammannii* Desr.

蒙名：宝日-额力根讷

别名：阿氏旋花

形态特征：多年生矮小草本植物，全株密生银灰色绢毛。茎少数或多数，平卧或上升，高 2~11.5 厘米。叶互生，条形或狭披针形，长 6~22（60）毫米，宽 1~2.5（6）毫米，先端锐尖，基部狭；无柄。花小，单生枝端，具细花梗；萼片 5，长 3~6 毫米，不等大，外萼片矩圆形或矩圆状椭圆形，内萼片较宽，卵圆形，顶端具尾尖，密被贴生银色毛；花冠小，直径 8~20 毫米，白色、淡玫瑰色或白色带紫红色条纹，外被毛；雄蕊 5，基部稍扩大；子房无毛或上半部被毛，2 室，柱头 2，条形。蒴果球形，2 裂；种子卵圆形，淡褐红色，光滑。花期 7—9 月，果期 9—10 月。

本种为典型旱生植物，是荒漠草原和典型草原群落的常见伴生植物。草原上的畜群点、饮水点附近、山地阳坡、石质丘陵。全草入药。

产地：全旗。

饲用价值：中等饲用植物。

田旋花 *Convolvulus arvensis* L.

蒙名：塔拉音-色得日根讷

别名：箭叶旋花、中国旋花

形态特征：细弱蔓生或微缠绕的多年生草本，常形成缠结的密丛。茎有条纹及棱角，无毛或上部被疏柔毛。叶形变化很大，三角状卵形至卵状矩圆形，或为狭披针形，长 2.8~7.5 厘米，宽 0.4~3 厘米，先端微圆，具小尖头，基部戟形，心形或箭形；叶柄长 0.5~2 厘米。花序腋生，有 1~3 花，花梗细弱，苞片 2，细小，条形，长 2~5 毫米，生于花下 3~10 毫米处；萼片有毛，长 3~6 毫米，稍不等，外萼片稍短，矩圆状椭圆形，钝，具短缘毛，内萼片椭圆形或近于圆形，钝或微凹，或多少具小短尖头，边缘膜质；花冠宽漏斗状，直径 18~30 毫米，白色或粉红色，或白色具粉红或红色的瓣中带，或粉红色具红色或白色的瓣中带；雄蕊花丝基部扩大，具小鳞毛；子房有毛。蒴果卵状球形或圆锥形，无毛。花期 6—8 月，果期 7—9 月。

习见的中生农田杂草。生于田间、撂荒地、村舍与路旁，并可见于轻度盐化的草甸中。全草、花和根入药。全草各种牲畜均喜食，鲜时绵羊、骆驼采食差，干时各种家畜采食。

产地：阿拉坦额莫勒镇、克尔伦苏木、达赉苏木。

饲用价值：低等饲用植物。

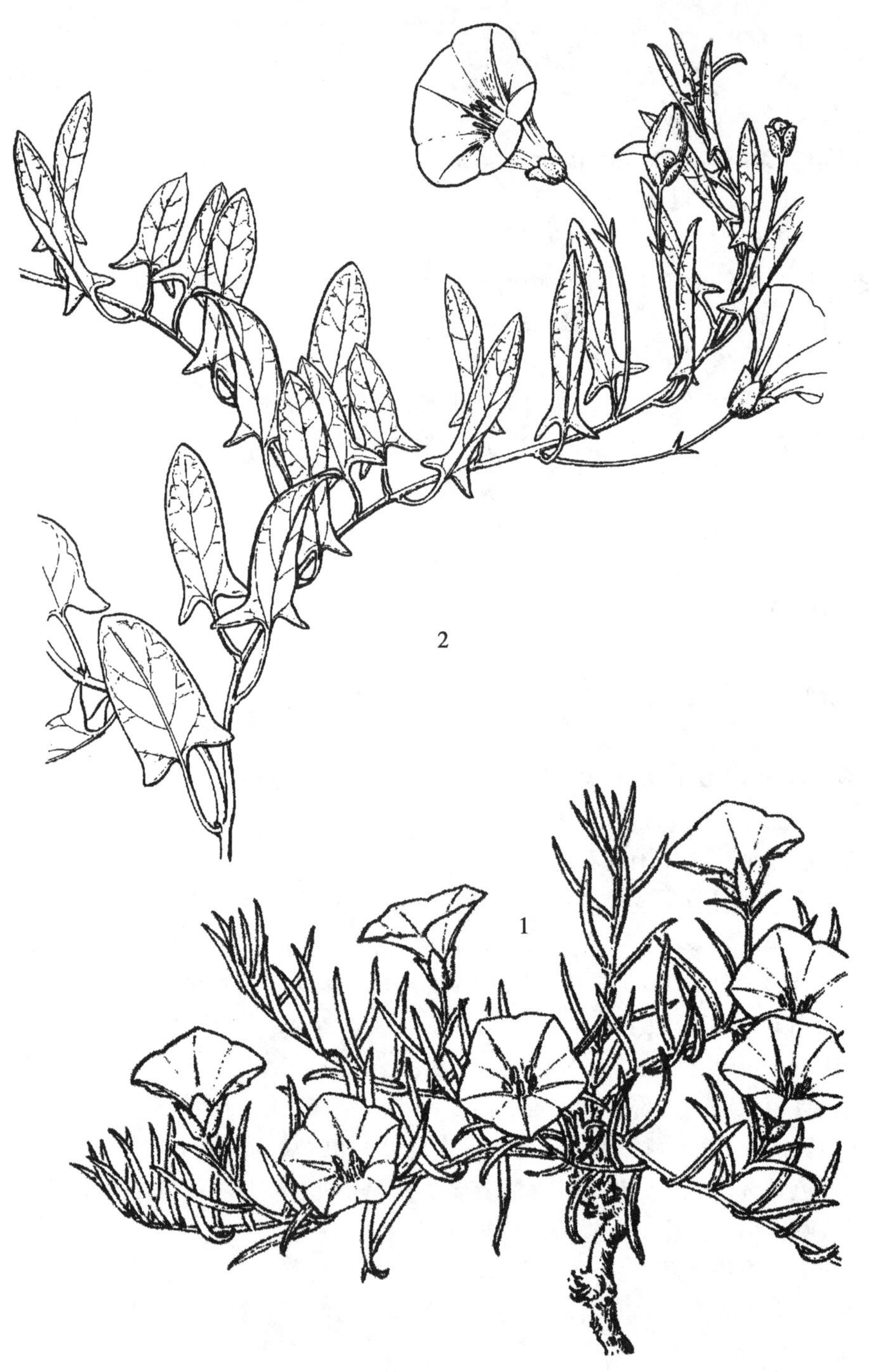

银灰旋花 *Convolvulus ammannii* Desr.

1. 植株

田旋花 *Convolvulus arvensis* L.

2. 植株

菟丝子科 Cuscutaceae

菟丝子属 *Cuscuta* L.

菟丝子 *Cuscuta chinensis* Lam.

蒙名：希日-奥日义羊古

别名：豆寄生、无根草、金丝藤

形态特征：一年生寄生草本。茎细，缠绕，黄色，无叶。花多数，近于无总花序梗，形成簇生状；苞片2，与小苞片均呈鳞片状；花萼杯状，中部以下连合，长约2毫米，先端5裂，裂片卵圆形或矩圆形；花冠白色，壶状或钟状，长为花萼的2倍，先端5裂，裂片向外反曲，宿存；雄蕊花丝短；鳞片近矩圆形，边缘流苏状；子房近球形，花柱2，直立，柱头头状，宿存。蒴果近球形，稍扁，成熟时被宿存花冠全部包住，长约3毫米，盖裂；种子2~4，淡褐色，表面粗糙。花期7—8月，果期8—10月。

寄生于草本植物上，多寄生在豆科植物上，故有“豆寄生”之名。对胡麻、马铃薯等农作物也有危害。种子入药，蒙医也用。

产地：阿拉坦额莫勒镇、达赉苏木。

饲用价值：低等饲用植物。

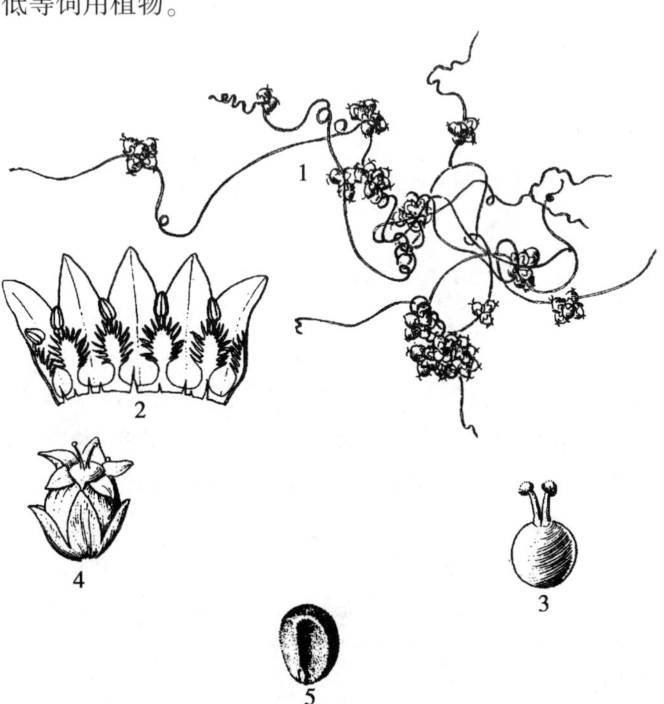

菟丝子 ***Cuscuta chinensis*** **Lam.**

1. 植株；2. 花冠纵切；3. 雌蕊；4. 蒴果；5. 种子

紫草科 Boraginaceae

紫丹属 *Tournefortia* L.

细叶砂引草 *Tournefortia sibirica* L. var. *angustior*（DC.）G. L. Chu et M. G. Gilbert

蒙名：好吉格日-额布斯

别名：紫丹草、挠挠糖

形态特征：多年生草本，具细长的根状茎。茎高 8~25 厘米，密被长柔毛，常自基部分枝。叶条形或条状披针形，长 0.6~2.0 厘米，宽 1~2.5 毫米，先端尖，基部渐狭，两面被密伏生的长柔毛；无柄或几无柄。伞房状聚伞花序顶生，长达 4 厘米，花密集，仅花序基部具 1 条形苞片，被密柔毛；花萼长 5 毫米，5 深裂，裂片披针形，长 2.2 毫米，宽 0.8 毫米，密被白柔毛；花冠白色，漏斗状，花冠筒长 7 毫米，5 裂，裂片卵圆形，长 4 毫米，宽 4.5 毫米，外被密柔毛，喉部无附属物；雄蕊 5，内藏，着生于花冠筒近中部或以下，花药箭形，基部 2 裂，长 2.2 毫米，宽 1 毫米，花丝短，子房不裂，4 室，每室具 1 胚珠，柱头长 0.8 毫米，浅 2 裂，其下具膨大环状物，花柱较粗，长 1 毫米。果矩圆状球形，长 0.7 毫米，宽 0.5 毫米，先端平截，具纵棱，被密短柔毛。花期 5—6 月，果期 7 月。

中旱生植物。生于沙地、沙漠边缘、盐生草甸、干河沟边。花可提取香料；全株又可供固定沙丘用，为良好的固沙植物。

产地：全旗。

饲用价值：低等饲用植物。

紫筒草属 *Stenosolenium* Turcz.

紫筒草 *Stenosolenium saxatile*（Pall.）Turcz.

蒙名：敏吉音-扫日

别名：紫根根

形态特征：多年生草本，根细长，有紫红色物质。茎高 6~20 厘米，多分枝，直立或斜升，被密粗硬毛并混生短柔毛，较开展。基生叶和下部叶倒披针状条形，近上部叶为披针状条形，长 1.5~3.0 厘米，宽 2~4 毫米，两面密生糙毛及混生短柔毛。顶生总状花序，逐渐延长，长 3~12 厘米，密生糙毛；苞片叶状；花具短梗；花萼 5 深裂，裂片窄卵状披针形，长约 6 毫米；花冠紫色、青紫色或白色，筒细，长约 6~9 毫米，基部有具毛的环，裂片 5，圆钝，比花冠筒短得多；子房 4 裂，花柱顶部二裂，柱头 2，头状。小坚果 4，三角状卵形，长约 2 毫米，着生面在基部，具短柄。花期 5—6 月，果期 6—8 月。

草原旱生植物。生于干草原、沙地、低山丘陵的石质坡地和路旁。全草入药。

产地：呼伦镇、克尔伦苏木、宝格德乌拉苏木、贝尔苏木。

饲用价值：良等饲用植物。

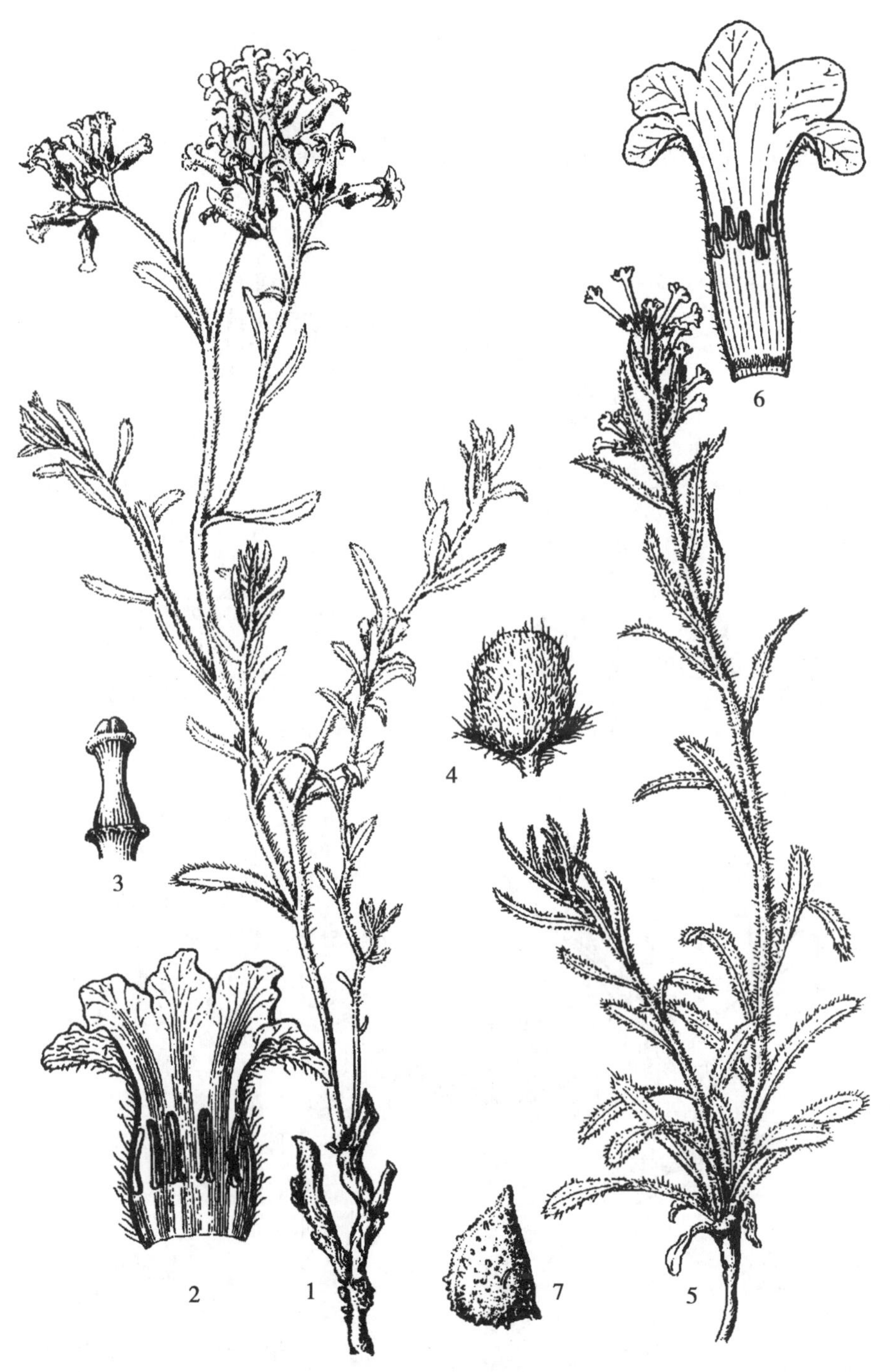

细叶砂引草 ***Tournefortia sibirica* L. var. *angustior*（DC.） G. L. Chu et M. G. Gilbert**

1. 植株；2. 花冠展开；3. 雌蕊；4. 果实

紫筒草 ***Stenosolenium saxatile*（Pall.） Turcz.**

5. 植株；6. 花冠展开；7. 果实

琉璃草属 *Cynoglossum* L.

大果琉璃草 *Cynoglossum divaricatum* Steph. ex Lehm.

蒙名：囊给-章古

别名：大赖鸡毛子、展枝倒提壶、粘染子

形态特征：二年生或多年生草本。根垂直，单一或稍分枝。茎高30~65厘米，密被贴伏的短硬毛，上部多分枝。基生叶和下部叶矩圆状披针形或披针形，长4~9厘米，宽1~3厘米，先端尖，基部渐狭下延成长柄，两面密被贴伏的短硬毛；具长柄；上部叶披针形，长5~8厘米，宽7~10毫米，先端渐尖，基部渐狭，两面密被贴伏的短硬毛；无柄。花序长达15厘米，有稀疏的花；具苞片，狭披针形或条形，长2~4厘米，宽5~7毫米，密被伏毛；花梗长5~8毫米，果期伸长，可达2.5厘米；花萼长4毫米，5裂，裂片卵形，长约2毫米，宽约1.5毫米，两面密被贴伏的短硬毛，果期向外反折；花冠蓝色、红紫色，5裂，裂片近方形，长1毫米，宽1.2毫米，先端平截，具细脉纹，具5个梯形附属物，位于喉部以下；花药椭圆形，长约0.5毫米，花丝短，内藏；子房4裂，花柱圆锥状，果期宿存，常超出于果，柱头头状。小坚果4，扁卵形，长5毫米，宽4毫米，密生锚状刺，着生面位于腹面上部。花期6—7月，果期9月。

大果琉璃草 *Cynoglossum divaricatum* **Steph. ex Lehm.**

1. 植株上部；2. 根；3. 花冠展开；4. 果实

旱中生植物。生于沙地、干河谷的砂砾质冲积物上以及田边、路边及村旁，为常见的农田杂草。果和根入药。

产地：克尔伦苏木。

饲用价值：低等饲用植物。

鹤虱属 *Lappula* Moench

蒙古鹤虱 *Lappula intermedia*（Ledeb.）Popov

蒙名：塔巴格特-闹朝日嘎那

别名：小粘染子、卵盘鹤虱

形态特征：一年生草本。茎高 10~30（40）厘米，常单生，直立，中部以上分枝，全株茎、叶、苞片、花梗，花萼均密被白色细刚毛。茎下部叶条状倒披针形，长 2~4 厘米，宽 3~4 毫米，先端圆钝，基部渐狭，具柄；茎上部叶狭披针形或条形，愈向上渐缩小，长 1.5~3 厘米，宽 1~5 毫米，先端渐尖，尖头稍弯，基部渐狭；无柄。花序顶生，花期长 2~4 厘米，果期伸长达 10 厘米。苞片狭披针形，在果期伸长；花具短梗，果期伸长达 3 毫米；花萼 5 裂至基部，裂片条状披针形，果期长 3 毫米，宽 0.7 毫米，开展，先端尖；花冠蓝色，漏斗状，长 3 毫米，5 裂，裂片近方形，长宽皆 1 毫米，喉部具 5 附属物；花药矩圆形，长 0.5 毫米，宽 0.3 毫米，子房 4 裂，花柱长 0.5 毫米，柱头头状。小坚果 4，三角状卵形，长 2~2.5 毫米，基部宽 1~2 毫米，背面中部具小瘤状凸起，两侧具颗粒状凸起，边缘弯向背面，具 1 行锚状刺，每侧 10~12 个，长短不等，基部 3~4 对较长，长 1~1.5 毫米，彼此分离，腹面具龙骨状凸起，两侧具皱纹及小瘤状凸起。花果期 5—8 月。

中旱生植物。生于山麓砾石质坡地，河岸及湖边沙地，也常生于村旁路边。果实有的地方代鹤虱用，蒙药也用。

产地：达赉苏木、呼伦湖沿岸。

鹤虱 *Lappula myosotis* Moench

蒙名：闹朝日嘎那

别名：小粘染子

形态特征：一年生或二年生草本。茎直立，高 20~35 厘米，中部以上多分枝，全株（茎、叶、苞片、花梗、花萼）均密被白色细刚毛。基生叶矩圆状匙形，全缘，先端钝，基部渐狭下延。长达 7 厘米（包括叶柄在内），宽 3~9 毫米；茎生叶较短而狭，披针形或条形，长 3~4 厘米，宽 15~40 毫米，扁平或沿中肋纵折，先端尖，基部渐狭，无叶柄。花序在花期较短，果期则伸长，长 5~12 厘米；苞片条形；花梗果期伸长，长约 2 毫米，直立；花萼 5 深裂至基部，裂片条形，锐尖，花期长 2 毫米，果期增大呈狭披针形，长约 3 毫米，宽 0.7 毫米，星状开展或反折；花冠浅蓝色，漏斗状至钟状，长约 3 毫米，裂片矩圆形，长 1.2 毫米，宽 1.1 毫米，喉部具 5 矩圆形附属物；花药矩圆形，长 0.5 毫米，宽 0.3 毫米；花柱长 0.5 毫米，柱头扁球形。小坚果卵形，长 3~3.5 毫米，基部宽 0.8 毫米，背面狭卵形或矩圆状披针形，通常有颗粒状瘤凸，稀平滑或沿中线龙骨状凸起上有小棘突，背面边缘有 2 行近等长的锚状刺，内行刺长 1.5~2 毫米，基部不互相汇合，外行刺较内行刺稍短或近等长，通常直立。小坚果侧面通常具皱纹或小瘤状凸起；花柱高出小坚果但不超出小坚果上方之刺。花果期 6—8 月。

旱中生植物。喜生于河谷草甸、山地草甸及路旁等处。果实入药。

产地：全旗。

异刺鹤虱 *Lappula heteracantha*（Ledeb.）Gürke

蒙名：乌日格斯图-闹朝日嘎那

别名：小粘染子

形态特征：一年生或二年生草本，全株（茎、叶、苞片、花梗、花萼）均被刚毛。茎高 20~40（50）厘米，茎 1 至数条，单生或多分枝，分枝长，中上部分叉。基生叶常莲座状，条状倒披针形或倒披针形，长 2~3 厘米，宽 3~5 毫米，先端锐尖或钝，基部渐狭，具柄，柄长 2~4 厘米；茎生叶条形或狭倒披针形，长 2.5~3.5（5）厘米，宽 2~4（6）毫米，愈向上逐渐缩小，先端弯尖，基部渐狭，无柄。花序稀疏，果期伸长达 12 厘米；苞片条状披针形，果期伸长；花具短梗，果期长达 3 毫米；花萼 5 深裂，裂至基部，裂片条状披针形，花期长 2.5 毫米，在果期长 3.5 毫米，宽 0.6 毫米，开展，先端尖；花冠淡蓝色，有时稍带白色或淡黄色斑，漏斗状，长 3~4 毫米，5 裂，裂片近圆形，长约 1.1 毫米，宽约 1 毫米，喉部具 5 个矩圆形附属物；花药三棱状矩圆形，长 0.4 毫米，宽 0.2 毫米；子房 4 裂，花柱长 0.3 毫米，柱头扁球状。小坚果 4，长卵形，长 3 毫米，基部宽 1 毫米，背面较狭，中部具龙骨状凸起，具带小瘤状凸起，两侧为小瘤状凸起，边缘弯向背面，具 2 行锚状刺，内行刺每侧 6~7 个，刺长 2 毫米，基宽 0.5 毫米，相互分离，外行刺极短，腹面具龙骨状凸起，两侧上部光滑，下部具皱棱及瘤状凸起。花果期 5—8 月。

旱中生植物。生于山地及沟谷草甸与田野，也见于村旁及路边，为常见的农田杂草。种子可榨油，其含油率为 19.43%。

产地：全旗。

蒙古鹤虱 *Lappula intermedia*（Ledeb.）Popov

1. 果实

鹤虱 *Lappula myosotis* Moench

2. 果实正面及侧面

异刺鹤虱 *Lappula heteracantha*（Ledeb.）Gürke

3. 植株；4. 花；5. 果实正面及侧面

齿缘草属 *Eritrichium* Schrad.

反折齿缘草 *Eritrichium deflexum*（Wahlenb.）Y. S. Lian et J. Q. Wang

蒙名：苏日古-那嘎凌害-额布斯

别名：反折鹤虱

形态特征：一年生草本。茎高20~60厘米，密被弯曲长柔毛，常自中部以上分枝。基生叶匙形，倒卵状披针形，长1.5~3.0厘米，宽0.5~1.0厘米，先端钝圆，基部渐狭成长柄，柄长1.6厘米，两面及柄均被细刚毛；茎上部叶条状披针形、狭倒披针形或狭披针形，长2.5~6.0厘米，宽0.5~1.0厘米，先端渐尖，基部渐狭，无柄，叶两面、苞片、花梗与花萼均密被细刚毛。花序顶生，长10~22厘米，花偏一侧，仅基部有几个苞片，苞片披针形；花梗长约5毫米；花萼5裂，裂片卵状披针形，长约1.1毫米，宽0.7毫米，果期向外反折；花冠蓝色，钟状辐形，裂片5，近圆形，直径约1毫米，筒部长约2毫米，喉部具5个凸起的附属物；子房4裂，花柱短，柱头扁球形。小坚果4，卵形，长2毫米（除缘齿外），宽约1.2毫米，边缘的锚状刺长0.9毫米，基部分生，背面微凸，腹面龙骨状凸起，两面均具小瘤状凸起及微硬毛，着生面卵形，位腹面中部以下。花果期6—8月。

山地中旱生植物。生于林缘、砂丘阴坡及沙地。

产地：贝尔苏木。

百里香叶齿缘草 *Eritrichium thymifolium*（DC.）Y. S. Lian et J. Q. Wang

蒙名：那嘎凌害-额布斯

别名：假鹤虱

形态特征：一年生草本，高10~35厘米，全株（茎、叶、萼等）密被细刚毛，呈灰白色。茎多分枝，被伏毛。基生叶匙形或倒披针形，长1~3厘米，宽3~4毫米，先端钝圆，基部楔形，向下渐狭成柄，花期常枯萎；茎生叶条形，长0.5~2.0厘米，宽1~3毫米，先端钝圆，基部楔形，下延成短柄或无柄。花序生于分枝顶端，花数朵至10余朵，常腋外生；花梗长2~5毫米，花期直立或斜展，果期常下弯，萼裂片5，条状披针形或披针状矩圆形，花期直立，果期平展或多反折，长约2毫米，宽约0.5毫米；花冠蓝色或淡紫色，钟状筒形，筒长约1.3毫米，裂片5，矩圆形，长约0.7毫米，宽约0.5毫米；附属物小，乳头状凸起；花药卵状三角形，长0.3毫米。小坚果无毛或被微毛，除缘齿外，长约1.5毫米，宽约1毫米，背面微凸，腹面龙骨状凸起，着生面卵形，位于腹面中部或中部以下，缘锚刺状，长约0.5毫米，下部三角形；分离或联合成翅。花果期6—8月。

砾石生旱生植物。生于石质、砾石质坡地，岩石露头及石隙间。

产地：阿拉坦额莫勒镇、呼伦镇。

反折齿缘草 ***Eritrichium deflexum*** **(Wahlenb.) Y. S. Lian et J. Q. Wang**

1. 植株上部；2. 果实正面；3. 果实侧面

百里香叶齿缘草 ***Eritrichium thymifolium*** **(DC.) Y. S. Lian et J. Q. Wang**

4. 果实背部；5. 果实腹部

附地菜属 *Trigonotis* Stev.

附地菜 *Trigonotis peduncularis*（Trev.）Benth. ex Baker et Moore

蒙名：特木根-好古来

形态特征：一年生草本。茎1至数条，从基部分枝，直立或斜升，高8~18厘米，被伏短硬毛。基生叶倒卵状椭圆形，椭圆形或匙形，长0.5~3.5厘米，宽3~8毫米，先端钝圆，基部渐狭下延成长柄，两面被伏细硬毛或细刚毛，茎下部叶与基生叶相似，茎上部叶椭圆状披针形，长0.5~1.2厘米，宽3~6毫米；先端钝尖，基部楔形，两面被伏细硬毛；无柄。花序长达16厘米，仅在基部有2~4苞片，被短伏细硬毛；花具细梗，梗长1~5毫米，被短伏毛；花萼裂片椭圆状披针形，长1.1~1.5毫米，被短伏毛，先端尖；花冠蓝色，裂片钝，开展，喉部黄色，具5附属物。小坚果四面体形，长约0.8毫米，被有疏短毛或有时无毛，具细短柄，棱尖锐。花期5月，果期8月。

旱中生植物。生于山地林缘、草甸及沙地。全草入药。

产地：呼伦镇、克尔伦苏木。

饲用价值：中等饲用植物。

勿忘草属 *Myosotis* L.

勿忘草 *Myosotis alpestris* F. W. Schmidt

蒙名：道日斯哈拉-额布斯

别名：林勿忘草、草原勿忘草

形态特征：多年生草本。丛簇状小草本，全株（茎、叶、花序、花萼）被开展毛及弯曲毛，呈灰白色。茎高2~8厘米，数条，直立或斜升，中部以上分枝。基生叶窄匙形，长5~20毫米，宽2~3毫米，基部渐狭成细长柄，下部的茎生叶与基生叶相似，但较小，狭倒披针形，中部以上的叶几无柄。花序长达2.5厘米，具苞片，苞片条形；花梗细，长2~5毫米；花萼裂片裂至中下部，裂片披针形，先端尖，长1.8毫米；花冠蓝色，稀粉红色，裂片钝圆，开展，筒长约1.5毫米，喉部具黄色附属物，组成圆环，有时花药稍外露；雌蕊基金字塔形，直立。小坚果卵形直立，无毛，具光泽，长1.5~2.0毫米。花果期6—8月。

草原旱生植物。生于山地林下、山地灌丛、山地草甸。

产地：达赉苏木。

饲用价值：劣等饲用植物。

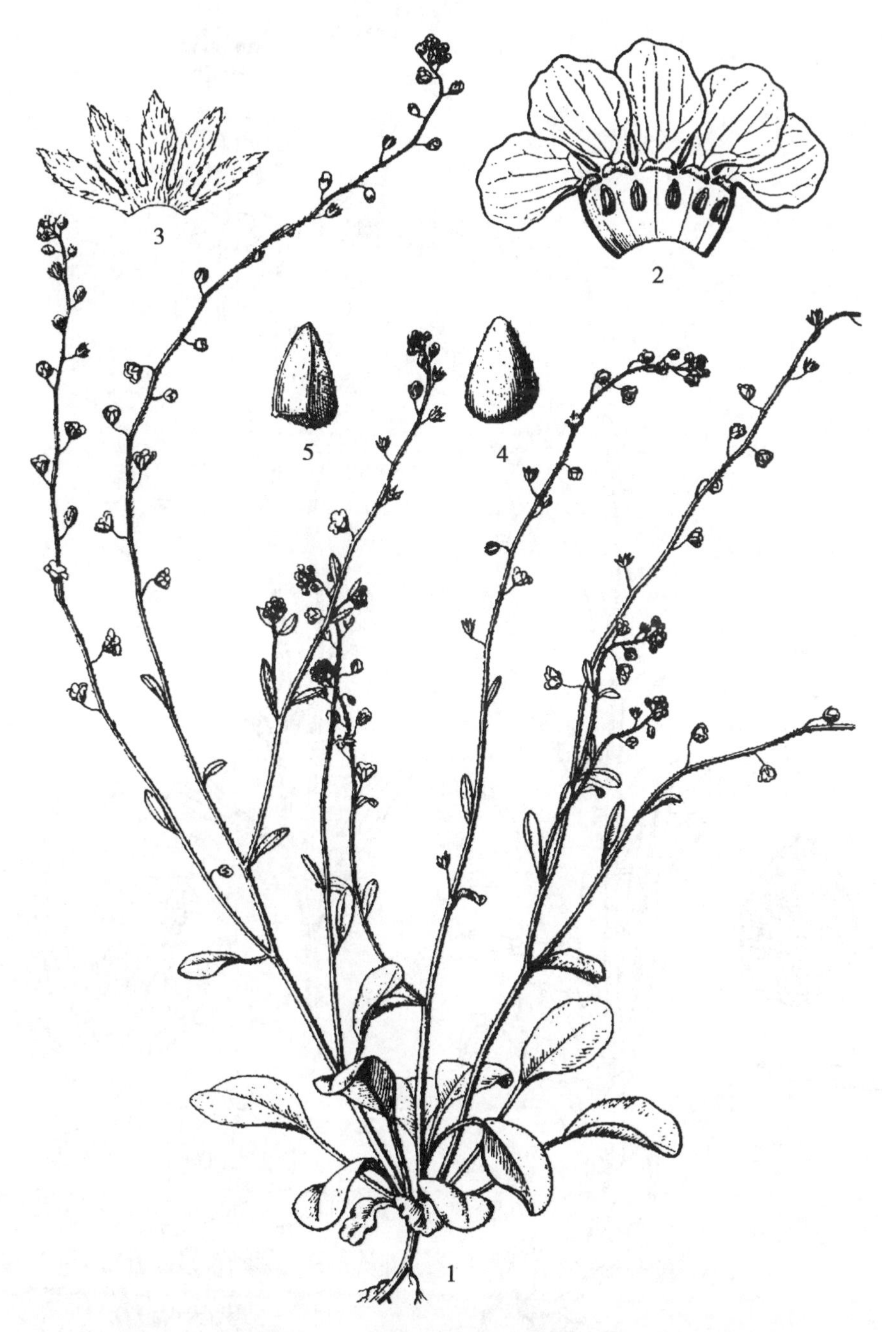

附地菜 ***Trigonotis peduncularis*** **（Trev.）Benth. ex Baker et Moore**

1. 植株；2. 花冠展开；3. 花萼展开；4. 果实背部；5. 果实腹部

勿忘草 ***Myosotis alpestris*** **F. W. Schmidt**

1. 植株上部；2. 植株下部；3. 花冠展开；4. 花萼展开；5. 果实

钝背草属 *Amblynotus* Johnst.

钝背草 *Amblynotus rupestris*（Pall. ex Georgi）Popov ex L. Sergiev.

蒙名：布和都日根讷

形态特征：多年生丛簇状小草本，全株（茎、叶、花序、花萼）均密被伏硬毛，呈灰白色。茎高2~8厘米，数条，直立或斜升，中部以上分枝。基生叶窄匙形，长5~20毫米，宽2~3毫米，基部渐狭成细长柄，下部的茎生叶与基生叶相似，但较小，狭倒披针形，中部以上的叶几无柄。花序长达2.5厘米，具苞片，苞片条形；花梗细，长2~5毫米；花萼裂片窄披针形，先端尖，长1.8毫米；花冠蓝色，稀粉红色，裂片钝圆，开展，筒长约1.5毫米，喉部具黄色附属物，组成圆环，有时花药稍外露；雌蕊基金字塔形，直立。小坚果卵形直立，无毛，具光泽，长1.5~2.0毫米。花果期6—8月。

草原旱生植物。生于典型草原、砾石质草原及沙质草原中。

产地：呼伦镇、阿拉坦额莫勒镇、达赉苏木。

饲用价值：劣等饲用植物。

钝背草 ***Amblynotus rupestris*（Pall. ex Georgi）Popov ex L. Sergiev.**

1. 植株；2. 果实背部；3. 果实腹部

马鞭草科 Verbenaceae

莸属 *Caryopteris* Bunge

蒙古莸 *Caryopteris mongholica* Bunge

蒙名：道嘎日嘎那

别名：白蒿

形态特征：小灌木，高 15~40 厘米。老枝灰褐色，有纵裂纹，幼枝常为紫褐色，初时密被灰白色柔毛，后渐脱落。单叶对生，披针形、条状披针形或条形，长 1.5~6 厘米，宽 3~10 毫米，先端渐尖或钝，基部楔形，全缘，上面淡绿色，下面灰色，均被较密的短柔毛；具短柄。聚伞花序顶生或腋生；花萼钟状，先端 5 裂，长约 3 毫米，外被短柔毛，果熟时可增至 1 厘米长，宿存；花冠蓝紫色，筒状，外被短柔毛，长 6~8 毫米，先端 5 裂，其中 1 裂片较大，顶端撕裂，其余裂片先端钝圆或微尖；雄蕊 4，二强，长约为花冠的 2 倍；花柱细长，柱头 2 裂。果实球形，成熟时裂为 4 个小坚果，小坚果矩圆状扁三棱形，边缘具窄翅，褐色，长 4~6 毫米，宽约 3 毫米。花期 7—8 月，果熟期 8—9 月。

旱生植物。生于草原带的石质山坡、沙地、干河床及沟谷等地。花、叶、枝可作蒙药；叶及花可提取芳香油；本种还可作护坡树种。

产地：阿日哈沙特镇、克尔伦苏木。

饲用价值：劣等饲用植物。

唇形科 Labiatae

水棘针属 *Amethystea* L.

水棘针 *Amethystea caerulea* L.

蒙名：巴西戈

形态特征：一年生草本，高 15~40 厘米。茎被疏柔毛或微柔毛，以节上较密，多分枝。叶纸质，轮廓三角形或近卵形，3 全裂，稀 5 裂或不裂，裂片披针形，边缘具粗锯齿或重锯齿，中裂片较宽大，长 2~4.5 厘米，宽 6~15 毫米，两侧裂片较窄小，长 1~2 厘米，宽 3~6 毫米，先端钝尖，基部渐狭，上面被短柔毛，下面沿叶脉疏被短柔毛；叶柄长 3~20 毫米，疏被柔毛。花序为由松散具长梗的聚伞花序所组成的圆锥花序；苞叶与茎生叶同形，向上渐变小；小苞片微小，条形，长约 1 毫米；花梗长 2~5 毫米，被疏腺毛。花萼钟状，连齿长约 4 毫米，具 10 脉，外面被乳头状凸起及腺毛，齿 5，近整齐，三角形，与萼筒等长，花冠略长于花萼，蓝色或蓝紫色，冠檐二唇形，上唇2裂，卵形，下唇3裂，中裂片较大，近圆形；雄蕊4，前对能育，着生于下唇基部，花时自上唇裂片间伸出，后对为退化雄蕊，着生于上唇基部；花柱略超出雄蕊，先端不相等2浅裂，小坚果倒卵状三棱形，长约1.5毫米，宽约1毫米。

生于河滩沙地、田边路旁、溪边、居民点附近，散生或形成小群聚。新鲜状态下，骆驼和绵羊乐食，开花以后变粗老，牲畜不吃。

产地：阿拉坦额莫勒镇、克尔伦苏木。

饲用价值：中等饲用植物。

蒙古莸 *Caryopteris mongholica* Bunge

1. 花枝；2. 花；3. 坚果

水棘针 *Amethystea caerulea* L.

4. 植株上部；5. 花冠展开；6. 雄蕊

黄芩属 *Scutellaria* L.

黄芩 *Scutellaria baicalensis* Georgi

蒙名：混芩

别名：黄岑茶

形态特征：多年生草本，高20~35厘米，主根粗壮，圆锥形。茎直立或斜升，被稀疏短柔毛，多分枝。叶披针形或条状披针形，长1.5~3.5厘米，宽3~7毫米，先端钝或稍尖，基部圆形，全缘，上面无毛或疏被贴生的短柔毛，下面无毛或沿中脉疏被贴生微柔毛，密被下陷的腺点；叶柄不及1毫米。花序顶生，总状，常偏一侧；花梗长3毫米，与花序轴被短柔毛；苞片向上渐变小，披针形，具稀疏睫毛。果时花萼长达6毫米，盾片高4毫米；花冠紫色、紫红色或蓝色，长2.2~3厘米，外面被具腺短柔毛，冠筒基部膝曲，里面在此处被短柔毛，上唇盔状，先端微裂，里面被短柔毛，下唇3裂，中裂片近圆形，两侧裂片向上唇靠拢，矩圆形；雄蕊稍伸出花冠，花丝扁平，后对花丝中部被短柔毛；子房4裂，光滑，褐色；花盘环状。小坚果卵圆形，直径1.5毫米，具瘤，腹部近基部具果脐。花期7—8月，果期8—9月。

生态幅度较广的中旱生植物。多生于山地、丘陵的砾石坡地及沙质土上，为草甸草原及山地草原的常见种，在线叶菊草原中可成为优势植物之一。根入药，也作蒙药用。

产地：旗北部。

饲用价值：低等饲用植物。

并头黄芩 *Scutellaria scordifolia* Fisch. ex Schrank

蒙名：好斯-其其格特-混芩

别名：头巾草

形态特征：多年生草本，高10~30厘米。根茎细长，淡黄白色。茎直立或斜升，四棱形，沿棱疏被微柔毛或近几无毛，单生或分枝。叶三角状披针形、条状披针形或披针形，长1.7~3.3厘米，宽3~11毫米，先端钝或稀微尖，基部圆形、浅心形、心形乃至截形，边缘具疏锯齿或全缘，上面被短柔毛或无毛，下面沿脉被微柔毛，具多数凹腺点；具短叶柄或几无柄。花单生于茎上部叶腋内，偏向一侧；花梗长3~4毫米，近基部有1对长约1毫米的针状小苞片；花萼疏被短柔毛，果后花萼长达4~5毫米，盾片高2毫米；花冠蓝色或蓝紫色，长1.8~2.4厘米，外面被短柔毛，冠筒基部浅囊状膝曲，上唇盔状，内凹，下唇3裂；子房裂片等大，黄色，花柱细长，先端锐尖，微裂。小坚果近圆形或椭圆形，长0.9~1毫米，宽0.6毫米，褐色，具瘤状凸起，腹部中间具果脐，隆起。花期6—8月，果期8—9月。

生于河滩草甸、山地草甸、山地林缘、林下以及撂荒地、路旁、村舍附近，为中生略耐旱的植物，其生境较为广泛。全草入药。

产地：呼伦镇、达赉苏木。

饲用价值：低等饲用植物。

黄芩 *Scutellaria baicalensis* Georgi

1. 植株下部；2. 植株上部；3. 花；4. 花冠展开；5. 雄蕊；6. 雌蕊

并头黄芩 ***Scutellaria scordifolia*** **Fisch. ex Schrank**

1. 植株；2. 花冠展开；3. 雌蕊；4. 叶片一部分

盔状黄芩 *Scutellaria galericulata* L.

蒙名：道古力格特-混芩

形态特征：多年生草本，高10~30厘米，根茎细长，黄白色。茎直立，被短柔毛，中部以上多分枝，叶矩圆状披针形，长1.5~4厘米，宽8~13毫米，先端钝或稍尖，基部浅心形，边缘具圆齿状锯齿，上面疏或密被短柔毛，下面密被短柔毛；叶柄长2~4毫米。花单生于茎中部以上叶腋内，一侧向；花梗长2毫米；花萼钟状，开花时长4毫米，盾片高约0.75毫米，果时花萼长5毫米，盾片高约1.5毫米；花冠紫色、蓝紫色至蓝色，长1.4~1.8厘米，外密被短柔毛混生腺毛，里面在上唇片下部疏被微柔毛，上唇半圆形，宽2.5毫米，盔状，内凹，下唇中裂片三角状卵圆形，两侧裂片矩圆形，靠拢上唇；子房裂片等大，圆柱形，花柱细长，先端锐尖，微裂。小坚果黄色，三棱状卵圆形，直径1毫米，具小瘤突。花期6—7月，果期7—8月。

生于河滩草甸及沟谷地湿生境的中生植物。据国外资料，可药用，也可作染料。

产地：乌兰泡。

饲用价值：低等饲用植物。

夏至草属 *Lagopsis* (Bunge ex Benth) Bunge

夏至草 *Lagopsis supina* (Steph. ex Willd.) Ik. -Gal. ex Knorr.

蒙名：套来音-奥如乐

形态特征：多年生草本，高15~30厘米。茎密被微柔毛，分枝。叶轮廓为半圆形、圆形或倒卵形，3浅裂或3深裂，裂片有疏圆齿，两面密被微柔毛；叶柄明显，长1~2厘米，密被微柔毛。轮伞花序具疏花，直径约1厘米；小苞片长3毫米，弯曲，刺状，密被微柔毛；花萼管状钟形，连齿长4~5毫米，外面密被微柔毛，里面中部以上具微柔毛，具5脉，齿近整齐，三角形，先端具浅黄色刺尖；花冠白色，稍伸出于萼筒，长约6毫米，外面密被长柔毛，上唇尤密，里面与花丝基部扩大处被微柔毛，冠筒基部靠上处内缢，上唇矩圆形，全绿，下唇中裂片圆形，侧裂片椭圆形；雄蕊着生于管筒内缢处，不伸出，后对较短，花药卵圆形，后对者较大；花柱先端2浅裂，与雄蕊等长。小坚果长卵状三棱形，长约1.5毫米，褐色，有鳞粃。

旱中生植物。多生于田野、撂荒地及路旁，为农田杂草，常在撂荒地上形成小群聚。全草入药，也作蒙药用。

产地：阿日哈沙特镇、阿拉坦额莫勒镇。

饲用价值：低等饲用植物。

盔状黄芩 *Scutellaria galericulata* L.

1. 植株上部；2. 花

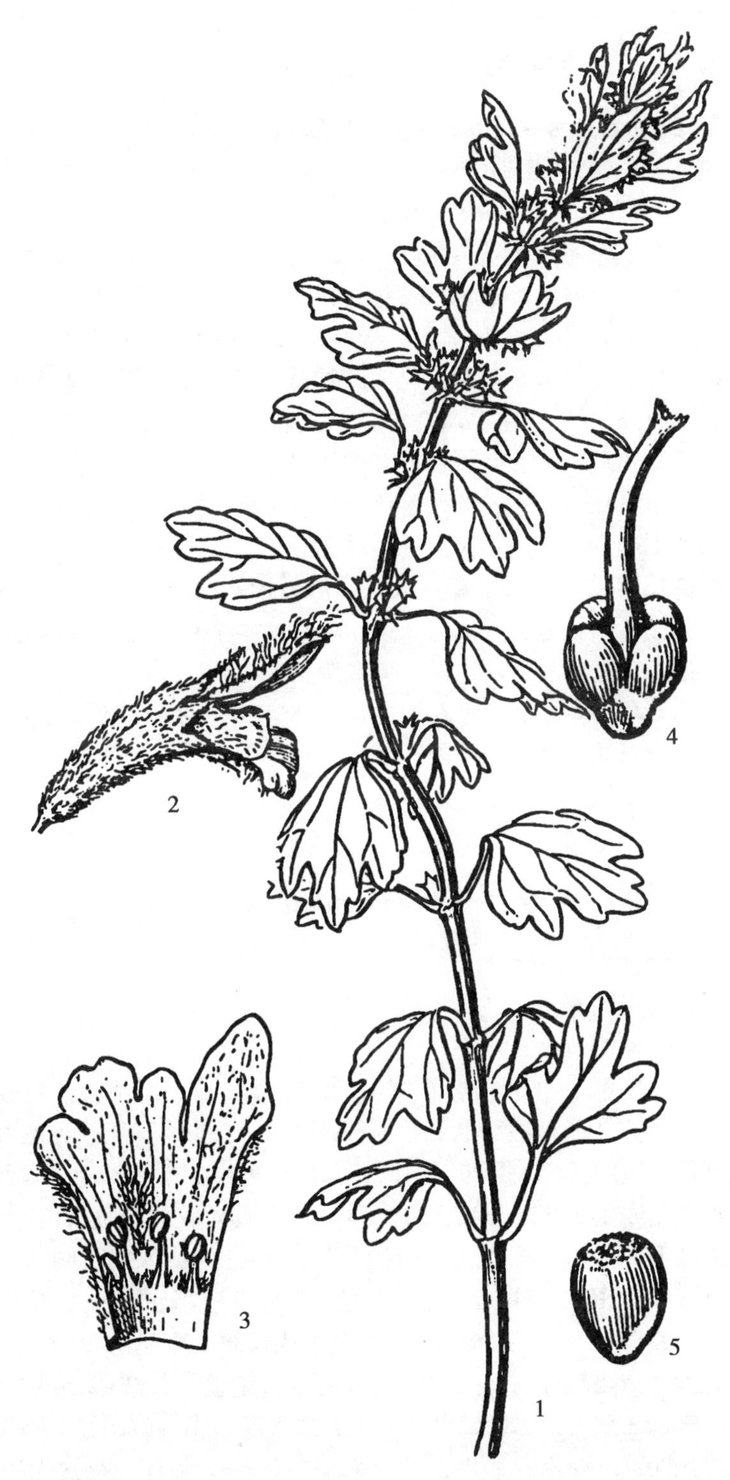

夏至草 ***Lagopsis supina*** **(Steph. ex Willd.) Ik. -Gal. ex Knorr.**

1. 植株的一部分；2. 花；3. 花冠展开示雄蕊；4. 雌蕊；5. 小坚果

裂叶荆芥属 *Schizonepeta* Briq.

多裂叶荆芥 *Schizonepeta multifida*（L.）Briq.

蒙名：哈嘎日海-吉如格巴

别名：东北裂叶荆芥

形态特征：多年生草本，高 30~40 厘米。主根粗壮，暗褐色。茎坚硬，被白色长柔毛，侧枝通常极短，有时上部的侧枝发育，并有花序。叶轮廓为卵形，羽状深裂或全裂，有时浅裂至全缘，长 2.1~2.8 厘米，宽 1.6~2.1 厘米，先端锐尖，基部楔形至心形，裂片条状披针形，全缘或具疏齿，上面疏被微柔毛，下面沿叶脉及边缘被短硬毛，具腺点；叶柄长 1~1.5 厘米，向上渐变短以至无柄。花序为由多数轮伞花序组成的顶生穗状花序，下部一轮远离；苞叶深裂或全缘，向上渐变小，呈紫色，被微柔毛，小苞片卵状披针形，呈紫色，比花短；花萼紫色，长 5 毫米，宽 2 毫米，外面被短柔毛，萼齿为三角形，长约 1 毫米，里面被微柔毛；花冠蓝紫色，长 6~7 毫米，冠筒外面被短柔毛，冠檐外面被长柔毛，下唇中裂片大，肾形；雄蕊前对较上唇短，后对略超出上唇，花药褐色；花柱伸出花冠，顶端等 2 裂，暗褐色。小坚果扁，倒卵状矩圆形，腹面略具棱，长 1.2 毫米，宽 0.6 毫米，褐色，平滑。

中旱生杂类草。草甸草原和典型草原的常见伴生种，也见于林缘及灌丛中。生于沙质平原、丘陵坡地及石质山坡等生境的草原中。

产地：阿日哈沙特镇、呼伦镇、达赉苏木。

饲用价值：劣等饲用植物。

青兰属 *Dracocephalum* L.

香青兰 *Dracocephalum moldavica* L.

蒙名：乌努日图-比日羊古

别名：山薄荷

形态特征：一年生草本，高 15~40 厘米。茎直立，被短柔毛，钝四棱形，常在中部以下对生分枝。叶披针形至披针状条形，先端钝，长 1.5~4 厘米，宽 0.5~1 厘米，基部圆形或宽楔形，边缘具疏犬牙齿，有时基部的牙齿齿尖常具长刺，两面均被微毛及黄色小腺点。轮伞花序生于茎或分枝上部，每节通常具 4 花，花梗长 3~5 毫米；苞片狭椭圆形，疏被微毛，每侧具 3~5 齿，齿尖具长 2.5~3.5 毫米的长刺；花萼长 1~1.2 厘米，具金黄色腺点，密被微柔毛，常带紫色，2 裂近中部，上唇 3 裂至本身长度的 1/4~1/3 处，3 齿近等大，三角状卵形，先端锐尖成长约 1 毫米的短刺，下唇 2 裂至本身基部，斜披针形，先端具短刺；花冠淡蓝紫色至蓝紫色，长 2~2.5 厘米，喉部以上宽展，外面密被白色短柔毛，冠檐二唇形，上唇短舟形，先端微凹，下唇 3 裂，中裂片 2 裂，基部有 2 小凸起；雄蕊微伸出，花丝无毛，花药平叉开；花柱无毛，先端 2 等裂。小坚果长 2.5~3 毫米，矩圆形，顶端平截。

中生杂草。生于山坡、沟谷、河谷砾石滩地。全株含芳香油，可做香料植物。地上部分作蒙药用。

产地：阿日哈沙特镇、宝格德乌拉苏木。

饲用价值：低等饲用植物。

多裂叶荆芥 ***Schizonepeta multifida*** **（L.）Briq.**

1. 植株上部；2. 花冠展开；3. 雌蕊；4. 花萼展开；5. 花

香青兰 ***Dracocephalum moldavica*** **L.**

6. 植株上部；7. 苞片；8. 花萼展开；9. 花冠展开；10. 花药；11. 雌蕊

糙苏属 *Phlomis* L.

串铃草 *Phlomis mongolica* Turcz.

蒙名：蒙古乐-奥古乐今-土古日爱

别名：毛尖茶、野洋芋

形态特征：多年生草本，高（15）30~60 厘米。根粗壮，木质，须根常作圆形，矩圆形或纺锤形的块根状增粗。茎单生或少分枝，被具节刚毛及星状柔毛，棱上被毛尤密。叶卵状三角形或三角状披针形，长 4~13 厘米，宽 2~7 厘米，先端钝，基部深心形，边缘有粗圆齿，苞叶三角形或三角状披针形，上面被星状毛及单毛或稀近无毛，下面密被星状毛或稀单毛，叶具柄，向上渐短或近无柄。轮伞花序，腋生（偶有单一，顶生），多花密集；苞片条状钻形，长 8~12 毫米，先端刺尖状，被具节缘毛；花萼筒状，长 10~14 毫米，外面被具节刚毛及尘状微柔毛，萼齿 5，相等，圆形，长约 1 毫米，先端微凹，具硬刺尖，长 2~3 毫米；花冠紫色（偶有白色）。长约 2. 2 厘米，冠筒外面在中下部无毛，里面具毛环，二唇形，上唇盔状，外面被星状短柔毛，边缘具流苏状小齿，里面被髯毛，下唇 3 圆裂，中裂片倒卵形，较大，侧裂片心形，较小；雄蕊 4，内藏，花丝下部被毛，后对花丝基部在毛环稍上处具反折的短距状附属器；花柱先端为不等的 2 裂。小坚果顶端密被柔毛。花期 6—8 月，果期 8—9 月。

旱中生植物。生于草原地带的草甸、草甸草原、山地沟谷草甸、撂荒地及路边，也见于荒漠区的山地。块根入药。

产地：呼伦镇、达赉苏木。

饲用价值：低等饲用植物。

块根糙苏 *Phlomis tuberosa* L.

蒙名：土木斯得-奥古乐今-土古日爱

形态特征：多年生草本，高 40~110 厘米，根呈块根状增粗。茎单生或分枝，紫红色，暗紫色或绿色，无毛或仅棱上疏被柔毛。叶三角形，长 5~19 厘米，宽 2~13 厘米，先端钝圆或锐尖，基部心形或深心形，边缘具不整齐粗圆牙齿，苞叶卵圆状披针形，向上变小，上面被极疏具节刚毛或近无毛，下面无毛或仅脉上被极疏刚毛，（叶具柄，向上渐短至近无柄）。轮伞花序，含 3~10 朵花，多花密集；苞片条状钻形，长约 10 毫米，被具节长缘毛；花萼筒状钟形，长 8~10 毫米，仅靠近萼齿部分疏被刚毛，其余部分无毛，萼齿 5，相等，半圆形，先端微凹，具长 1. 5~2. 5 毫米的刺尖；花冠紫红色，长 1. 6~2. 5 厘米，冠筒外面无毛，里面具毛环，二唇形，上唇盔状，外面密被星状茸毛，边缘具流苏状小齿，内面被髯毛，下唇 3 圆裂，中裂片倒心形，较大，侧裂片卵形，较小；雄蕊 4，内藏，花丝下部被毛，后对雄蕊在基部近毛环处具反折的短距状附属器，花柱顶端具不等的 2 裂。小坚果先端被柔毛。花期 7—8 月，果期 8—9 月。

草甸旱中生植物。生于山地沟谷草甸、山地灌丛、林缘、也见于草甸化杂类草草原中。块根作蒙药用。

产地：呼伦镇、达赉苏木。

饲用价值：低等饲用植物。

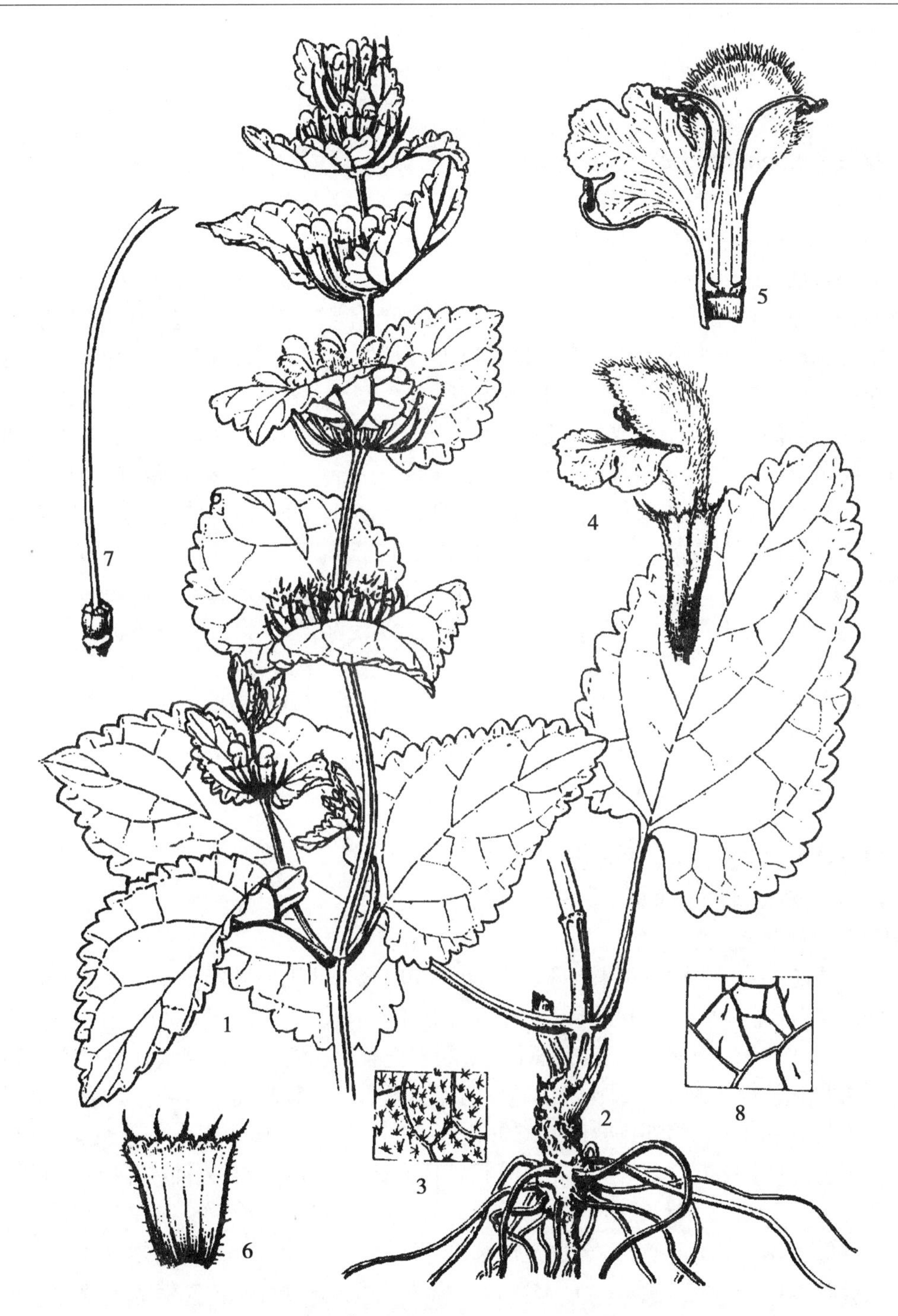

串铃草 *Phlomis mongolica* Turcz.

1. 植株上部；2. 植株下部；3. 叶下面的毛被；

4. 花；5. 花冠展开；6. 花萼展开；7. 雄蕊

块根糙苏 *Phlomis tuberosa* L.

8. 叶背面的毛被

益母草属 *Leonurus* L.

益母草 *Leonurus japonicus* Houtt.

蒙名：都日伯乐吉-额布斯

别名：益母蒿、坤草、龙昌昌

形态特征：一年生或二年生草本，高30~80厘米。茎直立，钝四棱形，微具槽，有倒向糙伏毛，棱上尤密，基部近于无毛，分枝。叶形变化较大，茎下部叶轮廓为卵形，基部宽楔形，掌状3裂，裂片矩圆状卵形，长2.6~6厘米，宽5~12毫米，叶柄长2~3厘米，中部叶轮廓为菱形，基部狭楔形，掌状3半裂或3深裂，裂片矩圆状披针形；花序上部的苞叶成条形或条状披针形，长2~7厘米，宽2~8毫米，全缘或具稀少缺刻；轮伞花序腋生，多花密集，轮廓为圆球形，直径2厘米，多数远离而组成长穗状花序；小苞片刺状，比萼筒短；无花梗；花萼管状钟形，长4~8毫米，外面贴生微柔毛，里面在离基部1/3处以上被微柔毛，齿5，前2齿靠合，较长，后3齿等长，较短；花冠粉红至淡紫红色，长7~10毫米，伸出于萼筒部分的外面被柔毛，冠檐二唇形，上唇直伸，下唇与上唇等长，3裂；雄蕊4，前对较长，花丝丝状；花柱丝状，无毛。小坚果矩圆状三棱形，长2.5毫米。花期6—9月，果期9—10月。

中生杂草。生于田野、沙地、灌丛、疏林、草甸草原及山地草甸等多种生境。

产地：呼伦镇、阿拉坦额莫勒镇、达赉苏木。

饲用价值：低等饲用植物。

细叶益母草 *Leonurus sibiricus* L.

蒙名：那林-都日伯乐吉-额布斯

别名：益母蒿、龙昌菜

形态特征：一年生或二年生草本，高30~75厘米。茎钝四棱形，在短而贴生的糙伏毛，分枝或不分枝。叶形从下到上变化较大，下部叶早落，中部叶轮廓为卵形，长2.5~9厘米，宽3~4厘米，叶柄长1.5~2厘米，掌状3全裂，在裂片上再羽状分裂（多3裂），小裂片条形，宽1~3毫米；最上部的苞叶近于菱形，3全裂成细裂片，呈条形，宽1~2毫米。轮散花序腋生，多花，轮廓圆球形，直径2~4厘米，向顶逐渐密集组成长穗状；小苞片刺状，向下反折；无花梗；花萼管状钟形，长6~10毫米，外面在中部被疏柔毛，里面无毛，齿5，前2齿长，稍开张，后3齿短；花冠粉红色，长1.8~2厘米，冠檐二唇形，上唇矩圆形，直伸，全缘，外面密被长柔毛，里面无毛，下唇比上唇短，外面密被长柔毛，里面无毛，3裂；雄蕊4，前对较长，花丝丝状；花柱丝状，先端2浅裂。小坚果矩圆状三棱形，长2.5毫米，褐色。花期7—9月，果期9月。

旱中生杂草。散生于石质丘陵、沙质草原、杂木林、灌丛、山地草甸等生境中。全草入药，也作蒙药用。

产地：全旗。

饲用价值：低等饲用植物。

益母草 *Leonurus japonicus* Houtt.

1. 叶；2. 花；3. 花萼展开；4. 花冠展开；5. 雄蕊

细叶益母草 *Leonurus sibiricus* L.

6. 花枝；7. 花；8. 花冠展开；9. 雌蕊；10. 小坚果

水苏属 *Stachys* L.

毛水苏 *Stachys riederi* Chamisso ex Benth.

蒙名：乌斯图-阿日归

别名：华水苏、水苏

形态特征：多年生草本，高20~50厘米。根茎伸长，节上生须根。茎直立，单一或分枝，沿棱及节具伸展的刚毛、或倒生小刚毛或疏被刚毛。叶矩圆状披针形、披针形或披针状条形，长4~9厘米，宽5~15毫米，先端钝或稍尖，基部近圆形或浅心形，叶两面被贴生的刚毛，或上面疏被小刚毛，下面几无毛，边缘有小的圆齿状锯齿；叶柄长1~1.5毫米。轮伞花序组成顶生穗状花序，基部一轮远离，其余密集；苞叶与叶同形，向上渐变小，卵状披针形或披针形；小苞片条形，被刚毛，早脱落；花梗约1毫米，与花序轴密被柔毛状刚毛。花萼长7毫米，外面沿肋及齿缘密被或疏被具节柔毛状刚毛，萼齿三角状披针形，长约3毫米，顶端具黄白色刺尖；花冠淡紫至紫色，长1.2厘米，上唇直伸，卵圆形，长5毫米，宽4毫米，外面被柔毛状刚毛，下唇外面疏被微柔毛，中裂片倒肾形或圆形，长4.8毫米，宽3毫米，外面有白色花纹，侧裂片卵圆形，宽2.5毫米；雄蕊均内藏，近等长，花丝扁平，被微柔毛，花药浅蓝色，卵圆形；花柱与雄蕊近等长，先端等2裂，褐色；花盘平顶。小坚果棕褐色，光滑无毛，近圆形，直径1.5毫米。花期7—8月，果期8—9月。

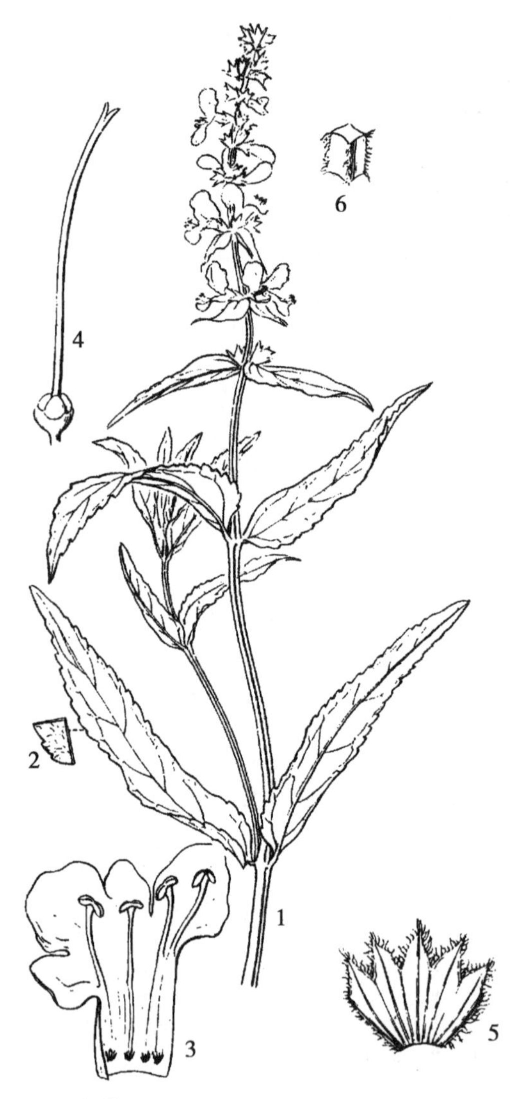

毛水苏 ***Stachys riederi*** **Chamisso ex Benth.**

1. 植株上部；2. 叶片一部分；3. 花冠展开；4. 雌蕊；5. 花萼展开；6. 茎的一部分

中生至湿中生植物。生于山地森林区、森林草原带的低湿草甸、河岸沼泽草甸及沟谷中。全草入药。

产地：乌尔逊河、克尔伦河。

饲用价值：劣等饲用植物。

百里香属 *Thymus* L.

百里香 *Thymus serpyllum* L.

蒙名：岗嘎–额布斯

别名：地椒、亚洲百里香、蒙古百里香

形态特征：小半灌木，高 5～15 厘米，有强烈的芳香气味。茎多分枝，枝条纤细，丛生，匍匐、垫状。叶条状披针形至椭圆形，先端钝，全缘。2～4 对，长 4～10 毫米，宽 2～4.5 毫米，散生腺点。轮伞花序于枝端紧密排列成头状；小花密集，具短梗；萼狭钟形，具 10～11 纵脉，明显二唇形，上唇 3 浅裂，齿三角形，下唇 2 深裂，裂片钻形；花近辐射对称，紫红色、紫色、粉红色或白色；雄蕊 4，二强。小坚果卵球形，压扁状。

草原旱生–中旱生植物。生于砂砾质平原、石质丘陵、山地阳坡。一般多散生于草原群落中，也常在石质丘顶与其他砾石生植物聚生成小片群落，百里香可成为其中的优势种。全草入药。

产地：阿拉坦额莫勒镇、阿日哈沙特镇、克尔伦苏木、宝格德乌拉苏木。

饲用价值：中等饲用植物。

薄荷属 *Mentha* L.

薄荷 *Mentha canadensis* L.

蒙名：巴得日阿西

形态特征：多年生草本，高 30～60 厘米。茎直立，具长根状茎，四棱形，被疏或密的柔毛，分枝或不分枝。叶矩圆状披针形、椭圆形、椭圆状披针形或卵状披针形，长 2～9 厘米，宽 1～3.5 厘米，先端渐尖或锐尖，基部楔形，边缘具锯齿或浅锯齿，叶柄长 2～15 毫米，被微柔毛。轮伞花序腋生，轮廓球形，花时径 1～1.5 厘米，总花梗极短；苞片条形，花梗纤细，长 2～3 毫米。花萼管状钟形，长 2.5～3 毫米，萼齿狭三角状钻形，外面被疏或密的微柔毛与黄色腺点。花冠淡紫或淡红紫色，长 4～5 毫米，外面略被微柔毛或长疏柔毛，里面在喉部以下被微柔毛，冠檐 4 裂，上裂片先端微凹或 2 裂，较大，其余 3 裂片近等大，矩圆形，先端钝。雄蕊 4，前对较长，伸出花冠之外或与花冠近等长。花柱略超出雄蕊，先端近相等 2 浅裂。小坚果卵球形，黄褐色，花期 7—8 月，果期 9 月。

湿中生植物。生于水旁低湿地，湖滨草甸、河滩沼泽草甸。地上部分入药。

产地：乌尔逊河岸。

饲用价值：劣等饲用植物。

百里香 *Thymus serpyllum* L.

1. 植株；2. 叶；3. 花；4. 花萼展开；5. 花冠展开；6. 雌蕊

薄荷 *Mentha canadensis* L.

1. 植株上部；2. 花；3. 花萼展开；4. 雌蕊；5. 雄蕊上部；6. 小坚果

兴安薄荷 *Mentha dahurica* Fisch.ex Benth.

蒙名：兴安-巴得日阿西

形态特征：多年生草本，高 30~60 厘米，茎直立，稀分枝，沿棱被倒向微柔毛，四棱形，叶片卵形或卵状披针形，长 2~4 厘米，宽 8~14 毫米，先端锐尖，基部宽楔形，边缘在基部以上具浅圆齿状锯齿；叶柄长 7~10 毫米。轮伞花序 5~13 朵，具长 2~10 毫米的总花梗，通常茎顶 2 个轮伞花序聚集成头状花序，其下方的 1~2 节的轮伞花序稍远离；小苞片条形，被微柔毛；花梗长 1~3 毫米，被微柔毛；花萼管状钟形，长约 2.5 毫米，外面沿脉上被微柔毛，里面无毛，10~13 脉明显，萼齿 5，宽三角形；花冠浅红或粉紫色，长 4~5 毫米，外面无毛，里面在喉部被微柔毛，冠檐 4 裂，上裂片 2 浅裂，其余 3 裂矩圆形；雄蕊 4，前对较长。小坚果卵球形，长约 0.75 毫米，光滑。花期 7—8 月。

湿中生植物，生于山地森林地带及森林草原带河滩湿地及草甸。全草入药。

产地：乌尔逊河沿岸。

饲用价值：劣等饲用植物。

茄科 Solanaceae

茄属 *Solanum* L.

龙葵 *Solanum nigrum* L.

蒙名：闹害音-乌吉马

别名：天茄子

形态特征：一年生草本，高 0.2~1 米。茎直立，多分枝。叶卵形，长 2.5~7（10）厘米，宽 1.5~5 厘米，有不规则的波状粗齿或全缘，两面光滑或有疏短柔毛；叶柄长 1~4 厘米。花序短蝎尾状，腋外生，下垂，有花 4~10 朵，总花梗长 1~2.5 厘米；花梗长约 5 毫米；花萼杯状，直径 1.5~2 毫米；花冠白色，辐状，裂片卵状三角形，长约 3 毫米；子房卵形，花柱中部以下有白色绒毛。浆果球形，直径约 8 毫米，熟时黑色，种子近卵形，压扁状。花期 7—9 月，果期 8—10 月。

中生杂草。生于路旁、村边、水沟边。全草药用。

产地：全旗。

饲用价值：劣等饲用植物。

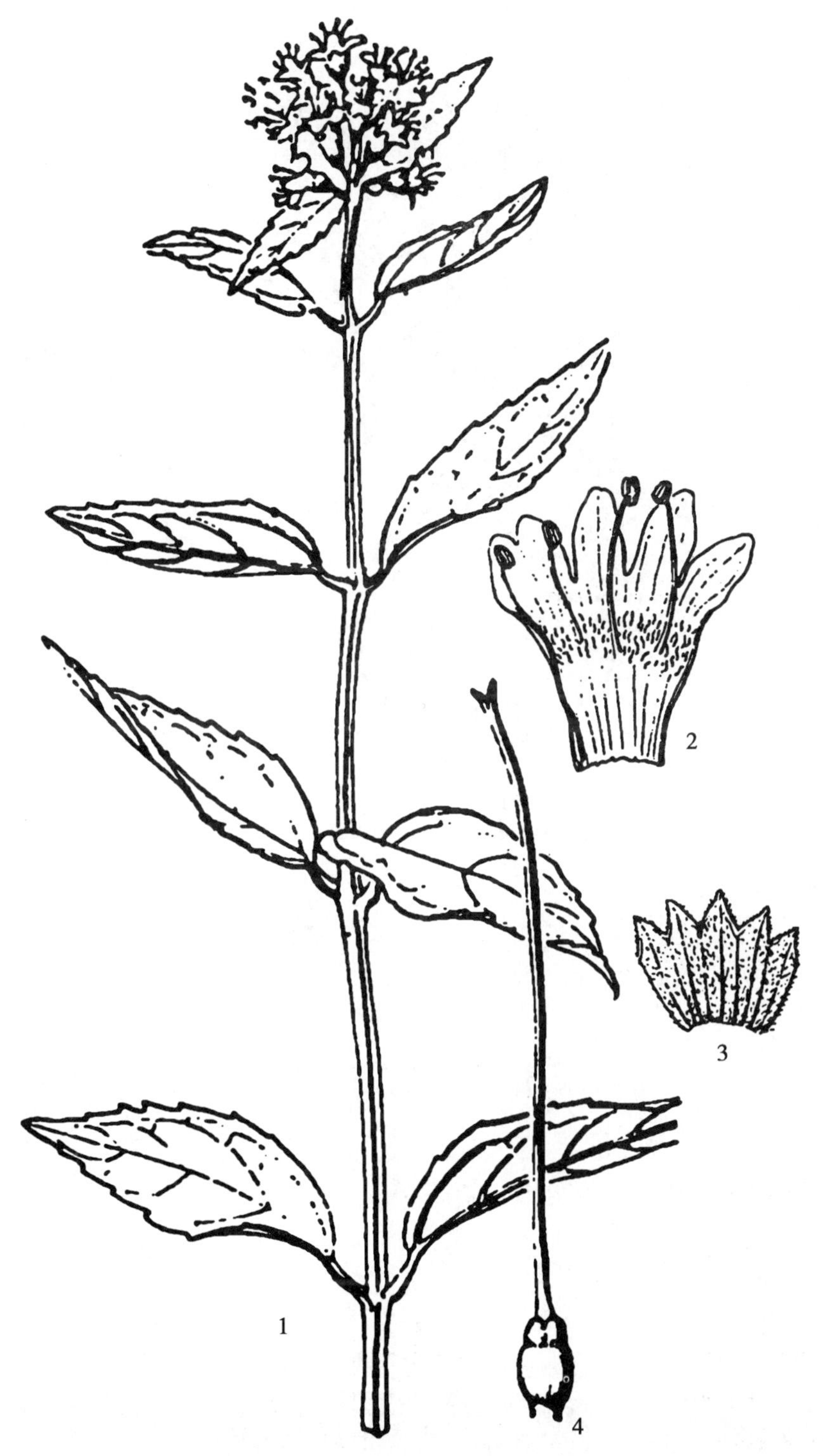

兴安薄荷 ***Mentha dahurica*** **Fisch.ex Benth.**

1. 植株上部；2. 花冠展开；3. 花萼展开；4. 雌蕊

龙葵 *Solanum nigrum* L.

1. 花果枝；2. 花冠展开；3. 雌蕊

青杞 *Solanum septemlobum* Bunge

蒙名：烘-和日烟-尼都

别名：草枸杞、野枸杞、红葵

多年生草本，高 20～50 厘米。茎直立，被白色弯曲的短柔毛或近无毛。叶卵形，长 2.5～7.5 厘米，宽 1.5～5.5 厘米，通常不整齐羽状 7 深裂，两面均疏被短柔毛，叶脉及边缘毛较密；叶柄长 1～2 厘米，有短柔毛。二歧聚伞花序顶生或腋生，总花梗长 1～2 厘米；花萼小，杯状，花冠紫色，裂片矩圆形；浆果近球状，熟时红色；花期 7—8 月，果期 8—9 月。

中生杂草。生于路旁、林下及水边。地上部分药用。

产地：阿日哈沙特镇。

泡囊草属 *Physochlaina* G. Don

泡囊草 *Physochlaina physaloides*（L.）G. Don

蒙名：混-好日苏

形态特征：多年生草本，高 10~20（40）厘米，根肉质肥厚。茎直立，1 至数条自基部生出，被蛛丝状毛。叶在茎下部呈鳞片状，中、上部叶互生，卵形、椭圆状卵形或三角状宽卵形，长 1.5~6 厘米，宽 1.2~4 厘米，先端渐尖或急尖，基部截形、心形或宽楔形，全缘或微波状；叶柄长 1.5~4（6）厘米。花顶生，成伞房式聚伞花序；花梗细，长 5~10 毫米，有长柔毛；花萼狭钟形，长 6~10 毫米，密被毛，5 浅裂；花冠漏斗状，长 1.5~2.5 厘米，先端 5 浅裂，裂片紫堇色，筒部瘦细，黄白色；雄蕊插生于花冠筒近中部，微外露，长约 10 毫米，花药矩圆形，长 2~3 毫米；子房近圆形或卵圆形，花柱丝状，明显伸出花冠。蒴果近球形，直径约 8 毫米，包藏在增大成宽卵形或近球形的宿萼内；种子扁肾形。花期 5—6 月，果期 6—7 月。

旱中生杂类草。生于草原区的山地、沟谷。根和全草作蒙药用。

产地：阿拉坦额莫勒镇、宝格德乌拉苏木、达赉苏木、克尔伦苏木。

天仙子属 *Hyoscyamus* L.

天仙子 *Hyoscyamus niger* L.

蒙名：特讷格-额布斯

别名：山烟子、薰牙子、莨菪

形态特征：一或二年生草本，高 30~80 厘米，具纺锤状粗壮肉质根，全株密生粘性腺毛及柔毛，有臭气。叶在茎基部丛生呈莲座状；茎生叶互生，长卵形或三角状卵形，长 3~14 厘米，宽 1~7 厘米，先端渐尖，基部宽楔形，无柄而半抱茎，或为楔形向下狭细呈长柄状，边缘羽状深裂或浅裂，或为疏牙齿，裂片呈三角状。花在茎中部单生于叶腋，在茎顶聚集成蝎尾式总状花序，偏于一侧；花萼筒状钟形，密被细腺毛及长柔毛，长约 1.5 厘米，先端 5 浅裂，裂片大小不等，先端锐尖具小芒尖，果时增大成壶状，基部圆形与果贴近；花冠钟状，土黄色，有紫色网纹，先端 5 浅裂；子房近球形。蒴果卵球状，直径 1.2 厘米左右，中部稍上处盖裂。藏于宿萼内；种子小，扁平，淡黄棕色，具小疣状凸起。花期 6—8 月，果期 8—10 月。种子入药，也可作蒙药用。

中生杂草。生于村舍附近、路边及田野。

产地：达赉苏木、宝格德乌拉苏木。

天仙子 *Hyoscyamus niger* L.

1. 植株下部；2. 花枝；3. 花冠展开（雄蕊）；4. 开裂的果实

泡囊草 *Physochlaina physaloides*（L.）G. Don

5. 果枝

玄参科 Scrophulariaceae

柳穿鱼属 *Linaria* Mill.

柳穿鱼 *Linaria vulgaris* Mill. subsp. *sinensis*（Bunge ex Debeaux）D. Y. Hong

蒙名：好宁-扎吉鲁希

形态特征：多年生草本。主根细长，黄白色。茎直立，单一或有分枝，高 15~50 厘米，无毛。叶多互生，部分轮生，少全部轮生，条形至披针状条形，长 2~5 厘米，宽 1~5 毫米，先端渐尖或锐尖，基部楔形，全缘，无毛，具 1 条脉，极少 3 脉。总状花序顶生，花多数，花梗长约 3 毫米，花序轴、花梗、花萼无毛或有少量短腺毛；苞片披针形，长约 5 毫米；花萼裂片 5，披针形，少卵状披针形，长约 4 毫米，宽约 1.5 毫米；花冠黄色，除距外长 10~15 毫米，距长 7~10 毫米；距向外方略上弯呈弧曲状，末端细尖，上唇直立，2 裂，下唇先端平展，3 裂，在喉部向上隆起，檐部呈假面状，喉部密被毛。蒴果卵球形，直径约 5 毫米；种子黑色，圆盘状，具膜质翅，直径约 2 毫米，中央具瘤状凸起。花期 7—8 月，果期 8—9 月。

旱中生植物。生于山地草甸、沙地及路边。全草入药，蒙药用。花美丽，可供观赏。

产地：全旗零星分布。

饲用价值：低等饲用植物。

多枝柳穿鱼 *Linaria buriatica* Turcz. ex Benth.

蒙名：宝古尼-好宁-扎吉鲁希

别名：矮柳穿鱼

形态特征：多年生草本。茎自基部多分枝，高 10~20 厘米，无毛。叶互生，狭条形至条形，长 2~4 厘米，宽 1~4 毫米，先端渐尖，全缘，无毛。总状花序顶生，花少数，花梗长约 2 毫米，花序轴、花梗、花萼密被腺毛；花萼裂片 5，条状披针形，长约 4 毫米；宽约 1 毫米；花冠黄色，除距外长约 15 毫米，距长约 10 毫米，距向外方略上弯，较狭细，末端细尖。其他特征与前两种相同。花期 8—9 月，果期 9—10 月。

中旱生植物。生于草原及固定沙地。全草入药，蒙药用。花美丽，可供观赏。

产地：达赉苏木、宝格德乌拉苏木。

饲用价值：低等饲用植物。

柳穿鱼 *Linaria vulgaris* Mill. subsp. *sinensis*（Bunge ex Debeaux）D. Y. Hong

1. 植株；2. 植株的一段（具轮生叶）；3. 花

多枝柳穿鱼 *Linaria buriatica* Turcz. ex Benth.

4. 花序轴一段

玄参属 *Scrophularia* L.

砾玄参 *Scrophularia incisa* Weinm.

蒙名：海日音-哈日-奥日呼代

形态特征：多年生草本，全体被短腺毛。根常粗壮，木质，栓皮常剥裂，紫褐色。茎直立或斜升，多条丛生，高 20~50 厘米，基部木质化，带褐紫色，有棱。叶对生，长椭圆形或椭圆形，长 0.8~3 厘米，宽 0.3~1.3 厘米，先端钝或尖，边缘具不规则尖齿或粗齿，基部楔形，下延成柄状，柄短。聚伞圆锥花序顶生，狭长，小聚伞有花 1~7 朵；花萼 5 深裂，长约 1.5 毫米，裂片卵圆形，具白色膜质的狭边；花冠玫瑰红色至深紫色，长约 5 毫米，花冠筒球状筒形，长约为花冠之半，上唇 2 裂，裂片顶端圆形，边缘波状，比上唇长，下唇 3 裂，裂片宽，带绿色，顶端平截；雄蕊比花冠短或长，花丝粗壮，下部渐细，黄色，密被短腺毛，花药紫色，肾形，无毛，略宽于花丝，呈头状，退化雄蕊条状矩圆形至披针状条形，花柱细，无毛，柱头头状，特小，与花柱等粗，微 2 裂。蒴果球形，直径 5~6 毫米，无毛，顶端尖；种子多数；狭卵形，长约 1.5 毫米，宽约 0.5 毫米，黑褐色，表面粗糙，具小凸起。花期 6—7 月，果期 7 月。

旱生植物。生于荒漠草原及典型草原带的砂砾石质地及山地岩石。全草蒙药用。

产地：克尔伦苏木、达赉苏木和呼伦湖西岸。

饲用价值：中等饲用植物。

疗齿草属 *Odontites* Ludwig

疗齿草 *Odontites vulgaris* Moench

蒙名：宝日-巴西嘎

别名：齿叶草

形态特征：一年生草本，全株被贴伏而倒生的白色细硬毛。茎上部四棱形，高 10~40 厘米，常在中上部分枝。叶有时上部的互生，无柄，披针形至条状披针形，长 1~3 厘米，宽达 5 毫米，先端渐尖，边缘疏生锯齿。总状花序顶生，苞叶叶状；花梗极短，长约 1 毫米，花萼钟状，长 4~7 毫米，4 等裂，裂片狭三角形，长 2~3 毫米，被细硬毛；花冠紫红色，长 8~10 毫米，外面被白色柔毛，上唇直立，略呈盔状，先端微凹或 2 浅裂，下唇开展，3 裂，裂片倒卵形，中裂片先端微凹，两侧裂片全缘；雄蕊与上唇略等长，花药箭形，药室下面延成短芒。蒴果矩圆形，长 5~7 毫米，宽 2~3 毫米，略扁，顶端微凹，扁侧面各有 1 条纵沟，被细硬毛；种子多数，卵形，长约 1.8 毫米，宽约 0.8 毫米，褐色，有数条纵的狭翅。花期 7—8 月，果期 8—9 月。

广幅中生植物，生于低湿草甸及水边。地上部分有的作蒙药用。牲畜采食其干草。

产地：乌尔逊河、乌兰泡周围低湿草甸。

饲用价值：劣等饲用植物。

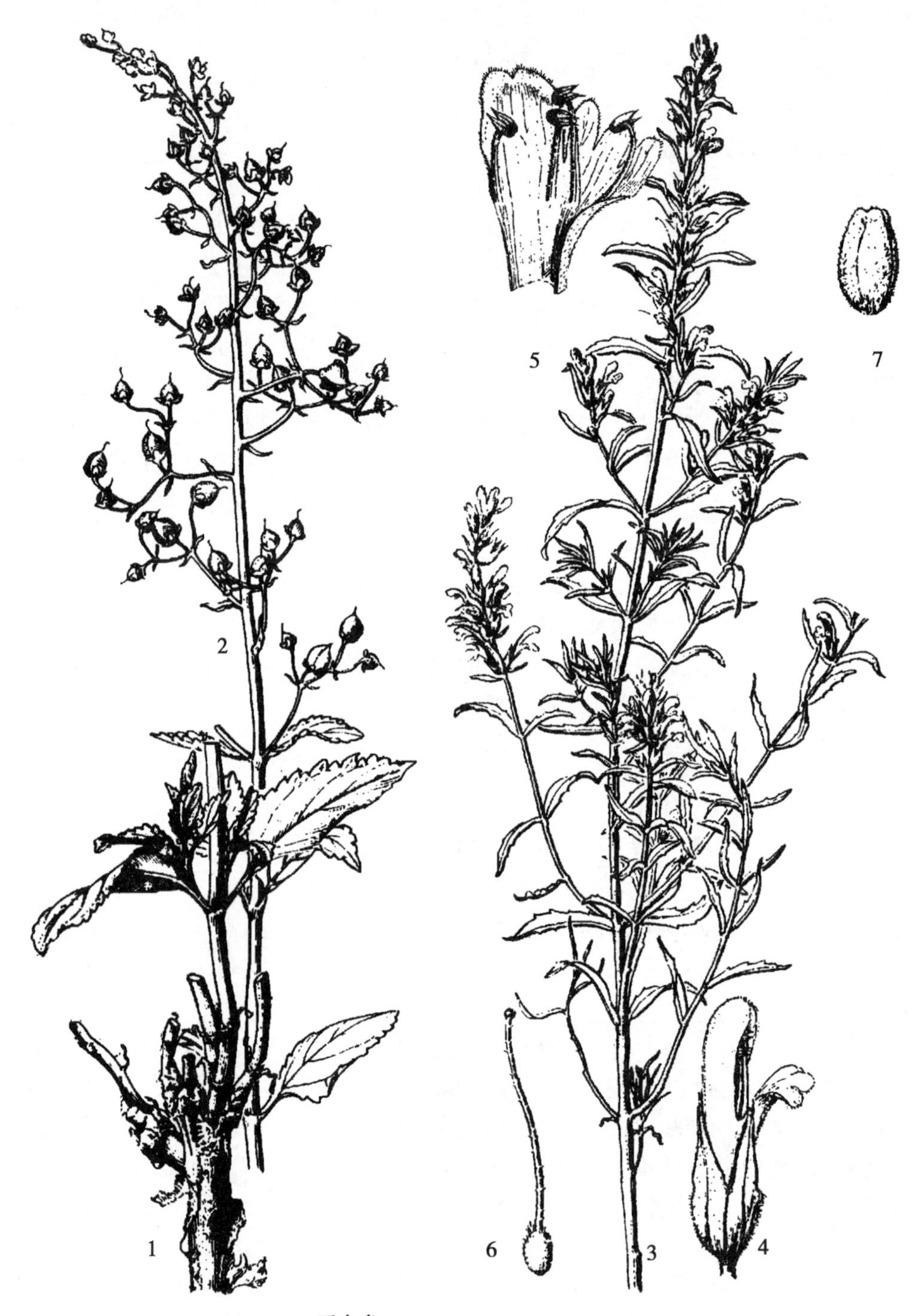

砾玄参 ***Scrophularia incisa*** **Weinm.**

1. 植株下部；2. 植株上部

疗齿草 ***Odontites vulgaris*** **Moench**

3. 植株；4. 花；5. 花冠展开；6. 雌蕊；7. 果

马先蒿属 *Pedicularis* L.

红色马先蒿 *Pedicularis rubens* Steph. ex Willd.

蒙名：乌兰-好宁-额伯日-其其格

别名：山马先蒿

形态特征：多年生草本，干后不变黑或略变黑。根茎粗短。茎单一，直立，高10~30厘米，疏或密被柔毛。叶大部分基生，被柔毛；叶片轮廓狭矩圆形至矩圆状披针形，长达13厘米，宽达3厘米，二至三回羽状全裂。花序穗状，生于茎顶；苞片叶状；花萼长约10毫米，外面密被长白毛，主脉5条，萼齿5；花冠红色、紫红色，稀变黄色，无毛，盔约与管等长，裂片近等大；蒴果矩圆状歪卵形，先端具凸尖；花期6—7月，果期8月。

中生植物。生于山地草甸或草甸草原。

产地：呼伦镇。

黄花马先蒿 *Pedicularis flava* Pall.

蒙名：希日-好宁-额伯日-其其格

形态特征：多年生草本，干后不变黑。根茎粗壮，常多头。高10~20厘米，具沟棱，被柔毛。叶大部分基生，密集成丛，被柔毛；叶片轮廓披针状矩圆形至条状矩圆形，长达10厘米，宽达3厘米，羽状全裂，裂片又羽状深裂，背面主脉上有白色柔毛。花序穗状而紧密，密生白色长毛；苞片下部者叶状，上部羽裂或有缺刻状齿，疏被白毛；萼卵状圆筒形，外面密被白色长柔毛，萼齿5，具锐齿；花冠黄色，盔状弓曲，额部向前下方倾斜再向下斜成一截形之短喙，下唇3浅裂，侧裂片斜椭圆形；蒴果歪卵形，先端向前弓弯；花期7月，果期7—8月。

旱生植物。生于典型草原的山坡或沟谷坡地。

产地：呼伦镇。

饲用价值：劣等饲用植物。

红纹马先蒿 *Pedicularis striata* Pall.

蒙名：乌兰-扫达拉特-好宁-额伯日-其其格

别名：细叶马先蒿

形态特征：多年生草本，干后不变黑。根多分枝。茎直立，高20~80厘米，单出或于基部抽出数枝，密被短卷毛。基生叶成丛而柄较长，茎生叶互生，叶片轮廓披针形，羽状全裂或深裂，裂片条形，边缘具胼胝质浅齿；花序穗状，轴密被短毛；苞片披针形，通常无毛；花萼钟状，萼齿5；花冠黄色，具绛红色脉纹，盔镰状弯曲，端部下缘具2齿，下唇3浅裂；蒴果卵圆形,；种子矩圆形，扁平，具网状孔纹。花期6—7月，果期8月。

中生植物。生于山地草甸草原、林缘草甸或疏林中。全草作蒙药用。

产地：呼伦镇、达赉苏木。

饲用价值：劣等饲用植物。

红色马先蒿 ***Pedicularis rubens*** **Steph. ex Willd.**

1. 植株；2. 花

红纹马先蒿 ***Pedicularis striata*** **Pall.**

3. 植株；4. 花

芯芭属 *Cymbaria* L.

达乌里芯芭 *Cymbaria dahurica* L.

蒙名：兴安奈-哈吞-额布斯

别名：芯芭、大黄花、白蒿茶

形态特征：多年生草本，高4~20厘米，全株密被白色棉毛而呈银灰白色。根茎垂直或稍倾斜向下，多少弯曲，向上呈多头。叶披针形、条状披针形或条形，长7~20毫米，宽1~3.5毫米，先端具1小刺尖头，白色棉毛尤以下面更密。小苞片条形或披针形，长12~20毫米，宽1.5~3毫米，全缘或具1~2小齿，通常与萼管基部紧贴；萼筒长5~10毫米，通常有脉11条，萼齿5，钻形或条形，长为萼筒的2倍左右，齿间常生有1~2枚附加小齿；花冠黄色，长3~4.5厘米，2唇形，外面被白色柔毛，内面有腺点，下唇3裂，较上唇长，在其二裂口后面有褶襞两条，中裂片较侧裂片略长，裂片长椭圆形，先端钝；雄蕊微露于花冠喉部，着生于花管内里靠近子房的上部处，花丝基部被毛，花药长倒卵形，纵裂，长约4毫米，宽约1.5毫米，顶端钝圆，被长柔毛、子房卵形，花柱细长，自上唇先端下方伸出，弯向前方，柱头头状。蒴果革质，长卵圆形，长10~13毫米，宽7~9毫米；种子卵形，长3~4毫米，宽2~2.5毫米。花期6—8月，果期7—9月。

旱生植物。生于典型草原、荒漠草原及山地草原上。有毒。全草入药，也作蒙药用。从春至秋小畜和骆驼喜食其鲜草，而乐食其干草；马稍采食，牛不采食或采食差。

产地：全旗。

饲用价值：中等饲用植物。

穗花属 *Pseudolysimachion*（W. D. J. Koch）Opiz

白毛穗花 *Pseudolysimachion incanum*（L.）Holub.

蒙名：查干-侵达干

别名：白婆婆纳

形态特征：多年生草本，全株密被白色毡状棉毛而呈灰白色。根状茎细长，斜走，具须根。茎直立，高10~40厘米，单一或自基部抽出数条丛生，上部不分枝。叶对生，上部的互生；下部叶较密集，叶片椭圆状披针形，长1.5~7厘米，宽0.5~1.3厘米，具1~3厘米的叶柄；中部及上部叶较稀疏，窄而小，常宽条形，无柄或具短柄；全部叶先端钝或尖，基部楔形，全缘或微具圆齿，上面灰绿色，下面灰白色。总状花序，单一，少复出，细长；花梗长1~2毫米，上部的近无柄；苞片条状披针形，短于花；花萼长约2毫米，4深裂，裂片披针形；花冠蓝色，少白色，长约5毫米，4裂，筒部长约为花的1/3，喉部有毛，后方1枚较大，卵圆形，其余3枚较小，卵形；雄蕊伸出花冠；花柱细长，柱头头状。蒴果卵球形，顶端凹，长约3毫米，密被短毛；种子卵圆形，扁平，棕褐色，长约0.4毫米，宽约0.3毫米。花期7—8月，果期9月。

中旱生植物。生于草原带的山地、固定沙地，为草原群落的一般常见伴生种。全草入药。

产地：呼伦镇北山地。

饲用价值：中等饲用植物。

达乌里芯芭 *Cymbaria dahurica* L.

1. 植株；2. 花冠展开

白毛穗花 *Pseudolysimachion incanum*（L.）Holub.

3. 植株上部

水蔓菁 *Pseudolysimachion dilatatum*（Nakai et Kitag.）Y. Z. zhao

形态特征：多年生草本。根状茎粗短，具多数须根。茎直立，单生或自基部抽出数条丛生，上部常不分枝，高 30~80 厘米，圆柱形，被白色短曲柔毛。叶几乎完全对生，较宽，宽条形、椭圆状披针形、椭圆状卵形或卵形，长 1.5~5 厘米，宽 0.5~2 厘米，先端钝尖、急尖或渐尖，基部渐狭成短柄或无柄，中部以下全缘，上部边缘具锯齿或疏齿，两面无毛或被短毛。总状花序单生或复出，细长，长尾状，先端细尖；花梗短，长 2~4 毫米，被短毛，苞片细条形，短于花，被短毛；花萼筒长 1.5~2 毫米，4 深裂，裂片卵状披针形至披针形，有睫毛；花冠蓝色或蓝紫色，长约 5 毫米，4 裂，筒部长约为花冠的 1/3，喉部有毛，裂片宽度不等，后方 1 枚大，圆形；其余 3 枚较小，卵形；雄蕊花丝无毛，明显伸出花冠；花柱细长，柱头头状。蒴果卵球形，长约 3 毫米，稍扁，顶端微凹，花柱与花萼宿存；种子卵形，长约 0.5 毫米，宽约 4 毫米，棕褐色。花期 7—8 月，果期 8—9 月。

中生植物。生于湿草甸及山顶岩石处。地上部分入药。

产地：阿日哈沙特镇。

水蔓菁 ***Pseudolysimachion dilatatum*** **（Nakai et Kitag.）Y. Z. zhao**

植株中部

大穗花 *Pseudolysimachion dahuricum*（Stev.）Holub.

蒙名：兴安-侵达干

别名：大婆婆纳

形态特征：多年生草本，全株密被柔毛，有时混生腺毛。根状茎粗短，具多数须根。茎直立，单一，有时自基部抽出2~3条，上部通常不分枝，高30~70厘米。叶对生，三角状卵形或三角状披针形，长2.6~6厘米，宽1.2~3.5厘米，先端钝尖或锐尖，基部心形或浅新形至截形，边缘具深刻而钝的锯齿或牙齿，下部常羽裂，裂片有齿；叶柄长7~15毫米。总状花序顶生，细长，单生或复出；花梗长1~2毫米；苞片条状披针形；花萼长2~3毫米，4深裂，裂片披针形，疏生腺毛；花冠白色，长约6毫米，4裂，筒部长不到花冠之半，喉部有毛，裂片椭圆形至狭卵形，后方1枚较宽；雄蕊伸出花冠。蒴果卵球形，稍扁，长约3毫米，顶端凹，宿存花萼与花柱；种子卵圆形，长约1毫米，宽约0.8毫米，淡黄褐色，半透明状。花期7—8月，果期9月。

中生植物。生于山坡、沟谷、岩隙、沙丘低地的草甸以及路边。

产地：阿拉坦额莫勒镇。

兔儿尾苗 *Pseudolysimachion longifolium*（L.）Opiz.

蒙名：乌日图-侵达干

别名：长尾婆婆纳

形态特征：多年生草本。根状茎长而斜走，具多数须根。茎直立，高约达1米，被柔毛或近光滑，通常不分枝。叶对生，披针形，长4~10厘米，宽1~3厘米，基部浅心形、圆形或宽楔形，先端渐尖至长渐尖，边缘具细尖锯齿，有时成大牙齿状，常夹有重锯齿，齿端常成弯钩状，两面被短毛或无毛，或上面被短毛，下面无毛；叶柄长2~7毫米。总状花序顶生，细长，单生或复出；花梗长2~4毫米，被短毛，边缘有睫毛，花冠蓝色或蓝紫色，稍带白色，长4~6毫米，4裂，筒部长不到花冠之半，喉部有毛，裂片椭圆形至卵形，后方1枚较宽；雄蕊明显伸出花冠。蒴果卵球形，稍扁，长约3毫米，顶端凹，宿存花柱和花萼；种子卵形，暗褐色，长约0.3毫米，宽约0.2毫米。花期7—8月，果期8—9月。

中生植物。生于林下、林缘草甸、沟谷及河滩草甸。

产地：乌尔逊河沿岸。

饲用价值：低等饲用植物。

大穗花 *Pseudolysimachion dahuricum*（Stev.）Holub.

1. 植株上部；2. 花；3. 果；4. 种子

兔儿尾苗 *Pseudolysimachion longifolium*（L.）Opiz.

5. 植株上部

婆婆纳属 *Veronica* L.

北水苦荬 *Veronica anagallis-aquatica* L.

蒙名：奥存-侵达干

别名：水苦荬、珍珠草、秋麻子

形态特征：多年生草本，稀一年生，全体常无毛，稀在花序轴、花梗、花萼、蒴果上有疏腺毛。根状茎斜走，节上有须根。茎直立或基部倾斜，高 10~80 厘米，单一或有分枝。叶对生，无柄。上部的叶半抱茎，椭圆形或长卵形，少卵状椭圆形或披针形，长 1~7 厘米，宽 0.5~2 厘米，全缘或有疏而小的锯齿，两面无毛。总状花序腋生，比叶长，宽约 1 厘米，多花；花梗弯曲斜升，与花序轴成锐角，果期梗长 3~6 毫米，纤细；苞片狭披针形，比花梗略短；花萼 4 深裂，长约 3 毫米，裂片卵状披针形，锐尖；花冠浅蓝色、淡紫色或白色，长约 4 毫米，4 深裂，筒部极短，裂片宽卵形；雄蕊与花冠近等长或略长，花药为紫色；子房无毛，花柱长约 1.5 毫米。蒴果近圆形或卵圆形，顶端微凹，长宽约 2.5 毫米，与花萼近相等或略短；种子卵圆形，黄褐色，长宽约 0.5 毫米，半透明状。花果期 7—9 月。

湿生植物。生于溪水边或沼泽地。果实带虫瘿的全草入药，蒙医也用。

产地：克尔伦苏木。

饲用价值：良等饲用植物。

水苦荬 *Veronica undulata* Wall. ex Jack

蒙名：奥存-侵达干

形态特征：多年生或一年生草本，通常在茎、花序轴、花梗、花萼和蒴果上多少被大头针状腺毛。根状茎斜走，节上生须根。茎直立或基部倾斜，高 10~30 厘米，单一。叶对生，无柄，狭椭圆形或条状披针形，长 2~4 厘米，宽 3~7 毫米，先端钝尖或渐尖，基部半抱茎，边缘具疏而小的锯齿，两面无毛。总状花序腋生，比叶长，宽 1~1.5 厘米，多花；花梗在果期挺直，横叉开，与花序轴几成直角，果期梗长约 6 毫米，纤细；苞片披针形，长约 3 毫米，约为花梗之半；花萼 4 深裂，长约 3 毫米；裂片卵状披针形，锐尖；花冠浅蓝色或淡紫色，长约 4 毫米，筒部极短，裂片宽卵形；雄蕊与花冠近等长，花药淡紫色；子房疏被腺毛或近无毛，花柱长 1~1.5 毫米。蒴果近圆球形，顶端微凹，长宽约 2.5 毫米，与花萼近等长或稍短；种子卵圆形，半透明状。花果期 7—9 月。

湿生植物。生于水边或沼泽地。果实带虫瘿的全草入药，蒙医也用。

产地：克尔伦河南岸。

饲用价值：良等饲用植物。

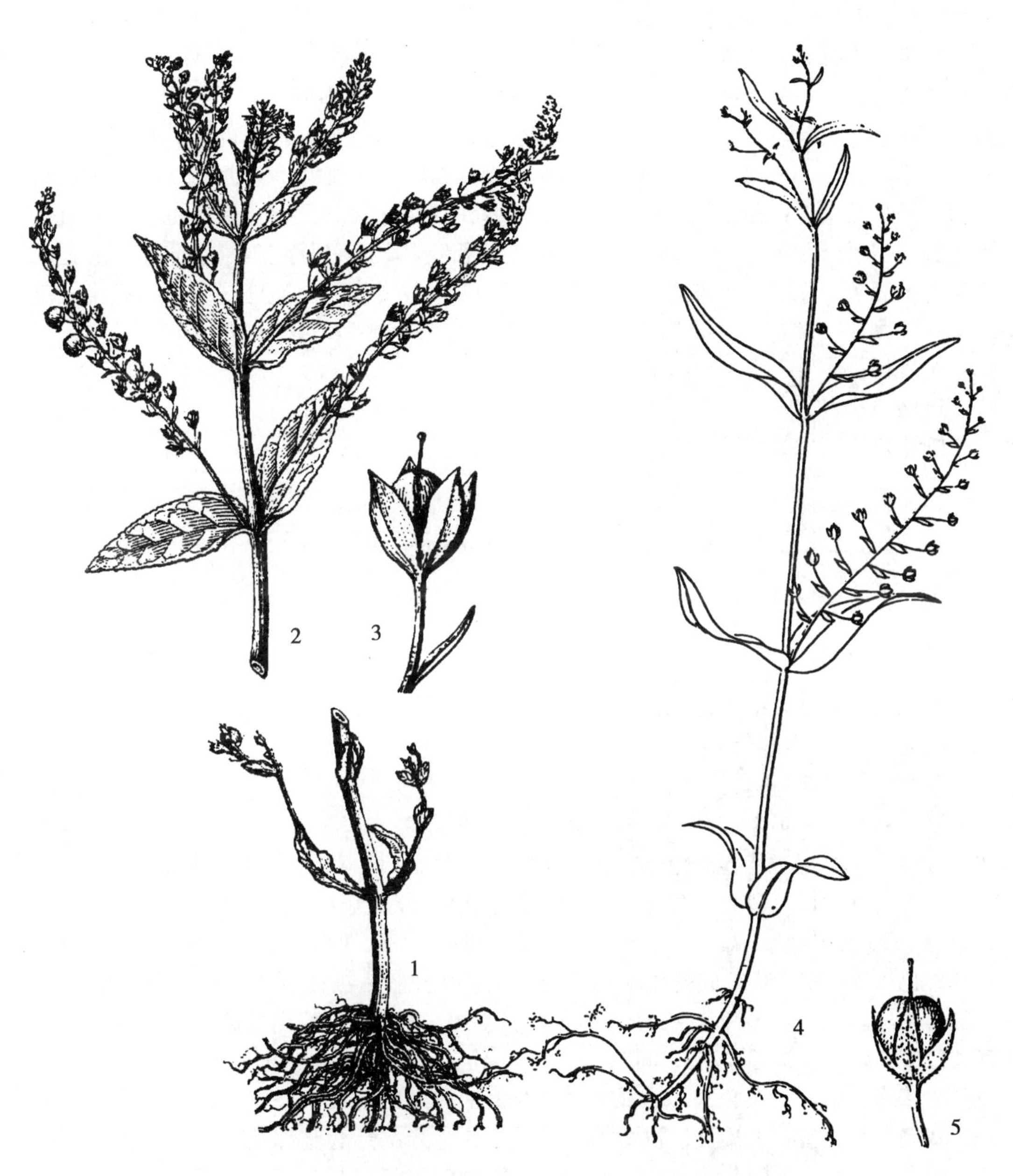

北水苦荬 *Veronica anagallis-aquatica* L.

1. 植株下部；2. 植株上部；3. 果

水苦荬 *Veronica undulata* Wall. ex Jack

4. 植株；5. 蒴果及宿存的花萼和花柱

蚊母草 *Veronica peregrina* L.

蒙名：奥思朝盖-侵达干

别名：水蓑衣、仙桃草

形态特征：一年生草本，高 10~25 厘米，通常自基部多分枝，主茎直立，侧枝扩散，全株无毛或疏被柔毛。叶对生，无柄，下部的倒披针形，上部的条状矩圆形，长 1~2 厘米，宽 2~6 毫米，全缘或中上端有锯齿。总状花序顶生，果期长达 20 厘米；苞片与叶同形而略小；花极短，长不超过 2 毫米；花萼 4 深裂，裂片条状矩圆形或宽条形，长 3~4 毫米；花冠白色或浅蓝色，长 2 毫米，4 深裂，裂片矩圆形至卵形，花冠筒极短；雄蕊短于花冠。蒴果倒心形，明显侧扁，长 3~4 毫米，宽略过之，边缘生短腺毛，花柱宿存，极短，不超出凹口；种子矩圆形。花期 5—6 月。

中生植物。生于湿草地。全草可入药。

产地：达赉苏木。

饲用价值：劣等饲用植物。

紫葳科 Bignoniaceae

角蒿属 *Incarvillea* Juss.

角蒿 *Incarvillea sinensis* Lam.

蒙名：乌兰-套鲁木

别名：透骨草

形态特征：一年生草本，高 30~80 厘米。茎直立，具黄色细条纹，被微毛。叶互生于分枝上，对生于基部，轮廓为菱形或椭圆形，2~3 回羽状深裂或至全裂，羽片 4~7 对，下部的羽片再分裂成 2 对或 3 对，最终裂片为条形或条状披针形，上面绿色，被毛或无毛，下面淡绿色，被毛，边缘具短毛；叶柄长 1.5~3 厘米，疏被短毛。花红色，或紫红色由 4~18 朵花组成的顶生总状花序，花梗短，密被短毛，苞片 1 和小苞片 2，密被短毛，丝状；花萼钟状，5 裂，裂片条状锥形，长 2~3 毫米，基部膨大，被毛，萼筒长约 3.2 毫米，被毛；花冠筒状漏斗形，长约 3 厘米，先端 5 裂，裂片矩圆形，长与宽约 7 毫米，里面有黄色斑点；雄蕊 4，着生于花冠中部以下，花丝长约 8 毫米，无毛，花药 2 室，室水平叉开，被短毛，长约 4.5 毫米，近药基部及室的两侧各具 1 硬毛；雌蕊着生于扁平的花盘上，长 6 毫米，密被腺毛，花柱长 1 厘米，无毛，柱头扁圆形。蒴果长角状弯曲，长约 10 厘米，先端细尖，熟时瓣裂，内含多数种子；种子褐色，具翅，白色膜质。花期 6—8 月，果期 7—9 月。

中生杂草。生于草原区的山地、沙地、河滩、河谷，也散生于田野、撂荒地及路边，宅旁。种子和全草作蒙药用。

产地：呼伦镇、宝格德乌拉苏木。

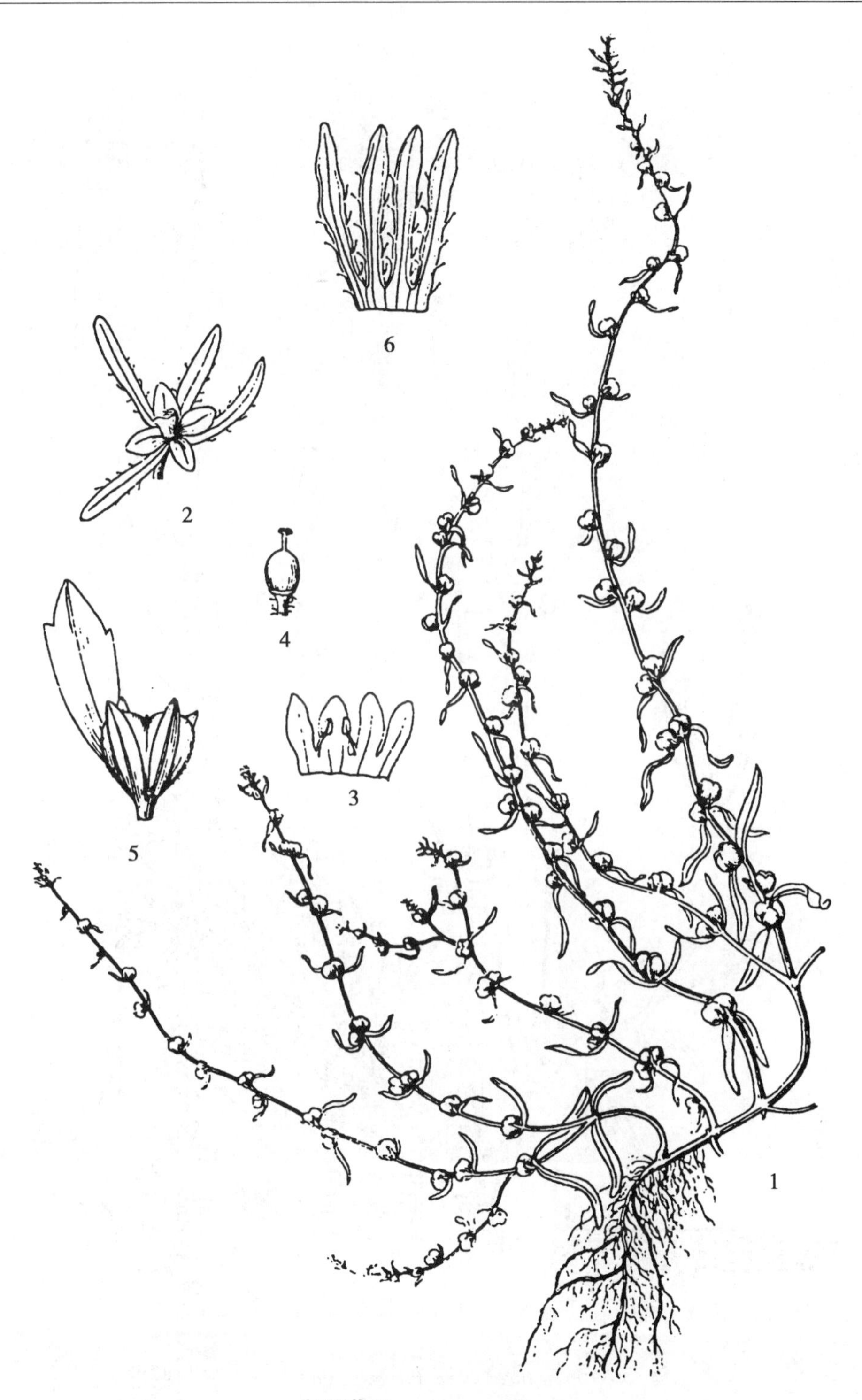

蚊母草 *Veronica peregrina* L.

1. 植株；2. 花；3. 花冠展开；4. 雌蕊；5. 果及宿萼和苞片；6. 花萼展开

角蒿 *Incarvillea sinensis* Lam.

1. 植株；2. 花萼；3. 花冠纵剖；4. 花药；5. 柱头；6. 种子

列当科 Orobanchaceae

列当属 *Orobanche* L.

列当 *Orobanche coerulescens* Steph.

蒙名：特木根-苏乐

别名：兔子拐棍、独根草、北亚列当

形态特征：二年生或多年生草本，高 10~35 厘米，全株被蛛丝状绵毛。茎不分枝，圆柱形，直径 5~10 毫米，黄褐色，基部常膨大。叶鳞片状，卵状披针形，长 8~15 毫米，宽 2~6 毫米，黄褐色。穗状花序顶生，长 5~10 厘米；苞片卵状披针形，先端尾尖，稍短于花，棕褐色；花萼 2 深裂至基部，每裂片 2 浅尖裂；花冠 2 唇形，蓝紫色或淡紫色，稀淡黄色，长约 2 厘米；管部稍向前弯曲，上唇宽阔，顶部微凹，下唇 3 裂，中裂片较大；雄蕊着生于花冠管的中部，花药无毛，花丝基部常具长柔毛。蒴果卵状椭圆形，长约 1 厘米。种子黑褐色。花期 6—8 月，果期 8—9 月。

根寄生植物，寄生在蒿属植物的根上，习见寄主有：冷蒿、白莲蒿、黑沙蒿、南牡蒿、龙蒿等。生于固定或半固定沙丘、向阳山坡、山沟草地。全草入药，也作蒙药。

产地：呼伦镇、达赉苏木。

饲用价值：低等饲用植物。

黄花列当 *Orobanche pycnostachya* Hance

蒙名：希日-特木根-苏乐

别名：独根草

形态特征：二年生或多年生草本，高 12~34 厘米，全株密被腺毛。茎直立，单一，不分枝，圆柱形，直径 4~12 毫米，具纵棱，基部常膨大，具不定根，黄褐色。叶鳞片状，卵状披针形或条状披针形，长 10~20 毫米，黄褐色，先端尾尖。穗状花序顶生，长 4~18 厘米，具多数花；苞片卵状披针形，长 14~17 毫米，宽 3~5 毫米，先端尾尖，黄褐色，密被腺毛；花萼 2 深裂达基部，每裂片再 2 中裂，小裂片条形，黄褐色，密被腺毛；花冠 2 唇形，黄色，长约 2 厘米，花冠筒中部稍弯曲，密被腺毛，上唇 2 浅裂，下唇 3 浅裂，中裂片较大；雄蕊 2 强，花药被柔毛，花丝基部稍被腺毛；子房矩圆形，无毛，花柱细长，被疏细腺毛。蒴果矩圆形，包藏在花被内。种子褐黑色，扁球形或扁椭圆形，长约 0.3 毫米。花期 6—7 月，果期 7—8 月。

根寄生植物。寄主为蒿属植物，主要有黑沙蒿、白莲蒿等。生于固定或半固定沙丘、山坡、草原。全草入药，也作蒙药用。

产地：阿日哈沙特镇、宝格德乌拉苏木、贝尔苏木。

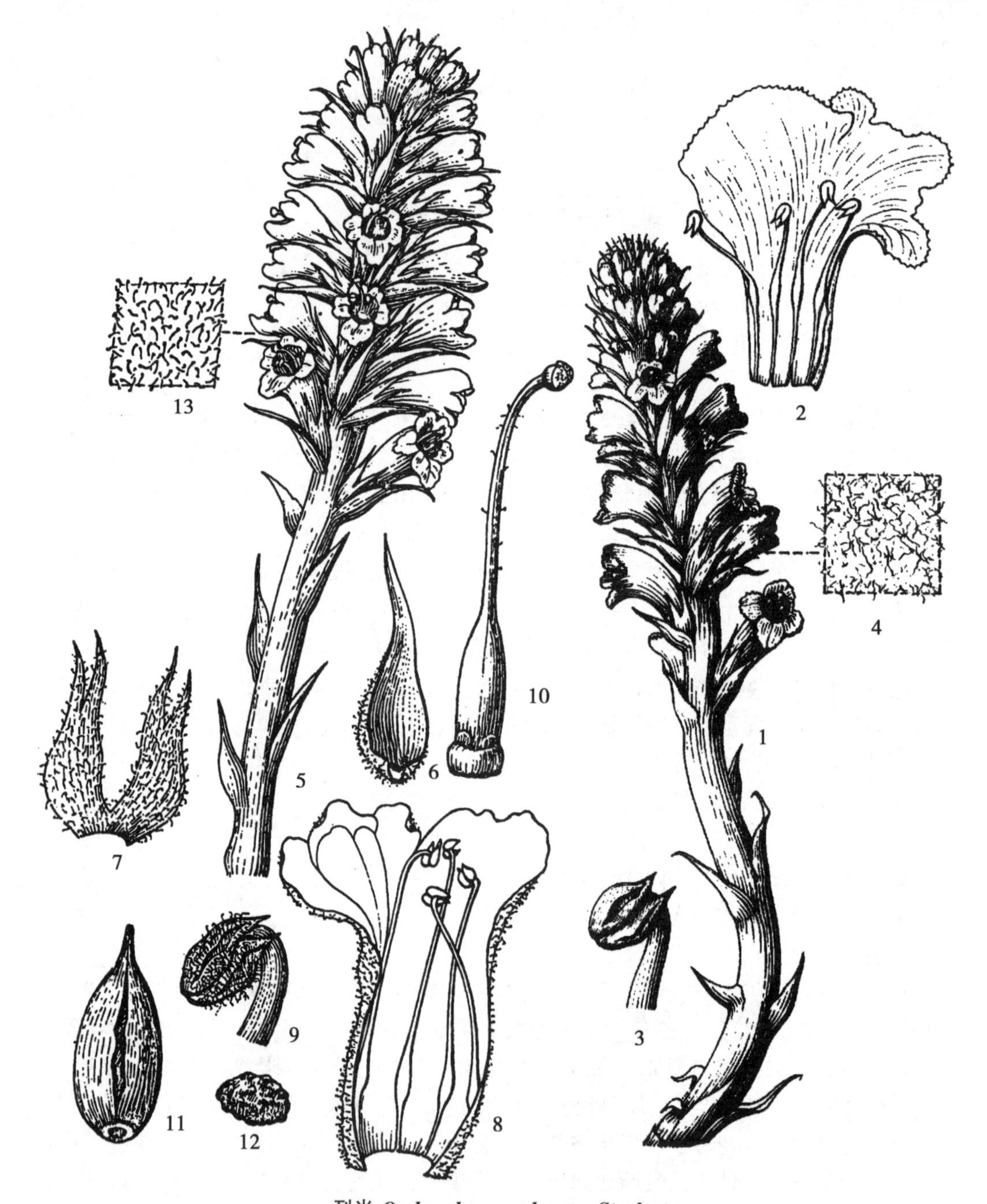

列当 *Orobanche coerulescens* Steph.

1. 花枝；2. 花冠展开；3. 雄蕊顶部；4. 毛被放大

黄花列当 *Orobanche pycnostachya* Hance

5. 植株上半部；6. 苞片；7. 花萼展开；8. 花冠展开；

9. 雄蕊顶部（花药被毛）；10. 雌蕊；11. 果；12. 种子；13. 腺毛放大

狸藻科 Lentibulariaceae

狸藻属 *Utricularia* L.

弯距狸藻 *Utricularia vulgaris* L. subsp. *macrorhiza*（Le Conte）R. T. Clausen

蒙名：布木布黑

别名：狸藻

形态特征：水生多年生食虫草本，无根；茎柔软，多分枝，成较粗的绳索状，长40~60厘米，横生于水中。叶互生，紧密，叶片轮廓卵形、矩圆形或卵状椭圆形，长2~5厘米，宽1~2.5厘米，2~3回羽状分裂，裂片细条形，边缘有细齿，齿端有小尖刺；具许多捕虫囊，捕虫囊生于小裂片基部，膜质，卵形或近圆形，囊口为瓣膜所封闭，周围有很多感觉毛，囊内壁上有许多星状吸收毛，捕虫囊具短柄。花葶直立，露出水面，高15~25厘米，具少数卵形鳞片状叶；花两性，两侧对称，在花葶上部有5~11朵花形成疏生总状花序；花梗长0.8~2厘米，有细纵棱；苞片卵形或近圆形，膜质，透明，长3~5毫米，先端短尖或钝尖，黄褐色；花萼2深裂，长3~4毫米，上裂片宽披针形或椭圆形，锐尖，下裂片宽卵形，先端2浅裂；花冠唇形，黄色，长5~9毫米，上唇短，宽卵形，全缘，下唇较长，先端3浅裂，基部有距，花冠假面状；花丝宽，花药卵形，1室；几无花柱，柱头2裂，不相等，圆形，膜质。蒴果球形，直径4~5毫米，成熟时2瓣裂，外有宿存花萼包被，下垂；种子小，多数，椭圆形或圆柱形，有皱纹状角棱，无胚乳。花果期7—10月。

水生植物。生于河岸沼泽、湖泊及浅水中。

产地：乌尔逊河岸、克尔伦河岸、乌兰泡浅水中。

饲用价值：劣等饲用植物。

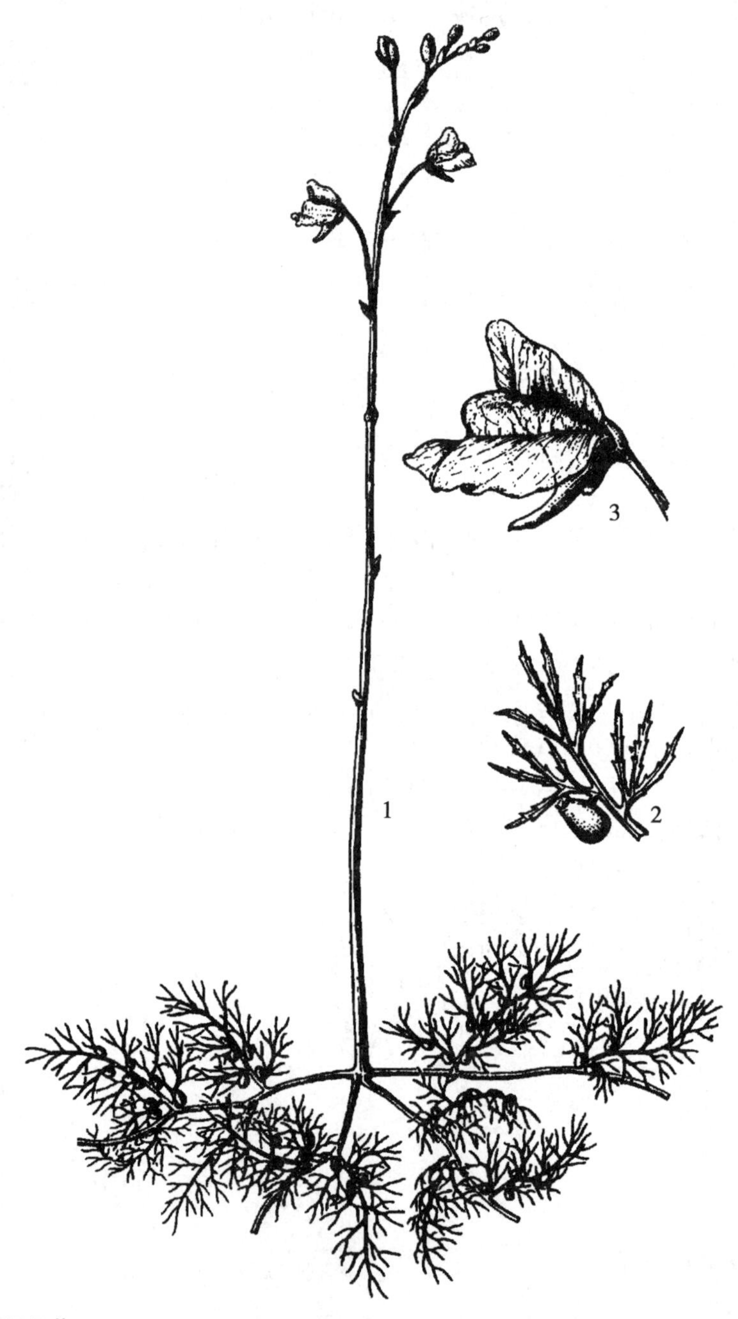

弯距狸藻 ***Utricularia vulgaris*** **L. subsp.** ***macrorhiza*** **（Le Conte）R. T. Clausen**

1. 植株；2. 具捕虫囊的叶；3. 花

车前科 Plantaginaceae

车前属 *Plantago* L.

盐生车前 *Plantago maritima* L. subsp. *ciliata* Printz.

蒙名：号吉日萨格-乌和日-乌日根讷

形态特征：多年生草本，高 5~30 厘米。根粗壮，深入地下，灰褐色或黑棕色，根颈处通常有分枝，并有残余叶片和叶鞘。叶基生，多数，直立或平铺地面，条形或狭条形，长 5~20 厘米；宽 1.5~4 毫米，先端渐尖，全缘，无毛，基部具宽三角形叶鞘，黄褐色，有时被长柔毛；无叶柄。花葶少数，直立或斜升。长 5~30 厘米，密被短伏毛；穗状花序圆柱形，长 1.5~7 厘米，有多数花，上部较密，下部较疏；苞片卵形或三角形，长 2~3 毫米，先端渐尖，边缘有疏短睫毛，具龙骨状凸起；花萼裂片椭圆形，长 2~2.5 毫米，被短柔毛，边缘膜质，有睫毛，龙骨状凸起较宽；花冠裂片卵形或矩圆形，先端具锐尖头，中央及基部呈黄褐色，边缘膜质，白色，有睫毛；花药淡黄色。蒴果圆锥形，长 2.5~3 毫米，在中下部盖裂；种子 2，矩圆形，黑棕色。花期 6—8 月，果期 7—9 月。

耐盐中生植物。生于盐化草甸、盐湖边缘及盐化、碱化湿地。

产地：乌尔逊河、克尔伦河岸。

饲用价值：良等饲用植物。

平车前 *Plantago depressa* Willd.

蒙名：吉吉格-乌和日-乌日根讷

别名：车前草、车轱辘菜、车串串

形态特征：一或二年生草本。根圆柱状，中部以下多分枝，灰褐色或黑褐色。叶基生，直立或平铺，椭圆形、矩圆形、椭圆状披针形、倒披针形或披针形，长 4~14 厘米，宽 1~5.5 厘米，先端锐尖或钝尖，基部狭楔形且下延，边缘有稀疏小齿或不规则锯齿，有时全缘，两面被短柔毛或无毛，弧形纵脉 5~7 条；叶柄长 1~11 厘米，基部具较长且宽的叶鞘。花葶 1~10，直立或斜升，高 4~40 厘米，被疏短柔毛，有浅纵沟；穗状花序圆柱形，长 2~18 厘米；苞片三角状卵形，长 1~2 毫米，背部具绿色龙骨状凸起，边缘膜质；萼裂片椭圆形或矩圆形，长约 2 毫米，先端钝尖，龙骨状凸起宽厚，绿色，边缘宽膜质；花冠裂片卵形或三角形，先端锐尖，有时有细齿。蒴果圆锥形，褐黄色，长 2~3 毫米，成熟时在中下部盖裂；种子矩圆形，长 1.5~2 毫米，黑棕色，光滑。花果期 6—10 月。

中生植物。生于草甸、轻度盐化草甸、也见于路旁、田野、居民点附近。种子与全草入药，也作蒙药用。

产地：全旗。

饲用价值：良等饲用植物。

盐生车前 *Plantago maritima* L. subsp. *ciliata* Printz.

1. 植株；2. 花；3. 蒴果

平车前 *Plantago depressa* Willd.

1. 植株；2. 苞片；3. 萼片；4. 蒴果；5. 种子

车前 *Plantago asiatica* L.

蒙名：乌和日-乌日根讷

别名：大车前、车轱辘菜、车串串

形态特征：多年生草本，具须根。叶基生，椭圆形、宽椭圆形、卵状椭圆形或宽卵形，长4~12厘米，宽3~9厘米，先端钝或锐尖，基部近圆形、宽楔形或楔形，且明显下延，边缘近全缘、波状或有疏齿至弯缺，两面无毛或被疏短柔毛，有5~7条弧形脉；叶柄长2~10厘米，被疏短毛，基部扩大成鞘。花葶少数，直立或斜升，高20~50厘米，被疏短柔毛；穗状花序圆柱形，长5~20厘米，具多花，上部较密集；苞片宽三角形，较花萼短，背部龙骨状凸起宽而呈暗绿色；花萼具短柄，裂片倒卵状椭圆形或椭圆形，长2~2.5毫米，先端钝，边缘白色膜质，背部龙骨状凸起宽而呈绿色；花冠裂片披针形或长三角形，长约1毫米，先端渐尖，反卷，淡绿色。蒴果椭圆形或卵形，长2~4毫米；种子5~8，矩圆形，长约1.5~1.8毫米，黑褐色。花果期6—10月。

中生植物。生于草甸、沟谷、耕地、田野及路边。种子及全草入药，也作蒙药用。

产地：全旗。

饲用价值：良等饲用植物。

茜草科 Rubiaceae

拉拉藤属 *Galium* L.

蓬子菜 *Galium verum* L.

蒙名：乌如木杜乐

别名：松叶草

形态特征：多年生草本，近直立，基部稍木质。地下茎横走，暗棕色。茎高25~65厘米，具4纵棱，被短柔毛。叶6~8（10）片轮生，条形或狭条形，长1~3（4.5）厘米，宽1~2毫米，先端尖，基部稍狭，上面深绿色，下面灰绿色，两面均无毛，中脉1条，背面凸起，边缘反卷，无毛；无柄。聚伞圆锥花序顶生或上部叶腋生，长5~20厘米；花小，黄色，具短梗，被疏短柔毛；萼筒长1毫米，无毛；花冠长约2.2毫米，裂片4，卵形，长2毫米，宽1毫米；雄蕊4，长约1.3毫米，花柱2裂至中部，长约1毫米，柱头头状。果小，果爿双生，近球状，直径约2毫米，无毛。花期7月，果期8—9月。

中生植物。生于草甸草原、杂类草草甸、山地林缘及灌丛中。全草入药、茎可提取绛红色染料。

产地：呼伦镇、阿日哈沙特镇、达赉苏木、克尔伦苏木、宝格德乌拉苏木宝格德乌拉山。

饲用价值：低等饲用植物。

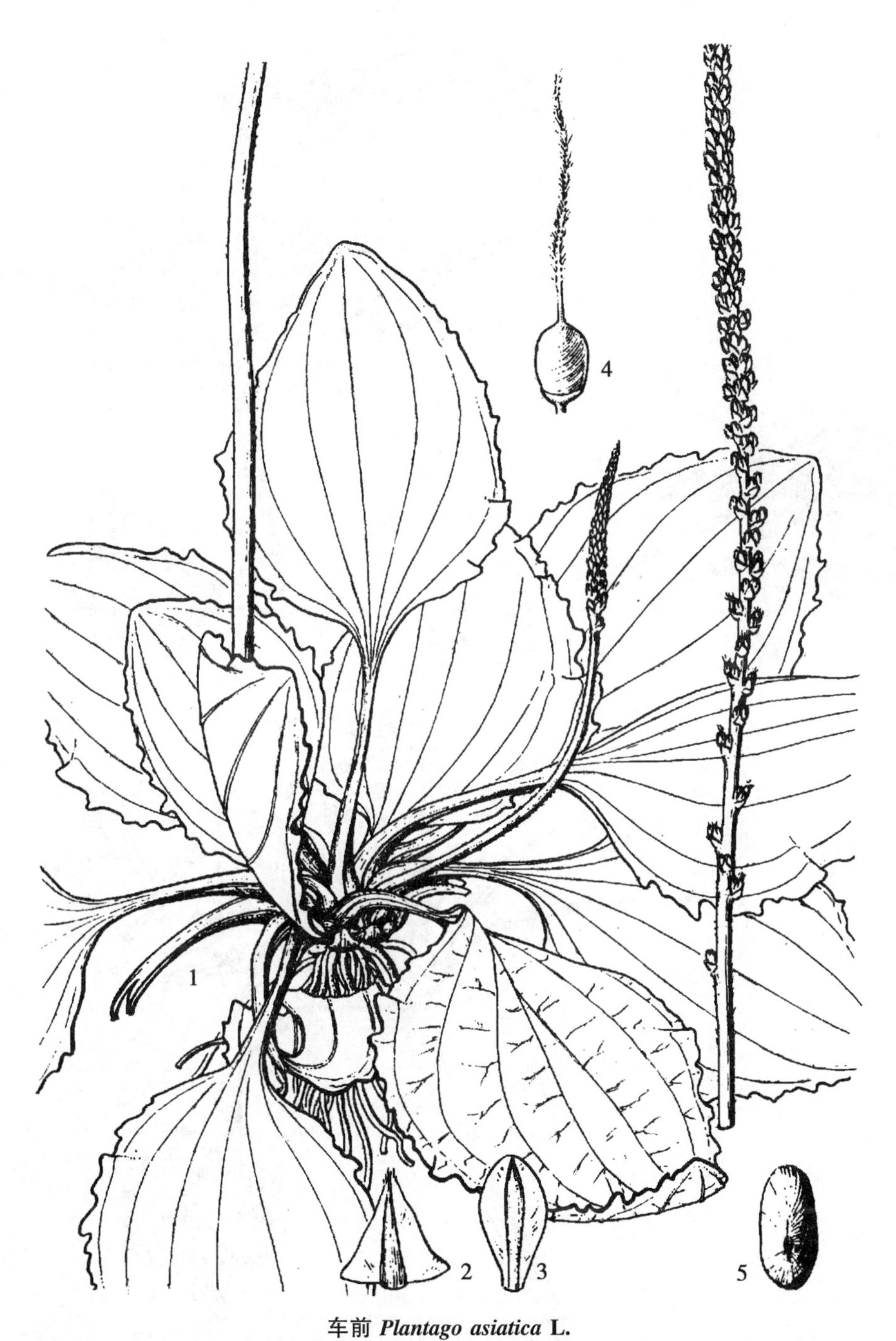

车前 *Plantago asiatica* L.

1. 植株；2. 苞片；3. 萼片；4. 雌蕊；5. 种子

蓬子菜 *Galium verum* L.

1. 枝叶；2. 花；3. 果实

拉拉藤 *Galium spurium* L.

蒙名：闹朝干-乌如木杜乐

别名：爬拉殃、猪殃殃

形态特征：一年生或二年生草本。茎长 30~80 厘米，具 4 棱，沿棱具倒向钩状刺毛，多分枝。叶 6~8 片轮生，线状倒披针形，长 1~3 厘米，宽 2~4 毫米，先端具刺状尖头，基部渐狭成柄状，上面具多数硬毛，叶脉 1 条，边缘稍反卷，沿脉的背面及边缘具倒向刺毛，无柄。聚伞花序腋生或顶生，单生或 2~3 簇生，具花数朵；总花梗粗壮，直立。花小，黄绿色，4 数；花梗纤细，长 3~6 毫米；花萼密被白色钩状刺毛；檐部近截形；花冠裂片长圆形，长约 1 毫米；雄蕊 4，伸出花冠外。果具 1 或 2 个近球状的果爿，密被白色钩状刺毛，果梗直。花期 6 月，果期 7—8 月。

中生植物。生于山地石缝、阴坡、山沟湿地，山坡灌丛下或路旁。全草药用。

产地：阿日哈沙特镇阿贵洞。

饲用价值：低等饲用植物。

茜草属 *Rubia* L.

茜草 *Rubia cordifolia* L.

蒙名：马日那

别名：红丝线、粘粘草

形态特征：多年生攀援草本；根紫红色或橙红色。茎粗糙，基部稍木质化；小枝四棱形，棱上具倒生小刺。叶 4~6（8）片轮生，纸质，卵状披针形或卵形，长 1~6 厘米，宽 6~25 毫米，先端渐尖，基部心形或圆形，全缘，边缘具倒生小刺，上面粗糙或疏被短硬毛，下面疏被刺状糙毛，脉上有倒生小刺，基出脉 3~5 条；叶柄长 0.5~5 厘米，沿棱具倒生小刺。聚伞花序顶生或腋生，通常组成大而疏松的圆锥花序；小苞片披针形，长 1~2 毫米。花小，黄白色，具短梗；花萼筒近球形，无毛；花冠辐状，长约 2 毫米，筒部极短，檐部 5 裂，裂片长圆状披针形，先端渐尖；雄蕊 5，着生于花冠筒喉部，花丝极短，花药椭圆形；花柱 2 深裂，柱头头状。果实近球形，直径 4~5 毫米，橙红色，熟时不变黑，内有 1 粒种子。花期 7 月，果期 9 月。

中生植物。生于山地林下，林缘、路旁草丛。根入药。

产地：阿日哈沙特镇、宝格德乌拉苏木。

饲用价值：低等饲用植物。

拉拉藤 *Galium spurium* L.

1. 植株；2. 花纵切面；3. 果实

茜草 *Rubia cordifolia* L.

4. 植株；5. 花

披针叶茜草 *Rubia lanceolata* Hayata

蒙名：那林-马日那

形态特征：多年生草本，攀援状或披散状，长达 1 米。茎具棱，棱上具倒向小皮刺。叶 4 片轮生，草质或近草质，叶片披针形或卵状披针形，长 1~3 厘米，宽 3.5~8 毫米，先端渐尖，基部浅心形至近圆形，全缘，边缘反卷，具倒向小刺，上面绿色，有光泽，下面暗绿色，两面脉上均被糙毛或短硬毛，基出脉 3，表面凹下，背面凸起。聚伞花序排成大而疏散的圆锥花序，顶生或腋生；总花梗长而直，花梗长 3~5 毫米，均具倒向小刺；小苞片披针形，长 3~5 毫米；花萼筒近球形，无毛；花冠辐状，黄绿色，筒部极短，檐部 5 裂，裂片宽三角形或卵形至卵状披针形；雄蕊 5，着生于花冠喉部；花柱 2 深裂，柱头头状。果实球形，直径 4~5 毫米，成熟后黑色，光滑无毛。花期 6—7 月，果期 8—9 月。

中生植物。生于山沟、山地林下、湖岸石壁、沙丘灌丛下与河滩草地。根去皮可治牙痛。叶汁可治白癣。

产地：阿日哈沙特镇、达赉苏木。

饲用价值：低等饲用植物。

忍冬科 Caprifoliaceae

接骨木属 *Sambucus* L.

接骨木 *Sambucus williamsii* Hance

蒙名：宝棍-宝拉代

别名：野杨树、钩齿接骨木、朝鲜接骨木、宽叶接骨木

形态特征：灌木，高约 3 米。树皮浅灰褐色。枝灰褐色，无毛，具纵条棱。冬芽卵圆形，淡褐色，具 3~4 对鳞片。单数羽状复叶，小叶 5~7 枚，小叶柄无毛，小叶矩圆状卵形或矩圆形，长 5.5~9 厘米，宽 2~4 厘米，上面深绿色，初时被稀疏短毛，后变无毛，下面淡绿色，无毛，先端长渐尖稀尾尖，基部楔形，边缘具稍不整齐锯齿，无毛或稀有疏短毛，下部 2 对小叶具柄，顶端小叶较大，具长柄。圆锥花序，花带黄白色，直径约 3 毫米，花轴、花梗无毛；花萼 5 裂，裂片三角形，长 0.8 毫米，宽 0.3 毫米，光滑；花期花冠裂片向外反折，裂片宽卵形，长约 2 毫米，宽 1.5 毫米，先端钝圆；雄蕊 5，着生于花冠上且与其互生，花药近球形，直径约 1 毫米，黄色，花丝长约 1 毫米；子房下位，柱头 2 裂，近球形，几无花柱。果为浆果状核果，蓝紫色，直径 4~5 毫米，种子有皱纹。花期 5 月，果期 9 月。

生于山地灌丛、林缘及山麓、为中生灌木。全株入药。茎干作蒙药用。嫩叶可食；种子油供制肥皂及工业用；又为优良庭园观赏树种。

产地：达赉苏木、阿日哈沙特镇阿贵洞山上。

饲用价值：劣等饲用植物。

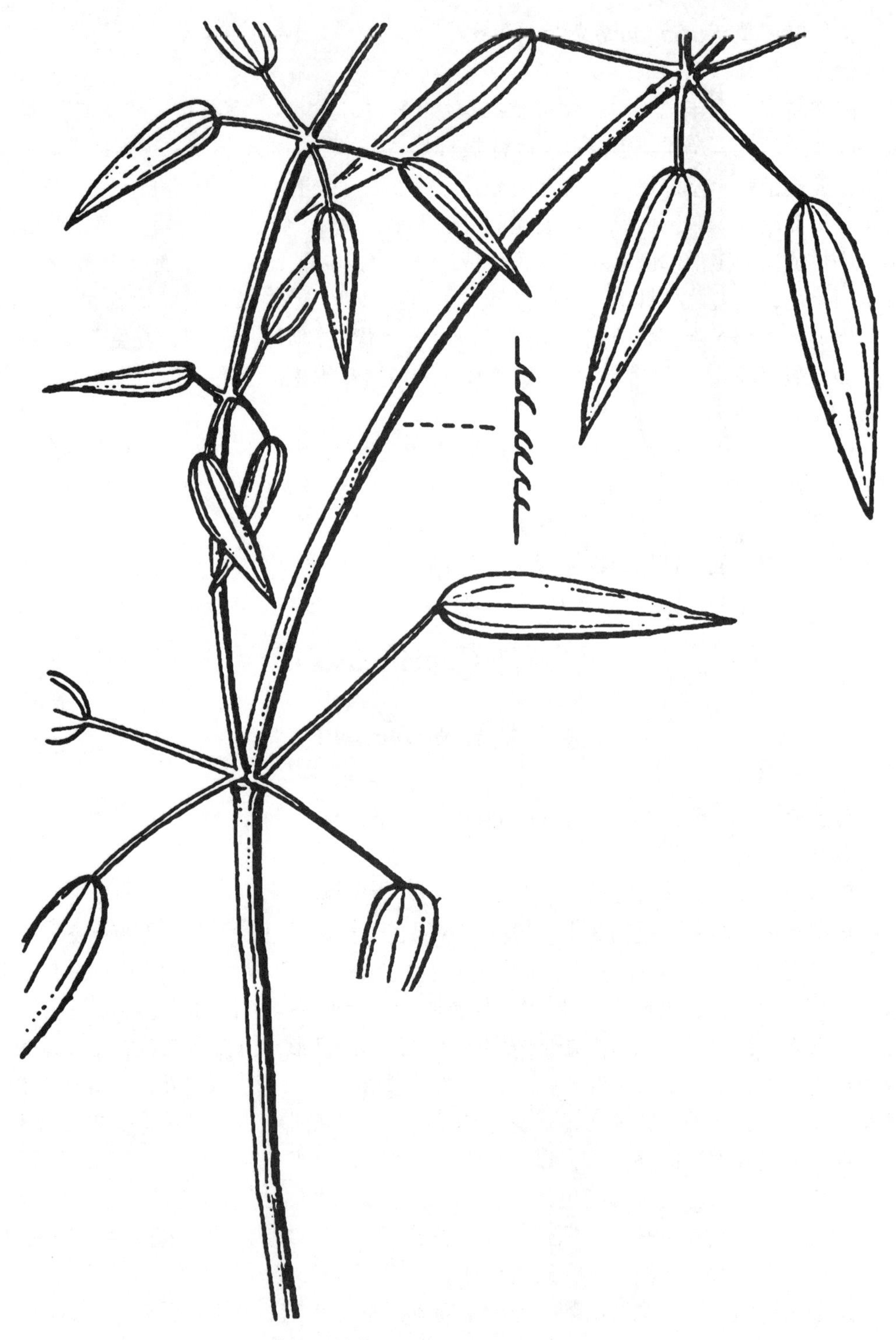

披针叶茜草 *Rubia lanceolata* Hayata

植株一部分

接骨木 ***Sambucus williamsii*** **Hance**

果枝

败酱科 Valerianaceae

败酱属 *Patrinia* Juss.

西伯利亚败酱 *Patrinia sibirica*（L.）Juss.

蒙名：西比日-色日和立格-其其格

形态特征：多年生矮小草本。叶基生，倒披针形或狭椭圆形，长 2~3.5（5）厘米，全缘，或羽状深裂，先端圆、渐尖或有数裂齿，基部渐窄下延成柄，柄长 2.5~5 厘米；花茎由叶丛抽出，高 10~25 厘米，密被白色，毛渐脱落；聚伞花序在枝端集成圆头状，花开后花梗增长呈顶生伞房状圆锥花序；花萼有细小 5 齿；花冠黄色，漏斗状管形，基部狭细，裂片 5，近圆形；雄蕊 4，伸出，花药大。瘦果卵形，长 3~4（6）毫米，顶端有管状宿萼；苞片膜质，卵圆形，长 6~9 毫米，顶端圆钝，有时微 3 裂。花期 6—7 月，果期 7—8 月。

石生旱中生植物。生于山地森林带及森林草原带或高山带的砾石质坡地，岩石露头的石隙中。

产地：呼伦镇。

饲用价值：低等饲用植物。

岩败酱 *Patrinia rupestris*（Pall.）Dufresne

蒙名：哈丹-色日和立格-其其格

形态特征：植株高（15）30~60 厘米。茎 1 至数枝，被细密短毛。基生叶倒披针形，长 1.5~4 厘米，边缘具浅锯齿或羽状浅裂至深裂，开花时枯萎；茎生叶对生，狭卵形至披针形，长 2.5~6（10）厘米，宽 1~3.5 厘米，羽状深裂至全裂，裂片 2~3（5）对，中央裂片较大，条状披针形、披针形或倒披针形，侧裂片狭条形或条状倒披针形，全缘或再羽状齿裂，两面粗糙且被短硬毛；叶柄长约 1 厘米或近无柄。圆锥状聚伞花序多枝在枝顶集成伞房状，最下分枝处总苞叶羽状全裂，具 3~5 对较窄的条形裂片，花轴及花梗均密被细硬毛及腺毛；花黄色；花萼不明显；花冠筒状钟形，长 3~4 毫米，先端 5 裂，基部一侧稍膨大成短的囊距，雄蕊 4；子房不发育的 2 室果时肥厚扁平呈卵圆形或宽椭圆形。瘦果倒卵圆球形，背部贴生卵圆形或圆形膜质苞片；苞片网脉常具 3 条主脉，长 5 毫米以下。花期 7—8 月，果期 8—9 月。

砾石生中旱生植物。多生于草原带、森林草原带的石质丘陵顶部及砾石质草原群落中，可成为丘顶砾石质草原群落的优势杂类草。

产地：克尔伦苏木。

饲用价值：低等饲用植物。

西伯利亚败酱 *Patrinia sibirica*（L.）Juss.

1. 植株；2. 瘦果

岩败酱 *Patrinia rupestris*（Pall.）Dufresne

3. 植株；4. 瘦果

川续断科（山萝卜科）Dipsacaceae

蓝盆花属 *Scabiosa* L.

窄叶蓝盆花 *Scabiosa comosa* Fisch. ex Roem. et Schult.

蒙名：套存-套日麻

形态特征：多年生草本。茎高可达 60 厘米，被短毛。基生叶丛生，窄椭圆形，羽状全裂，稀齿裂，裂片条形，具长柄；茎生叶对生，一至二回羽状深裂，裂片条形至窄披针形，叶柄短。头状花序顶生，直径 2~4 厘米，基部有钻状条形总苞片；总花梗长达 30 厘米；花萼 5 裂，裂片细长刺芒状；花冠浅蓝色至蓝紫色。边缘花花冠唇形，筒部短，外被密毛，上唇 3 裂，中裂较长，倒卵形，先端钝圆或微凹，下唇短，2 全裂；中央花冠较小，5 裂，上片较大；雄蕊 4；子房包于杯状小总苞内，小总苞具明显 4 棱，顶端有 8 凹穴，其檐部膜质；果序椭圆形，果实圆柱形，其顶端具萼刺 5，超出小总苞。花期 6—8 月，果期 8—10 月。

喜沙中旱生植物。生于草原带及森林草原带的沙地与沙质草原中。花作蒙药用。

产地：呼伦镇、阿日哈沙特镇、达赉苏木。

饲用价值：低等饲用植物。

华北蓝盆花 *Scabiosa tschiliensis* Grunning

蒙名：奥木日阿图音-套存-套日麻

形态特征：多年生草本，根粗壮，木质。茎斜升，高 20~50（80）厘米。基生叶椭圆形、矩圆形、卵状披针形至窄卵形，先端略尖或钝，缘具缺刻状锐齿，或大头羽状裂，上面几光滑，下面稀疏或仅沿脉上被短柔毛，有时两面均被短柔毛，边缘具细纤毛，叶柄长 4~12 厘米；茎生叶羽状分裂，裂片 2~3 裂或再羽裂，最上部叶羽裂片呈条状披针形，长达 3 厘米，顶端裂片长 6~7 厘米，宽约 0.5 厘米，先端急尖。头状花序在茎顶成三出聚伞排列，直径 3~5 厘米，总花梗长 15~30 厘米，总苞片 14~16 片，条状披针形；边缘花较大而呈放射状；花萼 5 齿裂，刺毛状；花冠蓝紫色，筒状，先端 5 裂，裂片 3 大 2 小；雄蕊 4；子房包于杯状小总苞内。果序椭圆形或近圆形，小总苞略呈四面方柱状，每面有不甚显著中棱 1 条，被白毛，顶端有干膜质檐部，檐下在中棱与边棱间常有 8 个浅凹穴；瘦果包藏在小总苞内，其顶端具宿存的刺毛状萼针。花期 6—8 月，果期 8—10 月。

沙生中旱生植物。生于沙质草原、典型草原及草甸草原群落中，为常见伴生植物。花作蒙药用。

产地：呼伦镇、阿日哈沙特镇、达赉苏木。

饲用价值：低等饲用植物。

窄叶蓝盆花 ***Scabiosa comosa*** **Fisch. ex Roem. et Schult.**

1. 植株；2. 边缘花；3. 花萼

华北蓝盆花 ***Scabiosa tschiliensis*** **Grunning**

4. 植株下部

桔梗科 Campanulaceae

沙参属 *Adenophora* Fisch.

狭叶沙参 *Adenophora gmelinii* (Beihler) Fisch.

蒙名：那日汗-洪呼-其其格

形态特征：多年生草本。茎直立，高 40~60 厘米，单一或自基部抽出数条，无毛或被短硬毛。茎生叶互生，集中于中部，狭条形或条形，长 2~12 厘米，宽 1~5 毫米，全缘或极少有疏齿，两面无毛或被短硬毛，无柄。花序总状或单生，通常 1~10 朵，下垂；花萼裂片 5，多为披针形或狭三角状披针形，长 4~6 毫米，宽 1.5~2 毫米，全缘，无毛或有短毛；花冠蓝紫色，宽钟状，长 1.5~2.3 厘米，外面无毛；花丝下部加宽，密被白色柔毛；花盘短筒状，长 2~3 毫米，被疏毛或无毛；花柱内藏，短于花冠。蒴果椭圆状，长 8~13 毫米，直径 4~7 毫米；种子椭圆形，黄棕色，有一条翅状棱，长约 1.8 毫米。花期 7—8 月，果期 9 月。

旱中生植物。生于林缘、山地草原及草甸草原。地下部分入药。

产地：呼伦镇、阿日哈沙特镇、达赉苏木。

饲用价值：中等饲用植物。

长柱沙参 *Adenophora stenanthina* (Ledeb.) Kitag.

蒙名：乌日图-套古日朝克图-哄呼-其其格

形态特征：多年生草本。茎直立，有时数条丛生，高 30~80 厘米，密生极短糙毛。基生叶早落；茎生叶互生，多集中于中部，条形，长 2~6 厘米，宽 2~4 毫米，全缘，两面被极短糙毛，无柄。圆锥花序顶生，多分枝，无毛；花下垂；花萼无毛，裂片 5，钻形，长 1.5~2.5 毫米；花冠蓝紫色，筒状坛形，长 1~1.3 厘米，直径 5~8 毫米，无毛，5 浅裂，裂片下部略收缢；雄蕊与花冠近等长；花盘长筒状，长约 5 毫米以上，无毛或具柔毛；花柱明显超出花冠约 1 倍，长 1.5~2 厘米，柱头 3 裂。花期 7—9 月，果期 7—10 月。

旱中生植物。生于山地草甸草原、沟谷草甸、灌丛、石质丘陵、草原及沙丘上。地下部分入药。

产地：呼伦镇、阿日哈沙特镇、达赉苏木、宝格德乌拉苏木。

饲用价值：中等饲用植物。

皱叶沙参 *Adenophora stenanthina* (Ledeb.) Kitag. var. *crispata* (Korsh.) Y. Z. Zhao

蒙名：乌日其格日-哄呼-其其格

形态特征：本变种与正种的区别在于：披针形至卵形，长 1.2~4 厘米，宽 5~15 毫米，边缘具深刻而尖锐的皱波状齿。

旱中生植物。生于山坡草地、沟谷、撂荒地。

产地：阿日哈沙特镇、达赉苏木。

饲用价值：中等饲用植物。

狭叶沙参 *Adenophora gmelinii*（Beihler）Fisch.

1. 植株中部；2. 花序；3. 花萼

长柱沙参 ***Adenophora stenanthina*** **(Ledeb.) Kitag.**

1. 植株上部；2. 花萼、花盘、花柱

皱叶沙参 ***Adenophora stenanthina*** **(Ledeb.) Kitag. var.** ***crispata*** **(Korsh.) Y. Z. Zhao**

3~4. 叶

丘沙参 ***Adenophora stenanthina*** **(Ledeb.) Kitag. var.** ***collina*** **(Kitag.) Y. Z. Zhao**

5. 叶

丘沙参 *Adenophora stenanthina* (Ledeb.) Kitag. var. *collina* (Kitag.) Y. Z. Zhao

蒙名：道布音-哄呼-其其格

形态特征：本变种与正种的区别在于：叶条形至披针形，长 1.5~2.5 厘米，宽 2~8 毫米，边缘具锯齿。

旱中生植物。生于山坡。

产地：达赉苏木。

饲用价值：中等饲用植物。

紫沙参 *Adenophora paniculata* Nannf.

蒙名：宝日-哄呼-其其格

形态特征：多年生草本。茎直立，高 60~120 厘米，粗壮，直径达 8 毫米，绿色或紫色，不分枝，无毛或近无毛。基生叶心形，边缘有不规则锯齿；茎生叶互生，条形或披针状条形，长 5~15 厘米，宽 0.3~1 厘米，全缘或极少具疏齿，两面疏生短毛或近无毛，无柄。圆锥花序顶生，长 20~40 厘米，多分枝，无毛或近无毛；花梗纤细，长 0.6~2 厘米，常弯曲；花萼无毛，裂片 5，丝状钻形或近丝形，长 3~5 毫米；花冠口部收缢，筒状坛形，蓝紫色、淡蓝紫色或白色，长 1~1.3 厘米，无毛，5 浅裂；雄蕊多少露出花冠，花丝基部加宽，密被柔毛；花盘圆筒状，长约 3 毫米，无毛或被毛；花柱明显伸出花冠，长 2~2.4 厘米。蒴果卵形至卵状矩圆形，长 7~9 毫米，茎 3~5 毫米；种子椭圆形，棕黄色，长约 1 毫米。花期 7—9 月，果期 9 月。

中生植物。生于山地林缘、灌丛、沟谷草甸。

产地：达赉苏木。

饲用价值：低等饲用植物。

草原沙参 *Adenophora pratensis* Y. Z. Zhao

蒙名：闹古音-哄呼-其其格

形态特征：多年生草本。高 50~70 厘米。茎直立，单一，密被极短糙毛或近无毛。基生叶早落；茎生叶互生，狭披针形或披针状，长 5~11 厘米，宽 5~15 毫米，先端渐尖或锐尖，基部渐狭，全缘或具疏齿，两面被极短糙毛或近无毛至无毛，无柄。圆锥花序，分枝，无毛；花下垂；花萼无毛，裂片 5，钻状三角形，长 3~4 毫米；花冠蓝紫色，钟状坛形，长 15~17 毫米，直径长 8~10 毫米，无毛，5 浅裂，裂片下部略收缢；雄蕊与花冠近等长；花盘长筒状，长约 5 毫米，被柔毛；花柱超出花冠约 1/4，长约 20 毫米，柱头 3 裂。花期 7—8 月。

中生植物。生于草原区的潮湿草甸、河滩草甸。

产地：达赉苏木。

饲用价值：中等饲用植物。

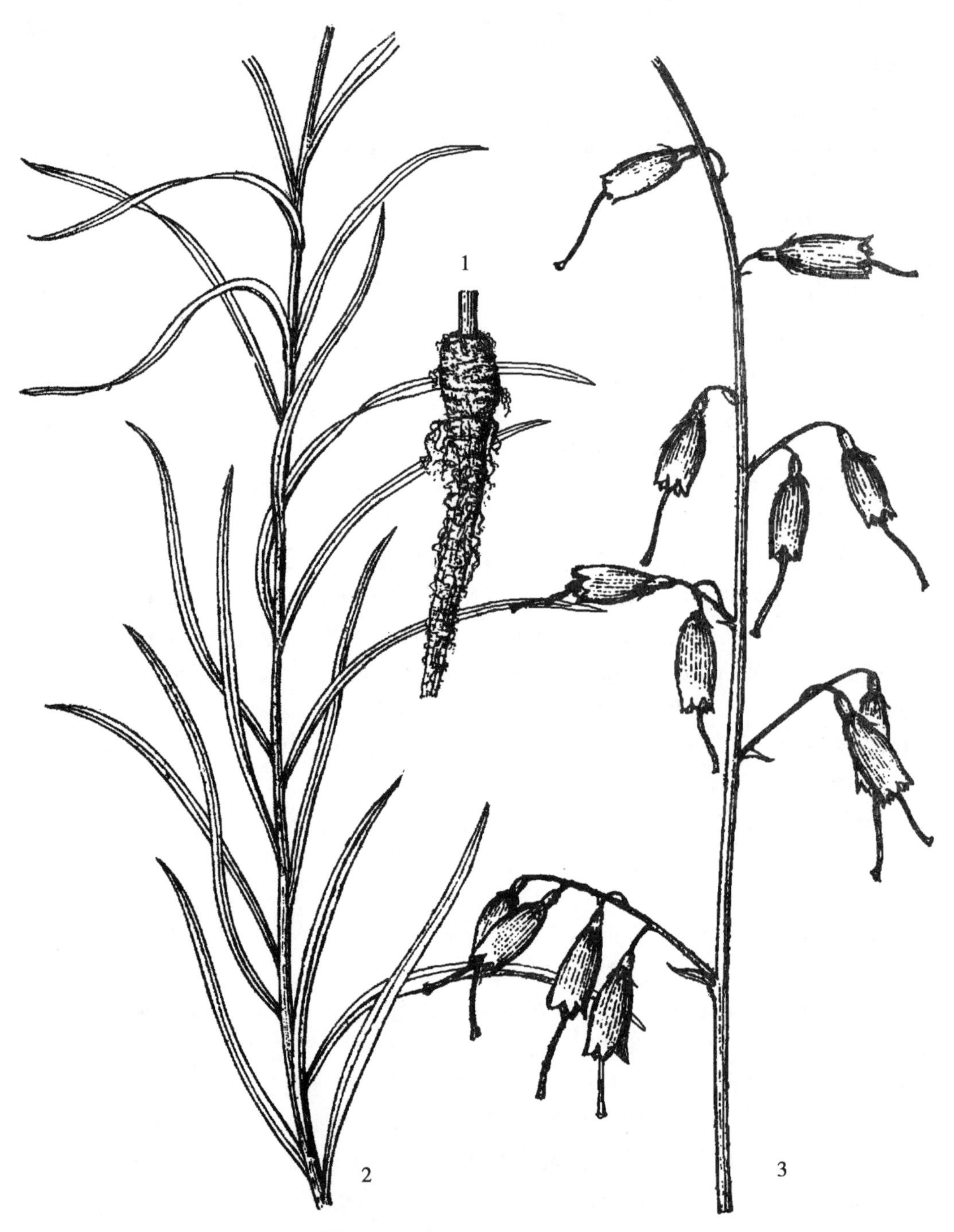

紫沙参 ***Adenophora paniculata*** **Nannf.**

1. 根；2. 植株中部；3. 花序

草原沙参 *Adenophora pratensis* Y. Z. Zhao

1. 植株下部；2. 植株上部；3. 花萼、花盘、花柱

菊科 Compositae

马兰属 *Kalimeris* Cass.

全叶马兰 *Kalimeris integrifolia* Turcz. ex DC.

蒙名：舒古日-赛哈拉吉

别名：野粉团花、全叶鸡儿肠

形态特征：植株高30~70厘米，茎直立，单一或帚状分枝，具纵沟棱，被向上的短硬毛。叶灰绿色，基生叶与茎下部叶花时凋落；茎中部叶密生，条状披针形、条状倒披针形或披针形，长1.5~5厘米，宽3~6毫米，先端尖或钝，基部渐狭，全缘，常反卷，两面密被细的短硬毛，无叶柄；上部叶渐小，条形，先端尖。头状花序直径1~2厘米；总苞直径7~8毫米，总苞片3层，披针状，绿色，周边褐色或红紫色，先端尖或钝，背部有短硬毛及腺点，边缘膜质，有缘毛，外层者较短，长约3毫米，内层者长4~5毫米；舌状花1层，舌片淡紫色，长6~11毫米，宽1~2毫米，管状花长约3毫米，有毛。瘦果倒卵形，长约2毫米，淡褐色，扁平而有浅色边肋，或一面有肋而呈三棱形，上部有微毛及腺点。冠毛长0.3~0.5毫米，不等长，褐色，易脱落。花果期8—9月。

中生植物。生于山地林缘、草甸草原、河岸、沙质草地、固定沙丘或路旁等处。

产地：阿拉坦额莫勒镇北路旁。

饲用价值：良等饲用植物。

全叶马兰 *Kalimeris integrifolia* Turcz. ex DC.

1. 花序枝；2. 植株下部；3. 苞叶；4. 总苞叶；5. 舌状花；6. 管状花

狗娃花属 *Heteropappus* Less.

阿尔泰狗娃花 *Heteropappus altaicus*（Willd.）Novopokr.

蒙名：阿拉泰音-布荣黑

别名：阿尔泰紫菀、多叶阿尔泰狗娃花

形态特征：多年生草本，高（5）20~40 厘米，全株被弯曲短硬毛和腺点。根多分歧，黄色或黄褐色。茎多由基部分枝，斜升，也有茎单一而不分枝或由上部分枝者。茎和枝均具纵条棱。叶疏生或密生，条形、条状矩圆形、披针形、倒披针形或近匙形，长（0.5）2~5 厘米，宽（1）2~4 毫米，先端钝或锐尖，基部渐狭，无叶柄，全缘；上部叶渐小。头状花序直径（1）2~3（3.5）厘米，单生于枝顶或排成伞房状；总苞片草质，边缘膜质，条形或条状披针形，先端渐尖，外层者长 3~5 毫米，内层者长 5~6 毫米；舌状花淡蓝紫色，长（5）10~15 毫米，宽 1~2 毫米；管状花长约 6 毫米。瘦果矩圆状倒卵形，长 2~3 毫米，被绢毛。冠毛污白色或红褐色，为不等长的糙毛状，长达 4 毫米。花果期 7—10 月。

中旱生植物。广泛生于干草原与草甸草原带，也生于山地、丘陵坡地、沙质地、路旁及村舍附近等处。是重要的草原伴生植物，在放牧较重的退化草原中，其种群常有显著增长，成为草原退化演替的标志种。开花前，山羊、绵羊和骆驼喜食，干枯后各种家畜均采食。全草及根入药，花又入蒙药。

产地：全旗。

饲用价值：中等饲用植物。

狗娃花 *Heteropappus hispidus*（Thunb.）Less.

蒙名：布荣黑

形态特征：一年生或二年生草本，高 30~60 厘米。茎直立，上部有分枝，具纵条棱，多少被弯曲的短硬毛和腺点。基生叶倒披针形，长 4~10 厘米，宽 1~1.5 厘米，先端钝，基部渐狭，边缘有疏锯齿，两面疏生短硬毛，花时即枯死；茎生叶倒披针形至条形，长 3~5 厘米，宽 3~6 毫米，先端钝尖或渐尖，基部渐狭，全缘而稍反卷，两面疏被细硬毛或无毛，边缘有伏硬毛，无叶柄；上部叶较小，条形。头状花序直径 3~5 厘米；总苞片 2 层，草质，内层者边缘膜质，条状披针形，或内层者为菱状披针形，长 6~8 毫米，两者近等长，先端渐尖，背部及边缘疏生伏硬毛；舌状花药 30 余朵，白色或淡红色，长 12~20 毫米，宽 2~4 毫米；管状花长 5~7 毫米，瘦果倒卵形，长 2.5~3 毫米，有细边肋，密被伏硬毛。舌状花的冠毛甚短，白色膜片状或部分红褐色，糙毛状；管状花的冠状糙毛状，与花冠近等长，先为白色后变为红褐色。花期 6—10 月。

中生植物。生于山坡草甸、河岸草甸及林下等处。根入药。

产地：呼伦镇。

饲用价值：低等饲用植物。

阿尔泰狗娃花 *Heteropappus altaicus*（Willd.）Novopokr.

1. 植株；2. 总苞片；3. 舌状花；4. 管状花

狗娃花 *Heteropappus hispidus*（Thunb.）Less.

5. 植株；6. 总苞片；7. 舌状花；8. 管状花

女菀属 *Turczaninowia* DC.

女菀 *Turczaninowia fastigiata*（Fisch.）DC.

蒙名：格色日乐吉

形态特征：多年生草本，高 30~60 厘米。茎直立，具纵条棱，下部平滑，上部有分枝，枝直立或开展，密被短硬毛。下部叶条状披针形、披针形或倒披针形，长 3~12 厘米，宽 3~10 毫米，先端锐尖，基部渐狭成柄，全缘，上面边缘有糙硬毛，稍反卷，两面密被短硬毛及腺点，花后枯萎凋落；中部及上部叶逐渐变小，条状披针形以至条形，最上端叶长仅 2~3 毫米。头状花序多数，在茎顶排列成复伞房状，直径 5~9 毫米；总苞筒状钟形或宽钟形，长 3~4 毫米，总苞片 3~4 层，外层者矩圆形，长 1~1.5 毫米，先端钝，密被柔毛，内层者倒披针形，长 2.5~3 毫米，先端尖，也密被柔毛；舌状花雌性，白色，舌片狭矩圆形，先端有 2~3 齿，长 4~5 毫米；管状花两性，白色或黄色，长约 3~4 毫米，上端 5 裂。瘦果卵形或矩圆形，长 1 毫米，淡褐色，稍扁，边缘有细肋，两面无肋，初有短柔毛，后无毛。冠毛 1 层，糙毛状，污白色或带淡红色，长约 3 毫米。花期 7—9 月。

旱中生植物。生长于草原及森林草原带的山坡、荒地。药用植物。

产地：达赉苏木。

饲用价值：中等饲用植物。

莎菀属 *Arctogeron* DC.

莎菀 *Arctogeron gramineum*（L.）DC.

蒙名：得比斯格乐吉

别名：禾矮翁

形态特征：多年生垫状草本，高 5~10 厘米。根粗壮，垂直，扭曲，伸长或短缩，黑褐色。茎自根颈处分枝，密集，外被多数厚残叶鞘。叶全部基生，在分枝顶端呈簇生状，狭条形，长（0.5）3~7 厘米，宽 0.3~0.5 毫米，先端尖而硬，基部稍扩展，边缘有睫毛，两面无毛或疏被蛛丝状短柔毛。花葶 2~6 个，长 3~10 厘米，密被长柔毛；头状花序单生于花葶顶端，直径约 1.5 厘米；总苞半球形，总苞片 3 层，长 5~7 毫米，宽约 1 毫米，外层者较短，内层者较长，条状披针形，先端长渐尖，背部具 3 脉，沿中脉有龙骨状凸起，多少被短柔毛；舌状花雌性，淡紫色，先端有齿，长约 10 毫米；管状花两性，长约 5 毫米，上端 5 齿裂，花柱分枝稍肥大。瘦果矩圆形，长约 3 毫米，两面无肋，密被银白色绢毛。冠毛糙毛状，多层，近等长，白色，与管状花冠等长或稍长。花果期 5—6 月。

旱生植物。生于草原地带的石质山地或丘陵坡地上。

产地：全旗。

饲用价值：劣等饲用植物。

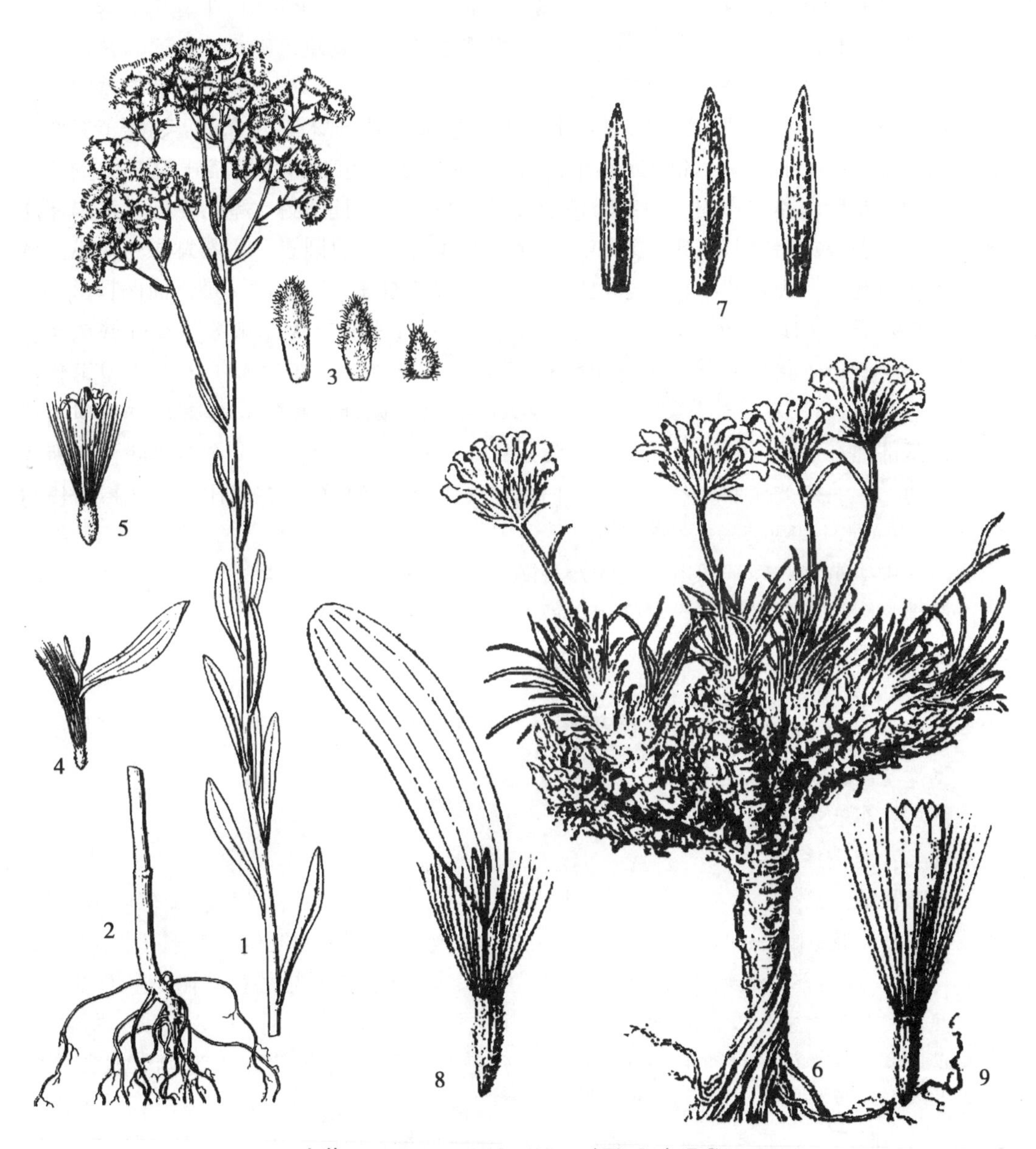

女菀 *Turczaninowia fastigiata*（Fisch.）DC.

1. 植株上部；2. 根；3. 总苞片；4. 舌状花；5. 管状花

莎菀 *Arctogeron gramineum*（L.）DC.

6. 植株；7. 总苞片；8. 舌状花；9. 管状花

碱菀属 *Tripolium* Nees

碱菀 *Tripolium pannonicum* (Jacq.) Dobr.

蒙名：杓日闹乐吉

别名：金盏菜、铁杆蒿、灯笼花

形态特征：一年生草本，高10~60厘米，全体光滑。茎直立，具纵条棱，下部带红紫色，单一或上部分枝，也有从基部分枝者。叶多少肉质，最下部叶矩圆形或披针形，有柄，花后凋落或存在；中部叶条形或条状披针形，长（1）2~5厘米，宽2~8毫米，先端锐尖或钝，基部渐狭，无柄，边缘全缘或有具毛的微齿；上部叶渐变狭小，条形或条状披针形。头状花序直径2~2.5厘米；总苞倒卵形，长5~7毫米，宽约8毫米，总苞片2~3层，肉质，外层者卵状披针形，长2.5~3毫米，先端钝，边缘红紫色，有微毛，内层者矩圆状披针形，长约6毫米，圆头，带红紫色，具3脉，有缘毛；舌状花雌性，蓝紫色，长10~15毫米，宽1~2毫米；管状花两性，长约6毫米；花药顶端无附片，基部钝；花柱分枝宽厚或伸长。瘦果狭矩圆形，长约2毫米，有厚边肋，两面各有1细肋，无毛或被疏毛。冠毛多层，白色或浅红色，微粗糙，花时比管状花短，长约5毫米，果时长达15毫米。花期8—9月。

耐盐中生植物。生于湖边、沼泽及盐碱地。

产地：阿拉坦额莫勒镇、宝格德乌拉苏木、呼伦湖边。

饲用价值：低等饲用植物。

飞蓬属 *Erigeron* L.

飞蓬 *Erigeron acer* L.

蒙名：车衣力格-其其格

别名：北飞蓬

形态特征：二年生草本，高10~60厘米。茎直立，单一，具纵条棱，绿色或带紫色，密被伏柔毛并混生硬毛；叶绿色，两面被硬毛，基生叶与茎下部叶倒披针形，长1.5~10厘米，宽3~17毫米，先端钝或稍尖并具小尖头，基部渐狭成具翅的长叶柄，全缘或具少数小尖齿；中部叶及上部叶披针形或条状矩圆形，长0.4~8厘米，宽2~8毫米，先端尖，全缘或有齿。头状花序直径1.1~1.7厘米，多数在茎顶排列成密集的伞房状或圆锥状；总苞半球形，总苞片3层，条状披针形，长5~7毫米，外层者短，内层者较长，先端长渐尖，边缘膜质，背部密被硬毛；雌花二型：外层小花舌状，长5~7毫米，舌片宽0.25毫米，淡红紫色，内层小花细管状，长约3.5毫米，无色；两性的管状小花，长约5毫米。瘦果矩圆状披针形，长1.5~1.8毫米，密被短伏毛。冠毛2层，污白色或淡红褐色，外层者甚短，内层者较长，长3.5~8毫米。花果期7—9月。

中生植物。生于石质山坡、林缘、低地草甸、河岸沙质地、田边。

产地：阿拉坦额莫勒镇。

饲用价值：中等饲用植物。

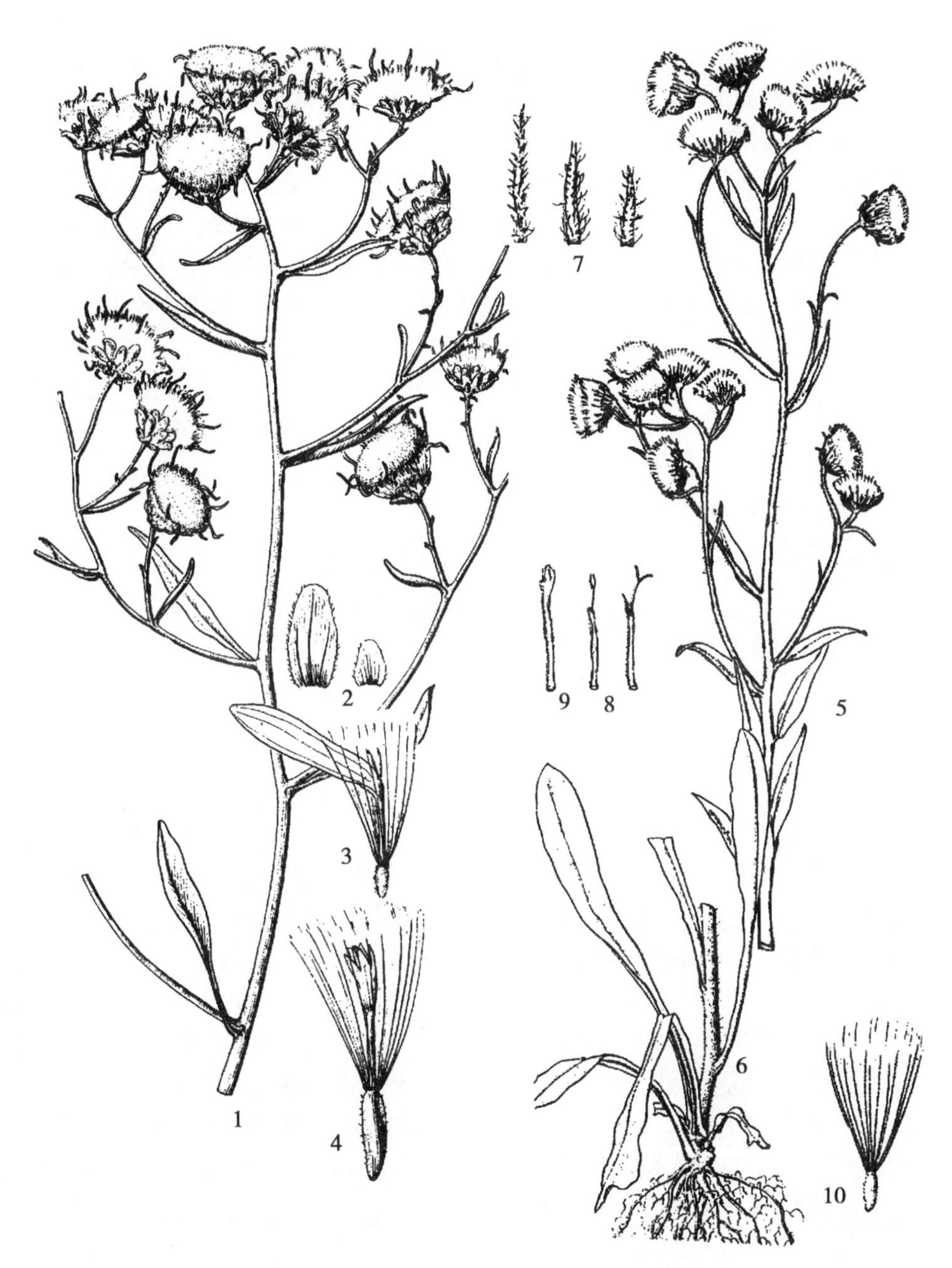

碱菀 *Tripolium pannonicum*（Jacq.）Dobr.

1. 植株上部；2. 总苞片；3. 舌状花；4. 管状花

飞蓬 *Erigeron acer* L

5. 植株上部；6. 植株下部；7. 总苞片；8. 舌状花；9. 管状花；10. 瘦果

白酒草属 *Conyza* Less.

小蓬草 *Conyza canadensis*（L.）Cronq.

蒙名：哈混-车衣力格

别名：小飞蓬、加拿大飞蓬、小白酒草

形态特征：一年生草本，高 50~100 厘米。根圆柱形。茎直立，具纵条棱，淡绿色，疏被硬毛，上部多分枝。叶条状披针形或矩圆状条形，长 3~10 厘米，宽 1~10 厘米，先端渐尖，基部渐狭，全缘或具微锯齿，两面及边缘疏被硬毛，无明显叶柄。头状花序直径 3~8 毫米，有短梗，在茎顶密集成长形的圆锥状或伞房式圆锥状；总苞片条状披针形，长约 4 毫米，外层者短，内层者较长，先端渐尖，背部近无毛或疏生硬毛；舌状花直立，长约 2.5 毫米，舌片条形，先端不裂，淡紫色；管状花长约 2.5 毫米。瘦果矩圆形，长 1.25~1.5 毫米，有短伏毛。冠毛污白色，长与花冠近相等。花果期 6—9 月。

田间中生杂草。生于田野、路边、村舍附近。全草入药。

产地：宝格德乌拉苏木路边。

饲用价值：低等饲用植物。

火绒草属 *Leontopodium* R. Br.

火绒草 *Leontopodium leontopodioides*（Willd.）Beauv.

蒙名：乌拉-额布斯

别名：火绒蒿、老头草、老头艾、薄雪草

形态特征：植株高 10~40 厘米。根状茎粗壮，为枯萎的短叶鞘所包裹，有多数簇生的花茎和根出条。茎直立或稍弯曲，较细，不分枝，被灰白色长柔毛或白色近绢状毛。下部叶较密，在花期枯萎宿存；中部和上部叶较疏，多直立，条形或条状披针形，长 1~3 厘米，宽 2~4 毫米，先端尖或稍尖，有小尖头，基部稍狭，无鞘，无柄，边缘有时反卷或呈波状，上面绿色，被柔毛，下面被白色或灰白色密绵毛。苞叶少数，矩圆形或条形，与花序等长或较长 1.5~2 倍，两面或下面被白色或灰白色厚绵毛，雄株多少开展成苞叶群，雌株苞叶散生不排列成苞叶群。头状花序直径 7~10 毫米，3~7 个密集，稀 1 个或较多，或有较长的花序梗而排列成伞房状。总苞半球形，长 4~6 毫米，被白色绵毛；总苞片约 4 层，披针形，先端无色或浅褐色。小花雌雄异株，少同株；雄花花冠狭漏斗状，长 3.5 毫米；雌花花冠丝状，长 4.5~5 毫米。瘦果矩圆形，长约 1 毫米，有乳头状凸起或微毛；冠毛白色，基部稍黄色，长 4~6 毫米，雄花冠毛上端不粗厚，有毛状齿。花果期 7—10 月。

旱生植物。多散生于典型草原、山地草原及草原沙质地。地上部分入药，全草也入蒙药。

产地：呼伦镇、阿日哈沙特镇、达赉苏木。

饲用价值：中等饲用植物。

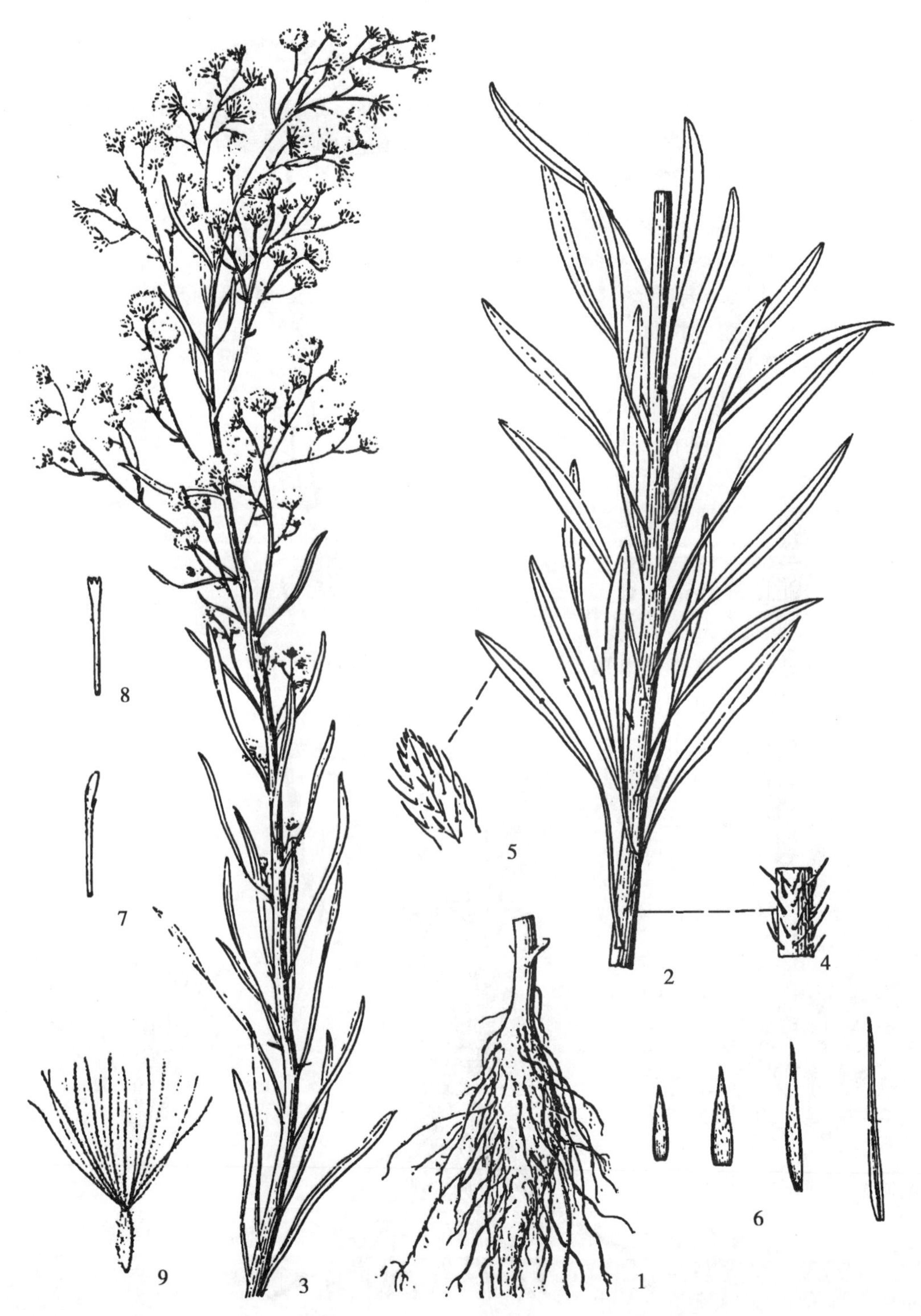

小蓬草 *Conyza canadensis*（L.）Cronq.

1. 根；2. 植株中部；3. 植株上部；4. 茎部的毛；5. 叶片的毛；6. 总苞片；
7. 舌状花；8. 管状花；9. 瘦果（带冠毛）

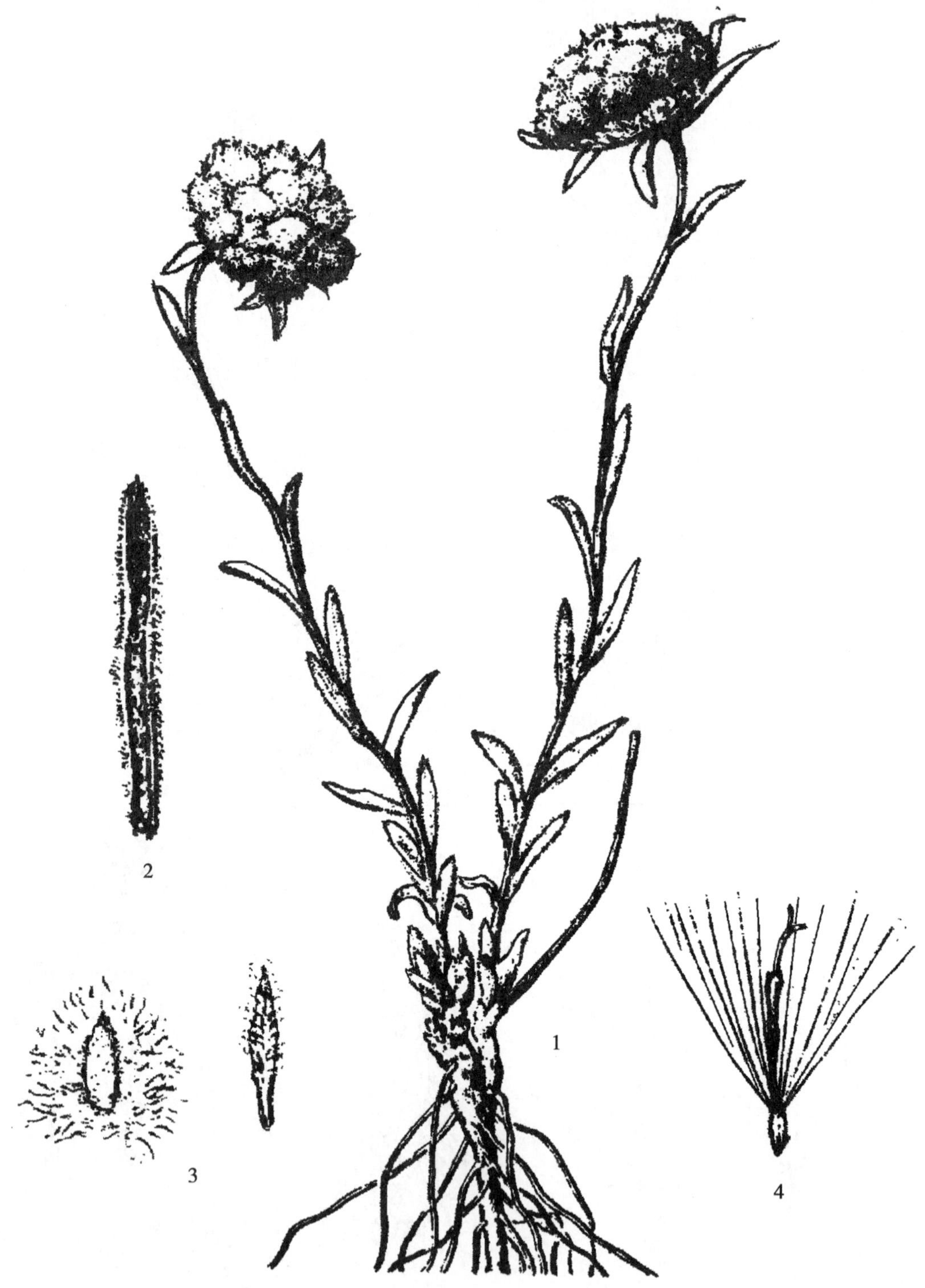

火绒草 ***Leontopodium leontopodioides*** **(Willd.) Beauv.**

1. 植株；2. 苞叶；3. 总苞片；4. 雌蕊

绢茸火绒草 *Leontopodium smithianum* Hand. -Mazz.

蒙名：给拉嘎日-乌拉-额布斯

形态特征：植株高 10~30 厘米。根状茎短，粗壮，有少数簇生的花茎和不育茎。茎直立或稍弯曲，被灰白色或上部被白色绵毛或常粘结的绢状毛。全部有等距而密生或上部疏生的叶，下部叶在花期枯萎宿存；中部和上部叶多少开展或直立，条状披针形，长 2~5.5 厘米，宽 4~8 毫米，先端稍尖或钝，有小尖头，基部渐狭，无柄，边缘平展，上面被灰白色柔毛，下面有白色密绵毛或粘结的绢状毛。苞叶 3~10，长椭圆形或条状披针形，较花序稍长或较长 2~3 倍，边缘常反卷，两面被白色或灰白色厚绵毛，排列成稀疏的，不整齐的苞叶群，或有长花序梗成几个分苞叶群。头状花序直径 6~9 毫米，常 3~25 个密集，或有花序梗而成伞房状。总苞半球形，长 4~6 毫米，被白色密绵毛；总苞片 3~4 层，披针形，先端浅或深褐色，尖或稍撕裂。小花异形，有少数雄花，或通常雌雄异株。花冠长 3~4 毫米；雄花花冠管状漏斗状；雌花花冠丝状。瘦果矩圆形，长约 1 毫米，有乳头状短毛；冠毛白色，较花冠稍长，雄花冠毛上端粗厚，有细锯齿。花果期 7—10 月。

中旱生草本植物。生于山地草原及山地灌丛。

产地：呼伦镇。

饲用价值：低等饲用植物。

旋覆花属 *Inula* L.

欧亚旋覆花 *Inula britannica* L.

蒙名：阿拉坦-导苏乐-其其格

别名：旋覆花、大花旋覆花、金沸草、棉毛旋覆花

形态特征：多年生草本，高 20~70 厘米，根状茎短，横走或斜升。茎直立，单生或 2~3 个簇生，具纵沟棱，被长柔毛，上部有分枝，稀不分枝。基生叶和下部叶在花期常枯萎，长椭圆形或披针形，长 3~11 厘米，宽 1~2.5 厘米，下部渐狭成短柄或长柄；中部叶长椭圆形，长 5~11 厘米，宽 0.6~2.5 厘米，先端锐尖或渐尖，基部宽大，无柄，心形或有耳，半抱茎，边缘有具小尖头的疏浅齿或近全缘，上面无毛或被疏伏毛，下面密被伏柔毛和腺点，中脉与侧脉被较密的长柔毛；上部叶渐小。头状花序 1~5 个生于茎顶或枝端，直径 2.5~5 厘米；花序梗长 1~4 厘米，苞叶条状披针形。总苞半球形，直径 1.5~2.2 厘米，总苞片 4~5 层，外层者条状披针形，长约 8 毫米，先端长渐尖，基部稍宽，草质，被长柔毛、腺点和缘毛；内层者条形，长达 1 厘米，除中脉外干膜质。舌状花黄色，舌片条形，长 10~20 毫米；管状花长约 5 毫米。瘦果长 1~1.2 毫米，有浅沟，被短毛；冠毛 1 层，白色，与管状花冠等长。花果期 7—10 月。

中生植物。生于草甸及湿润的农田、地埂和路旁。花序入药，也入蒙药。

产地：阿拉坦额莫勒镇、达赉苏木。

饲用价值：劣等饲用植物。

旋覆花 *Inula japonica* Thunb.

别名：少花旋覆花

形态特征：茎中部叶为长椭圆形或披针形，基部狭窄，有半抱茎的小耳，下面和总苞片被疏伏毛或短柔毛；头状花序 4 至 10 余个，直径 3~4 厘米。

生境同正种。

产地：阿拉坦额莫勒镇、宝格德乌拉苏木。

饲用价值：劣等饲用植物。

苍耳属 *Xanthium* L.

苍耳 *Xanthium strumarium* L.

蒙名：西伯日-好您-章古

别名：葈耳、苍耳子、老苍子、刺儿猫

形态特征：植株高 20~60 厘米。茎直立，粗壮，下部圆柱形，上部有纵沟棱，被白色硬伏毛，不分枝或少分枝。叶三角状卵形或心形，长 4~9 厘米，宽 3~9 厘米，先端锐尖或钝，基部近心形或截形，与叶柄连接处成楔形，不分裂或有 3~5 不明显浅裂，边缘有缺刻及不规则的粗锯齿，具三基出脉，上面绿色，下面苍绿色，两面均被硬状毛及腺点；叶柄长 3~11 厘米。雄头状花序直径 4~6 毫米，近无梗，总苞片矩圆状披针形，长 1~1.5 毫米，被短柔毛，雄花花冠钟状；雌头状花序椭圆形，外层总苞片披针形，长约 3 毫米，被短柔毛，内层总苞片宽卵形或椭圆形，成熟时具瘦果的总苞变坚硬，绿色、淡黄绿色或带红褐色，连同喙部长 12~15 毫米，宽 4~7 毫米，外面疏生具钩状的刺，刺长 1~2 毫米，基部微增粗或不增粗，被短柔毛，常有腺点，或全部无毛；喙坚硬，锥形，长 1.5~2.5 毫米，上端略弯曲，不等长。瘦果长约 1 厘米，灰黑色。花期 7—8 月，果期 9—10 月。

生于田野、路边。中生性田间杂草，并可形成密集的小片群聚。种子可榨油，可掺和桐油制油漆，又可作油墨、肥皂、油毡的原料，还可制硬化油及润滑油。带总苞的果实入药。本种带总苞的果实常粘附畜体，可降低羊毛的品质。

产地：全旗。

饲用价值：中等饲用植物。

蒙古苍耳 *Xanthium mongolicum* Kitag.

蒙名：好您-章古

形态特征：植株高可达 1 米。根粗壮，具多数纤维状根。茎直立，坚硬，圆柱形，有纵沟棱，被硬伏毛及腺点。叶三角状卵形或心形，长 5~9 厘米，宽 4~8 厘米，先端钝或尖，基部心形，与叶柄连接处成楔形，3~5 浅裂，边缘有缺刻及不规则的粗锯齿，具三基出脉，上面绿色，下面苍绿色，两面密被硬伏毛及腺点；叶柄长 4~9 厘米。成熟时具瘦果的总苞变坚硬，椭圆形，绿色，或黄褐色，连同喙部长 18~20 毫米，宽 8~

10毫米，外面具较疏的总苞刺，刺长2～5.5毫米（通常5毫米），直立，向上渐尖，顶端具细倒钩，基部增粗，中部以下被柔毛，常有腺点，上端无毛。瘦果长约13毫米，灰黑色。花期7—8月，果期8—9月。

中生杂草。生于山地及丘陵的砾石质坡地、沙地和田野。用途同苍耳。

产地：阿日哈沙特镇、阿拉坦额莫勒镇、达赉苏木、宝格德乌拉苏木。

饲用价值：中等饲用植物。

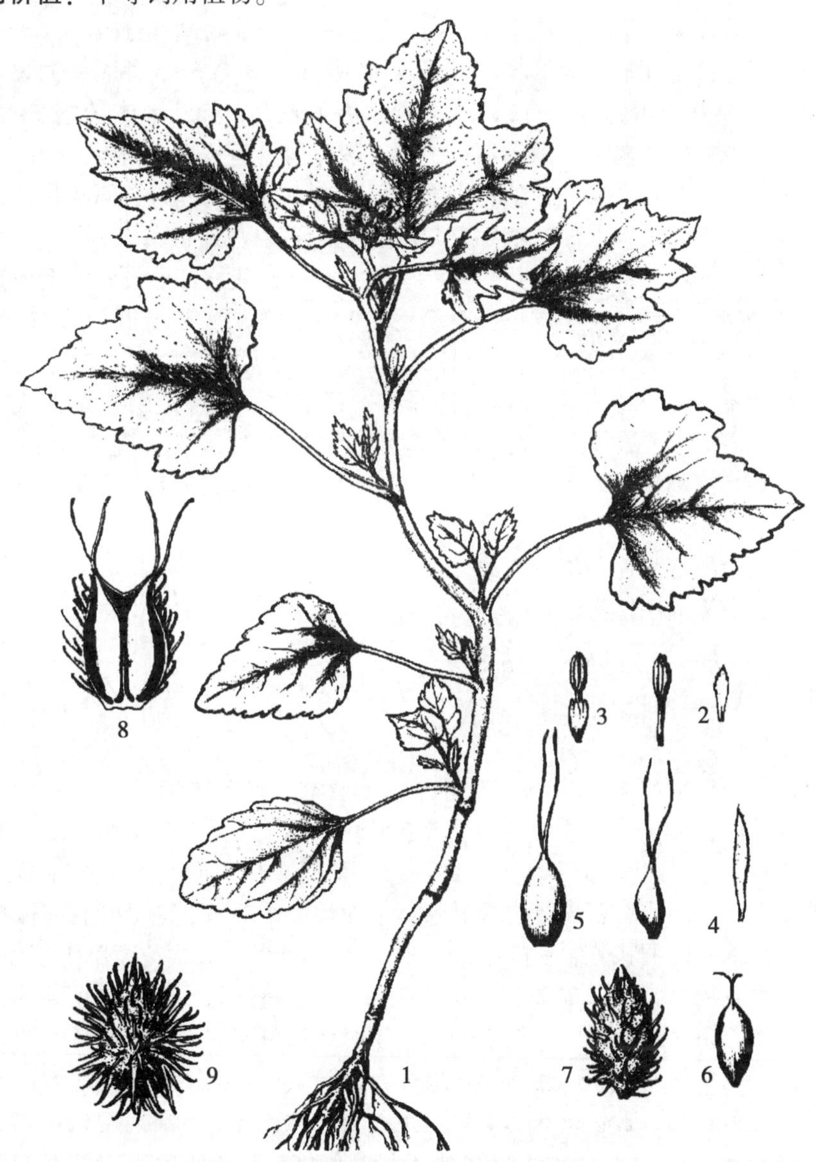

苍耳 ***Xanthium strumarium*** **L.**

1. 植株；2. 托片；3. 雄花；4. 总苞片；5. 雌花；6. 瘦果；7. 具瘦果的总苞；8. 雌花序纵切

蒙古苍耳 ***Xanthium mongolicum*** **Kitag.**

9. 具瘦果的总苞

鬼针草属 *Bidens* L.

狼杷草 *Bidens tripartita* L.

蒙名：古日巴存-哈日巴其-额布斯

别名：鬼针、小鬼叉

形态特征：一年生草本，高 20~50 厘米。茎直立或斜升，圆柱状或具钝棱而稍呈四方形，无毛或疏被短硬毛，绿色或带紫色，上部有分枝或自基部分枝。叶对生，下部叶较小，不分裂，常于花期枯萎；中部叶长 4~13 厘米，通常 3~5 深裂，侧裂片披针形至狭披针形，长 3~7 厘米，宽 8~12 毫米，顶生裂片较大，椭圆形或长椭圆状披针形，长 5~11 厘米，宽 1.1~3 厘米，两端渐尖，两者裂片均具不整齐疏锯齿，两面无毛或下面有极稀的短硬毛，有具窄翅的叶柄；中部叶极少有不分裂者，为长椭圆状披针形，或近基部浅裂成 1 对小裂片；上部叶较小，3 深裂或不分裂，披针形。头状花序直径 1~3 厘米，单生，花序梗较长；总苞盘状，外层总苞片 5~9，狭披针形或匙状倒披针形，长 1~3 厘米，先端钝，全缘或有粗锯齿，有缘毛，叶状，内层者长椭圆形或卵状披针形，长 6~9 毫米，膜质，背部有褐色或黑灰色纵条纹，具透明而淡黄色的边缘；托片条状披针形，长 6~9 毫米，约与瘦果等长，背部有褐色条纹，边缘透明。无舌状花，管状花长 4~5 毫米，顶端 4 裂。瘦果扁，倒卵状楔形，长 6~11 毫米，宽 2~3 毫米，边缘有倒刺毛，顶端有芒刺 2，少有 3~4，长 2~4 毫米，两侧有倒刺毛。花果期 9—10 月。

中生杂草。生于路边及低湿滩地。全草入药。

产地：阿日哈沙特镇、乌尔逊河边。

饲用价值：中等饲用植物。

小花鬼针草 *Bidens parviflora* Willd.

蒙名：吉吉格-哈日巴其-额布斯

别名：一包针

形态特征：一年生草本，高 20~70 厘米。茎直立，通常暗紫色或红紫色，下部圆柱形，中上部钝四方形，具纵条纹，无毛或被稀疏皱曲长柔毛。叶对生，二至三回羽状全裂，小裂片具 1~2 个粗齿或再作第三回羽裂，最终裂片条形或条状披针形，宽 2~4 毫米，先端锐尖，全缘或有粗齿，边缘反卷，上面被短柔毛，下面沿叶脉疏被粗毛；上部叶互生，二回或一回羽状分裂；具细柄，柄长 2~3 厘米。头状花序单生茎顶和枝端，具长梗，开花时直径 1.5~2.5 毫米，长 7~10 毫米；总苞筒状，基部被短柔毛，外层总苞片 4~5，草质，条状披针形，长约 5 毫米，果时伸长可达 8~15 毫米，先端渐尖；内层者常仅 1 枚，托片状。托片长椭圆形状披针形，膜质，有狭而透明的边缘，果时长达 10~12 毫米。无舌状花；管状花 6~12 朵，花冠长约 4 毫米，4 裂。瘦果条形，稍具 4 棱，长 13~15 毫米，宽约 1 毫米，两端渐狭，黑灰色，有短刚毛，顶端有芒刺 2，长 3~3.5 毫米，有倒刺毛。花果期 7—9 月。

中生杂草。生于田野、路旁、沟渠边。全草入药。

产地：阿日哈沙特镇、阿拉坦额莫勒镇、达赉苏木。

饲用价值：中等饲用植物。

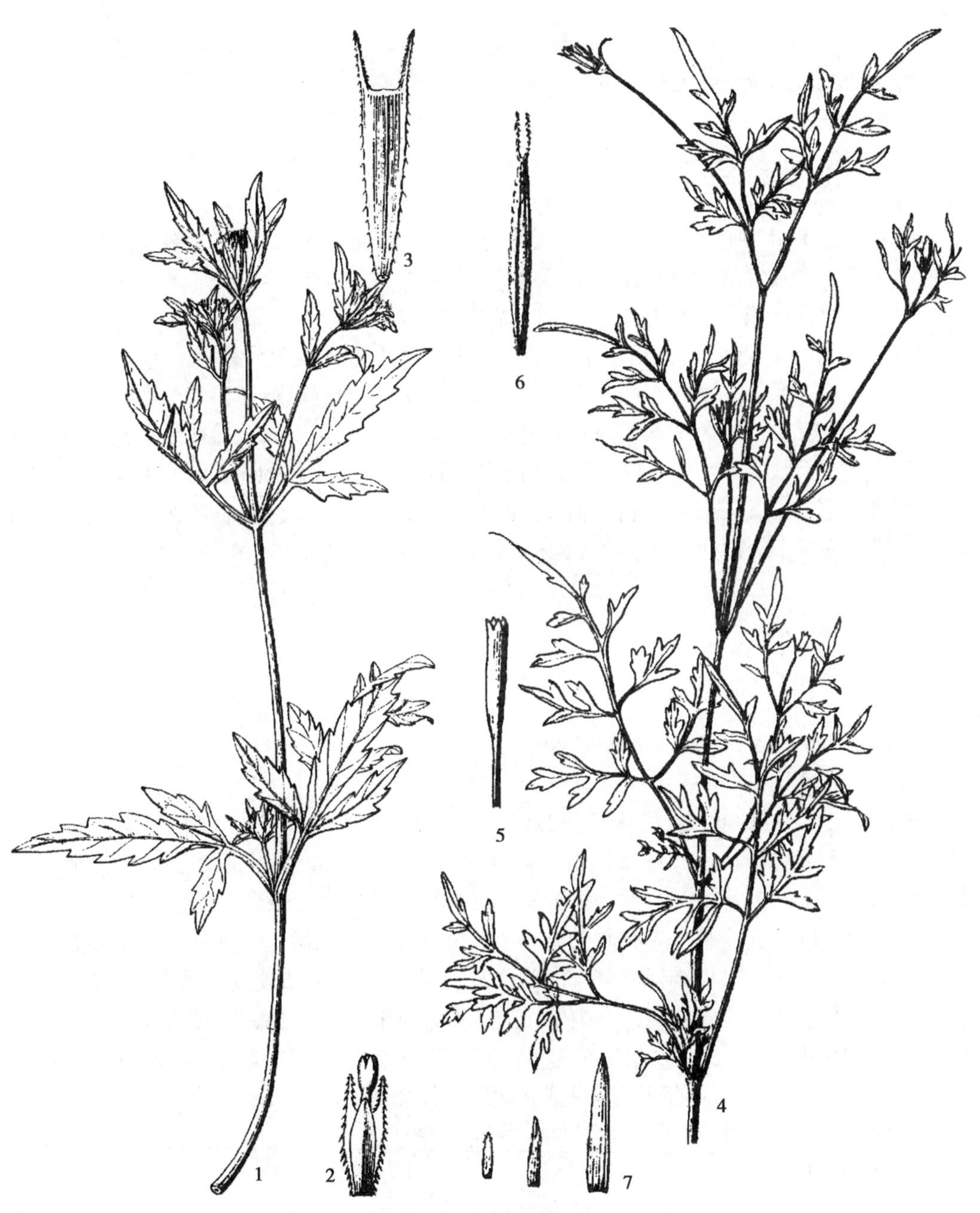

狼杷草 *Bidens tripartita* L.

1. 花枝；2. 两性花；3. 瘦果

小花鬼针草 *Bidens parviflora* Willd.

4. 花枝；5. 两性花；6. 瘦果；7. 总苞片

蓍属 *Achillea* L.

蓍 *Achillea millefolium* L.

别名：千叶蓍

形态特征：植株高40~60厘米。根状茎匍匐，须根多数。茎直立，具细纵棱，常被白色长柔毛，上部分枝或不分枝。叶无柄，叶片披针形、矩圆状披针形或近条形，长4~7厘米，宽1~1.5厘米，二至三回羽状全裂，叶轴宽1.5~2毫米，裂片多数，间隔1.5~7毫米，小裂片披针形至条形，长0.5~1.5毫米，宽0.3~0.5毫米，先端具软骨质短尖，上面密被腺点，稍被毛，下面被较密的长柔毛；茎下部和不育枝的叶长可达20厘米，宽1~2.5厘米。头状花序多数，在茎顶密集排列成复伞房状；总苞矩圆形或近卵形，长约4毫米，宽约3毫米；总苞片3层，椭圆形至矩圆形，背部中间绿色，中脉凸起，边缘膜质，棕色或淡黄色；托片矩圆状椭圆形，膜质，上部被短柔毛，背面散生黄色腺点；舌状花5~7，白色、粉红色或淡紫红色，舌片近圆形，长1.5~3毫米，宽2~2.5毫米，顶端具2~3齿；管状花黄色，长2.2~3毫米，外面具腺点。瘦果矩圆形，长约2毫米，淡绿色，具白色纵肋，无冠状冠毛。花果期7—9月。

中生植物，生长于铁路沿线。全草入药。

产地：呼伦镇。

饲用价值：中等饲用植物。

短瓣蓍 *Achillea ptarmicoides* Maxim.

蒙名：敖呼日-图乐格其-额布斯

形态特征：植株30~70厘米。根状茎短。茎直立，具纵沟棱，疏被伏贴的长柔毛和短柔毛，上部有分枝。叶绿色，下部叶花期凋落；中部叶及上部叶条状披针形，长1~6厘米，宽2~10毫米，无柄，羽状深裂或羽状全裂，裂片条形，先端锐尖，有不等长的缺刻装锯齿，裂片和齿端有软骨质小尖头，两面疏生长柔毛，有蜂窝状小腺点。头状花序多数，在茎顶密集排列成复伞房状。总苞钟状，长4~6毫米，宽3~5毫米；总苞片3层，宽披针形，先端钝，有中肋，边缘和顶端膜质，褐色，疏被长柔毛。舌状花8，白色，舌片卵圆形，长0.7~1.5毫米，宽0.7~1.6毫米，顶端有3个圆齿；管状花长约2毫米，有腺点。瘦果矩圆形或倒披针形，长2.3~2.6毫米。花果期7—9月。

中生植物。生于山地草甸、灌丛间，为伴生种。

产地：呼伦镇。

短瓣蓍 *Achillea ptarmicoides* Maxim.

1. 植株；2. 总苞片；3. 舌状花；4. 管状花

亚洲蓍 *Achillea asiatica* Serg.

蒙名：阿子音-图乐格其-额布斯

形态特征：植株高 15~50 厘米。根状茎细，横走，褐色。茎单生或数个，直立或斜升，具纵沟棱，被或疏或密的皱曲长柔毛，中上部常有分枝。叶绿色或灰绿色，矩圆形、宽条形或条状披针形，下部叶长 7~20 厘米，宽 0.5~2 厘米，二至三回羽状全裂，叶轴宽 0.5~0.75（1）毫米，小裂片条形或披针形，长 0.5~1 毫米，宽 0.1~0.3（0.5）毫米，先端有软骨质小尖，两面疏被长柔毛，有蜂窝状小腺点，叶具柄或近无柄；中部叶及上部叶较短，无柄。头状花序多数，在茎顶密集排列成复伞房状；总苞杯状，长 3~4 毫米，宽 2.5~3 毫米；总苞片 3 层，黄绿色，卵形或矩圆形，先端钝，有中肋，边缘和顶端膜质，褐色，疏被长柔毛；舌状花粉红色，稀白色，舌片宽椭圆形或近圆形，长约 2 毫米，宽 1.5~2（2.5）毫米，顶端有 3 个圆齿；管状花长约 2 毫米，淡粉红色。瘦果楔状矩圆形，长约 2 毫米。花果期 7—9 月。

中生植物。生于河滩、沟谷草甸及山地草甸。

产地：呼伦镇。

饲用价值：中等饲用植物。

菊属 *Chrysanthemum* L.

紫花野菊 *Chrysanthemum zawadskii* Herb.

蒙名：宝日-乌达巴拉

别名：山菊

形态特征：多年生草本，高 10~30 厘米。有地下匍匐根状茎。茎直立，不分枝或上部分枝，具纵棱，紫红色，疏被短柔毛。基生叶花期枯萎；中下部叶的叶柄长 1~3 厘米，具狭翅，基部稍扩大，微抱茎，叶片卵形、宽卵形或近菱形，长 1.5~4 厘米，宽 1~3（4）厘米，二回羽状分裂；一回为几全裂，侧裂片 1~3 对；二回为深裂或半裂，小裂片三角形或斜三角形，宽 2~3 毫米，先端尖，两面有腺点，疏被短柔毛或无毛；上部叶渐小，长椭圆形至条形，羽状深裂或不裂。头状花序 2~5 个在茎枝顶端排列成疏伞房状，极少单生，直径 3~5 厘米；总苞浅碟状，直径 10~20 毫米；总苞片 4 层，外层的条形或条状披针形，中内层的椭圆形或长椭圆形，全部苞片边缘具白色或褐色膜质，仅外层的外面疏被短柔毛；舌状花粉红色、紫红色或白色，舌片长 1~2.5 厘米，先端全缘或微凹；管部花长 2.5~3 毫米。瘦果矩圆形，长约 2 毫米，黑褐色。花果期 7—9 月。

中生植物。生于山地林缘、林下或山顶，为伴生种。

产地：呼伦镇、达赉苏木。

饲用价值：低等饲用植物。

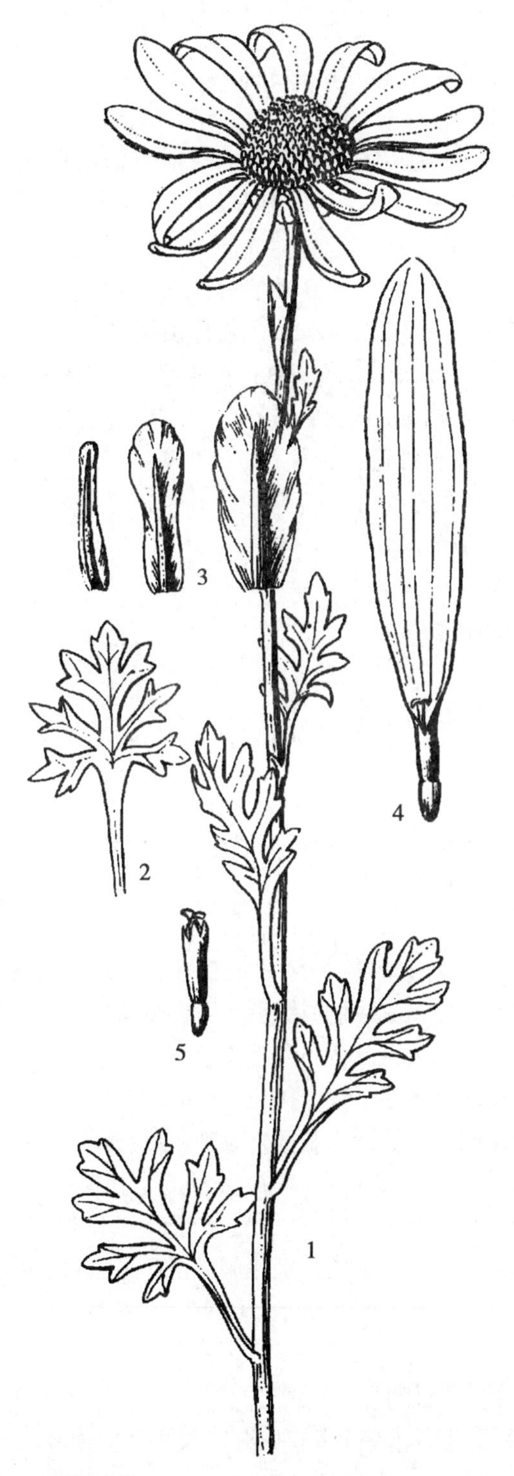

紫花野菊 *Chrysanthemum zawadskii* Herb.

1. 植株上部；2. 叶；3. 总苞片；4. 舌状花；5. 管状花

细叶菊 *Chrysanthemum maximowiczii* Kom.

蒙名：那林-乌达巴拉

形态特征：二年生草本，高 15~30 厘米，有地下匍匐根状茎。茎直立，单生，中上部有少数分枝，疏被短柔毛。基生叶花期枯萎；中下部叶叶柄长 1~1.5 厘米，叶片卵形或宽卵形，长 1.5~2.5 厘米，宽 2.5~3 厘米，二回羽状分裂，一回为全裂，侧裂片常 2 对；二回为全裂或几全裂，小裂片条形，宽 1~2 毫米，先端渐尖，两面无毛；上部叶渐小，羽状分裂。头状花序 2~4 个在茎枝顶端排列成疏伞房状，极少单生；极少单生；总苞浅碟形，直径 8~15 毫米，总苞片 4 层，外层的条形，长 3.5~5 毫米，外面疏被微毛，中、内层的长椭圆形至倒披针形，长 7~8 毫米，全部苞片边缘具浅褐色或白色膜质；舌状花白色或粉红色，舌片长 8~15 毫米，先端具 3 微钝齿；管状花长约 2.5 毫米。瘦果倒卵形，长约 2 毫米，黑褐色。花果期 7—9 月。

中生植物。生长于山坡灌丛中。

产地：呼伦镇、达赉苏木。

饲用价值：低等饲用植物。

亚菊属 *Ajania* Poljak.

蓍状亚菊 *Ajania achilloides* (Turcz.) Poljak. ex Grub.

蒙名：图乐格其-宝如乐吉

别名：蓍状艾菊

形态特征：小半灌木，高 15~25 厘米。根粗壮，木质，多弯曲。茎由基部多分枝，直立或倾斜，细长，基部木质，灰绿色或绿色，下部带黄褐色，具纵条棱，密被灰色贴伏的短柔毛或分叉短毛。叶灰绿色，基生叶花期枯萎脱落；茎下部叶及中部叶长 10~15 毫米，宽 5~10 毫米，二回羽状全裂，小裂片狭条形或条状矩圆形，长 2~5 毫米，宽 0.5~1 毫米，先端钝或尖，叶无柄或具短柄，基部常有狭条形假托叶；枝上部叶羽状全裂或不分裂；全部叶两面被绢状短柔毛及腺点。头状花序 3~6 个在枝端排列成伞房状，花梗纤细，长达 15 毫米，苞叶狭条形；总苞钟状，直径 3~4 毫米，疏被短柔毛或无毛；总苞片 3~4 层，外层者卵形，中内层者卵形或矩圆状倒卵形，全部总苞片中肋淡绿色，边缘膜质，麦秆黄色；边缘雌花 6~8 枚，花冠细管状，长约 2 毫米，两性花花冠管状，长 2~2.5 毫米，外面有腺点。瘦果矩圆形，长约 1 毫米，褐色。花果期 8—9 月。

强旱生小半灌木。生于荒漠草原地带的砂质壤土上及碎石和石质坡地，为优势种或建群种；也进入阿拉善戈壁荒漠的石质残丘坡地及沟谷，为常见伴生种。绵羊、山羊和骆驼终年喜食，春季与秋季马、牛喜食或乐食。

产地：克尔伦苏木。

饲用价值：优等饲用植物。

细叶菊 *Chrysanthemum maximowiczii* Kom.

1. 植株上部；2. 舌状花；3. 管状花；4~5. 总苞片

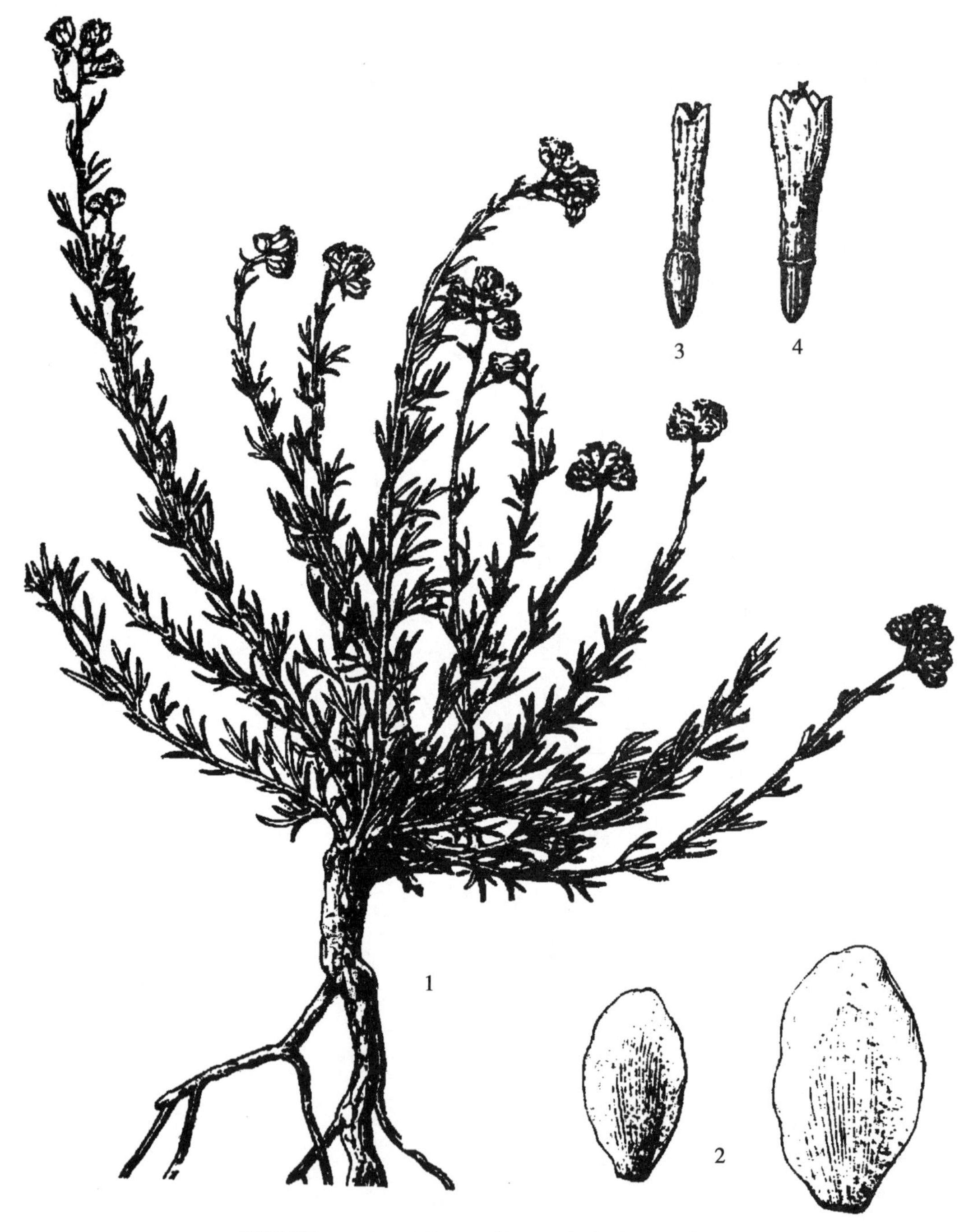

蓍状亚菊 ***Ajania achilloides*** **（Turcz.）Poljak. ex Grub.**

1. 植株；2. 总苞片；3. 雌花；4. 两性花

线叶菊属 *Filifolium* Kitam.

线叶菊 *Filifolium sibiricum*（L.）Kitam.

蒙名：西日合力格-协日乐吉

形态特征：多年生草本，高 15~60 厘米。主根粗壮，斜伸，暗褐色。茎单生或数个，直立，具纵沟棱，无毛，基部密被褐色纤维鞘，不分枝或上部有分枝。叶深绿色，无毛；基生叶轮廓倒卵形或矩圆状椭圆形，长达 20 厘米，宽 3~6 厘米，有长柄；茎生叶较小，无柄；全部叶二至三回羽状全裂，裂片条形或丝状，长达 4 厘米，宽约 1 毫米。头状花序多数，在枝端或茎顶排列成复伞房状，梗长 0.5~1 厘米；总苞球形或半球形，直径 4~5 毫米；总苞片 3 层，顶端圆形，边缘宽膜质，背部厚硬，外层者卵圆形，中层与内层者宽椭圆形；花序托凸起，圆锥形，无毛；有多数异形小花，外围有 1 层雌花，结实，管状，顶端 2~4 裂；中央有多数两性花，不结实，花冠管状，长 1.8~2.4 毫米，黄色，先端 5（4）齿裂。瘦果倒卵形，压扁长 1.8~2.5 毫米，宽 1.5~2 毫米，淡褐色，无毛，腹面具 2 条纹，无冠毛。花果期 7—9 月。

耐寒性中旱生植物。山地草原的重要建群种。在森林草原地带，线叶菊草原是分布广的优势群系，见于低山丘陵坡地的上部及顶部，在典型草原地带则限于海拔较高的山地及丘陵上部有分布。全草入药。

产地：呼伦镇、阿日哈沙特镇、达赉苏木、克尔伦苏木、宝格德乌拉苏木宝格德乌拉山。

饲用价值：中等饲用植物。

蒿属 *Artemisia* L.

大籽蒿 *Artemisia sieversiana* Ehrhart ex Willd.

蒙名：额日木

别名：白蒿

形态特征：一、二年生草本，高 30~100 厘米。主根垂直，狭纺锤形，侧根多。茎单生，直立，具纵条棱，多分枝；茎、枝被灰白色短柔毛。基生叶在花期枯萎；茎下部与中部叶宽卵形或宽三角形，长 4~10 厘米，宽 3~8 厘米，二至三回羽状全裂，稀深裂，侧裂片 2~3 对，小裂片条形或条状披针形，长 2~10 毫米，宽 1~3 毫米，先端钝或渐尖，两面被短柔毛和腺点，叶柄长 2~4 厘米，基部有小型假托叶；上部叶及苞叶羽状全裂或不分裂，而为条形或条状披针形，无柄。头状花序较大，半球形或近球形，直径 4~6 毫米，具短梗，稀近无梗，下垂，有条形小苞叶，多数在茎上排列成开展或稍狭窄的圆锥状；总苞片 3~4 层，近等长，外、中层的长卵形或椭圆形，背部被灰白色短柔毛或近无毛，中肋绿色，边缘狭膜质，内层的椭圆形，膜质；边缘雌花 2~3 层，20~30 枚，花冠狭圆锥状，中央两性花 80~120 枚，花冠管状。花序托半球形，密被白色托毛。瘦果矩圆形，褐色。花果期 7—10 月。

中生杂草。散生或群居于农田、路旁、畜群点或水分较好的撂荒地上，有时也进入人为活动较明显的草原或草甸群落中。全草入药。

产地：全旗。

饲用价值：劣等饲用植物。

线叶菊 *Filifolium sibiricum*（L.）Kitam.

1. 植株；2. 总苞片；3. 雌花；4. 两性花

碱蒿 *Artemisia anethifolia* Web. ex Stechm.

蒙名：好您-协日乐吉

别名：大莳萝蒿、糜糜蒿

形态特征：一、二年生草本，高10~40厘米，植株有浓烈的香气。根垂直，狭纺锤形。茎单生，直立，具纵条棱，常带红褐色，多由下部分枝，开展；茎、枝初时被短柔毛，后脱落无毛。基生叶椭圆形或长卵形，长3~4.5厘米，宽1.5~3厘米，二至三回羽状全裂，侧裂片3~4对，小裂片狭条形，长3~8毫米，宽1~2毫米，先端钝尖，叶柄长2~4厘米，花期渐枯萎；中部叶卵形、宽卵形或椭圆状卵形，长2.5~3厘米，宽1~2厘米，一至二回羽状全裂，侧裂片3~4对，裂片或小裂片狭条形，长5~12毫米，宽0.5~1.5毫米，叶初时被短柔毛，后渐稀疏，近无毛；上部叶与苞叶无柄，5或3全裂或不分裂，狭条形。头状花序半球形或宽卵形，直径2~3（4）毫米，具短梗，下垂或倾斜，有小苞叶，多数在茎上排列成疏散而开展的圆锥状；总苞片3~4层，外、中层的椭圆形或披针形，背部疏被白色短柔毛或近无毛，有绿色中肋，边缘膜质，内层的卵形，近膜质，背部无毛；边缘雌花3~6枚，花冠狭管状，中央两性花18~28枚，花冠管状。花序托凸起，半球形，有白色托毛。瘦果椭圆形或倒卵形。花果期8—10月。

盐生中生植物。生长于盐渍化土壤上，为盐生植物群落的主要伴生种。

产地：全旗。

饲用价值：中等饲用植物。

莳萝蒿 *Artemisia anethoides* Mattf.

蒙名：宝吉木格-协日乐吉

形态特征：一、二年生草本，高20~70厘米，植株有浓烈的香气。主根狭纺锤形，侧根多。茎单生，直立或斜升，具纵条棱，带紫红色，分枝多；茎、枝均被灰白色短柔毛。叶两面密被白色绒毛，基生叶与茎下部叶长卵形或卵形，长3~4厘米，宽2~4厘米，三至四回羽状全裂，小裂片狭条形或狭条状披针形，叶柄长，花期枯萎；中部叶宽卵形或卵形，长2~4厘米，宽1~3厘米，二至三回羽状全裂，侧裂片2~3对，小裂片丝状条形或毛发状，长2~4毫米，宽0.3~0.5毫米，先端钝尖，近无柄；上部叶与苞叶3全裂或不分裂，狭条形。头状花序近球形，直径1.5~2毫米，具短梗，下垂，有丝状条形的小苞叶，多数在茎上排列成开展的圆锥状；总苞片3~4层，外、中层的椭圆形或披针形，背部密被蛛丝状短柔毛，具绿色中肋，边缘膜质，内层的长卵形，近膜质，无毛；边缘雌花3~6枚，花冠狭管状，中央两性花8~16枚，花冠管状。花序托凸起，有托毛。瘦果倒卵形。花果期7—10月。

盐生中生植物。分布很广，生于盐土或盐碱化的土壤上，在低湿地、碱斑、湖滨常形成群落，或为芨芨草盐生草甸的伴生成分。

产地：阿拉坦额莫勒镇、克尔伦苏木、呼伦湖沿岸。

饲用价值：中等饲用植物。

大籽蒿 *Artemisia sieversiana* Ehrhart ex Willd.

1. 植株；2. 头状花序；3. 总苞片；4. 两性花；5. 雌花；6. 花托

碱蒿 *Artemisia anethifolia* Web. ex Stechm.

7. 叶；8. 头状花序

莳萝蒿 *Artemisia anethoides* Mattf.

9. 叶；10. 头状花序

冷蒿 *Artemisia frigida* Willd.

蒙名：阿给

别名：小白蒿、兔毛蒿

形态特征：多年生草本，高 10~50 厘米。主根细长或较粗，木质化，侧根多；根状茎粗短或稍细，有多数营养枝。茎少数或多条常与营养枝形成疏松或密集的株丛，基部多少木质化，上部分枝或不分枝；茎、枝、叶及总苞片密被灰白色或淡灰黄色绢毛，后茎上毛稍脱落。茎下部叶与营养枝叶矩圆形或倒卵状矩圆形，长、宽 10~15 毫米，二至三回羽状全裂，侧裂片 2~4 对，小裂片条状披针形或条形，叶柄长 5~20 毫米；中部叶矩圆形或倒卵状矩圆形，长、宽 5~7 毫米，一至二回羽状全裂，侧裂片 3~4 对，小裂片披针形或条状披针形，长 2~3 毫米，宽 0.5~1.5 毫米，先端锐尖，基部的裂片半抱茎，并成假托叶状，无柄；上部叶与苞叶羽状全裂或 3~5 全裂，裂片披针形或条状披针形。头状花序半球形、球形或卵球形，直径（2）2.5~3（4）毫米，具短梗，下垂，在茎上排列成总状或狭窄的总状花序式的圆锥状；总苞片 3~4 层，外、中层的卵形或长卵形，背部有绿色中肋，边缘膜质，内层的长卵形或椭圆形，背部近无毛，膜质；边缘雌花 8~13 枚，花冠狭管状，中央两性花 20~30 枚，花冠管状。花序托有白色托毛。瘦果矩圆形或椭圆状倒卵形。花果期 8—10 月。

生态幅度很广的旱生植物。广布于典型草原带和荒漠草原带，沿山地也进入森林草原和荒漠带中，多生长在沙质、砾石质土壤上，是草原小半灌木群落的主要建群植物，也是其他草原群落的伴生植物或亚优势植物。全草入药。羊和马四季均喜食其枝叶，骆驼和牛也乐食，干枯后，各种家畜均乐食，为家畜的抓膘草之一。

产地：全旗。

饲用价值：优等饲用植物。

紫花冷蒿 *Artemisia frigida* Willd. var. *atropurpurea* Pamp.

形态特征：本变种与正种的区别在于：植株矮小；头状花序在茎上常排列成穗状，花冠檐部紫色。

生境同正种。

产地：阿拉坦额莫勒镇、呼伦镇。

饲用价值：优等饲用植物。

冷蒿 ***Artemisia frigida* Willd.**

1. 植株；2. 叶；3. 头状花序；4. 总苞片；5. 两性花；6. 雌花

宽叶蒿 *Artemisia latifolia* Ledeb.

蒙名：乌日根-协日乐吉

形态特征：多年生草本，高 15~70 厘米。根状茎斜升，常有黑色残存枯叶柄。茎通常单生，直立，具纵条棱，无毛或上部疏被短柔毛，上部有分枝。基生叶矩圆形或长卵形，一至二回羽状分裂，具长柄，花期枯萎；茎下部与中部叶椭圆状矩圆形或长卵形，长 4~13 厘米，宽 2~6（9）厘米，一至二回羽状深裂，侧裂片 5~7 对，披针形或矩圆形，每裂片再成栉齿状羽状深裂，裂齿先端尖，不再分裂，稀有 1~2 枚小锯齿，叶两面密布小凹点，上面绿色，无毛，下面淡绿色，无毛或初时疏被短柔毛，后变无毛；叶柄长 3~7 厘米；上部叶为栉齿状羽状深裂；苞叶条形，全缘。头状花序近球形或半球形，直径 3~4 毫米，具短梗，下垂，在茎上排列成狭窄的圆锥状；总苞片 3~4 层，外层的卵形，背部无毛，黄褐色，边缘宽膜质，褐色，常撕裂，中层的椭圆形或矩圆形，边缘宽膜质，内层膜质；边缘雌花 5~9 枚；花冠狭管状，外面有腺点，中央两性花 18~26 枚，花冠管状，外面也有腺点。花序托凸起。瘦果倒卵形或呈矩圆状扁三棱形，褐色。花果期 7—10 月。

中生植物。集中分布在森林草原带中，也进入森林区和草原区山地，散生于林缘、林下与灌丛间，也为草甸和杂类草原的伴生植物。

产地：呼伦镇。

饲用价值：低等饲用植物。

裂叶蒿 *Artemisia tanacetifolia* L.

蒙名：萨拉巴日海-协日乐吉

别名：菊叶蒿

形态特征：多年生草本，高 20~75 厘米。主根细；根状茎横走或斜生。茎单生或少数，直立，具纵条棱，中部以上有分枝，茎上部与分枝常被平贴的短柔毛。叶质薄，下部叶与中部叶椭圆状矩圆形或长卵形，长 5~12 厘米，宽 1.5~6 厘米，二至三回栉齿状羽状分裂；第一回全裂，侧裂片 6~8 对，裂片椭圆形或椭圆状矩圆形，叶中部裂片与中轴成直角叉开，每裂片基部均下延在叶轴与叶柄上端成狭翅状，裂片常再次羽状深裂，小裂片椭圆状披针形或条状披针形，不再分裂或边缘具小锯齿，叶上面绿色，稍有凹点，无毛或疏被短柔毛，下面初时密被短柔毛，后稍稀疏；叶柄长 5~12 厘米，基部有小型假托叶；上部叶一至二回栉齿状羽状全裂，无柄或近无柄；苞叶栉齿状羽状分裂或不分裂，条形或条状披针形。头状花序球形或半球形，直径 2~3 毫米，具短梗，下垂，多数在茎上排列成稍狭窄的圆锥状；总苞片 3 层，外层的卵形，淡绿色，边缘狭膜质，背部无毛或初时疏被短柔毛，后变无毛，中层的卵形，边缘宽膜质，背部无毛，内层的近膜质；边缘雌花 9~12 枚，花冠狭管状，背面有腺点，常有短柔毛，中央两性花 30~40 枚，花冠管状，也有腺点和短柔毛。花序托半球形。瘦果椭圆状倒卵形，长约 1.2 毫米，暗褐色。花果期 7—9 月。

中生植物。多分布于森林草原和森林地带，也见于草原区和荒漠区山地。是草甸、草甸化草原及山地草原的伴生植物或亚优势植物。有时也出现在林缘和灌丛间。

产地：旗北部草场。

饲用价值：中等饲用植物。

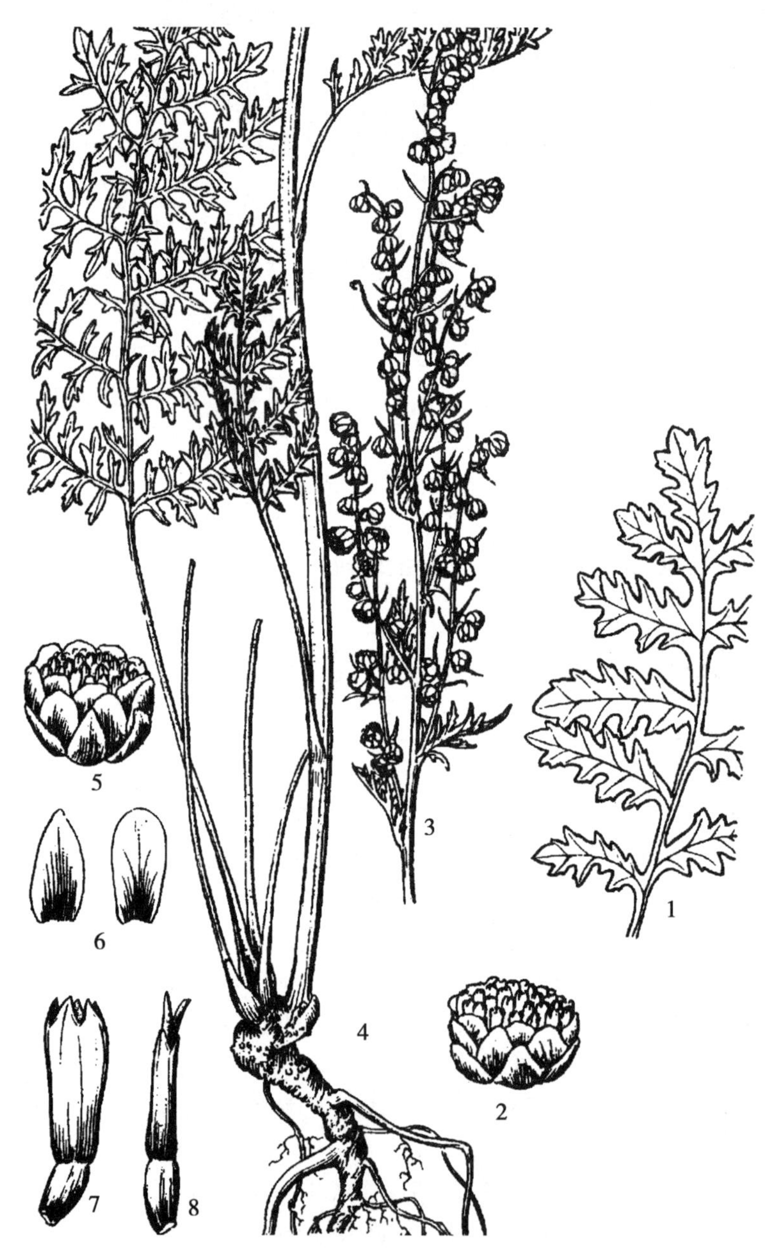

宽叶蒿 ***Artemisia latifolia*** **Ledeb.**

1. 叶；2. 头状花序

裂叶蒿 ***Artemisia tanacetifolia*** **L.**

3. 花序枝；4. 植株下部；5. 头状花序；6. 总苞片；7. 两性花；8. 雌花

白莲蒿 *Artemisia gmelinii* Web. ex Stechm.

蒙名：矛日音-西巴嘎

别名：万年蒿、铁杆蒿

形态特征：半灌木状草本，高 50~100 厘米。根稍粗大，木质，垂直；根状茎粗壮，常有多数营养枝。茎多数，常成小丛，紫褐色或灰褐色，具纵条棱，下部木质，皮常剥裂或脱落，多分枝；茎、枝初时被短柔毛，后下部脱落无毛。茎下部叶与中部叶长卵形、三角状卵形或长椭圆状卵形，长 2~10 厘米，宽 3~8 厘米，二至三回栉齿状羽状分裂，第一回全裂，侧裂片 3~5 对，椭圆形或长椭圆形，小裂片栉齿状披针形或条状披针形，具三角形栉齿或全缘，叶中轴两侧有栉齿，叶上面绿色，初时疏被短柔毛，后渐脱落，幼时有腺点，下面初时密被灰白色短柔毛，后无毛；叶柄长 1~5 厘米，扁平，基部有小型栉齿状分裂的假托叶；上部叶较小，一至二回栉齿状羽状分裂，具短柄或无柄，苞叶栉齿状羽状分裂或不分裂，条形或条状披针形。头状花序近球形，直径 2~3.5 毫米，具短梗，下垂，多数在茎上排列成密集或稍开展的圆锥状；总苞片 3~4 层，外层的披针形或长椭圆形，初时密被短柔毛，后脱落无毛，中肋绿色，边缘膜质，中、内层的椭圆形，膜质，无毛；边缘雌花 10~12 枚，花冠狭管状，中央两性花 20~40 枚，花冠管状。花序托凸起。瘦果狭椭圆状卵形或狭圆锥形。花果期 8—10 月。

石生的中旱生或旱生植物。分布较广，比较喜暖，生于山坡、灌丛。全草入药。

产地：全旗。

饲用价值：良等饲用植物。

密毛白莲蒿（变种） *Artemisia gmelinii* Web. ex Stechm. var. *messerschmidtiana* (Bess.) Pojak.

别名：白万年蒿

形态特征：本变种与正种的区别在于：叶两面密被灰白色或淡灰黄色短柔毛。

生长于山坡、丘陵及路旁等处。

产地：宝格德乌拉苏木。

饲用价值：低等饲用植物。

灰莲蒿（变种） *Artemisia gmelinii* Web. ex Stechm. var. *incana* (Bess.) H. C. Fu

形态特征：本变种与正种的区别在于：叶上面初时被灰白色短柔毛，后毛脱落，下面密被灰白色短柔毛。

生长于山坡及丘陵坡地。

产地：阿日哈沙特镇、宝格德乌拉苏木。

饲用价值：低等饲用植物。

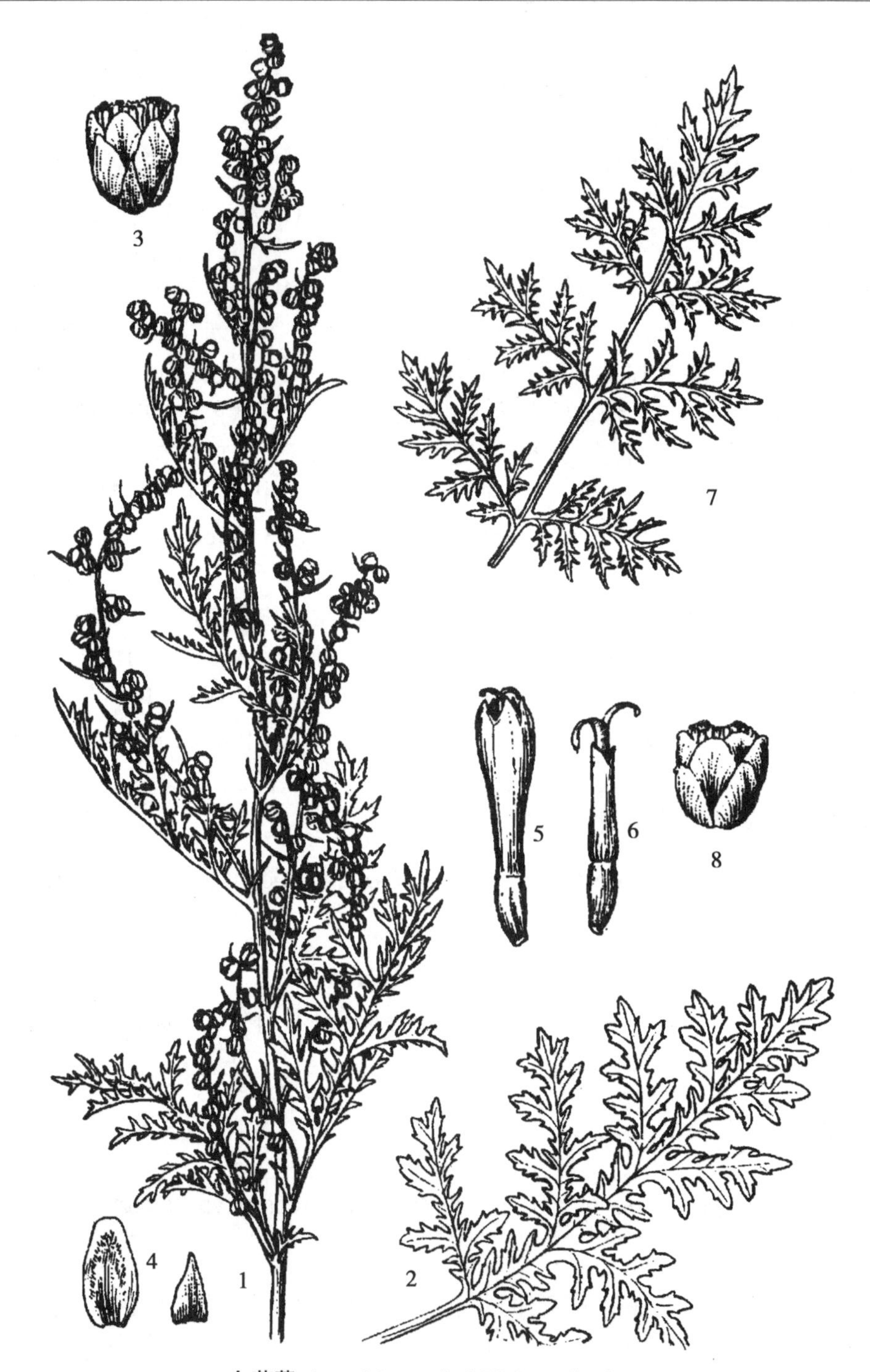

白莲蒿 *Artemisia gmelinii* Web. ex Stechm.

1. 植株上部；2. 叶；3. 头状花序；4. 总苞片；5. 两性花；6. 雌花

黄花蒿 *Artemisia annua* L.

7. 叶；8. 头状花序

黄花蒿 *Artemisia annua* L.

蒙名：茅日音-协日乐吉

别名：臭黄蒿

形态特征：一年生草本，高达1米余，全株有浓烈的挥发性的香气。根单生，垂直。茎单生，粗壮，直立，具纵沟棱，幼嫩时绿色，后变褐色或红褐色，多分枝，茎、枝无毛或疏被短柔毛。叶纸质，绿色；茎下部叶宽卵形或三角状卵形，长3~7厘米，宽2~6厘米，三（四）回栉齿状羽状深裂，侧裂片5~8对，裂片长椭圆状卵形，再次分裂，小裂片具多数栉齿状深裂齿，中肋明显，中轴两侧有狭翅，稀上部有小栉齿，叶两面无毛，或下面微有短柔毛，后脱落，具腺点及小凹点；叶柄长1~2厘米，基部有假托叶；中部叶二至三回栉齿状羽状深裂，小裂片通常栉齿状三角形，具短柄；上部叶与苞叶一至二回栉齿状羽状深裂，近无柄。头状花序球形，直径1.5~2.5毫米，有短梗，下垂或倾斜，极多数在茎上排列成开展而呈金字塔形的圆锥状；总苞片3~4层，无毛，外层的长卵形或长椭圆形，中肋绿色，边缘膜质，中、内层的宽卵形或卵形，边缘宽膜质；边缘雌花10~20枚，花冠狭管状，外面有腺点，中央的两性花10~30枚，结实或中央少数花不结实，花冠管状。花序托凸起，半球形。瘦果椭圆状卵形，长0.7毫米，红褐色。花果期8—10月。

中生杂草。生于河边、沟谷或居民点附近。多散生或形成小群聚。全草入药，地上部分作蒙药用。

产地：阿拉坦额莫勒镇、达赉苏木、克尔伦苏木。

饲用价值：中等饲用植物。

黑蒿 *Artemisia palustris* L.

蒙名：阿拉坦-协日乐吉

别名：沼泽蒿

形态特征：一年生草本，高10~40厘米，全株光滑无毛。根较细，单一。茎单生，直立，绿色，有时带紫褐色，上部有细分枝，有时自基部分枝，枝短，斜向上或不分枝。叶薄纸质，茎下部与中部叶卵形或长卵形，长2~5厘米，宽1.5~3厘米，一至二回羽状全裂，侧裂片（2）3~4对，再次羽状全裂或3裂，小裂片狭条形，长1~3厘米，宽0.5~1毫米，下部叶叶柄长达1厘米，中部叶无柄，基部有狭条状假托叶；茎上部叶与苞叶小，一回羽状全裂。头状花序近球形，直径2~3毫米，无梗，每2~10个在分枝或茎上密集成簇，少数间有单生，并排成短穗状，而在茎上再组成稍开展或狭窄的圆锥状；总苞3~4层，近等长，外层的卵形，背部具绿色中肋，边缘膜质、棕褐色，中、内层的卵形或匙形，半膜质或膜质；边缘雌花9~13枚，花冠狭管状或狭圆锥状，中央两性花20~25枚，花冠管状，外面有腺点。花序托凸起，圆锥形。瘦果长卵形，稍扁，褐色。花果期8—10月。

中生植物。较多分布于森林和森林草原地带，有时也出现于干草原带，生长在河岸低湿沙地上，危d甸，草甸化草原和山地草原群落中一年生植物层片的重要成分。

产地：阿拉坦额莫勒镇、贝尔苏木、呼伦湖岸。

饲用价值：低等饲用植物。

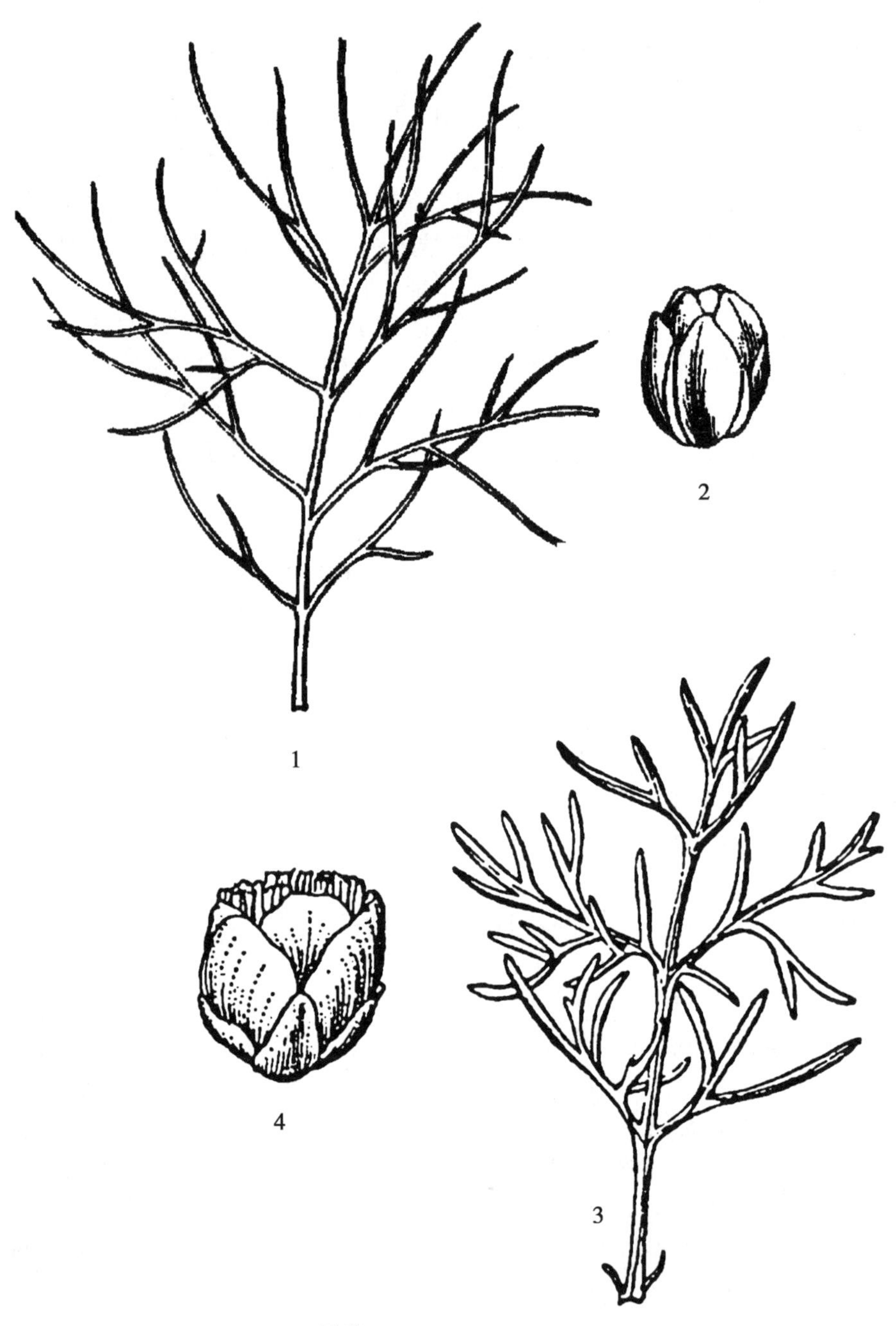

黑蒿 *Artemisia palustris* L.

1. 叶；2. 头状花序

丝裂蒿 *Artemisia adamsii* Bess.

3. 叶；4. 头状花序

丝裂蒿 *Artemisia adamsii* Bess.

蒙名：牙巴干-协日乐吉

别名：丝叶蒿、阿氏蒿、东北丝裂蒿

形态特征：多年生草本或为半灌木状，高 15~35 厘米。主根细长或稍粗；根状茎稍粗短，有少数营养枝。根少数或单生，暗褐色，基部稍木质，中部以上多分枝，小枝细而短，茎与枝幼时疏被蛛丝状柔毛，后脱落无毛。叶暗绿色，常被腺点及蛛丝状柔毛；茎下部叶与营养枝叶椭圆形或近圆形，二至三回羽状全裂，侧裂 3~4 对，小裂片丝状条形，长 2~6 毫米，宽 0. 3~0. 5 毫米，先端尖或稍钝，叶柄长 5~10 毫米；茎中部叶卵圆形，长、宽 15~25 毫米，一至二回羽状全裂，侧裂片 3~4 对，小裂片丝状条形，长 2~3 毫米，宽约 0. 5 毫米，叶柄短或近无柄；上部叶羽状全裂，无叶柄；苞叶近掌状全裂，裂片狭条形。头状花序近球形，直径 2~3（4）毫米，具短梗，下垂，多数在茎的中上部排列成狭窄的圆锥状；总苞片 3~4 层，外层的长椭圆形或长卵形，背部疏被短柔毛，边缘膜质，中、内层的宽卵形或近圆形，膜质、近无毛；边缘雌花 9~12（19）枚，花冠狭圆锥状，有腺点，中央两性花 25~45 枚，结实或中央数枚不结实，花冠管状。药序托半球形。瘦果长椭圆状倒卵形，稍扁。花果期 7—9 月。

旱生植物。仅分布在蒙古高原东部的草原带中，多生长在轻度盐碱化的土壤上，为芨芨草草甸的伴生中，有时在疏松的土壤上也可形成小群落。

产地：全旗。

饲用价值：低等饲用植物。

艾 *Artemisia argyi* H. Levl. et Van.

蒙名：荽哈

别名：艾蒿、家艾

形态特征：多年生草本，高 30~100 厘米，植株有浓烈香气。主根粗长，侧根多；根状茎横卧，有营养枝。茎单生或少数，具纵条棱，褐色或灰黄褐色，基部稍木质化，有少数分枝；茎、枝密被灰白色蛛丝状毛。叶厚纸质，基生叶花期枯萎；茎下部叶近圆形或宽卵形，羽状深裂，侧裂片 2~3 对，椭圆形或倒卵状长椭圆形，每裂片有 2~3 个小裂齿，叶柄长 5~8 毫米；中部叶卵形，三角状卵形或近菱形，长 5~9 厘米，宽 4~7 厘米，一至二回羽状深裂至半裂，侧裂片 2~3 对，卵形、卵状披针形或披针形，长 2. 5~5 厘米，宽 1. 5~2 厘米，不再分裂或每侧有 1~2 个缺齿，叶基部宽楔形渐狭成短柄，叶柄长 2~5 毫米，基部有极小的假托叶或无，叶上面被灰白色短柔毛，密布白色腺点，下面密被灰白色或灰黄色蛛丝状绒毛；上部叶与苞叶羽状半裂、浅裂、3 深裂或 3 浅裂，或不分裂而为披针形或条状披针形。头状花序椭圆形，直径 2. 5~3 毫米，无梗或近无梗，花后下倾，多数在茎上排列成狭窄、尖塔形的圆锥状；总苞片 3~4 层，外、中层的卵形或狭卵形，背部密被蛛丝状绵毛，边缘膜质，内层的质薄，背部近无毛；边缘雌花 6~10 枚，花冠狭管状，中央两性花 8~12 枚，花冠管状或高脚杯状，檐部紫色。花序托小。瘦果矩圆形或长卵形。花果期 7—10 月。

中生植物。在森林草原地带可以形成群落，作为杂草常侵入到耕地、路边及村舍附近，有时也分布到林缘、林下、灌丛间。叶可入药，又入蒙药。

产地：阿拉坦额莫勒镇、克尔伦苏木、达赉苏木。

饲用价值：中等饲用植物。

野艾蒿 *Artemisia lavandulaefolia* DC.

蒙名：哲日力格-荽哈

别名：荫地蒿、野艾

形态特征：多年生草本，高 60~100 厘米，植株有香气。主根稍明显，侧根多；根状茎细长，常横走，有营养枝。茎少数，稀单生，具纵条棱，多分枝；茎、枝被灰白色蛛丝状短柔毛。叶纸质，基生叶与茎下部叶宽卵形或近圆形，二回羽状全裂，具长柄，花期枯萎；中部叶卵形、矩圆形或近圆形，长 6~8 厘米，宽 5~7 厘米，一至二回羽状全裂，侧裂片 2~3 对，椭圆形或长卵形，每裂片具 2~3 个条状披针形或披针形的小裂片或深齿裂，长 3~7 毫米，宽 2~3 毫米，先端尖，上面绿色，密布白色腺点，初时疏被蛛丝状柔毛，后稀疏或近无毛，下面密被灰白色绵毛，叶柄长 1~2 厘米，基部有羽状分裂的假托叶；上部叶羽状全裂，具短柄或近无柄；苞叶 3 全裂或不分裂，条状披针形或披针形。头状花序椭圆形或矩圆形，直径 2~2.5 毫米，具短梗或无梗，花后多下倾，具小苞叶，多数在茎上排列成狭窄或稍开展的圆锥状；总苞片 3~4 层，外层的短小，卵形或狭卵形，背部密被蛛丝状毛，边缘狭膜质，中层的长卵形，毛较疏，边缘宽膜质，内层的矩圆形或椭圆形，半膜质，近无毛；边缘雌花 4~9 枚，花冠狭管状，紫红色，中央两性花 10~20 枚，花冠管状，紫红色。花序托小，凸起。瘦果长卵形或倒卵形。花果期 7—10 月。

中生植物。散生于林缘、灌丛、河湖滨草甸、作为杂草也进入农田、路旁、村庄附近。

产地：阿拉坦额莫勒镇。

饲用价值：低等饲用植物。

艾 *Artemisia argyi* H. Levl. et Van.

1. 植株上部；2. 根；3. 叶；4. 叶局部放大；5. 头状花序；6. 总苞片；7. 两性花；8. 雌花

野艾蒿 *Artemisia lavandulaefolia* DC.

9. 枝叶；10. 头状花

蒙古蒿 *Artemisia mongolica* (Fisch. ex Bess.) Nakai

蒙名：蒙古乐-协日乐吉

形态特征：多年生草本，高 20~90 厘米。根细，侧根多；根状茎短，半木质化，有少数营养枝。茎直立，少数或单生，具纵条棱，常带紫褐色，多分枝，斜向上或稍开展，茎、枝初时密被灰白色蛛丝状柔毛，后稍稀疏。叶纸质或薄纸质，下部叶卵形或宽卵形，二回羽状全裂或深裂，第一回全裂，侧裂片 2~3 对，椭圆形或矩圆形，再次羽状深裂或为浅裂齿，叶柄长，两侧常有小裂齿，花期枯萎；中部叶卵形、近圆形或椭圆状卵形，长 3~10 厘米，宽 2~6 厘米，一至二回羽状分裂，第一回全裂，侧裂片 2~3 对，椭圆形、椭圆状披针形或披针形，再次羽状全裂，稀深裂或 3 裂，小裂片披针形、条形或条状披针形，先端锐尖，基部渐狭成短柄，叶上面绿色，初时被蛛丝状毛，后渐稀疏或近无毛，下面密被灰白色蛛丝状绒毛，叶柄长 0.5~2 厘米，两侧偶有 1~2 枚小裂齿，基部常有小型假托叶；上部叶与苞叶卵形或长卵形，3~5 全裂，裂片披针形或条形，全缘或偶有 1~3 枚浅裂齿，无柄。头状花序椭圆形，直径 1.5~2 毫米，无梗，直立或倾斜，有条形小苞叶，多数在茎上排列成狭窄或稍开展的圆锥状；总苞片 3~4 层，外层的较小，卵形或长卵形，背部密被蛛丝状毛，边缘狭膜质，中层的长卵形或椭圆形，背部密被蛛丝状毛，边缘宽膜质，内层的椭圆形，半膜质，背部近无毛；边缘雌花 5~10 枚，花冠狭管状，中央两性花 6~15 枚，花冠管状，檐部紫红色。花序托凸起。瘦果短圆状倒卵形。花果期 8—10 月。

中生植物。广布于森林草原和草原地带。生长于沙地、河谷、撂荒地上，作为杂草常侵入到耕地、路旁，有时也侵入到草甸群落中。多散生亦可形成小群聚。全草入药。

产地：全旗。

饲用价值：低等饲用植物。

红足蒿 *Artemisia rubripes* Nakai

蒙名：乌兰-协日乐吉

别名：大狭叶蒿

形态特征：多年生草本，高达 1 米。主根细长，侧根多；根状茎细，匍地或斜向上，具营养枝。茎单生或少数，具纵条棱，基部通常红色，上部褐色或红色，中部以上分枝，茎、枝初时微被短柔毛，后脱落无毛。叶纸质，营养枝叶与茎下部叶近圆形或宽卵形，二回羽状全裂或深裂，具短柄，花期枯萎；中部叶卵形、长卵形或宽卵形，长 7~10 厘米，宽 3~7 厘米，一至二回羽状深裂，第一回全裂，侧裂片（2）3~4 对，披针形、条状披针形或条形，长 2~4 厘米，宽 2~7 毫米，先端渐尖，再次羽状深裂或全裂，每侧具 2~3 小裂片或为浅裂齿，边缘稍反卷，上面绿色，无毛或近无毛，下面除中脉外密被灰白色蛛丝状绒毛，叶柄长 5~10 毫米，基部常有小型假托叶；上部叶椭圆形，羽状全裂，侧裂片 2~3 对，条状披针形或条形，先端渐尖，不再分裂或偶有小裂齿，无柄，基部有小型假托叶；苞叶小，3~5 全裂或不分裂而为条形或条状披针形。头状花序椭圆状卵形或长卵形，直径 1~1.5（2）毫米，无梗或有短梗，具小苞叶，多数在茎上排列成开展或稍开展的圆锥状；总苞片3层，外层的小，卵形，背部初时被蛛丝状短柔毛，后渐稀疏，近无毛，边缘狭膜质，中层的长卵形，背部初时疏被蛛丝状柔毛，后无毛，边缘宽膜质，内层的长卵形或椭圆状倒卵形，半膜质，背部无毛或近无毛；边缘雌花5~10枚，花冠狭管状，中央两性花9~15枚，花冠管状或高脚杯状。花序托凸起。瘦果小，长卵形，略扁。花果期8—10月。

中生植物。集中分布在森林草原和草原地带，多生于山地林缘、灌丛、草坡或沙地上，作为杂草也侵入到农田、路旁。

产地：全旗。

饲用价值：低等饲用植物。

白叶蒿 *Artemisia leucophylla*（Turcz. ex Bess.）C. B. Clarke

蒙名：查干-协日乐吉

别名：茭蒿、白毛蒿

形态特征：多年生草本，高30~80厘米。主根稍明显，侧根多；根状茎稍粗，垂直或斜向上，常有营养枝。茎直立，单生或数个，常成丛，具纵条棱，常带紫褐色，上部有分枝，茎、枝疏被蛛丝状柔毛。叶薄纸质或纸质，茎下部叶椭圆形或长卵形，长4~11厘米，宽3~7厘米，一至二回羽状深裂或全裂，侧裂片3~4对，宽菱形、椭圆形或矩圆形，每裂片再次羽状分裂，小裂片1~3对，条状披针形或条形，长5~10毫米，宽4~5毫米，叶柄长3~5厘米，两侧偶有小型裂齿，基部具条状披针形假托叶，叶上面暗绿色或灰绿色，疏或密被蛛丝状绒毛，并疏布白色腺点，下面密被灰白色蛛丝状绒毛；中部与上部叶羽状全裂，侧裂片2~3对，条状披针形或条形，无柄；苞叶3~5全裂或不分裂，条状披针形或条形。头状花序宽卵形或矩圆形，直径2.5~3.5（4）毫米，无梗，基部常有小苞叶，多数在茎上排列成狭窄，且略密集的圆锥状；总苞片3~4层，外层的稍小，卵形或狭卵形，背部绿色或带紫红色，密被蛛丝状毛，边缘膜质，中层的椭圆形或倒卵形，先端钝，边缘宽膜质，背部疏被蛛丝状毛，内层的倒卵形，半膜质，背部近无毛；边缘雌花5~8枚，花冠狭管状，中央两性花6~17枚，花冠管状。花序托小，凸起。瘦果倒卵形。花果期8—9月。

中生植物。生于山坡、沟谷或丘陵坡地。

产地：阿日哈沙特镇、克尔伦苏木。

饲用价值：中等饲用植物。

蒙古蒿 ***Artemisia mongolica*（Fisch. ex Bess.）Nakai**

1. 植株上部；2. 中部叶；3. 头状花序；4. 总苞片；5. 两性花；6. 雌花

红足蒿 ***Artemisia rubripes* Nakai**

7. 叶；8. 头状花序

白叶蒿 ***Artemisia leucophylla*（Turcz. ex Bess.）C. B. Clarke**

9. 叶；10. 头状花序

龙蒿 *Artemisia dracunculus* L.

蒙名：伊西根-协日乐吉

别名：狭叶青蒿

形态特征：半灌木状草本，高20~100厘米。根粗大或稍细，木质、垂直；根状茎粗长，木质，常有短的地下茎。茎通常多数，成丛，褐色，具纵条棱，下部木质，多分枝，开展，茎、枝初时疏被短柔毛，后渐脱落。叶无柄，下部叶在花期枯萎；中部叶条状披针形或条形，长3~7厘米，宽2~3（6）毫米，先端渐尖，基部渐狭，全缘，两面初时疏被短柔毛，后无毛；上部叶与苞叶稍小，条形或条状披针形。头状花序近球形，直径2~3毫米，具短梗或近无梗，斜展或稍下垂，具条形小苞叶，多数在茎上排列成开展或稍狭窄的圆锥状；总苞片3层，外层的稍狭小，卵形，背部绿色，无毛，中、内层的卵圆形或长卵形，边缘宽膜质或全为膜质；边缘雌花6~10枚，花冠狭管状或近狭圆锥状，中央两性花8~14枚，花冠管状。花序托小，凸起。瘦果倒卵形或椭圆状倒卵形。花果期7—10月。

中生植物。广布于森林区和草原区。多生长在砂质和疏松的砂壤质土壤上。散生或形成小群聚，作为杂草也进入撂荒地和村舍、路旁。

产地：全旗。

饲用价值：低等饲用植物。

差不嘎蒿 *Artemisia halodendron* Turcz. ex Bess.

蒙名：好您-西巴嘎

别名：盐蒿、沙蒿

形态特征：半灌木，高50~80厘米。主根粗长；根状茎粗大，木质，具多数营养枝。茎直立或斜向上，多数或少数，稀单生，具纵条棱，上部红褐色，下部灰褐色或暗灰色，外皮常剥落；自基部开始分枝，枝多而长，常与营养枝组成密丛，当年生枝与营养枝黄褐色或紫褐色；茎、枝初时被灰黄色绢质柔毛。叶质稍厚，干时稍硬，初时疏被灰白色短柔毛，后无毛，茎下部与营养枝叶宽卵形或近圆形，长、宽3~6厘米，二回羽状全裂，侧裂片3~5对，小裂片狭条形，长1~2厘米，宽0.5~1毫米，先端具硬尖头，边缘反卷，叶柄长1.5~4厘米，基部有假托叶；中部叶宽卵形或近圆形，一至二回羽状全裂，小裂片狭条形，近无柄，有假托叶；上部叶与苞叶3~5全裂或不分裂。头状花序卵球形，直径3~4毫米，直立，具短梗或近无梗，有小苞叶，多数在茎上排列成大型、开展的圆锥状；总苞片3~4层，外层的小，卵形，绿色，无毛，边缘膜质，中层的椭圆形，背部中间绿色，无毛，边缘宽膜质，内层的长椭圆形或矩圆形，半膜质；边缘雌花4~8枚，花冠狭圆锥形或狭管状，中央两性花8~15枚，花冠管状。花序托凸起。瘦果长卵形或倒卵状椭圆形。花果期7—10月。

中旱生沙生植物。分布于草原区北部的干草原带和森林草原带。在大兴安岭东西两侧，多生于固定、半固定沙丘、沙地，是内蒙古东部沙地半灌木群落的重要建群植物。嫩枝叶入药。

产地：宝格德乌拉苏木沙地。

饲用价值：中等饲用植物

龙蒿 ***Artemisia dracunculus*** **L.**

1. 植株上部；2. 头状花序；3. 总苞片；4. 雌花；5. 两性花

光沙蒿 *Artemisia oxycephala* Kitag.

蒙名：给鲁格日-协日乐吉

形态特征：半灌木状草本或半灌木状，高30~60厘米。主根粗长，木质；根状茎粗短，木质，具多数营养枝。茎数条，成丛，直立或斜上升，具纵条棱，下半部木质，暗紫色或红紫色，无毛，上部草质，黄褐色，有分枝。叶质稍厚，干后质稍硬，基生叶宽卵形，具长柄，花期枯萎；茎下部与中部叶宽卵形或近圆形，长2~5厘米，宽2~3厘米，二回羽状全裂，侧裂片2~3对，每裂片再3全裂或不分裂，小裂片丝状条形，长1.5~2厘米，宽1.5~2毫米，先端有硬尖头，叶两面无毛或幼时疏被短柔毛，后无毛，近无柄；上部叶与苞叶3~5全裂或不分裂，丝状条形。头状花序长卵形，直径1.5~2.5毫米，具短梗或近无梗，基部有小苞叶，直立，多数在茎上排列成疏松开展或稍紧密的圆锥状；总苞片3~4层，外、中层的卵形或长卵形，背部有绿色中肋，无毛，边缘膜质，内层的长卵形或椭圆形，先端钝，半膜质；边缘雌花2~7枚，花冠狭圆锥状或狭管状，中央两性花3~10枚，花冠管状。花序托凸起。瘦果矩圆形。花果期8—10月。

旱生或中旱生的沙生植物。多分布于中温型干草原带的沙丘，沙地和覆沙高平原上，少量也进入森林草原带。

产地：贝尔苏木。

饲用价值：低等饲用植物。

柔毛蒿 *Artemisia pubescens* Ledeb.

蒙名：乌斯特-胡日根-协日乐吉

别名：变蒿、立沙蒿

形态特征：多年生草本，高20~70厘米。主根粗，木质；根状茎稍粗短，具营养枝。茎多数，丛生，草质或基部稍木质化，黄褐色、红褐色或带红紫色，具纵条棱，茎上半部有少数分枝，斜向上，基部常被棕黄色绒毛，上部及枝初时被灰白色柔毛，后渐脱落无毛。叶纸质，基生叶与营养枝叶卵形，二至三回羽状全裂，具长柄，花期枯萎；茎下部、中部叶卵形或长卵形，长（2.5）3~9厘米，宽1.5~3厘米，二回羽状全裂，侧裂片2~4对，裂片及小裂片狭条形至条状披针形，长1~2厘米，宽0.5~1.5毫米，先端尖，边缘稍反卷，两面初时密被短柔毛，后上面毛脱落，下面疏被短柔毛，叶柄长2~5厘米，基部有假托叶；上部叶羽状全裂，无柄；苞叶3全裂或不分裂，狭条形，头状花序卵形或矩圆形，直径1.5~2毫米，具短梗及小苞叶，斜展或稍下垂，多数在茎上部排列成狭窄或稍开展的圆锥状；总苞片3~4层，无毛，外层的短小，卵形，背部有绿色中肋，边缘膜质，中层的长卵形，边缘宽膜质，内层的椭圆形，半膜质；边缘雌花8~15枚，花冠狭管状或狭圆锥状，中央两性花10~15枚，花冠管状。花序托凸起。瘦果矩圆形或长卵形。花果期8—10月。

旱生植物。生长于森林草原及草原地带的山坡、林缘灌丛、草地或沙质地。

产地：呼伦镇、阿日哈沙特镇、贝尔苏木、克尔伦苏木。

饲用价值：良等饲用植物。

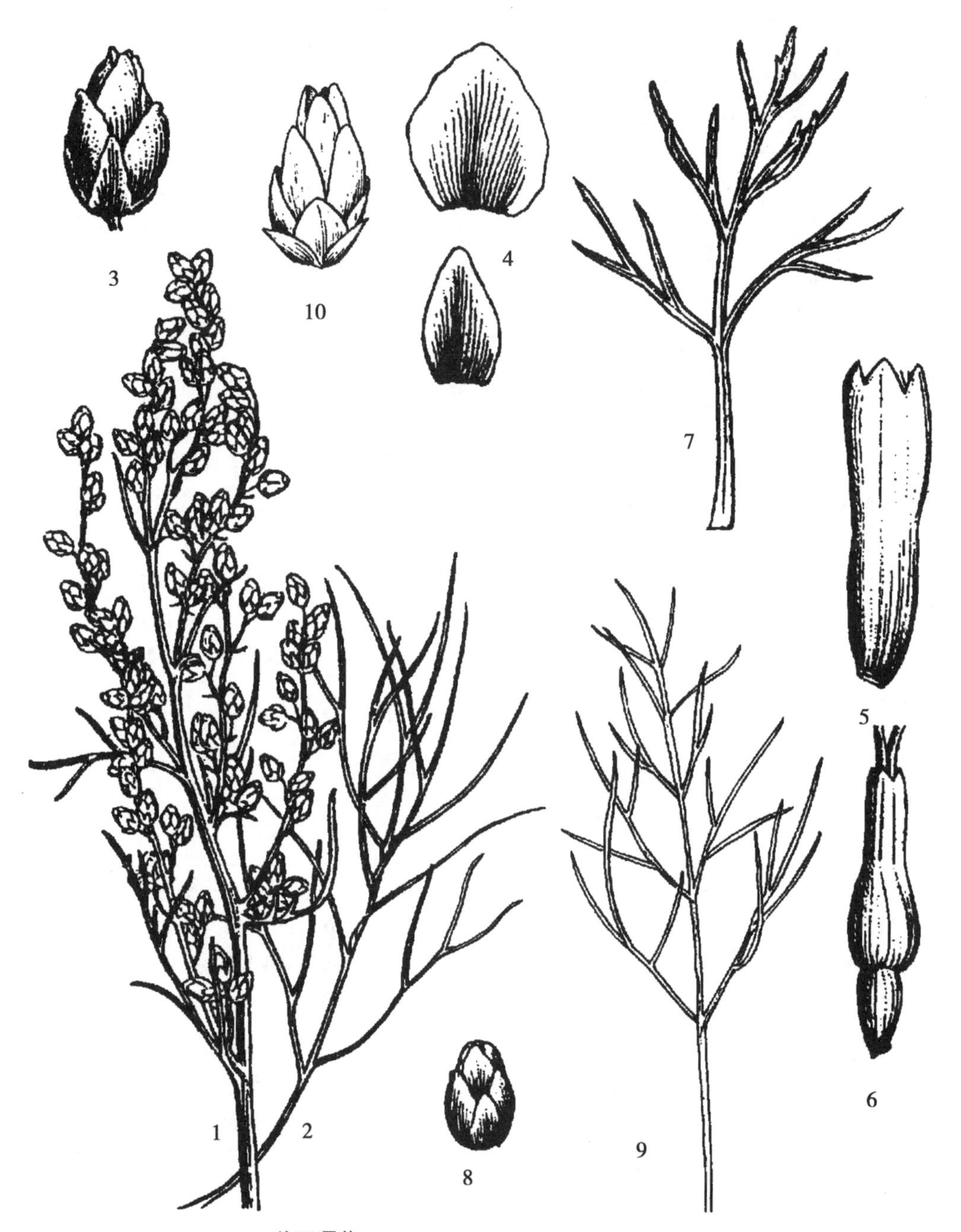

差不嘎蒿 *Artemisia halodendron* Turcz. ex Bess.

1. 花序枝；2. 叶；3. 头状花序；4. 总苞片；5. 两性花；6. 雌蕊

光沙蒿 *Artemisia oxycephala* Kitag.

7. 叶；8. 头状花序

柔毛蒿 *Artemisia pubescens* Ledeb.

9. 叶；10. 头状花序

猪毛蒿 *Artemisia scoparia* Waldst. et Kit.

蒙名：伊麻干-协日乐吉

别名：米蒿、黄蒿、臭蒿、东北茵陈蒿

形态特征：多年生或近一、二年生草本，高达1米，植株有浓烈的香气。主根单一，狭纺锤形，垂直，半木质或木质化；根状茎粗短，常有细的营养枝。茎直立，单生，稀2~3条，红褐色或褐色，具纵沟棱，常自下部或中部开始分枝，下部分枝开展，上部枝多斜向上；茎、枝幼时被灰白色或灰黄色绢状柔毛，以后脱落。基生叶与营养枝叶被灰白色绢状柔毛，近圆形，长卵形，二至三回羽状全裂，具长柄，花期枯萎；茎下部叶初时两面密被灰白色或灰黄色绢状柔毛，后脱落，叶长卵形或椭圆形，长1.5~3.5厘米，宽1~3厘米，二至三回羽状全裂，侧裂片3~4对，小裂片狭条形，长3~5毫米，宽0.2~1毫米，全缘或具1~2枚小裂齿，叶柄长2~4厘米；中部叶矩圆形或长卵形，长1~2厘米，宽5~15毫米，一至二回羽状全裂，侧裂片2~3对，小裂片丝状条形或毛发状，长4~8毫米，宽0.2~0.3（0.5）毫米；茎上部叶及苞叶3~5全裂或不分裂。头状花序小，球形或卵球形，直径1~1.5毫米，具短梗或无梗，下垂或倾斜，小苞叶丝状条形，极多数在茎上排列成大型而开展的圆锥状；总苞片3~4层，外层的草质、卵形、背部绿色，无毛，边缘膜质，中、内层的长卵形或椭圆形，半膜质；边缘雌花5~7枚，花冠狭管状，中央两性花4~10枚，花冠管状。花序托小，凸起。瘦果矩圆形或倒卵形，褐色。花果期7—10月。

旱生或中旱生植物。分布很广，在草原带和荒漠带均有分布。多生长在沙质土壤上，是夏雨型一年生层片的主要组成植物。一般家畜均喜食，用以调制干草适口性更佳。春季和秋季，绵羊和山羊乐意采食，马和牛也乐食。幼苗入药，根入藏药。

产地：全旗。

饲用价值：良等饲用植物。

细秆沙蒿 *Artemisia macilenta*（Maxim.）Krasch.

蒙名：那力薄其-协日乐吉

别名：细叶蒿

形态特征：多年生草本或近半灌木状，高40~70厘米。主根木质。垂直；根状茎较短，略木质，具多个营养枝。茎直立，细长，具纵条棱，淡褐色，有时下部带紫褐色，不分枝或上部有短分枝；茎、枝初时疏被短柔毛，后脱落无毛。叶两面无毛；茎下部叶与营养枝叶宽卵形或卵形，长、宽2~4厘米，二回羽状全裂，侧裂片2~3对，每裂片再3~5全裂，小裂片狭条形，长7~15毫米，宽0.3~0.6（1）毫米，先端尖，叶柄长1~3厘米；中部叶与上部叶羽状全裂，侧裂片2对，无柄或近无柄；苞叶小，不分裂，狭条形。头状花序宽卵形或近球形，直径1~2毫米，具短梗及狭条形小苞叶，倾斜或下垂，多数在茎上排列成狭窄的圆锥状；总苞片3层，外层的披针形，背部无毛，绿色，边缘膜质，中、内层的长卵形，边缘宽膜质或近膜质；边缘雌花3~6枚，花冠小，狭短管状或狭小的圆锥状，中央两性花4~8枚，花冠管状。花序托凸起。瘦

果倒卵形。花果期 8—10 月。

旱生植物。生于草原和森林草原带的沙地、砂质土壤上，也生于山地的砾石质坡地，为草原群落的伴生植物。

产地：达赉苏木。

饲用价值：低等饲用植物。

猪毛蒿 ***Artemisia scoparia*** **Waldst. et Kit.**

1. 花序枝；2. 植株；3. 头状花序；4. 总苞片；5. 两性花；6. 雌花

细秆沙蒿 ***Artemisia macilenta*** **（Maxim.） Krasch.**

7. 叶；8. 头状花序

东北牡蒿 *Artemisia manshurica*（Kom.）Kom.

蒙名：陶存-协日乐吉

形态特征：多年生草本，高 40~100 厘米。主根不明显，侧根数枚，斜向下伸；根状茎稍粗短，有少数营养枝。茎数个丛生，稀单生，具纵条棱，紫褐色或深褐色，分枝细而短，茎、枝初时被微柔毛，后脱落无毛。营养枝叶密集，叶片匙形或楔形，长 3~7 厘米，宽 8~15 毫米，先端圆钝，有数个浅裂缺，并有密而细的锯齿，基部渐狭，无柄；茎下部叶倒卵形或倒卵状匙形，5 深裂或为不规则的裂齿，无柄，花期枯萎；中部叶倒卵形或椭圆状倒卵形，长 2.5~3.5 厘米，宽 2~3 厘米，一至二回羽状或掌状式的全裂或深裂，侧裂片 1~2 对，狭匙形或倒披针形，长 1~2 厘米，宽 2~3 毫米，每裂片具 3 浅裂齿或无裂齿，叶基部有小型的假托叶；上部叶宽楔形或椭圆状倒卵形，先端常有不规则的 3~5 全裂或深裂片，苞叶披针形或椭圆状披针形，不分裂。头状花序近球形或宽卵形，直径 1.5~2 毫米，具短梗及条形苞叶，下垂或斜展，极多数在茎上排列成狭长的圆锥状；总苞片 3~4 层，外层的披针形或狭卵形，中层的长卵形，背部均为绿色，无毛，边缘宽膜质，内层的长卵形，半膜质；边缘雌花 4~8 枚，花冠狭圆锥状或狭管状，中央两性花 6~10 枚，花冠管状。花序托凸起。瘦果倒卵形或卵形，褐色。花果期 8—10 月。

中生植物。分布在森林和森林草原地带。生长于山地、林缘、林下及灌丛间。全草入药。

产地：呼伦镇。

饲用价值：中等饲用植物。

漠蒿 *Artemisia desertorum* Spreng.

蒙名：芒汗-协日乐吉

别名：沙蒿

形态特征：多年生草本，高（10）30~90 厘米。主根明显，侧根少数；根状茎粗短，具短的营养枝。茎单生，稀少数簇生，直立，淡褐色，有时带紫红色，具细纵棱，上部有分枝，茎、枝初时被短柔毛，后脱落无毛。叶纸质，茎下部叶与营养枝叶二型：一型叶片为矩圆状匙形或矩圆状倒楔形，先端及边缘具缺刻状锯齿或全缘，基部楔形，另一型叶片椭圆形，卵形或近圆形，长 2~5（8）厘米，宽 1~5（10）厘米，二回羽状全裂或深裂，侧裂片 2~3 对，椭圆形或矩圆形，每裂片常再 3~5 深裂或浅裂，小裂片条形、条状披针形或长椭圆形，叶上面无毛，下面初时被薄绒毛，后无毛，叶柄长 1~4（18）厘米，基部有条形、半抱茎的假托叶；中部叶较小，长卵形或矩圆形，一至二回羽状深裂，基部宽楔形，具短柄，基部有假托叶；上部叶 3~5 深裂，基部有小型假托叶；苞叶 3 深裂或不分裂，条状披针形或条形，基部假托叶小。头状花序卵球形或近球形，直径 2~3（4）毫米，具短梗或近无梗，基部有小苞叶，多数在茎上排列成狭窄的圆锥状；总苞片 3~4 层，外层的较小，卵形，中层的长卵形，外、中层总苞片背部绿色或带紫色，初时疏被薄毛，后脱落无毛，边缘膜质，内层的长卵形，半膜质，无毛；

边缘雌花4~8枚，花冠狭圆锥状或狭管状，中央两性花5~10枚，花冠管状。花序托凸起。瘦果倒卵形或矩圆形。花果期7—9月。

旱生植物。草原上常见的伴生植物，有时也能形成局部的优势或层片。多生于砂质和砂砾质的土壤上。

产地：全旗。

饲用价值：中等饲用植物。

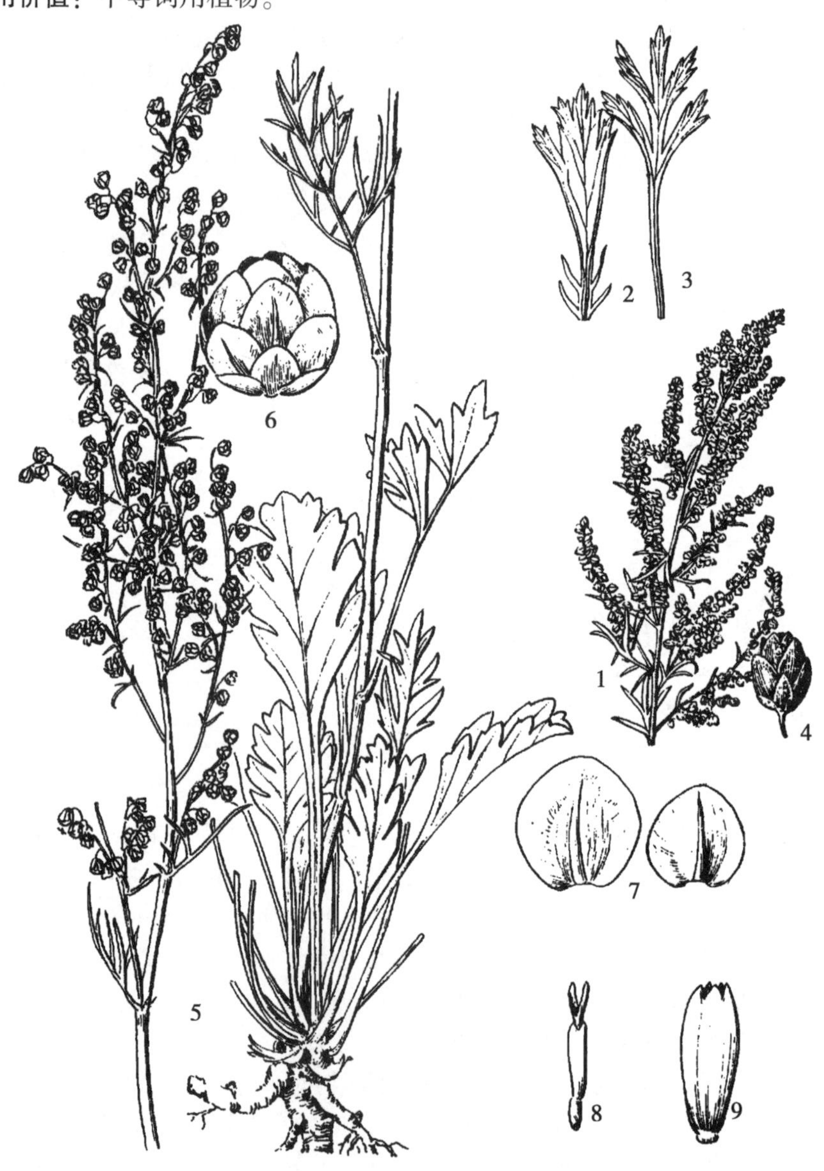

东北牡蒿 ***Artemisia manshurica*** **(Kom.) Kom.**

1. 花序枝；2~3. 叶；4. 头状花序

漠蒿 ***Artemisia desertorum*** **Spreng.**

5. 植株；6. 头状花序；7. 总苞片；8. 雌花；9. 两性花

绢蒿属 *Seriphidium*（Bess.）Poljak.

东北绢蒿 *Seriphidium finitum*（Kitag.）Y. Ling et Y. R. Ling

蒙名：塔乐斯图-哈木巴-协日乐吉

别名：东北蛔蒿

形态特征：半灌木状草本，高 20~60 厘米。主根粗，木质；根状茎粗短，黑色，常有褐色枯叶柄，具木质的营养枝。茎少数或单一，中部以上有多数分枝，密被灰白色蛛丝状毛。茎下部叶及营养枝叶矩圆形或长卵形，长 2~3（5）厘米，宽 1~2 厘米，二至三回羽状全裂，侧裂片（3）4~5 对，小裂片狭条形，长 3~10 毫米，宽 1~1.5 毫米，先端钝尖，叶柄长 2~5 厘米，叶两面密被灰白色蛛丝状毛，花期枯萎；中部叶卵形或长卵形，一至二回羽状全裂，小裂片狭条形或条状披针形，叶柄短，基部有羽状全裂的假托叶；上部叶与苞叶 3 全裂或不分裂。头状花序矩圆状倒卵形或矩圆形，直径 2~2.5 毫米，无梗或具短梗，基部有条形的小苞叶，多数在茎上排列成狭窄或稍开展的圆锥状；总苞片 4~5 层，外层的小，卵形，中层的长卵形，背部被蛛丝状毛，有绿色中肋，边缘狭或宽膜质，内层的长卵形或矩圆状倒卵形，半膜质，背部疏被毛或近无毛；两性花 3~9（13）枚，花冠管状。瘦果长倒卵形。花果期 8—10 月。

东北绢蒿 ***Seriphidium finitum*** **（Kitag.）Y. Ling et Y. R. Ling**

1. 植株；2. 叶；3. 头状花序；4. 总苞片；5. 两性花

旱生植物。分布于蒙古高原的草原和荒漠草原地带，生于砂砾质或砾石质土壤上，也生长在盐碱化湖边草甸，为草原或芨芨草甸的伴生植物。

产地：阿日哈沙特镇、阿拉坦额莫勒镇、克尔伦苏木。

栉叶蒿属 *Neopallasia* Poljak.

zhì
栉叶蒿 *Neopallasia pectinata*（Pall.）Poljak.

蒙名：乌合日-希鲁黑

别名：篦齿蒿

形态特征：一、二年生草本，高15~50厘米。茎草一或自基部以上分枝，被白色长或短的绢毛。茎生叶无柄，矩圆状椭圆形，长1.5~3厘米，宽0.5~1厘米，一至二回栉齿状的羽状全裂，小裂片刺芒状，质稍坚硬，无毛。头状花序卵形或宽卵形，长3~4（5）毫米，直径2.5~3毫米，几无梗，3至数枚在分枝或茎端排列成稀疏的穗状，复在茎上组成狭窄的圆锥状，苞叶栉齿状羽状全裂，总苞片3~4层，椭圆状卵形，边缘膜质，背部无毛；边缘雌花3~4枚，结实，花冠狭管状，顶端截形或微凹，无明显裂齿；中央小花两性，9~16枚，有4~8枚着生于花序托下部，结实，其余着生于花序托顶部的不结实，全部两性花花冠管状钟形，5裂；花序托圆锥形，裸露。瘦果椭圆形，长1.2~1.5毫米，深褐色，具不明显纵肋，在花序托下部排成一圈。花期7—8月，果期8—9月。

花粉粒长球形，赤道面观近椭圆形，极面观三裂圆形，具3孔沟。表面具瘤状或刺状纹饰。

旱中生植物。分布极广。在干草原带、荒漠草原带以及草原化荒漠带均有分布，多生长在壤质或黏壤质的土壤上，为夏雨型一年生层片的主要成分。在退化草场上常常可成为优势种。地上部分入蒙药。

产地：阿拉坦额莫勒镇、克尔伦苏木、达赉苏木、宝格德乌拉苏木。

饲用价值：低等饲用植物。

狗舌草属 *Tephroseris*（Reichenb.）

狗舌草 *Tephroseris kirilowii*（Turcz. ex DC.）Holub

蒙名：给其根那

形态特征：多年生草本，高15~50厘米，全株被蛛丝状毛，呈灰白色。根茎短，着生多数不定根。茎直立，单一。基生叶及茎下部叶较密，呈莲座状，开花时部分枯萎，宽卵形、卵形、矩圆形或匙形，长5~10厘米，宽1~2.5厘米，先端钝圆，基部渐狭，下延成柄，柄长短不等，边缘有锯齿或全缘；茎中部叶少数，条形或条状披针形，长2~5厘米，宽0.5~1厘米，全缘，基部半抱茎；茎上部叶狭条形，全缘。头状花序5~10，于茎顶排列成伞房状，具长短不等的花序梗，苞叶3~8，狭条形，总苞钟形，长6~9毫米，宽8~11毫米；总苞片条形或披针形，背面被蛛丝状毛，边缘膜质；舌状花黄色或橙黄色，长9~17毫米，子房具微毛；管状花长6~8毫米，子房具毛。瘦果圆柱形，长约2.5毫米，具纵肋，被毛；冠毛白色，长5~7毫米。花果期6—7月。

中旱生植物。生于典型草原、草甸草原及山地林缘。全草或根入药。

产地：旗北部草甸草原。

饲用价值：中等饲用植物。

栉叶蒿 ***Neopallasia pectinata*** **（Pall.）Poljak.**

1. 花序枝；2. 总苞片；3~4. 花

狗舌草 ***Tephroseris kirilowii*** **（Turcz. ex DC.）Holub**

5. 植株上部；6. 植株中下部；7. 舌状花；8. 管状花

红轮狗舌草 *Tephroseris flammea*（Turcz. ex DC.）Holub

蒙名：乌兰-给其根那

别名：红轮千里光

形态特征：多年生草本，高 20~70 厘米。根茎短，着生密而细的不定根。茎直立，单一，具纵条棱，上部分枝，茎、叶和花序梗都被蛛丝状毛，并混生短柔毛。基生叶花时枯萎；茎下部矩圆形或卵形，长 5~15 厘米，宽 2~3 厘米，先端锐尖，基部渐狭成具翅的和半抱茎的长柄，大或小的疏牙齿；茎中部叶披针形，长 5~12 厘米，宽 1.5~3 厘米，先端长渐尖，基部渐狭，无柄，半抱茎，边缘具细齿；茎上部叶狭条形，一般全缘，无柄。头状花序 5~15，在茎顶排列成伞房状；总苞杯形，长 5~7 毫米，宽 5~13 毫米，总苞片约 20，黑紫色，条形，宽约 1.5 毫米，先端锐尖；边缘狭膜质，背面被短柔毛；无外层小苞片；舌状花 8~12，条形或狭条形，长 13~25 毫米，宽 1~2 毫米，舌片红色、紫红色，成熟后常反卷；管状花长 6~9 毫米，紫红色。瘦果圆柱形，棕色长 2~3 毫米，被短柔毛，冠毛污白色，长 8~10 毫米。

中生植物。生于具丰富杂类草的草甸及林缘灌丛。

产地：呼伦镇、阿日哈沙特镇。

饲用价值：中等饲用植物。

湿生狗舌草 *Tephroseris palustris*（L.）Reich.

蒙名：那木根-给其根那

别名：湿生千里光

形态特征：二年生草本，高 20~100 厘米。具须根。茎中空，基部直径达 1 厘米，被腺毛和曲柔毛，幼株茎上部毛较密，基部有时光滑，茎单一，上部分枝，有时基部分枝。基生叶及下部叶密集，矩圆形或披针形，长 10~15 厘米，宽约 2 厘米，先端钝，基部半抱茎，边缘具缺刻状锯齿、波状齿或近羽状半裂，通常两面无毛，具宽叶柄或无柄；茎中部叶卵状披针形或披针形，基部抱茎，通常两面被曲柔毛；上部叶较小，具较密的曲柔毛和腺毛。头状花序在枝端排列成聚伞状，花序梗被曲柔毛和腺毛，苞叶狭条形；总苞钟形，长 5~6 毫米，宽 5~8 毫米，总苞片条形，基部密生曲柔毛，边缘膜质，无外层小总苞片；舌状花亮黄色，长约 10 毫米；管状花长 6~7 毫米。瘦果圆柱形，长 2~3 毫米，棕色，光滑，具明显的纵肋；冠毛白色，长约 15 毫米。花果期 6—7 月。

湿生植物。生于湖边沙地或沼泽。

产地：贝尔苏木乌兰泡南岸湿地、克尔伦河边。

饲用价值：中等饲用植物。

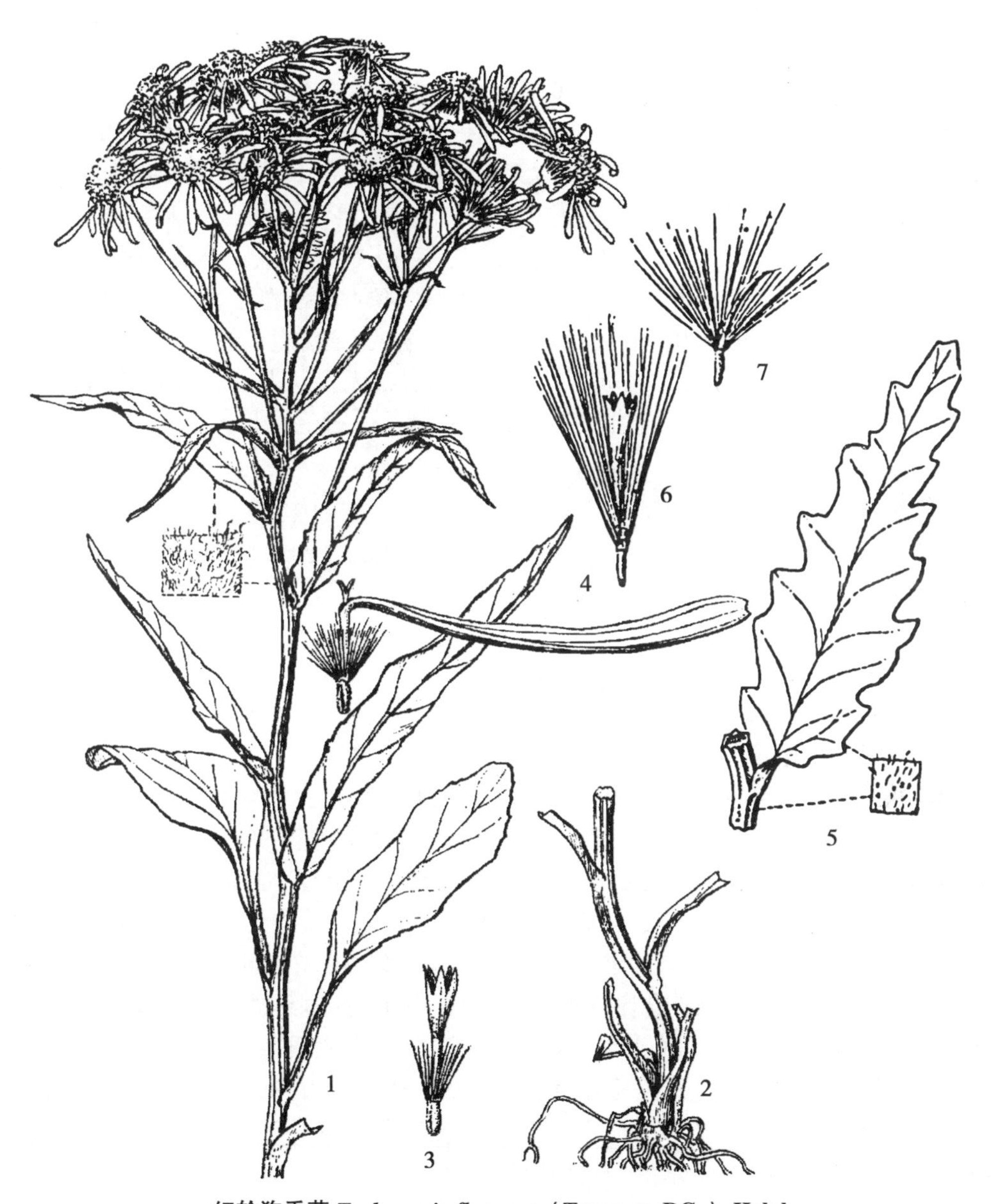

红轮狗舌草 ***Tephroseris flammea*** **（Turcz. ex DC.） Holub**

1. 植株上部；2. 植株下部；3. 管状花；4. 舌状花

湿生狗舌草 ***Tephroseris palustris*** **（L.） Reich.**

5. 中部叶；6. 管状花；7. 舌状花

千里光属 *Senecio* L.

欧洲千里光 *Senecio vulgaris* L.

蒙名：恩格音-给其根那

形态特征：一年生草本，高 15~40 厘米。茎直立，稍肉质，具纵沟棱，被蛛丝状毛或无毛，多分枝。基生叶与茎下部叶倒卵状匙形或矩圆状匙形，具浅齿，有柄，花期枯萎；茎中部叶倒卵状匙形、倒披针形以至矩圆形，长 3~10 厘米，宽 1~3 厘米，羽状浅裂或深裂，边缘具不整齐波状小浅齿，叶先端钝或圆形，向下渐狭基部常扩大而抱茎，两面近无毛；上部叶较小，条形，有齿或全缘。头状花序多数，在茎顶和枝端排列成伞房状，花序梗细长，被蛛丝状毛；苞叶条形或狭条形；总苞近钟状，长 6~8 毫米，宽 4~5 毫米；总苞片可达 20，披针状条形，先端渐尖，边缘膜质，外层小苞片 2~7，披针状条形，长 1.5~2 毫米，先端渐尖，常呈黑色；无舌状花；管状花长约 5 毫米，黄色。瘦果圆柱形，长 2.5~3 毫米，有纵沟，被微毛，冠毛白色，长约 5 毫米。花果期 7—8 月。

中生植物。生于山坡及路旁。

产地：阿拉坦额莫勒镇。

饲用价值：低等饲用植物。

额河千里光 *Senecio argunensis* Turcz.

蒙名：乌都力格-给其根那

别名：羽叶千里光

形态特征：多年生草本，高 30~100 厘米。根状茎斜生，有多数细的不定根。茎直立，单一，具纵条棱，常被蛛丝状毛，中部以上有分枝。茎下部叶花期枯萎；中部叶卵形或椭圆形，长 5~15 厘米，宽 2~5 厘米，羽状半裂、深裂，有的近二回羽裂，裂片 3~6 对，条形或狭条形，长 1~2.5 厘米，宽 1~5 毫米，先端钝或微尖，全缘或具疏齿，两面被蛛丝状毛或近光滑，叶下延成柄或无柄；上部叶较小，裂片较少。头状花序多数，在茎顶排列成复伞房状，花序梗被蛛丝状毛；小苞片条形或狭条形；总苞钟形，长 4~8 毫米，宽 4~10 毫米；总苞片约 10，披针形，边缘宽膜质，背部常被蛛丝状毛，外层小总苞片约 10，狭条形，比总苞片略短；舌状花黄色，10~12，舌片条形或狭条形，长 12~15 毫米；管状花长 7~9 毫米，子房无毛。瘦果圆柱形，长 2~2.5 毫米，光滑，黄棕色；冠毛白色，长 5~7 毫米。花果期 7—9 月。

中生植物。生于山地林缘及河边草甸，河边柳灌丛。带根全草入药。

产地：阿日哈沙特镇、阿拉坦额莫勒镇、克尔伦苏木。

饲用价值：低等饲用植物。

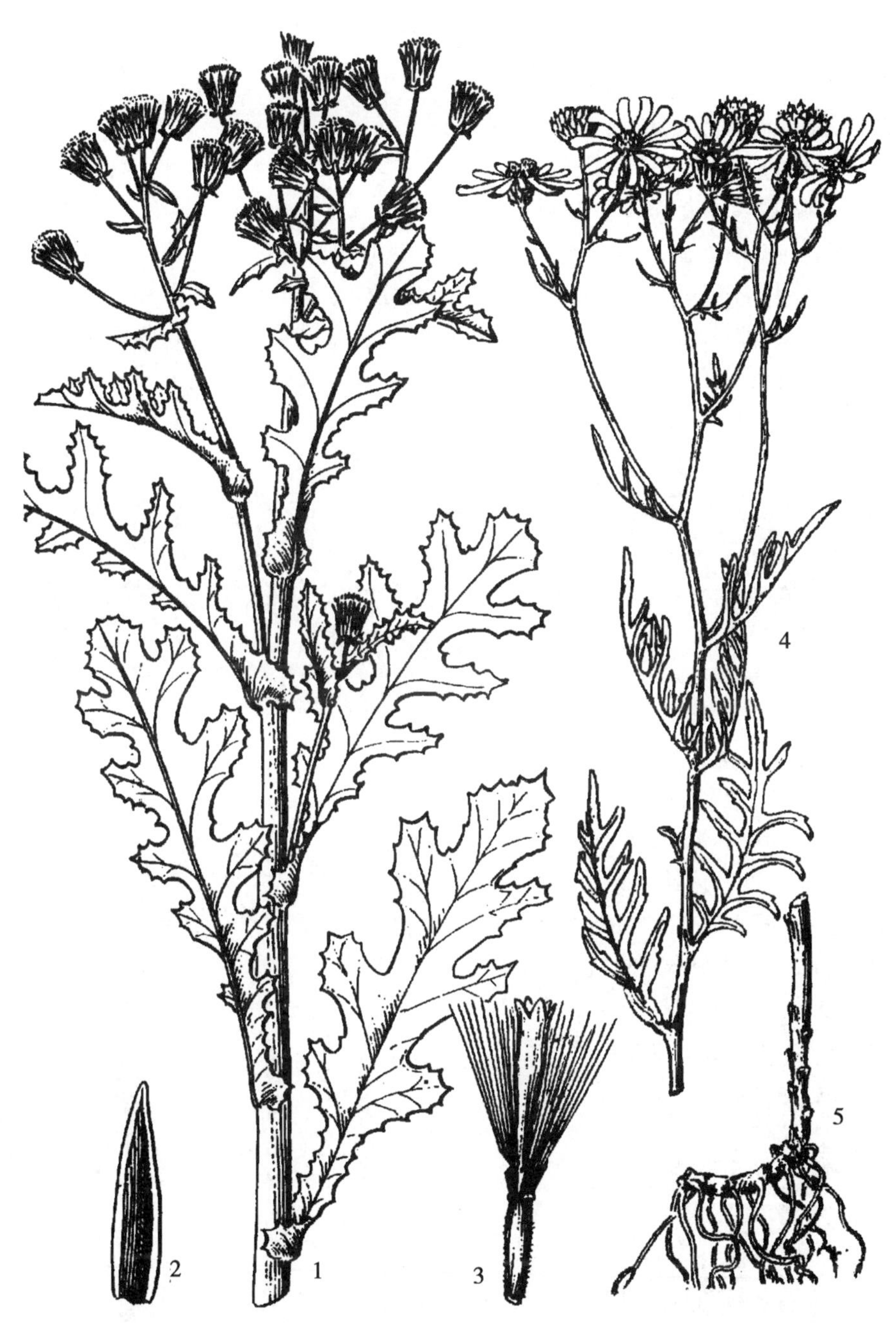

欧洲千里光 *Senecio vulgaris* L.

1. 植株；2. 总苞片；3. 管状花

额河千里光 *Senecio argunensis* Turcz.

4. 植株上部；5. 根

蓝刺头属 *Echinops* L.

驴欺口 *Echinops davuricus* Fisch. ex Horn.

蒙名：扎日阿-敖拉

别名：单州漏芦、火绒草、蓝刺头

形态特征：多年生草本，高 30～70 厘米。根粗壮，褐色。茎直立，具纵沟棱，上部密被白色蛛丝状绵毛，下部疏被蛛丝状毛，不分枝或有分枝。茎下部与中部叶二回羽状深裂，一回裂片卵形或披针形，先端锐尖或渐尖，具刺尖头，有缺刻状小裂片，全部边缘具不规则刺齿或三角形齿刺，上面绿色，无毛或疏被蛛丝状毛，并有腺点，下面密被白色绵毛，有长柄或短柄；茎上部叶渐小，长椭圆形至卵形，羽状分裂，基部抱茎。复头状花序单生于茎顶或枝端，直径约 4 厘米，蓝色；头状花序长约 2 厘米，基毛多数，白色，扁毛状，不等长，长 6～8 毫米；外层总苞片较短，长 6～8 毫米，条形，上部菱形扩大，淡蓝色，先端锐尖，边缘有少数睫毛；中层者较长，长达 15 毫米，菱状披针形，自最宽处向上渐尖成芒刺状，淡蓝色，中上部边缘有睫毛；内层者长 13～15 毫米，长椭圆形或条形，先端芒裂；花冠管部长 5～6 毫米，白色，有腺点，花冠裂片条形，淡蓝色，长约 8 毫米。瘦果圆柱形，长约 6 毫米，密被黄褐色柔毛；冠毛长约 1 毫米，中下部连合。花期 6 月，果期 7—8 月。

嗜砾质的中旱生植物。草原地带和森林草原地带常见杂类草，多生长在含丰富杂类草的针茅草原和羊草草原群落中，也见于线叶菊草原及山地林缘草甸。根和花序可入药；花序还入蒙药。

产地：呼伦镇、阿日哈沙特镇、达赉苏木。

饲用价值：低等饲用植物。

驴欺口 ***Echinops davuricus*** **Fisch. ex Horn.**
1～2. 植株；3. 头状花序

砂蓝刺头 *Echinops gmelinii* Turcz.

蒙名：额乐存乃-扎日阿-敖拉

别名：刺头、火绒草

形态特征；一年生草本，高 15~40 厘米。茎直立，稍具纵沟棱，白色或淡黄色，无毛或疏被腺毛或腺点，不分枝或有分枝。叶条形或条状披针形，长 1~6 厘米，宽 3~10 毫米，先端锐尖或渐尖，基部半抱茎，无柄，边缘有具白色硬刺的牙齿，刺长达 5 毫米，两面均为淡黄绿色，有腺点，或被极疏的蛛丝状毛、短柔毛，或无毛无腺点，上部叶有腺毛，下部叶密被绵毛。复头状花序单生于枝端，直径 1~3 厘米，白色或淡蓝色；头状花序长约 15 毫米，基毛多数，污白色，不等长，糙毛状，长约 9 毫米；外层总苞片较短，长约 6 毫米，条状倒披针形，先端尖，中部以上边缘有睫毛，背部被短柔毛；中层者较长，长约 12 毫米，长椭圆形，先端渐尖成芒刺状，边缘有睫毛；内层者长约 11 毫米，长矩圆形，先端芒裂，基部深褐色，背部被蛛丝状长毛；花冠管部长约 3 毫米，白色，有毛和腺点，花冠裂片条形，淡蓝色。瘦果倒圆锥形，长约 6 毫米，密被贴伏的棕黄色长毛；冠毛长约 1 毫米，下部连合。花期 6 月，果期 8—9 月。

喜沙的旱生植物。为荒漠草原地带和草原化荒漠地带常见伴生杂类草，并可沿固定沙地、沙质撂荒地深入到草原地带、森林草原地带及居民点、畜群点周围。根或全草入药。

产地：宝格德乌拉苏木沙地、达赉苏木。

饲用价值：低等饲用植物。

风毛菊属 *Saussurea* DC.

草地风毛菊 *Saussurea amara*（L.）DC.

蒙名：塔拉音-哈拉特日干那

别名：驴耳风毛菊、羊耳朵、小花草地风毛菊、尖苞草地风毛菊

形态特征：多年生草本，高 20~50 厘米。根粗壮。茎直立，具纵沟棱，被短柔毛或近无毛，分枝或不分枝。基生叶与下部叶椭圆形、宽椭圆形或矩圆状椭圆形，长 10~15 厘米，宽 1. 5~8 厘米，先端渐尖或锐尖，基部楔形，具长柄，全缘或有波状齿至浅裂，上面绿色，下面淡绿色，两面疏被柔毛或近无毛，密布腺点，边缘反卷；上部叶渐变小，披针形或条状披针形，全缘。头状花序多数，在茎顶和枝端排列成伞房状，总苞钟形或狭钟形，长 12~15 毫米，直径 8~12 毫米；总苞片 4 层，疏被蛛丝状毛和短柔毛，外层者披针形或卵状，先端尖，中层和内层者矩圆形或条形，顶端有近圆形膜质，粉红色而有齿的附片；花冠粉红色，长约 15 毫米；狭管部长约 10 毫米，檐部长约 5 毫米，有腺点。瘦果矩圆形，长约 3 毫米；冠毛 2 层，外层者白色，内层者长约 10 毫米，淡褐色。花期 8—9 月。

中生植物。村旁、路边常见杂草。

产地：全旗。

饲用价值：低等饲用植物。

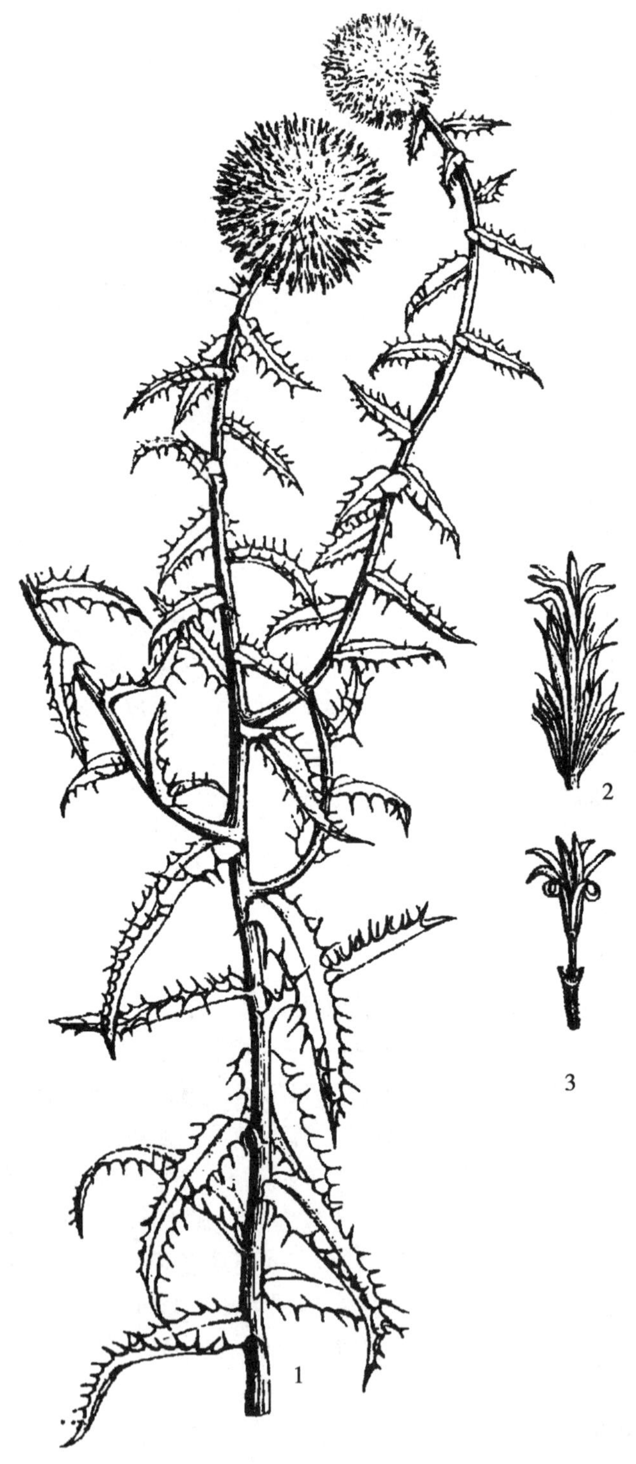

砂蓝刺头 ***Echinops gmelinii*** **Turcz.**

1. 植株；2. 头状花序；3. 花

草地风毛菊 *Saussurea amara*（L.）DC.

1. 植株上部；2. 基生叶；3. 总苞片

风毛菊 *Saussurea japonica*（Thunb.）DC.

4. 植株上部；5. 基生叶；6. 总苞片；7. 花

风毛菊 *Saussurea japonica*（Thunb.）DC.

蒙名：哈拉特日干那

别名：日本风毛菊、全叶风毛菊、齿叶风毛菊、细叶风毛菊

形态特征：二年生草本，高 50~150 厘米。根纺锤形，黑褐色。茎直立，有纵沟棱，疏被短柔毛和腺体，上部多分枝。基生叶与下部叶具长柄，矩圆形或椭圆形，长 15~20 厘米，宽 3~5 厘米，羽状半裂或深裂，顶裂片披针形，侧裂片 7~8 对，矩圆形、矩圆状披针形或条状披针形以至条形，先端钝或锐尖，全缘，两面疏被短毛和腺体；茎中部叶向上渐小；上部叶条形，披针形或长椭圆形，羽状分裂或全缘，无柄。头状花序多数，在茎顶和枝端排列成密集的伞房状；总苞筒状钟形，长 8~13 毫米，宽 5~8 毫米，疏被蛛丝状毛，总苞片 6 层，外层者短小，卵形，先端钝尖，中层至内层者条形或条状披针形，先端有膜质、圆形而具小齿的附片，带紫红色；花冠紫色，长 10~12 毫米，狭管部长约 6 毫米，檐部长 4~6 毫米。瘦果暗褐色，圆柱形，长 4~5 毫米；冠毛 2 层，淡褐色，外层者短，内层者长约 8 毫米。花果期 8—9 月。

中生植物。广泛分布于草原地带山地，草甸草原、河岸草甸、路旁及撂荒地较常见。全草入药。

产地：呼伦镇。

饲用价值：中等饲用植物。

翼茎风毛菊 *Saussurea japonica*（Thunb.）DC. var. *pteroclada*（Nakai et Kitag.）Raab-Straube

形态特征：本种与正种区别在于：叶基部沿茎下沿成翅，具牙齿或全缘。生境和分布同正种。

产地：呼伦镇。

饲用价值：中等饲用植物。

达乌里风毛菊 *Saussurea davurica* Adam.

蒙名：兴安乃-哈拉特日干那

别名：毛苞风毛菊

形态特征：多年生草本，高 4~15 厘米，全体灰绿色。根细长，黑褐色。茎单一或 2~3 个，具纵沟棱，无毛或疏被短柔毛。基生叶披针形或长椭圆形，长约 2~10 厘米，宽 0.5~2 厘米，先端渐尖，基部楔形或宽楔形，具长柄，全缘或具不规则波状牙齿或小裂片；茎生叶 2~5 片，无柄或具短柄，半抱茎，矩圆形，有波状小齿或全缘；全部叶近无毛或被微毛，密布腺点，边缘有糙硬毛。头状花序少数或多数，在茎顶密集排列成半球状或球状伞房状；总苞狭筒状，长 10~12 毫米，直径（3）5~6 毫米；总苞片 6~7 层，外层者卵形，顶端稍尖，内层者矩圆形，顶端钝尖，背部近无毛，边缘被短柔毛，上部带紫红色；花冠粉红色，长约 15 毫米，狭管部长约 8 毫米，檐部长约 7 毫米。瘦果圆柱状，长 2~3 毫米，顶端有短的小冠；冠毛 2 层，白色，内层长 11~12 毫米。花果期 8—9 月。

耐盐中生植物。草原及荒漠草原地带芨芨草滩中常见种，沿着盐渍化低湿地可深入到森林草原地带的盐化草甸。

产地：呼伦镇、克尔伦河南岸、呼伦湖沿岸盐化低湿地。

饲用价值：低等饲用植物。

盐地风毛菊 *Saussurea salsa*（Pall.）Spreng.

蒙名：高比音-哈拉特日干那

形态特征：多年生草本，高 10~40 厘米。根粗壮，颈部有褐色残叶柄。茎单一或数个，具纵沟棱，有短柔毛或无毛，具由叶柄下延而成的窄翅，上部或中部分枝。叶质较厚，基生叶与下部叶较大，卵形或宽椭圆形，长 5~20 厘米，宽 3~5 厘米，大头羽状深裂或全裂，顶裂片大，箭头状，具波状浅齿、缺刻状裂片或全缘，侧裂片较小，三角形、披针形、菱形或卵形，全缘或具小齿及小裂片，上面疏被短糙毛或无毛，下面有腺点，叶柄长，基部扩大成鞘；茎生叶向上渐变小，无柄，矩圆形、披针形、条状披针形，全缘或有疏齿。头状花序多数，在茎顶端排列成伞房状或复伞房状，有短梗；总苞狭筒状，长 10~12 毫米，直径 4~5 毫米；总苞片 5~7 层，粉紫色，无毛或有疏蛛丝状毛，外层者卵形，顶端钝，内层者矩圆状条形，顶端钝或稍尖；花冠粉紫色，长约 14 毫米，狭管部长约 8 毫米，檐部长约 6 毫米。瘦果圆柱形，长约 3 毫米；冠毛 2 层，白色，内层者长约 13 毫米。花果期 8—9 月。

耐盐中生植物。草原地带及荒漠地带盐渍低地常见伴生种。

产地：阿拉坦额莫勒镇、克尔伦苏木。

饲用价值：中等饲用植物。

达乌里风毛菊 *Saussurea davurica* Adam.

1. 植株；2. 总苞片；3. 果实

盐地风毛菊 *Saussurea salsa*（Pall.）Spreng.

4. 植株上部；5. 总苞片；6. 基生叶及根；7. 花

碱地风毛菊 *Saussurea runcinata* DC.

蒙名：好吉日色格-哈拉特日干那

别名：倒羽叶风毛菊、全叶碱地风毛菊

形态特征：多年生草本，高 5~50 厘米。根粗壮，直伸，颈部被褐色纤维状残叶鞘。茎直立，单一或数个丛生，具纵沟棱，无毛，无翅或有狭的具齿或全缘的翅，上部或基部有分枝。基生与茎下部叶椭圆形或倒披针形、披针形或条状倒披针形，长 4~20 厘米，宽 0.5~7 厘米，大头羽状全裂或深裂，稀上部全缘，下部边缘具缺刻状齿或小裂片，全缘或具牙齿；顶裂片条形、披针形、卵形或长三角形，先端渐尖、锐尖或钝，全缘或疏具牙齿；侧裂片不规则，疏离，平展，向下或稍向上，披针形、条状披针形或矩圆形，先端钝或尖，有软骨质小尖头，全缘或疏具牙齿以至小裂片；两面无毛或疏被柔毛，有腺点；叶具长柄，基部扩大成鞘；中部及上部叶较小，条形或条状披针形，全缘或具疏齿，无柄。头状花序少数或多数在茎顶与枝端排列成复伞房状或伞房状圆锥形，花序梗较长或短，苞叶条形，总苞筒形或筒状狭钟形，长 8~12 毫米，直径 5~10 毫米；总苞片 4 层，外层者卵形或卵状披针形，先端较厚，锐尖，或微具齿，背部被短柔毛，上部边缘有睫毛；内层者条形，顶端有扩大成膜质具齿紫红色的附片，上部边缘有睫毛，背部被短柔毛和腺体；花冠紫红色，长 10~14 毫米，狭管部长约 7 毫米，檐部长达 7 毫米，有腺点。瘦果圆柱形，长 2~3 毫米，黑褐色；冠毛 2 层，淡黄褐色，外层短，糙毛状，内层长，长 7~9 毫米，羽状毛。花果期 8—9 月。

耐盐中生植物。广泛分布在盐渍低地，为盐化草甸恒有伴生种。

产地：阿拉坦额莫勒镇、阿日哈沙特镇、达赉苏木。

饲用价值：低等饲用植物。

柳叶风毛菊 *Saussurea salicifolia*（L.）DC.

蒙名：乌达力格-哈拉特日干那

形态特征：多年生半灌状草本，高 15~40 厘米。根粗壮，扭曲，外皮纵裂为纤维状。茎多数丛生，直立，具纵沟棱，被蛛丝状毛或短柔毛，不分枝或由基部分枝。叶多数，条形或条状披针形，长 2~10 厘米，宽 3~5 毫米，先端渐尖，基部渐狭，具短柄或无柄，全缘，稀基部边缘具疏齿，常反卷，上面绿色，无毛或疏被短柔毛，下面被白色毡毛。头状花序在枝端排列成伞房状；总苞筒状钟形，长 8~12 毫米，直径 4~7 毫米；总苞片 4~5 层，红紫色，疏被蛛丝状毛，外层者卵形，顶端锐尖，内层者条状披针形，顶端渐尖或稍钝；花冠粉红色，长约 15 毫米，狭管长 6~7 毫米，檐部长 6~7 毫米。瘦果圆柱形，褐色，长约 4 毫米；冠毛 2 层，白色，内层者长约 10 毫米，花果期 8—9 月。

中旱生植物。典型草原及山地草原地带常见伴生种。

产地：全旗。

饲用价值：低等饲用植物。

碱地风毛菊 ***Saussurea runcinata*** **DC.**

1. 植株；2. 总苞片；3. 花

柳叶风毛菊 ***Saussurea salicifolia*** **（L.）DC.**

4. 植株；5. 总苞片；6. 花

硬叶风毛菊 *Saussurea firma*（Kitag.）Kitam.

蒙名：希如棍-哈拉特日干那

别名：硬叶乌苏里风毛菊

形态特征：多年生草本，高50~80厘米。根状茎倾斜，颈部具黑褐色纤维状残叶柄。茎直立，具纵沟棱，中上部疏被短柔毛或近无毛，下部疏被蛛丝状毛，不分枝。叶枝厚硬，基生叶与下部叶卵形、矩圆状卵形以至宽卵形，长3~12厘米，宽2~6厘米，先端渐尖或锐尖，基部心形或截形，边缘有波状具短刺尖的牙齿，上面绿色，近无毛，有腺点，沿边缘有短硬毛，下面灰白色，疏被或密被蛛丝状毛或无毛；叶柄长3~10厘米，基部扩大半抱茎；中部叶与上部叶渐变小，矩圆状卵形、披针形以至条形，先端渐尖，基部楔形，边缘具小齿或全缘，具短柄或无柄。头状花序多数，在茎顶排列成伞房状，花序梗短或近无梗，疏被蛛丝状毛；总苞筒状钟形，长8~10毫米，直径4~7毫米，总苞片5~7层，边缘及先端通常紫红色，疏被蛛丝状毛或无毛，外层的短小，卵形，先端锐尖，内层的条形，先端钝尖；花冠10~12毫米，紫红色，狭管部长5~6毫米，檐部与之等长。瘦果长4~9毫米，无毛；冠毛白色，2层，白色，内层长约1厘米。花果期7—9月。

旱中生植物。生于山坡草地或沟谷。

产地：呼伦镇。

饲用价值：低等饲用植物。

牛蒡属 *Arctium* L.

牛蒡 *Arctium lappa* L.

蒙名：得格个乐吉

别名：恶实、鼠粘草

形态特征：二年生草本，植株高达1米。根肉质，呈纺锤状，直径可达8厘米，深达60厘米以上。茎直立，粗壮，具纵沟棱，带紫色，被微毛，上部多分枝。基生叶大形，丛生，宽卵形或心形，长40~50厘米，宽30~40厘米，先端钝，具小尖头，基部心形，全缘、波状或有小牙齿，上面绿色，疏被短毛，下面密被灰白色绵毛，叶柄长，粗壮，具纵沟，被疏绵毛；茎生叶互生，宽卵形，具短柄；上部叶渐变小。头状花序单生于枝端，或多数排列成伞房状，直径2~4厘米，梗长达10厘米；总苞球形；总苞片长1~2厘米，宽1~1.5毫米，无毛或被微毛，边缘有短刺状缘毛，先端钩刺状，外层者条状披针形，内层者披针形；管状花冠红紫色，长9~11毫米，狭管部长5~6毫米，花冠裂片狭长，长1.5~2毫米。瘦果椭圆形或倒卵形，长约5毫米，宽约3毫米，灰褐色；冠毛白色，长3~3.5毫米。花果期6—8月。

大型中生杂草，嗜氮植物，常见于村落路旁、山沟、杂草地，也有栽培者。瘦果入药，也入蒙药。

产地：阿拉坦额莫勒镇。

饲用价值：劣等饲用植物。

硬叶风毛菊 *Saussurea firma*（Kitag.）Kitam.

1~2. 植株；3. 花；4. 总苞片

牛蒡 *Arctium lappa* L.

1. 植株上部；2. 叶；3. 花；4. 总苞片；5. 瘦果

蝟菊属 *Olgaea* Iljin

蝟菊 *Olgaea lomonosowii*（Trautv.）Iljin

蒙名：扎日阿嘎拉吉

形态特征：多年生草本，高 15~30 厘米。根粗壮，木质，暗褐色。茎直立，具纵沟棱，密被灰白色绵毛，不分枝或由基部与下部分枝，枝细，毛较稀疏。叶近革质，基生叶矩圆状倒披针形，长 10~15 厘米，宽 3~4 厘米，先端钝尖，基部渐狭成柄，羽状浅裂或深裂，裂片三角形、卵形或卵状矩圆形，边缘具不等长小刺齿，上面浓绿色，有光泽，无毛，叶脉凹陷，下面密被灰白色毡毛，脉隆起；茎生叶矩圆形或矩圆状倒披针形，向上渐小，羽状分裂或具齿缺，有小刺尖，基部沿茎下延成窄翅；最上部叶条状披针形，全缘或具小刺齿。头状花序较大，单生于茎顶或枝端；总苞碗形或宽钟形，长 2.5~4 厘米，直径 3~5 厘米；总苞片多层，条状披针形，先端具硬长刺尖，暗紫色，具中脉 1 条，背部被蛛丝状毛与微毛，边缘有短刺状缘毛，外层者短，质硬而外弯，内层者较长，直立或开展。管状花两性，紫红色，长 20~25 毫米，狭管部长约 6~9 毫米，檐部长 14~16 毫米，花冠裂片 5，长约 4 毫米，顶端钩状内弯；花药尾部结合成鞘状，包围花丝。瘦果矩圆形，长约 5 毫米，稍扁，基部着生面稍歪斜；冠毛污黄色，不等长，长达 22 毫米，基部结合。花果期 8—9 月。

中旱生植物。典型草原地带较为常见的伴生种，喜生于沙壤质、砾质栗钙土。

产地：宝格德乌拉苏木。

饲用价值：低等饲用植物。

qí jì
鳍蓟 *Olgaea leucophylla*（Turcz.）Iljin

蒙名：洪古日朱拉

别名：白山蓟、白背、火媒草

形态特征：植株高 15~70 厘米。根粗壮，暗褐色。茎粗壮，坚硬，具纵沟棱，密被白色绵毛，基部被褐色枯叶柄纤维，不分枝或少分枝。叶长椭圆形或椭圆状披针形，长 5~25 厘米，宽 2~4 厘米，先端锐尖或渐尖，具长针刺，基部沿茎下延成或宽或窄的翅，边缘具不规则的疏牙齿，或为羽状浅裂，裂片和齿端以及叶缘均具不等长的针刺，上面绿色，无毛或疏被蛛丝状毛、叶脉明显，下面密被灰白色毡毛，基生叶具长柄，向上逐渐变短，以至无柄。头状花序较大，直径 3~5 厘米，结果后可达 10 厘米，单生于枝端，有时在枝端具侧生的头状花序 1~2，较小；总苞钟状或卵状钟形，长 2~3.5 厘米，宽 2~3 厘米；总苞片多层，条状披针形，先端具长刺尖，背部无毛或被微毛或疏被蛛丝状毛，边缘有短刺状缘毛，外层者较短，绿色，质硬而外弯，内层者较长，紫红色，开展或直立；管状花粉红色，长 25~38 毫米，花冠裂片长约 5 毫米，无毛，花药无毛，附片长约 1.5 毫米。瘦果矩圆形，长约 1 厘米，苍白色，稍扁，具隆起的纵纹与褐斑；冠毛黄褐色，长达 25 毫米。花果期 6—9 月。

沙生旱生植物。喜生于沙质、沙壤质栗钙土、棕钙土及固定沙地，为草原带沙地及草原化荒漠地带沙漠中常见的伴生种。本种由半干旱区到干旱区，植株体态和高矮变异很大。

地理分部：宝格德乌拉苏木沙地。

饲用价值：低等饲用植物。

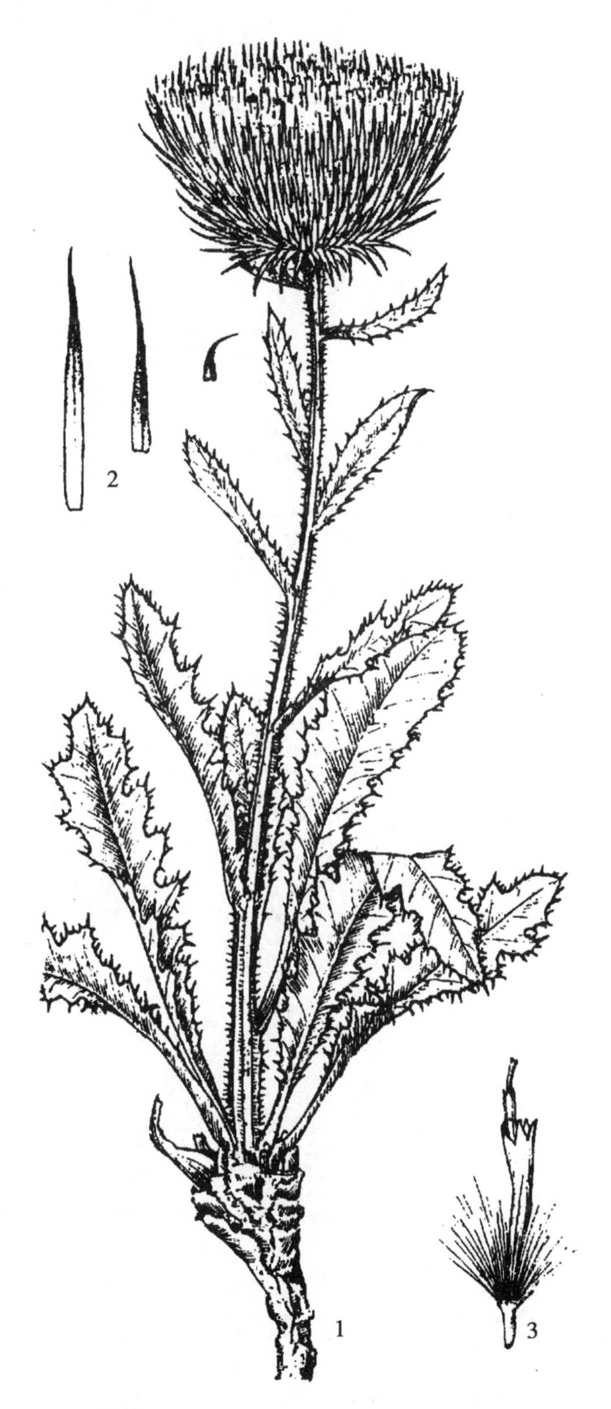

蝟菊 ***Olgaea lomonosowii*** **（Trautv.） Iljin**

1. 植株；2. 总苞片；3 花

鳍蓟 ***Olgaea leucophylla*** **（Turcz.）Iljin**

1. 植株上部；2. 总苞片；3. 花

蓟属 *Cirsium* Mill

莲座蓟 *Cirsium esculentum*（Sievers）C. A. Mey.

蒙名：呼呼斯根讷

别名：食用蓟

形态特征：多年生无茎或近无茎草本。根状茎短，粗壮，具多数褐色须根。基生叶簇生，矩圆状倒披针形，长 7~20 厘米，宽 2~6 厘米，先端钝或尖，有刺，基部渐狭成具翅的柄，羽状深裂，裂片卵状三角形，钝头，全部边缘有钝齿与或长或短的针刺，刺长 3~5 毫米，两面被皱曲多细胞长柔毛，下面沿叶脉较密。头状花序数个密集于莲座状的叶丛中，无梗或有短梗，长椭圆形，长 3~5 厘米，宽 2~3.5 厘米；总苞长达 25 毫米，无毛，基部有 1~3 个披针形或条形苞叶；总苞片 6 层，外层者条状披针形，刺尖头，稍有睫毛；中层者矩圆状披针形，先端具长尖头；内层者长条形，长渐尖。花冠红紫色，长 25~33 毫米，狭管部长 15~20 毫米。瘦果矩圆形，长约 3 毫米，褐色，有毛；冠毛白色而下部带淡褐色，与花冠近等长。花果期 7—9 月。

本种为典型草原带东部、森林草原地带河漫滩阶地、滨湖阶地以及山间谷地杂类草草甸。根入蒙药。

产地：阿拉坦额莫勒镇。

饲用价值：低等饲用植物。

烟管蓟 *Cirsium pendulum* Fisch. ex DC.

蒙名：温吉格日-阿札日干那

形态特征：二年生或多年生草本，高 1 米左右。茎直立，具纵沟棱，疏被蛛丝状毛，上部有分枝。基生叶与茎下部叶花期凋萎，宽椭圆形以至宽披针形，长 15~30 厘米，宽 2~8 厘米，先端尾状渐尖，基部渐狭成具翅的短柄，二回羽状深裂，裂片披针形或卵形，上侧边缘具长尖的小裂片和齿，裂片和齿端以及边缘均有刺，两面被短柔毛和腺点；茎中部叶椭圆形，长 10~20 厘米，无柄，稍抱茎或不抱茎；上部叶渐小，裂片条形。头状花序直径 3~4 厘米，下垂，多数在茎上部排列成总状，有长梗或短梗，梗长达 15 厘米，密被蛛丝状毛；总苞卵形，长约 2 厘米，宽 1.5~4 厘米，基部凹形，总苞片 8 层，条状披针形，先端具刺尖，常向外反曲，中肋暗紫色，背部多少有蛛丝状毛，边缘有短睫毛，外层者较短，内层者较长；花冠紫色，长 17~23 毫米，狭管部丝状，长 14~16 毫米，檐部长 3~7 毫米。瘦果矩圆形，长 3~3.5 毫米，稍扁，灰褐色；冠毛长 20~28 毫米，淡褐色。花果期 7—9 月。

中生植物。森林草原与草原地带河漫滩草甸、湖滨草甸、沟谷及林缘草甸中较常见的大型杂类草。可作大蓟入药。

产地：达赉苏木。

饲用价值：低等饲用植物。

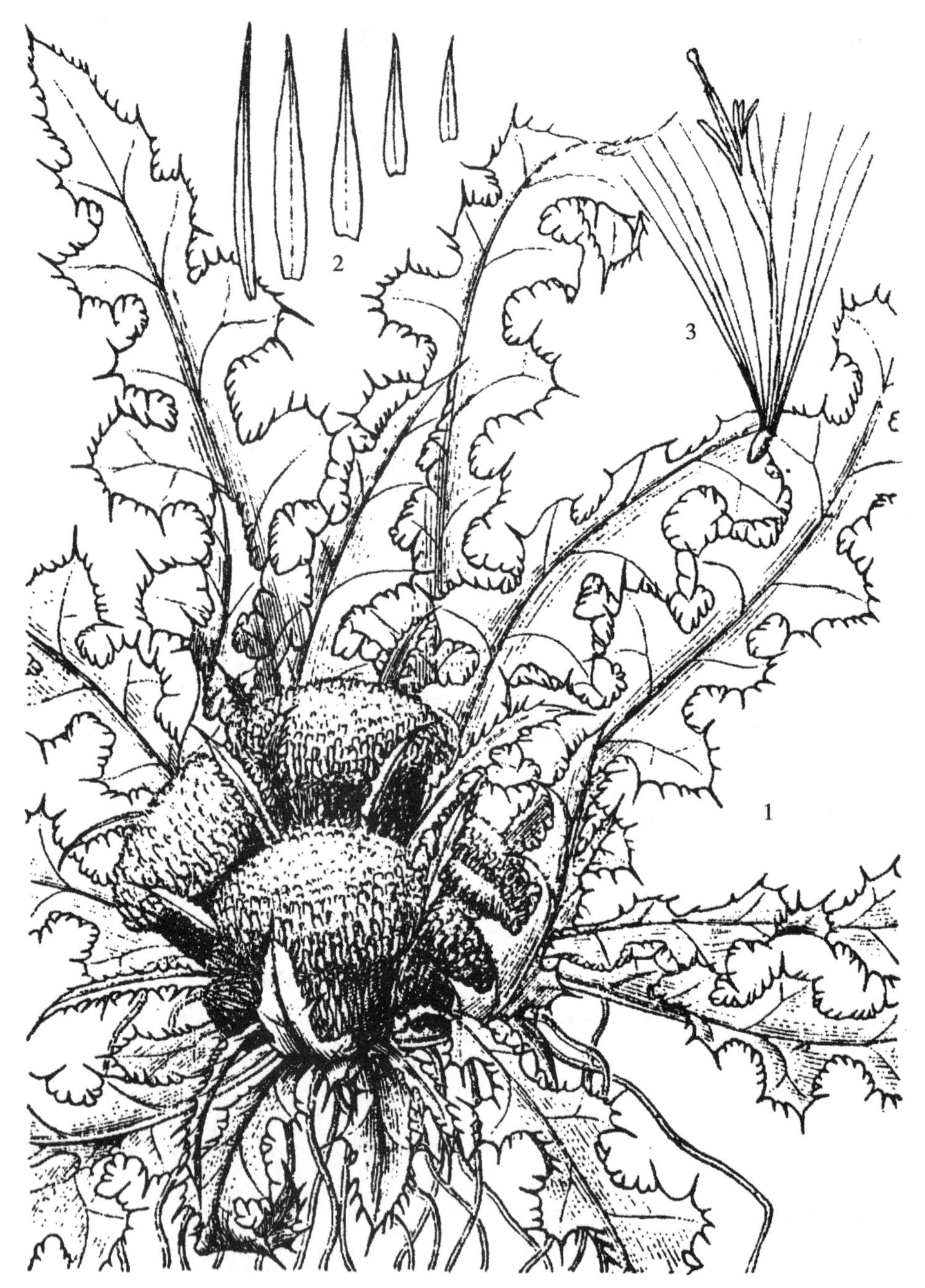

莲座蓟 ***Cirsium esculentum*** **（Sievers）C. A. Mey.**

1. 植株；2. 总苞片；3. 花

烟管蓟 ***Cirsium pendulum*** **Fisch. ex DC.**

1. 植株上部；2. 下部叶；3. 总苞片；4. 花

刺儿菜 *Cirsium integrifolium* (Wimm. et Grab.) L. Q. Zhao et Y. Z. Zhao comb. nov.

蒙名：巴嘎-阿札日干那

别名：小蓟、刺蓟

形态特征：多年生草本，高 20~60 厘米。具长的根状茎。茎直立，具纵沟棱，无毛或疏被蛛丝状毛，不分枝或上部有分枝。基生叶花期枯萎；下部叶及中部叶椭圆形或长椭圆状披针形，长 5~10 厘米，宽（0.5）1.5~2.5 厘米，先端钝或尖，基部稍狭或钝圆，无柄，全缘或疏具波状齿裂，边缘及齿端有刺，两面被疏或密的蛛丝状毛；上部叶变小。雌雄异株，头状花序通常单生或数个生于茎顶或枝端，直立，总苞钟形，总苞片 8 层，外层者较短，长椭圆状披针形，先端有刺尖，内层者较长，披针状条形，先端长渐尖，干膜质，两者背部均被微毛，边缘及上部有蛛丝状毛；雄株头状花序较小，总苞长约 18 毫米，雄花花冠紫红色，长 17~25 毫米，下部狭管长为檐部的 2~3 倍；雌株头状花序较大，总苞片长约 23 毫米，雌花花冠紫红色，长 26~28 毫米，狭管部长为檐部的 4 倍。瘦果椭圆形或长卵形，略扁平，长约 3 毫米，无毛；冠毛淡褐色，先端稍粗而弯曲，初比花冠短，果熟时稍较花冠长或与之近等长。花果期 7—9 月。

中生植物。生于田间、荒地和路旁，为杂草。嫩枝叶可作养猪饲料。全草入药。

产地：阿拉坦额莫勒镇、达赉苏木。

饲用价值：中等饲用植物。

大刺儿菜 *Cirsium setosum* (Willd.) M. Bieb.

蒙名：阿古拉音-阿札日干那

别名：大蓟、刺蓟、刺儿菜、刻叶刺儿菜

形态特征：多年生草本，高 50~100 厘米。具长的根状茎。茎直立，具纵沟棱，近无毛或疏被蛛丝状毛，上部有分枝。基生叶花期枯萎；下部叶及中部叶矩圆形或长椭圆状披针形，长 5~12 厘米，宽 2~5 厘米，先端钝，具刺尖，基部渐狭，边缘有缺刻状粗锯齿或羽状浅裂，有细刺，上面绿色，下面浅绿色，两面无毛或疏被蛛丝状毛，有时下面被稠密的绵毛，无柄或有短柄；上部渐变小，矩圆形或披针形，全缘或有齿。雌雄异株，头状花序多数集生于茎的上部，排列成疏松的伞房状；总苞钟形，总苞片 8 层，外层者较短，卵状披针形，先端有刺尖，内层者较长，条状披针形，先端略扩大而外曲，干膜质，边缘常细裂并具尖头，两者均为暗紫色，背部被微毛，边缘有睫毛；雄株头状花序较小，总苞长约 13 毫米；雌株头状花序较大，总苞长 16~20 毫米；雌花花冠紫红色，长 17~19 毫米，狭管部长为檐部的 4~5 倍，花冠裂片深裂至檐部的基部。瘦果倒卵形或矩圆形，长 2.5~3.5 毫米，浅褐色，无色；冠毛白色或基部带褐色，初期长 11~13 毫米，果熟时长达 30 毫米。花果期 7—9 月。

中生植物。草原地带、森林草原地带退耕撂荒地上最先出现的先锋植物之一，也见于严重退化的放牧场和耕作粗放的各类农田，往往可形成较密集的群聚。全草入药。

产地：呼伦湖岸。

饲用价值：中等饲用植物。

刺儿菜 ***Cirsium integrifolium*** **（Wimm. et Grab.）L. Q. Zhao et Y. Z. Zhao comb. nov.**

1. 植株上部；2. 雌花；3. 雄花；4. 总苞片

大刺儿菜 ***Cirsium setosum*** **（Willd.）M. Bieb.**

5~6. 植株；7. 总苞片；8. 雌花；9. 雄花

飞廉属 *Carduus* L.

节毛飞廉 *Carduus acanthoides* L.

别名：飞廉

蒙名：侵瓦音-乌日格苏

形态特征：二年生草本，高 70~90 厘米。茎直立，有纵沟棱，具绿色纵向下延的翅，翅有齿刺，疏被多细胞皱缩的长柔毛，上部有分枝。下部叶椭圆状披针形，长 5~15 厘米，宽 3~5 厘米，先端尖或钝，基部狭，羽状半裂或深裂，裂片卵形或三角形，先端钝，边缘具缺刻状牙齿，齿端叶缘有不等长的细刺，刺长 2~10 毫米，上面绿色，无毛或疏被皱缩柔毛，下面浅绿色，被皱缩长柔毛，沿中脉较密；中部叶与上部叶渐变小，矩圆形或披针形，羽状深裂，边缘具刺齿。头状花序常 2~3 个聚生于枝端，直径 1.5~2.5 厘米；总苞钟形，长 1.5~2 厘米；总苞片 7~8 层，外层者披针形较短；中层者条状披针形，先端长渐尖呈刺状，向外反曲；内层者条形，先端近膜质，稍带紫色，三者背部均被微毛，边缘具小刺状缘毛。管状花冠紫红色，稀白色，长 15~16 毫米，狭管部与具裂片的檐部近等长，花冠裂片条形，长约 5 毫米。瘦果长椭圆形，长约 3 毫米，褐色，顶端平截，基部稍狭；冠毛白色或灰白色，长约 15 毫米。花果期 6—8 月。

中生杂草。生于路旁，田边。地上部分入药。

产地：达赉苏木。

饲用价值：低等饲用植物。

麻花头属 *Klasea* Cassini

球苞麻花头 *Klasea marginata*（Tausch.） Kitag.

蒙名：布木布日根-洪古日-扎拉

别名：地丁叶麻花头、薄叶麻花头

形态特征：植株高 15~75 厘米。根状茎短，黑褐色，具多数须根，细绳状。茎直立，单一，具纵沟棱，近无毛或被极疏的短毛，上部无叶。叶灰绿色，无毛，基毛叶与茎下部叶矩圆形、椭圆形、宽椭圆形或卵形，叶片长 3~6 厘米，宽 2~3 厘米，先端钝或稍尖，有小刺尖，基部渐狭，具短或长柄，全缘或具波状齿与短裂片，或大头羽裂，边缘具短缘毛或疏生小短刺；中部叶披针形，长 4~9 厘米，宽 4~15 毫米，先端渐尖或锐尖，基部无柄，羽状深裂，或具缺刻状锯齿，有时全缘不分裂，较上部叶变小，条形。头状花序单生于茎顶，总苞钟状，长 1~2 厘米，直径 1.5~2 厘米，被蛛丝状毛与短柔毛，总苞片 5~6 层，外层者卵形或卵状披针形，顶部暗褐色或黑色，具刺尖头；内层者矩圆形，顶部具膜质而边缘具齿与流苏状睫毛的附片；管状花红紫色，长约 2 厘米，狭管部长约 1 厘米，与具裂片的檐部等长。瘦果矩圆形，长约 4 毫米；冠毛黄色，长约 15 毫米。花期 7—8 月。

中生植物。生于草原地带山坡或丘陵坡地，为草原化草甸群落伴生种。

产地：旗北部草场。

饲用价值：中等饲用植物。

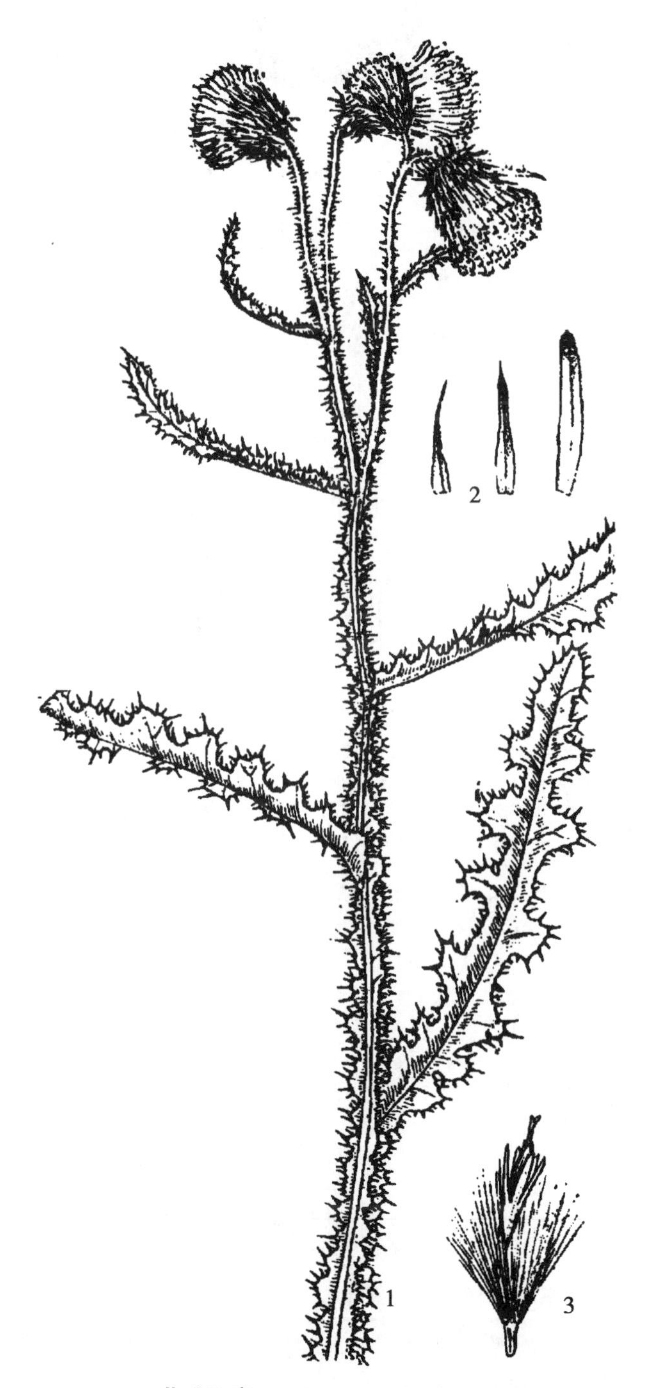

节毛飞廉 *Carduus acanthoides* L.

1. 植株上部；2. 总苞片；3. 花

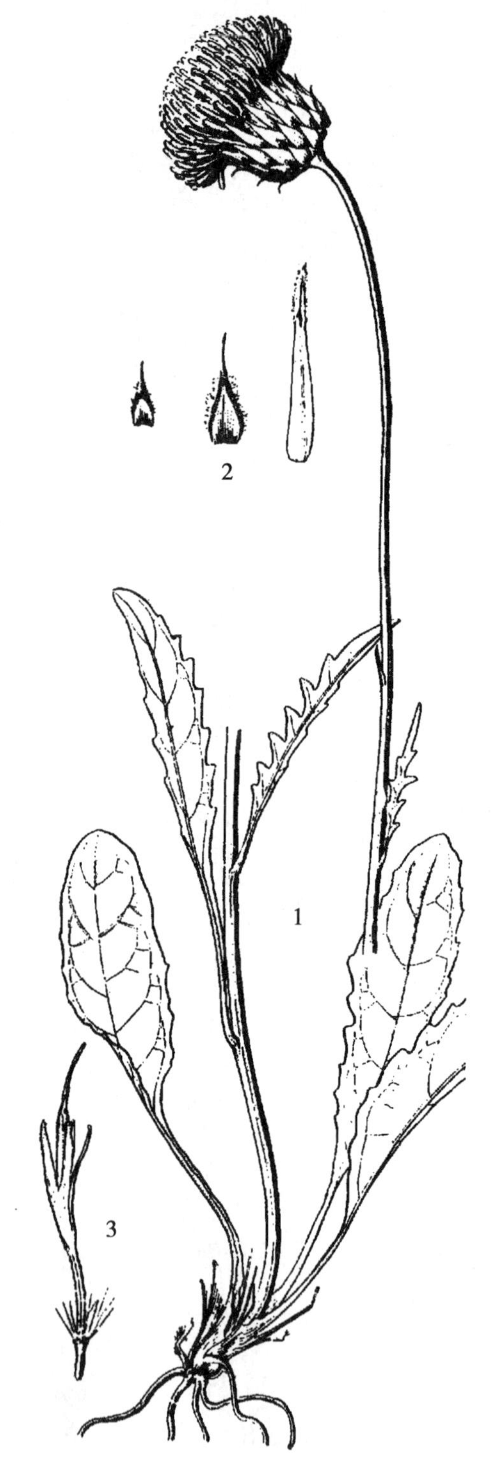

球苞麻花头 *Klasea marginata*（Tausch.）Kitag.

1. 植株；2. 总苞片；3. 花

多头麻花头 *Klasea polycephala*（Iljin）Kitag.

蒙名：萨格拉嘎日-洪古日-扎拉

别名：多花麻花头

形态特征：植株高40~80厘米。根粗壮，直伸，黑褐色。茎直立，具黄色纵条棱，无毛或下部疏被皱曲柔毛，基部带红紫色，有褐色枯叶柄纤维，上部多分枝。基生叶长椭圆形，较大，羽状深裂。有柄，花期常凋萎；茎下部叶与中部叶，有柄或无柄，卵形至长椭圆形，长5~15厘米，宽4~6厘米，羽状深裂或羽状全裂，裂片披针形或条状披针形，先端渐尖，全缘或有不规则缺刻状疏齿，两面无毛，边缘有短糙毛；上部叶渐小，裂片条形。头状花序多数（10~50），在茎顶排列成伞房状；总苞长卵形，长1.5~2.5厘米，宽1~1.5厘米，上部渐收缩，基部近圆形；总苞片8~9层，外层者短，卵形，顶端黑绿色，具刺尖头；内层者较长，披针状条形，顶端渐变成直立而呈淡紫色干膜质的附片，背部有微毛，管状花红紫色，长1.8~2.3厘米，狭管部比具裂片的檐部短。瘦果倒长卵形，长约3.5毫米；冠毛淡黄色或淡褐色，不等长，长达7毫米。花果期7—9月。

中旱生植物。生于山坡、干燥草地。

产地：阿日哈沙特镇、克尔伦苏木。

饲用价值：低等饲用植物。

麻花头 *Klasea centauroides*（L.）Cassini ex Kitag.

蒙名：洪古日-扎拉

别名：花儿柴

形态特征：植株高30~60厘米。根状茎短，黑褐色，具多数褐色须状根。茎直立，具纵沟棱，被皱曲柔毛，下部较密，基部常带紫红色，有褐色枯叶柄纤维，不分枝或上部有分枝。基生叶与茎下部叶椭圆形，长8~12厘米，宽3~5厘米，羽状深裂或羽状全裂，稀羽状浅裂，裂片矩圆形至条形，先端钝或尖，具小尖头，全缘或有疏齿，两面无毛或仅下面脉上及边缘被疏皱曲柔毛，具长柄或短柄；中部叶及上部叶渐变小，无柄，裂片狭窄。头状花序数个单生于枝顶端，具长梗；总苞卵形或长卵形，长15~25毫米，宽15~20毫米，上部稍收缩，基部宽楔形或圆形；总苞片10~12层，黄绿色，无毛或被微毛，顶部暗绿色，具刺尖头，刺长0.5毫米，有5条脉纹，并被蛛丝状毛，外层者较短，卵形，中层者卵状披针形，内层者披针状条形，顶端渐变成直立而呈皱曲干膜质的附片；管状花淡紫色或白色，长约21毫米，狭管部长约9毫米，檐部长12毫米。瘦果矩圆形，长约5毫米，褐色；冠毛淡黄色，长5~8毫米。花果期6—8月。

中旱生植物。为典型草原地带、山地森林草原地带以及夏绿阔叶林地区较为常见的伴生植物，有时在沙壤质土壤上可成为亚优势种，在撂荒地上局部可形成临时性优势杂草。

产地：全旗。

饲用价值：中等饲用植物。

多头麻花头 *Klasea polycephala*（Iljin）Kitag.

1. 植株上部；2. 植株基部；3. 总苞片；4. 花

麻花头 *Klasea centauroides*（L.）Cassini ex Kitag.

5. 植株上部；6. 植株基部及根状茎；7. 总苞片；8. 花

漏芦属 *Rhaponticum* Ludw.

漏芦 *Rhaponticum uniflorum*（L.）DC.

蒙名： 洪古乐朱日

别名： 祁州漏芦、和尚头、大口袋花、牛馒头

形态特征： 植株高20~60厘米。主根粗大，圆柱形，直径1~2厘米，黑褐色。茎直立，单一，具纵沟棱，被白色绵毛或短柔毛，基部密被褐色残留的枯叶柄。基生叶与下部叶叶片长椭圆形，长10~20厘米，宽2~6厘米，羽状深裂至全裂，裂片矩圆形、卵状披针形或条状披针形，长2~3厘米，先端尖或钝，边缘具不规则牙齿，或再分出少数深裂或浅裂片，裂片及齿端具短尖头，两面被或疏或密的蛛丝状毛与粗糙的短毛，叶柄较长，密被绵毛；中部叶及上部叶较小，有短柄或无柄。头状花序直径3~6厘米；总苞宽钟状，基部凹入；总苞片上部干膜质，外层与中层者卵形或宽卵形，成掌状撕裂，内层者披针形或条形；管状花花冠淡紫红色，长2.5~3.3厘米，狭管部与具裂片的檐部近等长。瘦果长5~6毫米，棕褐色；冠毛淡褐色，不等长，具羽状短毛，长达2厘米。花果期6—8月。

中旱生植物。山地草原、山地森林草原地带石质干草原、草甸草原较为常见的伴生种。根入药，花入蒙药。

产地： 呼伦镇、阿日哈沙特镇、阿拉坦额莫勒镇、宝格德乌拉苏木。

饲用价值： 良等饲用植物。

婆罗门参属 *Tragopogon* L.

东方婆罗门参 *Tragopogon orientalis* L.

蒙名： 伊麻干-萨哈拉

别名： 黄花婆罗门参

形态特征： 二年生草本，高达30厘米，全株无毛。根圆柱形，褐色。茎直立，具纵条纹，单一或有分枝。叶灰绿色，条形或条状披针形，长5~15厘米，宽3~8毫米，先端长渐尖，基部扩大而抱茎，茎上部叶渐变短小，披针形，叶的中上部长条形。总苞矩圆状圆柱形，长15~30毫米。宽5~15毫米；总苞片8~10，披针形或条状披针形，先端长渐尖；舌状花黄色。瘦果长纺锤形，长15~20毫米，褐色，稍弯，具长喙；冠毛长10~15毫米，污黄色。花果期6—9月。

中生植物。生于林下及山地草甸。

产地： 阿拉坦额莫勒镇。

漏芦 *Rhaponticum uniflorum*（L.）DC.

1. 植株下部；2. 头状花序；3. 花；4. 外层总苞片；5. 内层部苞片；6. 瘦果

东方婆罗门参 *Tragopogon orientalis* L.

1. 植株；2. 总苞片；3. 瘦果

鸦葱属 *Scorzonera* L.

鸦葱 *Scorzonera austriaca* Willd.

蒙名：塔拉音-哈比斯干那

别名：奥国鸦葱、东北鸦葱

形态特征：多年生草本，高5~35厘米。根粗壮，圆柱形，深褐色。根颈部被稠密而厚实的纤维状残叶，黑褐色。茎直立，具纵沟棱，无毛。基生叶灰绿色，条形、条状披针形、披针形以至长椭圆状卵形，长3~30厘米，宽0.3~5厘米，先端长渐尖，基部渐狭成有翅的柄，柄基扩大成鞘状，边缘平展或稍呈波状皱曲，两面无毛或基部边缘有蛛丝状柔毛；茎生叶2~4，较小，条形或披针形，无柄，基部扩大而抱茎。头状花序单生于茎顶，长1.8~4.5厘米；总苞宽圆柱形，宽0.5~1（1.5）厘米；总苞片4~5层，无毛或顶端被微毛及缘毛，边缘膜质，外层者卵形或三角状卵形，先端钝或尖，内层者长椭圆形或披针形，先端钝；舌状花黄色，干后紫红色，长20~30毫米，舌片宽3毫米。瘦果圆柱形，长12~15毫米，黄褐色，稍弯曲，无毛或仅在顶端被疏柔毛，具纵肋，肋棱有瘤状凸起或光滑，冠毛污白色至淡褐色，长12~20毫米。花果期5—7月。

中旱生植物。散生于草原、丘陵坡地、石质山坡、平原、河岸。

产地：阿日哈沙特镇、克尔伦苏木、宝格德乌拉苏木。

饲用价值：良等饲用植物。

鸦葱 *Scorzonera austriaca* Willd.
1. 植株；2. 总苞片；3. 舌状花；4. 瘦果

毛梗鸦葱 *Scorzonera radiata* Fisch. ex Ledeb.

蒙名：那林-哈比斯干那

别名：狭叶鸦葱

形态特征：多年生草本，高10~30厘米。根粗壮，圆柱形，深褐色，垂直或斜伸，主根发达或分出侧根。根颈部被覆黑褐色或褐色膜质鳞片状残叶。茎单一，稀2~3，直立，具纵沟棱，疏被蛛丝状短柔毛，顶部密被蛛丝状绵毛，后稍脱落。基生叶条形、条状披针形或披针形，有时倒披针形，长5~30厘米，宽3~12毫米，先端渐尖，基部渐狭成有翅的叶柄，柄基扩大成鞘状，边缘平展，具3~5脉，两面无毛或疏被蛛丝状毛；茎生叶1~3，条形或披针形，较基生叶短而狭，顶部叶鳞片状，无柄。头状花序单生于茎顶，大，长2.5~4厘米；总苞筒状，宽1~1.5厘米；总苞片5层，先端尖或稍钝，常带红褐色，边缘膜质，无毛或被蛛丝状短柔毛，外层者卵状披针形，较小，内层者条形；舌状花黄色，长25~37毫米。瘦果圆柱形，黄褐色，长7~10毫米，无毛；冠毛污白色，长达17毫米。花果期5—7月。

中生植物。生长于山地林下、林缘、草甸及河滩砾石地。地下部分入药。

产地：呼伦镇。

饲用价值：良等饲用植物。

蒙古鸦葱 *Scorzonera mongolica* Maxim.

蒙名：蒙古乐-哈比斯干那

别名：羊角菜

形态特征：多年生草本，高6~20厘米，灰绿色，无毛。根直伸，圆柱状，黄褐色；根颈部被鞘状残叶，褐色或乳黄色，里面被薄或厚的绵毛。茎少数或多数，直立或自基部斜升，不分枝或上部有分枝。叶肉质，具不明显的3~5脉；基生叶披针形或条状披针形，长5~10厘米，宽2~9毫米，先端渐尖或锐尖，具短尖头，基部渐狭成短柄，柄基扩大成鞘状；茎生叶互生，有时对生，向上渐变小，条状披针形或条形，无柄。头状花序单生于茎顶或枝端，具12~15小花；总苞圆筒形，长18~30毫米，宽3~7毫米；总苞片3~4层，10~12，无毛或被微毛及蛛丝状毛，外层者卵形，内层者长椭圆状条形；舌状花黄色，干后红色，稀白色，长18~20毫米。瘦果圆柱状，长6~7毫米，黄褐色，顶端被疏柔毛，无喙；冠毛淡黄色，长20~30毫米。花期6—7月。

耐盐旱中生植物。生长于荒漠草原至荒漠地带的盐化低地、湖盆边缘与河滩地上。全草入药。

产地：达赉苏木。

饲用价值：良等饲用植物。

毛梗鸦葱 ***Scorzonera radiata*** **Fisch. ex Ledeb.**

1. 植株；2. 总苞片；3. 舌状花

蒙古鸦葱 ***Scorzonera mongolica*** **Maxim.**

4. 植株；5. 总苞片；6. 舌状花

丝叶鸦葱 *Scorzonera curvata*（Popl.）Lipsch.

蒙名：好您-哈比斯干那

形态特征：多年生草本，高 3~9 厘米。根粗壮，圆柱状，褐色；根颈部被稠密而厚实的纤维状撕裂的鞘状残遗物，鞘内有稠密的厚绵毛。茎极短，具纵条棱，疏被短柔毛。基生叶丝状，灰绿色，直立或平展，与植株等高或超过，常呈蜿蜒状扭转，长 2~10 厘米，宽 1~1.5 毫米，先端尖，基部扩展或扩大成鞘状，两面近无毛，但下部边缘及背面疏被蛛丝状毛或短柔毛；茎生叶 1~2，较短小，条状披针形，基部半抱茎。头状花序单生于茎顶；总苞宽圆筒状，长 1.5~2.5 厘米，宽 7~10 毫米；总苞片 4 层，顶端钝或稍尖，边缘膜质，无毛或被微毛；外层者三角状披针形，内层者矩圆状披针形；舌状花黄色，干后带红紫色，长 17~20 毫米；冠毛淡褐色或污白色，长约 10 毫米，基部连合成环，整体脱落。花期 5—6 月。

旱生植物。生长于典型草原地带的丘陵坡地、沙质与卵石质盐化湖岸。

产地：阿拉坦额莫勒镇、阿日哈沙特镇、达赉苏木。

饲用价值：良等饲用植物。

桃叶鸦葱 *Scorzonera sinensis*（Lipsch. et Krasch.）Nakai

蒙名：矛日音-哈比斯干那

别名：老虎嘴

形态特征：多年生草本，高 5~10 厘米。根粗壮，圆柱形，深褐色。根颈部被稠密而厚实的纤维状残叶，黑褐色。茎单生或 3~4 个聚生，具纵沟棱，无毛，有白粉。基生叶灰绿色，常呈镰状弯曲，披针形或宽披针形，长 5~20 厘米，宽 1~2 厘米，先端钝或渐尖，基部渐狭成有翅的叶柄，柄基扩大成鞘状而抱茎，边缘显著呈波状皱曲，两面无毛，有白粉，具弧状脉，中脉隆起，白色；茎生叶小，长椭圆状披针形，鳞片状，近无柄，半抱茎。头状花序单生于茎顶，长 2~3.5 厘米；总苞筒形，长 2~3 厘米，宽 8~15 毫米；总苞片 4~5 层，先端钝，边缘膜质，无毛或被微毛，外层者短，三角形或宽卵形，最内层者长披针形或条状披针形；舌状花黄色，外面玫瑰色，长 20~30 毫米。瘦果圆柱状，长 12~14 毫米，暗黄色或白色，稍弯曲，无毛，无喙；冠毛白色，长约 15 毫米。花果期 5—6 月。

中旱生植物。生长于草原地带的山地、丘陵与沟谷中，是常见的草原伴生种。根入药。

产地：克尔伦苏木、宝格德乌拉山沟里。

饲用价值：良等饲用植物。

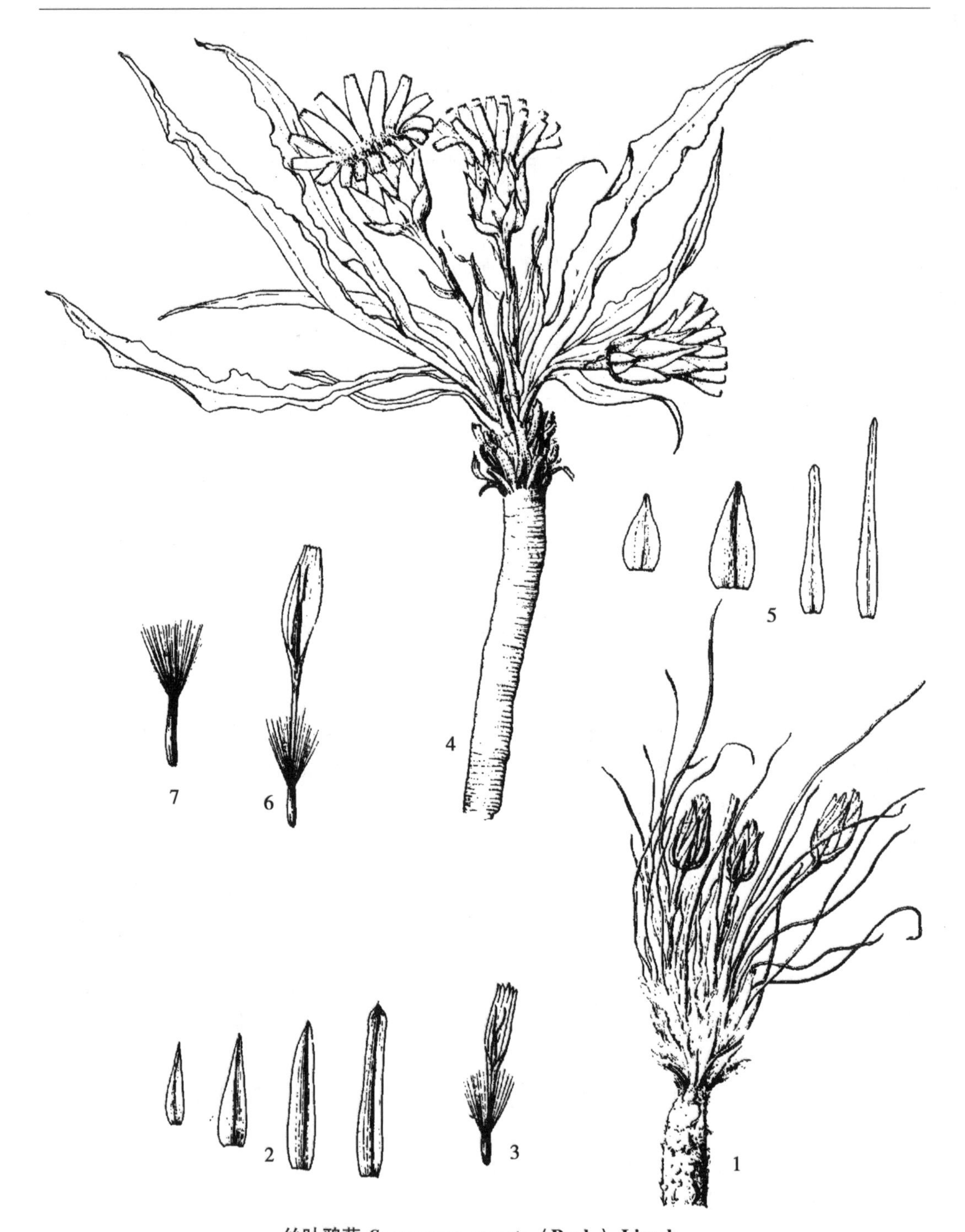

丝叶鸦葱 ***Scorzonera curvata*** **（Popl.） Lipsch.**

1. 植株；2. 总苞片；3. 舌状花

桃叶鸦葱 ***Scorzonera sinensis*** **（Lipsch. et Krasch.） Nakai**

4. 植株；5. 总苞片；6. 舌状花；7. 瘦果

拐轴鸦葱 *Scorzonera divaricata* Turcz.

蒙名： 冒瑞-哈比斯干那

别名： 苦葵鸦葱、女苦奶

形态特征： 多年生草本，高 15~30 厘米，灰绿色，有白粉。通常由根茎上部发出多数铺散的茎，自基部多分枝，形成半球形株丛，具纵条棱，近无毛或疏被皱曲柔毛，枝细，有微毛及腺点，叶条形或丝状条形，长 1~9 厘米，宽 1~3（5）毫米，先端长渐尖，常反卷弯曲成钩状或平展，上部叶短小。头状花序单生于枝顶，具 4~5（15）小花；总苞圆筒状，长 10~13 毫米，宽约 5 毫米；总苞片 3~4 层，被疏或密的霉状蛛丝状毛，外层者卵形，先端尖，内层者矩圆状披针形，先端钝；舌状花黄色，干后蓝紫色，长约 15 毫米。瘦果圆柱形，长 6~8（10）毫米，具 10 条纵肋，淡黄褐色；冠毛基部联合成环，非整体脱落，淡黄褐色，长达 17 毫米。花果期 6—8 月。

旱生植物。生于荒漠草原、草原化荒漠群落及荒漠地带的干河床沟谷、砂质及砂砾质土壤上。

产地： 阿拉坦额莫勒镇。

蒲公英属 *Taraxacum* Weber

白花蒲公英 *Taraxacum pseudoalbidum* Kitag.

蒙名： 查干-巴格巴盖-其其格

形态特征： 总苞片先端具角状凸起。叶裂片间夹生小裂片或齿。花白色或淡黄色。瘦果喙长，长 10~15 毫米；叶大头倒向羽状深裂。中生杂草。生于原野或路旁。

产地： 阿日哈沙特镇。

饲用价值： 中等饲用植物。

东北蒲公英 *Taraxacum ohwianum* Kitam.

形态特征： 总苞片先端无角状凸起。叶裂片间夹生小裂片或齿。叶不规则倒向或平向羽状深裂；外层总苞片宽卵形。植株大型；叶长 10~30 厘米，顶裂片大，菱状三角形。瘦果麦秆黄色，长 3~3.5 毫米。

中生植物。生于山坡、路旁、河边。全草入药。

产地： 阿拉坦额莫勒镇、贝尔苏木。

饲用价值： 中等饲用植物。

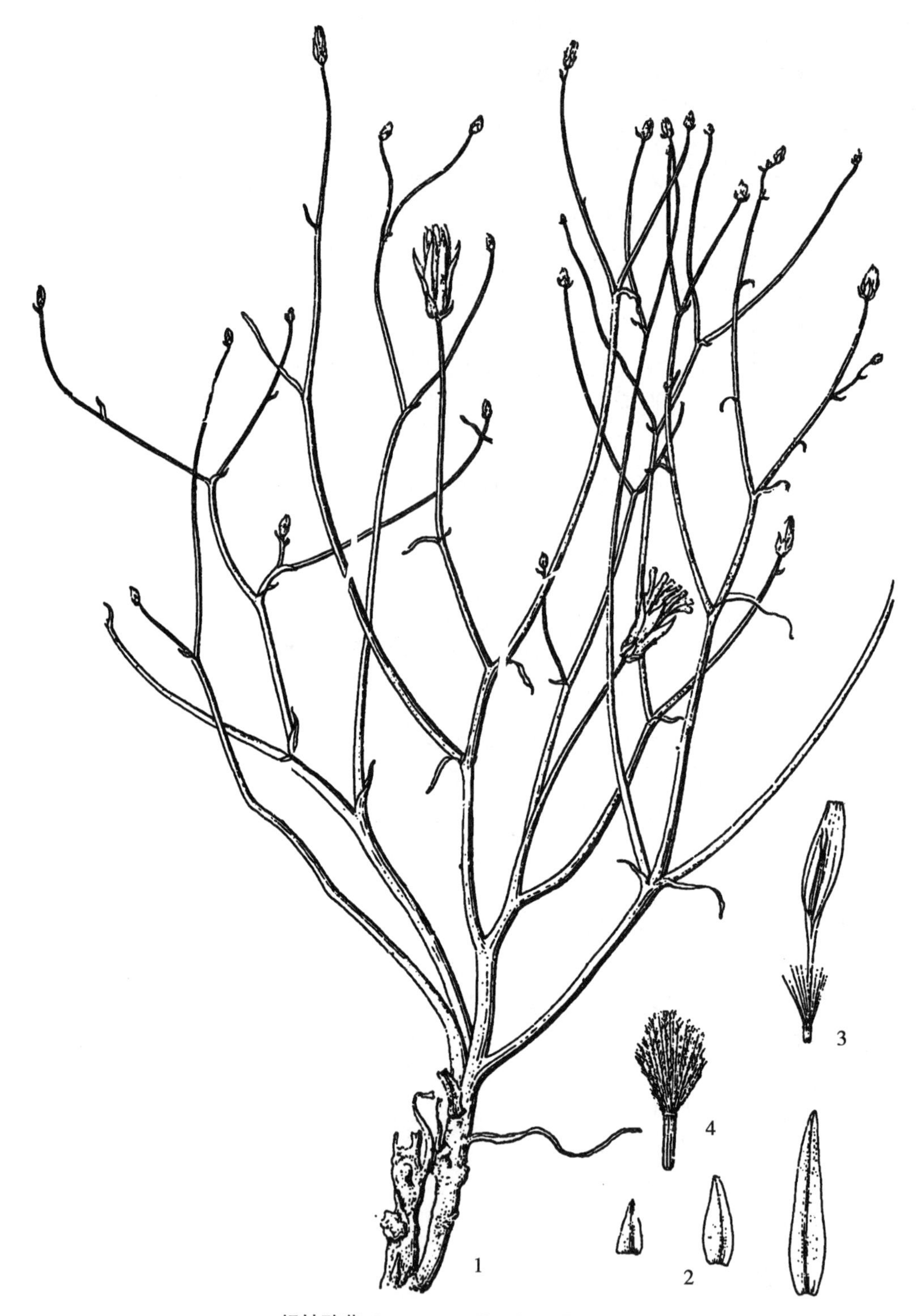

拐轴鸦葱 *Scorzonera divaricata* Turcz.

1. 植株；2. 总苞片；3. 舌状花；4. 瘦果

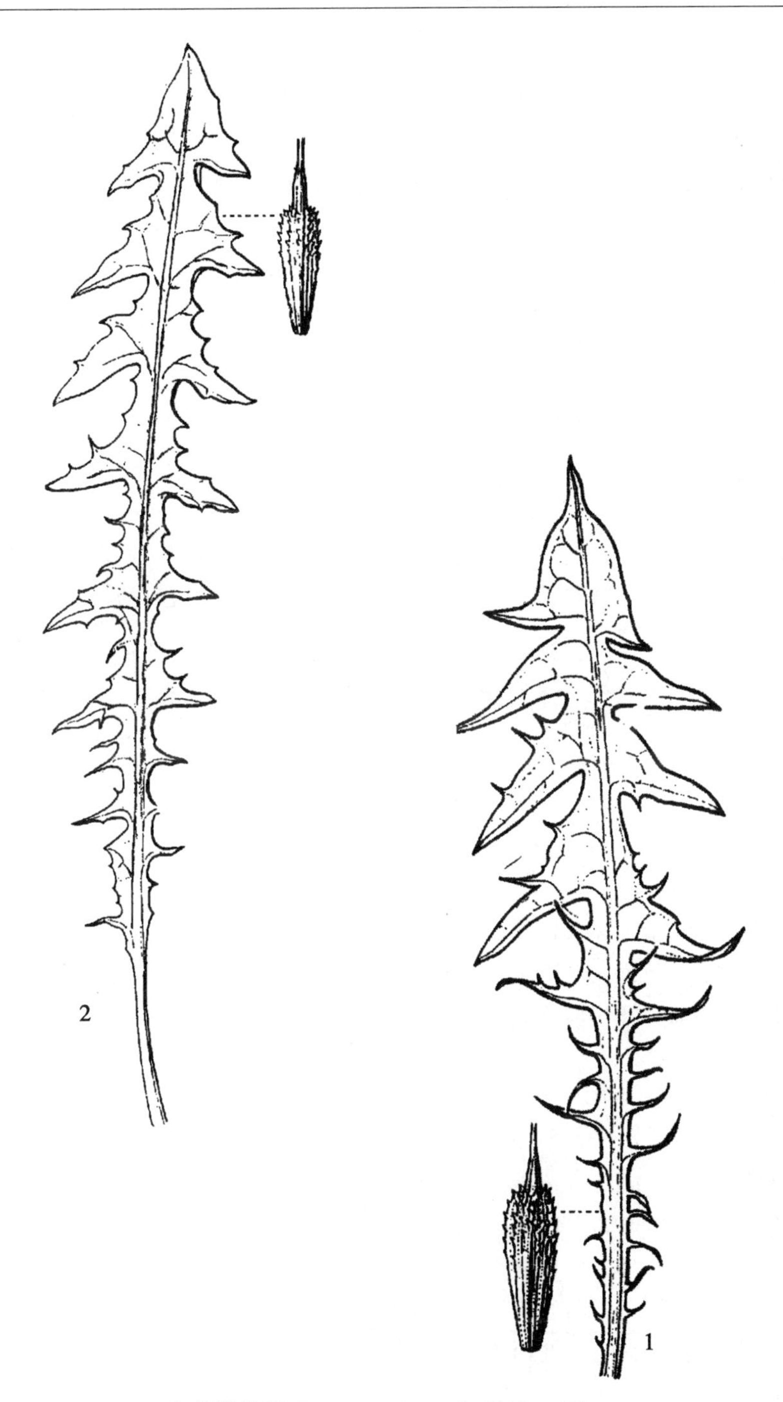

白花蒲公英 *Taraxacum pseudoalbidum* Kitag.

1. 叶及瘦果

东北蒲公英 *Taraxacum ohwianum* Kitam.

2. 叶及瘦果

亚洲蒲公英 *Taraxacum asiaticum* Dahlst.

别名：阴山蒲公英

形态特征：总苞片先端具角状凸起。叶裂片间夹生小裂片或齿。花黄色。外层总苞片反卷；叶羽状深裂至全裂，顶端裂片条形，侧裂片水平开展或稍下倾。

中生植物。广泛生于河滩、草甸、村舍附近。全草入药。

产地：全旗。

饲用价值：中等饲用植物。

华蒲公英 *Taraxacum sinicum* Kitag.

蒙名：胡吉日色格-巴格巴盖-其其格

别名：碱地蒲公英、扑灯儿

形态特征：总苞片先端无角状凸起。叶裂片间不夹生小裂片或齿。花黄色绿色。外层总苞片无宽膜质边缘。植株外面的叶边缘具稀疏浅齿，里面的叶倒向羽状浅裂。瘦果中部以下具小瘤状凸起。

耐盐中生植物。盐化草甸的常见伴生种。可药用。

产地：克尔伦河以南草场。

饲用价值：中等饲用植物。

蒲公英 *Taraxacum mongolicum* Hand. -Mazz.

别名：小瘤蒲公英

形态特征：总苞片先端具角状凸起。叶裂片间不夹生小裂片或齿。叶缘具不规则缺刻或倒向羽状浅裂，上面、叶柄及花葶均为绿色。

中生杂草。广泛地生于山坡草地、路旁、田野、河岸沙质地。全草入药，全草也入蒙药。

产地：全旗。

饲用价值：中等饲用植物。

兴安蒲公英 *Taraxacum falcilobum* Kitag.

形态特征：总苞片先端无角状凸起。叶裂片间不夹生小裂片或齿。花黄色或绿色。外层总苞片无宽膜质边缘。外面的叶和里面的叶较整齐一致，均为倒向羽状深裂或全裂，顶裂片小，三角形，先端渐尖。瘦果中部以下具小瘤状凸起。

中生植物。生于沙质地。可药用。

产地：呼伦镇。

饲用价值：中等饲用植物。

异苞蒲公英 *Taraxacum multisectum* Kitag.

形态特征：总苞片先端具角状凸起。叶裂片间夹生小裂片或齿。花黄色。外层总苞片直立。叶不规则大头羽状深裂。瘦果中部以下无小瘤状凸起或近光滑。瘦果的喙长

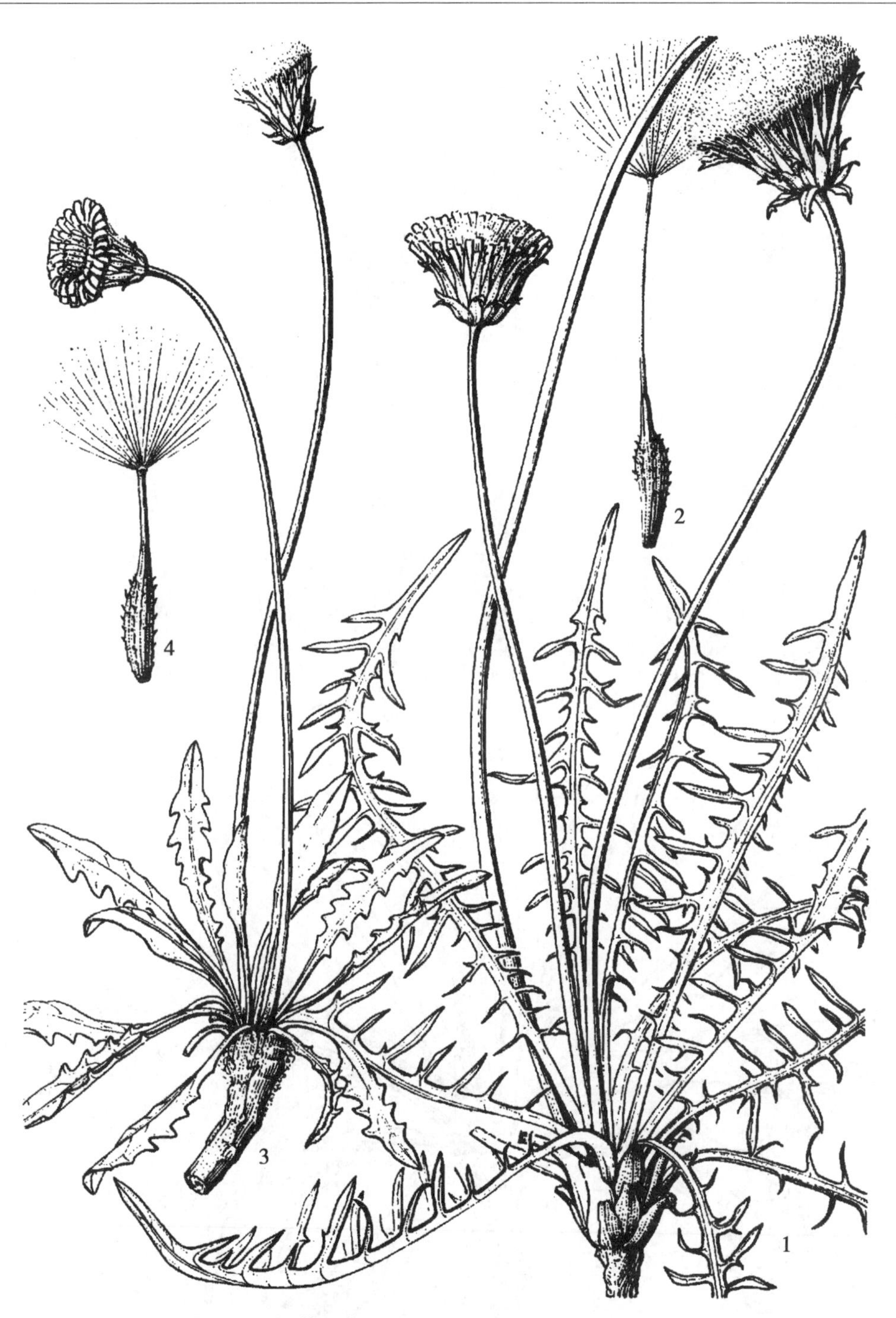

亚洲蒲公英 *Taraxacum asiaticum* Dahlst.

1. 植株；2. 瘦果

华蒲公英 *Taraxacum sinicum* Kitag.

3. 植株；4. 瘦果

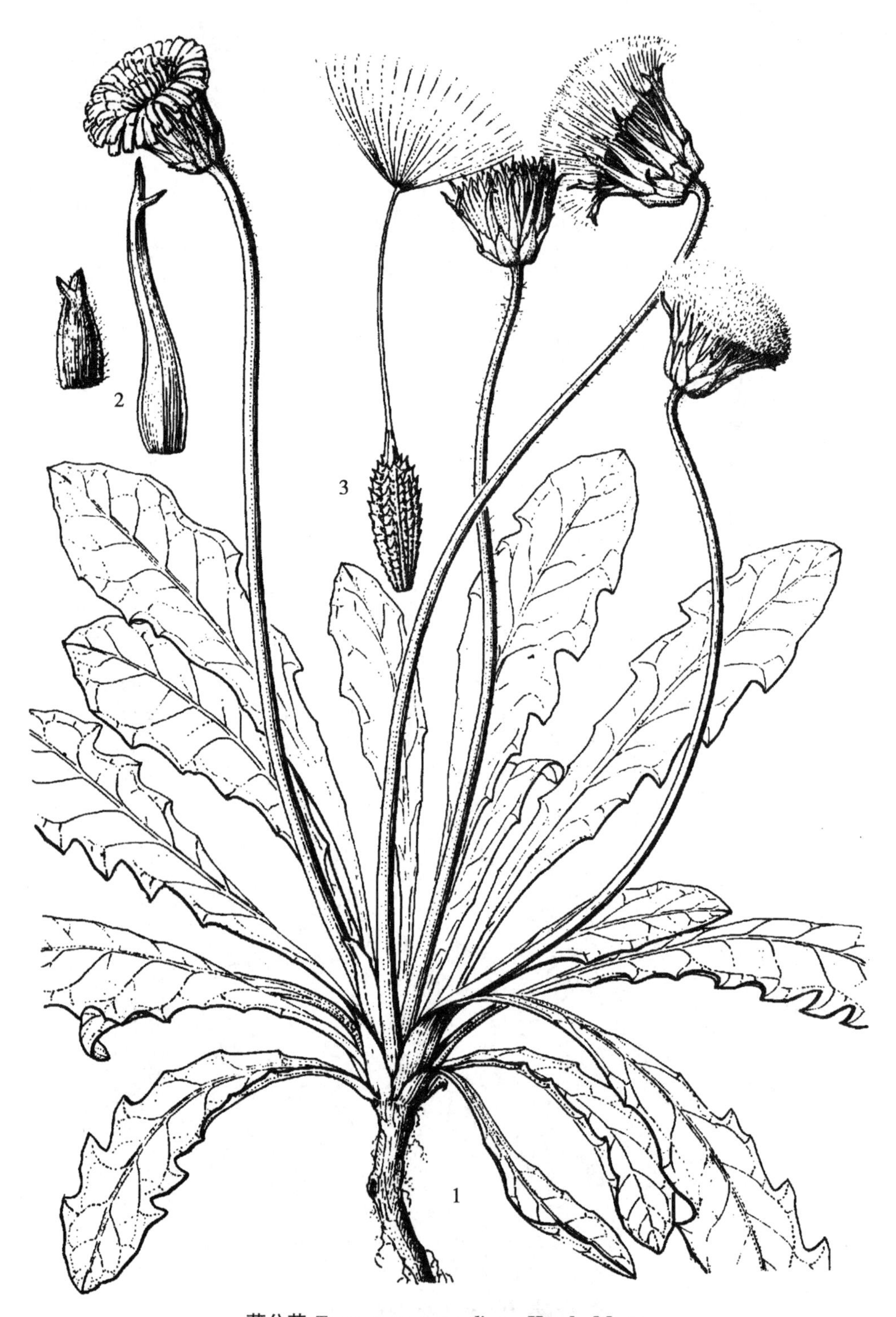

蒲公英 ***Taraxacum mongolicum*** **Hand. -Mazz.**

1. 植株；2. 总苞片；3. 瘦果

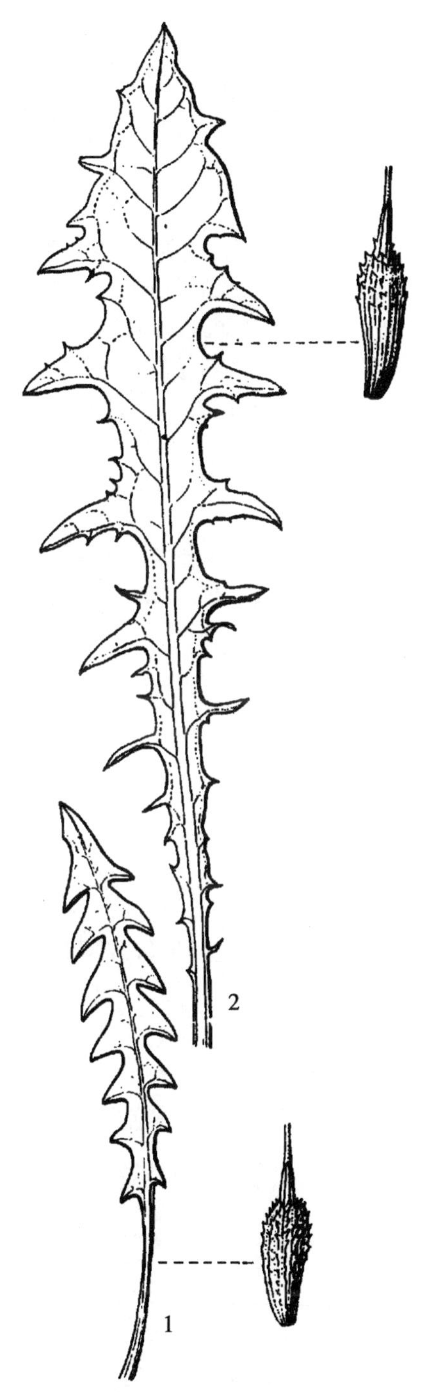

兴安蒲公英 *Taraxacum falcilobum* Kitag.

1. 叶及瘦果

异苞蒲公英 *Taraxacum multisectum* Kitag.

2. 叶及瘦果

8~10 毫米。

中生植物。生于山野。

产地：阿拉坦额莫勒镇北山。

饲用价值：中等饲用植物。

多裂蒲公英 *Taraxacum dissectum*（Ledeb.）Ledeb.

形态特征：总苞片先端无角状凸起。叶裂片间不夹生小裂片或齿。花黄色或绿色。外层总苞片无宽膜质边缘。外面的叶和里面的叶较整齐一致，均为倒向羽状深裂或全裂，顶裂片大，三角状戟形，先端长渐尖。瘦果中部以下近光滑。

耐盐中生植物。生于盐渍化草甸、水井边、砾质沙地。可药用。

产地：全旗。

饲用价值：中等饲用植物。

苦苣菜属 *Sonchus* L.

qǔ
苣荬菜 *Sonchus brachyotus* DC.

蒙名：嘎希棍-诺高

别名：取麻菜、甜苣、苦菜、全叶苣荬菜

形态特征：多年生本草本，高 20~80 厘米。茎直立，具纵沟棱，无毛，下部常带紫红色，通常不分枝。叶灰绿色，基生叶与茎下部叶宽披针形、矩圆状披针形或长椭圆形，基部渐狭成柄状，半抱茎，具稀疏的波状牙齿或羽状浅裂，裂片三角形，边缘有小刺尖齿，两面无毛；中部叶与基生叶相似，基部多少呈耳状，抱茎；最上部叶小；头状花序多数或少数在茎顶排列成伞房状，有时单生，总苞钟状，总苞片 3 层；舌状花黄色；瘦果矩圆形，稍扁；冠毛白色。花果期 6—9 月。

生于田间、村舍附近及路边。中生性农田杂草。为田间杂草。其嫩茎叶可供使用，春季挖采调菜。全草入药。

产地：全旗。

饲用价值：优等饲用植物。

苦苣菜 *Sonchus oleraceus* L.

蒙名：嘎希棍-伊达日

别名：苦菜、滇苦菜

形态特征：一或二年生本草本，高 30~80 厘米。根圆锥形或纺锤形。茎直立，中空。叶无毛，长椭圆状披针形，长 10~25 厘米，宽 3~6 厘米，羽状深裂、大头羽状全裂或羽状半裂，顶裂片大，少有叶不分裂的，边缘有不规则状尖齿；下部叶有具翅短柄，柄基扩大抱茎，中部叶及上部叶无柄，基部宽大成戟状耳形而抱茎。头状花序数

苣荬菜 *Sonchus brachyotus* DC.

1. 植株上部；2. 植株下部；3. 总苞片；4. 舌状花

山莴苣 *Lactuca sibirica*（L.）Benth. ex Maxim.

5. 植株；6. 总苞片；7. 舌状花；8. 瘦果

个，在茎顶排列成伞房状，梗或总苞下部疏生腺毛；总苞片3层，背部疏生腺毛并有微毛。舌状花黄色。瘦果长椭圆状倒卵形，压扁，边缘具微齿，两面各有3条隆起的纵肋，肋间有细皱纹；冠毛白色。花果期6—9月。

中生性农田杂草。生于田野、路旁、村舍附近。全草入药。

产地：全旗。

饲用价值：优等饲用植物。

莴苣属 *Lactuca* L.

野莴苣 *Lactuca serriola* L.

蒙名：阿日嘎力格-嘎伦-伊达日

形态特征：一年生草本。高50~80厘米；茎单生，直立，无毛或有时有白色茎刺，上部圆锥状花序分枝或自基部分枝；中下部茎叶倒披针形或长椭圆形，倒向羽状浅裂、半裂至深裂，有时不裂，基部抱茎，全部叶或裂片边缘有细齿，刺齿，细刺或全缘；头状花序多数，在茎枝顶端排成圆锥状花序；舌状花黄色；瘦果浅褐色，每面有8~10条细纵肋，果喙长于瘦果1.5倍；冠毛白色。花果期6—8月。

中生植物。生于荒地、路旁、河滩砾石地、山坡石缝中及草地。

产地：全旗。

饲用价值：良等饲用植物。

山莴苣 *Lactuca sibirica*（L.）Benth. ex Maxim.

蒙名：西伯日-伊达日阿

别名：北山莴苣 山苦菜 西伯利亚山莴苣

形态特征：多年生草本，高20~90厘米。茎直立，通常单一，红紫色，无毛，上部有分枝。叶披针形、长椭圆状披针形或条状披针形，长7~12厘米，宽0.5~2厘米，先端锐尖或渐尖，基部楔形，或心形或扩大呈耳状而抱茎，全缘或有浅牙齿或缺刻，上面绿色，下面灰绿色，无毛。头状花序少数或多数，在茎顶或枝端排列成疏伞房状或伞房圆锥状；总苞片3~4层，紫红色；舌状花蓝紫色；瘦果椭圆形，压扁，灰色，上部极短收窄，但不成喙；冠毛污白色。花果期7—8月。

中生植物。生于山地林下、林缘、草甸、河边、湖边。

产地：达赉苏木、呼伦湖边。

饲用价值：中等饲用植物。

乳苣 *Lactuca tatarica*（L.）C. A. Mey.

蒙名：嘎鲁棍—伊达日阿

别名：紫花山莴苣 苦菜 蒙山莴苣

形态特征：多年生草本，高（10）30~70厘米。具垂直或稍弯曲的长根状茎。茎直立，具纵沟棱，无毛。茎下部叶稍肉质，灰绿色，长椭圆形、矩圆形或披针形，长

3~14 厘米，宽 0.5~3 厘米，有小尖头，基部渐狭成具狭翅的短柄，柄基扩大而半抱茎，羽状或倒向羽状深裂或浅裂，边缘具浅刺状小齿，无毛；中部叶与下部叶同形，少分裂或全缘，基部具短柄或无柄而抱茎，边缘具刺状小齿；上部叶小，有时叶全部全缘而不分裂。头状花序多数，在茎顶排列成开展的圆锥状；总苞片 4 层，紫红色，背部有微毛；舌状花蓝紫色或淡紫色；瘦果矩圆形或长椭圆形，稍压扁，有 5~7 条纵肋，果喙灰白色；冠毛白色。花果期 6—9 月。

中生杂类草。常见于河滩、湖边、盐化草甸、田边、固定沙丘等处。

产地：阿日哈沙特镇。

饲用价值：中等饲用植物。

乳苣 *Lactuca tatarica*（L.）C. A. Mey.

1. 植株；2. 总苞片；3. 舌状花；4. 瘦果

小苦苣菜属 *Sonchella* Sennikov

碱小苦苣菜 *Sonchella stenoma*（Turcz. ex DC.）Sennikov

蒙名：好吉日苏格-杨给日干纳

别名：碱黄鹌菜

形态特征：多年生草本，高 10~40 厘米。茎单一或数个簇生。直立，具纵沟棱，无毛，有时基部淡红紫色。叶质厚，灰绿色，基生叶与茎下部叶条形或条状倒披针形，长 3~10 厘米（连叶柄），宽 0.2~0.5 厘米，先端渐尖或钝，基部渐狭成具窄翅的长柄，全缘或有微牙齿，两面无毛；中部叶与上部叶较小，条形或狭条形，先端渐尖，全缘，中部叶具短柄，上部叶无柄。头状花序具 8~12 小花，多数在茎顶排列成总状或狭圆锥状，梗细，长 0.5~2 厘米；总苞圆筒状，长 9~11 毫米，宽 2.5~3.5 毫米；总苞片无毛，顶端鸡冠状，背面近顶端有角状凸起，外层者 5~6，短小，卵形或矩圆状披针形，先端尖；内层者 8，较长，矩圆状条形，先端钝，有缘毛，边缘宽膜质；舌状花的舌片顶端的齿紫色，长 11~12.5 毫米。瘦果纺锤形，长 4~5.5 毫米，暗褐色，具 11~14 条不等形的纵肋，沿肋密被小刺毛，向上收缩成喙状；冠毛白色，长 6~7 毫米。花果期 7—9 月。

耐盐中生植物。盐渍地、草原沙地。全草入药。

产地：阿拉坦额莫勒镇、呼伦湖沿岸。

饲用价值：良等饲用植物。

黄鹌菜属 *Youngia* Cass.

细叶黄鹌菜 *Youngia tenuifolia*（Willd.）Babc. et Stebb.

蒙名：杨给日干那

别名：蒲公幌

形态特征：多年生草本，高 10~45 厘米。根粗壮而伸长，木质，黑褐色，根颈部被覆枯叶柄及褐色绵毛。茎数个簇生或单一，直立，坚硬，较粗壮，基部直径 1.5~4（5）毫米，具纵沟棱，无毛或被微毛，上部有分枝。基生叶多数，丛生，长 5~20 厘米，宽 2~6 厘米，羽状全裂或羽状深裂，侧裂片 6~12 对，条状披针形或条形，有时为三角状披针形，稀条状丝形，宽 1~5 毫米，先端渐尖，全缘、具疏锯齿或条状尖裂片，两面无毛或被微毛，具长柄，柄基稍扩大；下部叶及中部叶与基生叶相似，但较小，叶柄较短；上部叶不分裂或羽状分裂，或具不整齐锯齿，裂片条形或条状丝形，无柄，有时疏被皱曲柔毛，无柄。头状花序具（5）8~15 小花，多数在茎上排列成聚伞圆锥状，梗细，长 0.3~2 厘米；总苞圆柱形，长 8~11 毫米，宽 2.5~3.5 毫米，总苞片有或密或疏的皱曲柔毛或无毛，顶端鸡冠状，背面近顶端有角状凸起，外层者 5~8，短小，卵形或披针形，先端尖；内层者较长，（5）7~9，矩圆状条形，先端钝，有缘毛，边缘宽膜质；舌状花花冠长 10~15 毫米。瘦果纺锤形，长 4~6.5 毫米，黑色，具 10~12 条粗细不等的纵肋，有向上的小刺毛，向上收缩成喙状；冠毛白色，长 4~6 毫米。花果期 7—9 月。

旱中生植物。生于山坡草甸或灌丛中。

产地：呼伦镇、阿拉坦额莫勒镇、宝格德乌拉山。

饲用价值：良等饲用植物。

碱小苦苣菜 ***Sonchella stenoma*** **（Turcz. ex DC.） Sennikov**

1. 植株下部；2. 花枝；3. 总苞片；4. 舌状花；5. 瘦果

细叶黄鹌菜 ***Youngia tenuifolia*** **（Willd.） Babc. et Stebb.**

6. 植株下部；7. 植株上部；8. 总苞片；9. 舌状花；10. 瘦果

还阳参属 *Crepis* L.

还阳参 *Crepis crocea* (Lam.) Babc.

蒙名：宝黑-额布斯

别名：屠还阳参、驴打滚儿、还羊参

形态特征：多年生草本，高5~30厘米，全体灰绿色。根直伸或倾斜，木质化，深褐色，颈部被覆多数褐色枯叶柄。茎直立，具不明显沟棱，疏被腺毛，混生短柔毛，不分枝或分枝。基生叶丛生，倒披针形，长2~17厘米，宽0.8~2厘米，先端锐尖或尾状渐尖，基部渐狭成具窄翅的长柄或短柄，边缘具波状齿，或倒向锯齿至羽状半裂，裂片条形或三角形，全缘或有小尖齿，两面疏被皱曲柔毛或近无毛，有时边缘疏被硬毛；茎上部叶披针形或条形，全缘或羽状分裂，无柄；最上部叶小，苞叶状。头状花序单生于枝端，或2~4个在茎顶排列成疏伞房状；总苞钟状，长10~15毫米，宽4~10毫米，混生蛛丝状毛、长硬毛以及腺毛，外层总苞片6~8，不等长，条状披针形，先端尖，内层者13，较长，矩圆状披针形，边缘膜质，先端钝或尖，舌状花黄色，长12~18毫米。瘦果纺锤形，长5~6毫米，暗紫色或黑色，直或稍弯，具10~12条纵肋，上部有小刺；冠毛白色，长7~8毫米。花果期6—7月。

中旱生植物。常见于典型草原和荒漠草原带的丘陵砂砾石质坡地以及田边、路旁。全草入药。

产地：阿拉坦额莫勒镇、达赉苏木、克尔伦苏木。

饲用价值：中等饲用植物。

屋根草 *Crepis tectorum* L.

蒙名：得格古日-宝黑-额布斯

形态特征：一年生草本，高30~90厘米。茎直立，具纵沟棱，基部常带紫红色，被伏柔毛，上部混生腺毛，有时下部无毛或近无毛，不分枝或有分枝。基生叶与茎下部叶倒披针形或披针状条形，长2~15厘米，宽0.3~1（2）厘米，先端尖，基部渐狭成具窄翅的短柄，边缘有不规则牙齿，或羽状浅裂，稀羽状全裂，裂片披针形或条形，两面疏被柔毛或无毛；中部叶与下部叶相似，但无柄，抱茎，基部有小尖耳，边缘具小牙齿或全缘；上部叶披针状条形或条形，全缘。头状花序在茎顶排列成伞房圆锥状，梗细长，苞叶丝状；总苞狭钟状，长7~9毫米，宽3~5毫米，被蛛丝状毛并混生腺毛；总苞片2层，外层者短小，8~10，条形，内层者较长，12~16，矩圆状披针形，先端尖，边缘膜质；舌状花黄色，长10~13毫米，下部狭管疏被短柔毛。瘦果纺锤形，长3毫米，黑褐色，顶端狭窄，具10条纵肋；冠毛白色，长4~6毫米。花果期6—8月。

中生性农田杂草。生于山地草原、农田。

产地：阿拉坦额莫勒镇。

饲用价值：中等饲用植物。

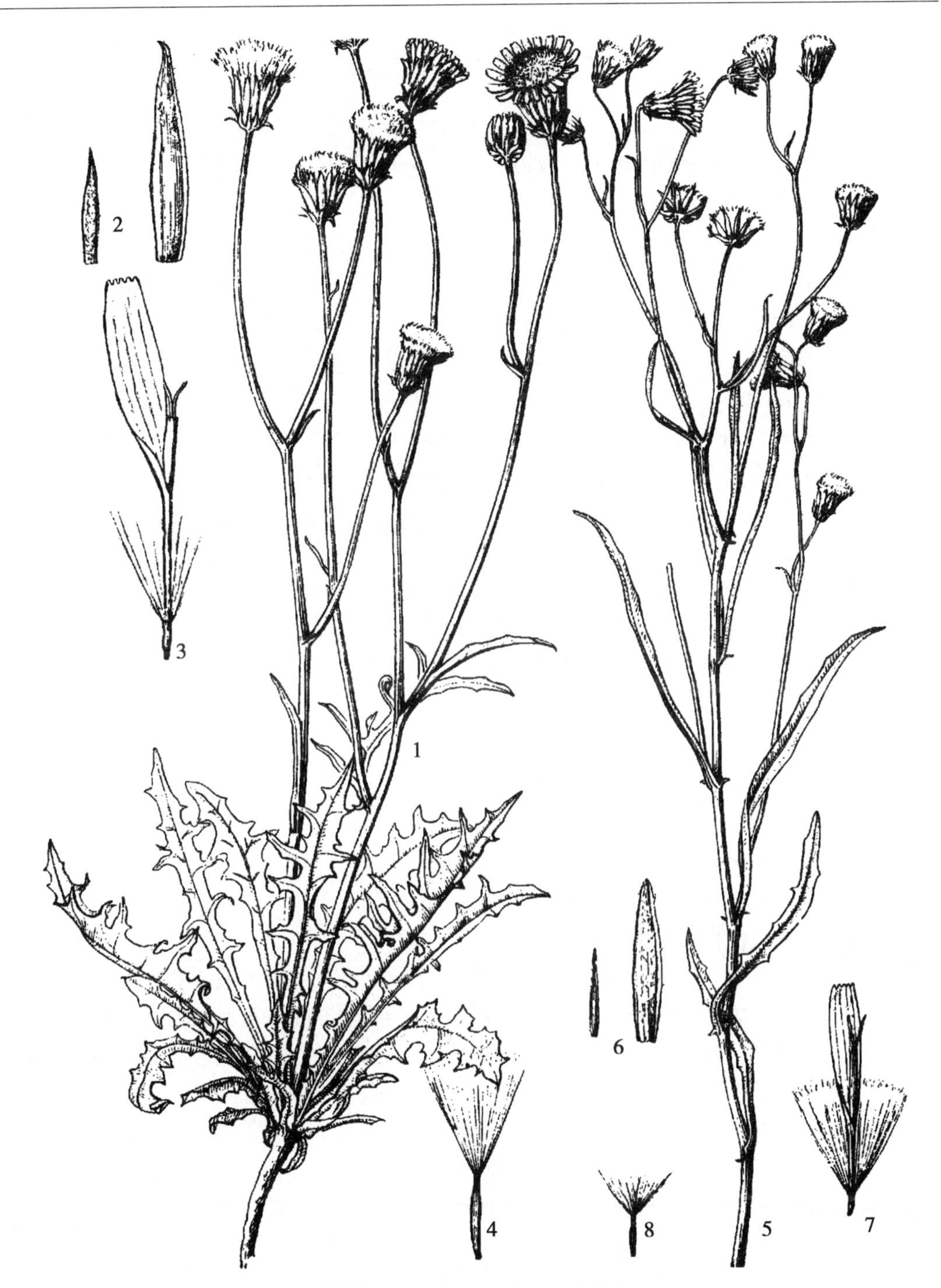

还阳参 *Crepis crocea*（Lam.）Babc.

1. 植株；2. 总苞片；3. 舌状花；4. 瘦果

屋根草 *Crepis tectorum* L.

5. 植株上部；6. 总苞片；7. 舌状花；8. 瘦果

苦荬菜属 *Ixeris* Cass.

抱茎苦荬菜 *Ixeris sonchifolia*（Maxim.）Hance

蒙名：陶日格-陶来音-伊达日阿

别名：苦荬菜、苦碟子

形态特征：多年生草本，高 30~50 厘米，无毛。根圆锥形，伸长，褐色。茎直立，具纵条纹，上部多少分枝。基生叶多数，铺散，矩圆形，长 3.5~8 厘米，宽 1~2 厘米，先端锐尖或钝圆，基部渐狭成具窄翅的柄，边缘有锯齿或缺刻状牙齿，或为不规则的羽状深裂，上面有微毛；茎生叶较狭小，卵状矩圆形或矩圆形，长 2~6 厘米，宽 0.5~1.5（3）厘米，先端锐尖或渐尖，基部扩大成耳形或戟形而抱茎，羽状浅裂或深裂，或具不规则缺刻状牙齿。头状花序多数，排列成密集或疏散的伞房状，具细梗；总苞圆筒形，长 5~6 毫米，宽 2~2.5 毫米；总苞片无毛，先端尖，外层者 5，短小，卵形，内层者 8~9，较长，条状披针形，背部各具中肋 1 条；舌状花黄色；长 7~8 毫米。瘦果纺锤形，长 2~3 毫米，黑褐色，喙短，约为果身的 1/4，通常为黄白色；冠毛白色，长 3~4 毫米。花果期 6—7 月。

中生杂类草。夏季开花的植物。常见于草甸、山野、路旁、撂荒地。全草或当年生的幼苗入药。

产地：全旗。

饲用价值：良等饲用植物。

中华苦荬菜 *Ixeris chinensis*（Thunb.）Nakai

蒙名：陶来音-伊达日阿

别名：苦菜、燕儿尾、山苦荬

形态特征：多年生草本，高 10~30 厘米，全体无毛。茎少数或多数簇生，直立或斜升，有时斜倚。基生叶莲座状，条状披针形、倒披针形或条形，长 2~15 厘米，宽（0.2）0.5~1 厘米，先端尖或钝，基部渐狭成柄，柄基扩大，全缘或具疏小牙齿或呈不规则羽状浅裂与深裂，两面灰绿色；茎生叶 1~3，与基生叶相似，但无柄，基部稍抱茎。头状花序多数，排列成稀疏的伞房状，梗细；总苞圆筒状或长卵形，长 7~9 毫米，宽 2~3 毫米；总苞片无毛，先端尖；外层者 6~8，短小，三角形或宽卵形，内层者 7~8，较长，条状披针形，舌状花 20~25，花冠黄色、白色或变淡紫色，长 10~12 毫米。瘦果狭披针形，稍扁，长 4~6 毫米，红棕色，喙长约 2 毫米；冠毛白色，长 4~5 毫米。花果期 6—7 月。

中旱生杂草。生于山野、田间、撂荒地、路旁。为田间杂草，枝叶可作养猪与养兔饲料。全草入药。

产地：全旗。

饲用价值：良等饲用植物。

抱茎苦荬菜 *Ixeris sonchifolia*（Maxim.）Hance

1. 植株上部；2. 总苞片；3. 舌状花；4. 瘦果

中华苦荬菜 *Ixeris chinensis*（Thunb.）Nakai

1. 植株；2. 总苞片；3. 花；4. 瘦果

丝叶苦荬菜 *Ixeris chinensis*（Thunb.）Kitag. subsp. *graminifolia*（Ledeb.）Kitam.

5. 植株

丝叶苦荬菜 *Ixeris chinensis*（Thunb.）Kitag. subsp. *graminifolia*（Ledeb.）Kitam.

别名：丝叶苦菜、丝叶山苦荬

形态特征：本变种与正种的区别在于：基生叶很窄，丝状条形，通常全缘，稀具羽裂片。

中旱生植物。生于沙质草原、石质山坡、沙质地、田野、路边。

产地：呼伦镇、贝尔苏木、阿拉坦额莫勒镇西山坡。

饲用价值：良等饲用植物。

山柳菊属 *Hieracium* L.

全缘山柳菊 *Hieracium hololeion* Maxim.

蒙名：布吞-哈日查干那

别名：全光菊

形态特征：植株高30~100厘米。具根状茎，匍匐。茎直立，具纵沟棱，无毛，上部有分枝。基生叶条状披针形或长倒披针形，长15~30厘米，宽5~20毫米，先端渐尖，基部渐狭成具翅的长柄。头状花序多数，在茎顶排列成疏伞房状，梗长1~3.5厘米，纤细，无毛。总苞圆筒形，长10~14毫米，宽约5毫米；总苞片3~4层，外层者较短，卵形至卵状披针形，先端钝，带紫色，被疏缘毛，中层与内层者较长，条状披针形，先端钝或尖，被微毛和缘毛。舌状花淡黄色，长约20毫米，下部狭管长约4毫米。瘦果圆柱形，稍扁，具4棱，长4~6毫米，浅棕色；冠毛棕色，长约7毫米。花果期7—9月。

湿中生植物。生于草甸，沼泽草甸及溪流附近的低湿地。

产地：阿拉坦额莫勒镇、达赉苏木。

饲用价值：劣等饲用植物。

全缘山柳菊 *Hieracium hololeion* Maxim.

1. 花枝；2. 植株下部；3. 总苞片；4. 舌状花

香蒲科 Typhaceae

香蒲属 *Typha* L.

东方香蒲 *Typha orientalis* C. Presl

蒙名：道日那音-哲格斯

别名：香蒲

形态特征：多年生沼生草本，高 1~1.5 米。茎直立，粗壮，地下具粗壮根状茎，直径约 1 厘米。叶条形，宽 5~10 毫米，基部扩大呈鞘，两边膜质。穗状花序圆柱形，长 9~15 厘米，雌雄花序相连接，不间隔；雄花序在上，长 3~5 厘米，约为雌花序的一半，雄花具 2~4 雄蕊，花粉单粒；雌花序在下，长 6~10 厘米，雌花无小苞片，有多数基生乳白色长毛，毛与柱头近等长，子房具细长的柄，花柱细长，柱头紫黑色，披针形。果穗长椭圆形，直径 2~2.5 厘米，有时呈紫褐色。花果期 6—7 月。

水生植物。生于湖边浅水中及沼泽草甸。花粉及全草或根状茎入药。

产地：呼伦湖边浅水中。

饲用价值：良等饲用植物。

水烛 *Typha angustifolia* L.

蒙名：毛日音-哲格斯

别名：狭叶香蒲、蒲草

形态特征：多年生草本，高 1.5~2 米。根茎短粗，须根多数，褐色，圆柱形。茎直立，具白色的髓部。叶狭条形，宽 4~8（10）毫米，下部具圆筒形叶鞘，边缘膜质，白色。穗状花序长 30~60 厘米，雌雄花序不连接，中间相距（0.5）3~8（12）厘米；雄花序狭圆柱形，长 20~30 厘米，雄花具 2~3 雄蕊，基部具毛，较雄蕊长，花粉单粒；雌花序长 10~30 厘米，雌花具匙形小苞片，先端淡褐色，比柱头短，子房长椭圆形，具细长的柄，基部具多数乳白色分枝的毛，稍短于柱头，与小苞片约等长，柱头条形，褐色。小坚果褐色。花果期 6—8 月。

水生植物。生河边、池塘、湖泊边浅水中。花粉及全草或根状茎入药。叶供编制用，蒲绒可做枕芯。

产地：呼伦湖、乌尔逊河、乌兰泡浅水中。

饲用价值：良等饲用植物。

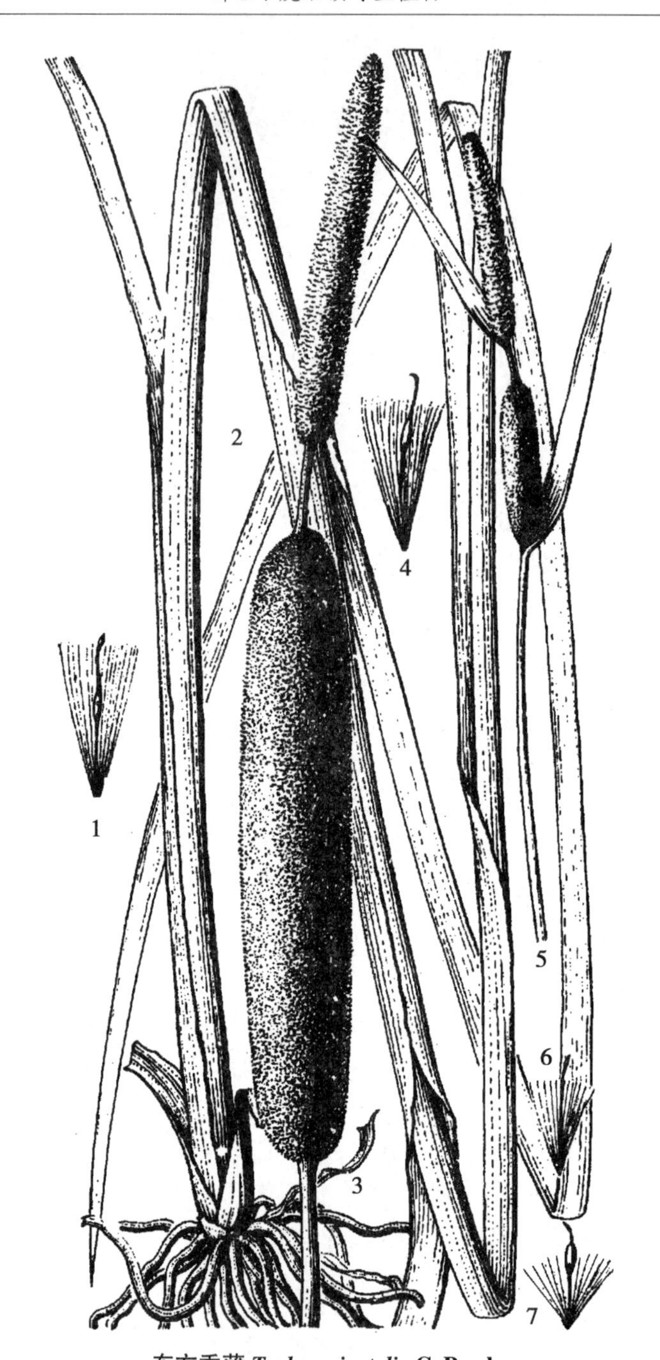

东方香蒲 ***Typha orientalis*** **C. Presl**

1. 雌花

水烛 ***Typha angustifolia*** **L.**

2. 植株；3. 花序；4. 雌花

小香蒲 ***Typha minima*** **Funk ex Hoppe**

5. 植株上部；6. 雌花；7. 果实

小香蒲 *Typha minima* Funk ex Hoppe

蒙名：好宁-哲格斯

形态特征：多年生草本。根状茎横走泥中，褐色，直径 3~5 毫米，茎直立，高 20~50 厘米。叶条形，宽 1~1.5 毫米，基部具褐色宽叶鞘，边缘膜质，花茎下部只有膜质叶鞘。穗状花序，长 6~10 厘米，雌雄花序不连接，中间相距 5~10 厘米；雄花序圆柱形，长 3~5 厘米，直径约 5 毫米，在雄花序基部常有淡褐色膜质苞片，与花序约等长，雄花具 1 雄蕊，基部无毛，花药长矩圆形，长约 2 毫米，花粉为四合体，花丝丝状；雌花序长椭圆形，长 1.5~3 厘米，直径 5~7 毫米，成熟后直径达 1 厘米，在基部有 1 褐色膜质的叶状苞片，比全花序稍长，子房长椭圆形，具细长的柄，柱头条形稍长于白色长毛，毛先端稍膨大，小苞片与毛近等长，比柱头短。果实褐色，椭圆形，具长柄。花果期 5—7 月。

湿生植物。生于河、湖边浅水或河滩、低湿地，可耐盐碱。花粉及全草或根状茎入药。叶供编制用，蒲绒可做枕芯。

产地：阿拉坦额莫勒镇、乌尔逊河、克尔伦河边。

饲用价值：良等饲用植物。

无苞香蒲 *Typha laxmannii* Lepech.

蒙名：呼和-哲格斯

别名：拉氏香蒲

形态特征：多年生草本，高 80~100 厘米。根状茎褐色，直径约 8 毫米，横走泥中，须根多数，纤细，圆柱形，土黄色。茎直立。叶狭条形，长 30~50 厘米，宽 2~4（10）毫米，基部具长宽的鞘，两边稍膜质。穗状花序长 20 厘米，雌雄花序通常不连接，中间相距 1~2 厘米；雄花序长圆柱形，长 7~10 厘米，雄花具 2~3 雄蕊，花药矩圆形，长约 1.5 毫米，花丝丝状，下部合生，花粉单粒，花序轴具毛，雌花序圆柱形，长 5~9 厘米，成熟后直径 14~17 毫米，雄花无小苞片，不育雌蕊倒卵形，先端圆形，褐色，比毛短。子房条形，花柱很细，柱头菱状披针形，棕色，向一侧弯曲，基部具乳白色的长毛，比柱头短。果实狭椭圆形，褐色，具细长的柄。花果期 7—9 月。

水生植物。生于水沟、水塘、水岸边等浅水中。花粉及全草或根状茎入药。叶供编制用。

产地：阿拉坦额莫勒镇、宝格德乌拉苏木、乌尔逊河。

饲用价值：良等饲用植物。

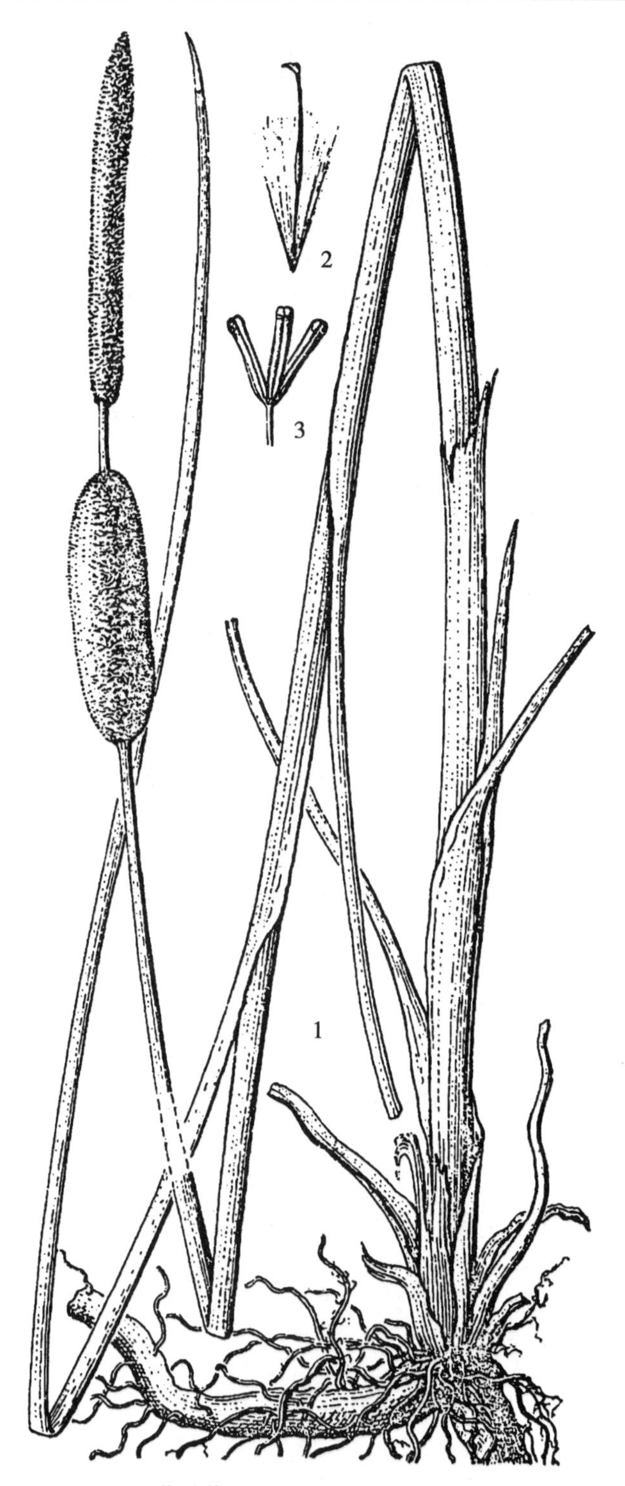

无苞香蒲 *Typha laxmannii* Lepech.

1. 植株；2. 雌花；3. 雄花

黑三棱科 Sparganiaceae

黑三棱属 *Sparganium* L.

黑三棱 *Sparganium stoloniferum* (Buch. -Ham. ex Graebn.) Buch. -Ham. ex Juz.

蒙名：哈日-古日巴拉吉

别名：京三棱

形态特征：多年生草本。根状茎粗壮，在泥中横走，具卵球形块茎；茎直立，伸出水面，高50~120厘米，上部多分枝。叶条形，长60~95厘米，宽8~19毫米，先端渐狭，基部三棱形，中脉明显，在背面中部以下具龙骨状凸起，圆锥花序开展，长30~50厘米，具3~5（7）个侧枝，每侧枝下部具1~3个雌性头状花序，上部具数个雄性头状花序，雌性头状花序呈球形，直径10~15毫米，雌花密集，花被片4~5，红褐色，倒卵形，长5~7毫米，膜质，先端较厚，加宽，平截或中部稍凹，子房纺锤形，长约4毫米，花柱与子房近等长，柱头钻形，单一或分叉，子房近无柄；雄花具花被片3~4，膜质，匙形，长约2毫米，有细长的爪，雄蕊3，花丝丝状，花药黄色。果实倒圆锥形，呈不规则四棱状，褐色，长5~8毫米，顶端急收缩，具喙，近无柄。花果期7—9月。

湿生植物。生于河边或池塘边浅水中。块茎入药。

产地：乌尔逊河边。

饲用价值：中等饲用植物。

短序黑三棱 *Sparganium glomeratum* Laest. ex Beurl.

蒙名：宝乐召特-哈日-古日巴拉吉

形态特征：多年生草本。根状茎粗壮。茎直立，高（20）40~6厘米。叶条形，长20~60厘米，宽4~18毫米，先端钝，基部稍呈三棱状抱茎，中脉在背面明显呈龙骨状凸起。圆锥花序紧缩，长6~15厘米，雄性头状花序1~2个生于上部，与雌性头状花序互相连接；雌头状花序3~5（6）个，密集着生于下部，最下部稀分枝，雌花密集，花被片3~4（5），膜质，狭条形，长约4毫米，先端稍膨大，呈三角形，具不规则齿裂；子房纺锤形，长约2毫米，明显具柄，常与子房等长，上部渐尖，花柱极短，连柱头长约1毫米，柱头钻形。聚花果直径1~1.8厘米。果实纺锤形，淡褐色，长约5毫米，明显具柄。花果期7—9月。

湿生植物。生于浅水中。

产地：贝尔苏木虾米桥下。

饲用价值：低等饲用植物。

黑三棱 ***Sparganium stoloniferum*** **(Buch. -Ham. ex Graebn.) Buch. -Ham. ex Juz.**

1. 花序；2. 叶横切面；3. 果实

短序黑三棱 *Sparganium glomeratum* Laest. ex Beurl.

4. 花序；5. 果实

眼子菜科 Potamogetonacese

眼子菜属 *Potamogeton* L.

穿叶眼子菜 *Potamogeton perfoliatus* L.

蒙名：奥格拉日存-奥存-呼日西

形态特征：多年生草本。根状茎横生土中，伸长，淡黄白色，直径约 3 毫米，节部生出许多不定根。茎常多分枝，稍扁，长 30~50（100）厘米，直径 2~3 毫米，节间长 0.5~3 毫米。叶全部沉水，互生，花序梗基部叶对生，质较薄，宽卵形或披针状卵形，长 1.5~5 厘米，宽 1~2.5 厘米，先端钝或渐尖，基部心形且抱茎，全缘且有波状皱褶，中脉在下面明显凸起，每边具弧状侧脉 1~2 条，侧脉间常具细脉 2 条，无柄；托叶透明膜质，白色，宽卵形，长 0.5~2 厘米，与叶分离，早落。花序梗圆柱形，长 2.5~4 厘米；穗状花序密生，多花，长 1.5~2 厘米，直径约 5 毫米。小坚果扁斜宽卵形，长约 3 毫米，宽约 2 毫米，腹面明显凸出，具锐尖的脊，背部具 3 条圆形的脊，但侧脊不明显。花期 6—7 月，果期 8—9 月。

沉水草本植物。生于湖泊、水沟或池沼中。全草可作鱼和鸭的饲料。全草也入药。

产地：宝格德乌拉苏木、乌兰泡浅水中。

饲用价值：良等饲用植物。

小眼子菜 *Potamogeton pusillus* L.

蒙名：巴嘎-奥存-呼日西

别名：线叶眼子菜、丝藻

形态特征：多年生沉水草本。根状茎纤细，伸长，淡黄白色，直径 1.5~2 毫米，茎丝状，长 20~70 厘米，直径 0.3~0.8 毫米，多分枝，节间长 1.5~3（7）厘米；叶互生，花序梗下的叶对生，狭条形，长 3~7 厘米，宽 0.8~1.5 毫米，先端渐尖，全缘，通常具 3 脉，少具 1 脉，中脉常在下面凸起，托叶白色膜质，披针形至条形，长达 1 厘米，与叶片分离而早落，先端常分裂。花序梗纤细，不增粗，长 1~3 厘米，基部具 2 膜质总苞，早落；穗状花序长约 5 毫米，由 2~3 簇花间断排列而成。小坚果斜卵形，稍扁，长 1.4~1.6 毫米，宽约 1 毫米，背部具龙骨状凸起，腹部外凸，顶端具短喙。花果期 7—9 月。

沉水水生植物。生于静水池沼及沟渠中。全草可作绿肥及鱼、鸭的饲料。

产地：贝尔湖、乌尔逊河浅水中。

饲用价值：中等饲用植物。

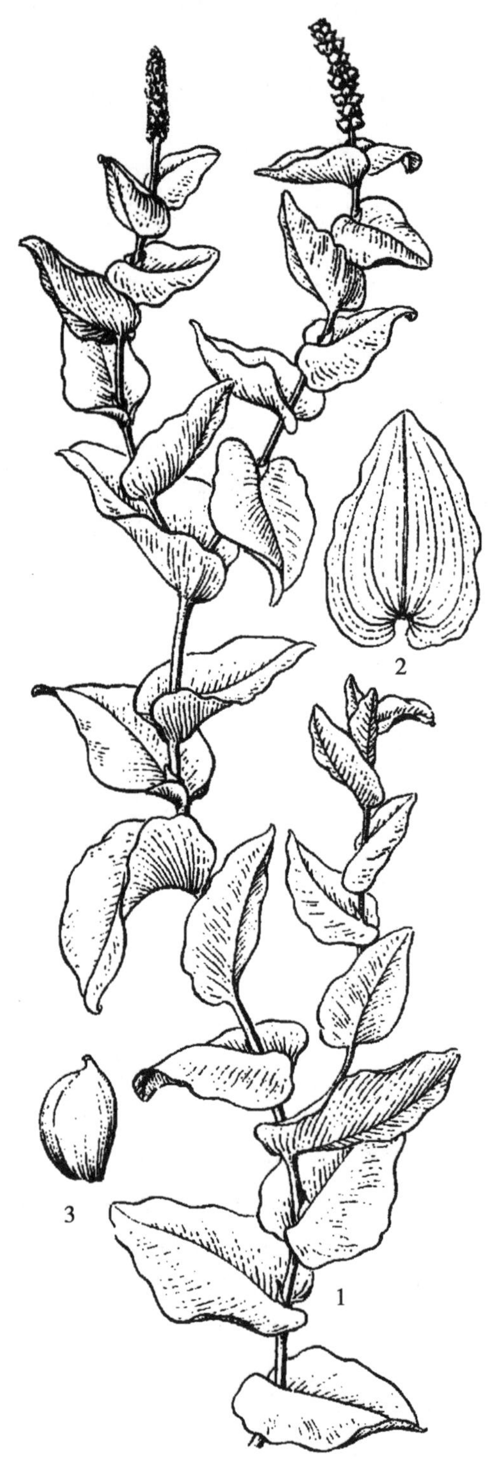

穿叶眼子菜 *Potamogeton perfoliatus* L.

1. 植株；2. 叶；3. 果实

小眼子菜 *Potamogeton pusillus* L.

1. 植株；2. 托叶着生情况；3. 叶顶部放大

眼子菜 *Potamogeton distinctus* A. Benn.

蒙名：奥存-呼日西

形态特征：多年生草本。根状茎淡黄白色，直径 2~3 毫米，横生，伸长。茎少分枝，有时不分枝，长 15~30 厘米，直径约 2 毫米。浮水叶稍革质，互生，花序梗基部叶对生，宽披针形或卵状椭圆形，长 3~10 厘米，宽 2~5 厘米，先端钝圆或钝，全缘而微皱，上面有光泽，中脉在下面明显凸起，每边具弧形侧脉 6~8 条，二级细脉梯状，叶柄长 4~10 厘米，沉水叶披针形或条状披针形，较浮水叶小，叶柄亦较短；托叶膜质，条形或条状披针形，长 3~4 厘米，先端锐尖，与叶片分离，早落。花序梗自茎顶部浮水叶的叶腋生出，长约 5 厘米，直立，常向顶部增粗；穗状花序圆柱形，长 2~5 厘米，直径约 5 毫米，密生多花。小坚果斜宽卵形，长约 3.5 毫米，宽约 2.5 毫米，腹面近直，背部具半圆形的 3 条脊，其中脊近锐尖，波状，侧脊稍钝，常具小凸起，顶端具短喙。花果期 7—9 月。

沉水水生植物。生于静水池沼、湖泊边浅水处。全草可作鱼和鸭的饲料。药用植物。

产地：乌尔逊河、乌兰泡浅水中。

饲用价值：中等饲用植物。

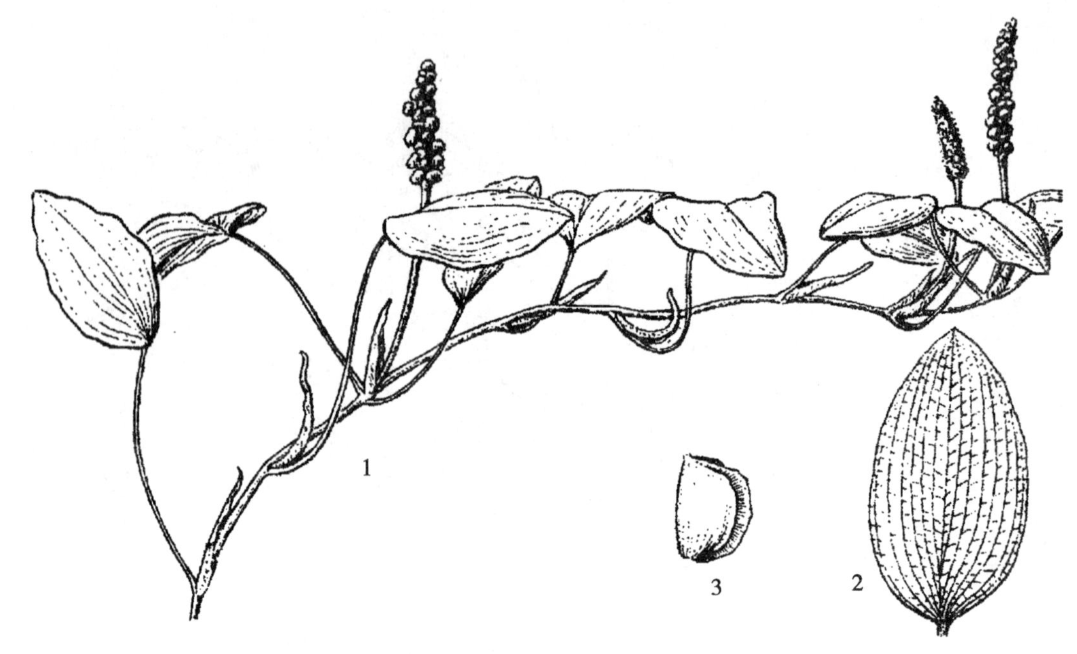

眼子菜 *Potamogeton distinctus* A. Benn.
1. 植株；2. 浮水叶；3. 果实

篦齿眼子菜属 *Stuckenia* Borner

龙须眼子菜 *Stuckenia pectinata*（L.）Borner

蒙名：萨门-奥存-呼日西

别名：篦齿眼子菜

形态特征：多年生草本。根状茎纤细，伸长，淡黄白色，在节部生出多数不定根，秋季常于顶端生出白色卵形的块茎。茎丝状，长短与粗细变化较大，长 10~80 厘米，稀达 2 米，直径 0.5~2 毫米，淡黄色，多分枝，且上部分枝较多，节间长 1~4（10）厘米。叶互生，淡绿色，狭条形，长 3~10 厘米，宽 0.3~1 毫米，先端渐尖，全缘，具 3 脉；鞘状托叶绿色，与叶基部合生，长 1~5 厘米，宽 1~2 毫米，顶部分离，呈叶舌状，白色膜质，长达 1 厘米。花序梗淡黄色，与茎等粗，长 3~10 厘米，基部具 2 膜质总苞，早落；穗状花序长约 3 厘米，疏松或间断。果实棕褐色，斜宽倒卵形，长 3~4 毫米，宽 2~2.5 毫米，背部外凸具脊，腹部直，顶端具短喙。花果期 7—9 月。

沉水水生植物。生于浅河、池沼中。全草可作鱼、鸭饲料；又可作绿肥；全草也入药；全草也作蒙药用。

产地：乌尔逊河浅水、乌兰泡浅水中。

饲用价值：中等饲用植物。

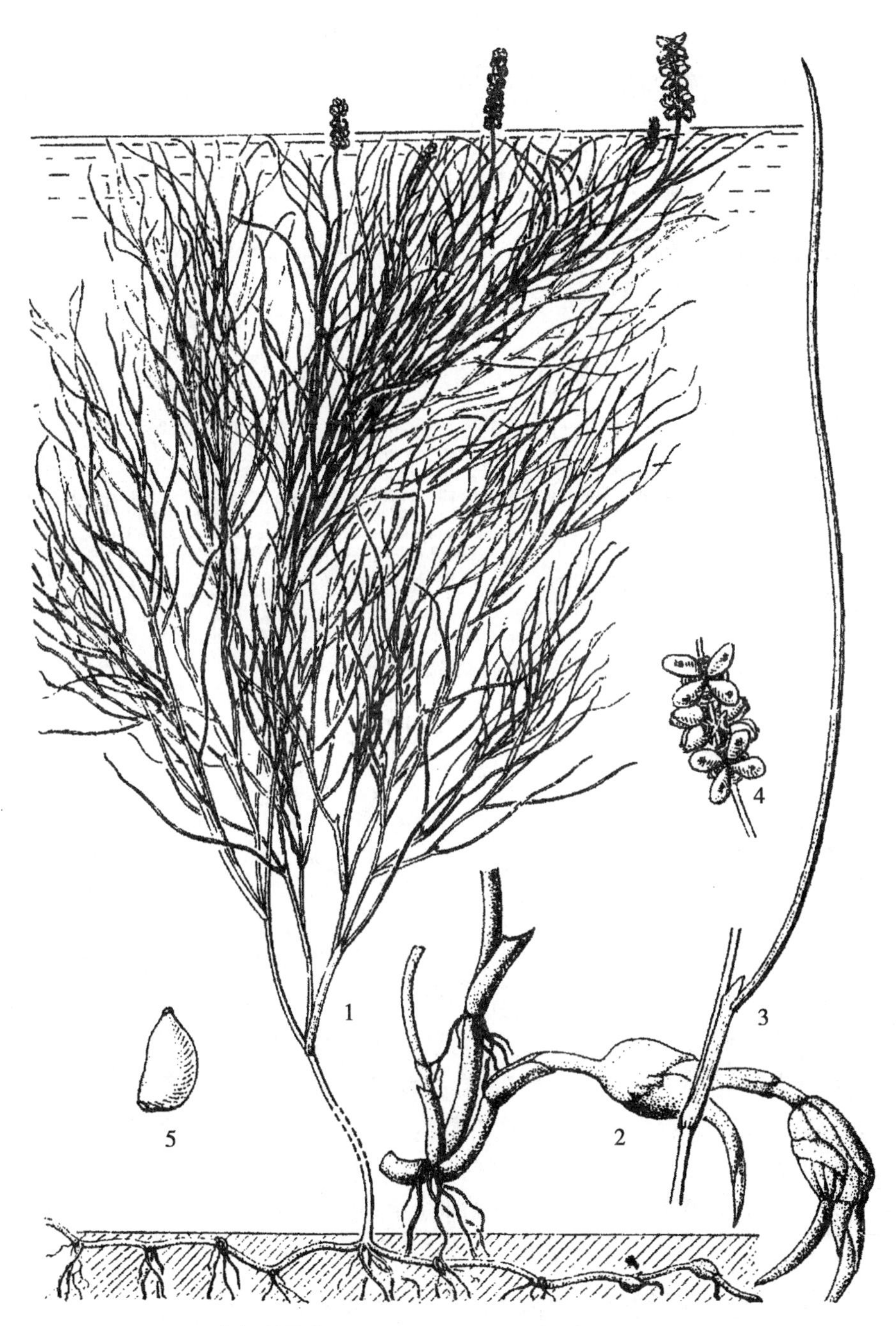

龙须眼子菜 *Stuckenia pectinata*（L.）Borner

1. 植株；2. 块茎；3. 叶；4. 果序一部分；5. 果实

水麦冬科 Juncaginaceae

水麦冬属 *Triglochin* L.

海韭菜 *Triglochin maritima* L.

蒙名：马日查-西乐-额布斯

别名：圆果水麦冬

形态特征：多年生草本，高 20~50 厘米。根状茎粗壮，斜生或横生，被棕色残叶鞘，有多数须根。叶基生，条形，横切面半圆形，长 7~30 厘米，宽 1~2 毫米，较花序短，稍肉质，光滑，生于花葶两侧，基部具宽叶鞘，叶舌长 3~5 毫米，花葶直立，圆柱形，光滑，中上部着生多数花，总状花序，花梗长约 1 毫米，果熟后可延长为 2~4 毫米。花小，直径约 2 毫米；花被 6，两轮排列，卵形，内轮较狭，绿色；雄蕊 6，心皮 6，柱头毛刷状。蒴果椭圆形或卵形，长 3~5 毫米，宽约 2 毫米，具 6 棱。花期 6 月，果期 7—8 月。

耐盐湿生植物。生于河湖边盐渍化草甸。

产地：阿日哈沙特镇阿贵洞、阿拉坦额莫勒镇、乌尔逊河。

饲用价值：低等饲用植物。

水麦冬 *Triglochin palustris* L.

蒙名：西乐-额布斯

形态特征：多年生草本。根茎缩短，秋季增粗，有密而细的须根。叶基生，条形，一般较花葶短，长 10~40 厘米，宽约 1.5 毫米，基部具宽叶鞘，叶鞘边缘膜质，宿存叶鞘纤维状，叶舌膜质，叶片光滑。花葶直立，高 20~60 厘米，圆柱形光滑，总状花序顶生，花多数，排列疏散，花梗长 2~4 毫米；花小，直径约 2 毫米，花被片 6，鳞片状，宽卵形，绿色；雄蕊 6，花药 2 室，花丝很短；心皮 3，柱头毛刷状。果实棒状条形，长 6~10 毫米，宽约 1.5 毫米。花期 6 月，果期 7—8 月。

湿生植物。生于河湖边盐渍化草甸及林缘草甸。

产地：阿日哈沙特镇、乌尔逊河岸。

饲用价值：低等饲用植物。

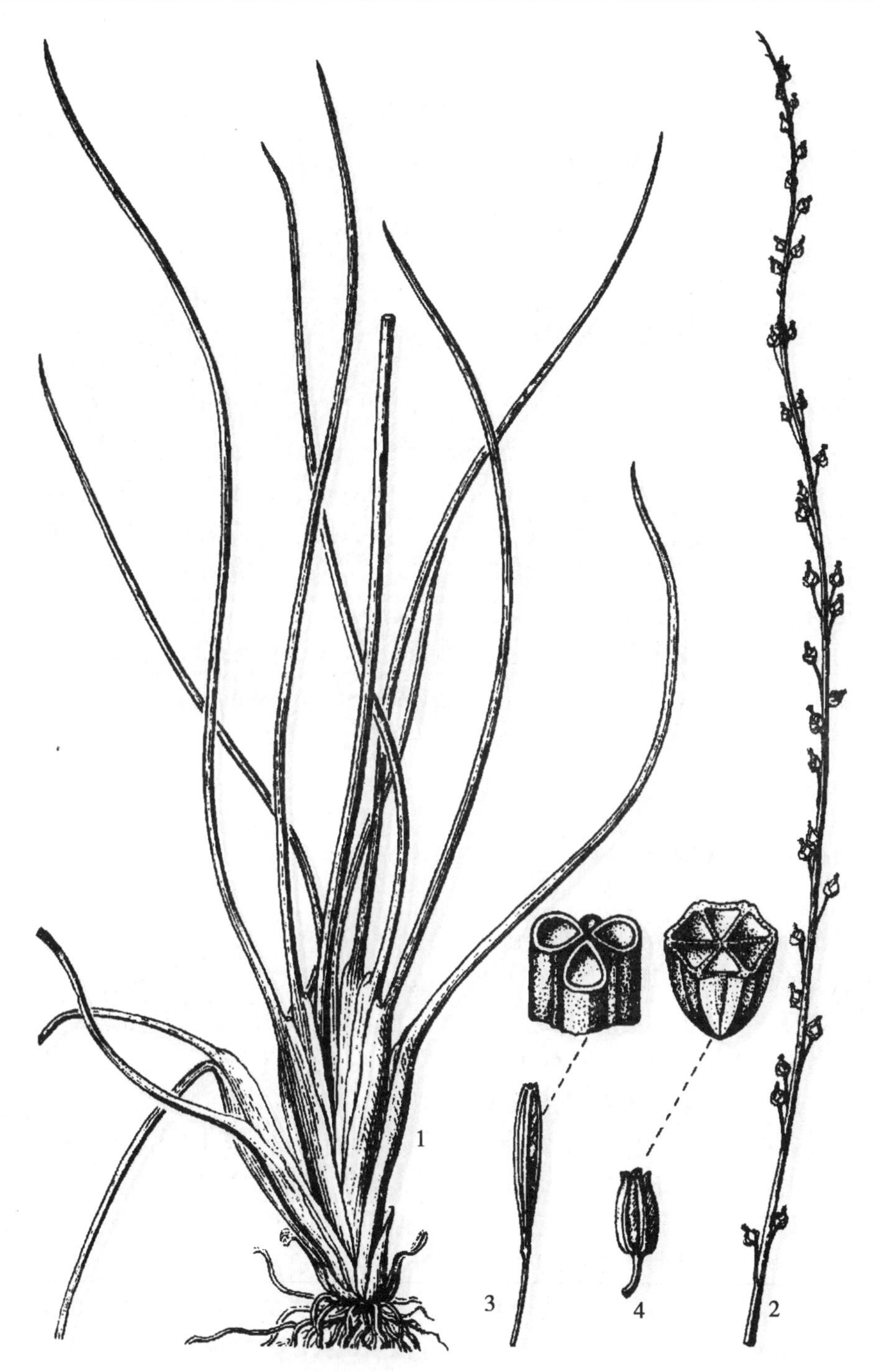

水麦冬 *Triglochin palustris* L.

1. 植株；2. 花序；3. 果实外形及横切面

海韭菜 *Triglochin maritima* L.

4. 果实外形及横切面

泽泻科 Alismataceae

泽泻属 *Alisma* L.

泽泻 *Alisma plantago-aquatica* L.

蒙名：奥存-图如

形态特征：多年生草本。根状茎缩短，呈块状增粗，须根多数，黄褐色。叶基生，叶片卵形或椭圆形，长3~16厘米，宽2~8厘米，先端渐尖，基部圆形或心形，具纵脉5~7，弧形，横脉多数，两面光滑，具长柄，质地松软，基部渐宽成鞘状。花茎高30~100厘米，中上部分枝，花序分枝轮生，每轮3至多数，组成圆锥状复伞形花序；花直径3~5毫米，具长梗，萼片3，宽卵形，长2~2.5毫米，宽约1.5毫米，绿色，果期宿存；花瓣3，倒卵圆形，长3~4毫米，薄膜质，白色，易脱落；雄蕊6，花药淡黄色，长约1毫米；心皮多数，离生，花柱侧生，宿存。瘦果多数，倒卵形，长2~2.5毫米，宽1.5~2毫米，光滑，两侧压扁，紧密地排列于花托上。花期6—7月，果期8—9月。

水生植物。生于沼泽。

产地：乌尔逊河边。

饲用价值：中等饲用植物。

草泽泻 *Alisma gramineum* Lejeune

蒙名：那林-奥存-图如

形态特征：多年生草本。根状茎缩短。须根多数，黄褐色，茎直立，一般自下半部分枝。叶基生。水生叶条形，长可达1厘米，宽3~10厘米，全缘，无柄；陆生叶长圆状披针形、披针形或条状披针形，长3~10厘米，宽0.5~2厘米，先端渐尖，基部楔形，具纵脉3~5，弧形，横脉多数，两面光滑，叶柄约与叶等长。花茎高于或低于叶，花序分枝轮生，组成圆锥状复伞形花序；花直径约3毫米，萼片3，宽卵形，长约2毫米，淡红色，宿存；花瓣3，白色，质薄，果期脱落；雄蕊6，花药球形，花丝分离；心皮多数，离生，花柱侧生于腹缝线，比子房短，顶端钩状弯曲，果期宿存。瘦果多数，倒卵形，长约2毫米，背部常具1~2条沟纹及龙骨状凸起，光滑，紧密地排列于花托上。花期6月，果期8月。

水生植物。生于沼泽。

产地：乌尔逊河浅水中。

饲用价值：低等饲用植物。

泽泻 *Alisma plantago-aquatica* L.

1. 花序；2. 植株下部及叶；3. 雌蕊

草泽泻 *Alisma gramineum* Lejeune

4. 叶；5. 雌蕊

慈姑属 *Sagittaria* L.

野慈姑 *Sagittaria trifolia* L.

蒙名：比地巴拉

别名：长瓣慈姑

形态特征：多年生草本。根状茎球状，须根多数，绳状。叶箭形，连同裂片长5~20厘米，基部宽1~4厘米，先端渐尖，基部具2裂片，两面光滑，具3~7条弧形脉，脉间具多数横脉，叶柄长10~60厘米，基部具宽叶鞘，叶鞘边缘膜质，2枚裂片较叶片狭长，有的几成条形。花茎单一或分枝，高20~80厘米，花3朵轮生，形成总状花序，花梗长1~2厘米，苞片卵形，长3~7毫米，宽2~4毫米，宿存；花单一，萼片3，卵形，长3~6毫米，宽2~3毫米，宿存；花瓣3，近圆形，明显大于萼片，白色，膜质，果期脱落；雄蕊多数；花药多数；心皮多数，聚成球形。瘦果扁平，斜倒卵形，长约3.5毫米，宽约2.5毫米，具宽翅。花期7月，果期8—9月。

水生植物。生于浅水及水边沼泽。

产地：乌尔逊河、达赉苏木东边沼泽。

饲用价值：良等饲用植物。

花蔺科 Butomaceae

花蔺属 *Butomus* L.

花蔺(lìn) *Butomus umbellatus* L.

蒙名：阿拉轻古

形态特征：多年生草本。根状茎匍匐，粗壮，须根多数，细绳状。叶基生，条形，基部三棱形，长40~100厘米，宽3~7毫米，先端渐尖，基部具叶鞘，叶鞘边缘膜质。花葶直立，圆柱形，光滑，具纵条棱，伞形花序，花多数；苞片3，卵形或三角形，长10~20毫米，宽5~8毫米，先端锐尖；花梗长5~8厘米；花直径1~2厘米，外轮花被片3，卵形，淡红色，基部颜色较深，内轮花被片3，较外轮花被片长，颜色较淡；雄蕊9，花丝粉红色，基部稍宽；心皮6，粉红色，柱头向外弯曲。蓇葖果具喙。种子多数。花期7月，果期8月。

水生植物。生于水边沼泽。

产地：乌尔逊河滩沼泽地。

饲用价值：低等饲用植物。

野慈姑 *Sagittaria trifolia* L.

1. 植株；2. 雌花；3. 雄花；4. 果实

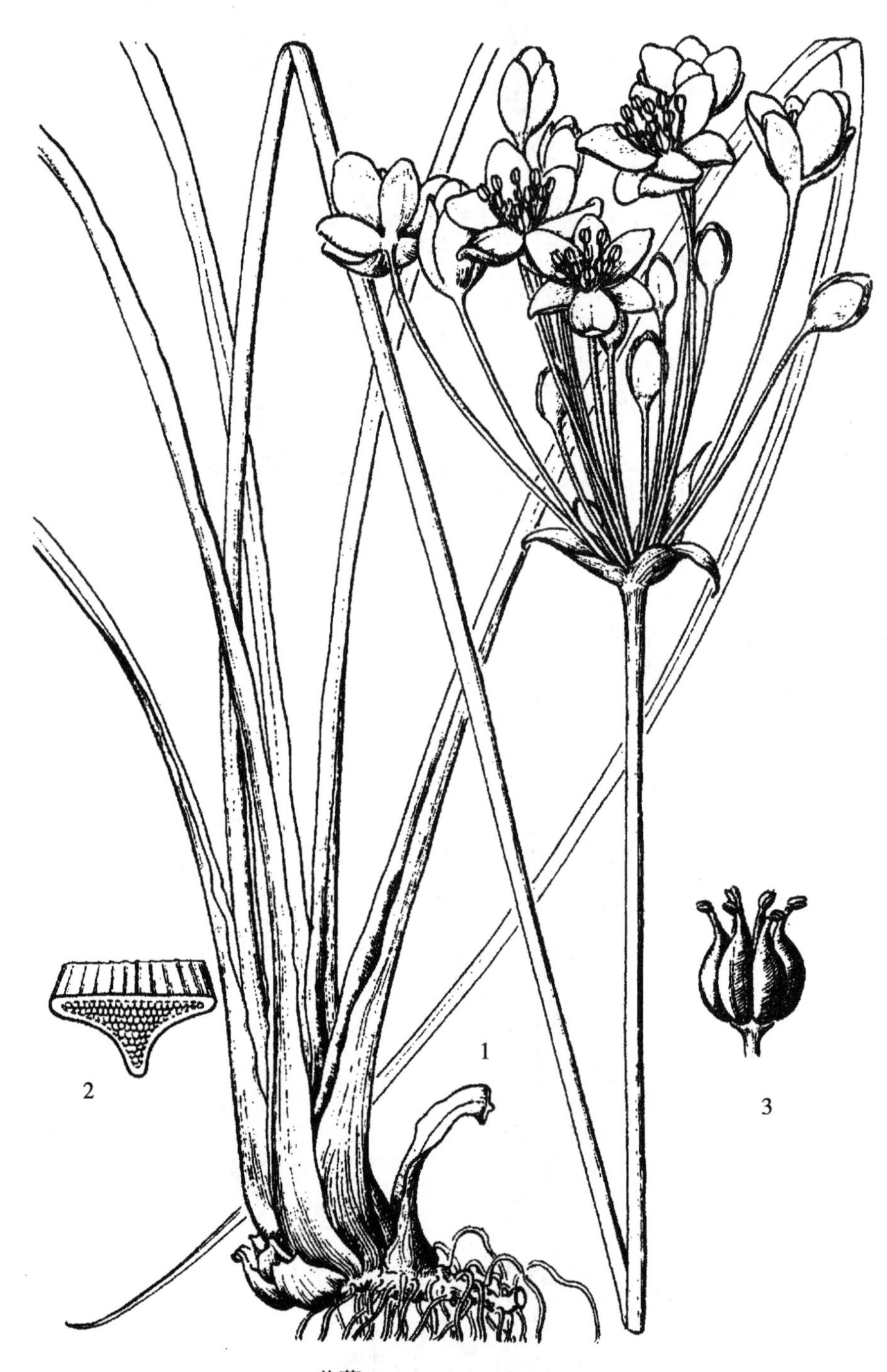

花蔺 *Butomus umbellatus* L.

1. 植株；2. 叶横切面；3. 蓇葖果

禾本科 Gramineae

菰属 *Zizania* L.

菰 *Zizania latifolia* (Griseb.) Turcz. ex Stapf

蒙名：奥存-查干-苏牙

别名：茭白

形态特征：多年生，具长根茎。秆直立，高 70~120（200）厘米，基部节上具横格并生不定根。叶鞘肥厚，无毛；叶舌膜质，顶端钝圆，长 10~15 毫米；叶片扁平，长可达 1 米，宽约 2 厘米，上面点状粗糙，下面无毛，圆锥花序长 35~45 厘米，分枝多数簇生，上部分枝上升，多紧缩，基部者略开展；雄性小穗具短柄，带紫色，长 8~12.5 毫米（芒除外）；外稃膜质，具 5 脉，脉上有时被微刺毛，其余部分光滑无毛，顶端具长 3~5 毫米的短芒，芒粗糙；内稃与外稃等长，先端尖，具 3 脉；雄蕊 6；雌小穗长 1.3~2 厘米；外稃厚纸质，具 5 条粗糙的脉，先端具芒，芒长 14~20 毫米；内稃与外稃等长，边缘为其外稃边缘抱卷，具 3 脉。花果期 7—9 月。

水生植物。生于水中，水泡子边缘。根和谷粒入药。

产地：乌尔逊河水中。

饲用价值：中等饲用植物。

芦苇属 *Phragmites* Adans.

芦苇 *Phragmites australis* (Cav.) Trin. ex Steudel.

蒙名：呼勒斯、好鲁苏

别名：芦草、苇子、热河芦苇

形态特征：秆直立，坚硬，高 0.5~2.5 米，直径 2~10 毫米，节下通常被白粉。叶鞘无毛或被细毛；叶舌短，类似横的线痕，密生短毛；叶片扁平，长 15~35 厘米，宽 1~3.5 厘米，光滑或边缘粗糙。圆锥花序稠密，开展，微下垂，长 8~30 厘米，分枝及小枝粗糙；小穗长 12~16 毫米，通常含 3~5 小花；两颖均具 3 脉，第一颖长 4~6 毫米，第二颖长 6~9 毫米；外稃具 3 脉，第一小花常为雄花，其外稃狭长披针形，长 10~14.5 毫米，内稃长 3~4 毫米；第二外稃长 10~15 毫米，先端长渐尖，基盘细长，有长 6~12 毫米的柔毛；内稃长约 3.5 毫米，脊上粗糙。花果期 7—9 月。

广幅湿生植物。在池塘、河边、湖泊水中，常以大片形成所谓芦苇荡，在盐碱地，干旱的沙丘和多石的坡地上生长。芦苇是我国当前主要造纸原料之一，茎秆纤维不仅可造纸，还可作人造棉和人造丝的原料，茎秆也可供编织和盖房用。芦苇的茎、茎秆、叶及花序均可入药。芦苇根状茎富含淀粉和蛋白质，可供熬糖和酿酒用。

芦苇是一种优良饲用禾草，叶量大，营养价值较高，在抽穗期以前，由于含糖分较高，有甜味，各种家畜均喜食。抽穗以后，草质逐渐粗糙，适口性下降，但调制成干草，仍为各种家畜所喜食。它再生性特别强，平均每天能长高 1 厘米，有很强的繁殖能力。

产地：全旗。

饲用价值：良等饲用植物。

三芒草属 *Aristida* L.

三芒草 *Aristida adscensionis* L.

蒙名：布呼台

形态特征：一年生，基部具分枝。秆直立或斜倾，常膝曲，高 12~37 厘米。叶鞘光滑；叶舌膜质，具长约 0.5 毫米之纤毛；叶片纵卷如针状，长 3~16 厘米，宽 1~1.5 毫米，上面脉上密被微刺毛，下面粗糙或亦被微刺毛。圆锥花序通常较紧密，长 6~14 厘米，分枝单生，细弱，小穗灰绿色或带紫色，长 6.5~12 毫米（芒除外）；颖膜质，具 1 脉，脊上粗糙，第一颖长 5~8 毫米，第二颖长 6~10 毫米；外稃长 6.5~12 毫米，中脉被微小刺毛，芒粗糙而无毛，主芒长 11~18 毫米，侧芒较短，基盘长 0.4~0.7 毫米，被上向细毛；内稃透明膜质，微小，长 1 毫米左右，为外稃所包卷。花果期 6—9 月。

旱中生植物。生于荒漠草原和荒漠地带，以及干燥山坡、丘陵坡地、浅沟、干河床和沙土上。它是荒漠化草原上的重要牧草。适口性好，羊喜食，马和骆驼也乐食。

产地：呼伦湖岸。

饲用价值：中等饲用禾草。

臭草属 *Melica* L.

细叶臭草 *Melica radula* Franch.

蒙名：那林-少格书日嘎

形态特征：秆密丛生，直立，较细弱，高 30~40 厘米。叶鞘微粗糙。叶舌短，长约 0.5 毫米；叶片常内卷成条形，长 5~12 厘米，宽 1~2 毫米，下面粗糙。圆锥花序长 6~15 厘米，狭窄，具稀少的小穗；小穗长 5~7 毫米，通常含 2 能育小花；颖矩圆状披针形，先端尖，2 颖几等长，长 4~6 毫米，第一颖具 1 明显的脉（侧脉不明显），第二颖具 3~5 脉；外稃矩圆形，先端稍钝，具 7 脉，第一外稃长 4.5~6 毫米，内稃短于外稃，卵圆形，脊具纤毛；花药长 1.5~2 毫米。花果期 6—8 月。

中生植物。生于低山丘陵、山坡下部、沟边或田野。

产地：阿拉坦额莫勒镇、达赉苏木。

饲用价值：劣等饲用禾草。

芦苇 ***Phragmites australis*** **(Cav.) Trin. ex Steudel.**

1~3. 植株；4. 花序枝；5. 小穗；6. 小花

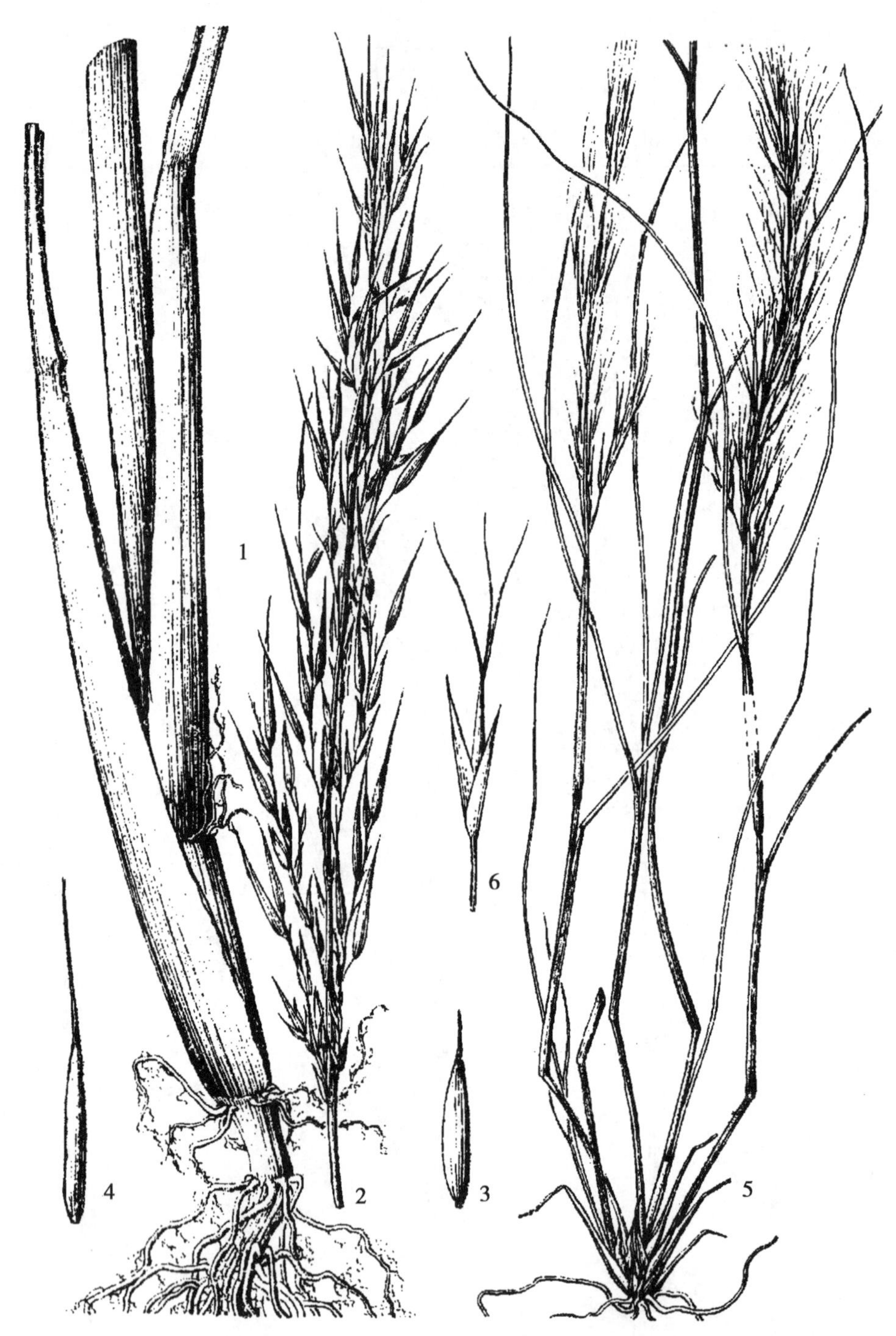

菰 *Zizania latifolia*（Griseb.）Turcz. ex Stapf

1. 植株下部；2. 花序；3. 雄小穗；4. 雌小穗

三芒草 *Aristida adscensionis* L.

5. 植株；6. 小穗

细叶臭草 *Melica radula* Franch.

1. 花序；2. 小穗；3. 第一颖；4. 第二颖；5. 外稃背面；6. 小花腹面

沿沟草属 *Catabrosa* Beauv.

沿沟草 *Catabrosa aquatica*（L.）P. Beauv.

蒙名：那古日干纳

形态特征：秆直立，质地柔软，基部斜倚，并于节处生根，高 30~60 厘米。叶鞘松弛；叶舌透明薄膜质，长 2~4 毫米；叶片扁平，柔软，长 5~20 厘米，宽 4~8 毫米。圆锥花序开展，长 10~20 厘米，宽达 4 厘米；分枝细长，斜升或几与主轴垂直，基部各节者多成半轮生，近基部常无小穗或具排列稀疏的小穗；小穗柄长于 0.5 毫米；小穗长 2~3 毫米，含 1~2 小花；颖半透明膜质，先端钝圆或近于截平，第一颖长约 1 毫米，第二颖长约 1.5 毫米；外稃边缘及脉间质薄，先端截平，具隆起 3 脉，长约 3 毫米；内稃与外稃等长，具 2 脉；花药长约 1 毫米。花期 6—7 月，果期 7—8 月。

湿生植物。沼泽草甸种，生于森林区和草原的河边、湖旁和积水洼地的草甸上。

产地：乌兰泡。

饲用价值：良等饲用植物。

羊茅属 *Festuca* L.

达乌里羊茅 *Festuca dahurica*（St. -Yves）V. L. Krecz. et Bobr.

蒙名：兴安-宝体乌乐

形态特征：秆密丛生，直立，高 30~60 厘米，光滑。基部具残存叶鞘；叶长 20~30 厘米，宽（0.6）0.8~1 毫米，坚韧。光滑，横切面圆形，具较粗的 3 束厚壁组织。圆锥花序较紧缩，长 6~8 厘米，花序轴及分枝被短柔毛，近小穗处毛较密；小穗矩圆状椭圆形，长 7~8.5 毫米，具 4~6 小花，绿色，有时淡紫色；颖披针形，先端尖锐，光滑，第一颖长 3~4 毫米，第二颖长 4~5 毫米；外稃披针形，长 5~5.5 毫米，被细短柔毛或粗糙，先端锐尖，无芒；内稃等于或稍短于外稃，光滑；花药 2.5~3 毫米。花果期 6—7 月。

多年生密丛禾草。生于典型草原带的沙地及沙丘上，为沙生旱生植物。是组成沙地小禾草草原的优势种或建群种，但群落面积往往较小。为各种家畜四季喜食。返青早，冬季株丛保存良好，因此为冬春重要饲用植物。

产地：达赉苏木东南。

饲用价值：优等饲用禾草。

蒙古羊茅 *Festuca mongolica*（S. R. Liu et Y. C. Ma）Y. Z. Zhao

形态特征：本亚种与正种的区别在于：植株矮小；花序较短（长 3~5 厘米）；叶较狭（宽 0.6 毫米以下）；外稃长 4~5 毫米；花药长 2 毫米。

多年生密丛禾草。草原旱生植物。生于砾石质山地丘陵坡地及丘顶。

产地：本旗北部丘陵。

饲用价值：良等饲用植物。

沿沟草 *Catabrosa aquatica*（L.）P. Beauv.

1~2. 植株；3. 小穗；4. 小花；5. 外稃；6. 内稃；7. 雄蕊与鳞片；8. 雌蕊；9. 颖果

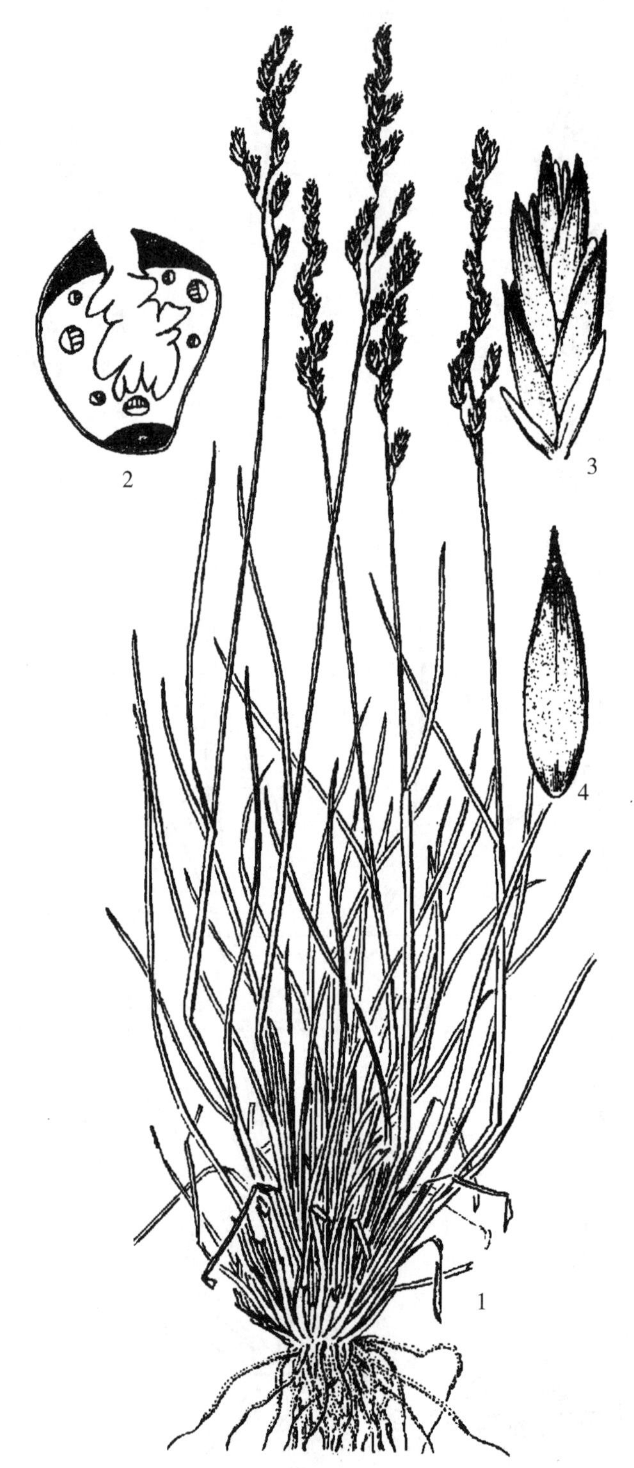

达乌里羊茅 ***Festuca dahurica*** **（St. -Yves）V. L. Krecz. et Bobr.**

1. 植株；2. 叶横切面；3. 小穗；4. 外稃

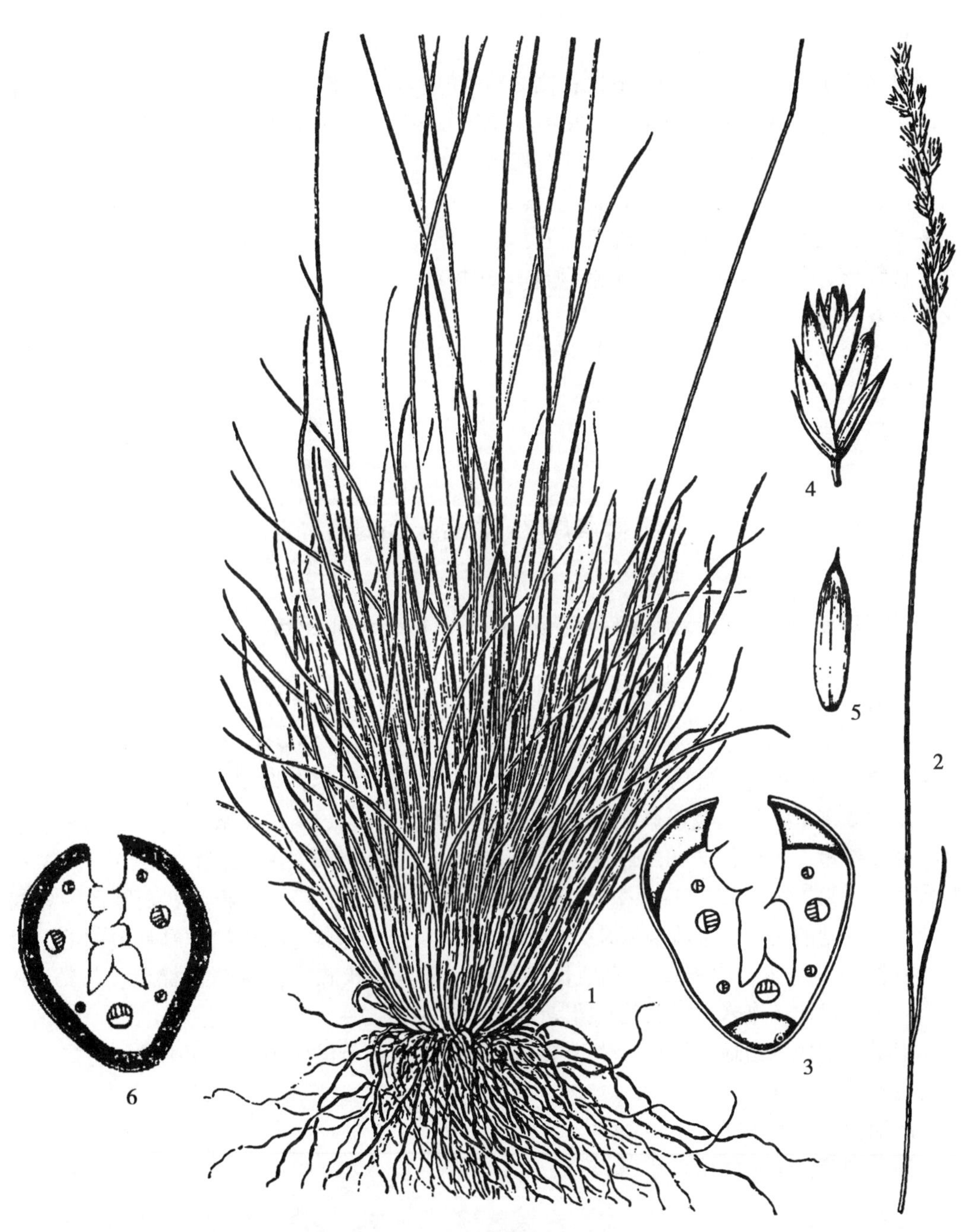

蒙古羊茅 *Festuca mongolica*（S. R. Liu et Y. C. Ma）Y. Z. Zhao

1. 植株；2. 花序；3. 叶横切面；4. 小穗；5. 外稃

羊茅 *Festuca ovina* L.

6. 叶横切面

羊茅 *Festuca ovina* L.

蒙名：宝体乌乐

形态特征：秆密丛生，具条棱，高 30~60 厘米，光滑，仅近花序处具柔毛。叶鞘光滑，基部具残存叶鞘；叶丝状，脆涩，宽约 0.3 毫米，常具稀而短的刺毛，横切面圆形，厚壁组织不成束状，为一完整的马蹄形，圆锥花序穗状，长 2~5 厘米，分枝常偏向一侧；小穗椭圆形，长 4~6 毫米，具 3~6 小花，淡绿色，有时淡紫色；颖披针形，先端渐尖，光滑，边缘常具稀疏细睫毛，第一颖长 2~2.5 毫米，第二颖长 3~3.5 毫米；外稃披针形，长 3~4 毫米；光滑或顶部具短柔毛，芒长 1.5~2 毫米；花药长约 2 毫米。花果期 6—7 月。

多年生密丛旱中生禾草。生于山地林缘草甸。

产地：呼伦镇、阿日哈沙特镇、达赉苏木。

饲用价值：优等饲用植物。

银穗草属 *Leucopoa* Griseb.

银穗草 *Leucopoa albida*（Turcz. ex Trin.）Krecz. et Bobr.

蒙名：孟根-图如图-额布苏

别名：白莓

形态特征：多年生，须根较坚韧。秆直立，丛生，高 25~60 厘米，基部具密集的残存叶鞘。叶鞘松弛；叶舌几不存在；叶片质地较硬，内卷，多向上直伸，长 5~20 厘米，宽约 2 毫米，常无毛或微粗糙。圆锥花序紧缩，长 2.5~6 厘米，仅具 5~15 个小穗；分枝极短；小穗长 7~12 毫米，含 3~6 小花，银灰绿色；颖光滑，第一颖长 3~5 毫米，具 1 脉，第二颖长 4~5 毫米，具 3 脉（侧脉极不明显）；外稃卵状矩圆形，先端具钝而不规则的裂齿，边缘宽膜质，脊和边脉明显，背部微毛状粗糙，脊具短刺毛，第一外稃长 5~7 毫米；内稃等长或稍长于外稃，脊具刺状腺毛；花药黄棕色，长约 3.5 毫米。颖果长达 4 毫米，具腹沟。花期 6—7 月；果期 7—8 月。

中旱生植物。山地草原种。生于森林草原带和草原带的山地顶部和阳坡。适口性一般，在春季羊喜食。

产地：达赉苏木北。

饲用价值：中等饲用禾草。

银穗草 *Leucopoa albida*（Turcz. ex Trin.）Krecz. et Bobr.

1~2. 植株；3. 小穗；4. 小花；5. 雌花（发育地雌蕊及退化的雄蕊）；
6. 雄花（发育的雄蕊及退化的雌蕊）

早熟禾属 *Poa* L.

散穗早熟禾 *Poa subfastigiata* Trin.

蒙名：萨日巴嘎日-伯页力格-额布苏

形态特征：多年生草本，具粗壮根茎。秆直立，高 30~60 厘米，多单生，粗壮，光滑。叶鞘松弛裹茎，光滑无毛；叶舌纸质，长 0.5~3 毫米；叶片扁平，长 3~21 厘米，宽 2~5 毫米。圆锥花序大而疏展，金字塔形。长 10~25 厘米，花序占秆的 1/3 以上，宽 10~23 厘米，每节具 2~3 分枝，粗糙，近中部或中部以上再行分枝；小穗卵形，稍带紫色，长 7~9 毫米，含 3~5 小花；颖宽披针形，脊上稍粗糙，第一颖长 3~4.5 毫米，具 1 脉，第二颖长 4~5.5 毫米，具 3 脉；外稃宽披针形，全部无毛，具 5 脉，第一外稃长 4~6 毫米；内稃等长于或稍短于外稃，上部者亦可稍长，先端微凹，脊上具纤毛；花药长 3~3.5 毫米。花期 6—7 月。

湿中生植物。多生于河谷滩地草甸，常成为建群种或优势种。青鲜时牛乐食，在抽穗期其粗蛋白质的含量占干物质的 12.68%。

产地：阿日哈沙特镇、克尔伦河南岸、乌尔逊河谷。

饲用价值：良等饲用禾草。

草地早熟禾 *Poa pratensis* L.

蒙名：塔拉音-伯页力格-额布苏

形态特征：多年生草本，具根茎。秆单生或疏丛生，直立，高 30~75 厘米。叶鞘疏松裹茎，具纵条纹，光滑；叶舌膜质，先端截平，长 1.5~3 毫米；叶片条形，扁平或有时内卷，上面微粗糙，下面光滑，长 6~15 厘米，蘖生者长可超过 40 厘米，宽 2~5 毫米。圆锥花序卵圆形或金字塔形，开展，长 10~20 厘米，宽 2~5 厘米，每节具 3~5 分枝；小穗卵圆形，绿色或罕见稍带紫色，成熟后成草黄色，长 4~6 毫米，含 2~5 小花；颖卵状披针形，先端渐尖，脊上稍粗糙，第一颖长 2.5~3 毫米，第二颖长 3~3.5 毫米；外稃披针形，先端尖且略膜质，脊下部 2/3 或 1/2 与边脉基部 1/2 或 1/3 具长柔毛，基盘具稠密而长的白色绵毛，第一外稃长 3~4 毫米；内稃稍短于或最上者等长于外稃，脊具微纤毛；花药长 1.5~2 毫米。花期 6—7 月，果期 7—8 月。

中生禾草。生于草甸、草甸化草原、山地林缘及林下。各种家畜均喜食，牛尤其喜食。

产地：阿日哈沙特镇及旗北部。

饲用价值：优等饲用植物。

散穗早熟禾 *Poa subfastigiata* Trin.

1. 植株；2. 叶舌；3. 小穗；4. 小花；5. 花药

草地早熟禾 *Poa pratensis* L.

6. 植株；7. 叶舌；8. 小穗；9. 小花；10. 花药

硬质早熟禾 *Poa sphondylodes* Trin.

蒙名：疏如棍-伯页力格-额布苏

形态特征：多年生草本。须根纤细，根外常具沙套。秆直立，密丛生，高 20～60 厘米，近花序下稍粗糙。叶鞘长于节间，无毛，基部者常呈淡紫色；叶舌膜质，先端锐尖，易撕裂，长 3～5 毫米；叶片扁平，长 2～9 厘米，宽 1～1.5 毫米，稍粗糙。圆锥花序紧缩，长 3～10 厘米，宽约 1 厘米，每节具 2～5 分枝，粗糙；小穗绿色，成熟后呈草黄色，长 5～7 毫米，含 3～6 小花；颖披针形，先端锐尖，稍粗糙，第一颖长约 2.5 毫米，第二颖长约 3 毫米；外稃披针形，先端狭膜质，脊下部 2/3 与边脉基部 1/2 具较长柔毛，基盘具中量的长绵毛，第一外稃长约 3 毫米；内稃稍短于或上部小花者可稍长于外稃，先端微凹，脊上粗糙以至具极短纤毛；花药长 1～1.5 毫米。花期 6 月，果期 7 月。

旱生禾草。生于草原、沙地、山地、草甸和盐化草甸。马、羊喜食。地上全草入药。

产地：全旗。

饲用价值：良等饲用禾草。

渐狭早熟禾 *Poa attenuata* Trin.

蒙名：胡日查-伯页力格-额布苏

别名：葡系早熟禾

形态特征：多年生草本。须根纤细。秆直立，坚硬，密丛生，高 8～60 厘米，近花序部分稍粗糙。叶鞘无毛，微粗糙，基部者常带紫色；叶舌膜质，微钝，长 1.5～3 毫米；叶片狭条形，内卷、扁平或对折，上面微粗糙，下面近于平滑，长 1.5～7.5 厘米，宽 0.5～2 毫米。圆锥花序紧缩，长 2～7 厘米，宽 0.5～1.5 厘米，分枝粗糙；小穗披针形至狭卵圆形，粉绿色，先端微带紫色，长 3～5 毫米，含 2～5 小花；颖狭披针形至狭卵圆形，先端尖，近相等，微粗糙，长 2.5～3.5 毫米；外稃披针形至卵圆形，先端狭膜质，具不明显 5 脉，脉间点状粗糙，脊下部 1/2 与边脉基部 1/4 被微柔毛，基盘具少量绵毛以至具极稀疏绵毛或完全简化，第一外稃长 3～3.5 毫米；花药长 1～1.5 毫米。花期 6—7 月。

旱生禾草。生于典型草原带与森林草原带以及山地砾石质山坡上。

产地：全旗。

饲用价值：中等饲用禾草。

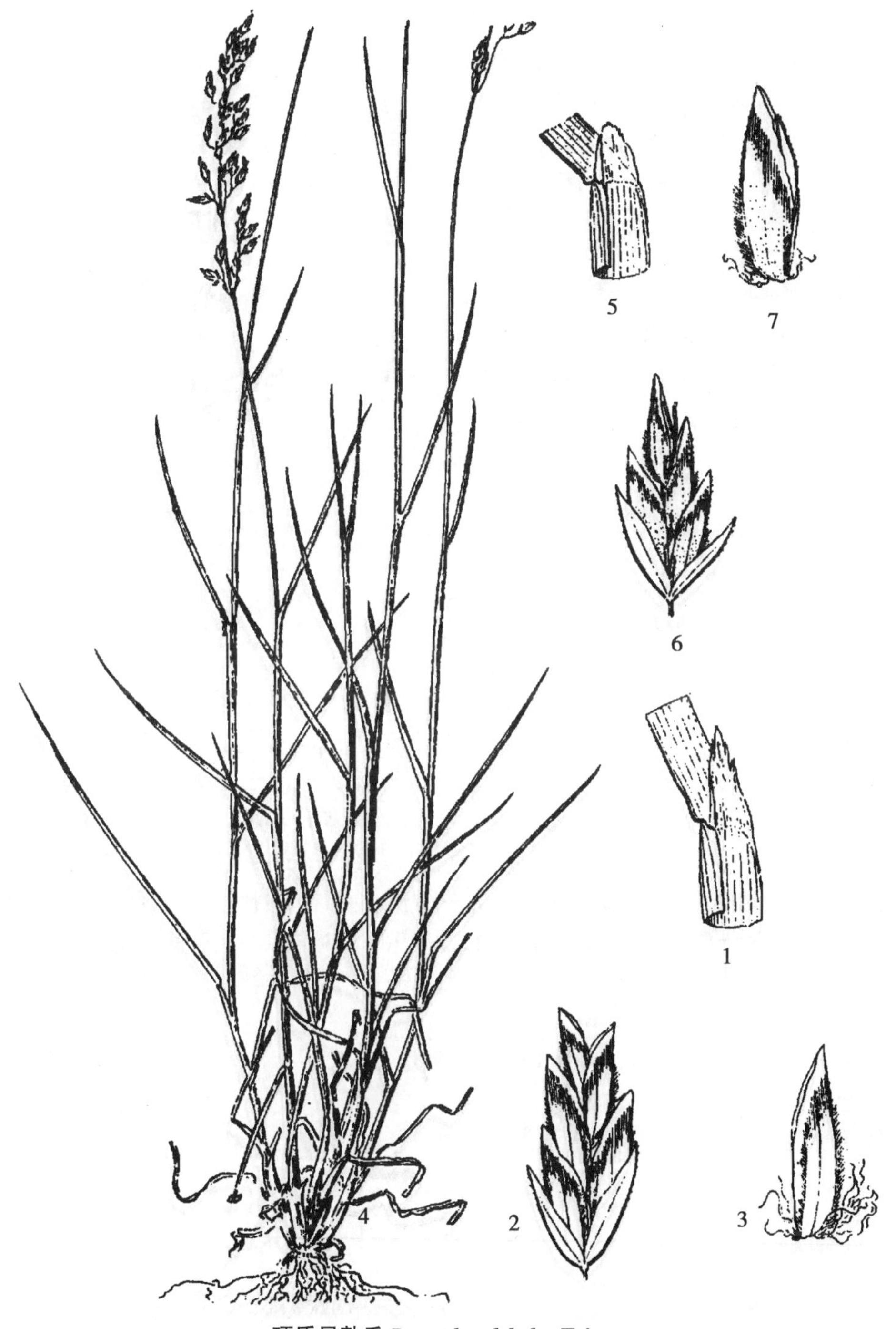

硬质早熟禾 *Poa sphondylodes* Trin.

1. 叶舌；2. 小穗；3. 小花

渐狭早熟禾 *Poa attenuata* Trin.

4. 植株；5. 叶舌；6. 小穗；7. 小花

瑞沃达早熟禾 *Poa reverdattoi* Roshev.

形态特征：多年生草本。根外常具沙套。秆直立，密丛生，较坚硬，稍粗糙，灰绿色，高10~55厘米。叶稍粗糙，基部者稍带灰褐色或紫褐色；叶舌膜质，先端2裂，长1.5~3毫米；叶片条形，较坚硬，长2.5~6厘米，宽1~1.5毫米，上面具微毛，下面粗糙，边缘内卷。圆锥花序紧缩，长2~6厘米，宽0.5~1.5厘米，每节具2~3分枝。粗糙；小穗卵状矩圆形，淡绿色或有时稍带紫色，长3~5毫米，含2~5小花；颖卵状披针形，先端锐尖，上部稍粗糙，第一颖长2~2.5毫米，第二颖长3~3.5毫米；外稃披针形，先端膜质，脊之中部以下及边脉基部1/3具柔毛，脉间下部1/3处贴生柔毛，基盘具中量绵毛，第一外稃长约3毫米；内稃稍短于外稃，脊上具短纤毛，脊间贴生微毛；花药长约1毫米。花期6—8月。

旱生植物。生于草原带、森林草原带和沙地上。

产地：克尔伦苏木、贝尔苏木。

饲用价值：良等饲用禾草。

额尔古纳早熟禾 *Poa argunensis* Roshev.

蒙名：额尔古纳音-伯页力格-额布苏

形态特征：多年生草本。根外常具沙套。秆直立，密丛生，较坚硬，稍粗糙，灰绿色，高10~55厘米。叶稍粗糙，基部者稍带灰褐色或紫褐色；叶舌膜质，先端2裂，长1.5~3毫米；叶片条形，较坚硬，长2.5~6厘米，宽1~1.5毫米，上面具微毛，下面粗糙，边缘内卷。圆锥花序紧缩，长2~6厘米，宽0.5~1.5厘米，每节具2~3分枝，粗糙；小穗卵状矩圆形，淡绿色或有时稍带紫色，长3~5毫米，含2~5小花；颖卵状披针形，先端锐尖，上部稍粗糙，第一颖长2~2.5毫米，第二颖长3~3.5毫米；外稃披针形，先端膜质，脊之中部一下及边脉基部1/3具柔毛，脉间下部1/3处贴生柔毛，基盘具中量绵毛，第一外稃长约3毫米；内稃稍短于外稃，脊上具短纤毛，脊间贴生微毛；花药长约1毫米。花期6—8月。

旱生植物。生于草原带、森林草原带和沙地上。

产地：克尔伦苏木、贝尔苏木。

饲用价值：良等饲用禾草。

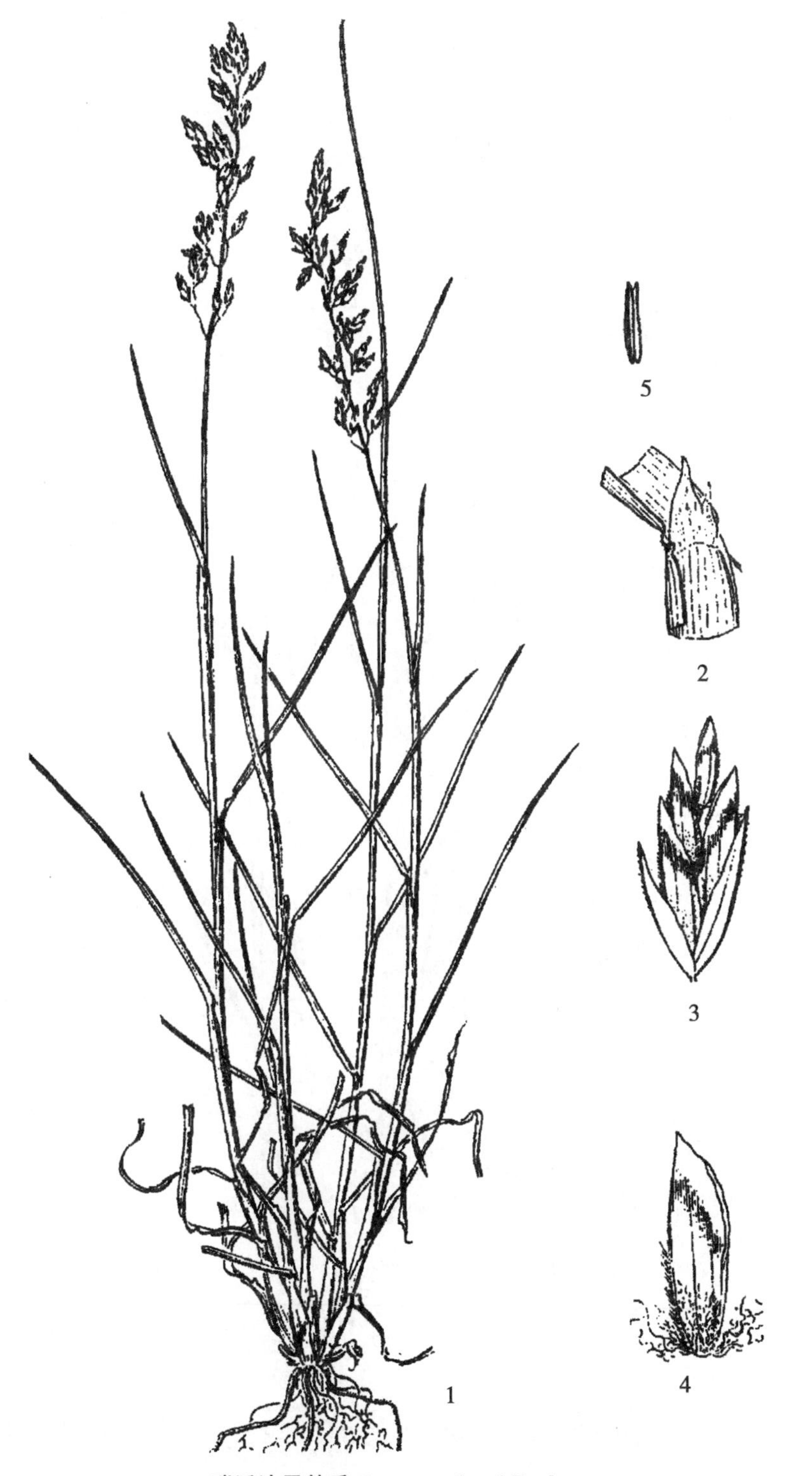

瑞沃达早熟禾 *Poa reverdattoi* Roshev.

1. 植株；2. 叶舌；3. 小穗；4. 小花；5. 花药

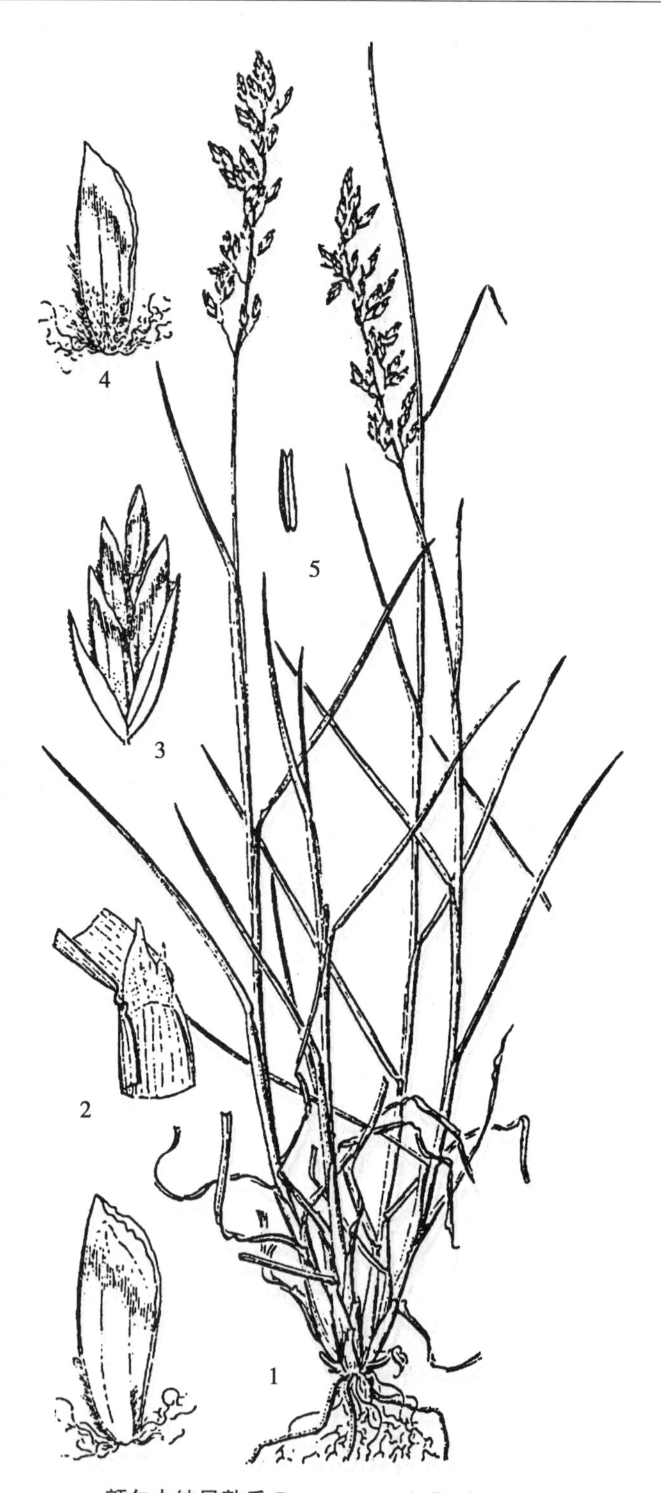

额尔古纳早熟禾 ***Poa argunensis*** **Roshev.**

1. 植株；2. 叶舌；3. 小穗；4. 小花；5. 花药

碱茅属 *Puccinellia* Parl.

星星草 *Puccinellia tenuiflora*（Griseb.）Scribn. et Merr.

蒙名：萨日巴嘎日-乌龙

形态特征：多年生。秆丛生，直立或基部膝曲，灰绿色，高 30~40 厘米。叶鞘光滑无毛；叶舌干膜质，长约 1 毫米，先端半圆形，叶片通常内卷，长 3~8 厘米，宽 1~2（3）毫米，上面微粗糙，下面光滑。圆锥花序开展，长 8~15 厘米，主轴平滑，分枝细弱，多平展，与小穗柄微粗糙；小穗长 3.2~4.2 毫米，含 3~4 小花，紫色，稀为绿色；第一颖长约 0.6 毫米，先端较尖，具 1 脉，第二颖长约 1.2 毫米，具 3 脉，先端钝；外稃先端钝，基部光滑或略被微毛，第一外稃长 1.5~2 毫米；内稃平滑或脊上部微粗糙；花药条形，长 1~1.2 毫米。

盐生中生植物。生于盐化草甸，可成为建群种，组成星星草草甸群落，也可见于草原区盐渍低地的盐生植被中。各类家畜喜食，有些地区牧民利用它作为过冬前的抓膘饲料，交替利用它时，山羊、绵羊、骆驼特别喜食。开花期粗蛋白质含量高，据资料可达 13.3%。

产地：全旗。

饲用价值：良等饲用植物。

大药碱茅 *Puccinellia macranthera*（V. I. Krecz.）Norlindh

蒙名：乌兰-乌龙

形态特征：多年生。秆丛生，灰绿色，坚硬，高 30~50 厘米。叶鞘松弛，平滑；叶片扁平或半内卷，长 2~6 厘米，宽达 4~5 毫米，上面和边缘粗糙，下面近平滑。圆锥花序疏松，卵状金字塔形，长 10~20 厘米，每节具 2~3 分枝，分枝及主轴相当粗糙，分枝上举，花后平展或下伸；小穗含 4~6 小花，长 5~6 毫米；颖卵状，先端钝，第一颖长 1~1.5 毫米，具 1 脉，先端尖，第二颖长约 2 毫米，先端钝而具细裂齿；外稃长椭圆形，紫色，先端与边缘黄色，具 5 脉，先端三角形或钝状而具细裂齿，外稃长椭圆形，紫色，先端与边缘黄色，具 5 脉，先端三角形或钝状而具细裂齿，多少有些具脊，下部沿脉具相当多的毛，第一外稃长约 3 毫米；内稃等长或稍长于外稃，上部粗糙，下部有微毛。花药条形，长 1.6~2.1 毫米。

盐生中生植物。生于盐化草甸、湖畔盐湿低地。各种家畜的好饲料，特别是绵羊与骆驼喜食。

产地：呼伦湖岸盐湿地。

饲用价值：良等饲用植物。

星星草 ***Puccinellia tenuiflora*** **（Griseb.）Scribn. et Merr.**

1. 植株；2. 小穗；3. 小花；4. 花药

大药碱茅 ***Puccinellia macranthera*** **（V. I. Krecz.）Norlindh**

5. 花序；6. 小穗；7. 小花；8. 花药

鹤甫碱茅 *Puccinellia hauptiana*（Trin. ex V. I. Krecz.）kitag.

蒙名：色日特格日-乌龙

形态特征：多年生。秆疏丛生，绿色，直立或基部膝曲，高 15~40 厘米。叶鞘无毛；叶舌干膜质长 1~1.5 毫米，先端截平或三角形；叶片条形，内卷或部分平展，长 1~6 厘米，宽 1~2 毫米，上面及边缘微粗糙，下面近平滑。圆锥花序长 10~20 厘米，花后开展，分枝细长，平展或下伸，分枝及小穗柄微粗糙；小穗长 3~5 毫米，含 3~7 花，绿色或带紫色；第一颖长 0.6~1 毫米，具 1 脉，第二颖长约 1.2 毫米，具 3 脉，外稃长 1.5~1.9 毫米，先端钝圆形，基部有短毛，内稃等长于外稃，脊上部微粗糙，其余部分光滑无毛。花药长 0.3~0.5 毫米。

耐盐旱生中生植物。生于河边、湖畔低湿地及盐碱地，也见于田边路旁，为农田杂草。

产地：阿日哈沙特镇阿贵洞、阿拉坦额莫勒镇。

饲用价值：良等饲用植物。

朝鲜碱茅 *Puccinellia chinampoensis* Ohwi

形态特征：多年生。须根密集发达。秆丛生，直立或膝曲上升，高 60~80 厘米。径约 1.5 毫米，具 2~3 节，顶节位于下部 1/3 处。叶鞘灰绿色，无毛，顶生者长达 15 厘米；叶舌干膜质，长约 1 毫米；叶片线形，扁平或内卷，长 4~9 厘米，宽 1.5~3 毫米，上面微粗糙。圆锥花序疏松，金字塔形，长 10~15 厘米，宽 5~8 厘米，每节具 3~5 分枝；分枝斜上，花后开展或稍下垂，长 6~8 厘米，微粗糙，中部以下裸露；侧生小穗柄长约 1 毫米，微粗糙；小穗含 5~7 小花，长 5~6 毫米；颖先端与边缘具纤毛状细齿裂，第一颖长约 1 毫米，具 1 脉，第二颖长约 1.4 毫米，具 3 脉，先端钝；外稃长 1.6~2 毫米，具不明显的 5 脉，近基部沿脉生短毛，先端截平，具不整齐细齿裂，膜质，其下黄色，后带紫色；内稃等长或稍长于外稃，脊上部微粗糙，下部有少许柔毛；花药线形，长 1.2 毫米。颖果卵圆形，千粒重约 0.134 克。花果期 6—8 月。

生于较湿润的盐碱地和湖边、滨海的盐渍土上，海拔 500~2 500（3 500）米。

产地：阿日哈沙特镇阿贵洞。

饲用价值：良等饲用植物。

鹤甫碱茅 ***Puccinellia hauptiana*** **(Trin. ex V. I. Krecz.) kitag.**

1. 植株；2. 小穗；3. 小花；4. 花药

雀麦属 *Bromus* L.

无芒雀麦 *Bromus inermis* Leyss.

蒙名：苏日归-扫高布日

别名：禾萱草、无芒草、短枝雀麦

形态特征：多年生，具短横走根状茎。秆直立，高 50~100 厘米，节无毛或稀于节下具倒毛。叶鞘通常无毛，近鞘口处开展；叶舌长 1~2 毫米；叶片扁平，长 5~25 厘米，宽 5~10 毫米，通常无毛。圆锥花序开展，长 10~20 厘米，每节具 2~5 分枝，分枝细长，微粗糙，着生 1~5 枚小穗；小穗长（10）15~30（35）毫米，含（5）7~10 小花，小穗轴节间长 2~3 毫米，具小刺毛；颖披针形，先端渐尖，边缘膜质，第一颖长（4）5~7 毫米，具一脉，第二颖长（5）6~9 毫米，具 3 脉；外稃宽披针形，具 5~7 脉，无毛或基部疏生短毛，通常无芒或稀具长 1~2 毫米的短芒，第一外稃长（6）8~11 毫米；内稃稍短于外稃，膜质，脊具纤毛，花药长 3~4.5 毫米。花期 7—8 月，果期 8—9 月。

中生植物，是草甸草原和典型草原地带常见的优良牧草。常生于草甸、林缘、山间谷地、河边及路旁。在草甸上可成为优势种。是世界上著名的优良牧草之一。草质柔软，叶量较大，适口性好，为各种家畜所喜食，尤以牛最喜食。营养价值较高，一年四季均可利用。它是一种建立人工草地的优良牧草。在草甸草原、典型草原地带以及温带较温润的地区可以推广种植。

产地：全旗。

饲用价值：优等饲用禾草。

偃麦草属 *Elytrigia* Desv.

偃麦草 *Elytrigia repens*（L.）Desv. ex B. D. jackson

蒙名：查干-苏乐

别名：速生草

形态特征：秆疏丛生，直立或基部倾斜，光滑，高 40~60 厘米。叶鞘无毛或分蘖叶鞘具毛，叶耳膜质，长约 1 毫米；叶舌长约 0.5 毫米，撕裂，或缺；叶片长（4.5）9~14 厘米，宽 3.5~6 毫米，上面疏被柔毛，下面粗糙。穗状花序长 8~18 厘米，宽约 1 厘米，棱边具短纤毛；小穗长 1.1~1.5 厘米，含（3）4~6（10）小花，小穗轴无毛；颖披针形，边缘宽膜质，具 5（7）脉，长 7~8.5 毫米，先端具短尖头；外稃顶端具长不及 1~1.2 毫米的芒尖，第一外稃长约 9.5 毫米；内稃短于外稃 1 毫米左右，先端凹缺，脊上具纤毛，脊间先端具微毛。

中生根茎禾草。生于寒温带针叶林带的河谷草甸。也常生于河岸、滩地及河边湿草甸。适口性好，各种牲畜均喜食，青鲜时为牛最喜食。

产地：阿日哈沙特镇、乌尔逊河沿岸。

饲用价值：优等饲用植物。

无芒雀麦 ***Bromus inermis* Leyss.**

1~2. 植株；3. 小穗；4. 小花

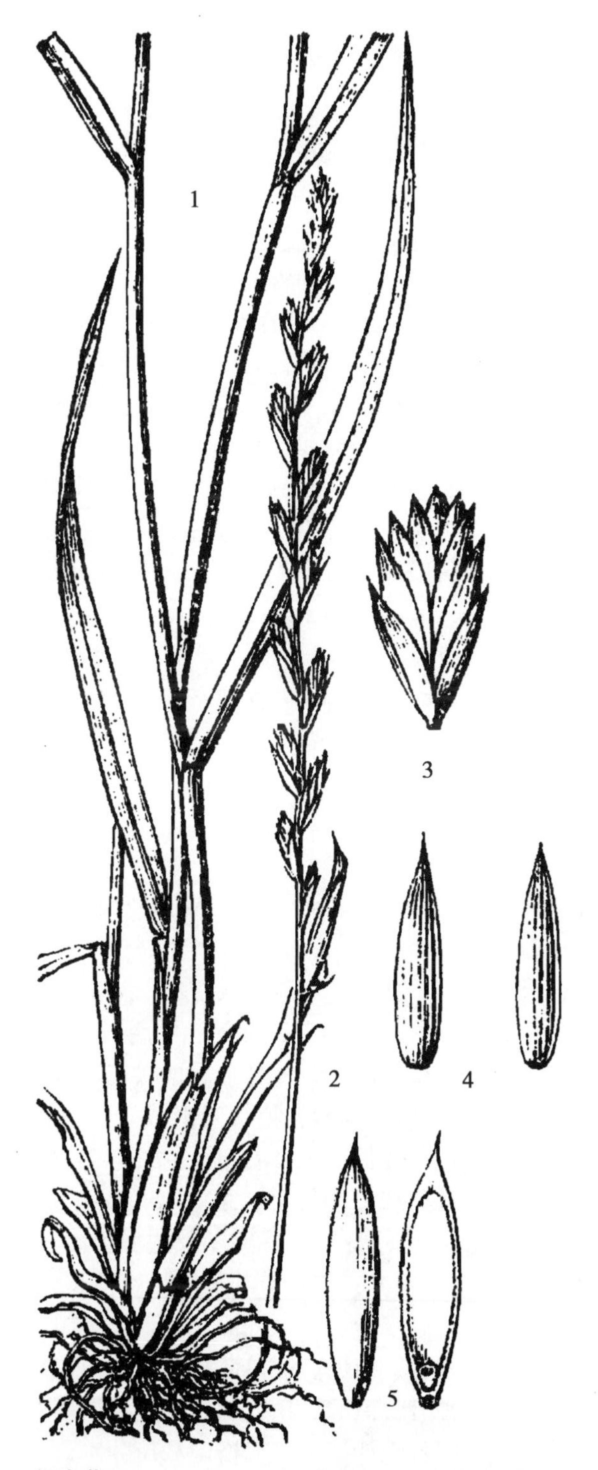

偃麦草 *Elytrigia repens*（L.）Desv. ex B. D. jackson

1. 植株；2. 花序；3. 小穗；4. 颖；5. 小花背腹面

冰草属 *Agropyron* Gaertn.

冰草 *Agropyron cristatum*（L.）Gaertn.

蒙名：优日呼格

别名：根茎冰草

形态特征：须根稠密，外距沙套。秆疏丛生或密丛，直立或基部节微膝曲，上部被短柔毛，高 15~75 厘米。叶鞘紧密裹茎，粗糙或边缘具短毛；叶舌膜质，顶端截平而微有细齿，长 0.5~1 毫米；叶片质较硬而粗糙，边缘常内卷，长 4~18 厘米，宽 2~5 毫米。穗状花序较粗壮，矩圆形或两端微窄，长（1.5）2~7 厘米，宽（7）8~15 毫米，穗轴生短毛，节间短，长 0.5~1 毫米；小穗紧密平行排列成 2 行，整齐呈篦齿状，含（3）5~7 小花；颖舟形，脊上或连同背部脉间被密或疏的长柔毛，第一颖长 2~4 毫米，第二颖长 4~4.5 毫米，具略短或稍长于颖体之芒；外稃舟形，被有稠密的长柔毛或显著地被有稀疏柔毛，边缘狭膜质，被短刺毛，第一外稃长 4.5~6 毫米。顶端芒长 2~4 毫米；内稃与外稃略等长，先端尖且 2 裂，脊具短小刺毛。花果期 7—9 月。

生于干燥草地、山坡、丘陵以及沙地。性耐寒、耐旱和耐碱，但不耐涝，适于砂壤土和黏质土的干燥地。适口性好，一年四季为各种家畜所喜食，营养价值很好，是良等催肥饲料。根作蒙药用。

产地：全旗。

饲用价值：优等饲用植物。

沙生冰草 *Agropyron desertorum*（Fisch. ex Link）Schult.

蒙名：楚乐音-优日呼格

形态特征：植株根外具沙套。秆细，成疏丛或密丛，基部节膝曲，光滑，有时在花序上被柔毛，高 20~55 厘米。叶鞘紧密裹茎，无毛；叶舌长约 0.5 毫米或极退化而缺；叶片多内卷成锥状，长 4~12 厘米，宽 1.5~3 毫米。穗状花序瘦细，条状圆柱形或矩圆状条形，长 5~9 厘米，宽 5~9（11）毫米，穗轴光滑或于棱边具微毛；小穗覆瓦状排列，紧密而向上斜升，不呈篦齿状，长 5.5~10 毫米，含 5~7 小花，小穗轴具微毛；颖舟形，光滑无毛，脊上粗糙或具稀疏的短纤毛，第一颖长 3~3.5 毫米，第二颖长 4~5（6）毫米；先端芒长约 2 毫米；外稃舟形，背部以及边脉上常多少具短柔毛，先端芒长 1.5~3 毫米，第一外稃长 5~7 毫米；内稃与外稃等长或稍长，先端 2 裂，脊微糙涩。花果期 7—9 月。

生于干燥草原、沙地、丘陵地、山坡。适口性和营养价值比冰草稍差，但其耐旱能力较强，是改良沙地草场的一种有价值的优良牧草。根作蒙药用。

产地：阿拉坦额莫勒镇、阿日哈沙特镇、宝格德乌拉苏木、克尔伦苏木。

饲用价值：优等饲用禾草。

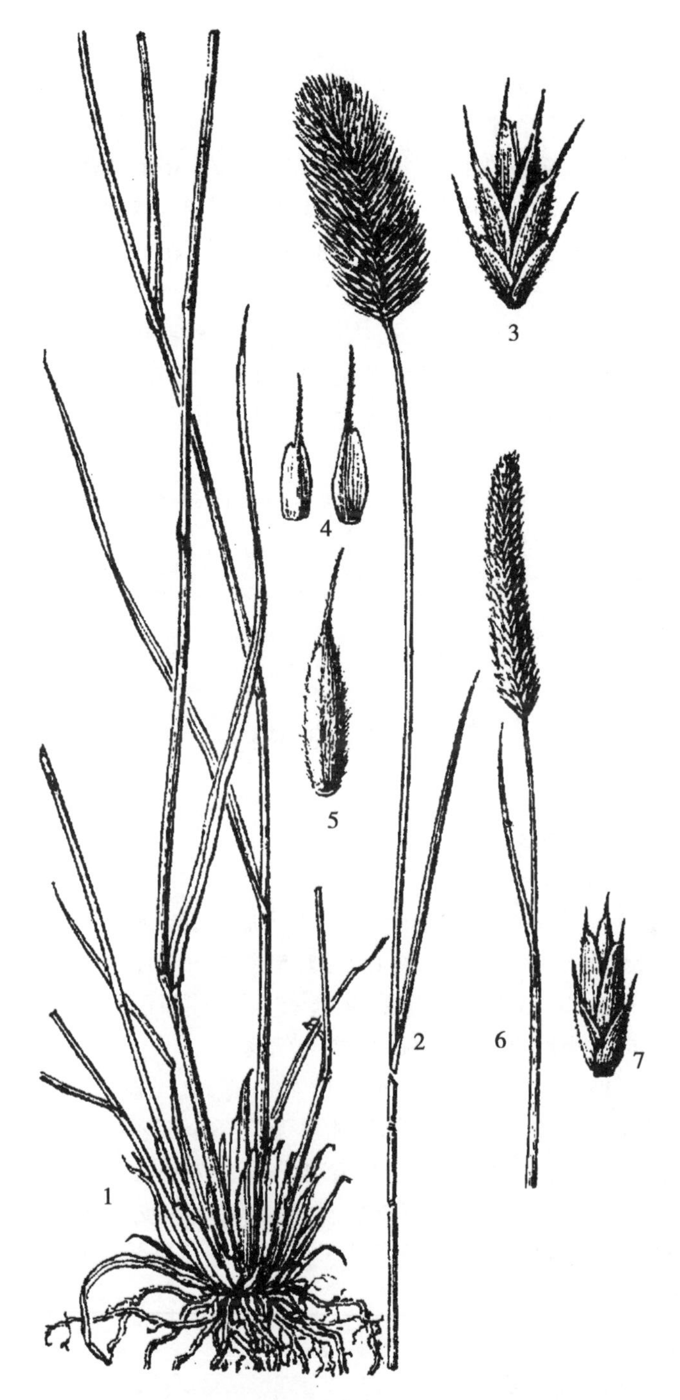

冰草 *Agropyron cristatum*（L.）Gaertn.

1. 植株；2. 花序；3. 小穗；4. 第一、二颖；5. 外稃

沙生冰草 *Agropyron desertorum*（Fisch. ex Link）Schult.

6. 花序；7. 小穗

沙芦草 *Agropyron mongolicum* Keng

蒙名：额乐存乃-优日呼格

形态特征：疏丛，基部节常膝曲，高 25～58 厘米。叶鞘紧密裹茎，无毛；叶舌截平，具小纤毛，长约 0.5 毫米；叶片常内卷成针状，长 5～15 厘米，宽 1.5～3.5 毫米，光滑无毛。穗状花序长 5.5～8 厘米，宽 4～6 毫米，穗轴节间长 3～5（10）毫米，光滑或生微毛；小穗疏松排列，向上斜升，长 5.5～9 毫米，含（2）3～8 小花，小穗轴无毛或有微毛；颖两侧常不对称，具 3～5 脉，第一颖长 3～5 毫米，第二颖长 4～6 毫米；外稃无毛或具微毛，边缘膜质，先端具短芒尖，长 1～1.5 毫米，第一外稃长 5～8 毫米（连同短芒尖在内）；内稃略短于外稃或与之等长或略超出，脊具短纤毛，脊间无毛或先端具微毛。花果期 7—9 月。

生于干燥草原、沙地、石砾质地。本种是一种极耐旱和抗风寒的丛生禾草，经引种试验，越冬情况良好，是一种优良牧草，马、牛、羊均喜食。根作蒙药用。

产地：阿拉坦额莫勒镇西南砂矿周围、宝格德乌拉苏木。

饲用价值：优等饲用牧草。

披碱草属 *Elymus* L.

老芒麦 *Elymus sibiricus* L.

蒙名：西伯日音-扎巴干-黑雅嘎

形态特征：秆单生或成疏丛，直立或基部的节膝曲而稍倾斜，全株粉绿色，高 50～75 厘米。叶鞘光滑无毛；叶舌膜质，长 0.5～1.5 毫米；叶片扁平，上面粗糙或疏被微柔毛，下面平滑，长 9.5～23 厘米，宽 2～9 毫米。穗状花序弯曲而下垂，长 12～18 厘米，穗轴边缘粗糙或具小纤毛；小穗灰绿色或稍带紫色，长 13～19 毫米，含 3～5 小花，小穗轴密生微毛；颖披针形或条状披针形，长 4～6 毫米，脉明显而粗糙，先端尖或具长 3～5 毫米的短芒；外稃披针形，背部粗糙、无毛至全部密生微毛，上部具明显的 5 脉，脉粗糙，顶端芒粗糙，反曲，长 8～18 毫米，第一外稃长 10～12 毫米；内稃与外稃几等长，先端 2 裂，脊上全部具有小纤毛，脊间被稀少而微小的短毛。花果期 6—9 月。

中生疏丛禾草。生于路旁、山坡、丘陵、山地林缘及草甸草原。适口性较好，牛和马喜食，羊乐食。

产地：全旗。

饲用价值：优等饲用植物。

沙芦草 *Agropyron mongolicum* Keng

1. 植株；2. 花序；3. 小穗；4. 第一颖；5. 第二颖；6. 外稃

老芒麦 ***Elymus sibiricus*** **L.**

1. 花序；2. 小穗；3. 第一、二颖；4. 小花背腹面

垂穗披碱草 ***Elymus nutans*** **Griseb.**

5. 植株；6. 花序；7. 小穗；8. 第一、二颖；9. 小花背腹面

垂穗披碱草 *Elymus nutans* Griseb.

蒙名：温吉给日-扎巴干-黑雅嘎

形态特征：秆直立，基部稍膝曲，高 40~70 厘米。叶鞘无毛，或基部的和根出叶鞘可被微毛；叶舌膜质，长约 0.5 毫米；叶片扁平或内卷，上面粗糙或疏生柔毛，下面平滑或有时粗糙，长（3）7~11.5 厘米，宽 2~5 毫米。穗状花序曲折而下垂，长 5~9（12）厘米，穗轴边缘粗糙或具小纤毛；小穗在穗轴上排列较紧密且多少偏于一侧，绿色，熟后带紫色，长 12~15 毫米，含（2）3~4 小花，通常仅 2~3 小花发育，小穗轴密生微毛；颖矩圆形，长 3~4（5）毫米。几等长，脉明显而粗糙，先端渐尖，或具长 2~5 毫米之短芒；外稃矩圆状披针形，脉在基部不明显，背部全体被微小短毛，先端芒粗糙，向外反曲，长 10~20 毫米，第一外稃长 7~10 毫米；内稃与外稃等长或稍长，先端钝圆或截平，脊上的纤毛向基部渐少而不显，脊间被稀少微小短毛；花药熟后变为黑色。花果期 6—8 月。

中生疏丛禾草。生于山地森林草原带的林下、林缘、草甸、路旁。

产地：呼伦镇、阿拉坦额莫勒镇、克尔伦苏木。

饲用价值：良等饲用植物。

披碱草 *Elymus dahuricus* Turcz. ex Griseb.

蒙名：扎巴干-黑雅嘎

别名：直穗大麦草

形态特征：秆疏丛生，直立，基部常膝曲，高 70~85（140）厘米。叶鞘无毛；叶舌截平，长约 1 毫米；叶片扁平或干后内卷，上面粗糙，下面光滑，有时呈粉绿色，长 10~20 厘米，宽 3.5~7 毫米。穗状花序直立，长 10~18.5 厘米，宽 6~10 毫米，穗轴边缘具小纤毛；中部各节具 2 小穗而接近顶端和基部各节只具 1 小穗；小穗绿色，熟后变为草黄色，长 12~15 毫米，含 3~5 小花，小穗轴密生微毛；颖披针形或条状披针形，具 3~5 脉，脉显明而粗糙或稀可被短纤毛，长 7~11 毫米（2 颖几等长），先端具短芒，长 3~6 毫米；外稃披针形，脉在上部明显，全部密生短小糙毛，顶端芒粗糙，熟后向外展开，长 9~21 毫米，第一外稃长 9~10 毫米；内稃与外稃等长，先端截平，脊上具纤毛，毛向基部渐少而不明显，脊间被稀少短毛。花果期 7—9 月。

中生大型丛生禾草。习生于河谷草甸、沼泽草甸、轻度盐化草甸、芨芨草盐化草甸，以及田野、山坡、路旁。性耐旱、耐碱、耐寒、耐风沙，产草量高，结实性好，适口性强，品质优良。

产地：全旗。

饲用价值：优等饲用植物。

披碱草 *Elymus dahuricus* Turcz. ex Griseb.

1. 植株；2. 小穗；3. 颖；4. 小花

圆柱披碱草 *Elymus dahuricus* Turcz. ex Griseb. var. *cylindricus* Franch.

5. 小穗；6. 第一颖；7. 小花背腹面

圆柱披碱草 *Elymus dahuricus* Turcz. ex Griseb. var. *cylindricus* Franch.

蒙名：黑格萨嘎日-扎巴干-黑雅嘎

形态特征：秆细弱，高 35～45 厘米，具 2～3 节。叶鞘无毛；叶舌长 0.2～0.5 毫米，先端钝圆，撕裂；叶片扁平，干后内卷，长 4.5～14.5 厘米，宽 2～4 毫米，上面粗糙，边缘疏生长柔毛，下面无毛而平滑。穗状花序瘦细，直立，长 6～8 厘米，宽 4～5 毫米，穗轴边缘具小纤毛；小穗绿色或带有紫色，长 7～10 毫米，含 2～3 小花而仅 1～2 小花发育，小穗轴密生微毛；颖条状披针形，长（5）7～8 毫米，3～5 脉，脉明显而粗糙，先端具芒长 2～3（4）毫米；外稃披针形，全部被微小短毛，顶端芒粗糙，直立或稍向外展，长 7～17（20）毫米，第一外稃长 7～8.5 毫米；内稃与外稃等长，先端钝圆，脊上有纤毛，脊间被微小短毛。花果期 7—9 月。

中生丛生禾草。生于山坡、林缘草甸、路旁草地、田野。

产地：呼伦镇、阿日哈沙特镇。

饲用价值：良等饲用植物。

赖草属 *Leymus* Hochst.

羊草 *Leymus chinensis*（Trin. ex Bunge）Tzvel.

蒙名：黑雅嘎

别名：碱草

形态特征：秆成疏丛或单生，直立，无毛，高 45～85 厘米。叶鞘光滑，有叶耳，长 1.5～3 毫米；叶舌纸质，截平，长 0.5～1 毫米；叶片质厚而硬，扁平或干后内卷，长 6～20 厘米，宽 2～6 毫米，上面粗糙或有长柔毛，下面光滑。穗状花序劲直，长 7.5～16.5（26）厘米，穗轴强壮，边缘疏生长纤毛；小穗粉绿色，熟后呈黄色，通常在每节孪生或在花序上端及基部者为单生，长 8～15（25）毫米，含 4～10 小花，小穗轴节间光滑；颖锥状，质厚而硬，具 1 脉，上部粗糙，边缘具微细纤毛，其余部分光滑，第一颖长（3）5～7 毫米，第二颖长 6～8 毫米；外稃披针形，光滑，边缘具狭膜质，顶端渐尖或形成芒状尖头，基盘光滑，第一外稃长 7～10 毫米；内稃与外稃等长，先端微 2 裂，脊上半部具微细纤毛或近于无毛。花果期 6—8 月。

旱生-中旱生根茎禾草，达乌里-蒙古种。羊草生态幅度较宽，广泛生长于开阔平原、起伏的低山丘陵，以及河滩和盐渍低地，发育在黑钙化栗钙土、碱化草甸土，甚至柱状碱土上。在呼伦贝尔和锡林郭勒的森林草原地带以及相邻的干草原外围地区形成面积相当辽阔的羊草草原群系，成为该地带最发达的草原类型之一。适口性好，一年四季为各种家畜所喜食。营养物质丰富，在夏秋季节是家畜抓膘牧草，为内蒙古草原主要牧草资源，亦为秋季收割干草的重要饲草。本种植物耐碱、耐寒、耐旱，在平原、山坡、砂壤土中均能适应生长。

产地：全旗。

饲用价值：优等饲用禾草。

羊草 ***Leymus chinensis*** **(Trin. ex Bunge) Tzvel.**

1. 花序；2. 小穗；3. 第一、二颖；4. 小花背腹面

赖草 ***Leymus secalinus*** **(Georgi) Tzvel.**

5. 植株下部；6. 花序；7. 小穗；8. 颖片；9. 小花背腹面

赖草 *Leymus secalinus*（Georgi）Tzvel.

蒙名：乌伦-黑雅嘎

别名：老披碱、厚穗碱草

形态特征：秆单生或成疏丛、质硬，直立，高 45~90 厘米，上部密生柔毛，尤以花序以下部分更多。叶鞘大都光滑，或在幼嫩时上部边缘具纤毛，叶耳长约 1.5 毫米；叶舌膜质，截平，长 1.5~2 毫米；叶片扁平或干时内卷，长 6~25 厘米，宽 2~6 毫米，上面及边缘粗糙或生短柔毛，下面光滑或微糙涩，或两面均被微毛。髓状花序直立，灰绿色，长 7~16 厘米，穗轴被短柔毛，每节着生小穗 2~4 枚；小穗长 10~17 毫米，含 5~7 小花，小穗轴贴生微柔毛；颖锥形，先端尖如芒状，具 1 脉，上半部粗糙，边缘具纤毛，第一颖长 8~10（13）毫米，第二颖长 11~14（17）毫米；外稃披针形，背部被短柔毛，边缘的毛尤长且密，先端渐尖或或具长 1~4 毫米的短芒，脉在中部以上明显，基盘具长约 1 毫米的毛，第一外稃长 8~11（14）毫米；内稃与外稃等长，先端微 2 裂，脊的上部具纤毛。花果期 6—9 月。

旱中生根茎禾草。在草原带常见于芨芨草盐化草甸和马蔺盐化草甸群落中。也见于沙地、丘陵地、山坡、田间、路旁。在青鲜状态下为牛和马所喜食，而羊采食较差；抽穗后迅速粗老，适口性下降。根茎及须根入药。

产地：全旗。

饲用价值：良等饲用禾草。

大麦草属 *Hordeum* L.

芒颖大麦草 *Hordeum jubatum* Linn.

别名：芒麦草

形态特征：越年生。秆丛生，直立或基部稍倾斜，平滑无毛。高 30~45 厘米，直径约 2 毫米，具 3~5 节。叶鞘下部者长于而中部以上者短于节间；叶舌干膜质、截平，长约 0.5 毫米；叶片扁平，粗糙，长 6~12 厘米，宽 1.5~3.5 毫米。穗状花序柔软，绿色或稍带紫色，长约 10 厘米（包括芒）；穗轴成熟时逐节断落，节间长约 1 毫米，棱边具短硬纤毛；三联小穗两侧者各具长约 1 毫米的柄，两颖为长 5~6 厘米，弯软细芒状，其小花通常退化为芒状，稀为雄性；中间无柄小穗的颖长 4.5~6.5 厘米，细而弯；外稃披针形，具 5 脉，长 5~6 毫米，先端具长达 7 厘米的细芒；内稃与外稃等长。花果期 5—8 月。

生长于草地、庭院草坪。

产地：阿拉坦额莫勒镇、阿日哈沙特镇、克尔伦苏木。

饲用价值：优等饲用禾草。

短芒大麦草 *Hordeum brevisubulatum*（Trin.）Link

蒙名：哲日力格-阿日白

别名：野黑麦

形态特征：多年生，常具根状茎。秆成疏丛，直立或下部节常膝曲，高25~70厘米，光滑。叶鞘无毛或基部疏生短柔毛；叶舌膜质，截平，长0.5~1毫米；叶片绿色或灰绿色，长2~12厘米，宽2~5毫米。穗状花序顶生，长3~9厘米，宽2.5~5毫米。绿色或成熟后带紫褐色；穗轴节间长约2~6毫米；三联小穗两侧者不育，具长约1毫米的柄，颖针状，长4~5毫米，外稃长约5毫米，无芒；中间小穗无柄，颖长4~6毫米，外稃长6~7毫米，平滑或具微刺毛，先端具1~2毫米的短芒，内稃与外稃近等长，花果期7—9月。

中生禾草。生于盐碱滩、河岸低湿地。草质柔软，适口性好，青鲜时，牛和马喜食，羊乐食。结实后，适口性有所下降，但调制成干草后，仍为各种家畜所乐食。营养价值较高。抗盐碱的能力强，是改良盐渍化和碱化草场的优良牧草之一。

产地：宝格德乌拉苏木、克尔伦苏木、呼伦湖沿岸。

饲用价值：良等饲用禾草。

落草属 *Koeleria* Pers.

落草（qià）*Koeleria macrantha*（Ledeb.）Schult.

蒙名：达根-苏乐

别名：六月禾

形态特征：秆直立，高20~60厘米，具2~3节，花序下密生短柔毛，秆基部密集枯叶鞘。叶鞘无毛或被短柔毛；叶舌膜质，长0.5~2毫米；叶片扁平或内卷，灰绿色，长1.5~7厘米，宽1~2毫米，蘖生叶密集，长5~20（30）厘米，宽约1毫米，被短柔毛或上面无毛，上部叶近于无毛。圆锥花序紧缩呈穗状，下部间断，长5~12厘米，宽7~13（18）毫米，有光泽，草黄色或黄褐色，分枝长约0.5~1厘米；小穗长4~5毫米，含2~3小花，小穗轴被微毛或近于无毛；颖长圆状披针形，边缘膜质，先端尖，第一颖具1脉，长2.5~3.5毫米，第二颖具3脉，长3~4.5毫米；外稃披针形，第一外稃长约4毫米，背部微粗糙，无芒，先端尖或稀具短尖头；内稃稍短于外稃。花果期6—7月。

旱生植物。常见典型草原地带和森林草原地带内，草原和草原化草甸群落的恒有种，广泛分布在壤质、沙壤质的黑钙土、栗钙土以及固定沙地上，在荒漠草原棕钙土上少见。本种春季返青较早，6月开花，7月上旬结实，为优等饲用禾草。草质柔软，适口性好，羊最喜食，牛和骆驼乐食。到深秋仍有鲜绿的基生叶丛，因此，被利用的时间长。营养价值较高，对家畜抓膘有良好效果，牧民称之为“细草”。适应性强，是改良天然草场的优良牧草。

产地：全旗。

饲用价值：优等饲用植物。

短芒大麦草 *Hordeum brevisubulatum*（Trin.）Link

1. 植株；2. 三联小穗

落草 ***Koeleria macrantha*** **（Ledeb.）Schult.**

1. 植株；2. 小穗；3. 第一颖；4. 第二颖；5. 外稃；6. 内稃

异燕麦属 *Helictotrichon* Bess. ex Schult. et J. H. Schult.

异燕麦 *Helictotrichon schellianum*（Hack.）Kitag.

蒙名：宝如格

形态特征：秆少数丛生，高 50~75 厘米，直径 1.5~2 毫米，常具 2 节。叶鞘松弛；叶舌膜质，长 3~6 毫米；叶扁平或稍内卷，长 5~12（分蘖叶长 20~35）厘米，宽 2~3.5 毫米，两面粗糙。圆锥花序紧缩或稍开展，长 7~15 厘米，宽 1~2 厘米；小穗淡褐色，有光泽，长 11~15 毫米，含 3~5 小花；颖披针形，上部及边缘膜质，具 3 脉，第一颖长 9~11 毫米，第二颖长 10~13 毫米；外稃具 7 脉，基盘有短毛，第一外稃长 10~13 毫米；芒生于稃体背面中部稍上方，长 12~15 毫米；内稃显著短于外稃。花果期 7—9 月。

寒旱生植物。多生长在山地草原、林间及林缘草地，有时可成为优势种，构成异燕麦山地草原群落片断。适口性良好，为各种家畜所喜食，特别在青鲜时，马和羊均喜食。营养价值较高，耐干旱的能力较强，是一种有栽培前途的牧草。

产地：呼伦镇。

饲用价值：良等饲用禾草。

燕麦属 *Avena* L.

野燕麦 *Avena fatua* L.

蒙名：哲日力格-胡西古-希达

形态特征：秆直立，高 60~120 厘米。叶鞘光滑或基部有毛；叶舌膜质，长 1~5 毫米；叶片长 7~20 厘米，宽 5~10 毫米。圆锥花序开展，长达 20 厘米，宽约 10 厘米；小穗长 18~25 毫米，含 2~3 小花，小穗轴易脱节；颖卵状或短圆状披针形，长 2~2.5 厘米，长于第一小花，具白膜质边缘，先端长渐尖；外稃质坚硬，具 5 脉，背面中部以下具淡棕色或白色硬毛，芒自外稃中部或稍下方伸出，长约 3 厘米；内稃与外稃近等长。颖果黄褐色，长 6~8 毫米，腹面具纵沟，不易与稃片分离。

生长于山地林缘、田间、路旁。全草入药。

产地：阿拉坦额莫勒镇、达赉苏木。

饲用价值：良等饲用植物。

异燕麦 ***Helictotrichon schellianum*** **(Hack.) Kitag.**

1. 植株；2. 小穗；3. 第一颖；4. 第二颖；5. 外稃；6. 内稃

野燕麦 *Avena fatua* L.

1~2. 植株；3. 小穗；4. 第一颖；5. 第二颖；6. 内、外稃

茅香属 *Anthoxanthum* L.

光稃茅香 *Anthoxanthum glabrum*（Trin.）Veldkamp

蒙名：给鲁给日-搔日乃

形态特征：植株较低矮，具细弱根茎。秆高 12~25 厘米。叶鞘密生微毛至平滑无毛；叶舌透明膜质，长 1~1.5 毫米，先端钝；叶片扁平，长 2.5~10 厘米，宽 1.5~3 毫米，两面无毛或略粗糙，边缘具微小刺状纤毛。圆锥花序卵形至三角状卵形，长 3~4.5 厘米，宽 1.5~2 厘米，分枝细，无毛；小穗黄褐色，有光泽，长约 3 毫米；颖膜质，具 1 脉，第一颖长约 2.5 毫米，第二颖较宽，长约 3 毫米；雄花外稃长于颖或与第二颖等长，先端具膜质而钝，背部平滑至粗糙，向上渐被微毛，边缘具密生粗纤毛，孕花外稃披针形，先端渐尖，较密的被有纤毛，其余部分光滑无毛；内稃与外稃等长或较短，具 1 脉，脊的上部疏生微纤毛。花果期 7—9 月。

中生根茎禾草。生于草原带、森林草原带的河谷草甸、湿润草地和田野。

产地：呼伦镇。

饲用价值：劣等饲用植物。

茅香 *Anthoxanthum nitens*（Weber）Y. Schouten et Veldkamp

蒙名：搔日乃

形态特征：植株具黄色细长根茎。秆直立，无毛，高（20）30~50 厘米。叶鞘无毛，或鞘口边缘具柔毛至全部密生微毛；叶舌膜质，长 2.5~4 毫米，先端不规则齿裂，边缘有时疏生纤毛；叶片扁平，长 3.5~10（分蘖时可达 20）厘米，宽 2~6 毫米，上面被微毛或无毛，下面无毛，有时在基部与叶鞘连接处密生微毛，边缘具微刺毛。圆锥花序长 3~7 厘米，宽 1.5~3.5 厘米，分枝细弱，斜升或几平展，无毛，常 2~3 枝簇生；小穗淡黄褐色，有光泽，长 3.5~5 毫米；颖具 1~3 脉，等长或第一颖略短；雄花外稃顶端明显具小尖头（长约 0.5 毫米），背部被微毛，向下渐稀少；两性小花外稃长 2.5~3 毫米，先端锐尖，上部被短毛。花果期 7—9 月。

中生根茎禾草。生于草原带、森林草原带的河谷草甸、荫蔽山坡、沙地。花序及根茎入药。

产地：克尔伦苏木。

饲用价值：劣等饲用植物。

茅香 *Anthoxanthum nitens*（Weber）Y. Schouten et Veldkamp

1. 植株；2. 叶鞘一部分放大；3. 小穗；4. 雄花外稃、内稃；5. 两性小花的外稃与内稃

光稃茅香 *Anthoxanthum glabrum*（Trin.）Veldkamp

6. 小穗；7. 雄花的外稃与内稃；8 两性小花的外稃与内稃

看麦娘属 *Alopecurus* L.

短穗看麦娘 *Alopecurus brachystachyus* M. Bieb.

蒙名：宝古尼-乌纳根-苏乐

形态特征：多年生，具根茎。秆直立，单生或少数丛生，基部节有膝曲，高45~55厘米。叶鞘光滑无毛；叶舌膜质，长1.5~2.5毫米，先端钝圆或有微裂；叶片斜向上升，长8~19厘米，宽1~4.5毫米，上面粗糙，脉上疏被微刺毛，下面平滑。圆锥花序矩圆状卵形或圆柱形，长1.5~3厘米，宽（6）7~10毫米；小穗长3~5毫米；颖基部1/4连合，脊上具长1.5~2毫米的柔毛，两侧密生长柔毛；外稃与颖等长或稍短，边缘膜质，先端边缘具微毛，芒膝曲，长5~8毫米，自稃体近基部1/4处伸出。花果期7—9月。

生于河滩草甸、潮湿草原、山沟湿地。

产地：呼伦湖岸潮湿草地。

饲用价值：优等饲用植物。

短穗看麦娘 *Alopecurus brachystachyus* M. Bieb.
1. 植株；2. 小穗；3. 外稃

拂子茅属 *Calamagrostis* Adans.

大拂子茅 *Calamagrostis macrolepis* Litv.

蒙名：套日格-哈布它钙-查干

形态特征：植株高大粗壮，具根茎。秆直立，高 75~95 厘米，直径 3~4 毫米，平滑无毛。叶鞘无毛；叶舌膜质或较厚，先端尖，易撕裂，长（3.5）5~7 毫米；叶片长 13~30 厘米（或更长），宽 5~7 毫米，扁平，两面及边缘糙涩。圆锥花序劲直，紧密，狭披针形，有间断，长 17~22 厘米，最宽处可达 3 厘米，分枝直立斜上，被微小短刺毛；小穗长 7~10 毫米；颖披针状锥形，脊上及先端粗糙，第一颖具 1 脉，第二颖较第一颖短 1~1.5 毫米，具 1 脉或有时下部可具 2~3 脉；外稃质较薄，长 3.5~4 毫米，先端 2 裂，背部被微细刺毛，中部以上或近裂齿间伸出 1 细直芒，芒长 3~3.5 毫米；基盘之长柔毛 5~7 毫米；内稃长约为外稃的 2/3。花果期 7—9 月。

中生大型根茎禾草。生于森林草原、草原带的山地沟谷草甸、沙丘间草甸及路边等处。

产地：阿拉坦额莫勒镇、宝格德乌拉苏木、呼伦湖西岸。

饲用价值：中等饲用植物。

拂子茅 *Calamagrostis epigeios*（L.）Roth

蒙名：哈布它钙-查干

形态特征：植株具根茎。秆直立，高 75~135 厘米，直径可达 3 毫米，平滑无毛。叶鞘平滑无毛；叶舌膜质，长 5~6 毫米，先端尖或 2 裂；叶片扁平或内卷，长 10~29 厘米，宽 2~5 毫米，上面及边缘糙涩，下面较平滑。圆锥花序直立，有间断，长 10.5~17 厘米，宽 2~2.5 厘米，分枝直立或斜上，粗糙；小穗条状锥形，长 6~7.5 毫米，黄绿色或带紫色；2 颖近于相等或第二颖稍短，先端长渐尖，具 1~3 脉；外稃透明膜质，长约为颖体的 1/2（或稍超逾 1/2），先端齿裂，基盘之长柔毛几与颖等长或较之略短，背部中部附近伸出 1 细直芒，芒长 2.5~3 毫米；内稃透明膜质，长为外稃的 2/3，先端微齿裂。花果期 7—9 月。

中生根茎禾草。生于森林草原、草原带及半荒漠带的河滩草甸，山地草甸以及沟谷、低地、沙地。仅在开花前为牛所乐食；其根茎发达，抗盐碱土壤，耐湿，并能固定泥沙。

产地：呼伦镇、宝格德乌拉苏木、呼伦湖边。

饲用价值：中等饲用禾草。

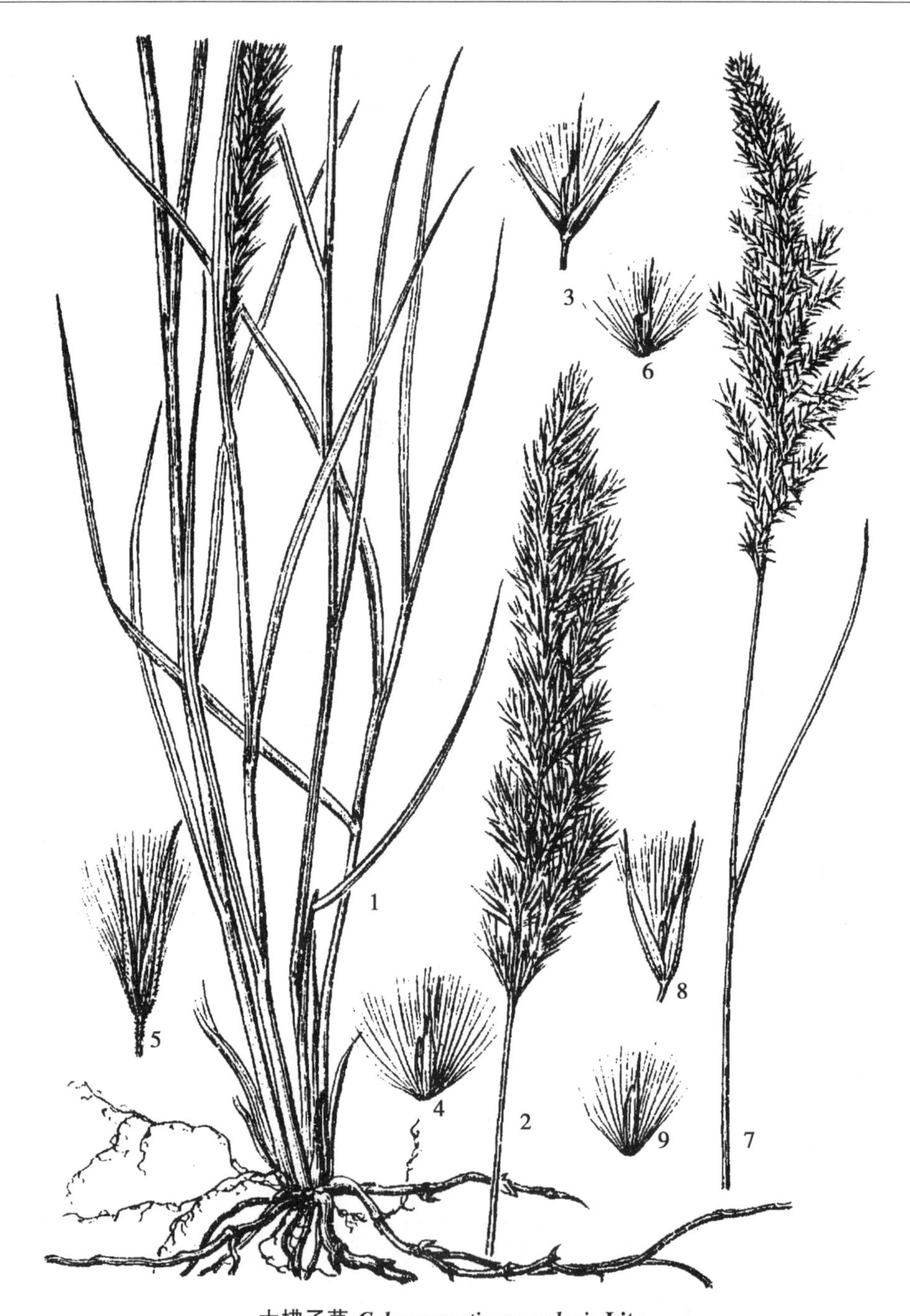

大拂子茅 *Calamagrostis macrolepis* Litv.

1. 植株；2. 花序；3. 小穗；4. 小花

拂子茅 *Calamagrostis epigeios*（L.）Roth

5. 小穗；6. 小花

假苇拂子茅 *Calamagrostis pseudophragmites*（A. Hall. f.）Koeler.

7. 花序；8. 小穗；9. 小花

假苇拂子茅 *Calamagrostis pseudophragmites*（A. Hall. f.）Koeler.

蒙名：呼鲁苏乐格-哈布它钙-查干

形态特征：秆直立，高 30~60 厘米，平滑无毛。叶鞘平滑无毛；叶舌膜质，背部粗糙，先端 2 裂或多撕裂，长 5~8 毫米；叶片常内卷，长 8~16 厘米，宽 1~3 毫米，上面及边缘点状粗糙，下面较粗糙。圆锥花序开展，长 10~19 厘米，主轴无毛，分枝簇生，细弱，斜升，稍粗糙，小穗熟后带紫色，长 5~7 毫米；颖条状锥形，具 1~3 脉，粗糙，第二颖较第一颖短 2~3 毫米，成熟后 2 颖张开；外稃透明膜质，长 3~3.5 毫米，先端微齿裂，基盘之长柔毛与小穗近等长或稍短，芒自近顶端处伸出，细直，长约 3 毫米；内稃膜质透明，长为外稃的 2/5~2/3。花果期 7—9 月。

中生根茎禾草。生于河滩、沟谷、低地、沙地、山坡草地或阴湿之处。

产地：呼伦湖沿岸。

饲用价值：中等饲用植物。

野青茅属 *Deyeuxia* Clarion ex P. Beauvois

大叶章 *Deyeuxia purpurea*（Trin.）Kunth

蒙名：套木-额乐伯乐

形态特征：植株具横走根茎。秆直立，高 75~110 厘米，平滑无毛。叶鞘平滑无毛；叶舌膜质，先端深 2 裂或不规则撕裂，长 5~10 毫米；叶片扁平，长 12~26 厘米，宽 1.5~6 毫米，平滑无毛或稍糙涩。圆锥花序开展，长 10~16 厘米，分枝细弱，粗糙，簇生，斜升；小穗棕黄色或带紫色，长 3.5~4 毫米；颖近等长，狭卵状披针形，先端尖，边缘膜质，点状粗糙并被短纤毛，具 1~3 脉；外稃膜质，长 2.5~3 毫米，先端 2 裂，自背部中部附近伸出 1 细直芒，芒长 2~2.5 毫米，基盘具与稃体等长的丝状柔毛；内稃通常长为外稃的 2/3，膜质透明，先端细齿裂；延伸小穗轴长 0.5 毫米左右，与其上柔毛共长约 3 毫米。花果期 6—9 月。

中生根茎禾草。生于山地、林缘、沼泽草甸、河谷及潮湿草地。抽穗前刈割可作饲料。

产地：呼伦湖沿岸。

饲用价值：良等饲用禾草。

大叶章 ***Deyeuxia purpurea*** **（Trin.） Kunth**

1. 花序；2. 小穗；3. 小花背腹面

翦股颖属 *Agrostis* L.

巨序翦股颖 *Agrostis gigantea* Roth

蒙名：套木-乌兰-陶鲁钙

别名：小糠草、红顶草

形态特征：植株具根头及匍匐根茎。秆丛生，直立或下部的节膝曲而斜升，高 60~115 厘米。叶鞘无毛；叶舌膜质，长 5~6 毫米，先端具缺刻状齿裂，背部微粗糙；叶片扁平，长 5~16（22）厘米，宽 3~5（6）毫米，上面微粗糙，边缘及下面具微小刺毛。圆锥花序开展，长 9~17 厘米，宽 3.5~8 厘米。每节具（3）4~6 分枝，分枝微粗糙，基部即可具小穗；小穗长 2~2.5 毫米，柄长 1~2.5 毫米，先端膨大；两颖近于等长，脊的上部及先端微粗糙；外稃长约 2 毫米，无毛，不具芒；内稃长 1.5~1.6 毫米，长为外稃的 3/4，具 2 脉，先端全缘或微有齿。花期 6—7 月。

中生根茎禾草。河滩、谷地草甸的建群种、优势种或为伴生种。生于林缘、沟谷、山沟溪边以及路旁。草质柔软，适口性好，为各种家畜所喜食，是一种有栽培前途的优良牧草。

产地：阿拉坦额莫勒镇、克尔伦苏木。

饲用价值：良等饲用禾草。

歧序翦股颖 *Agrostis divaricatissima* Mez

蒙名：蒙古乐-乌兰-陶鲁钙

别名：蒙古翦股颖

形态特征：多年生，具短根茎。秆直立，基部节常膝曲，高 42~70 厘米，平滑无毛。叶鞘平滑无毛或微粗糙，常染有紫色；叶舌膜质，背面被微毛；长 1.5~2.5 毫米；叶片条形，扁平，长 4~8（15）厘米，宽 1~2.5 毫米，两面脉上及边缘粗糙。圆锥花序开展，长 11~17 厘米，宽可达 11 厘米，分枝斜升，细毛发状，粗糙，基部不着生小穗，长 6~12 厘米，小穗长 2~2.5 毫米，深紫色；颖几等长或第二颖稍短，脊上粗糙；外稃透明膜质，长 1.5~1.8 毫米，先端微齿裂，裂齿下方有时具 1 微细直芒。长约 0.5 毫米；内稃长约为外稃的 3/5~2/3；先端钝，细齿裂，花药长约 1.2 毫米。花果期 7—9 月。

中生短根茎禾草。为河滩、谷地、低地草甸的建群种、优势种或伴生种。

产地：乌尔逊河、呼伦湖岸、阿日哈沙特镇阿贵洞。

饲用价值：中等饲用植物。

巨序翦股颖 *Agrostis gigantea* Roth

1. 植株下部；2. 花序；3. 小穗；4. 外稃背面；5. 小花腹面

歧序翦股颖 *Agrostis divaricatissima* Mez

6. 花序；7. 小穗；8. 外稃背面；9. 小花腹面

䓘草属 *Beckmannia* Host

wáng
䓘 草 *Beckmannia syzigachne* (Steud.) Fernald

蒙名：没乐黑音-萨木白

形态特征：一年生。秆基部节微膝曲，高 45~65 厘米，平滑。叶鞘无毛；叶舌透明膜质，背部具微毛，先端尖或撕裂，长 4~7 毫米；叶片扁平，长 6~13 厘米，宽 2~7 毫米，两面无毛或粗糙或被微细丝状毛。圆锥花序狭窄，长 15~25 厘米，分枝直立或斜上；小穗压扁，倒卵圆形至圆形，长 2.5~3 毫米；颖背部较厚，灰绿色，边缘近膜质，绿白色，全体被微刺毛，近基部疏生微细纤毛；外稃略超出于颖体，质薄，全体疏被微毛，先端具芒尖，长约 0.5 毫米；内稃等长于外稃或稍短。花果期 6—9 月。

湿中生禾草。生于水边、潮湿之处。各种家畜均采食。

产地：阿日哈沙特镇阿贵洞、乌尔逊河沿岸、克尔伦河边。

饲用价值：良等饲用禾草。

针茅属 *Stipa* L.

克氏针茅 *Stipa krylovii* Roshev.

蒙名：塔拉音-黑拉干那

别名：西北针茅

形态特征：秆直立，高 30~60 厘米，叶鞘光滑；叶舌披针形，白色膜质，长 1~3 毫米；叶上面光滑，下面粗糙，秆生叶长 10~20 厘米，基生叶长达 30 厘米，圆锥花序基部包于叶鞘内，长 10~30 厘米，分枝细弱，2~4 枝簇生，向上伸展，被短刺毛；小穗稀疏；颖披针形，草绿色，成熟后淡紫色，光滑，先端白色膜质，长（17）20~28 毫米，第一颖略长，具 3 脉，第二颖稍短，具 4~5 脉；外稃长 9~11.5 毫米；顶端关节处被短毛，基盘长约 3 毫米，密生白色柔毛；芒二回膝曲，光滑，第一芒柱扭转，长 2~2.5 厘米，第二芒柱长约 1 厘米，芒针丝状弯曲，长 7~12 厘米。花果期 7—8 月。

多年生密丛型旱生草本植物。为亚洲中部草原区典型草原植被的建群种。克氏针茅草原是中温型草原带和荒漠区山地草原带的地带性群系，也是某些大针茅草原的放牧演替变型。此外，在许多荒漠草原群落中也常有零星散生的克氏针茅。克氏针茅草原的生产力低于大针茅草原，但能适应更干旱的生态环境，因而分布很广。克氏针茅草原具有耐牲畜践踏的特点，是重要的天然放牧场。

产地：全旗。

饲用价值：良等饲用植物。

菵草 *Beckmannia syzigachne*（Steud.）Fernald

1. 植株；2. 小穗；3. 小花背腹面

克氏针茅 *Stipa krylovii* Roshev.

4. 花序；5. 小穗

小针茅 *Stipa klemenzii* Roshev.

蒙名：吉吉格-黑拉干那

别名：克里门茨针茅

形态特征：秆斜升或直立，基部节处膝曲，高（10）20~40 厘米。叶鞘光滑或微粗糙；叶舌膜质，长约 1 毫米，边缘具长纤毛；叶片上面光滑，下面脉上被短刺毛，秆生叶长 2~4 厘米，基生叶长可达 20 厘米。圆锥花序被膨大的顶生叶鞘包裹，顶生叶鞘常超出圆锥花序，分枝细弱，粗糙，直伸，单生或孪生；小穗稀疏；颖狭披针形，长 25~35 毫米，绿色，上部及边缘宽膜质，顶端延伸成丝状尾尖，二颖近等长，第一颖具 3 脉，第二颖具 3~4 脉，外稃长约 10 毫米，顶端关节处光滑或具稀疏短毛，基盘尖锐，长 2~3 毫米，密被柔毛。芒一回膝曲，芒柱扭转，光滑，长 2~2.5 厘米，芒针弧状弯曲，长 10~13 厘米，着生长 3~6 毫米的柔毛，芒针顶端的柔毛较短。花果期 6—7 月。

多年生密丛小型旱生草本植物。亚洲中部荒漠草原植被的主要建群种。组成中温型荒漠草原带的地带性群落。也是草原化荒漠群落的伴生植物。全年为各种牲畜最喜吃，颖果无危害。全株营养丰富，有抓膘作用，萌发早，枯草可长期保存，常与无芒隐子草、葱属植物等优良牧草组成小针茅草原。小针茅草原是绵羊最理想的放牧场。在小针茅草原牧场上饲养的绵羊肉味格外鲜美，驰名各地。

产地：阿日哈沙特镇、阿拉坦额莫勒镇、宝格德乌拉苏木、拴马桩西边。

饲用价值：良等饲用植物。

贝加尔针茅 *Stipa baicalensis* Roshev.

蒙名：白嘎拉-黑拉干那

别名：狼针草

形态特征：秆直立，高 50~80 厘米。叶鞘粗糙，先端具细小刺毛；叶舌披针形，白色膜质，长 1.5~3 毫米；上面被短刺毛或粗糙，下面脉上被密集的短刺毛；秆生叶长 20~30 厘米，基生叶长达 40 厘米。圆锥花序基部包于叶鞘内，长 20~40 厘米，分枝细弱，2~4 枝簇生，向上伸展，被短刺毛；小穗稀疏；颖披针形，长 23~30 毫米，淡紫色，光滑，边缘膜质，顶端延伸成尾尖，第一颖略长，具 3 脉，第二颖稍短，具 5 脉；外稃长 12~14 毫米，顶端关节处被短毛，基盘长约 4 毫米，密生白色柔毛；芒二回膝曲，粗糙，第一芒柱扭转，长 3~4 厘米，第二芒柱长 1.5~2 厘米，芒针丝状卷曲，长 8~13 厘米。花果期 7—8 月。

多年生密丛型中旱生草本植物。为亚洲中部草原区草甸草原植被的重要建群种。在中温型森林草原带占据典型的地带性生境，组成该地带的气候顶极群落。并可沿山地及丘陵上部进入典型草原带，形成山地的贝加尔针茅草甸草原群落。为本属偏冷、偏中生的类型。在群落组成中中生植物有所增加，如日阴菅、光稃香草等多为粗糙的或不可食的植物。但有些群落类型，如贝加尔针茅+羊草草原的饲用价值却是比较高的。

产地：呼伦镇。

饲用价值：良等饲用植物。

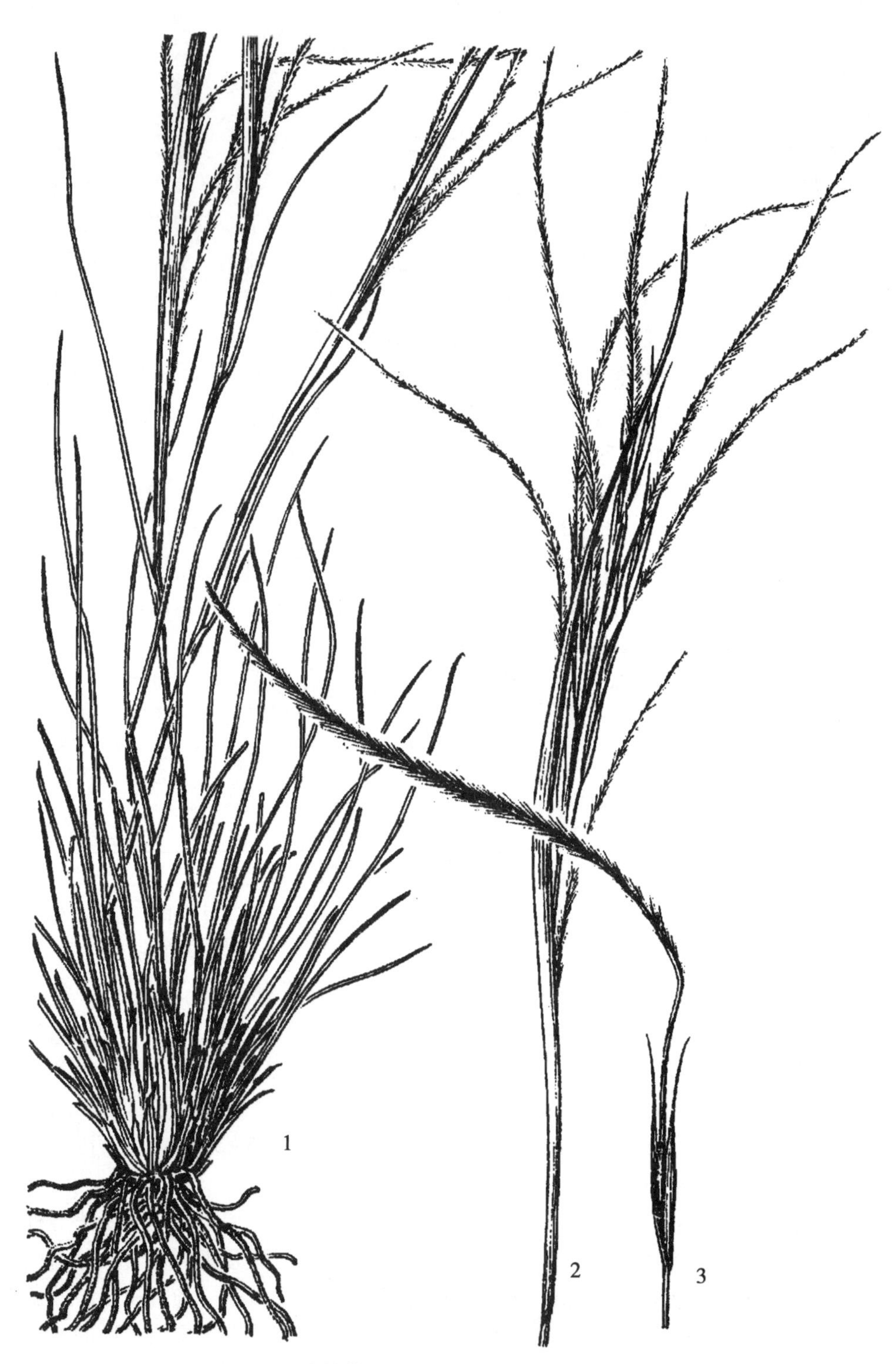

小针茅 ***Stipa klemenzii*** **Roshev.**

1~2. 植株；3. 小穗

贝加尔针茅 ***Stipa baicalensis* Roshev.**

1~2. 植株；3. 颖片；4. 小穗；5. 小花

大针茅 *Stipa grandis* P. A. Smirn.

蒙名：黑拉干那

形态特征：秆直立，高 50~100 厘米，叶鞘粗糙；叶舌披针形，白色膜质，长 3~5 毫米；叶上面光滑，下面密生短刺毛，秆生叶较短，基生叶长可达 50 厘米以上。圆锥花序基部包于叶鞘内，长 20~50 厘米，分枝细弱，2~4 枝簇生，向上伸展，被短刺毛。小穗稀疏；颖披针形，成熟后淡紫色，中上部白色膜质，顶端延伸成长尾尖，长（27）30~40（45）毫米，第一颖略长，具 3 脉，第二颖略短，具 5 脉；外稃长（14.5）15~17 毫米，顶端关节处被短毛，基盘长约 4 毫米，密生白色柔毛，芒二回膝曲，光滑或微粗糙，第一芒柱长 6~10 厘米，第二芒柱长 2~2.5 厘米，芒针丝状卷曲，长 10~18 厘米。花果期 7—8 月。

多年生密丛型旱生草本植物。是亚洲中部草原区特有的典型草原建群种。在温带的典型草原地带，大针茅草原是主要的气候顶极群落。各种牲畜四季都乐意吃，基生叶丰富并能较完整地保存至冬春，可为牲畜提供大量有价值的饲草。生殖枝营养价值较差，特别是带芒的颖果能刺伤绵羊的皮肤而造成伤亡。大针茅的饲用价值不如同属的小型针茅。大针茅常与羊草、根茎冰草、糙隐子草等优良牧草组成大针茅+羊草+丛生禾草草原及大针茅+丛生小禾草草原。

产地：全旗。

饲用价值：良等饲用植物。

芨芨草属 *Achnatherum* Beauv

芨芨草 *Achnatherum splendens*（Trin.）Nevski

蒙名：德日苏

别名：积机草

形态特征：秆密丛生，直立或斜升，坚硬，高 80~200 厘米，通常光滑无毛。叶鞘无毛或微粗糙，边缘膜质，叶舌披针形，长 5~15 毫米，先端渐尖；叶片坚韧，长 30~60 厘米，宽 3~7 毫米，纵向内卷或有时扁平，上面脉纹凸起，微粗糙，下面光滑无毛。圆锥花序开展，长 30~60 厘米，开花时呈金字塔形，主轴平滑或具纵棱而微粗糙，分枝数枚簇生，细弱，长达 19 厘米，基部裸露；小穗披针形，长 4.5~6.5 毫米，具短柄，灰绿色、紫褐色或草黄色；颖披针形或矩圆状披针形，膜质，顶端尖或锐尖，具 1~3 脉，第一颖显著短于第二颖，具微毛，基部常呈紫褐色；外稃长 4~5 毫米，具 5 脉，密被柔毛，顶端具 2 微齿；基盘钝圆，长约 0.5 毫米，有柔毛；芒长 5~10 毫米，自外稃齿间伸出，直立或微曲，但不膝曲扭转，微粗糙，易断落；内稃脉间有柔毛，成熟后背多少露出外稃之外；花药条形，长 2.5~3 毫米，顶端具毫毛。花果期 6—9 月。

高大的密丛型旱中生耐盐草本植物，是广泛分布在欧亚大陆干旱及半干旱区盐化草甸的建群种。不论在草原区或荒漠区，它多是占据隐域性的低湿地生境。其生长往往有

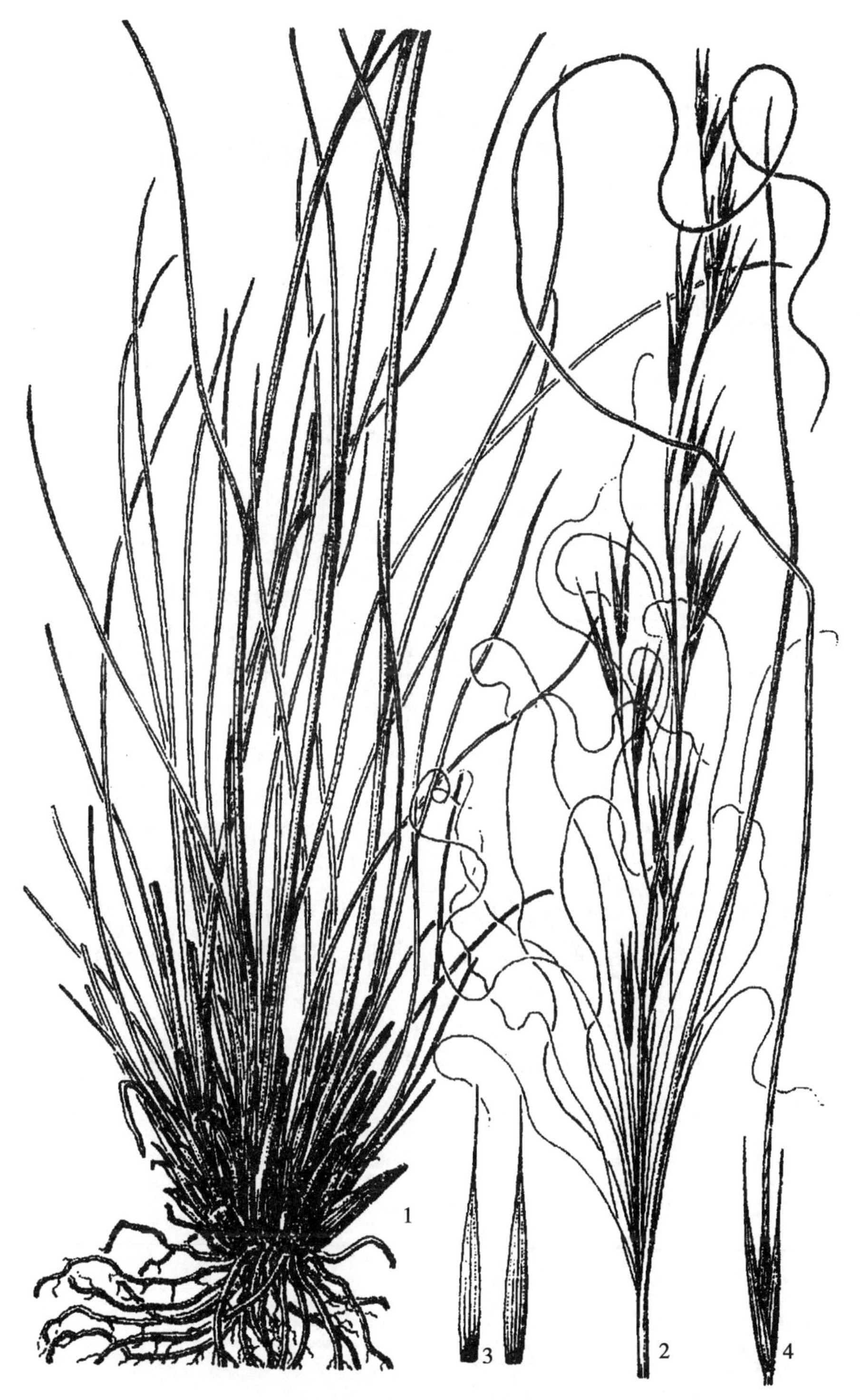

大针茅 ***Stipa grandis*** **P. A. Smirn.**

1~2. 植株；3. 颖片；4. 小穗

地下水的补给，或接受地表径流的补充。例如：盐化低地、湖盆边缘、丘间低地、干河床、阶地、侵蚀洼地等都是芨芨草盐化草甸的适宜生境。芨芨草在不同的草原和荒漠亚带往往和完全不同的伴生植物组成不同的群落类型。在典型草原亚带常分别与寸草苔、羊草、野黑麦等组成盐湿草甸群落。在荒漠草原带常与赖草组成盐生草甸或与白刺组成盐生群落。在荒漠区则常常出现各种荒漠化的芨芨草盐化草甸。在春末和夏初，骆驼和牛乐食，羊和马采食较少；在冬季，植株残存良好，各种家畜均采食，在西部地区对家畜度过寒冬季节有一定的价值。茎、颖果、花序及根入药。

产地：全旗。

饲用价值：良等饲用禾草。

羽茅 *Achnatherum sibiricum*（L.）Keng ex Tzvel.

蒙名：哈日巴古乐-额布苏

别名：西伯利亚羽茅、光颖芨芨草

形态特征：秆直立，疏丛生或有时少数丛生，较坚硬，高 50～150 厘米，光滑无毛。叶鞘松弛，光滑无毛，较坚韧，边缘膜质；叶舌截平；顶端具不整齐裂齿，长 0.5～1.5 毫米；叶片通常卷折，有时扁平，长 20～60 厘米，宽 3～7 毫米，质地较坚硬，直立或斜向上升，上面和边缘粗糙，下面平滑。圆锥花序较紧缩，狭长，有时稍疏松，但从不形成开展状态，长 15～30 厘米，每节具（2）3～5 枚分枝，分枝直立或稍弯曲斜向上升，基部着生小穗，有时基部裸露；小穗草绿色或灰绿色，成熟时变紫色，矩圆状披针形，长 8～10 毫米，具光滑而较粗的柄；颖近等长或第一颖稍短，矩圆状披针形，膜质，先端尖而透明，具 3～4 脉，光滑无毛或脉上疏生细小刺毛；外稃长 6～7.5 毫米，背部密生较长的柔毛，具 3 脉，脉于先端汇合；基盘锐尖，长 0.8～1 毫米。密生白色长柔毛；芒长约 2.5 厘米，一回或不明显地二回膝曲，中部以下扭转，具较密的细小刺毛或微毛；内稃与外稃近等长或稍短于外稃，脉间具较长的柔毛；花药条形，长约 4 毫米，顶端具毫毛。花果期 6—9 月。

多年生疏丛型草本植物，为中旱生种。可生于草原、草甸草原、山地草原、草原化草甸以及林缘和灌丛群落中，多为伴生植物，有时成为优势种。全草可作造纸原料。春夏季节青鲜时为牲畜所喜食饲料。

产地：全旗。

饲用价值：良等饲用植物。

芨芨草 *Achnatherum splendens*（Trin.）Nevski

1. 植株；2. 小穗；3. 第一颖；4. 第二颖；5. 外稃；6. 内稃

羽茅 *Achnatherum sibiricum*（L.）Keng ex Tzvel.

7. 小穗；8. 颖；9. 外稃

冠芒草属 *Enneapogon* Desv. ex P. Beauv.

冠芒草 *Enneapogon desvauxii* P. Beauv.

蒙名：奥古图那音-苏乐

别名：九顶草

形态特征：一年生草本，植株基部鞘内常具隐藏小穗。秆节常膝曲，高 5~25 厘米，被柔毛。叶鞘密被短柔毛，鞘内常有分枝；叶舌极短，顶端具纤毛；叶片长 2.5~10 厘米，宽 1~2 毫米，多内卷，密生短柔毛，基生叶呈刺毛状。圆锥花序短穗状，紧缩呈圆柱形，长 1~3.5 厘米，宽 5~15 毫米，铅灰色或熟后呈草黄色；小穗通常含 2~3 小花，顶端小花明显退化，小穗轴节间无毛；颖披针形，质薄，边缘膜质，先端尖，背部被短柔毛，具 3~5 脉，中脉形成脊，第一颖长 3~3.5 毫米，第二颖长 4~5 毫米；第一外稃长 2~2.5 毫米，被柔毛，尤以边缘更显，基盘亦被柔毛，顶端具 9 条直立羽毛状芒，芒不等长，长 2.5~4 毫米；内稃与外稃等长或稍长，脊上具纤毛。花果期 7—9 月。

为一年生的小型禾草，它利用夏季雨水充沛的季节或在水分充足的生境中完成其生活周期，是不耐旱、不耐寒的中生喜暖植物。在荒漠化草原上，其饲用价值是较高的。适口性好，在青鲜时，羊、马和骆驼喜食。牧民认为，在夏秋季它是一种良好的催肥牧草。

产地：克尔伦苏木。

饲用价值：优等饲用禾草。

獐毛属 *Aeluropus* Trin.

獐毛 *Aeluropus sinensis*（Debeaux）Tzvel.

蒙名：阿查麻格

形态特征：植株基部密生鳞片状叶。秆直立或倾斜，基部常膝曲，高 20~35 厘米，花序以下被微细毛，节上被柔毛；叶鞘无毛或被毛，鞘口常密生长柔毛；叶舌为 1 圈纤毛，长 0.5~1.5 毫米；叶片狭条形，尖硬，长 1.5~5.5 厘米，宽 1.5~3 毫米，扁平或先端内卷如针状，两面粗糙，疏被细纤毛。圆锥花序穗状，长 2.5~5 厘米，分枝单生，短，紧贴主轴，宽 3~8 毫米，小穗卵形至宽卵形，长 2.5~4 毫米，含 4~7 小花；颖宽卵形，边缘膜质，脊上粗糙，被微细毛，第一颖长 1.5~2 毫米，第二颖长 2~2.5 毫米；外稃具 9 脉，先端中脉成脊，粗糙，并延伸成小芒尖，边缘膜质，无毛或先粗糙至被微细毛，第一外稃长 2.5~3 毫米；内稃先端具缺刻，脊上具微纤毛。花果期 7—9 月。

多年生具匍匐茎禾草，为耐盐旱中生植物。生于盐化草甸或盐土生境中，如干旱的盐湖区外围、盐渍低地。全草入药。

产地：克尔伦苏木。

饲用价值：良等饲用植物。

冠芒草 ***Enneapogon desvauxii*** **P. Beauv.**

1. 植株；2. 小穗；3. 小花

獐毛 ***Aeluropus sinensis*** **（Debeaux）Tzvel.**

4. 植株；5. 小穗；6. 小花

画眉草属 *Eragrostis* Beauv.

画眉草 *Eragrostis pilosa*（L.） P. Beauv.

蒙名：呼日嘎拉吉

别名：星星草

形态特征：一年生。秆较细弱，直立、斜生或基部铺散，节常膝曲，高 10~30（45）厘米。叶鞘疏松裹茎，多少压扁，具脊，鞘口常具长柔毛，其余部分光滑；叶舌短，为一圈长约 0.5 毫米的细纤毛；叶片扁平或内卷，长 5~15 厘米，宽 1.5~3.5 毫米，两面平滑无毛。圆锥花序展开，长 7~15 厘米，分枝平展或斜上，基部分枝近于轮生，枝腋具长柔毛；小穗熟后带紫色，长 2.5~6 毫米，宽约 1.2 毫米，含 4~8 小花；颖膜质，先端钝或尖，第一颖常无脉，长 0.4~0.6（0.8）毫米，第二颖具 1 脉，长 1~1.2（1.4）毫米；外稃先端尖或钝，第一外稃长 1.4~2 毫米；内稃弓形弯曲，短于外稃，常宿存，脊上粗糙。花果期 7—9 月。

生于田野、撂荒地、路边，为中生性农田杂草。全草入药。

产地：全旗。

饲用价值：良等饲用植物。

多秆画眉草（变种） *Eragrostis multicaulis* Steud.

蒙名：给鲁给日-呼日嘎拉吉

别名：无毛画眉草

形态特征：本变种与正种的主要区别在于花序分枝腋间无柔毛。花果期 7—9 月。

生于田野、撂荒地、路旁。

产地：全旗。

饲用价值：良等饲用植物。

小画眉草 *Eragrostis minor* Host

蒙名：吉吉格-呼日嘎拉吉

形态特征：秆直立或自基部向四周扩展而斜升，节常膝曲，高 10~20（35）厘米，叶鞘脉上具腺点，鞘口具长柔毛，脉间亦疏被长柔毛；叶舌为一圈细纤毛，长 0.5~1 毫米；叶片扁平，长 3~11.5 厘米，宽 2~5.5 毫米，上面粗糙，背面平滑，脉上及边缘具腺体。圆锥花序疏松而开展，长 5~20 厘米，宽 4~12 厘米，分枝单生，腋间无毛；小穗卵状披针形至条状矩圆形，绿色或带紫色，长 4~9 毫米，宽 1.2~2 毫米，含 4 至多数小花，小穗柄具腺体；颖卵形或卵状披针形，先端尖，第一颖长 1~1.4 毫米，第二颖长 1.4~2 毫米，通常具一脉，脉上常具腺体；外稃宽卵圆形，先端钝，第一外稃长 1.4~2.2 毫米；内稃稍短于外稃，宿存，脊上具极短的纤毛。花果期 7—9 月。

生于田野、路边和撂荒地；也是荒漠草原群落中，一年生禾草层片的常见成分；在井泉附近受到破坏的放牧场上常聚生成群。草质柔软，适口性良好，羊喜食，马和牛乐食，在夏秋季骆驼也乐食，牧民认为它是羊和马的抓膘牧草。全草入药。

产地：全旗。

饲用价值：良等饲用禾草。

画眉草 *Eragrostis pilosa*（L.）P. Beauv.

1. 植株；2. 小穗；3. 第一颖；4. 第二颖；5. 小花

小画眉草 *Eragrostis minor* Host

6. 小穗；7. 小花

隐子草属 *Cleistogenes* Keng

薄鞘隐子草 *Cleistogenes festucacea* Honda

蒙名：哈扎嘎日-额布苏

别名：中华隐子草、长花隐子草

形态特征：多年生草本。秆丛生，纤细，直立，高15~50厘米，直径0.5~1毫米，基部密生贴近根头的鳞芽。叶鞘鞘口常具柔毛；叶舌短，边缘具纤毛；叶片长3~7厘米，宽1~2毫米，扁平或内卷。圆锥花序疏展，长5~10厘米，具3~5分枝，具多数小穗，分枝斜上，平展或下垂；小穗黄绿色或稍带紫色，长7~9毫米，含3~5小花；颖披针形，先端渐尖，第一颖长3~4.5毫米，第二颖长4~5毫米；外稃披针形，边缘具长柔毛，5脉，第一外稃长5~6毫米，先端芒长1~2（3）毫米；内稃与外稃近等长。花果期7—10月。

中旱生植物。生于山地草原、林缘、灌丛。

产地：旗北部山地。

饲用价值：良等饲用植物。

糙隐子草 *Cleistogenes squarrosa*（Trin.）Keng

蒙名：得日伯根-哈扎嘎日-额布苏

形态特征：植株通常绿色，秋后常呈红褐色。秆密丛生，直立或铺散，纤细，高10~30厘米，干后常成蜿蜒状或螺旋状弯曲。叶鞘层层包裹，直达花序基部；叶舌具短纤毛；叶片狭条形，长3~6厘米，宽1~2毫米，扁平或内卷，粗糙。圆锥花序狭窄，长4~7厘米，宽5~10毫米；小穗长5~7毫米，含2~3小花，绿色或带紫色；颖具1脉，边缘膜质，第一颖长1~2毫米，第二颖长3~5毫米；外稃披针形，5脉，第一外稃长5~6毫米，先端常具较稃体为短的芒；内稃狭窄，与外稃近等长；花药长约2毫米。花果期7—9月。

多年生的小型丛生草本植物，是典型的草原旱生种。可成为各类草原植被的优势成分，也可以成为次生性草原群落的建群种。在贝加尔针茅草原、大针茅草原、克氏针茅草原、羊草草原及线叶菊草原中常组成群落下层的小禾草层片。在小针茅草原及短花针茅草原中也是常见的伴生植物或优势种。因此它不仅是典型草原群落的恒有成分，而且也常见于草甸草原及荒漠草原群落中，甚至还偶见于某些草原化荒漠群落中。其分布范围广及森林草原带、典型草原带、荒漠草原带及草原化荒漠带，并占据典型的地带性生境。在青鲜时，为家畜所喜食，特别是羊和马最喜食。牧民认为在秋季家畜采食后上膘快，是一种抓膘的宝草。

产地：全旗。

饲用价值：良等饲用禾草。

薄鞘隐子草 *Cleistogenes festucacea* Honda

1. 植株；2. 小穗；3. 第一颖；4. 第二颖；5. 小花

糙隐子草 *Cleistogenes squarrosa*（Trin.）Keng

6. 植株；7. 小穗；8. 第一颖；9. 第二颖；10. 内稃；11. 外稃

草沙蚕属 *Tripogon* Roem. et Schult.

中华草沙蚕 *Tripogon chinensis*（Franch.）Hack.

蒙名：古日巴存-额布苏

形态特征：多年生密丛草本，须根纤细而稠密。秆直立，高10~30厘米，细弱，光滑无毛。叶鞘通常仅于鞘口处有白色长柔毛；叶舌膜质，长约0.5毫米，具纤毛；叶片狭条形，常内卷成刺毛状，上面微粗糙且向基部疏生柔毛、下面平滑无毛，长5~15厘米，宽约1毫米。穗状花序细弱，长8~11（15）厘米，穗轴三棱形，多平滑无毛，宽约0.5毫米；小穗条状披针形，铅绿色，长5~8（10）毫米，含3~5小花；颖具宽而透明的膜质边缘，第一颖长1.5~2毫米，第二颖长2.5~3.5毫米；外稃质薄似膜质，先端2裂，具3脉，主脉延伸成短且直的芒，芒长1~2毫米，侧脉可延伸成长0.2~0.5毫米的芒状小尖头，第一外稃长3~4毫米，基盘被长约1毫米的柔毛；内浮膜质，等长或稍短于外稃，脊上粗糙，具微小纤毛；花药长1~1.5毫米。花果期7—9月。

多年生密丛禾草，为典型的砾石生植物，具有旱生特性。生于山地中山带的石质及砾石质陡壁和坡地。可在局部形成小面积的草沙蚕石生群落片段，也可散生在石隙积土中。为羊和马所喜食。

产地：阿日哈沙特镇、呼伦镇、阿拉坦额莫勒镇、达赉苏木。

饲用价值：中等饲用植物。

虎尾草属 *Chloris* Swartz

虎尾草 *Chloris virgata* Swartz

蒙名：宝拉根-苏乐

形态特征：一年生。秆无毛，斜升、铺散或直立，基部节处常膝曲，高10~35厘米。叶鞘背部具脊，上部叶鞘常膨大而包藏花序；叶舌膜质，长0.5~1毫米，顶端截平，具微齿；叶片长2~15厘米，宽1.5~5毫米，平滑无毛或上面及边缘粗糙。穗状花序长2~5厘米，数枚簇生于秆顶；小穗灰白色或黄褐色，长2.5~4毫米（芒除外）；颖膜质，第一颖长1.5~2毫米，第二颖长2.5~3毫米，先端具长0.5~2毫米的芒；第一外稃长2.5~3.5毫米，具3脉，脊上微曲，边缘近顶处具长柔毛，背部主脉两侧及边缘下部亦被柔毛，芒自顶端稍下处伸出，长5~12毫米；内稃稍短于外稃，脊上具微纤毛；不孕外稃狭窄，顶端截平，芒长4.5~9毫米。花果期6—9月。

为一年生农田杂草，广泛见于农田、撂荒地及路边。在撂荒地上可形成虎尾草占优势的一年生植物群聚。在荒漠草原群落中是夏雨型一年生禾草层片的组成成分。在荒漠及半荒漠带常聚生在干湖盆、干河床及洼地中，能适应碱化土及龟裂黏土。也可生长在砾石质坡地的径流线上。是充分利用雨季降水或径流汇集的中生性植物，所以多雨年份可在荒漠草原及荒漠等非郁闭植被的裸露空隙中大量繁生，形成很发达的层片。但它在不同年份，种群数量是很不稳定的。

产地：全旗。

饲用价值：优等饲用植物。

中华草沙蚕 *Tripogon chinensis*（Franch.）Hack.

1. 植株；2. 小穗；3. 第一颖；4. 第二颖；5. 小花

虎尾草 *Chloris virgata* Swartz

6. 植株；7. 小穗；8. 小花

扎股草属 *Crypsis* Ait.

蔺状隐花草 *Crypsis schoenoides*（L.）Lam.

蒙名：消如乐金-闹格图灰

形态特征：秆丛生，具分枝，直立或斜升，膝曲，高 5~35 厘米。叶鞘无毛，常松弛且多少膨大；叶舌短，长约 0.5 毫米，顶端为一圈柔毛；叶片扁平，先端内卷、细弱呈针刺状，长 2~6 毫米，宽 1~3 毫米，上面被微小硬毛并疏生长纤毛，下面平滑无毛或有时被毛。穗状圆锥花序多少呈矩圆形，长约 3.5 厘米，宽约 5 毫米，下托以苞片状叶鞘；小穗披针形至狭矩圆形，淡白色或灰紫色，长 2.5~3 毫米；颖膜质，具 1 脉，脊变硬，上具微刺毛；外稃披针形，具 1 较硬的脊，被微刺毛，长约 3 毫米或较短，内稃短于外稃；雄蕊 3。花果期 7—9 月。

生于盐化、碱化低地、海滨盐滩地及沙质滩地，为盐化草甸伴生植物。

产地：乌尔逊河岸边。

饲用价值：良等饲用植物。

野黍属 *Eriochloa* Kunth

野黍 *Eriochloa villosa*（Thunb.）Kunth

蒙名：额力也格乐吉

别名：唤猪草

形态特征：一年生草本。秆丛生，直立或基部斜升，有分枝，下部节有时膝曲，高 50~100 厘米，叶鞘无毛或被微毛，节部具须毛；叶舌短小，具较多纤毛，其毛长 0.5~1 毫米；叶片披针状条形，长 5~25 厘米，宽 5~15 毫米，疏被短柔毛，边缘粗糙。圆锥花序狭窄，顶生、长达 15 厘米，总状花序少数或多数，长 1.5~4.5 厘米，密生白色长柔毛，常排列于主轴的一侧；小穗卵形或卵状披针形，单生，成二行排列于穗轴的一侧，长 4~5 毫米；第二颖与第一外稃均膜质，和小穗等长，均被短柔毛，先端微尖，无芒；第二外稃以腹面对向穗轴。颖果卵状椭圆形，稍短于小穗，先端钝或微凸尖，细点状粗糙。花果期 7—10 月。

湿生植物。生于路旁、田边、旷野、山坡、耕地和潮湿处。

产地：阿拉坦额莫勒镇。

饲用价值：中等饲用植物。

蔺状隐花草 ***Crypsis schoenoides*** **（L.）Lam.**

1. 植株；2. 小穗；3. 小花

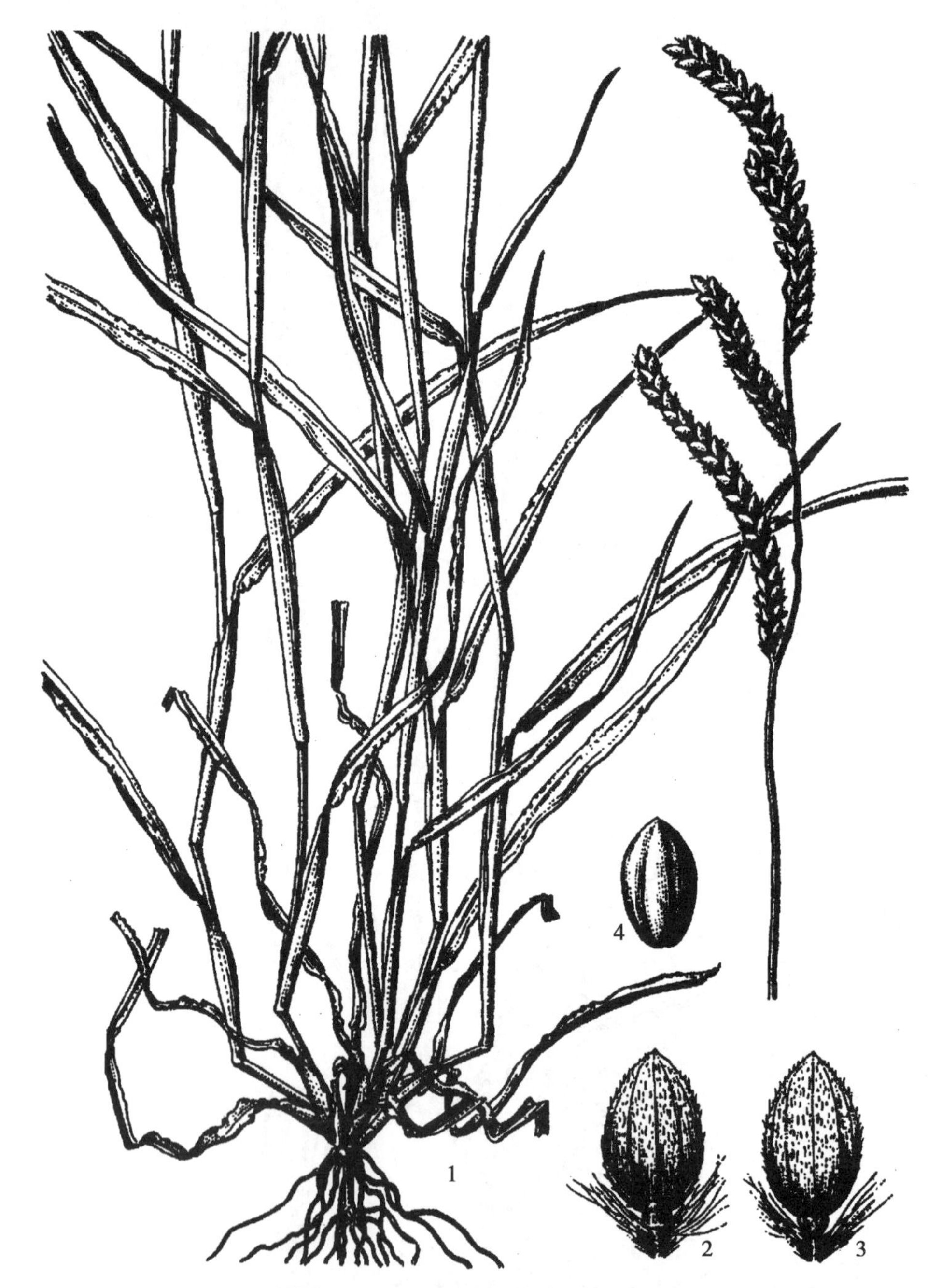

野黍 *Eriochloa villosa*（Thunb.）Kunth

1. 植株；2. 小穗腹面；3. 小穗背面；4. 颖果

稗属 *Echinochloa* P. Beauv.

bài
稗 *Echinochloa crusgalli*（L.）P. Beauv.

蒙名：奥存-好努格

别名：稗子、水稗、野稗、旱稗

形态特征：秆丛生，直立或基部倾斜，有时膝曲，高 50～150 厘米，直径 2～5 毫米，光滑无毛，叶鞘疏松，微粗糙或平滑无毛，上部具狭膜质边缘；叶片条形或宽条形，长 20～50 厘米，宽 5～15 毫米，边缘粗糙，无毛或上面微粗糙。圆锥花序较疏松，常带紫色，呈不规则的塔形，长 9～20 厘米，穗轴较粗壮，粗糙，基部具硬刺疣毛，分枝柔软、斜上或贴生，具小分枝；小穗密集排列于穗轴的一侧，单生或成不规则簇生，卵形，长约 3～4 毫米，近于无柄或具极短的柄，柄粗糙或具硬刺疣毛；第一颖长约为小穗的 1/3～1/2，基部包卷小穗，具 5 脉，边脉仅于基部较明显，具较多的短硬毛或硬刺疣毛，第二颖与小穗等长，草质，先端渐尖成小尖头，具 5 脉，脉上具硬刺状疣毛，脉间被短硬毛，第一外稃草质，上部具 7 脉，脉上具硬刺疣毛，脉间被短硬毛，先端延伸成一粗壮的芒，芒长 5～15（30）毫米，粗糙，第一内稃与其外稃几等长，薄膜质，具 2 脊，脊上微粗糙；第二外稃凸内平，革质，上部边缘常平展，内稃先端外露。谷粒椭圆形，易脱落，白色、淡黄色或棕色，长 2.5～3 毫米，宽 1.5～2 毫米，先端具粗糙的小尖头。花果期 6—9 月。

湿生植物，田间杂草。生于田野、耕地、宅旁、路旁、渠沟边水湿地和沼泽地、水稻田中。谷粒供食用或酿酒。青鲜时为牛、马和羊喜食。根及幼苗入药。茎叶纤维可作造纸原料。全草可作绿肥。

产地：全旗。

饲用价值：良等饲用禾草。

无芒稗 *Echinochloa crusgalli*（L.）P. Beauv. var. *mitis*（Pursh）Peterm.

蒙名：搔日归-奥存-好努格

别名：落地稗

本变种与正种的区别在于：小穗卵状椭圆形，长约 3 毫米，无芒或具极短的芒，如有芒，其芒长超不过 0.5 毫米。圆锥花序稍疏松，直立，其分枝不作弓形弯曲，挺直，常再分枝。第二颖比谷粒长。花果期 7—8 月。

生境、用途与正种相同。

产地：阿拉坦额莫勒镇。

饲用价值：良等饲用植物。

稗 ***Echinochloa crusgalli*（L.） P. Beauv.**

1. 植株；2~3. 小穗

无芒稗 ***Echinochloa crusgalli*（L.） P. Beauv. var. *mitis*（Pursh） Peterm.**

4. 小穗

长芒稗 ***Echinochloa caudata* Roshev.**

5. 小穗

长芒稗 *Echinochloa caudata* Roshev.

蒙名：搔日特-奥存-好努格

别名：长芒野稗

形态特征：秆疏丛生，直立或基部倾斜，有时膝曲，高 1~2 米，直径 4~7 毫米，光滑无毛。叶鞘疏松，无毛或常具疣基毛，有时仅有粗糙毛或仅边缘有毛，上部边缘膜质；叶片条形或宽条形，长 10~45 厘米，宽 10~20 毫米，边缘增厚而粗糙，呈绿白色，两面无毛或上面微粗糙。圆锥花序稍紧密，柔软而下垂，长 10~25 厘米，宽 1.5~4 厘米；穗轴粗壮，粗糙，有棱，具疏生疣基毛，分枝密集，不弯曲，常再分小枝；小穗密集排列于穗轴的一侧，单生或不规则簇生，卵状椭圆形，长 2.5~4 毫米，常带紫色，具极短的柄；第一颖三角形，长为小穗的 1/3~2/5，先端尖，基部包卷小穗，具 3 脉，第二颖与小穗等长，草质，顶端具长 0.1~0.2 毫米的芒，具 5 脉；第一外稃草质，具 5 脉，先端延伸成一较粗壮的芒，芒长 1.5~5 厘米，第一内稃与其外稃几等长；第二外稃革质，顶端具小尖头；光亮，边缘包着同质的内稃；鳞被楔形，具 5 脉。谷粒易脱落，椭圆形，白色或淡黄色，长 2~3 毫米，宽 1~2 毫米。花果期 6—9 月。

湿生植物，田间杂草。生于田野、宅旁、路边、耕地，渠沟边水湿地和沼泽地、水稻田中。

产地：呼伦镇、阿拉坦额莫勒镇、乌尔逊河边。

饲用价值：良等饲用植物。

狗尾草属 *Setaria* P. Beauv.

断穗狗尾草 *Setaria arenaria* Kitag.

蒙名：宝古尾-西日-达日

形态特征：一年生；秆直立，细，丛生或近于丛生，高 15~45 厘米，光滑无毛。叶鞘鞘口边缘具纤毛，基部叶鞘上常具瘤或瘤毛；叶舌由一圈长约 1 毫米的纤毛所组成；叶片狭条形，稍粗糙，长 6~12 厘米，宽 2~6 毫米。圆锥花序紧密呈细圆柱形，直立，其下部常有疏隔间断现象，花序长 1~8 厘米，宽 2~7 毫米（刚毛除外），刚毛较短，且数目较少（以其他种相比），长约 4~7 毫米，上举，粗糙；小穗狭卵形，长约 2 毫米；第一颖卵形，长约为小穗的 1/3，先端稍尖，第二颖卵形，与小穗等长；第一外稃与小穗等长，其内稃膜质狭窄；第二外稃狭椭圆形，先端微尖，有轻微的横皱纹。花果期 7—9 月。

中生杂草。生于沙地、沙丘、阳坡或下湿滩地。为马、牛和羊所喜食，骆驼乐食。

产地：达赉苏木、宝格德乌拉苏木。

饲用价值：良等饲用植物。

金色狗尾草 *Setaria pumila* (Poirt.) Roem. et Schult.

蒙名：阿拉坦-西日-达日

形态特征：一年生，秆直立或基部稍膝曲，高 20~80 厘米，光滑无毛，或仅在花序基部粗糙。叶鞘下部扁压具脊；叶舌退化为一圈长约 1 毫米的纤毛；叶片条状披针形或狭披针形，长 5~15 厘米，宽 4~7 毫米，上面粗糙或在基部有长柔毛，下面光滑无毛。圆锥花序密集成圆柱状，长 2~6（8）厘米，宽约 1 厘米左右（刚毛包括在内），直立，主轴具短柔毛，刚毛金黄色，粗糙，长 6~8 毫米，5~20 根为一丛；小穗 3 毫米长，椭圆形，先端尖，通常在一簇中仅有 1 枚发育；第一颖广卵形，先端尖，具 3 脉；第一外稃与小穗等长，具 5 脉，内稃膜质，短于小穗或与之几等长，并且与小穗几乎等宽；第二外稃骨质。谷粒先端尖，成熟时具有明显的横皱纹，背部极隆起。花果期 7—9 月。

中生杂草。生于田野、路边、荒地、山坡等处。本种在青苗时节，是牲畜的优良饲料。种子可食，或喂养家禽。还可蒸馏酒精。全草入药颖果也作蒙药用。

产地：阿拉坦额莫勒镇、克尔伦苏木。

饲用价值：良等饲用植物。

狗尾草 *Setaria viridis* (L.) Beauv.

蒙名：西日-达日

别名：毛莠莠

形态特征：一年生，秆高 20~60 厘米，直立或基部稍膝曲，单生或疏丛生，通常较细弱，于花序下方多少粗糙。叶鞘较松弛，无毛或具柔毛；叶舌由一圈长 1~2 毫米的纤毛所成；叶片扁平，条形或披针形，长 10~30 厘米，宽 2~10（15）毫米；绿色，先端渐尖，基部略呈钝圆形或渐窄，上面极粗糙，下面稍粗糙，边缘粗糙。圆锥花序紧密呈圆柱状，直立，有时下垂，长 2~8 厘米，宽 4~8 毫米（刚毛除外），刚毛长于小穗的 2~4 倍，粗糙，绿色、黄色或稍带紫色；小穗椭圆形，先端钝，长 2~2.5 毫米，第一颖卵形，长约为小穗的 1/3，具 3 脉，第二颖与小穗几乎等长，具 5 脉，第一外稃与小穗等长，具 5 脉，内稃狭窄；第二外稃具有细点皱纹。谷粒长圆形，顶端钝，成熟时稍肿胀。花期 7—9 月。

中生杂草。生于荒地、田野、河边、坡地。在幼嫩时是家畜的优良饲料，为各种家畜所喜食，但开花后，由于植物体变粗，刚毛变得更硬，会对动物口腔黏膜有损害作用。此外，其种子可食用，喂养家禽以及蒸馏酒精。全草入药，颖果也作蒙药用。

产地：全旗。

饲用价值：良等饲用植物。

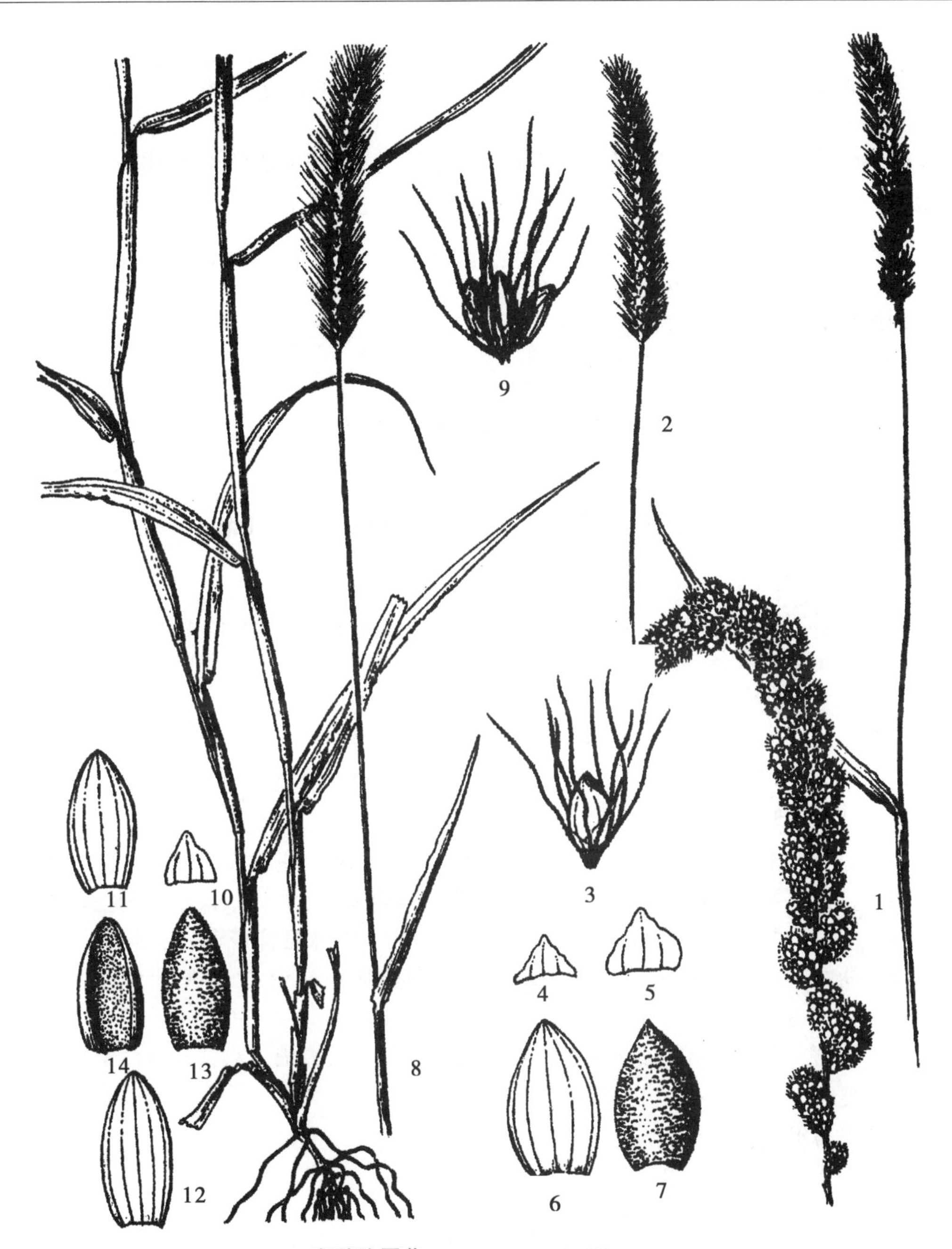

断穗狗尾草 ***Setaria arenaria*** **Kitag.**

1. 花序

金色狗尾草 ***Setaria pumila*** **（Poirt.）Roem. et Schult.**

2. 花序；3. 小穗簇；4. 第一颖；5. 第二颖；6. 第一外稃；7. 第二外稃

狗尾草 ***Setaria viridis*** **（L.）Beauv.**

8. 植株；9. 小穗簇；10. 第一颖；11. 第二颖；12. 第一外稃；13. 第二外稃；14. 内稃

紫穗狗尾草（变种） *Setaria viridis*（L.）Beauv. var. *purpurascens* Maxim.

蒙名： 宝日-西日-达日

形态特征： 本变种与正种的区别在于刚毛或连同小穗的颖片及外稃均变为紫红色至紫褐色。

中生杂草。生于沙丘、田野、河边、水边等地。

产地： 阿拉坦额莫勒镇、达赉苏木。

饲用价值： 良等饲用植物。

莎草科 Cyperaceae

三棱草属 *Bolboschoenus*（Ascherson）Palla

荆三棱 *Bolboschoenus yagara*（Ohwi）Y. C. Yang et M. Zhan

蒙名： 高日巴乐金-塔巴牙

别名： 三棱草

形态特征： 多年生草本。根状茎粗壮，具地下匍匐枝，块茎黑褐色，直径约 2 厘米。秆高 70~100 厘米，锐三棱形，具纵条纹。基生叶 1~2 枚，秆生叶 2~4 枚，均具长叶鞘。叶片条形，宽约 4~8 毫米。苞片 2~4 枚，叶状，不等长，最下部苞叶超出花序 2~3 倍。长侧枝聚伞花序，具 5~8 个辐射枝，顶端着生 1~3 枚小穗；小穗卵状椭圆形，褐色，长 0. 8~1. 5 厘米，宽 3~6 毫米；鳞片卵形，龙骨状，长 6~8 毫米，膜质，背部具短硬毛，上部边缘具稀疏的锯齿，顶端凹陷，中脉延伸成刺芒，长 1~2 毫米，向后少反曲；下位刚毛 6 条，与小坚果近等长，具倒刺；柱头 3。小坚果倒卵形、三棱形，长 3~3. 2 毫米，褐色，有光泽，表面具小点。花果期 7—9 月。

湿生植物。生于稻田、浅水沼泽。茎叶可作造纸及人造棉原料，亦可供编制用。块茎可作药材。

产地： 乌尔逊河。

饲用价值： 中等饲用植物。

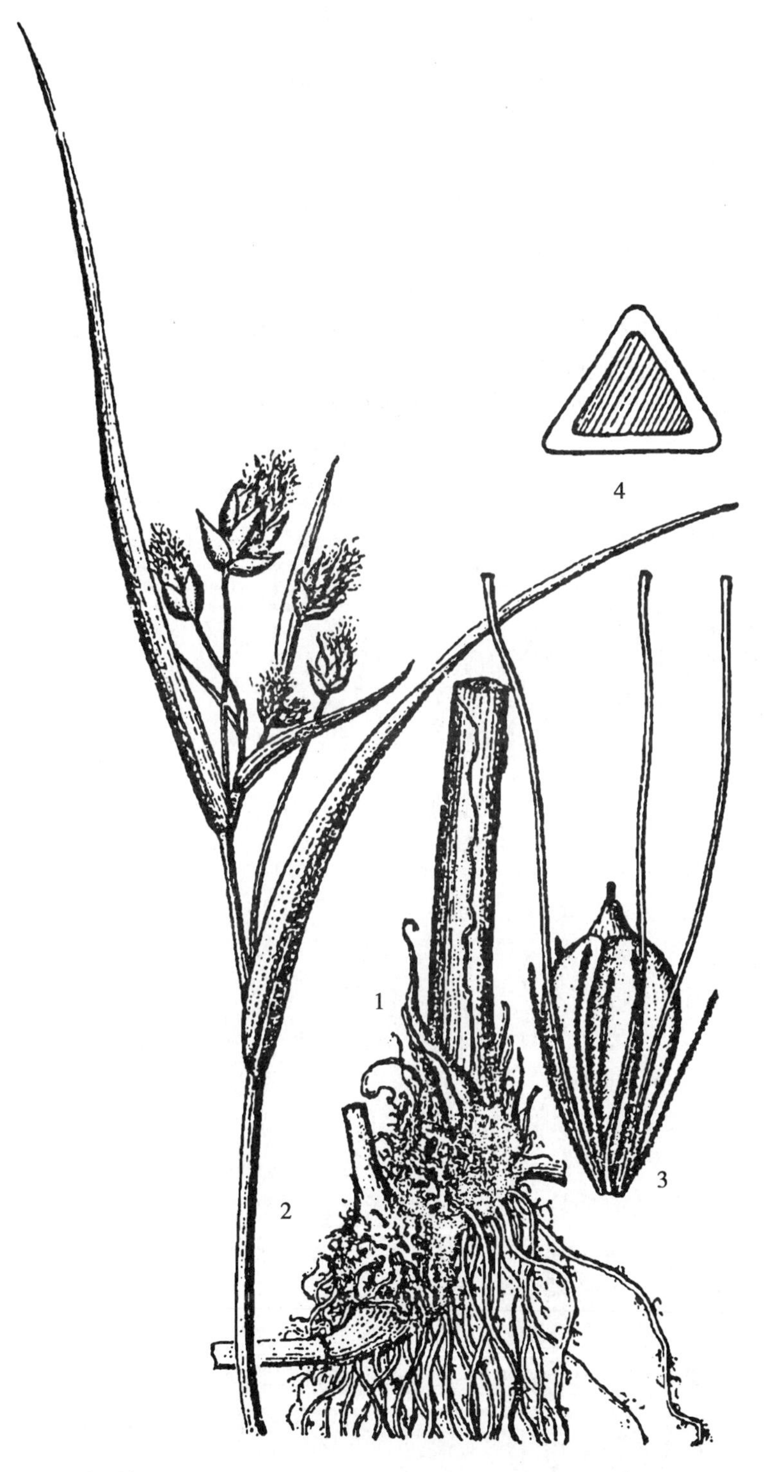

荆三棱 *Bolboschoenus yagara*（Ohwi）Y. C. Yang et M. Zhan

1. 根状茎和球茎；2. 花序；3. 小坚果；4. 小坚果横切面

扁秆荆三棱 *Bolboschoenus planiculmis*（F. Schmidt）T. V. Egorova

蒙名：哈布塔盖-塔巴牙

别名：扁秆藨草

形态特征：多年生草本；根状茎匍匐，其顶端增粗成球形或倒卵形的块茎，长 1~2 厘米，直径宽 1~1.5 厘米，黑褐色。秆单一，高 10~85 厘米，三棱形。基部叶鞘黄褐色，脉间具横隔；叶片长条形，扁平，宽 2~4（5）毫米。苞片 1~3，叶状，比花序长 1 至数倍；长侧枝聚伞花序短缩成头状或有时具 1 至数枚短的辐射枝，辐射枝常具 1~4（6）小穗；小穗卵形或矩圆状卵形，长 1~1.5（2）厘米，宽 4~7 毫米，黄褐色或深棕褐色，具多数花；鳞片卵状披针形或近椭圆形，长 5~7 毫米，先端微凹或撕裂，深棕色，背部绿色，具 1 脉，顶端延伸成 1~2 毫米的外反曲的短芒；下位刚毛 2~4 条，等于或短于小坚果的一半，具倒刺；雄蕊 3，花药长约 4 毫米，黄色。小坚果倒卵形，长 3~3.5 毫米，扁平或中部微凹，有光泽，柱头 2。花果期 7—9 月。

湿生植物。生于河边盐化草甸及沼泽中。本种可作牧草、家畜采食。茎亦可作编织及造纸原料，块茎可药用。

产地：阿日哈沙特镇、呼伦湖沿岸、乌尔逊河。

饲用价值：低等饲用植物。

藨草属 *Scirpus* L.

东方藨草 *Scirpus orientalis* Ohwi

蒙名：道日那音-塔巴牙

别名：朔北林生藨草

形态特征：多年生草本；具短的根状茎。秆粗壮，高 30~90 厘米，钝三棱形，平滑。叶鞘疏松，脉间具小横隔；叶片条形，宽 4~10 毫米。苞片 2~3，叶状，下面 1~2 枚常长于花序 1 至数倍；长侧枝聚伞花序多次复出，紧密或稍疏展，长 3~10 厘米，宽 3.5~13 厘米，具多数辐射枝，数回分枝，辐射枝及小穗柄均粗糙，每一小穗柄着生 1~3 小穗；小穗狭卵形或披针形，长 4~6 毫米，宽 1.5~2 毫米，铅灰色；鳞片宽卵形，长 1.5 毫米，宽 1.2~1.5 毫米，具 3 脉，铅灰色，下位刚毛 6 条，与小坚果近等长，直伸，具倒刺；雄蕊 3。小坚果倒卵形，三棱形，长 1.2~1.5 毫米，宽 0.7~0.9 毫米，浅黄色；柱头 3。花果期 7—9 月。

湿生植物。生于浅水沼泽和沼泽草甸上。茎叶可作编织及造纸原料，亦可作牧草。

产地：乌尔逊河岸。

饲用价值：低等饲用植物。

扁秆荆三棱 *Bolboschoenus planiculmis*（F. Schmidt）T. V. Egorova

1. 植株；2. 鳞片；3. 下位刚毛及小坚果

东方藨草 *Scirpus orientalis* Ohwi

4. 小穗；5. 鳞片；6. 下位刚毛及小坚果

水葱属 *Schoenoplectus*（Reichenback）Palla

水葱 *Schoenoplectus tabernaemontani*（C. C. Gmel.）Palla

蒙名：奥存-塔巴牙

形态特征：多年生草本；根状茎粗壮，匍匐，褐色。秆高 30~130 厘米，直径 3~15 毫米，圆柱形，中空，平滑。叶鞘疏松，淡褐色，脉间具横隔，常无叶片，仅上部具短而狭窄的叶片。苞片 1~2，其中 1 枚稍长，为秆之延伸，短于花序，直立；长侧枝聚伞花序假侧生，辐射枝 3~8，不等长，常 1~2 次分歧；小穗卵形或矩圆形，长 8 毫米，宽约 4 毫米，单生或 2~3 枚聚生，红棕色或红褐色；鳞片宽卵形或矩圆形，长 3.5 毫米，宽 2.2 毫米，红棕色或红褐色，常具紫红色疣状凸起，背部具 1 淡绿色中脉，边缘近膜质，具缘毛，先端凹缺，其中脉延伸成短尖；下位刚毛 6 条，与小坚果近等长，具倒刺；雄蕊 3。小坚果倒卵形，长 2 毫米，宽 1.5 毫米，平凸状，灰褐色，平滑；柱头 2。花果期 7—9 月。

湿生植物。生于浅水沼泽，沼泽化草甸中。本种可作编织材料，亦可作牧草。

产地：阿日哈沙特镇阿贵洞、阿拉坦额莫勒镇、呼伦湖、乌尔逊河、乌兰泡浅水中。

饲用价值：低等饲用植物。

针蔺属 *Trichophorum* Persoon

矮针蔺 *Trichophorum pumilum*（Vahl）Schinz. et Thellung

蒙名：宝古尼-塔巴牙

别名：矮藨草

形态特征：多年生草本，具细长的匍匐根状茎，黄棕色。秆稍丛生，纤细，三棱形，具纵条纹，黄绿色，高 10~25 厘米，平滑。叶鞘棕褐色，叶片狭条形，长 6~16 厘米，宽 0.3~0.5 毫米，黄绿色，短于秆。苞片鳞片状；小穗单生于秆的顶端；鳞片卵形或椭圆形，棕色，背部绿色，具 1 脉，边缘膜质，长 1.2 毫米，宽约 1 毫米；雄蕊 3；无下位刚毛。小坚果倒卵状三棱形，长约 1.5 毫米，宽约 1 毫米，黑色，光泽，先端具短尖；柱头 3。花果期 7—9 月。

湿生植物。生于河边沼泽、盐化草甸上。

产地：呼伦湖沿岸。

饲用价值：低等饲用植物。

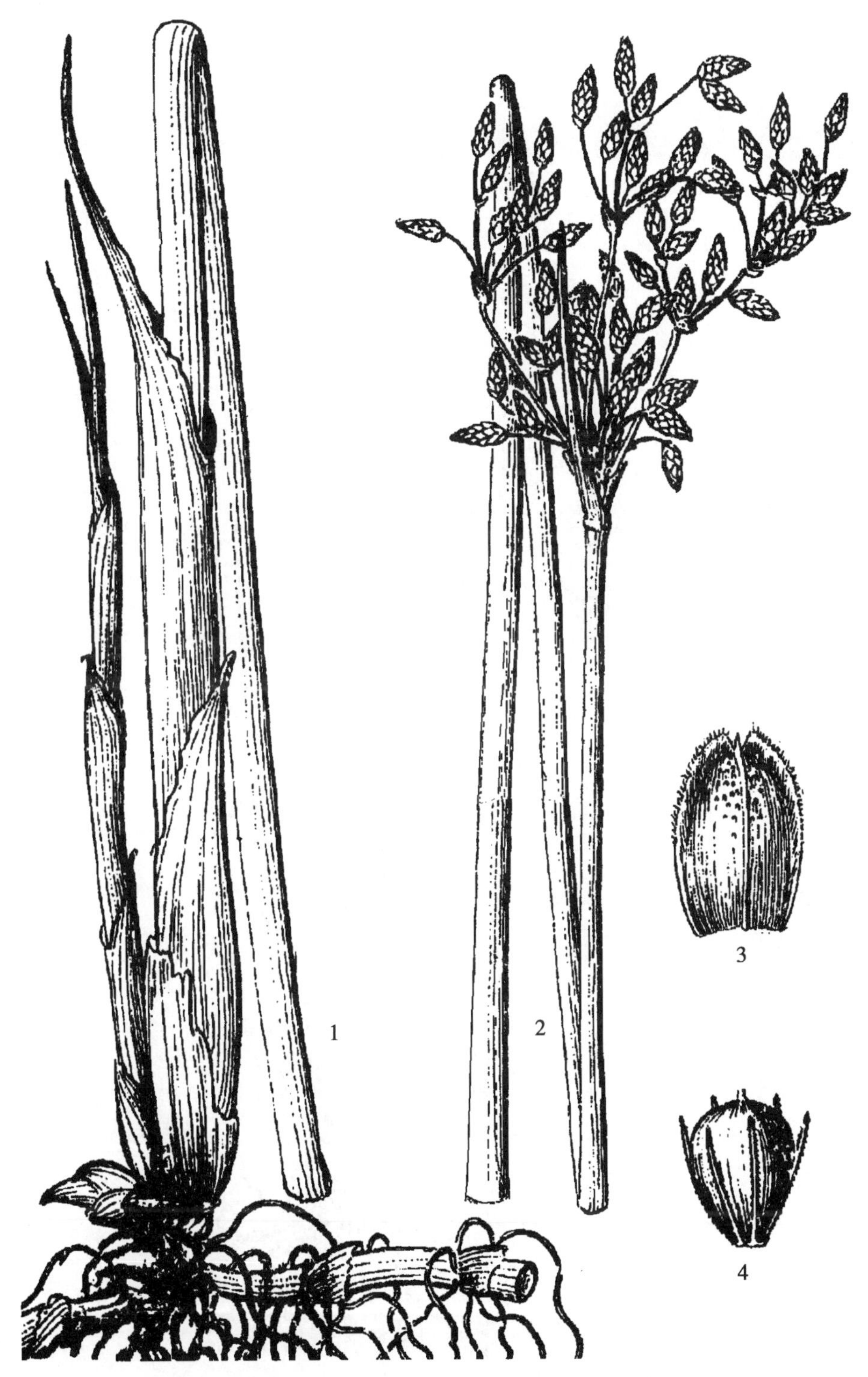

水葱 *Schoenoplectus tabernaemontani*（C. C. Gmel.）Palla

1. 植株下部；2. 植株上部；3. 鳞片；4. 下位刚毛及小坚果

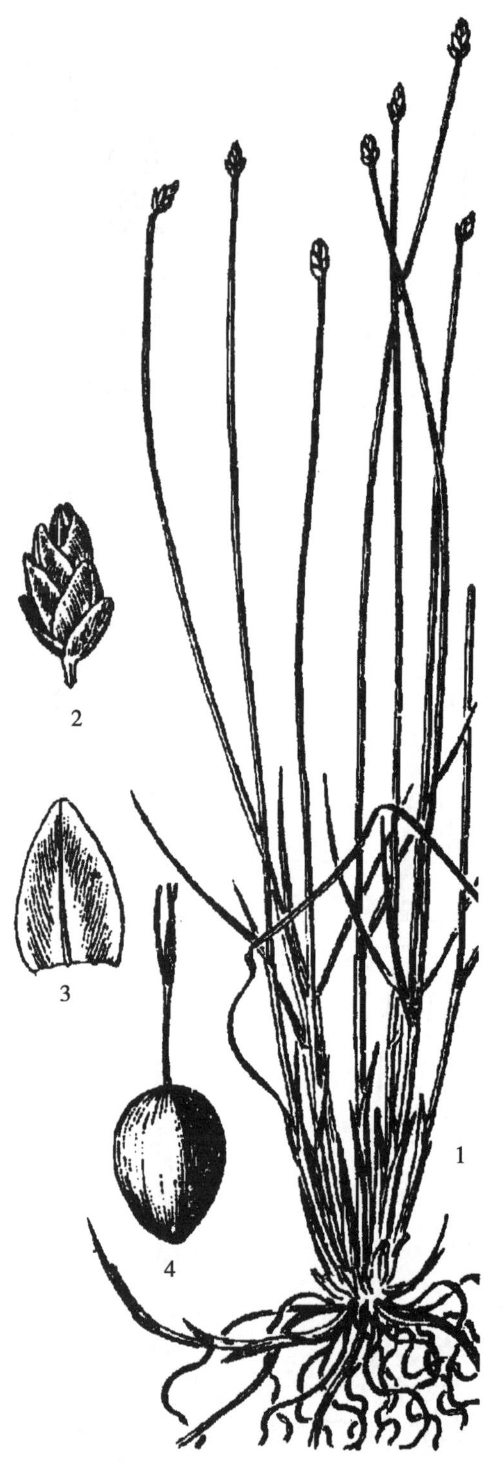

矮针蔺 *Trichophorum pumilum*（Vahl）Schinz. et Thellung

1. 植株；2. 小穗；3. 鳞片；4. 小坚果

扁穗草属 *Blysmus* Panz. ex Schultes

华扁穗草 *Blysmus sinocompressus* Tang et F. T. Wang

蒙名：哈布塔盖-阿力乌斯

形态特征：多年生草本；根状茎长，匍匐，黄色，光亮，具褐色鳞片。秆近于散生，高3~30厘米，扁三棱形，具槽，中部以下生叶，基部有褐色或黑褐色老叶鞘。叶扁平，短于秆，宽1~3.5毫米，边缘卷曲，具有疏而细的小齿，向顶端渐狭呈三棱形；叶舌很短，白色，膜质。苞片叶状，短于花序或高出花序；小苞片呈鳞片状，膜质；穗状花序单一，顶生，矩圆形或狭矩圆形，长1.5~3.5厘米，宽6~15毫米。花序由6~15个小穗组成，排列成二列，通常下部有一小穗远离；小穗卵状披针形、卵形或卵状矩圆形，长5~7毫米，有2~9朵两性花；鳞片螺旋排列，卵状矩圆形，顶端急尖，锈褐色，膜质，背部具3~5条脉，中脉呈龙骨状凸起，绿色，长3.5~5毫米；下位刚毛3~6条，细弱，卷曲，高出小坚果约2倍，具倒刺；雄蕊3，花药狭矩圆形，先端具短尖，长3毫米。小坚果倒卵形，平凸状，深褐色或灰褐色，长2毫米，基部具短柄。柱头2，与花柱近等长。花果期6—9月。

湿生植物。生于盐化草甸、河边沼泽中。

产地：呼伦湖沿岸盐化草甸中。

饲用价值：中等饲用植物。

荸荠属 *Eleocharis* R. Br.

牛毛毡 *Eleocharis yokoscensis*（Franch. et Sav.）Tang et F. T. Wang

蒙名：何比斯-存-温都苏

形态特征：多年生草本，具细长匍匐根状茎。秆密丛生，直立或斜生，高3~12厘米，具沟槽，纤细，叶鞘管状膜质，淡红褐色。小穗卵形，或卵状披针形，长2~3毫米，具花2~4；所有鳞片皆有花，最下方1枚较大，长约等于小穗1/2，其余较小，淡绿色，中部绿色，边缘白色膜质；下位刚毛4，长于小坚果约1倍，具倒刺；雄蕊3。小坚果矩圆形，长0.7~0.9毫米，表面具十几条纵棱及数十条密集的横纹，呈梯状网纹；花柱基乳凸状圆锥形；柱头3。花果期6—8月。

湿生植物。生于水边沼泽。

产地：达赉苏木东南。

饲用价值：中等饲用植物。

华扁穗草 ***Blysmus sinocompressus*** **Tang et F. T. Wang**

1. 植株；2. 苞片；3. 鳞片；4. 下位刚毛及小坚果

牛毛毡 ***Eleocharis yokoscensis*** **（Franch. et Sav.）Tang et F. T. Wang**

5. 植株；6. 小坚果

卵穗荸荠（bí qi） *Eleocharis ovata*（Roth）Roem. et Schult.

蒙名：温得格乐金-存-温都苏

别名：卵穗针蔺

形态特征：一年生草本，具须根，无根状茎。秆丛生，高 20~30 厘米，淡灰绿色，具浅沟，基部具叶鞘 1~3；叶鞘长筒形，长 5~30 厘米，鞘口斜截形，上部淡黄绿色，下部微红色。小穗卵形，顶端尖，长 4~8 毫米，宽 3~4 毫米，铁锈色，基部有无花鳞片 2，其余鳞片皆具花，鳞片卵形或矩圆状卵形，长 3~4 毫米，红褐色，中部绿色，具 1 中脉，边缘宽膜质；下位刚毛通常 5~6，长于小坚果，具倒刺；雄蕊 3；小坚果褐黄色，倒卵形，长 1.4~1.5 毫米，宽 1.2~1.4 毫米，近平滑；花柱基扁三角形，背腹压扁呈薄片状，高 0.5~0.6 毫米，宽 0.6~0.7 毫米，顶端渐尖，不为海绵质；柱头 2。

湿生植物。生于水边沼泽。

产地：呼伦湖沿岸。

饲用价值：中等饲用植物。

沼泽荸荠 *Eleocharis palustris*（L.）Roem et Schult.

蒙名：扎布苏日音-存-温都苏

别名：中间型针蔺、中间型荸荠

形态特征：多年生草本，具匍匐根状茎。秆丛生，直立，高 20~40 厘米，直径 1~3 毫米，具纵沟。叶鞘长筒形，紧贴秆，长可达 7 厘米，基部红褐色，鞘口截平。小穗矩圆状卵形或卵状披针形，长 5~15 厘米，宽 3~5 毫米，红褐色，花两性，多数；鳞片矩圆状卵形，先端急尖，长约 3.2 毫米，宽约 1 毫米，具红褐色纵条纹，中间黄绿色，边缘白色宽膜质，上部和基部膜质较宽；下位刚毛通常 4，长于小坚果，具细倒刺；雄蕊 3，小坚果倒卵形或宽倒卵形，长约 1.2 毫米，宽约 0.8 毫米，光滑；花柱基三角状圆锥形，高约 0.3 毫米，略大于宽度，海绵质；柱头 2。花果期 6—7 月。

湿生植物。生于河边及泉边沼泽和盐化草甸。

产地：阿日哈沙特镇阿贵洞、阿拉坦额莫勒镇、乌尔逊河边。

饲用价值：中等饲用植物。

卵穗荸荠 ***Eleocharis ovata*** **（Roth）Roem. et Schult.**

1. 植株；2. 鳞片；3. 小坚果

沼泽荸荠 ***Eleocharis palustris*** **（L.）Roem et Schult.**

4. 植株；5. 鳞片；6. 小坚果

莎草属 *Cyperus* L.

褐穗莎草 *Cyperus fuscus* L.

蒙名：伊格其-萨哈拉-额布苏

别名：密穗莎草

形态特征：一年生草本，丛生。秆高 5～30 厘米，锐三棱形。叶基生，叶片扁平，宽 1～3 毫米。苞片叶状，2～3 枚；长侧枝聚伞花序复出或简单，辐射枝 1～6 枚，不等长；小穗多数，集生成穗状或头状，小穗棕褐色或有时带黑色，长圆形，长 4～7 毫米，宽约 2 毫米，具 15～25 花；鳞片卵形，长约 1.4 毫米，顶端具小尖头；雄蕊 2，柱头 3。小坚果椭圆形或三棱形，长约 1 毫米，淡黄色。花果期 7—9 月。

中生植物。生于沼泽、水边、低湿沙地上。

产地：呼伦湖岸边。

饲用价值：中等饲用植物。

水莎草属 *Juncellus*（Kunth）C. B. Clarke

花穗水莎草 *Juncellus pannonicus*（Jacq.）C. B. Clarke

蒙名：胡吉日音-少日乃

形态特征：多年生草本，具短的根状茎。须根多数。秆密丛生，高 7～20 厘米，扁三棱形，平滑。基部叶鞘 3～4，红褐色，仅上部 1 枚具叶片；叶片狭条形，宽 0.5～1 毫米。苞片 2，下部者长，上部者较短，下部苞片基部较宽，直立，似秆之延伸；长侧枝聚伞花序短缩成头状，稀仅具 1 枚小穗，假侧生，小穗 1～7（12）；小穗长 5～10 毫米，宽 3 毫米，卵状矩圆形或宽披针形，肿胀，含 10～20（22）花；鳞片宽卵形，长 2～2.5 毫米，宽约 2.5 毫米，两侧黑褐色，中部淡褐色，具多数脉，先端具短尖；雄蕊 3，小坚果平凸状，椭圆形或近圆形，长 1.8～2 毫米，宽 1.2～1.5 毫米，黄褐色，有光泽，具网纹，柱头 2。花果期 7—9 月。

湿生植物，生于盐化草甸沼泽中。

产地：呼伦湖岸。

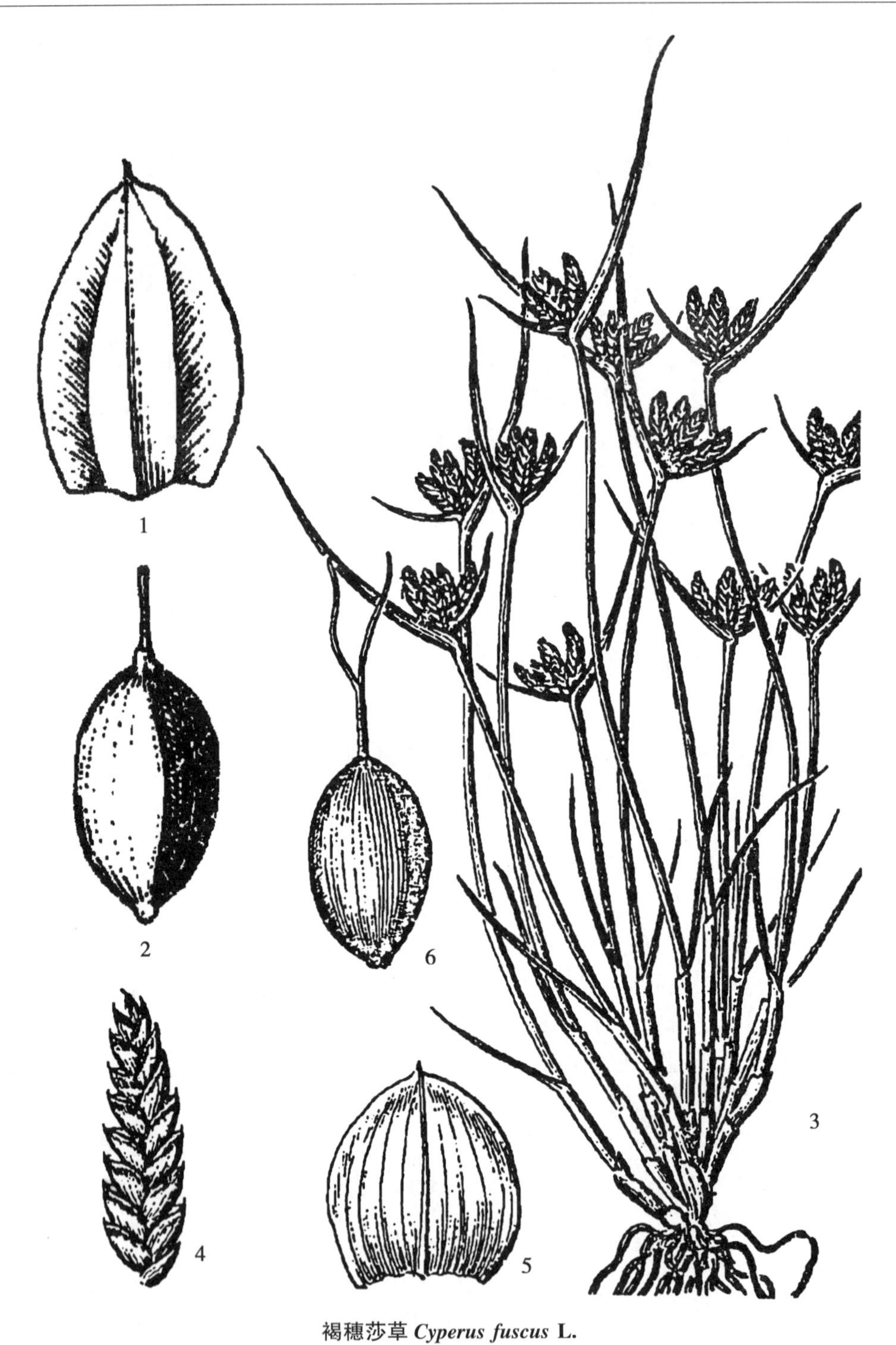

褐穗莎草 ***Cyperus fuscus*** **L.**

1. 鳞片；2. 小坚果

花穗水莎草 ***Juncellus pannonicus*** **（Jacq.） C. B. Clarke**

3. 植株；4. 小穗；5. 鳞片；6. 小坚果

扁莎属 *Pycreus* P. Beauv.

球穗扁莎 *Pycreus flavidus*（Retzius）T. Koyama

蒙名：布木布格力格-哈布塔盖-萨哈拉

形态特征：多年生草本，具极短的根状茎。秆纤细，三棱形，高 5~22 厘米，平滑。叶鞘红褐色；叶片条形，短于秆，宽 1~2 毫米，边缘稍粗糙。苞片 2~3，不等长；长侧枝聚伞花序简单，辐射枝 1~4，长 1~4.5 厘米，有的甚短缩，不发育；辐射枝延伸，近顶部形成穗状花序，球形或宽卵圆形，具 5~23 小穗；小穗条形或狭披针形，长 10~20 毫米，宽 1.5~2 毫米，具 20~30 花；小穗轴四棱形，鳞片卵圆形或长椭圆状卵形，长 2 毫米，宽 1 毫米，背部黄绿色，具 3 脉，两侧红棕色，或黄棕色，边缘白色膜质，先端钝，雄蕊 2。小坚果倒卵形，双凸状，先端具短尖，长约 1 毫米，宽约 0.5 毫米。黄褐色，具细点，柱头 2。花果期 7—9 月。

湿生植物，生于沼泽化草甸及浅水中。

产地：乌兰泡。

饲用价值：低等饲用植物。

槽鳞扁莎 *Pycreus sanguinolentus*（Vahl）Nees ex C. B. Clarke

蒙名：海日苏特-哈布塔盖-萨哈拉

别名：红鳞扁沙

形态特征：一年生草本，具须根。秆丛生，稀单生，高 5~45 厘米，三棱形，平滑。叶鞘红褐色，具纵肋；叶片条形，扁平，短于秆，宽 1~2（3）毫米。苞片 2~3，叶状，不等长，比花序长 1~2 倍；长侧枝聚伞花序短缩成头状或具 1~4 个不等长的辐射枝，辐射枝长 1~4 厘米，其上着生多数小穗；小穗长卵形或矩圆形，长 5~10 毫米，宽约 3 毫米，具 5~15 花；鳞片成二行排列，卵圆形，长约 2.4 毫米，宽约 2 毫米，背部绿色，具 3 脉，两侧具淡绿色的宽槽，其外侧紫红色，边缘白色膜质；雄蕊 3。小坚果倒卵形，长 1.2 毫米，宽 0.7 毫米，双凸状，灰褐色；柱头 2。花果期 7—9 月。

湿生植物。生于滩地、沟谷的沼泽草甸和河岸沙地上。

产地：乌尔逊河岸边。

饲用价值：低等饲用植物。

球穗扁莎 ***Pycreus flavidus*** **（Retzius） T. Koyama**

1. 花序；2. 小穗；3. 鳞片；4. 小坚果

槽鳞扁莎 ***Pycreus sanguinolentus*** **（Vahl） Nees ex C. B. Clarke**

5. 花序；6. 小穗；7. 鳞片；8. 小坚果

薹草属 *Carex* L.

寸草薹 *Carex duriuscula* C. A. Mey.

蒙名：朱乐格-额布苏（西日黑）

别名：寸草、卵穗苔草

形态特征：多年生草本；根状茎伸长，匍匐，黑褐色。秆疏丛生，纤细，高 5~20 厘米，近钝三棱形，具纵棱槽，平滑。基部叶鞘无叶片，灰褐色，具光泽，细裂成纤维状；叶片内卷成针状，刚硬，灰绿色，短于秆，宽 1~1.5 毫米，两面平滑，边缘稍粗糙。穗状花序通常卵形或宽卵形，长 7~12 毫米，宽 5~10 毫米；苞片鳞片状，短于小穗；小穗 3~6 个，雄雌顺序，密生，卵形，长约 5 毫米，具少数花；雌花鳞片宽卵形或宽椭圆形，锈褐色，先端锐尖，具白色膜质狭边缘，稍短于果囊；果囊革质，宽卵形或近圆形，长 3~3.2 毫米，平凸状，褐色或暗褐色，成熟后微有光泽，两面无脉或具 1~5 条不明显脉，边缘无翅，基部近圆形，具海绵状组织及短柄，顶端急收缩为短喙，喙缘稍粗糙，喙口斜形，白色，膜质，浅 2 齿裂。小坚果疏松包于果囊中，宽卵形或宽椭圆形，长 1.5~2 毫米；花柱短，基部稍膨大，柱头 2。花果期 4—7 月。

中旱生植物。生于轻度盐渍低地及沙质地。在盐化草甸和草原的过牧地段可出现寸草薹占优势的群落片段。为一种很有价值的放牧型植物，牛、马、羊喜食。

产地：全旗。

饲用价值：良等饲用植物。

砾薹草 *Carex stenophylloides* V. I. Krecz.

蒙名：赛衣日音-西日黑

别名：中亚苔草

形态特征：多年生草本；根状茎纤细，匍匐，暗褐色。秆成束状丛生，较细，高 5~25 厘米，钝三棱形，平滑，具纵棱槽，基部生叶。基部叶鞘无叶片，灰褐色或暗褐色，稍细裂成纤维状；叶片近扁平或内卷成针状，灰绿色，长于或短于秆，宽 1~2.5 毫米，质较硬，两面近于平滑，边缘粗糙。穗状花序卵形或矩圆形，长 1~2.5 厘米，宽 5~7 毫米，淡褐色或淡白色；苞片鳞片状，褐色，短于小穗；小穗 3~7 个，雄雌顺序，通常卵形，具少数花；雌花鳞片卵形或宽卵形，长 3.5~4 毫米，宽约 1.8 毫米，锈褐色或淡锈色，具 1 条凸起脉，先端急尖，边缘白色膜质部分较狭或宽，稍短于果囊或稍长；果囊革质，卵形或卵状椭圆形，平凸状，长 3.5~4.5 毫米，宽约 2 毫米，淡褐色或紫褐色，有光泽，两面近基部具 10~15 条脉，上部近无脉，边缘无翅，基部近圆形或宽楔形，具短柄，顶端渐狭为较长的喙；喙缘粗糙，喙口浅 2 齿裂。小坚果稍疏松地包于果囊中，椭圆形，长 1.6~2 毫米，宽 1~1.4 毫米，褐色或黄褐色，稍呈平凸状，基部具短柄，顶端较钝，表面具较密的小凸起；花柱基部不膨大，柱头 2。花果期 4—7 月。

旱生植物。生于沙质及砾石质草原、盐化草甸。

产地：阿拉坦额莫勒镇、达赉苏木、克尔伦苏木。

饲用价值：中等饲用植物。

寸草薹 ***Carex duriuscula*** **C. A. Mey.**

1. 植株；2. 雌花鳞片；3. 果囊背面；4. 果囊腹面；5. 小坚果

砾薹草 ***Carex stenophylloides*** **V. I. Krecz.**

6. 雌花鳞片；7. 果囊；8. 小坚果

走茎薹草 *Carex reptabunda* (Trautv.) V. I. Krecz.

蒙名：木乐呼格-西日黑

形态特征：多年生草本；根状茎长而匍匐，粗壮，灰褐色。秆 1~3 株散生，较细，高 15~45 厘米，近三棱形，光滑或上部微粗糙。中部以下生叶。基部叶鞘锈褐色，无光泽，稍细裂成纤维状；叶片内卷成针状，有时对折，较硬，灰绿色，短于秆，宽约 1.5 毫米，两面平滑，先端边缘微粗糙。穗状花序矩圆状卵形或卵形，长 5~13 毫米，宽 3~5 毫米，疏松排列，浅褐色；苞片鳞片状，边缘膜质；小穗 2~5 个，雄雌顺序，卵形或椭圆形，长 4~5 毫米，具少数花；雌花鳞片矩圆状卵形、卵形或卵状披针形，长 3~4 毫米，浅锈色，中脉明显，先端锐尖或钝，边缘白色膜质部分较宽，近等长于果囊；果囊膜质，卵形、矩圆状卵形或椭圆形，长 3~3.5（4）毫米，宽 1.2~1.5 毫米，近双凸状或平凸状，锈褐色或苍白色而上部带锈色，通常具细脉至不明显脉，边缘无翅，平滑，基部圆楔形，无海绵状组织，具短柄，顶部稍急缩为较长喙；喙平滑，喙口白色，膜质，2 齿裂。小坚果疏松包于果囊中，矩圆形或椭圆形，微双凸状，长约 1.5 毫米；花柱基部不膨大，柱头 2。果期 6—7 月。

中生植物。生于湖边沼泽化草甸及盐化草甸。

产地：呼伦湖岸边。

饲用价值：中等饲用植物。

无脉薹草 *Carex enervis* C. A. Mey.

蒙名：苏达乐归-西日黑

形态特征：多年生草本；根状茎长，匍匐，褐色。秆每 1~3 株散生，较细，三棱形，高 15~45 厘米，下部平滑，上部微粗糙，下部生叶。基部叶鞘无叶片，灰褐色，无光泽；叶片扁平或对折，灰绿色，短于秆，宽 2~3 毫米，先端长渐尖，边缘粗糙。穗状花序矩圆形或矩圆状卵形，长 1.5~2.5 厘米，下方 1~2 小穗稍疏生；苞片刚毛状，短于小穗；小穗 5~10 个，雄雌顺序，卵状披针形，长 6~7 毫米；雌花鳞片矩圆状卵形或卵状披针形，长约 3.5 毫米，锈褐色，中脉明显，先端渐尖，边缘白色膜质部分较宽，稍短于果囊；果囊膜质，卵状椭圆形或矩圆状卵形，平凸状，长 3~4 毫米，下部黄绿色，上部及两侧锈色，背腹面具不明显脉至无脉，边缘肥厚，稍向腹侧弯曲，基部无海绵状组织，近圆形或楔形，具短柄，顶端稍急缩为较长喙；喙缘粗糙，喙口白色膜质，短 2 齿裂。小坚果疏松包于果囊中，矩圆形或椭圆形，稍呈双凸状，长 1.2~1.6 毫米，浅灰色，有光泽，花柱基部不膨大，柱头 2。果期 6—7 月。

中生植物。生于河边沼泽化草甸及盐化草甸。

产地：呼伦湖、乌尔逊河、克尔伦河岸。

饲用价值：良等饲用植物。

无脉薹草 ***Carex enervis*** **C. A. Mey.**

1. 植株；2. 雌花鳞片；3. 果囊；4. 小坚果

走茎薹草 ***Carex reptabunda*** **（Trautv.） V. I. Krecz.**

5. 雌花鳞片；6. 果囊；7. 小坚果

小粒薹草 *Carex karoi* Freyn

蒙名：吉吉格-木呼力格特-西日黑

形态特征：多年生草本；根状茎短。秆密丛生，纤细，高 10~50 厘米，圆三棱形，平滑，下部生叶。基部叶鞘棕褐色，常细裂成纤维状；叶片扁平，下部稍对折，淡绿色，稍硬，短于秆，宽 1.5~2（2.5）毫米，边缘粗糙。苞片叶状或上方苞片刚毛状，最下 1 片短于花序，具苞鞘，鞘长（0.5）1~3（3.5）厘米。小穗 4~6 个，远离生；顶生者为雄小穗或雌雄顺序，常高于相邻次一雌小穗或近等高，矩圆状倒卵状形或短棒状，长（3）5~8（9）毫米，雄花鳞片矩圆形，淡锈色，具 1 条脉，沿脉绿色，先端钝；其余为雌小穗，短圆柱形，长 0.6~1.4 厘米，宽约 3.5 毫米，着花密而多（达 30 余朵），柄细长，长可达 9 厘米；雌花鳞片宽卵形或宽倒卵形，长 1.4~2 毫米，淡锈色，具 1~3 条脉，沿脉淡绿色，具白色膜质宽边缘，短于果囊；果囊膜质，倒卵状椭圆形、宽倒卵形至近圆形，长 1.2~2 毫米，膨大三棱状，淡绿色，后呈淡棕色，无脉，平滑，无光泽，基部渐狭，顶端急收缩为短喙；喙圆锥状，喙缘及果囊顶部具少数短刺毛，喙口白色膜质，近斜截形。小坚果疏松包于果囊中，倒卵形，三棱状，长 1.2~1.5 毫米，具小尖及短柄；花柱基部不膨大，柱头 3。果期 6—7 月。

湿生-中生植物。生于沙丘旁湿地，山沟溪旁，草甸及沼泽草甸。

产地：呼伦镇。

饲用价值：中等饲用植物。

纤弱薹草 *Carex capillaris* L.

蒙名：敖塔苏力格-西日黑

别名：绿穗苔草

形态特征：多年生草本；根状茎短。秆密丛生，纤细，高 15~45（60）厘米，钝三棱形，平滑，下部生叶。基部叶鞘褐色，常细裂成纤维状；叶片扁平，柔软，长约为秆的 1/2~1/3，宽 1.5~2.5（3）毫米，边缘微粗糙。苞片叶状，最下 1 片短于花序，具长包鞘，鞘长 1.2~1.8 厘米；小穗 3~5 个，远离生；顶生者为雄小穗，通常不超出相邻次一雌小穗，条状披针形，长 5~7 毫米，宽 1~1.5 毫米；雄花鳞片矩圆形，苍白色，膜质，具 3 条脉，脉间淡绿色；雌小穗 2~4 个，矩圆状条形，长 0.8~1.6 厘米，宽 2~4 毫米，疏生 7~16（18）朵花，具粗糙的细丝状柄，柄长 2~3 厘米，稍下垂；雌花鳞片卵形或卵状矩圆形，长 1.7~2.2 毫米，淡锈色，具 3 条脉，脉间淡绿色，先端钝或近急尖，具宽的白色膜质边缘，常早落，短于果囊；果囊膜质，椭圆状卵形，钝三棱状，长 2~2.8 毫米，棕褐色至褐绿色，具光泽，无脉，基部具短柄，顶端渐狭为较长喙；喙圆锥状，喙缘小刺状粗糙，喙口细，白色膜质，微凹。小坚果稍紧包于果囊中，椭圆状倒卵形，三棱状，长约 1.5 毫米；花柱基部稍膨大，柱头 3。果期 6—7 月。

中生植物。生于山地阴坡、河漫滩草甸、水沟边、灌丛下。

产地：宝格德乌拉苏木、贝尔苏木。

饲用价值：中等饲用植物。

小粒薹草 *Carex karoi* Freyn

1. 植株；2~3. 花序；4. 雌花鳞片；5. 果囊背面；6. 小坚果

纤弱薹草 *Carex capillaris* L.

7. 植株；8. 雌花鳞片；9. 果囊背面；10. 小坚果

脚薹草 *Carex pediformis* C. A. Mey.

蒙名：照格得日-西日黑（宝棍-西日黑）

别名：日荫菅、柄状苔草、硬叶苔草

形态特征：多年生草本；根状茎短缩，斜升。秆密丛生，高 18~40 厘米，纤细，钝三棱形，平滑，上面微粗糙，下部生叶，老叶基部有时卷曲。基部叶鞘褐色，细裂成纤维状；叶片稍硬，扁平或稍对折，灰绿色或绿色，通常短于秆或近等长，宽 1.5~2.5 毫米，边缘粗糙。苞片佛焰苞状，苞鞘边缘狭膜质，鞘口常截形，最下 1 片先端具明显短叶片（长 1 厘米以上）；小穗 3~4 个，上方 2 个常接近生，或全部远离生，顶生者为雄小穗，棍棒状或披针形，长 0.8~1.8 厘米，不超出或超出相邻雌小穗；雄花鳞片矩圆形，锈色或淡锈色，长 3~4 毫米，具条 1 脉，边缘白色膜质；侧生 2~3 个为雌小穗，矩圆状条形，长 1~2 厘米，稍稀疏，具长为 1~3.5 厘米的粗糙柄；穗轴通常直，稍弯曲；雌花鳞片卵形，锈色或淡锈色，长 3.5~4 毫米，中部淡绿色，具 1~3 条脉，先端近圆形，具短尖或芒尖，边缘白色宽膜质，稍长于果囊或近等长；果囊倒卵形，钝三棱状，长 3~3.5 毫米，中部以上密被白色短毛，背面无脉或基部稍有脉，腹面凸起，具数条不明显脉，基部渐狭为斜向的海绵质柄，顶端骤缩为外倾的喙；喙极短，喙口微凹。小坚果紧包于果囊中，倒卵形，三棱状，长约 3 毫米，淡褐色，具短柄；花柱基部膨大，向背侧倾斜，柱头 3。花果期 5—7 月。

本种变化大，其雄小穗的形状、大小、雄小穗与雌小穗的相对位置、果囊的脉、叶的长短等均有很多变化。

中旱生植物。生于山地、丘陵坡地、湿润沙地、草原、林下及林缘。为草甸草原、山地草原优势种，山地山杨、白桦林伴生种。耐践踏，为一种放牧型牧草。牛、马、羊喜食。

产地：旗北部地区。

饲用价值：良等饲用植物。

凸脉薹草 *Carex lanceolata* Boott

蒙名：孟和-西日黑

别名：披针苔草、大披针苔草

形态特征：多年生草本；根状茎短缩，斜升。秆密丛生，高 13~36 厘米，纤细，扁三棱形，上部粗糙，下部生叶，基部叶鞘深褐色带红褐色，稍细裂成网状；叶片扁平，质软，短于秆，花后延伸，宽 1.5~2 毫米。苞片佛焰苞状，锈色，背部淡绿色，具白色膜质宽边缘，先端无或有短尖头；小穗 3~5 个，远离生；顶生者为雄小穗，与上方雌小穗接近生，条状披针形，长约 1 厘米，雄花鳞片披针形，深锈色，先端渐尖，具宽的白色膜质边缘；其余为雌小穗，矩圆形，长 1~1.3 厘米，着花（4）6~7 朵，稀疏，具细柄，最下 1 枚长 2~3 厘米，小穗轴通常“之”字形膝曲，稀近直；雌花鳞片披针形或卵状披针形，长约 5 毫米，红锈色，中部具 3 脉，脉间淡棕色，先端渐尖，但不凸出，具宽的白色膜质边缘，比果囊长 1/2~1/3；果囊倒卵形，圆三棱形，长约 3 毫

米，淡绿色至淡黄绿色，两面各具 8~9 条明显凸脉，被短柔毛，基部渐狭为海绵质外弯的长柄，顶端圆形，急缩为极短喙；喙口微凹，紫褐色。小坚果紧包于果囊中，倒卵形，三棱状，长约 2.5 毫米；花柱基部膨大，向背侧倾斜，柱头 3。果期 6—7 月。

中生植物。生于林下、林缘草地、山地草甸草原。幼嫩时牛、马喜食，老后适口性降低。茎叶可造纸。

产地：呼伦镇。

饲用价值：中等饲用植物。

脚薹草 ***Carex pediformis*** **C. A. Mey.**

1. 植株及花序；2. 雌花鳞片；3~4. 果囊背腹面；5. 小坚果

凸脉薹草 *Carex lanceolata* Boott

1. 植株一部分；2. 花序；3. 雌花鳞片；4. 果囊背面；5. 果囊腹面；6. 小坚果

离穗薹草 *Carex eremopyroides* V. I. Krecz.

蒙名：西日嘎拉-西日黑

形态特征：多年生草本；根状茎短。秆密丛生，高5~27厘米，平滑，基部叶鞘淡锈褐色，具光泽；叶片扁平，长于秆，宽2~2.3毫米，边缘粗糙。苞片叶状，最下1片长于花序，具苞鞘，鞘长约8毫米；小穗4~5个；上部1~2个为雄小穗，棒状，长0.8~1.2厘米，具短柄，超出或半超出相邻次一雌小穗，雄花鳞片矩圆状卵形至披针形，苍白色，具3条脉，脉间绿色；其余为雌小穗，远离生，几达秆之基部，长1~1.8厘米，宽0.8~1.2厘米，基部小穗具藏于苞鞘内的柄，柄长达1.5厘米，花密生，雌花鳞片卵形，苍白色，具3条脉，脉间绿色，先端尖，边缘膜质，长为果囊之半；果囊海绵质，背腹扁，卵状披针形或矩圆状卵形，平凸状，长5~6毫米，淡绿色，后变淡褐色，无毛，背面具（2）3~4条细脉，腹面无脉或具1条脉，边缘具锯齿状狭翼，基部圆形，具短柄，顶端渐狭为长喙；喙扁平，微弯，喙口膜质，深二齿裂。小坚果稍紧包于果囊中，矩圆形，扁三棱状，长约2.9毫米，黑褐色，密被细小颗粒，顶端具小尖，基部具柄；花柱基部不弯曲，柱头3。果期6—7月。

中生植物。生于草原区湖边沙地草甸和轻度盐化的草甸、林间低湿地。

产地：呼伦湖边沙地草甸。

饲用价值：中等饲用植物。

黄囊薹草 *Carex korshinskyi* Kom.

蒙名：西日-西日黑

形态特征：多年生草本；具细长匍匐根状茎。秆疏丛生，纤细，高20~36厘米，扁三棱形，上部微粗糙，下部生叶。基部叶鞘褐红色，细裂成纤维状及网状；叶片狭，扁平或对折，灰绿色，短于秆或近等长，宽1~2毫米，边缘粗糙。苞片先端刚毛状或芒状，长于或短于小穗，具极短苞鞘；小穗2~3个；顶生者为雄小穗，棒状条形，长1~2.5厘米，与相邻次一雌小穗接近生，雄花鳞片狭长卵形或披针形，淡锈色，先端急尖，具白色膜质宽边缘，侧生1~2个为雌小穗，近球形，卵形或矩圆形，长0.6~1厘米，具5~12朵花，无柄；雌花鳞片卵形，长约3毫米，淡棕色，中部色浅，先端急尖，具白色膜质宽边缘，与果囊近等长；果囊革质，倒卵形或椭圆形，钝三棱状，金黄色，长约3毫米，背面具多数脉，腹面脉少，平滑，具光泽，基部近楔形，顶端急收缩成短喙；喙平滑，喙口膜质，斜截形。小坚果紧包于果囊中，倒卵形，钝三棱形，长约1.8毫米；花柱基部略增大，弯斜，柱头3。果期6—8月。

中旱生植物。生于草原、沙丘、石质山坡。

产地：全旗。

饲用价值：良等饲用植物。

离穗薹草 ***Carex eremopyroides*** **V. I. Krecz.**

1. 植株；2. 雌花鳞片；3. 果囊背面；4. 果囊腹面；5. 小坚果

黄囊薹草 ***Carex korshinskyi*** **Kom.**

6. 植株；7. 雄花鳞片；8. 雌花雄片；9. 果囊；10. 小坚果

丛薹草 *Carex caespitosa* L.

蒙名：宝塔-西日黑

形态特征：多年生草本；根状茎短。形成踏头。秆疏丛生，高35~60厘米。基部叶鞘无叶片，深紫褐色或红褐色，边缘丝状分裂，微呈网状；叶片扁平，绿色，一般短于秆，有时较长，宽1.5~4毫米，两面均密布微小点状凸起，粗糙，边缘稍反卷。苞片无鞘，叶片刚毛状，短于或长于小穗；小穗3~5，接近生，顶生者为雄小穗，条形或条状长圆形，长2~2.8厘米；其余为雌小穗，卵状圆柱形至条状圆柱形，长0.6~2.2厘米，宽3~4.5毫米，有时顶端具少数雄花，具短柄，位于下部者较明显；雌花鳞片披针形或卵状披针形，顶端稍顿，紫褐色，具1（3）脉，有时中部色浅，边缘白色膜质，短于果囊或有时显著长于果囊；果囊卵状披针形、矩圆状椭圆形至卵圆形，近双凸状，长2~3.2毫米，无脉或有时具1~3不明显的脉，表面密布小乳头状凸起，灰绿色或淡褐色，基部渐狭成楔形，顶端具不明显的短喙，喙口近全缘。小坚果紧包于果囊中，广倒卵形至狭倒卵形，双凸状，长1.5~2毫米，基部微具短柄，顶端具小尖；花柱基部不膨大，柱头2。果期6—7月。

湿中生植物。生于山地沟谷湿地、踏头沼泽。

产地：达赉苏木。

饲用价值：中等饲用植物。

膨囊薹草 *Carex schmidtii* Meinsh.

蒙名：敖古图特-西日黑

形态特征：多年生草本；根状茎短。形成踏头。秆密丛生，高45~75厘米，三棱形，粗糙。基部叶鞘无叶片，浅褐色至黑褐色，有时细裂成纤维状；叶片扁平，灰绿色或有时带黄绿色，短于秆，或偶有较秆为长者，宽1.5~2.5（2.8）毫米，上面平滑，不明显地被有点状小细微凸起，边缘微外卷，疏具微小刺锯齿。苞片无鞘，下部者叶片可长于花序或较花序为短；小穗（3）4~5个，顶生2（1）为雄小穗，条形或条状长圆形，长1~3.2厘米，紧接生，其余为雌小穗（有时雌小穗顶端生有少数雄花），条状圆柱形，长1~3.8厘米，下部者可具4~8毫米的短柄，远离生；雌花鳞片披针形至卵状披针形，长2.5~3毫米，中央淡绿色，两侧紫褐色或色较淡，具1中脉及2条不明显的侧脉，先端渐尖，边缘白色膜质；果囊卵状球形，膨大，长2~2.5（3.2）毫米，无脉或稀可见1~2脉，绿黄色或茶绿色，表面密生细小乳头状凸起，顶端具极短喙，喙口全缘或微缺，边缘微粗糙。小坚果紧包于果囊中，倒卵状圆形或扁圆形，双凸状，顶端具小尖，宽1.5~1.8毫米；花柱基部不膨大，柱头2。果期6—7月。

湿中生植物。生于沼泽、沼泽化草甸。

产地：克尔伦岸沼泽化草甸。

饲用价值：中等饲用植物。

膨囊薹草 *Carex schmidtii* Meinsh.

1. 植株；2. 雌花鳞片；3. 果囊；4. 小坚果

丛薹草 *Carex caespitosa* L.

5. 植株；6. 雌花鳞片；7. 果囊；8. 小坚果

浮萍科 Lemnaceae

浮萍属 *Lemna* L.

浮萍 *Lemna minor* L.

蒙名：拉布萨嘎

形态特征：植物体漂浮于水面。叶状体近圆形或倒卵形，长 3~6 毫米，宽 2~3 毫米，全缘，两面绿色，不透明，光滑，具不明显的三条脉纹，假根纤细，根鞘无附属物，根冠钝圆或截形。花着生于叶状体边缘开裂处；膜质苞鞘囊状，内有雌花 1 朵和雄花 2 朵；雌花具 1 胚珠，弯生。果实圆形，近陀螺状，具深纵脉纹，无翅或具狭翅；种子 1，具不规则的凸出脉。花期 6—7 月。

浮水植物。繁殖快，常遮盖水面。生于静水中、小水池及河湖边缘。全草入药。

产地：呼伦湖、乌尔逊河、乌兰泡。

饲用价值：良等饲用植物。

紫萍属 *Spirodela* Schleid.

紫萍 *Spirodela polyrhiza*（L.）Schleid.

蒙名：敖那根乃-陶如古

形态特征：植物体浮于水面，常几个簇生，叶状体卵形，长 5~8 毫米，宽 4~7 毫米，全缘，上面绿色，下面紫色，两面光滑，具不明显的 7~11 条脉纹，下面具 1 束细假根，根冠尖锐；假根着生处的一侧产生新芽，成熟后脱落母体。花着生于叶状体边缘的缺刻内；膜质苞鞘袋状，内有 1 雌花和 2 雄花；雌花具 2 胚珠。果实圆形，具翅。花期 6—7 月。

浮水植物。生于静水中，水池及河湖的边缘。全草入药。

产地：乌尔逊河浅水中。

饲用价值：良等饲用植物。

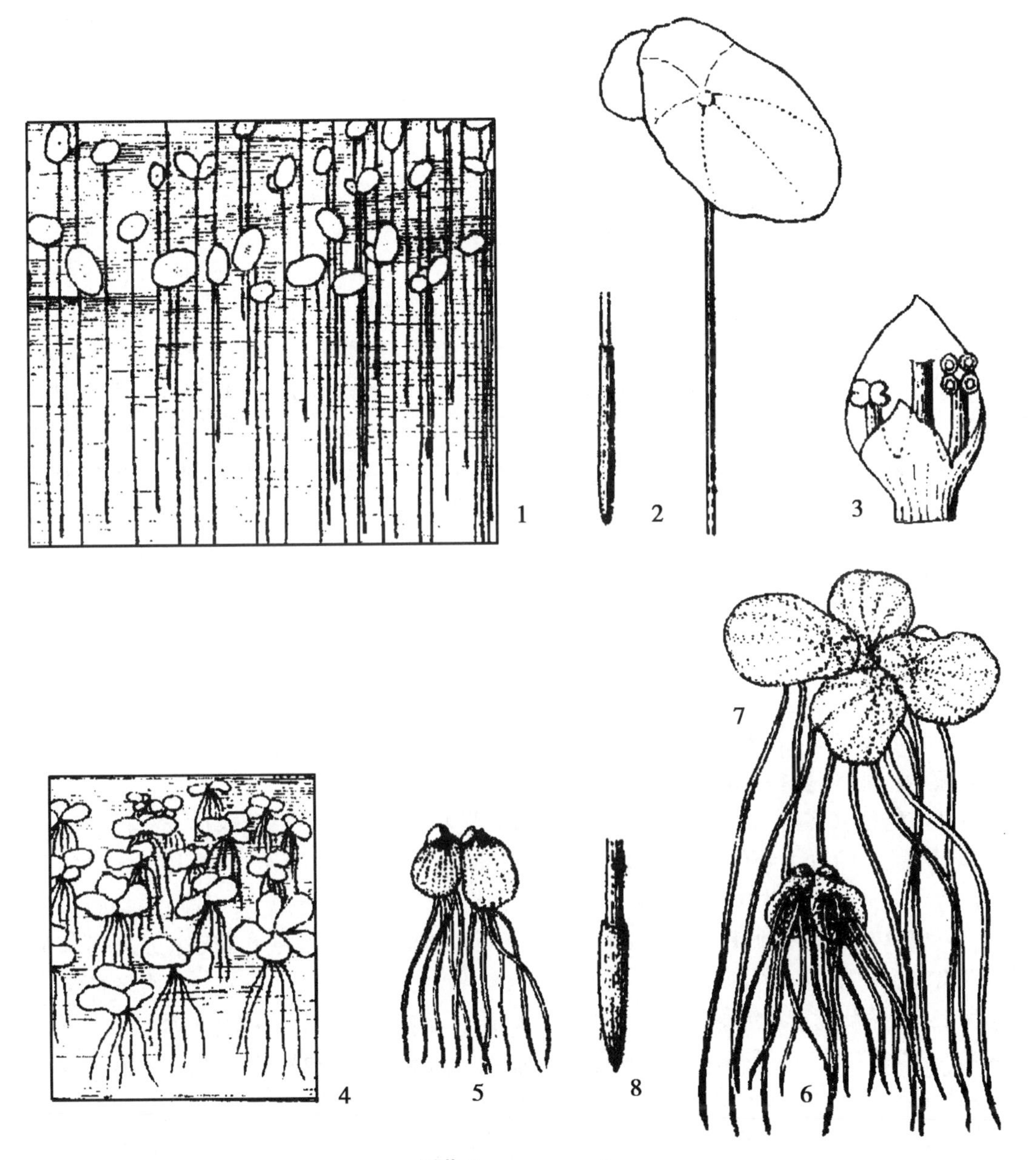

浮萍 *Lemna minor* L.

1. 水生示意图；2. 植株部分放大；3. 花

紫萍 *Spirodela polyrhiza*（L.）Schleid.

4. 水生示意图；5. 植株正面；6. 植株背面；7. 植株放大；8. 假根

灯心草科 Juncaceae

灯心草属 *Juncus* L.

小灯心草 *Juncus bufonius* L.

蒙名：莫乐黑音-高乐-额布苏

形态特征：一年生草本，高 5~25 厘米。茎丛生，直立或斜升，基部有时红褐色。叶基生和茎生，扁平，狭条形，长 2~8 厘米，宽约 1 毫米；叶鞘边缘膜质，向上渐狭，无明显叶耳。花序呈不规则二歧聚伞状，每分枝上常顶生和侧生 2~4 花；总苞片叶状，较花序短；小苞片 2~3，卵形，膜质；花被片绿白色，背脊部绿色，披针形，外轮明显较长，长 4~5 毫米，先端长渐尖，内轮较短，长 3.5~4 毫米，先端长渐尖；雄蕊 6，长 1.5~2 毫米，花药狭矩圆形，比花丝短。蒴果三棱状矩圆形，褐色，与内轮花被片等长或较短。种子卵形，黄褐色，具纵纹。花果期 6—9 月。

湿生植物。生于沼泽草甸和盐化沼泽草甸。仅绵羊、山羊采食一些。

产地：呼伦湖沿岸盐化沼泽草甸。

饲用价值：中等饲用植物。

细灯心草 *Juncus gracillimus*（Buch.） V. I. Krecz. et Gontsch.

蒙名：那林-高乐-额布苏

形态特征：多年生草本，高 30~50 厘米。根状茎横走密被褐色鳞片，直径约 3 毫米。茎丛生，直立，绿色，直径约 1 毫米。基生叶 2~3 片，茎生叶 1~2 片，叶片狭条形，长 5~15 厘米，宽 0.5~1 毫米；叶鞘长 2.5~6 厘米，松弛抱茎，其顶部具圆形叶耳。复聚伞花序生茎顶部，具多数花；总苞片叶状，常 1 片，常超出花序；从总苞片腋部发出多个长短不一的花序分枝，其顶部有 1 至数回的聚伞花序。花小，彼此分离；小苞片 2，三角状卵形或卵形，长约 1 毫米，膜质；花被片近等长，卵状披针形，长约 2 毫米，先端钝圆，边缘膜质，常稍向内卷成兜状；雄蕊 6，短于花被片，花药狭矩圆形，与花丝近等长；花柱短，柱头三分叉。蒴果卵形或近球形，长 2.5~3 毫米，超出花被片，先端具短尖，褐色，具光泽。种子褐色，斜倒卵形，长约 0.3 毫米，表面具纵向梯纹。花果期 6—8 月。

湿生植物。生于河边、湖边，沼泽化草甸或沼泽中。为马、山羊、绵羊所喜食。

产地：阿日哈沙特镇阿贵洞、呼伦湖沿岸、乌尔逊河边。

饲用价值：中等饲用植物。

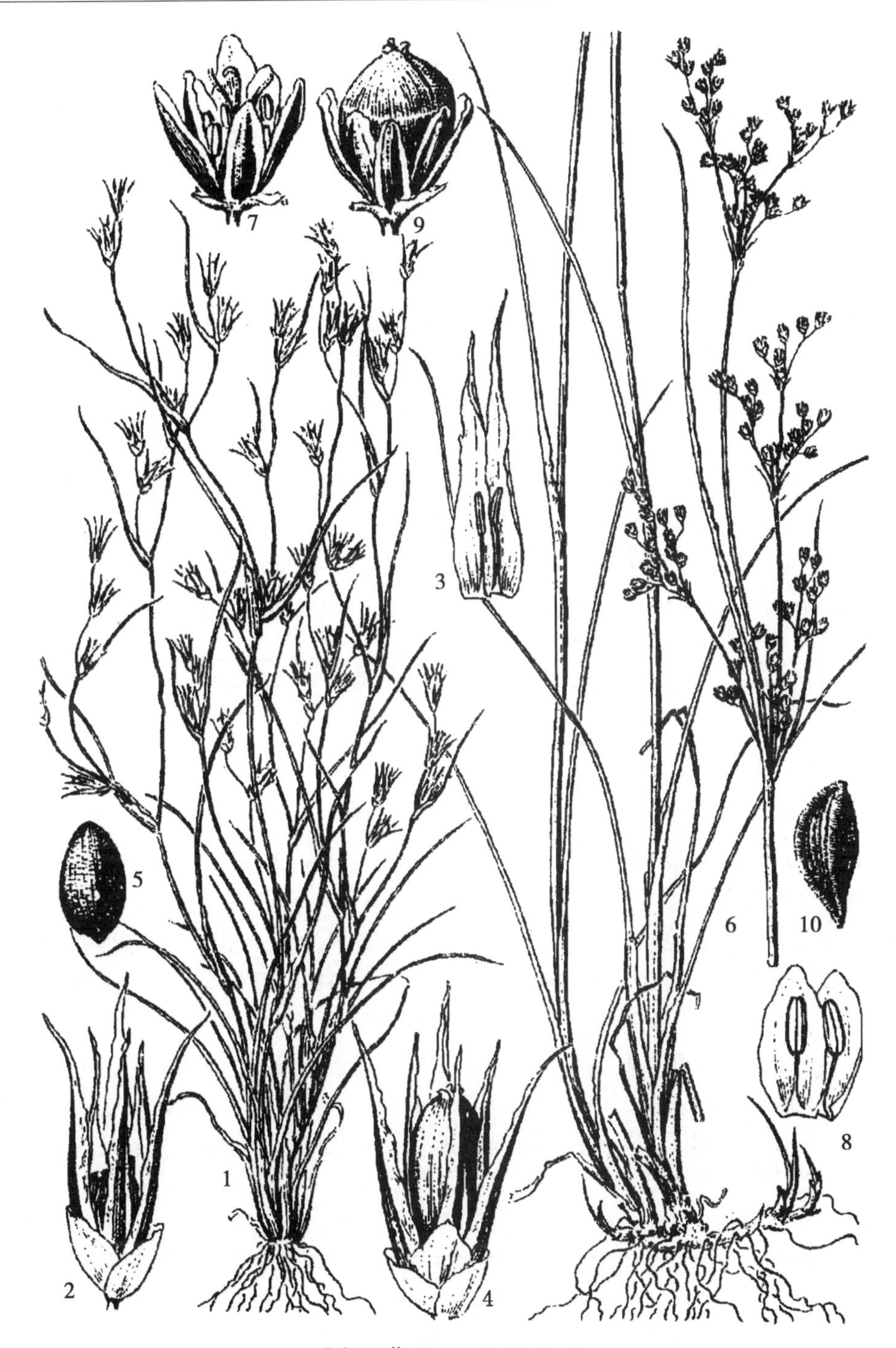

小灯心草 *Juncus bufonius* L.

1. 植株；2. 花；3. 花被片和雄蕊；4. 果实；5. 种子

细灯心草 *Juncus gracillimus*（Buch.）V. I. Krecz. et Gontsch.

6. 植株；7. 花；8. 花被片和雄蕊；9. 果实；10. 种子

百合科 Liliaceae

葱属 *Allium* L.

白头葱 *Allium leucocephalum* Turcz.

蒙名：查干-高戈得

别名：白头韭

形态特征：鳞茎单生或2~3枚聚生，近圆柱状；鳞茎外皮暗黄褐色，撕裂成纤维状，呈网状。叶半圆柱状，中空，上面具纵沟，短于花葶，宽1~2毫米。花葶圆柱状，高30~50厘米，中下部被叶鞘；总苞2裂，膜质，宿存；伞形花序球状，花多而密集；小花梗近等长，长0.5~1.5厘米，基部具膜质小苞片；花白色或稍带淡黄色；花被片具不甚明显的绿色或淡紫色的中脉；外轮花被片矩圆状卵形，长4~5毫米，宽1.5~1.8毫米；内轮花被片矩圆状椭圆形，长5~6毫米，宽1.5~2毫米；花丝等长，比花被片长出1/3~1/2，基部合生并与花被片贴生，外轮者锥形，内轮的基部扩大，每侧各具1锐齿，有时齿端又分裂为2~4个不规则小齿，子房倒卵形，基部具凹陷的蜜穴；花柱伸出花被外。花果期7—8月。

中旱生植物。生于森林草原带和草原带的沙地及砾石质坡地上。绵羊与牛喜食，马乐食。

产地：克尔伦苏木。

饲用价值：优等饲用植物。

野韭 *Allium ramosum* L.

蒙名：哲日勒格-高戈得

形态特征：根状茎粗壮，横生，略倾斜。鳞茎近圆柱状，簇生，外皮暗黄色至黄褐色，破裂成纤维状，呈网状。叶三棱状条形，背面纵棱隆起呈龙骨状，叶缘及沿纵棱常具细糙齿，中空，宽1~4毫米，短于花葶。花葶圆柱状，具纵棱或有时不明显，高20~55厘米，下部被叶鞘；总苞单侧开裂或2裂，白色，膜质，宿存；伞形花序半球状或近球状，具多而较疏的花；小花梗近等长，长1~1.5厘米，基部除具膜质小苞片外常在数枚小花梗的基部又为1枚共同的苞片所包围；花白色，稀粉红色；花被片常具红色中脉；外轮花被片矩圆状卵形至矩圆状披针形，先端具短尖头，通常与内轮花被片等长，但较狭窄，宽约2毫米；内轮花被片矩圆状倒卵形或矩圆形，先端亦具短尖头，长6~7毫米，宽2.5~3毫米；花丝等长，长为花被片的1/2~3/4，基部合生并与花被片贴生，合生部位高约1毫米，分离部分呈狭三角形，内轮者稍宽；子房倒圆锥状球形，具3圆棱，外壁具疣状凸起；花柱不伸出花被外。花果期7—9月。

中旱生植物。生于草原砾石质坡地、草甸草原、草原化草甸等群落中。叶可作蔬菜食用，花和花葶可腌渍做“韭菜花”调味佐料。羊和牛喜食，马乐食。

产地：全旗。

饲用价值：优等饲用植物。

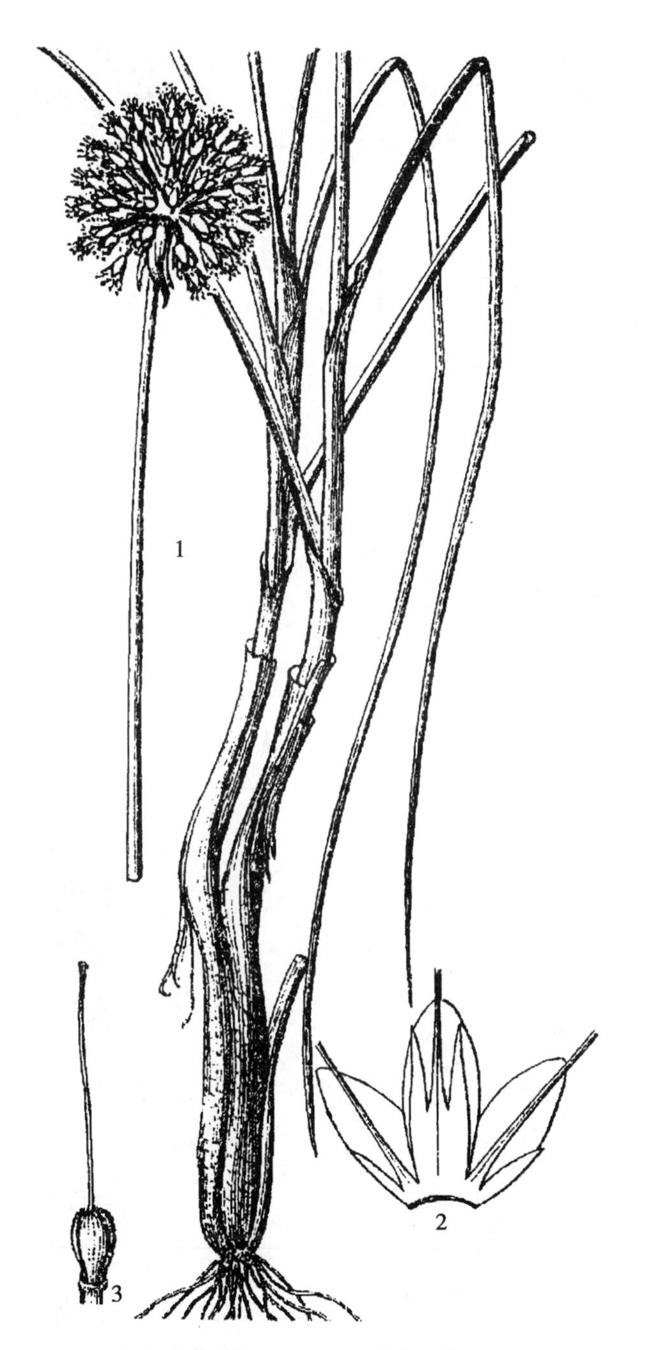

白头葱 *Allium leucocephalum* Turcz.

1. 植株；2. 花被纵切面；3. 雌蕊

野韭 *Allium ramosum* L.

1. 植株；2. 花纵切面；3. 雌蕊

碱葱 *Allium polyrhizum* Turcz. ex Regel

4. 植株；5. 花纵切面；6. 雌蕊

碱葱 *Allium polyrhizum* Turcz. ex Regel

蒙名：塔干那

别名：多根葱、碱韭

形态特征：鳞茎多枚紧密簇生，圆柱状；鳞茎外皮黄褐色，撕裂成纤维状。叶半圆柱状，边缘具密的微糙齿，粗 0.3~1 毫米，短于花葶。花葶圆柱状，高 10~20 厘米，近基部被叶鞘；总苞 2 裂，膜质，宿存；伞形花序半球状，具多而密集的花；小花梗近等长，长 5~8 毫米，基部具膜质小苞片，稀无小苞片；花紫红色至淡紫色，稀粉白色；外轮花被片狭卵形，长 2.5~3.5 毫米，宽 1.5~2 毫米；内轮花被片矩圆形，长 3.5~4 毫米，宽约 2 毫米；花丝等长，稍长于花被片，基部合生并与花被片贴生，外轮者锥形，内轮的基部扩大，扩大部分每侧各具 1 锐齿，极少无齿；子房卵形，不具凹陷的蜜穴；花柱稍伸出花被外。花果期 7—8 月。

强旱生植物。生于荒漠带、荒漠草原带、半荒漠及草原带的壤质、沙壤质棕钙土、淡栗钙土或石质残丘坡地上。各种牲畜喜食。

产地：全旗。

饲用价值：优等饲用植物。

蒙古葱 *Allium mongolicum* Regel

蒙名：呼木乐

别名：蒙古韭、沙葱

形态特征：鳞茎数枚紧密丛生，圆柱状；鳞茎外皮灰褐色，撕裂成松撒的纤维状。叶半圆柱状至圆柱状，粗 0.5~1.5 毫米，短于花葶，花葶圆柱状，高 10~35 厘米，近基部被叶鞘；总苞单侧开裂，膜质，宿存；伞形花序半球状至球状，通常具多而密集的花；小花梗近等长，长 0.5~1.5 厘米，基部无小苞片；花较大，淡红色至紫红色；花被片卵状矩圆形，先端钝圆，外轮的长 6 毫米，宽 3 毫米，内轮的长 8 毫米，宽 4 毫米；花丝近等长，长约为花被片的 2/3，基部合生并与花被片贴生，外轮者锥形，内轮的基部约 1/2 扩大成狭卵形；子房卵状球形；花柱长于子房，但不伸出花被外。花果期 7—9 月。

旱生植物。生于荒漠草原及荒漠地带的沙地和干旱山坡。叶及花可食用。地上部分入蒙药，各种牲畜均喜食。

产地：宝格德乌拉苏木、达赉苏木、克尔伦苏木。

饲用价值：优等饲用植物。

蒙古葱 ***Allium mongolicum*** **Regel**

1. 植株；2. 花纵切面；3. 雌蕊

砂葱 ***Allium bidentatum*** **Fisch. ex Prokh. et Ikonikov-Galitzky**

4. 植株；5. 花纵切面；6. 雌蕊

砂葱 *Allium bidentatum* Fisch. ex Prokh. et Ikonikov-Galitzky

蒙名：阿古拉音-塔干那

别名：双齿葱、砂韭

形态特征：鳞茎数枚紧密聚生，圆柱状，粗 3~5 毫米；鳞茎外皮褐色至灰褐色，薄革质，条状撕裂，有时顶端破裂呈纤维状。叶半圆柱状，宽 1~1.5 毫米，边缘具疏微齿，短于花葶。花葶圆柱状，高 10~35 厘米，近基部被叶鞘；总苞 2 裂，膜质，宿存；伞形花序半球状，具多而密集的花；小花梗近等长，长 3~12 毫米，基部无小苞片；花淡紫红色至淡紫色；外轮花被片矩圆状卵形，长 4~5 毫米，宽 2~3 毫米，内轮花被片椭圆状矩圆形，先端截平，常具不规则小齿，长 5~6 毫米，宽 2~3 毫米；花丝等长，稍短于或近等长于花被片，基部合生并与花被片贴生，外轮者锥形，内轮的基部 1/3~4/5 扩大成卵状矩圆形，扩大部分每侧各具 1 钝齿，稀无齿或仅一侧具齿，子房卵状球形，基部无凹陷的蜜穴；花柱略长于子房，但不伸出花被外，花果期 7—8 月。

旱生植物。生于草原地带和山地向阳坡上，为典型草原的伴生种。羊、马、骆驼喜食，牛乐食。

产地：呼伦镇、宝格德乌拉苏木、贝尔苏木、达赉苏木。

饲用价值：优等饲用植物。

细叶葱 *Allium tenuissimum* L.

蒙名：扎芒

别名：细叶韭、细丝韭、札麻、纳林葱

形态特征：鳞茎近圆柱状，数枚聚生，多斜生；鳞茎外皮紫褐色至黑褐色，膜质，不规则破裂。叶半圆柱状至近圆柱状，光滑，粗 0.3~1 毫米，长于或近等长于花葶。花葶圆柱状，具纵棱，光滑，高 10~40 厘米，中下部被叶鞘；总苞单侧开裂，膜质，具长约 5 毫米之短喙，宿存；伞形花序半球状或近帚状，松散；小花梗近等长，长 5~15 毫米，基部无小苞片；花白色或淡红色，稀紫红色；外轮花被片卵状矩圆形，先端钝圆，长 3~3.5 毫米，宽 1.5~2 毫米；内轮花被片倒卵状矩圆形，先端钝圆状平截，长 3.5~4 毫米，宽 2~2.5 毫米；花丝长为花被片的 1/2~2/3。基部合生并与花被片贴生，外轮的稍短而呈锥形，有时基部稍扩大，内轮的下部扩大成卵圆形，扩大部分约为其花丝的 2/3，子房卵球状，花柱不伸出花被外。花果期 5—8 月。

中生植物。生于森林草原、典型草原、荒漠草原、山地草原。花序与种子可作调味品。各种牲畜均喜食。

产地：全旗。

饲用价值：优等饲用植物。

细叶葱 ***Allium tenuissimum* L.**

1. 植株；2. 花纵切面；3. 雌蕊

山葱 ***Allium senescens* L.**

4. 植株；5. 花纵切面；6. 雌蕊

山葱 *Allium senescens* L.

蒙名：昂给日

别名：山韭、岩葱

形态特征：根状茎粗壮，横生，外皮黑褐色至黑色。鳞茎单生或数枚聚生，近狭卵状圆柱形或近圆锥状，粗 0.5~1.5 厘米，外皮灰褐色至黑色，膜质，不破裂。叶条形，肥厚，基部近半圆柱状，上部扁平，长 5~25 厘米，宽 2~10 毫米，先端钝圆，叶缘和纵脉有时具极微小的糙齿。花葶近圆柱状，常具 2 纵棱，高 20~50 厘米，粗 2~5 毫米，近基部被叶鞘；总苞 2 裂，膜质，宿存；伞形花序半球状至近球状，具多而密集的花；小花梗近等长，长 10~20 毫米，基部通常具小苞片；花紫红色至淡紫色；花被片长 4~6 毫米，宽 2~3 毫米，先端具微齿；外轮者舟状，稍短而狭，内轮者矩圆状卵形，稍长而宽；花丝等长，比花被片长可达 1.5 倍，基部合生并与花被片贴生，外轮者锥形，内轮者披针状狭三角形；子房近球状，基部无凹陷的蜜穴；花柱伸出花被外。花果期 7—8 月。

中旱生植物。生于草原、草甸草原或砾石质山坡上。嫩叶可作蔬菜食用。羊和牛喜食，是催肥的优等饲用植物。

产地：贝尔苏木、克尔伦苏木。

饲用价值：优等饲用植物。

矮葱 *Allium anisopodium* Ledeb.

蒙名：那林-冒盖音-好日

别名：矮韭

形态特征：根状茎横生，外皮黑褐色。鳞茎近圆柱状，数枚聚生，鳞茎外皮黑褐色，膜质，不规则地破裂。叶半圆柱状条形，有时因背面中央的纵棱隆起而成三棱状狭条形，光滑，或有时叶缘和纵棱具细糙齿，宽 1~2 毫米，短于或近等长于花葶；花葶圆柱状，具细纵棱，光滑，高 20~50 厘米，粗 1~2 毫米，下部被叶鞘；总苞单侧开裂，宿存；伞形花序近帚状，松散；小花梗不等长，长 1~3 厘米，具纵棱，稀沿纵棱略具细糙齿，基部无小苞片；花淡紫色至紫红色；外轮花被片卵状矩圆形，先端钝圆，长约 4 毫米，宽约 2 毫米；内轮花被片倒卵状矩圆形，先端平截，长约 5 毫米，宽约 2.5 毫米；花丝长约为花被片的 2/3，基部合生并与花被片贴生，外轮的锥形，有时基部略扩大，比内轮的稍短，内轮下部扩大成卵圆形，扩大部分约为其花丝长度的 2/3；子房卵球状，基部无凹陷的蜜穴；花柱短于或近等长于子房，不伸出花被外。花果期 6—8 月。

中生植物。生于森林草原和草原地带的山坡、草地和固定沙地上，为草原伴生种。羊、马和骆驼喜食。

产地：达赉苏木、贝尔苏木。

饲用价值：优等饲用植物。

矮葱 ***Allium anisopodium* Ledeb.**

1. 植株；2. 花纵切面；3. 雌蕊

黄花葱 *Allium condensatum* Turcz.

蒙名：西日-松根

形态特征：鳞茎近圆柱形，粗 1~2 厘米，外皮深红褐色，革质，有光泽，条裂，叶圆柱状或半圆柱状，具纵沟槽，中空，粗 1~2 毫米，短于花葶。花葶圆柱状，实心，高 30~60 厘米，近中下部被以具明显脉纹的膜质叶鞘；总苞 2 裂，膜质，宿存；伞形花序球状，具多而密集的花；小花梗近等长，长 5~15 毫米，基部具膜质小苞片；花淡黄色至白色，花被片卵状矩圆形，钝头，长 4~5 毫米，宽约 2 毫米，外轮略短；花丝等长，锥形，无齿，比花被片长 1/3~1/2，基部合生并与花被片贴生；子房倒卵形，腹缝线基部具短帘的凹陷蜜穴，花柱伸出花被外。花果期 7—8 月。

中旱生植物。生于山地草原、草原、草甸化草原及草甸中。

产地：呼伦镇、宝格德乌拉苏木。

饲用价值：优等饲用植物。

阿尔泰葱 *Allium altaicum* Pall.

蒙名：阿拉太音-松根

形态特征：鳞茎卵状圆柱形，粗壮，直径 1.5~3.5 厘米；鳞茎外皮红褐色，薄革质，不破裂。叶圆筒状，中空，中下部最粗，粗 1~2 厘米。花葶粗壮，圆筒状，中空，高 40 厘米以上，粗 1~2 厘米。中部以下最粗，向顶端渐狭，中下部被叶鞘；总苞 2 裂，膜质；伞形花序球状，具多而密集的花；小花梗粗壮，长 5~15 毫米，基部无小苞片；花黄白色；外轮花被片近卵形，长 6~7 毫米，内轮花被片近卵状矩圆形，长 7~8 毫米；花丝等长，比花被片长 1.5~2 倍，锥形，基部合生并与花被片贴生；子房倒卵状，腹缝线基部具蜜穴；花柱伸出花被外。种子黑色，具棱。花果期 8—9 月。

中生植物。生于山地砾石质山坡或草地上。鳞茎和叶可食用。鳞茎入蒙药。

产地：阿日哈沙特镇。

饲用价值：优等饲用植物。

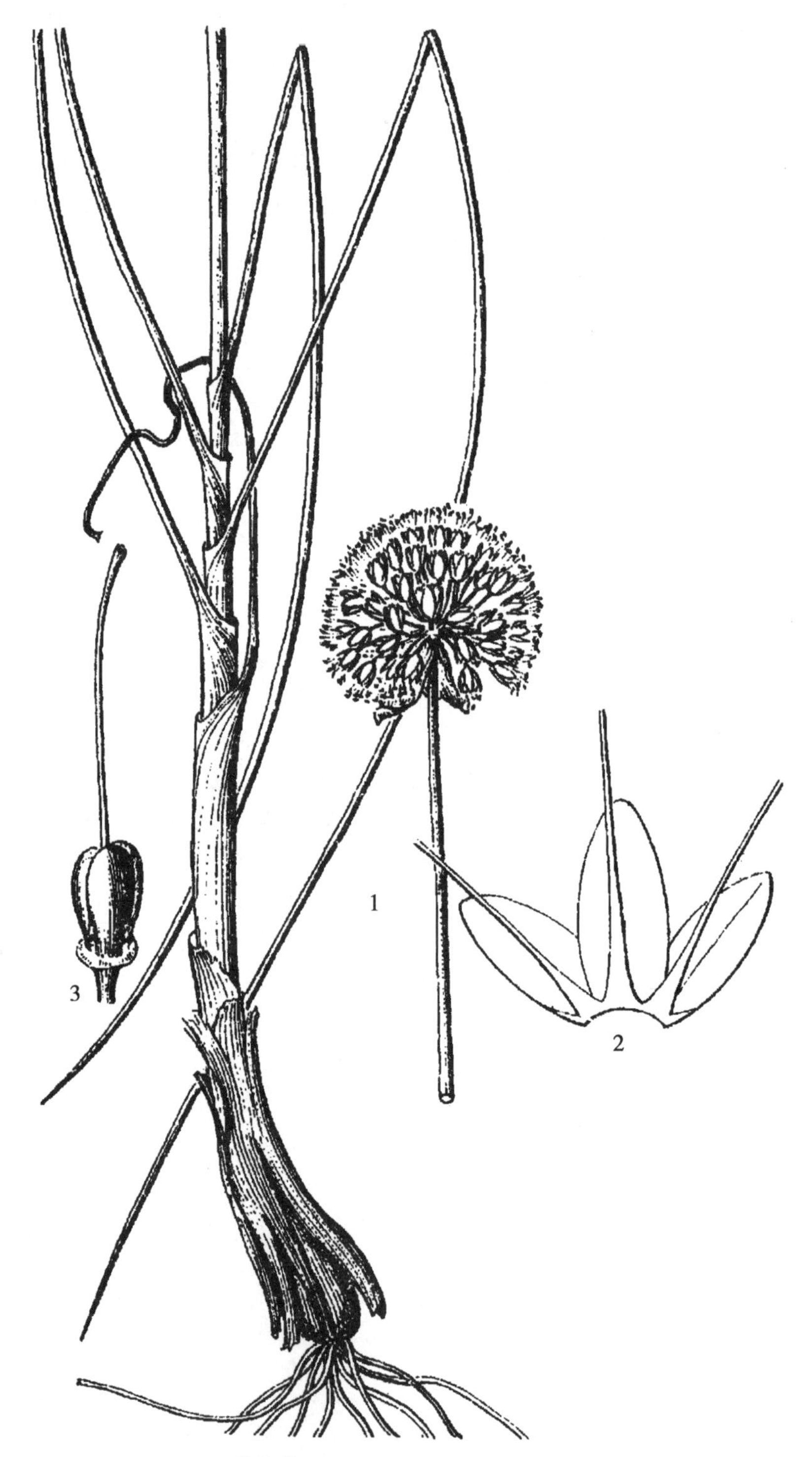

黄花葱 ***Allium condensatum*** **Turcz.**

1. 植株；2. 花纵切面；3. 雌蕊

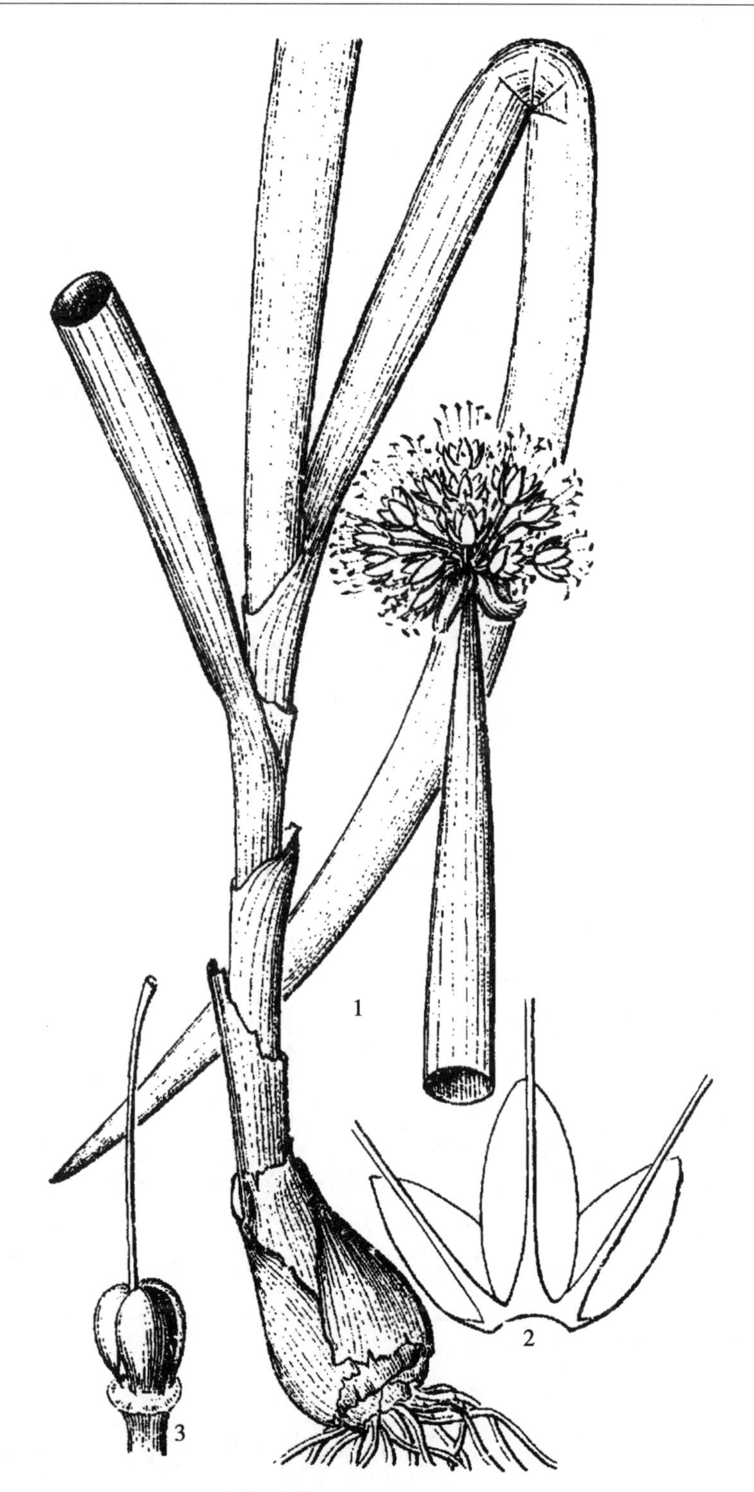

阿尔泰葱 *Allium altaicum* Pall.

1. 植株；2. 花纵切面；3. 雌蕊

百合属 *Lilium* L.

山丹 *Lilium pumilum* Redoute

蒙名：萨日阿楞

别名：细叶百合、山丹丹花

形态特征：鳞茎卵形或圆锥形，高 3~5 厘米，直径 2~3 厘米；鳞片矩圆形或长卵形，长 3~4 厘米，宽 1~1.5 毫米，白色。茎直立，高 25~66 厘米，密被小乳头状凸起。叶散生于茎中部，条形，长 3~9.5 厘米，宽 1.5~3 毫米，边缘密被小乳头状凸起。花 1 至数朵，生于茎顶部，鲜红色，无斑点，下垂，花被片反卷，长 3~5 厘米，宽 6~10 毫米，蜜腺两边有乳头状凸起；花丝长 2.4~3 厘米，无毛，花药长矩圆形，长 7.5~10 毫米，黄色，具红色花粉粒；子房圆柱形，长约 10 毫米；花柱长约 17 毫米，柱头膨大，直径 3.5~4 毫米，3 裂。蒴果矩圆形，长约 2 厘米，直径 0.7~1.5 厘米。花期 7—8 月，果期 9—10 月。

中生植物。生于山地灌丛、草甸、林缘、草甸草原。鳞茎入药，花及鳞茎也入蒙药。

产地：阿日哈沙特镇、呼伦镇、达赉苏木。

饲用价值：中等饲用植物。

顶冰花属 *Gagea* Salisb.

少花顶冰花 *Gagea pauciflora*（Turcz. ex Trautv.）Ledeb.

蒙名：楚很其其格图-哈布暗-西日阿

形态特征：植株高 7~25 厘米，鳞茎球形或卵形，上端延伸成圆筒状，撕裂，抱茎。基生叶 1，长 8~22 厘米，宽 2~3 毫米；茎生叶通常 1~3，下部 1 枚长，可达 12 厘米，披针状条形，上部的渐小而成为苞片状。花 1~3 朵，排成近总状花序；花被片披针形，绿黄色，长 4~22 毫米，宽 1.5~4 毫米，先端渐尖或锐尖；雄蕊长为花被片的 1/2~2/3，花药条形，长 2~3.5 毫米，子房矩圆形，长 2.5~3.5 毫米；花柱与子房近等长或略短，柱头 3 深裂，裂片长度通常超过 1 毫米。蒴果近倒卵形，长为宿存花被片的 2/3。花期 5—6 月，果期 7 月。

早春类短命中生植物。生于山地草甸或灌丛。

产地：呼伦镇。

饲用价值：劣等饲用植物。

山丹 *Lilium pumilum* Redoute

1. 植株地上部；2. 植株地下部

少花顶冰花 ***Gagea pauciflora*** **（Turcz. ex Trautv.）Ledeb.**

1. 植株；2. 花被片及雄蕊；3. 雌蕊

藜芦属 *Veratrum* L.

藜芦 *Veratrum nigrum* L.

蒙名：阿格西日嘎

别名：黑藜芦

形态特征：植株高 60～100 厘米，粗壮，基部直径 10～20 毫米，被具横脉的叶鞘所包，枯死后残留为带黑褐色网眼的纤维网。叶椭圆形至卵状披针形，通常长 20～25 厘米，宽 5～10 厘米，较平展，先锐尖或渐尖，无柄或仅上部者收缩或短柄，叶片无毛。圆锥花序，通常疏生较短的侧生花序；侧生总状花序近直立伸展，长 4～8（10）厘米，通常具雄花；顶生总状花序较侧生花序长 2 倍以上，几乎全部着生两性花；总轴和分枝轴被白色绵毛；小花多数，密生；小苞片披针形，长约 1.5 毫米，边缘或背部被绵毛；花梗长 1～6 毫米，被绵毛；花被片黑紫色，矩圆形，长 3～6 毫米，宽约 3 毫米，先端钝，基部略收缩，全缘，开展或略反折；雄蕊长为花被片的一半；子房无毛。蒴果长 1.5～2 厘米，宽约 1 厘米。花期 7—8 月；果期 8—9 月。

中生植物。为森林草甸种。生于林缘、草甸或山地林下。根及根茎也入蒙药。毒草。

产地：达赉苏木、克尔伦苏木。

萱草属 *Hemerocallis* L.

小黄花菜 *Hemerocallis minor* Mill.

蒙名：哲日利格-西日-其其格

别名：黄花菜

形态特征：须根粗壮，绳索状，粗 1.5～2 毫米，表面具横皱纹。叶基生，长 20～50 厘米，宽 5～15 毫米。花葶长于叶或近等长，花序不分枝或稀为假二歧状的分枝，常具 1～2 花，稀具 3～4 花；花梗长短极不一致；苞片卵状披针形至披针形，长 8～20 毫米，宽 4～8 毫米，花被淡黄色，花被管通常长 1～2.5（3）厘米；花被裂片长 4～6 厘米，内三片宽 1～2 厘米。蒴果椭圆形或矩圆形，长 2～3 厘米，宽 1～1.5 厘米。花期 6—7 月；果期 7—8 月。

中生植物。草甸种，在草甸化草原和杂类草草甸中可成为优势种之一。生于山地草原、林缘、灌丛中。花可供食用。根入药。

产地：呼伦镇、达赉苏木。

饲用价值：中等饲用植物。

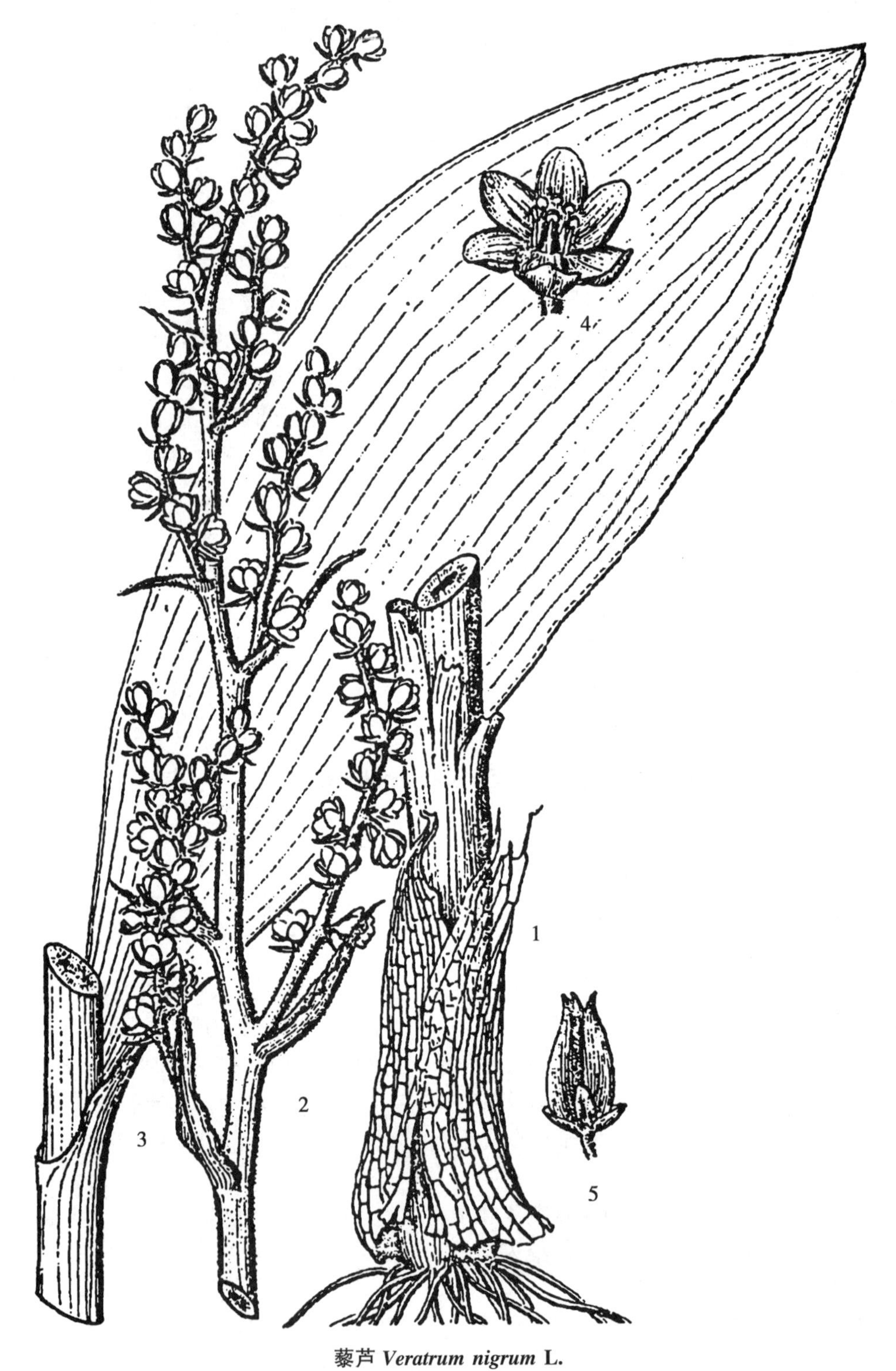

藜芦 *Veratrum nigrum* L.

1. 植株下部；2. 花序；3. 叶；4. 花；5. 果实

小黄花菜 *Hemerocallis minor* Mill.

1. 植株；2. 花序

天门冬属 *Asparagus* L.

兴安天门冬 *Asparagus dauricus* Link

蒙名：兴安乃-和日音-努都

别名：山天冬

形态特征：多年生草本。根状茎粗短；须根细长，粗约 2 毫米。茎直立，高 20~70 厘米，具条纹，稍具软骨质齿；分枝斜升，稀与茎交成直角，具条纹，有时具软骨质齿。叶状枝 1~6 簇生，通常斜立或与分枝交成锐角，稀平展或下倾，稍扁的圆柱形，略有几条不明显的钝棱，长短极不一致，长 1~4（5）厘米，粗约 0.5 毫米，伸直或稍弧曲，有时具软骨质齿；鳞片状叶基部有极短的距，但无刺。花 2 朵腋生，黄绿色；雄花的花梗与花被片近等长，长 3~6 毫米，关节位于中部，花丝大部贴生于花被片上，离生部分很短，只有花药一半长；雌花极小，花被长约 1.5 毫米，短于花梗，花梗的关节位于上部。浆果球形，直径 6~7 毫米，红色或黑色，有 2~4（6）粒种子。花期 6—7 月；果期 7—8 月。

中旱生植物。草甸草原种。生于林缘、草甸草原、典型草原及干燥的石质山坡等生境。幼嫩时绵羊、山羊乐食。

产地：全旗。

饲用价值：低等饲用植物。

戈壁天门冬 *Asparagus gobicus* N. A. Ivan. ex Grub.

蒙名：高比音-和日音-努都

形态特征：半灌木，具根状茎。须根细长，粗 1.5~2 毫米。茎坚挺，下部直立，黄褐色，上部通常回折状，常具纵向剥离的白色薄膜；分枝较密集，强烈回折状，常疏生软骨质齿。叶状枝 3~6（8）簇生，通常下倾和分枝交成锐角；近圆柱形，略有几条不明显的钝棱，长 5~25 毫米，粗 0.8~1 毫米，较刚直，稍呈针刺状；鳞片状叶基部具短距。花 1~2 朵腋生；花梗长 2~5 毫米，关节位于上部或中部；雄花的花被长 5~7 毫米；花丝中部以下贴生于花被片上；雌花略小于雄花。浆果红色，直径 5~8 毫米，有 3~5 粒种子。花期 5—6 月；果期 6—8 月。

旱生植物。为荒漠化草原特征种之一。生于荒漠和荒漠化草原地带的沙地及砂砾质干河床。在荒漠和荒漠化草原地带，幼嫩时绵羊和山羊乐食。

产地：克尔伦苏木。

饲用价值：低等饲用植物。

兴安天门冬 *Asparagus dauricus* Link

1. 植株；2. 果实

南玉带 *Asparagus oligoclonos* Maxim.

蒙名：楚很-木其日阁-和日音-努都

形态特征：多年生草本。根状茎短；须根细长，粗 2~3 毫米。茎直立，高 20~60 厘米，平滑或稍具条纹，坚挺，上部不俯垂；分枝具细条纹，稍坚挺，嫩枝有时疏生软骨质齿。叶状枝通常 4~10 簇生，近扁的圆柱形，具钝棱，长 8~25 毫米，粗约 0.5 毫米，直伸或稍弧曲；鳞片状叶通常具不明显的短距，极少具短刺。花 1~2 朵腋生，黄绿色，花梗长 10~20 毫米，稀更短，关节位于近中部或上部；雄花的花被片长 7~8 毫米，花丝全长的 3/4 贴生于花被片上；雌花较小，花被长约 3 毫米。浆果成熟时红色，球形，直径 8~10 毫米，有 3~4 粒种子。花期 6—7 月；果期 7—8 月。

中生植物。为森林草甸种。生于山地草原、灌丛、疏林下。

产地：呼伦镇。

黄精属 *Polygonatum* Mill.

玉竹 *Polygonatum odoratum*（Mill.）Druce

蒙名：冒呼日-查干

别名：萎蕤

形态特征：根状茎粗壮，圆柱形，有节，黄白色，生有须根，直径 4~9 毫米，茎有纵棱，高 25~60 厘米，具 7~10 叶。叶互生，椭圆形至卵状矩圆形，长 6~15 厘米，宽 3~5 厘米，两面无毛，下面带灰白色或粉白色。花序具 1~3 花，腋生，总花梗长 0.6~1 厘米，花梗长（包括单花的梗长）0.3~1.6 厘米，具条状披针形苞片或无；花被白色带黄绿，长 14~20 毫米，花被筒较直，裂片长约 3.5 毫米；花丝扁平，近平滑至乳头状凸起，着生于花筒近中部，花药黄色，长约 4 毫米；子房长 3~4 毫米，花柱丝状，内藏，长 6~10 毫米。浆果球形，熟时蓝黑色，直径 4~7 毫米，有种子 3~4 颗。花期 6 月，果期 7—8 月。

中生植物。生于山地林下、灌丛、林缘、山地草甸。根茎入药，根茎也入蒙药。

产地：达赉苏木。

饲用价值：劣等饲用植物。

南玉带 *Asparagus oligoclonos* Maxim.

植株一部分

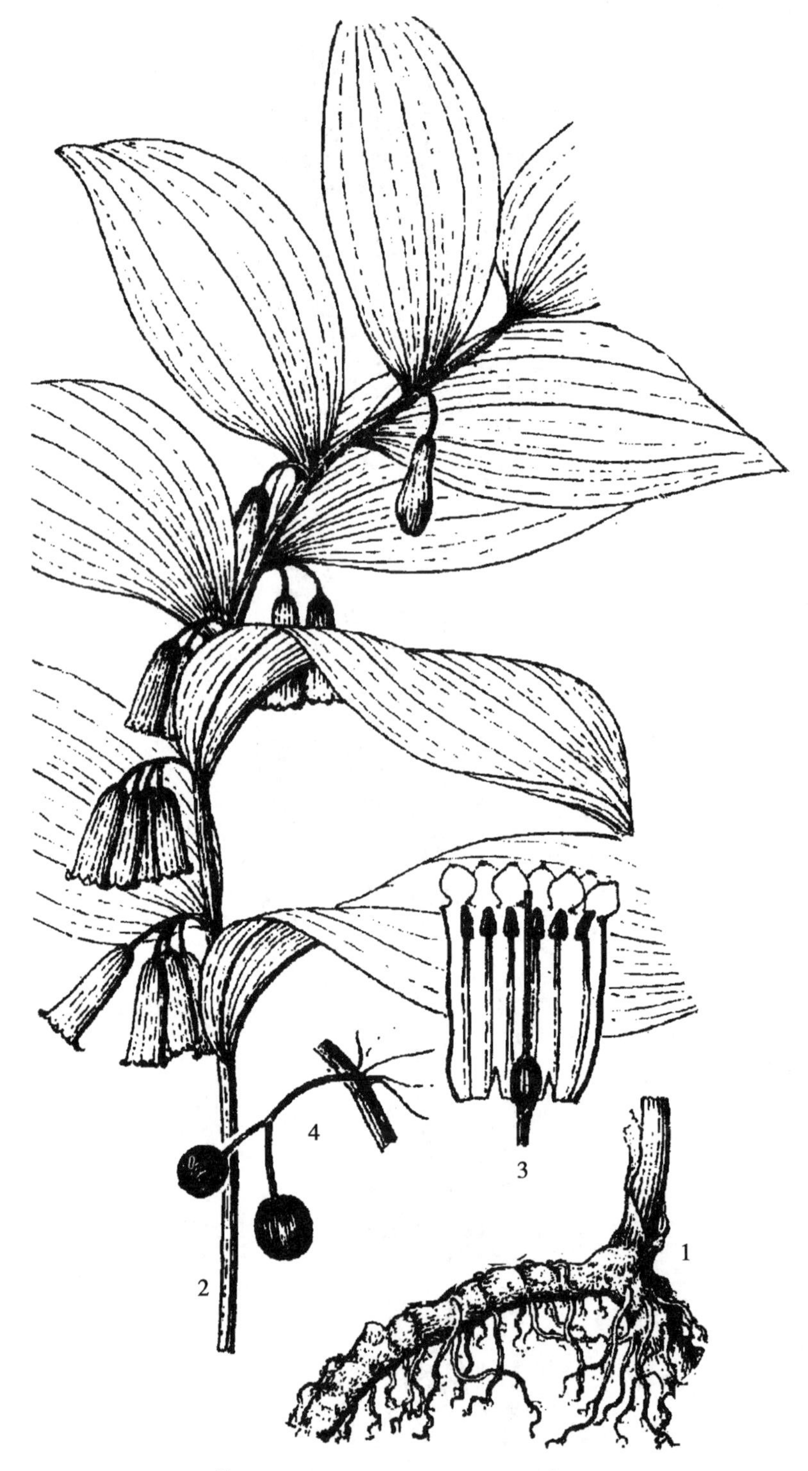

玉竹 ***Polygonatum odoratum*** **（Mill.） Druce**

1. 根状茎；2. 植株上部；3. 花被展开；4. 果序

黄精 *Polygonatum sibiricum* Redoute

蒙名：西伯日-冒呼日-查干

别名：鸡头黄精

形态特征：根状茎肥厚，横生，圆柱形，一头粗，一头细，直径 0.5~1 厘米，有少数须根，黄白色。茎高 30~90 厘米。叶无柄，4~6 轮生，平滑无毛，条状披针形，长 5~10 厘米，宽 4~14 毫米，先端拳卷或弯曲呈钩形。花腋生，常有 2~4 朵花，呈伞形状，总花梗长 5~25 毫米，花梗长 2~9 毫米，下垂；花梗基部有苞片，膜质，白色，条状披针形，长约 2~4 毫米；花被白色至淡黄色稍带绿色，全长 9~13 毫米，顶端裂片长约 3 毫米，花被筒中部稍缢缩；花丝很短，贴生于花被筒上部，花药长 2~2.5 毫米；子房长约 3 毫米，花柱长 4~5 毫米。浆果，直径 3~5 毫米，成熟时黑色，有种子 2~4 颗。花期 5—6 月，果期 7—8 月。

中生植物。生于山地林下、林缘、灌丛或山地草甸。根茎入药，根茎也入蒙药。

产地：宝格德乌拉苏木宝格德乌拉山、克尔伦苏木白音乌拉山。

饲用价值：劣等饲用植物。

鸢尾科 Iridaceae

鸢尾属 *Iris* L.

射干鸢尾 *Iris dichotoma* Pall.

蒙名：海其-欧布苏

别名：歧花鸢尾、白射干、芭蕉扇

形态特征：植株高 40~100 厘米。根状茎粗壮、具多数黄褐色须根。茎直立，多分枝，分枝处具 1 枚苞片；苞片披针形，长 3~10 厘米，绿色，边缘膜质；茎圆柱形，直径 2~5 毫米，光滑。叶基生，6~8 枚，排列于一个平面上，呈扇状；叶片剑形，长 20~30 厘米，宽 1.5~3 厘米，绿色，基部套折状，边缘白色膜质，两面光滑，具多数纵脉；总苞干膜质，宽卵形，长 1~2 厘米。聚伞花序，有花 3~15 朵；花梗较长，长约 4 厘米；花白色或淡紫红色，具紫褐色斑纹；外轮花被片矩圆形，薄片状，具紫褐色斑点，爪部边缘具黄褐色纵条纹，内轮花被片明显短于外轮，瓣片矩圆形或椭圆形，具紫色网纹，爪部具沟槽；雄蕊 3，贴生于外轮花被片基部，花药基底着生；花柱分枝 3，花瓣状，卵形，基部连合，柱头具 2 齿。蒴果圆柱形，长 3.5~5 厘米，具棱；种子暗褐色，椭圆形，两端翅状，花期 7 月，果期 8—9 月。

多年生旱中生草本。生于草原及山地林缘或灌丛。为草原、草甸草原及山地草原常见杂草。在秋季霜后牛、羊采食。根茎或全草入药。

产地：呼伦镇、阿日哈沙特镇、达赉苏木。

饲用价值：低等饲用植物。

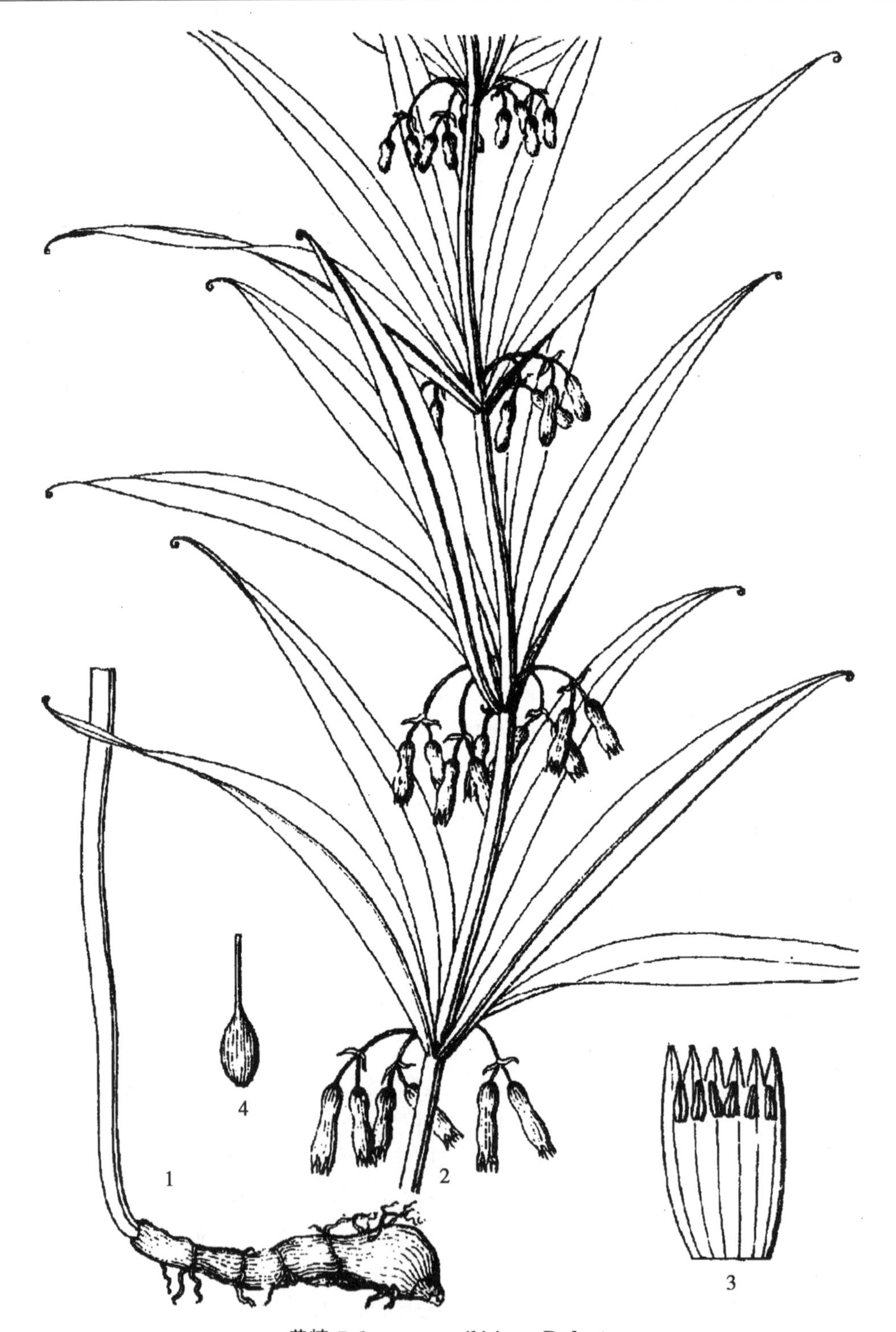

黄精 ***Polygonatum sibiricum*** **Redoute**

1. 根状茎；2. 植株小部；3. 花被展开；4. 雌蕊

射干鸢尾 *Iris dichotoma* Pall.

1. 植株及花序

细叶鸢尾 *Iris tenuifolia* Pall.

2. 植株；3. 叶横切面

细叶鸢尾 *Iris tenuifolia* Pall.

蒙名：敖汗-萨哈拉

形态特征：植株高20~40厘米，形成稠密草丛。根状茎匍匐；须根细绳状，黑褐色。植株基部被稠密的宿存叶鞘，丝状或薄片状，棕褐色，坚韧。基生叶丝状条形，纵卷，长达40厘米，宽1~1.5毫米，极坚韧，光滑，具5~7条纵脉，花葶长约10厘米；苞叶3~4，披针形，鞘状膨大呈纺锤形，长7~10厘米，白色膜质，果期宿存，内有花1~2朵；花淡蓝色或蓝紫色，花被管细长，可达8厘米，花被片长4~6厘米，外轮花被片倒卵状披针形，基部狭，中上部较宽，上面有时被须毛，无沟纹，内轮花被片倒披针形，比外轮略短；花柱狭条形，顶端2裂。蒴果卵球形，具三棱，长1~2厘米。花期5月，果期6—7月。

多年生草本。生于草原、沙地及石质坡地。根及种子入药，花及种子也入蒙药。春季羊采食其花。

产地：全旗。

饲用价值：低等饲用植物。

囊花鸢尾 *Iris ventricosa* Pall.

蒙名：楚都古日-查黑乐得格

形态特征：植株高30~60厘米，形成大型稠密草丛。根状茎粗短，具多数黄褐色须根。植株基部具稠密的纤维状或片状宿存叶鞘。基生叶条形，长20~50厘米，宽4~5毫米，光滑，两面具凸出的纵脉。花葶明显短于基生叶，长约15厘米；苞叶鞘状膨大，呈纺锤形，先端尖锐，长6~8厘米，光滑，密生纵脉，并具网状横脉；花1~2朵，蓝紫色，花被管较短，长约2.5厘米，外轮花被片狭倒卵形，长4~5厘米，顶部具爪，被紫红色斑纹，内轮花被片较短，披针形；花柱狭长，先端2裂。蒴果长圆形，长约3厘米，棱状，具长喙，三瓣裂；种子卵圆形，红褐色。花期5—6月，果期7—8月。

多年生中旱生草本。生于含丰富杂类草的典型草原，草甸草原及草原化草甸、山地林缘草甸。为草甸草原伴生种。

产地：旗北部草场、宝格德乌拉苏木。

饲用价值：低等饲用植物。

粗根鸢尾 *Iris tigridia* ex Ledeb.

蒙名：巴嘎-查黑乐得格

形态特征：植株高 10~30 厘米。根状茎短粗；须根多数，粗壮，稍肉质，直径 3 毫米，黄褐色。茎基部具较柔软的黄褐色宿存叶鞘。基生叶条形，先端渐尖，长 5~30 厘米，宽 1.5~4 毫米，光滑，两面叶脉凸出。花葶高 7~10 厘米，短于基生叶；总苞 2，椭圆状披针形，长 3~5 厘米，顶端锐尖，膜质，具脉纹；花常单生，蓝紫色或淡紫红色，具深紫色脉纹，外轮花被片倒卵形，边缘稍波状，中部有髯毛，内轮花被片较狭较短，直立，顶端微凹；花柱裂片狭披针形，顶端 2 裂。蒴果椭圆形，长约 3 厘米，两端尖锐，具喙。花期 5 月，果期 6—7 月。

多年生旱生草本。生于丘陵坡地，山地草原、林缘。春季羊采食。

产地：呼伦镇。

饲用价值：低等饲用植物。

白花马蔺 *Iris lactea* Pall.

蒙名：查干-查黑乐得格

形态特征：植株高 20~50 厘米，基部具稠密的红褐色纤维状宿存叶鞘，形成大型草丛。根状茎粗壮，着生叶多数，剑形，顶端尖锐，长 20~50 厘米，宽 3~6 毫米，花期与花葶等长或稍超出，后渐渐明显超出花葶，光滑，两面具数条凸出的纵脉，绿色或蓝绿色，叶基稍紫色。花葶丛生，高 10~30 厘米，下面被 2~3 叶片包裹；叶状总苞狭矩圆形或披针形，顶端尖锐，长 6~7 毫米，淡绿色，边缘白色宽膜质，光滑，具多数纵脉；花 1~3 朵，乳白色；花被管较短，长 1~2 厘米，外轮花被片宽匙形，长 3~5 厘米，光滑，中部具黄色脉纹，内轮花被片较小，狭椭圆形，较直立；花柱花瓣状，顶端 2 裂。蒴果长椭圆形，长 4~6 厘米，具纵肋 6 条，顶端有短喙；种子近球形，棕褐色。花期 5 月，果期 6—7 月。

多年生中生草本。生于盐渍地。

产地：阿拉坦额莫勒镇。

马蔺（变种） *Iris lactea* Pall. var. *chinensis*（Fisch.）Koidz.

蒙名：查黑乐得格

形态特征：本变种与正种的区别在于外花被片倒披针形，稍宽于内花被片，内花被片披针形、先端锐尖，花蓝色。

多年生中生草本。生于河滩、盐碱滩地，为盐化草甸建群种。花、种子及根入药。花及种子也入蒙药。枯黄后为各种家畜所乐食。

产地：全旗。

饲用价值：低等饲用植物。

粗根鸢尾 ***Iris tigridia*** **ex Ledeb.**

1. 植株；2. 外轮花被片

马蔺（变种）*Iris lactea* Pall. var. *chinensis*（Fisch.）Koidz.

1. 植株；2. 果实

溪荪 *Iris sanguinea* Donn ex Hornem

蒙名：塔拉音-查黑乐得格

形态特征：根状茎粗壮，匍匐，着生淡黄色脆软的须根，植株基部及根状茎被黄褐色纤维状宿存叶鞘。茎直立，圆柱形，高 50～70 厘米，直径约 5 毫米，实心，光滑，具茎生叶 1～2 枚。基生叶宽条形，长于或与茎等长，宽（5）8～12 毫米，光滑，具数条平行的纵脉，主脉不明显，总苞 4～6，披针形，顶端较尖锐，长 5～7 毫米，光滑，具多条纵脉，近膜质；花 2～3 朵；花被管较短；外轮花被片倒卵形或椭圆形，蓝色或蓝紫色，中部及下部黄褐色，光滑，被深蓝色脉纹，内轮花被片倒披针形，明显短于外轮；花柱裂片较狭，顶端 2 裂。蒴果矩圆形或长椭圆形，长 3～4 厘米，具棱。花期 7 月，果期 8 月。

多年生湿中生草本。生于山地水边草甸，沼泽化草甸。花、种子及根入药。花及种子也入蒙药。枯黄后为各种家畜所乐食。

产地：呼伦湖沿岸。

饲用价值：低等饲用植物。

黄花鸢尾 *Irisflavissima* Pall.

蒙名：西日—查黑乐得格

别名：石生鸢尾

形态特征：植株高 5～15 厘米，丛生。根状茎粗壮，着生多数土黄色细根。植株基部被片状宿存叶鞘。茎上部非叉状分枝，叶条形或剑形，不排列于同一平面上，质薄，较柔软，先端尖锐，不呈镰形弯曲，长 10～20 厘米，花期宽 1. 5～4 毫米，果期宽达 6 毫米，黄绿色，光滑，被多条纵脉，主脉不明显。花葶直立，不形成聚伞花序，花期稍超出基生叶，具茎生叶 2～3，基部为膜质叶鞘所包裹；总苞 3，椭圆形，顶端尖锐，长约 4 厘米，淡黄绿色，膜质；具花 2～4 朵，花被管顶端较宽，近与子房等长，短于花被片；外轮花被片倒卵形，顶端圆，长 3～4 厘米，亮黄色，具深褐色脉纹，内轮花被片稍短，黄色；花柱裂片矩圆状卵形，顶端狭，具齿。蒴果椭圆形，蒴果先端具不明显的喙。种子无翼。花期 5—6 月，果期 7 月。

多年生旱中生草本。生于砾石质丘陵坡地。

产地：呼伦镇、达赉苏木、克尔伦苏木、宝格德乌拉苏木。

饲用价值：低等饲用植物。

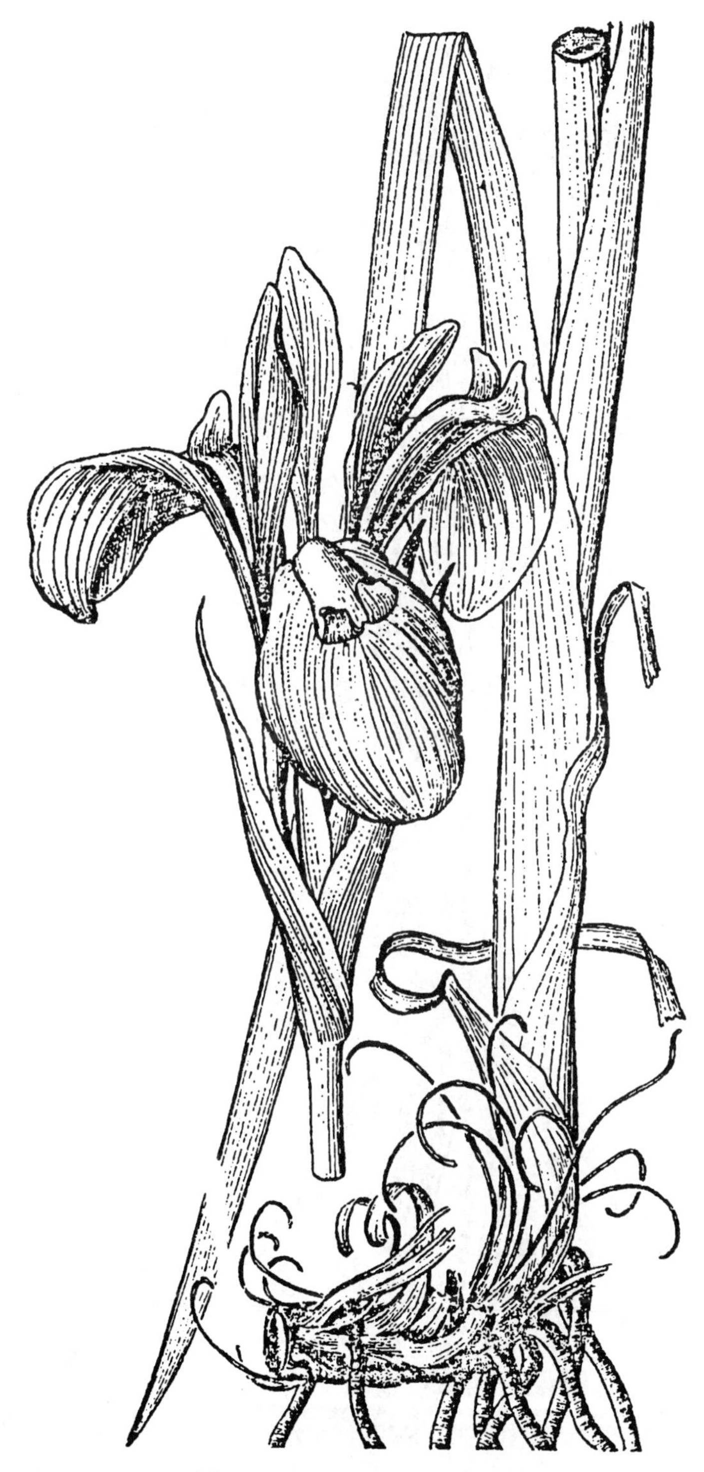

溪荪 *Iris sanguinea* Donn ex Hornem

植株及花序

黄花鸢尾 *Iris flavissima* Pall.

植株

附

录

优等野生饲用植物名录

科	属	中名	学　名
藜科	驼绒藜属	驼绒藜	*Krascheninnikovia ceratoides*（L.）Gueld.
	地肤属	木地肤	*Kochia prostrata*（L.）Schrad.
豆科	米口袋属	狭叶米口袋	*Gueldenstaedtia stenophylla* Bunge
	黄耆属	草木樨状黄耆	*Astragalus melilotoides* Pall.
	苜蓿属	天蓝苜蓿	*Medicago lupulina* L.
		黄花苜蓿	*Medicago falcata* L.
	草木樨属	草木樨	*Melilotus officinalis*（L.）Lam.
		细齿草木樨	*Melilotus dentatus*（Wald. et Kit.）Pers.
		白花草木樨	*Melilotus albus* Medik.
	扁蓿豆属	扁蓿豆	*Melilotoides ruthenica*（L.）Sojak
	胡枝子属	绒毛胡枝子	*Lespedeza tomentosa*（Thunb.）Sieb. ex Maxim.
		达乌里胡枝子	*Lespedeza davurica*（Laxm.）Schindl.
		牛枝子	*Lespedeza potaninii* V. N. Vassil.
	野豌豆属	广布野豌豆	*Vicia cracca* L.
		山野豌豆	*Vicia amoena* Fisch. ex Seringe
		歪头菜	*Vicia unijuga* A. Br.
伞形科	葛缕子属	田葛缕子	*Carum buriaticum* Turcz.
菊科	亚菊属	蓍状亚菊	*Ajania achilloides*（Turcz.）Poljak. ex Grub.
	蒿属	冷蒿	*Artemisia frigida* Willd.
		紫花冷蒿	*Artemisia frigida* Willd. var. *atropurpurea* Pamp.
	苦苣菜属	苣荬菜	*Sonchus brachyotus* DC.
		苦苣菜	*Sonchus oleraceus* L.

（续表）

科	属	中名	学　名
禾本科	羊茅属	达乌里羊茅	*Festuca dahurica*（St. -Yves） V. L. Krecz. et Bobr.
		羊茅	*Festuca ovina* L.
	早熟禾属	草地早熟禾	*Poa pratensis* L.
	雀麦属	无芒雀麦	*Bromus inermis* Leyss.
	偃麦草属	偃麦草	*Elytrigia repens*（L.） Desv. ex B. D. jackson
	冰草属	冰草	*Agropyron cristatum*（L.） Gaertn.
		沙生冰草	*Agropyron desertorum*（Fisch. ex Link） Schult.
		沙芦草	*Agropyron mongolicum* Keng
	披碱草属	老芒麦	*Elymus sibiricus* L.
		披碱草	*Elymus dahuricus* Turcz. ex Griseb.
	赖草属	羊草	*Leymus chinensis*（Trin. ex Bunge） Tzvel.
	大麦属	芒颖大麦草	*Hordeum jubatum* Linn.
	落草属	落草	*Koeleria macrantha*（Ledeb.） Schult.
	看麦娘属	短穗看麦娘	*Alopecurus brachystachyus* M. Bieb.
	冠芒草属	冠芒草	*Enneapogon desvauxii* P. Beauv.
	虎尾草属	虎尾草	*Chloris virgata* Swartz
百合科	葱属	白头葱	*Allium leucocephalum* Turcz.
		野韭	*Allium ramosum* L.
		碱葱	*Allium polyrhizum* Turcz. ex Regel
		蒙古葱	*Allium mongolicum* Regel
		砂葱	*Allium bidentatum* Fisch. ex Prokh. et Ikonikov- Galitzky
		细叶葱	*Allium tenuissimum* L.
		山葱	*Allium senescens* L.
		矮葱	*Allium anisopodium* Ledeb.
		黄花葱	*Allium condensatum* Turcz.
		阿尔泰葱	*Allium altaicum* Pall.

良等野生饲用植物名录

科	属	中名	学名
杨柳科	柳属	卷边柳	*Salix siuzevii* Seemen
		细叶沼柳	*Salix rosmarinifolia* L.
		乌柳	*Salix cheilophila* C. K. Schneid.
		筐柳	*Salix linearistipularis* K. S. Hao
蓼科	荞麦属	苦荞麦	*Fagopyrum tataricum*（L.）Gaertn.
藜科	碱蓬属	盐地碱蓬	*Suaeda salsa*（L.）Pall.
	盐生草属	盐生草	*Halogeton glomeratus*（Marschall von Bieb.）C. A. Mey.
	沙蓬属	沙蓬	*Agriophyllum squarrosum*（L.）Moq. - Tandon
	虫实属	兴安虫实	*Corispermum chinganicum* Iljin
		蒙古虫实	*Corispermum mongolicum* Iljin
		绳虫实	*Corispermum declinatum* Steph. ex Iljin
	地肤属	地肤	*Kochia scoparia*（L.）Schrad.
	滨藜属	野滨藜	*Atriplex fera*（L.）Bunge
	藜属	小藜	*Chenopodium ficifolium* Smith
		藜	*Chenopodium album* L.
苋科	苋属	凹头苋	*Amaranthus blitum*. L.
		反枝苋	*Amaranthus retroflexus* L.
金鱼藻科	金鱼藻属	金鱼藻	*Ceratophyllum demersum* L.
十字花科	菥蓂属	菥蓂	*Thlaspi arvense* L.
	独行菜属	宽叶独行菜	*Lepidium latifolium* L.
		独行菜	*Lepidium apetalum* Willd.
	糖芥属	小花糖芥	*Erysimum cheiranthoides* L.
		蒙古糖芥	*Erysimum flavum*（Georgi）Bobrov

（续表）

科	属	中名	学　名
蔷薇科	地榆属	地榆	*Sanguisorba officinalis* L.
	水杨梅属	水杨梅	*Geum aleppicum* Jacq.
	龙牙草属	龙牙草	*Agrimonia pilosa* Ledeb.
	委陵菜属	二裂委陵菜	*Potentilla bifurca* L.
		高二裂委陵菜	*Potentilla. bifurca* L. var. *major* Ledeb.
豆科	苦马豆属	苦马豆	*Sphaerophysa* salsula （Pall.） DC.
	甘草属	甘草	*Glycyrrhiza uralensis* Fsich. ex DC.
	米口袋属	少花米口袋	*Gueldenstaedtia verna* （Georgi） Boriss.
	棘豆属	线棘豆	*Oxytropis filiformis* DC.
		大花棘豆	*Oxytropis grandiflora* （Pall.） DC.
		二色棘豆	*Oxytropis bicolor* Bunge
	黄耆属	华黄耆	*Astragalus chinensis* L. f.
		细叶黄耆	*Astragalus tenuis* Turcz.
		草原黄耆	*Astragalus dalaiensis* Kitag.
		细弱黄耆	*Astragalus miniatus* Bunge
		卵果黄耆	*Astragalus grubovii* Sancz.
		新巴黄耆	*Astragalus hsinbaticus* P. Y. Fu et Y. A. Chen
		斜茎黄耆	*Astragalus laxmannii* Jacq.
		糙叶黄耆	*Astragalus scaberrimus* Bunge
		达乌里黄耆	*Astragalus dahuricus* （Pall.） DC.
	锦鸡儿属	狭叶锦鸡儿	*Caragana stenophylla* Pojark.
		小叶锦鸡儿	*Caragana microphylla* Lam.
	山黧豆属	山黧豆	*Lathyrus quinquenervius* （Miq.） Litv.
		毛山黧豆	*Lathyrus palustris* L. var. *pilosus* （Cham.） Ledeb.
	车轴草属	野火球	*Trifolium lupinaster* L.
	岩黄耆属	华北岩黄耆	*Hedysarum gmelinii* Ledeb.
		山岩黄耆	*Hedysarum alpinum* L.
	山竹子属	山竹子	*Corethrodendron fruticosum* （Pall.） B. H. Choi et H. Ohashi
	胡枝子属	多花胡枝子	*Lespedeza floribunda* Bunge
		尖叶胡枝子	*Lespedeza juncea* （L. f.） Pers.

（续表）

科	属	中名	学　　名
芸香科	拟芸香属	北芸香	*Haplophyllum dauricum*（L.）G. Don
柽柳科	红砂属	红砂	*Reaumuria songarica*（Pall.）Maxim.
小二仙草科	狐尾藻属	狐尾藻	*Myriophyllum spicatum* L.
		轮叶狐尾藻	*Myriophllum verticillatum* L.
萝藦科	鹅绒藤属	地梢瓜	*Cynanchum thesioides*（Freyn）K. Schum.
旋花科	打碗花属	打碗花	*Calystegia hederacea* Wall. ex Roxb.
紫草科	紫筒草属	紫筒草	*Stenosolenium saxatile*（Pall.）Turcz.
玄参科	婆婆纳属	北水苦荬	*Veronica anagallis-aquatica* L.
		水苦荬	*Veronica undulata* Wall. ex Jack
车前科	车前属	盐生车前	*Plantago maritima* L. subsp. *ciliata* Printz.
		平车前	*Plantago depressa* Willd.
		车前	*Plantago asiatica* L.
菊科	马兰属	全叶马兰	*Kalimeris integrifolia* Turcz. ex DC.
	蒿属	白莲蒿	*Artemisia gmelinii* Web. ex Stechm.
		柔毛蒿	*Artemisia pubescens* Ledeb.
		猪毛蒿	*Artemisia scoparia* Waldst. et Kit.
	漏芦属	漏芦	*Rhaponticum uniflorum*（L.）DC.
	鸦葱属	鸦葱	*Scorzonera austriaca* Willd.
		毛梗鸦葱	*Scorzonera radiata* Fisch. ex Ledeb.
		蒙古鸦葱	*Scorzonera mongolica* Maxim.
		丝叶鸦葱	*Scorzonera curvata*（Popl.）Lipsch.
		桃叶鸦葱	*Scorzonera sinensis*（Lipsch. et Krasch.）Nakai
		东北鸦葱	*Scorzonera manshurica* Nakai
	苦荬菜属	抱茎苦荬菜	*Ixeris sonchifolia*（Maxim.）Hance
		中华苦荬菜	*Ixeris chinensis*（Thunb.）Nakai
		丝叶苦荬菜	*Ixeris chinensis*（Thunb.）Kitag. subsp. *graminifolia*（Ledeb.）Kitam.
	莴苣属	野莴苣	*Lactuca serriola* L.
	小苦苣菜属	碱小苦苣菜	*Sonchella stenoma*（Turcz. ex DC.）Sennikov
	黄鹌菜属	细叶黄鹌菜	*Youngia tenuifolia*（Willd.）Babc. et Stebb.

（续表）

科	属	中名	学　名
香蒲科	香蒲属	东方香蒲	*Typha orientalis* C. Presl
		水烛	*Typha angustifolia* L.
		小香蒲	*Typha minima* Funk ex Hoppe
		无苞香蒲	*Typha laxmannii* Lepech.
眼子菜科	眼子菜属	穿叶眼子菜	*otamogeton perfoliatus* L.
泽泻科	慈姑属	野慈姑	*Sagittaria trifolia* L.
禾本科	芦苇属	芦苇	*Phragmites australis*（Cav.） Trin. ex Steudel.
	沿沟草属	沿沟草	*Catabrosa aquatica*（L.） P. Beauv.
	羊茅属	蒙古羊茅	*Festuca mongolica*（S. R. Liu et Y. C. Ma） Y. Z. Zhao
	早熟禾属	散穗早熟禾	*Poa subfastigiata* Trin.
		硬质早熟禾	*Poa sphondylodes* Trin.
		瑞沃达早熟禾	*Poa reverdattoi* Roshev.
		额尔古纳早熟禾	*Poa argunensis* Roshev.
	碱茅属	星星草	*Puccinellia tenuiflora*（Griseb.） Scribn. et Merr.
		大药碱茅	*Puccinellia macranthera*（V. I. Krecz.） Norlindh
		鹤甫碱茅	*Puccinellia hauptiana*（Trin. ex V. I. Krecz.） kitag.
		朝鲜碱茅	*Puccinellia chinampoensis* Ohwi
	披碱草属	垂穗披碱草	*Elymus nutans* Griseb.
		圆柱披碱草	*Elymus dahuricus* Turcz. ex Griseb. var. *cylindricus* Franch.
	赖草属	赖草	*Leymus secalinus*（Georgi） Tzvel.
	大麦属	短芒大麦草	*Hordeum brevisubulatum*（Trin.） Link
	异燕麦属	异燕麦	*Helictotrichon schellianum*（Hack.） Kitag.
	燕麦属	野燕麦	*Avena fatua* L.
	野青茅属	大叶章	*Deyeuxia purpurea*（Trin.） Kunth

（续表）

科	属	中名	学　名
禾本科	蒴股颖属	巨序蒴股颖	*Agrostis gigantea* Roth
	茵草属	茵草	*Beckmannia syzigachne*（Steud.）Fernald
	针茅属	克氏针茅	*Stipa krylovii* Roshev.
		小针茅	*Stipa klemenzii* Roshev.
		贝加尔针茅	*Stipa baicalensis* Roshev.
		大针茅	*Stipa grandis* P. A. Smirn.
	芨芨草属	芨芨草	*Achnatherum splendens*（Trin.）Nevski
		羽茅	*Achnatherum sibiricum*（L.）Keng ex Tzvel.
	獐毛属	獐毛	*Aeluropus sinensis*（Debeaux）Tzvel.
	画眉草属	画眉草	*Eragrostis pilosa*（L.）P. Beauv.
		多秆画眉草	*Eragrostis multicaulis* Steud.
		小画眉草	*Eragrostis minor* Host
	隐子草属	糙隐子草	*Cleistogenes squarrosa*（Trin.）Keng
		薄鞘隐子草	*Cleistogenes festucacea* Honda
	扎股草属	蔺状隐花草	*Crypsis schoenoides*（L.）Lam.
	稗属	稗	*Echinochloa crusgalli*（L.）P. Beauv.
		无芒稗	*Echinochloa crusgalli*（L.）P. Beauv. var. *mitis*（Pursh）Peterm.
		长芒稗	*Echinochloa caudata* Roshev.
	狗尾草属	金色狗尾草	*Setaria pumila*（Poirt.）Roem. et Schult.
		断穗狗尾草	*Setaria arenaria* Kitag.
		狗尾草	*Setaria viridis*（L.）Beauv.
		紫穗狗尾草	*Setaria viridis*（L.）Beauv. var. *purpurascens* Maxim.
莎草科	薹草属	寸草薹	*Carex duriuscula* C. A. Mey.
		无脉薹草	*Carex enervis* C. A. Mey.
		脚薹草	*Carex pediformis* C. A. Mey.
		黄囊薹草	*Carex korshinskyi* Kom.
浮萍科	浮萍属	浮萍	*Lemna minor* L.
	紫萍属	紫萍	*Spirodela polyrhiza*（L.）Schleid.

中等野生饲用植物名录

科	属	中名	学　名
木贼科	问荆属	水问荆	*Equisetum fluviatile* L. f. fluviatile
		问荆	*Equisetum arvense* L.
杨柳科	柳属	小红柳	*Salix microstachya* Turcz. ex. Trautv. var. *bordensis* (Nakai) C. F. Fang
榆科	榆属	大果榆	*Ulmus macrocarpa* Hance
		榆树	*Ulmus pumila* L.
荨麻科	荨麻属	麻叶荨麻	*Urtica cannabina* L.
		狭叶荨麻	*Urtica angustifolia* Fisch. ex Hornem.
檀香科	百蕊草属	长叶百蕊草	*Thesium longifolium* Turcz.
		急折百蕊草	*Thesium refractum* C. A. Mey.
蓼科	木蓼属	东北木蓼	*Atraphaxis manshurica* Kitag.
	蓼属	萹蓄	*Polygonum aviculare* L.
		两栖蓼	*Polygonum amphibium* L.
		水蓼	*Polygonum hydropiper* L.
		西伯利亚蓼	*Polygonum sibiricum* Laxm.
		叉分蓼	*Polygonum divaricatum* L.
		高山蓼	*Polygonum alpinum* All.
	首乌属	蔓首乌	*Fallopia convolvula* (L.) A. Love
藜科	盐爪爪属	盐爪爪	*Kalidium foliatum* (Pall.) Moq. -Tandon
		细枝盐爪爪	*Kalidium gracile* Fenzl
	雾冰藜属	雾冰藜	*Bassia dasyphylla* (Fisch. et C. A. Mey.) O. Kuntze
	猪毛菜属	刺沙蓬	*Salsola tragus* L.
		猪毛菜	*Salsola collina* Pall.

（续表）

科	属	中名	学　名
藜科	蛛丝蓬属	蛛丝蓬	*Micropeplis arachnoidea*（Moq. -Tandon）Bunge
	虫实属	长穗虫实	*Corispermum elongatum* Bunge
	地肤属	碱地肤	*Kochia sieversiana*（Pall.）C. A. Mey.
	滨藜属	滨藜	*Atriplex patens*（Litv.）Iljin
		西伯利亚滨藜	*Atriplex sibirica* L.
	刺藜属	刺藜	*Dysphania aristata*（L.）Mosyakin et Clemants
	藜属	灰绿藜	*Chenopodium glaucum* L.
		东亚市藜	*Chenopodium urbicum* L. subsp. *sinicum* H. W. Kung et G. L. Chu
		杂配藜	*Chenopodium hybridum* L.
苋科	苋属	北美苋	*Amaranthus blitoides* S. Watson
		白苋	*Amaranthus albus* L.
马齿苋科	马齿苋属	马齿苋	*Portulaca oleracea* L.
石竹科	繁缕属	叉歧繁缕	*Stellaria dichotoma* L.
		银柴胡	*Stellaria lanceolata*（Bunge）Y. S. Lian
		兴安繁缕	*Stellaria cherleriae*（Fisch. ex Ser.）F. N. Williams
		长叶繁缕	*Stellaria longifolia* Muehl. ex Willd.
		翻白繁缕	*Stellaria discolor* Turcz.
	女娄菜属	女娄菜	*Melandrium apricum*（Turcz. ex Fisch. et Mey.）Rohrb.
	丝石竹属	荒漠丝石竹	*Gypsophila desertorum*（Bunge）Fenzl
		草原丝石竹	*Gypsophila davurica* Turcz. ex Fenzl
	石竹属	石竹	*Dianthus chinensis* L.
		兴安石竹	*Dianthus chinensis* L. var. *versicolor*（Fisch. ex Link）Y. C. Ma
毛茛科	唐松草属	香唐松草	*Thalictrum foetidum* L.
		箭头唐松草	*Thalictrum simplex* L.
		欧亚唐松草	*Thalictrum minus* L.
		东亚唐松草	*Thalictrum minus* L. var. *hypoleucum*（Sieb. et Zucc.）Miq.
		瓣蕊唐松草	*Thalictrum petaloideum* L.
		卷叶唐松草	*Thalictrum petaloideum* L. var. *supradecompositum*（Nakai）Kitag.
	水葫芦苗属	长叶碱毛茛	*Halerpestes ruthenica*（Jacq.）Ovcz.

（续表）

科	属	中名	学　　名
十字花科	匙荠属	匙荠	*Bunias cochlearioides* Murr.
	菥蓂属	山菥蓂	*Thlaspi cochleariforme* DC.
	荠属	荠	*Capsella bursa- pastoris*（L.）Medic.
	燥原荠属	燥原荠	*Ptilotrichum canescens*（DC）. C. A. Mey.
	花旗杆属	全缘叶花旗杆	*Dontostemon integrifolius*（L.）C. A. Mey.
景天科	瓦松属	钝叶瓦松	*Orostachys malacophyllus*（Pall.）Fisch.
		瓦松	*Orostachys fimbriata*（Turcz.）A. Berger
		黄花瓦松	*Orostachys spinosa*（L.）Sweet
虎耳草科	梅花草属	梅花草	*Parnassia palustris* L.
蔷薇科	金露梅属	小叶金露梅	*Potentilla parvifolia* Fisch. apud Lehm.
	委陵菜属	匍枝委陵菜	*Potentilla flagellaris* Willd. ex Schlecht.
		鹅绒委陵菜	*Potentilla anserina* L.
		星毛委陵菜	*Potentilla acaulis* L.
		三出委陵菜	*Potentilla betonicifolia* Poir.
		多裂委陵菜	*Potentilla multifida* L.
		掌叶多裂委陵菜	*Potentilla multifida* L. var. *ornithopoda*（Tausch）Th. Wolf
		委陵菜	*Potentilla chinensis* Ser.
		菊叶委陵菜	*Potentilla tanacetifolia* Willd. ex Schlecht.
		茸毛委陵菜	*Potentilla strigosa* Pall. ex Pursh.
	地蔷薇属	三裂地蔷薇	*Chamaerhodos trifida* Ledeb.
豆科	黄花属	披针叶黄花	*Thermopsis lanceolata* R. Br.
	棘豆属	薄叶棘豆	*Oxytropis leptophylla*（Pall.）DC.
		黄毛棘豆	*Oxytropis ochrantha* Turcz.
		多叶棘豆	*Oxytropis myriophylla*（Pall.）DC.
		砂珍棘豆	*Oxytropis racemosa* Turcz.
		尖叶棘豆	*Oxytropis oxyphylla*（Pall）. DC.
		鳞萼棘豆	*Oxytropis squammulosa* DC.
	黄耆属	蒙古黄耆	*Astragalus mongholicus* Bunge
		乳白花黄耆	*Astragalus galactites* Pall.

（续表）

科	属	中名	学　　名
牻牛儿苗科	牻牛儿苗属	牻牛儿苗	*Erodium stephanianum* Willd.
	老鹳草属	草地老鹳草	*Geranium pratense* L.
锦葵科	木槿属	野西瓜苗	*Hibiscus trionum* L.
伞形科	柴胡属	锥叶柴胡	*Bupleurum bicaule* Helm
		红柴胡	*Bupleurum scorzonerifolium* Willd.
报春花科	海乳草属	海乳草	*Glaux maritima* L.
龙胆科	龙胆属	达乌里龙胆	*Gentiana dahurica* Fisch.
	扁蕾属	扁蕾	*Gentianopsis barbata*（Froel.）Y. C. Ma
睡菜科	荇菜属	荇菜	*Nymphoides peltata*（S. G. Gmel.）Kuntze
旋花科	旋花属	银灰旋花	*Convolvulus ammannii* Desr.
紫草科	附地菜属	附地菜	*Trigonotis peduncularis*（Trev.）Benth. ex Baker et Moore
唇形科	水棘针属	水棘针	*Amethystea caerulea* L.
	百里香属	百里香	*Thymus serpyllum* L. var. *mongolicus* Ronn.
玄参科	玄参属	砾玄参	*Scrophularia incisa* Weinm.
	芯芭属	达乌里芯芭	*Cymbaria dahurica* L.
	穗花属	白毛穗花	*Pseudolysimachion incanum*（L.）Holub.
桔梗科	沙参属	狭叶沙参	*Adenophora gmelinii*（Beihler）Fisch.
		长柱沙参	*Adenophora stenanthina*（Ledeb.）Kitag.
		皱叶沙参	*Adenophora stenanthina*（Ledeb.）Kitag. var. *crispata*（Korsh.）Y. Z. Zhao
		丘沙参	*Adenophora stenanthina*（Ledeb.）Kitag. var. *collina*（Kitag.）Y.Z.Zhao
		草原沙参	*Adenophora pratensis* Y. Z. Zhao
菊科	狗娃花属	阿尔泰狗娃花	*Heteropappus altaicus*（Willd.）Novopokr.
	女菀属	女菀	*Turczaninowia fastigiata*（Fisch.）DC.
	飞蓬属	飞蓬	*Erigeron acer* L.
	火绒草属	火绒草	*Leontopodium leontopodioides*（Willd.）Beauv.
	苍耳属	苍耳	*Xanthium strumarium* L.
		蒙古苍耳	*Xanthium mongolicum* Kitag.
	鬼针草属	狼杷草	*Bidens tripartita* L.
		小花鬼针草	*Bidens parviflora* Willd.

（续表）

科	属	中名	学　　名
菊科	蓍属	蓍	*Achillea millefolium* L.
		亚洲蓍	*Achillea asiatica* Serg.
	线叶菊属	线叶菊	*Filifolium sibiricum*（L.）Kitam.
	蒿属	碱蒿	*Artemisia anethifolia* Web. ex Stechm.
		莳萝蒿	*Artemisia anethoides* Mattf.
		裂叶蒿	*Artemisia tanacetifolia* L.
		黄花蒿	*Artemisia annua* L.
		艾	*Artemisia argyi* H. Levl. et Van.
		白叶蒿	*Artemisia leucophylla*（Turcz. ex Bess.）C. B. Clarke
	蒿属	差不嘎蒿	*Artemisia halodendron* Turcz. ex Bess.
		东北牡蒿	*Artemisia manshurica*（Kom.）Kom.
		漠蒿	*Artemisia desertorum* Spreng.
	狗舌草属	狗舌草	*Tephroseris kirilowii*（Turcz. ex DC.）Holub
		红轮狗舌草	*Tephroseris flammea*（Turcz. ex DC.）Holub
		湿生狗舌草	*Tephroseris palustris*（L.）Reich.
	风毛菊属	风毛菊	*Saussurea japonica*（Thunb.）DC.
		翼茎风毛菊	*Saussurea japonica*（Thunb.）DC. var. *pteroclada*（Nakai et Kitag.）Raab-Straube
		盐地风毛菊	*Saussurea salsa*（Pall.）Spreng.
	蓟属	刺儿菜	*Cirsium integrifolium*（Wimm. et Grab.）L. Q. Zhao et Y. Z. Zhao comb. nov.
		大刺儿菜	*Cirsium setosum*（Willd.）M. Bieb.
	麻花头属	球苞麻花头	*Klasea marginata*（Tausch.）Kitag.
		麻花头	*Klasea centauroides*（L.）Cassini ex Kitag.
	蒲公英属	白花蒲公英	*Taraxacum pseudoalbidum* Kitag.
		东北蒲公英	*Taraxacum ohwianum* Kitag.
		亚洲蒲公英	*Taraxacum asiaticum* Dahlst.
		华蒲公英	*Taraxacum sinicum* Kitag.
		蒲公英	*Taraxacum mongolicum* Hand. - Mazz.
		兴安蒲公英	*Taraxacum falcilobum* Kitag.
		异苞蒲公英	*Taraxacum multisectum* Kitag.
		多裂蒲公英	*Taraxacum dissectum*（Ledeb.）Ledeb.

（续表）

科	属	中名	学　名
菊科	莴苣属	山莴苣	*Lactuca sibirica*（L.）Benth. ex Maxim.
		乳苣	*Lactuca tatarica*（L.）C. A. Mey.
	还阳参属	屋根草	*Crepis tectorum* L.
		还阳参	*Crepis crocea*（Lam.）Babc.
黑三棱科	黑三棱属	黑三棱	*Sparganium stoloniferum*（Buch. -Ham. ex Graebn.）Buch. -Ham. ex Juz.
眼子菜科	篦齿眼子菜属	龙须眼子菜	*Stuckenia pectinata*（L.）Borner
	眼子菜属	小眼子菜	*Potamogeton panormitanus* Biv.
		眼子菜	*Potamogeton distinctus* A. Benn.
泽泻科	泽泻属	泽泻	*Alisma orientale*（G. Sam.）Juz.
禾本科	菰属	菰	*Zizania latifolia*（Griseb.）Turcz. ex Stapf
	三芒草属	三芒草	*Aristida adscensionis* L.
	银穗草属	银穗草	*Leucopoa albida*（Turcz. ex Trin.）Krecz. et Bobr.
	早熟禾属	渐狭早熟禾	*Poa attenuata* Trin.
	拂子茅属	大拂子茅	*Calamagrostis macrolepis* Litv.
		拂子茅	*Calamagrostis epigeios*（L.）Roth
		假苇拂子茅	*Calamagrostis pseudophragmites*（A. Hall. f.）Koeler.
	翦股颖属	歧序翦股颖	*Agrostis divaricatissima* Mez
	草沙蚕属	中华草沙蚕	*Tripogon chinensis*（Franch.）Hack.
	野黍属	野黍	*Eriochloa villosa*（Thunb.）Kunth
莎草科	三棱草属	荆三棱	*Bolboschoenus yagara*（Ohwi）Y. C. Yang et M. Zhan
	扁穗草属	华扁穗草	*Blysmus sinocompressus* Tang et F. T. Wang
	荸荠属	牛毛毡	*Eleocharis yokoscensis*（Franch. et Sav.）Tang et F. T. Wang
		卵穗荸荠	*Eleocharis ovata*（Roth）Roem. et Schult.
		沼泽荸荠	*Eleocharis palustris*（L.）Roem et Schult.
	莎草属	褐穗莎草	*Cyperus fuscus* L.

（续表）

科	属	中名	学　　名
莎草科	薹草属	砾薹草	*Carex stenophylloides* V. I. Krecz.
		走茎薹草	*Carex reptabunda*（Trautv.） V. I. Krecz.
		小粒薹草	*Carex karoi* Freyn
		纤弱薹草	*Carex capillaris* L.
		凸脉薹草	*Carex lanceolata* Boott
		离穗薹草	*Carex eremopyroides* V. I. Krecz.
		丛薹草	*Carex caespitosa* L.
		膨囊薹草	*Carex schmidtii* Meinsh.
灯心草科	灯心草属	小灯心草	*Juncus bufonius* L.
		细灯心草	*Juncus gracillimus*（Buch.） V. I. Krecz. et Gontsch.
百合科	百合属	山丹	*Lilium pumilum* Redoute
	萱草属	小黄花菜	*Hemerocallis minor* Mill.

低等野生饲用植物名录

科	属	中名	学　名
木贼科	木贼属	节节草	*Hippochaete ramosissimum*（Desf.）Boem.
麻黄科	麻黄属	草麻黄	*Ephedra sinica* Stapf
杨柳科	杨属	山杨	*Populus davidiana* Dode
桑科	大麻属	野大麻	*Cannabis sativa* L. f. ruderalis（Janisch.）Chu
荨麻科	墙草属	小花墙草	*Parietaria micrantha* Ledeb.
蓼科	大黄属	波叶大黄	*Rheum rhabarbarum* L.
		华北大黄	*Rheum franzenbachii* Munt.
	酸模属	小酸模	*Rumex acetosella* L.
		酸模	*Rumex acetosa* L.
		毛脉酸模	*Rumex gmelinii* Turcz. ex. Ledeb.
		皱叶酸模	*Rumex crispus* L.
		狭叶酸模	*Rumex stenophyllus* Ledeb.
		巴天酸模	*Rumex patientia* L.
		长刺酸模	*Rumex maritimus* L.
		盐生酸模	*Rumex marschallianus* Rchb.
	蓼属	桃叶蓼	*Polygonum persicaria* L.
		酸模叶蓼	*Polygonum lapathifolium* L.
		细叶蓼	*Polygonum angustifolium* Pall.
藜科	盐角草属	盐角草	*Salicornia europaea* L.
	碱蓬属	碱蓬	*Suaeda glauca*（Bunge）Bunge
		角果碱蓬	*Suaeda corniculata*（C. A. Mey.）Bunge
	轴藜属	轴藜	*Axyris amaranthoides* L.
		杂配轴藜	*Axyris hybrida* L.
	藜属	尖头叶藜	*Chenopodium acuminatum* Willd.
		狭叶尖头叶藜	*Chenopodium acuminatum* Willd. subsp. *virgatum*（Thunb.）Kitam.
		菱叶藜	*Chenopodium bryoniaefolium* Bunge

（续表）

科	属	中名	学　名
石竹科	牛漆姑草属	牛漆姑草	*Spergularia marina*（L.）Griseb.
	蚤缀属	毛叶蚤缀	*Arenaria capillaris* Poir.
	繁缕属	雀舌草	*Stellaria alsine* Grimm
	高山漆姑草属	高山漆姑草	*Minuartia laricina*（L.）Mattf.
	麦瓶草属	狗筋麦瓶草	*Silene vulgaris*（Moench）Garcke
		毛萼麦瓶草	*Silene repens* Patr.
		旱麦瓶草	*Silene jenisseensis* Willd.
	石竹属	瞿麦	*Dianthus superbus* L.
		簇茎石竹	*Dianthus repens* Willd.
毛茛科	唐松草属	展枝唐松草	*Thalictrum squarrosum* Steph. ex Willd.
	白头翁属	细叶白头翁	*Pulsatilla turczaninovii* Kryl. et Serg.
		细裂白头翁	*Pulsatilla tenuiloba*（Turcz. ex Hayek）Juz.
		蒙古白头翁	*Pulsatilla ambigua*（Turcz. ex Hayek.）Juz.
		黄花白头翁	*Pulsatilla sukaczewii* Juz.
	水葫芦苗属	碱毛茛	*Halerpestes sarmentosa*（Adams）Kom. et Aliss.
	铁线莲属	棉团铁线莲	*Clematis hexapetala* Pall.
罂粟科	角茴香属	角茴香	*Hypecoum erectum* L.
十字花科	焯菜属	风花菜	*Rorippa palustris*（L.）Bess.
	葶苈属	葶苈	*Draba nemorosa* L.
	花旗杆属	小花花旗杆	*Dontostemon micranthus* C. A. Mey.
	大蒜芥属	多型蒜芥	*Sisymbrium polymorphum*（Murr.）Roth
	播娘蒿属	播娘蒿	*Descurainia sophia*（L.）Webb. ex Prantl
	南芥属	垂果南芥	*Arabis pendula* L.
景天科	瓦松属	狼爪瓦松	*Orostachys cartilaginea* A. Bor.
	八宝属	紫八宝	*Hylotelephium triphyllum*（Haworth）Holub
虎耳草科	茶藨属	小叶茶藨	*Ribes pulchellum* Turcz.

（续表）

科	属	中名	学　名
蔷薇科	绣线菊属	柳叶绣线菊	*Spiraea salicifolia* L.
		耧斗叶绣线菊	*Spiraea aquilegifolia* Pall.
	苹果属	山荆子	*Malus baccata* （L.） Borkh.
	蔷薇属	山刺玫	*Rosa davurica* Pall.
	委陵菜属	朝天委陵菜	*Potentilla supina* L.
		轮叶委陵菜	*Potentilla verticillaris* Steph. ex Willd.
		绢毛委陵菜	*Potentilla sericea* L.
		大萼委陵菜	*Potentilla conferta* Bunge
		腺毛委陵菜	*Potentilla longifolia* Willd. ex Schlecht.
	山莓草属	伏毛山莓草	*Sibbaldia adpressa* Bunge
	地蔷薇属	地蔷薇	*Chamaerhodos erecta* （L.） Bunge
	杏属	西伯利亚杏	*Armeniaca sibirica* （L.） Lam.
豆科	棘豆属	小花棘豆	*Oxytropis glabra* DC.
牻牛儿苗科	老鹳草属	灰背老鹳草	*Geranium wlassowianum* Fisch. ex Link
		鼠掌老鹳草	*Geranium sibiricum* L.
亚麻科	亚麻属	野亚麻	*Linum stelleroides* Planch.
		宿根亚麻	*Linum perenne* L.
白刺科	白刺属	小果白刺	*Nitraria sibirica* Pall.
骆驼蓬科	骆驼蓬属	匍根骆驼蓬	*Peganum nigellastrum* Bunge
蒺藜科	蒺藜属	蒺藜	*Tribulus terrestris* L.
远志科	远志属	细叶远志	*Polygala tenuifolia* Willd.
大戟科	大戟属	地锦	*Euphorbia humifusa* Willd.
鼠李科	鼠李属	柳叶鼠李	*Rhamnus erythroxylon* Pall.
锦葵科	锦葵属	野葵	*Malva verticillata* L.
		锦葵	*Malva sinensis* Cavan.
	苘麻属	苘麻	*Abutilon theophrasti* Medic.
千屈菜科	千屈菜属	千屈菜	*Lythrum salicaria* L.
柳叶菜科	柳叶菜属	柳兰	*Epilobium angustifolium* L.
		沼生柳叶菜	*Epilobium palustre* L.
杉叶藻科	杉叶藻属	杉叶藻	*Hippuris vulgaris* L.

（续表）

科	属	中名	学　　名
伞形科	泽芹属	泽芹	*Sium suave* Walt.
	防风属	防风	*Saposhnikovia divaricata*（Turcz.）Schischk.
	蛇床属	兴安蛇床	*Cnidium dahuricum*（Jacq.）Fesch. et C. A. Mey.
		蛇床	*Cnidium monnieri*（L.）Cuss.
报春花科	点地梅属	北点地梅	*Androsace septentrionalis* L.
	珍珠菜属	狼尾花	*Lysimachia barystachys* Bunge
白花丹科	驼舌草属	驼舌草	*Goniolimon speciosum*（L.）Boiss.
	补血草属	黄花补血草	*Limonium aureum*（L.）Hill
		二色补血草	*Limonium bicolor*（Bunge）Kuntze
旋花科	旋花属	田旋花	*Convolvulus arvensis* L.
菟丝子科	菟丝子属	菟丝子	*Cuscuta chinensis* Lam.
紫草科	紫丹属	细叶砂引草	*Tournefortia sibirica* L. var. *angustior*（DC.）G.L.Chu et M.G. Gilbert
	琉璃草属	大果琉璃草	*Cynoglossum divaricatum* Steph.
唇形科	黄芩属	黄芩	*Scutellaria baicalensis* Georgi
		并头黄芩	*Scutellaria scordifolia* Fisch. ex Schrank
		盔状黄芩	*Scutellaria galericulata* L.
	夏至草属	夏至草	*Lagopsis supina*（Steph. ex Willd.）lk. - Gal. ex Knorr.
	青兰属	香青兰	*Dracocephalum moldavica* L.
	糙苏属	块根糙苏	*Phlomis tuberosa* L.
		串铃草	*Phlomis mongolica* Turcz.
	益母草属	益母草	*Leonurus japonicus* Houtt.
		细叶益母草	*Leonurus sibiricus* L.
玄参科	柳穿鱼属	柳穿鱼	*Linaria vulgaris* Mill. subsp. *sinensis*（Bunge ex Debeaux）D. Y. Hong
		多枝柳穿鱼	*Linaria buriatica* Turcz. ex Benth.
	穗花属	兔儿尾苗	*Pseudolysimachion longifolium*（L.）Opiz.
列当科	列当属	列当	*Orobanche coerulescens* Steph.

（续表）

科	属	中名	学　名
茜草科	拉拉藤属	蓬子菜	*Galium verum* L.
		拉拉藤	*Galium spurium* L.
	茜草属	茜草	*Rubia cordifolia* L.
		披针叶茜草	*Rubia lanceolata* Hayata
败酱科	败酱属	西伯利亚败酱	*Patrinia sibirica*（L.）Juss.
		岩败酱	*Patrinia rupestris*（Pall.）Dufresne
川续断科	蓝盆花属	窄叶蓝盆花	*Scabiosa comosa* Fisch. ex Roem. et Schult.
		华北蓝盆花	*Scabiosa tschiliensis* Grunning
桔梗科	沙参属	紫沙参	*Adenophora paniculata* Nannf.
菊科	狗娃花属	狗娃花	*Heteropappus hispidus*（Thunb.）Less.
	碱菀属	碱菀	*Tripolium pannonicum*（Jacq.）Dobr.
	白酒草属	小蓬草	*Conyza canadensis*（L.）Cronq.
	火绒草属	绢茸火绒草	*Leontopodium smithianum* Hand. - Mazz.
	菊属	紫花野菊	*Chrysanthemum zawadskii* Herb.
		细叶菊	*Chrysanthemum maximowiczii* Kom.
	蒿属	宽叶蒿	*Artemisia latifolia* Ledeb.
		密毛白莲蒿	*Artemisia gmelinii* Web. ex Stechm. var. *messerschmidtiana*（Bess.）Pojak.
		灰莲蒿	*Artemisia gmelinii* Web. ex Stechm. var. *incana*（Bess.）H.C. Fu
		黑蒿	*Artemisia palustris* L.
		丝裂蒿	*Artemisia adamsii* Bess.
		野艾蒿	*Artemisia lavandulaefolia* DC.
		蒙古蒿	*Artemisia mongolica*（Fisch. ex Bess.）Nakai
		红足蒿	*Artemisia rubripes* Nakai
		龙蒿	*Artemisia dracunculus* L.
		光沙蒿	*Artemisia oxycephala* Kitag.
		细秆沙蒿	*Artemisia macilenta*（Maxim.）Krasch.
	栉叶蒿属	栉叶蒿	*Neopallasia pectinata*（Pall.）Poljak.
	千里光属	欧洲千里光	*Senecio vulgaris* L.
		额河千里光	*Senecio argunensis* Turcz.

（续表）

科	属	中名	学　　名
菊科	蓝刺头属	驴欺口	*Echinops davuricus* Fisch. ex Horn.
		砂蓝刺头	*Echinops gmelinii* Turcz.
	风毛菊属	草地风毛菊	*Saussurea amara* （L.） DC.
		达乌里风毛菊	*Saussurea davurica* Adam.
		柳叶风毛菊	*Saussurea salicifolia* （L.） DC.
		碱地风毛菊	*Saussurea runcinata* DC.
		硬叶风毛菊	*Saussurea firma* （Kitag.） Kitam.
	蝟菊属	蝟菊	*Olgaea lomonosowii* （Trautv.） Iljin
		鳍蓟	*Olgaea leucophylla* （Turcz.） Iljin
	蓟属	莲座蓟	*Cirsium esculentum* （Sievers） C. A. Mey.
		烟管蓟	*Cirsium pendulum* Fisch. ex DC.
	飞廉属	节毛飞廉	*Carduus acanthoides* L.
	麻花头属	多头麻花头	*Serratula polycephala* Iljin
黑三棱科	黑三棱属	短序黑三棱	*Sparganium glomeratum* Laest. ex Beurl.
水麦冬科	水麦冬属	海韭菜	*Triglochin maritima* L.
		水麦冬	*Triglochin palustris* L.
泽泻科	泽泻属	草泽泻	*Alisma plantago-aquatica* L.
花蔺科	花蔺属	花蔺	*Butomus umbellatus* L.
莎草科	三棱草属	扁秆荆三棱	*Bolboschoenus planiculmis* （F. Schmidt） T. V. Egorova
	针蔺属	矮针蔺	*Trichophorum pumilum* （Vahl） Schinz. et Thellung
	藨草属	东方藨草	*Scirpus orientalis* Ohwi
	水葱属	水葱	*Schoenoplectus tabernaemontani* （C. C. Gmel.） Palla
	扁莎属	球穗扁莎	*Pycreus flavidus* （Retzius） T. Koyama
		槽鳞扁莎	*Pycreus sanguinolentus* （Vahl） Nees ex C. B. Clarke
百合科	天门冬属	兴安天门冬	*Asparagus dauricus* Link
		戈壁天门冬	*Asparagus gobicus* N. A. Ivan. ex Grub.

（续表）

科	属	中名	学　名
鸢尾科	鸢尾属	射干鸢尾	*Iris dichotoma* Pall.
		细叶鸢尾	*Iris tenuifolia* Pall.
		囊花鸢尾	*Iris ventricosa* Pall.
		粗根鸢尾	*Iris tigridia* ex Ledeb.
		马蔺	*Iris lactea* Pall. var. *chinensis*（Fisch.）Koidz.
		溪荪	*Iris sanguinea* Donn ex Hornem
		黄花鸢尾	*Iris flavissima* Pall.

劣等野生饲用植物名录

科	属	中名	学　　名
水龙骨科	多足蕨属	小多足蕨	*Polypodium virginianum* L.
松科	松属	樟子松	*Pinus sylvestris* L. var. *mongolica* Litv.
十字花科	庭荠属	北方庭荠	*Alyssum lenense* Adams
		倒卵叶庭荠	*Alyssum obovatum* （C. A. Mey.） Turcz.
景天科	费菜属	费菜	Phedimus aizoon （L.） 't Hart.
芸香科	白鲜属	白鲜	*Dictamnus dasycarpus* Turcz.
伞形科	茴芹属	羊洪膻	*Pimpinella thellungiana* H. Wolff
	独活属	短毛独活	*Heracleum moellendorffii* Hance
	迷果芹属	迷果芹	*Sphallerocarpus gracilis* （Bess. ex Trev.） K. - Pol.
龙胆科	百金花属	百金花	*Centaurium pulchellum* （Swartz） Druce var. *altaicum* （Griseb.） Kitag. et H. Hara
	龙胆属	鳞叶龙胆	*Gentiana squarrosa* Ledeb.
		条叶龙胆	*Gentiana manshurica* Kitag.
	萝藦属	萝藦	*Metaplexis japonica* （Thunb.） Makino
紫草科	勿忘草属	勿忘草	*Myosotis alpestris* F. W. Schmidt
	钝背草属	钝背草	*Amblynotus rupestris* （Pall. ex Georgi） Popov ex L. Sergiev.
马鞭草科	莸属	蒙古莸	*Caryopteris mongholica* Bunge
唇形科	裂叶荆芥属	多裂叶荆芥	*Schizonepeta multifida* （L.） Briq.
	水苏属	毛水苏	*Stachys riederi* Cham. ex Benth.
	薄荷属	薄荷	*Mentha canadensis* L.
		兴安薄荷	*Mentha dahurica* Fisch ex Benth.
茄科	茄属	龙葵	*Solanum nigrum* L.
玄参科	疗齿草属	疗齿草	*Odontites vulgaris* Moench
	马先蒿属	黄花马先蒿	*Pedicularis flava* Pall.
		红纹马先蒿	*Pedicularis striata* Pall.
	婆婆纳属	蚊母草	*Veronica peregrina* L.
狸藻科	狸藻属	弯距狸藻	*Utricularia vulgaris* L. subsp. *macrorhiza* （Le Conte） R. T.Clausen

（续表）

科	属	中名	学　名
忍冬科	接骨木属	接骨木	*Sambucus williamsii* Hance
菊科	莎菀属	莎菀	*Arctogeron gramineum*（L.）DC.
	旋覆花属	欧亚旋覆花	*Inula britannica* L.
		旋覆花	*Inula japonica* Thunb.
	蒿属	大籽蒿	*Artemisia sieversiana* Ehrhart ex Willd.
	牛蒡属	牛蒡	*Arctium lappa* L.
禾本科	臭草属	细叶臭草	*Melica radula* Franch.
	黄花茅属	光稃茅香	*Anthoxanthum glabrum*（Trin.）Veldkamp
		茅香	*Anthoxanthum nitens*（Weber）Y. Schouten et Veldkamp
百合科	顶冰花属	少花顶冰花	*Gagea pauciflora*（Turcz. ex Trautv.）Ledeb.
	黄精属	玉竹	*Polygonatum odoratum*（Mill.）Druce
		黄精	*Polygonatum sibiricum* Redoute

有毒植物名录

科	属	中名	学　名
木贼科	问荆属	问荆	*Equisetum arvense* L.
麻黄科	麻黄属	草麻黄	*Ephedra sinica* Stapf
荨麻科	荨麻属	麻叶荨麻	*Urtica cannabina* L.
		狭叶荨麻	*Urtica angustifolia* Fisch. ex Hornem.
蓼科	酸模属	酸模	*Rumex acetosa* L.
	首乌属	蔓首乌	*Fallopia convolvula* （L.） A. Love
	荞麦属	苦荞麦	*Fagopyrum tataricum* （L.） Gaertn.
藜科	盐角草属	盐角草	*Salicornia europaea* L.
	滨藜属	滨藜	*Atriplex patens* （Litv.） Iljin
	藜属	藜	*Chenopodium album* L.
苋科	苋属	反枝苋	*Amaranthus retroflexus* L.
毛茛科	耧斗菜属	耧斗菜	*Aquilegia viridiflora* Pall.
	唐松草属	展枝唐松草	*Thalictrum squarrosum* Steph. ex Willd.
		箭头唐松草	*Thalictrum simplex* L.
		欧亚唐松草	*Thalictrum minus* L.
		东亚唐松草	*Thalictrum minus* L. var. *hypoleucum* （Sieb. et Zucc.） Miq.
		瓣蕊唐松草	*Thalictrum petaloideum* L.
	白头翁属	细叶白头翁	*Pulsatilla turczaninovii* Kryl. et Serg.
		蒙古白头翁	*Pulsatilla ambigua* （Turcz. ex Hayek.） Juz.
	毛茛属	石龙芮	*Ranunculus sceleratus* L.
		毛茛	*Ranunculus japonicus* Thunb.
		回回蒜	*Ranunculus chinensis* Bunge
	铁线莲属	棉团铁线莲	*Clematis hexapetala* Pall.
	翠雀花属	翠雀花	*Delphinium grandiflorum* L.
	乌头属	西伯里亚乌头	*Aconitum barbatum* Pers. var. *hispidum* （DC）.Seringe
罂粟科	罂粟属	野罂粟	*Papaver nudicaule* L.

（续表）

科	属	中名	学　名
十字花科	菥蓂属	山菥蓂	*Thlaspi cochleariforme* DC.
	独行菜属	独行菜	*Lepidium apetalum* Willd.
	播娘蒿属	播娘蒿	*Descurainia sophia*（L.）Webb. ex Prantl
	糖芥属	小花糖芥	*Erysimum cheiranthoides* L.
景天科	瓦松属	钝叶瓦松	*Orostachys malacophyllus*（Pall.）Fisch.
		瓦松	*Orostachys fimbriata*（Turcz.）A. Berger
蔷薇科	杏属	西伯利亚杏	*Armeniaca sibirica*（L.）Lam.
豆科	黄花属	披针叶黄花	*Thermopsis lanceolata* R. Br.
	苦马豆属	苦马豆	*Sphaerophysa salsula*（Pall.）DC.
	棘豆属	小花棘豆	*Oxytropis glabra* DC.
	草木樨属	草木樨	*Melilotus officinalis*（L.）Lam.
骆驼蓬科	骆驼蓬属	匍根骆驼蓬	*Peganum nigellastrum* Bunge
大戟科	大戟属	乳浆大戟	*Euphorbia esula* L.
		狼毒大戟	*Euphorbia fischeriana* Steud.
		钩腺大戟	*Euphorbia sieboldiana* C. Morr. et Decne
瑞香科	狼毒属	狼毒	*Stellera chamaejasme* L.
柳叶菜科	柳叶菜属	柳兰	*Epilobium angustifolium* L.
伞形科	毒芹属	毒芹	*Cicuta virosa* L.
萝藦科	萝藦属	萝藦	*Metaplexis japonica*（Thunb.）Makino
旋花科	打碗花属	打碗花	*Calystegia hederacea* Wall. ex Roxb.
唇形科	百里香属	百里香	*Thymus serpyllum* L. var. *mongolicus* Ronn.
	薄荷属	薄荷	*Mentha canadensis* L.
茄科	茄属	龙葵	*Solanum nigrum* L.
	泡囊草属	泡囊草	*Physochlaina physaloides*（L.）G. Don
	天仙子属	天仙子	*Hyoscyamus niger* L.
紫葳科	角蒿属	角蒿	*Incarvillea sinensis* Lam.
车前科	车前属	车前	*Plantago asiatica* L.

（续表）

科	属	中名	学　名
菊科	苍耳属	苍耳	*Xanthium strumarium* L.
	鬼针草属	狼把草	*Bidens tripartita* L.
	蓍属	蓍	*Achillea millefolium* L.
	蒿属	艾	*Artemisia argyi* H. Levl. et Van.
	狗舌草属	狗舌草	*Echinops davuricus* Fisch. ex Horn.
	千里光属	额河千里光	*Senecio argunensis* Turcz.
水麦冬科	水麦冬属	海韭菜	*Triglochin maritima* L.
		水麦冬	*Triglochin palustris* L.
泽泻科	泽泻属	泽泻	*Alisma plantago-aquatica* L.
		草泽泻	*Alisma gramineum* Lejeune
禾本科	芨芨草属	羽茅	*Achnatherum sibiricum*（L.）Keng ex Tzvel.
百合科	藜芦属	藜芦	*Veratrum nigrum* L.
	萱草属	小黄花菜	*Hemerocallis minor* Mill.
	黄精属	玉竹	*Polygonatum odoratum*（Mill.）Druce
鸢尾科	鸢尾属	马蔺	*Iris lactea* Pall. var. *chinensis*（Fisch.）Koidz.

有害植物名录

科	属	中名	学　名
蓼科	酸模属	小酸模	*Rumex acetosella* L.
		酸模	*Rumex acetosa* L.
十字花科	独行菜属	独行菜	*Lepidium apetalum* Willd.
蔷薇科	龙牙草属	龙牙草	*Agrimonia pilosa* Ledeb.
蒺藜科	蒺藜属	蒺藜	*Tribulus terrestris* L.
菟丝子科	菟丝子属	菟丝子	*Cuscuta chinensis* Lam.
紫草科	琉璃草属	大果琉璃草	*Cynoglossum divaricatum* Steph.
	鹤虱属	蒙古鹤虱	*Lappula intermedia*（Ledeb.）Popov
		鹤虱	*Lappula myosotis* Moench
		异刺鹤虱	*Lappula heteracantha*（Ledeb.）Gürke
	齿缘草属	百里香叶齿缘草	*Eritrichium thymifolium*（DC.）Y.S.Lian et J.Q.Wang
		反折齿缘草	*Eritrichium deflexum*（Wahlenb.）Y.S.Lian et J.Q. Wang
	勿忘草属	勿忘草	*Myosotis alpestris* F. W. Schmidt
玄参科	芯芭属	达乌里芯芭	*Cymbaria dahurica* L.
菊科	苍耳属	苍耳	*Xanthium strumarium* L.
		蒙古苍耳	*Xanthium mongolicum* Kitag.
	鬼针草属	狼把草	*Bidens tripartita* L.
		小花鬼针草	*Bidens parviflora* Willd.
禾本科	针茅属	克氏针茅	*Stipa krylovii* Roshev.
		小针茅	*Stipa klemenzii* Roshev.
		贝加尔针茅	*Stipa baicalensis* Roshev.
		大针茅	*Stipa grandis* P. A. Smirn.

药用植物名录

科	属	中名	学　名
木贼科	问荆属	问荆	*Equisetum arvense* L.
	木贼属	节节草	*Hippochaete ramosissimum* （Desf.） Boem.
松科	松属	樟子松	*Pinus sylvestris* L. var. *mongolica* Litv.
麻黄科	麻黄属	草麻黄	*Ephedra sinica* Stapf
杨柳科	杨属	山杨	*Populus davidiana* Dode
	柳属	乌柳	*Salix cheilophila* C. K. Schneid.
		小红柳	*Salix microstachya* Turcz. ex. Trautv. var. *bordensis* （Nakai） C. F. Fang,
榆科	榆属	大果榆	*Ulmus macrocarpa* Hance
		榆树	*Ulmus pumila* L.
桑科	大麻属	野大麻	*Cannabis sativa* L. f. ruderalis （Janisch.） Chu
荨麻科	荨麻属	麻叶荨麻	*Urtica cannabina* L.
		狭叶荨麻	*Urtica angustifolia* Fisch. ex Hornem.
	墙草属	小花墙草	*Parietaria micrantha* Ledeb.
檀香科	百蕊草属	长叶百蕊草	*Thesium longifolium* Turcz.
		急折百蕊草	*Thesium refractum* C. A. Mey.
蓼科	大黄属	波叶大黄	*Rheum rhabarbarum* L.
		华北大黄	*Rheum franzenbachii* Munt.
	酸模属	酸模	*Rumex acetosa* L.
		毛脉酸模	*Rumex gmelinii* Turcz. ex. Ledeb.
		皱叶酸模	*Rumex crispus* L.
		狭叶酸模	*Rumex stenophyllus* Ledeb.
		巴天酸模	*Rumex patientia* L.
		长刺酸模	*Rumex maritimus* L.

（续表）

科	属	中名	学　名
蓼科	蓼属	萹蓄	*Polygonum aviculare* L.
		两栖蓼	*Polygonum amphibium* L.
		水蓼	*Polygonum hydropiper* L.
		酸模叶蓼	*Polygonum lapathifolium* L.
		西伯利亚蓼	*Polygonum sibiricum* Laxm.
		叉分蓼	*Polygonum divaricatum* L.
		高山蓼	*Polygonum alpinum* All.
	荞麦属	苦荞麦	*Fagopyrum tataricum*（L.） Gaertn.
藜科	猪毛菜属	刺沙蓬	*Salsola tragus* L.
		猪毛菜	*Salsola collina* Pall.
	沙蓬属	沙蓬	*Agriophyllum squarrosum*（L.） Moq. - Tandon
	驼绒藜属	驼绒藜	*Krascheninnikovia ceratoides*（L.） Gueld.
	地肤属	地肤	*Kochia scoparia*（L.） Schrad.
		碱地肤	*Kochia sieversiana*（Pall.） C. A. Mey.
	滨藜属	西伯利亚滨藜	*Atriplex sibirica* L.
	藜属	杂配藜	*Chenopodium hybridum* L.
		藜	*Chenopodium album* L.
	刺藜属	刺藜	*Dysphania aristata*（L.） Mosyakin et Clemants
苋科	苋属	凹头苋	*Amaranthus blitum*. L.
		反枝苋	*Amaranthus retroflexus* L.
马齿苋科	马齿苋属	马齿苋	*Portulaca oleracea* L.

（续表）

科	属	中名	学　　名
石竹科	蚤缀属	毛叶蚤缀	*Arenaria capillaris* Poir.
石竹科	繁缕属	叉歧繁缕	*Stellaria dichotoma* L.
石竹科	繁缕属	银柴胡	*Stellaria lanceolata*（Bunge）Y. S. Lian
石竹科	繁缕属	雀舌草	*Stellaria alsine* Grimm
石竹科	女娄菜属	女娄菜	*Melandrium apricum*（Turcz. ex Fisch. et Mey.）Rohrb.
石竹科	麦瓶草属	狗筋麦瓶草	*Silene vulgaris*（Moench）Garcke
石竹科	麦瓶草属	旱麦瓶草	*Silene jenisseensis* Willd.
石竹科	丝石竹属	草原丝石竹	*Gypsophila davurica* Turcz. ex Fenzl
石竹科	石竹属	瞿麦	*Dianthus superbus* L.
石竹科	石竹属	簇茎石竹	*Dianthus repens* Willd.
石竹科	石竹属	石竹	*Dianthus chinensis* L.
石竹科	石竹属	兴安石竹	*Dianthus chinensis* L. var.*versicolor*（Fisch. ex Link）Y. C.Ma
金鱼藻科	金鱼藻属	金鱼藻	*Ceratophyllum demersum* L.
毛茛科	耧斗菜属	耧斗菜	*Aquilegia viridiflora* Pall.
毛茛科	蓝堇草属	蓝堇草	*Leptopyrum fumarioides*（L.）Reichb.
毛茛科	唐松草属	展枝唐松草	*Thalictrum squarrosum* Steph. ex Willd.
毛茛科	唐松草属	香唐松草	*Thalictrum foetidum* L.
毛茛科	唐松草属	箭头唐松草	*Thalictrum simplex* L.
毛茛科	唐松草属	欧亚唐松草	*Thalictrum minus* L.
毛茛科	唐松草属	东亚唐松草	*Thalictrum minus* L. var. *hypoleucum*（Sieb.et Zucc.）Miq.
毛茛科	唐松草属	瓣蕊唐松草	*Thalictrum petaloideum* L.
毛茛科	唐松草属	卷叶唐松草	*Thalictrum petaloideum* L. var. *supradecompositum*（Nakai）Kitag.
毛茛科	白头翁属	细叶白头翁	*Pulsatilla turczaninovii* Kryl. et Serg.
毛茛科	白头翁属	蒙古白头翁	*Pulsatilla ambigua*（Turcz. ex Hayek.）Juz.
毛茛科	白头翁属	黄花白头翁	*Pulsatilla sukaczewii* Juz.
毛茛科	水葫芦苗属	长叶碱毛茛	*Halerpestes ruthenica*（Jacq.）Ovcz.
毛茛科	水葫芦苗属	碱毛茛	*Halerpestes sarmentosa*（Adams）Kom. et Aliss.

（续表）

科	属	中名	学　名
毛茛科	毛茛属	石龙芮	*Ranunculus sceleratus* L.
		毛茛	*Ranunculus japonicus* Thunb.
		回回蒜	*Ranunculus chinensis* Bunge
	铁线莲属	棉团铁线莲	*Clematis hexapetala* Pall.
	翠雀花属	翠雀花	*Delphinium grandiflorum* L.
	乌头属	西伯利亚乌头	*Aconitum barbatum* Pers. var. *hispidum*（DC）. Seringe
罂粟科	罂粟属	野罂粟	*Papaver nudicaule* L.
	角茴香属	角茴香	*Hypecoum erectum* L.
十字花科	蔊菜属	风花菜	*Rorippa palustris*（L.） Bess.
	菥蓂属	菥蓂	*Thlaspi arvense* L.
		山菥蓂	*Thlaspi cochleariforme* DC.
	独行菜属	宽叶独行菜	*Lepidium latifolium* L.
		独行菜	*Lepidium apetalum* Willd.
	荠属	荠	*Capsella bursa- pastoris*（L.） Medic.
	葶苈属	葶苈	*Draba nemorosa* L.
	播娘蒿属	播娘蒿	*Descurainia sophia*（L.） Webb. ex Prantl
	糖芥属	小花糖芥	*Erysimum cheiranthoides* L.
		蒙古糖芥	*Erysimum flavum*（Georgi） Bobrov
	南芥属	垂果南芥	*Arabis pendula* L.
景天科	瓦松属	钝叶瓦松	*Orostachys malacophyllus*（Pall.） Fisch.
		瓦松	*Orostachys fimbriata*（Turcz.） A. Berger
		黄花瓦松	*Orostachys spinosa*（L.） Sweet
		狼爪瓦松	*Orostachys cartilaginea* A. Bor.
	费菜属	费菜	*Phedimus aizoon*（L.） 't Hart.
虎耳草科	梅花草属	梅花草	*Parnassia palustris* L.

（续表）

科	属	中名	学　名
蔷薇科	蔷薇属	山刺玫	*Rosa davurica* Pall.
	地榆属	地榆	*Sanguisorba officinalis* L.
	水杨梅属	水杨梅	*Geum aleppicum* Jacq.
	龙牙草属	龙牙草	*Agrimonia pilosa* Ledeb.
	金露梅属	小叶金露梅	*Potentilla parvifolia* Fisch. apud Lehm.
	委陵菜属	匍枝委陵菜	*Potentilla flagellaris* Willd. ex Schlecht.
		鹅绒委陵菜	*Potentilla anserina* L.
		二裂委陵菜	*Potentilla bifurca* L.
		高二裂委陵菜	*Potentilla. bifurca* L. var. *major* Ledeb.
		三出委陵菜	*Potentilla betonicifolia* Poir.
		多裂委陵菜	*Potentilla multifida* L.
		大萼委陵菜	*Potentilla conferta* Bunge
		委陵菜	*Potentilla chinensis* Ser.
		菊叶委陵菜	*Potentilla tanacetifolia* Willd. ex Schlecht.
		腺毛委陵菜	*Potentilla longifolia* Willd. ex Schlecht.
	地蔷薇属	地蔷薇	*Chamaerhodos erecta*（L.） Bunge
	杏属	西伯利亚杏	*Armeniaca sibirica*（L.） Lam.
豆科	黄花属	披针叶黄花	*Thermopsis lanceolata* R. Br.
	苦马豆属	苦马豆	*Sphaerophysa salsula*（Pall.） DC.
	甘草属	甘草	*Glycyrrhiza uralensis* Fsich. ex DC.
	米口袋属	少花米口袋	*Gueldenstaedtia verna*（Georgi） Boriss.
		狭叶米口袋	*Gueldenstaedtia stenophylla* Bunge
	棘豆属	多叶棘豆	*Oxytropis myriophylla*（Pall.） DC.
		砂珍棘豆	*Oxytropis racemosa* Turcz.
	黄耆属	华黄耆	*Astragalus chinensis* L. f.
		草木樨状黄耆	*Astragalus melilotoides* Pall.
		蒙古黄耆	*Astragalus mongholicus* Bunge
		斜茎黄耆	*Astragalus laxmannii* Jacq.
	锦鸡儿属	小叶锦鸡儿	*Caragana microphylla* Lam.

（续表）

科	属	中名	学　名
豆科	野豌豆属	广布野豌豆	*Vicia cracca* L.
		山野豌豆	*Vicia amoena* Fisch. ex Seringe
		歪头菜	*Vicia unijuga* A. Br.
	车轴草属	野火球	*Trifolium lupinaster* L.
	苜蓿属	天蓝苜蓿	*Medicago lupulina* L.
		黄花苜蓿	*Medicago falcata* L.
	草木樨属	草木樨	*Melilotus officinalis*（L.）Lam.
		细齿草木樨	*Melilotus dentatus*（Wald. et Kit.）Pers.
		白花草木樨	*Melilotus albus* Medik.
	胡枝子属	绒毛胡枝子	*Lespedeza tomentosa*（Thunb.）Sieb. ex Maxim.
		达乌里胡枝子	*Lespedeza davurica*（Laxm.）Schindl.
牻牛儿苗科	牻牛儿苗属	牻牛儿苗	*Erodium stephanianum* Willd.
	老鹳草属	鼠掌老鹳草	*Geranium sibiricum* L.
亚麻科	亚麻属	野亚麻	*Linum stelleroides* Planch.
		宿根亚麻	*Linum perenne* L.
白刺科	白刺属	小果白刺	*Nitraria sibirica* Pall.
骆驼蓬科	骆驼蓬属	匍根骆驼蓬	*Peganum nigellastrum* Bunge
蒺藜科	蒺藜属	蒺藜	*Tribulus terrestris* L.
芸香科	白鲜属	白鲜	*Dictamnus dasycarpus* Turcz.
远志科	远志属	细叶远志	*Polygala tenuifolia* Willd.
大戟科	大戟属	乳浆大戟	*Euphorbia esula* L.
		狼毒大戟	*Euphorbia fischeriana* Steud.
		地锦	*Euphorbia humifusa* Willd.
鼠李科	鼠李属	柳叶鼠李	*Rhamnus erythroxylon* Pall.
锦葵科	木槿属	野西瓜苗	*Hibiscus trionum* L.
	锦葵属	野葵	*Malva verticillata* L.
		锦葵	*Malva sinensis* Cavan.
	苘麻属	苘麻	*Abutilon theophrasti* Medic.
柽柳科	红砂属	红砂	*Reaumuria songarica*（Pall.）Maxim.
瑞祥科	狼毒属	狼毒	*Stellera chamaejasme* L.

（续表）

科	属	中名	学　名
千屈菜科	千屈菜属	千屈菜	*Lythrum salicaria* L.
柳叶菜科	柳叶菜属	柳兰	*Epilobium angustifolium* L.
		沼生柳叶菜	*Epilobium palustre* L.
杉叶藻科	杉叶藻属	杉叶藻	*Hippuris vulgaris* L.
伞形科	柴胡属	锥叶柴胡	*Bupleurum bicaule* Helm
		红柴胡	*Bupleurum scorzonerifolium* Willd.
	泽芹属	泽芹	*Sium suave* Walt.
	毒芹属	毒芹	*Cicuta virosa* L.
	茴芹属	羊洪膻	*Pimpinella thellungiana* H. Wolff
	葛缕子属	田葛缕子	*Carum buriaticum* Turcz.
	防风属	防风	*Saposhnikovia divaricata*（Turcz.）Schischk.
	蛇床属	蛇床	*Cnidium monnieri*（L.）Cuss.
	独活属	短毛独活	*Heracleum moellendorffii* Hance
报春花科	报春花属	段报春	*Primula maximowiczii* Regel
	点地梅属	北点地梅	*Androsace septentrionalis* L.
	珍珠菜属	狼尾花	*Lysimachia barystachys* Bunge
白花丹科	补血草属	黄花补血草	*Limonium aureum*（L.）Hill
		二色补血草	*Limonium bicolor*（Bunge）Kuntze
龙胆科	百金花属	百金花	*Centaurium pulchellum*（Swartz）Druce var. *altaicum*（Griseb.）Kitag. et H. Hara
	龙胆属	鳞叶龙胆	*Gentiana squarrosa* Ledeb.
		达乌里龙胆	*Gentiana dahurica* Fisch.
		条叶龙胆	*Gentiana manshurica* Kitag.
	扁蕾属	扁蕾	*Gentianopsis barbata*（Froel.）Y. C. Ma
睡菜科	荇菜属	荇菜	*Nymphoides peltata*（S. G. Gmel.）Kuntze
萝藦科	鹅绒藤属	紫花杯冠藤	*Cynanchum purpureum*（Pall.）K. Schum.
		地梢瓜	*Cynanchum thesioides*（Freyn）K. Schum.
	萝藦属	萝藦	*Metaplexis japonica*（Thunb.）Makino
旋花科	打碗花属	打碗花	*Calystegia hederacea* Wall. ex Roxb.
	旋花属	银灰旋花	*Convolvulus ammannii* Desr.
		田旋花	*Convolvulus arvensis* L.

（续表）

科	属	中名	学　名
菟丝子科	菟丝子属	菟丝子	*Cuscuta chinensis* Lam.
紫草科	紫筒草属	紫筒草	*Stenosolenium saxatile*（Pall.）Turcz.
	琉璃草属	大果琉璃草	*Cynoglossum divaricatum* Steph.
	鹤虱属	蒙古鹤虱	*Lappula intermedia*（Ledeb.）Popov
		鹤虱	*Lappula myosotis* Moench
	附地菜属	附地菜	*Trigonotis peduncularis*（Trev.）Benth. ex Baker et Moore
马鞭草科	莸属	蒙古莸	*Caryopteris mongholica* Bunge
唇形科	黄芩属	黄芩	*Scutellaria baicalensis* Georgi
		并头黄芩	*Scutellaria scordifolia* Fisch. ex Schrank
		盔状黄芩	*Scutellaria galericulata* L.
	夏至草属	夏至草	*Lagopsis supina*（Steph. ex Willd.）lk. - Gal. ex Knorr.
	青兰属	香青兰	*Dracocephalum moldavica* L.
	糙苏属	块根糙苏	*Phlomis tuberosa* L.
		串铃草	*Phlomis mongolica* Turcz.
	益母草属	细叶益母草	*Leonurus sibiricus* L.
	水苏属	毛水苏	*Stachys riederi* Cham. ex Benth.
	百里香属	百里香	*Thymus serpyllum* L. var. *mongolicus* Ronn.
	薄荷属	薄荷	*Mentha canadensis* L.
		兴安薄荷	*Mentha dahurica* Fisch ex Benth.
茄科	茄属	龙葵	*Solanum nigrum* L.
		青杞	*Solanum septemlobum* Bunge
	泡囊草属	泡囊草	*Physochlaina physaloides*（L.）G. Don
	天仙子属	天仙子	*Hyoscyamus niger* L.

（续表）

科	属	中名	学　　名
玄参科	玄参属	砾玄参	*Scrophularia incisa* Weinm.
	柳穿鱼属	柳穿鱼	*Linaria vulgaris* Mill. subsp. *sinensis* （Bebeaux） Hong
		多枝柳穿鱼	*Linaria buriatica* Turcz. ex Benth.
	婆婆纳属	北水苦荬	*Veronica anagallis - aquatica* L.
		水苦荬	*Veronica undulata* Wall.
		蚊母草	*Veronica peregrina* L.
	穗花属	白毛穗花	*Pseudolysimachion incanum* （L. ） Holub.
		水蔓青	*Pseudolysimachion dilatatum* （Nakai et Kitag.） Y. Z.zhao
	疗齿草属	疗齿草	*Odontites vulgaris* Moench
	马先蒿属	红纹马先蒿	*Pedicularis striata* Pall.
	芯芭属	达乌里芯芭	*Cymbaria dahurica* L.
紫葳科	角蒿属	角蒿	*Incarvillea sinensis* Lam.
列当科	列当属	列当	*Orobanche coerulescens* Steph.
		黄花列当	*Orobanche pycnostachya* Hance
车前科	车前属	平车前	*Plantago depressa* Willd.
		车前	*Plantago asiatica* L.
茜草科	拉拉藤属	蓬子菜	*Galium verum* L.
		拉拉藤	*Galium spurium* L
	茜草属	茜草	*Rubia cordifolia* L.
		披针叶茜草	*Rubia lanceolata* Hayata
忍冬科	接骨木属	接骨木	*Sambucus williamsii* Hance
川续断科	蓝盆花属	窄叶蓝盆花	*Scabiosa comosa* Fisch. ex Roem. et Schult.
		华北蓝盆花	*Scabiosa tschiliensis* Grunning
桔梗科	沙参属	狭叶沙参	*Adenophora gmelinii* （Beihler） Fisch.
		长柱沙参	*Adenophora stenanthina* （Ledeb. ） Kitag.

（续表）

科	属	中名	学　名
菊科	狗娃花属	阿尔泰狗娃花	*Heteropappus altaicus*（Willd.）Novopokr.
		狗娃花	*Heteropappus hispidus*（Thunb.）Less.
	女菀属	女菀	*Turczaninowia fastigiata*（Fisch.）DC.
	白酒草属	小蓬草	*Conyza canadensis*（L.）Cronq.
	火绒草属	火绒草	*Leontopodium leontopodioides*（Willd.）Beauv.
	旋覆花属	欧亚旋覆花	*Inula britannica* L.
	苍耳属	苍耳	*Xanthium strumarium* L.
		蒙古苍耳	*Xanthium mongolicum* Kitag.
	鬼针草属	狼杷草	*Bidens tripartita* L.
		小花鬼针草	*Bidens parviflora* Willd.
	蓍属	蓍	*Achillea millefolium* L.
	线叶菊属	线叶菊	*Filifolium sibiricum*（L.）Kitam.
	蒿属	大籽蒿	*Artemisia sieversiana* Ehrhart ex Willd.
		冷蒿	*Artemisia frigida* Willd.
		白莲蒿	*Artemisia sacrorum* Ledeb.
		黄花蒿	*Artemisia annua* L.
		艾	*Artemisia argyi* H. Levl. et Van.
		蒙古蒿	*Artemisia mongolica*（Fisch. ex Bess.）Nakai
		差不嘎蒿	*Artemisia halodendron* Turcz. ex Bess.
		猪毛蒿	*Artemisia scoparia* Waldst. et Kit.
		东北牡蒿	*Artemisia manshurica*（Kom.）Kom.
	栉叶蒿属	栉叶蒿	*Neopallasia pectinata*（Pall.）Poljak.
	狗舌草属	狗舌草	*Echinops davuricus* Fisch. ex Horn.
	千里光属	额河千里光	*Senecio argunensis* Turcz.
	蓝刺头属	驴欺口	*Echinops latifolius* Tausch.
		砂蓝刺头	*Echinops gmelinii* Turcz.
	风毛菊属	风毛菊	*Saussurea japonica*（Thunb.）DC.
	牛蒡属	牛蒡	*Arctium lappa* L.
	飞廉属	节毛飞廉	*Carduus acanthoides* L.

（续表）

科	属	中名	学　名
菊科	蓟属	莲座蓟	*Cirsium esculentum*（Sievers）C. A. Mey.
		烟管蓟	*Cirsium pendulum* Fisch. ex DC.
		刺儿菜	*Cirsium integrifolium*（Wimm. et Grab.）L. Q. Zhao et Y. Z. Zhao comb. nov.
		大刺儿菜	*Cirsium setosum*（Willd.）M. Bieb.
	漏芦属	漏芦	*Rhaponticum uniflorum*（L.）DC.
	鸦葱属	毛梗鸦葱	*Scorzonera radiata* Fisch. ex Ledeb.
		蒙古鸦葱	*Scorzonera mongolica* Maxim.
		桃叶鸦葱	*Scorzonera sinensis*（Lipsch. et Krasch.）Nakai
	蒲公英属	东北蒲公英	*Taraxacum ohwianum* Kitag.
		亚洲蒲公英	*Taraxacum asiaticum* Dahlst.
		华蒲公英	*Taraxacum sinicum* Kitag.
		蒲公英	*Taraxacum mongolicum* Hand. - Mazz.
		兴安蒲公英	*Taraxacum falcilobum* Kitag.
		多裂蒲公英	*Taraxacum dissectum*（Ledeb.）Ledeb.
	苦苣菜属	苣荬菜	*Sonchus brachyotus* DC.
		苦苣菜	*Sonchus oleraceus* L.
	小苦苣菜属	碱小苦苣菜	*Sonchella stenoma*（Turcz. ex DC.）Sennikov
	还阳参属	还阳参	*Crepis crocea*（Lam.）Babc.
	苦荬菜属	抱茎苦荬菜	*Ixeris sonchifolia*（Maxim.）Hance
		中华苦荬菜	*Ixeris chinensis*（Thunb.）Nakai
香蒲科	香蒲属	东方香蒲	*Typha orientalis* C. Presl
		水烛	*Typha angustifolia* L.
		小香蒲	*Typha minima* Funk ex Hoppe
		无苞香蒲	*Typha laxmannii* Lepech.
黑三棱科	黑三棱属	黑三棱	*Sparganium stoloniferum*（Buch. -Ham. ex Graebn.）Buch. -Ham. ex Juz.
眼子菜科	篦齿眼子菜属	龙须眼子菜	*Stuckenia pectinata*（L.）Borner
	眼子菜属	穿叶眼子菜	*Potamogeton pectinatus* L.
		眼子菜	*Potamogeton distinctus* A. Benn.

（续表）

科	属	中名	学　名
禾本科	菰属	菰	*Zizania latifolia*（Griseb.）Turcz. ex Stapf
	芦苇属	芦苇	*Phragmites australis*（Cav.）Trin. ex Steudel.
	硬质早熟禾属	硬质早熟禾	*Poa sphondylodes* Trin.
	冰草属	冰草	*Agropyron cristatum*（L.）Gaertn.
		沙生冰草	*Agropyron desertorum*（Fisch. ex Link）Schult.
		沙芦草	*Agropyron mongolicum* Keng
	赖草属	赖草	*Leymus secalinus*（Georgi）Tzvel.
	燕麦属	野燕麦	*Avena fatua* L.
	茅香属	茅香	*Anthoxanthum nitens*（Weber）Y. Schouten et Veldkamp
	芨芨草属	芨芨草	*Achnatherum splendens*（Trin.）Nevski
	獐毛属	獐毛	*Aeluropus sinensis*（Debeaux）Tzvel.
	画眉草属	画眉草	*Eragrostis pilosa*（L.）P. Beauv.
		小画眉草	*Eragrostis minor* Host
	稗属	稗	*Echinochloa crusgalli*（L.）P. Beauv.
		无芒稗	*Echinochloa crusgalli*（L.）P. Beauv. var. *mitis*（Pursh）Peterm.
		长芒稗	*Echinochloa caudata* Roshev.
	狗尾草属	金色狗尾草	*Setaria pumila*（Poirt.）Roem. et Schult.
		狗尾草	*Setaria viridis*（L.）Beauv.
莎草科	三棱草属	荆三棱	*Bolboschoenus yagara*（Ohwi）Y. C. Yang et M. Zhan
		扁秆三棱草	*Bolboschoenus planiculmis*（F. Schmidt）T. V. Egorova
浮萍科	浮萍属	浮萍	*Lemna minor* L.
	紫萍属	紫萍	*Spirodela polyrhiza*（L.）Schleid.
百合科	葱属	蒙古葱	*Allium mongolicum* Regel
		阿尔泰葱	*Allium altaicum* Pall.
	百合属	山丹	*Lilium pumilum* Redoute
	藜芦属	藜芦	*Veratrum nigrum* L.
	萱草属	小黄花菜	*Hemerocallis minor* Mill.
	天门冬属	南玉带	*Asparagus oligoclonos* Maxim.
	黄精属	玉竹	*Polygonatum odoratum*（Mill.）Druce
		黄精	*Polygonatum sibiricum* Redoute

（续表）

科	属	中名	学　名
鸢尾科	鸢尾属	射干鸢尾	*Iris dichotoma* Pall.
		细叶鸢尾	*Iris tenuifolia* Pall.
		马蔺	*Iris lactea* Pall. var. *chinensis*（Fisch.）Koidz.
		溪荪	*Iris sanguinea* Donn ex Hornem

国家重点保护植物名录

序号	科	属	中名	学　名
1	麻黄科	麻黄属	草麻黄	*Ephedra sinica* Stapf
2	禾本科	冰草属	沙芦草	*Agropyron mongolicum* Keng var. *mongolicum*
3	鸢尾科	鸢尾属	白花马蔺	*Iris lactea* Pall. var. *lactea*

工业用植物名录

科	属	中名	学　名
松科	松属	樟子松	*Pinus sylvestris* L. var. *mongolica* Litv.
杨柳科	杨属	山杨	*Populus davidiana* Dode
	柳属	卷边柳	*Salix siuzevii* Seemen
		细叶沼柳	*Salix rosmarinifolia* L.
		乌柳	*Salix cheilophila* C. K. Schneid.
		小红柳	*Salix microstachya* Turcz. ex. Trautv. var. *bordensis* （Nakai） C. F. Fang,
		筐柳	*Salix linearistipularis* K. S. Hao
榆科	榆属	大果榆	*Ulmus macrocarpa* Hance
		榆树	*Ulmus pumila* L.
荨麻科	荨麻属	麻叶荨麻	*Urtica cannabina* L.
		狭叶荨麻	*Urtica angustifolia* Fisch. ex Hornem.
蓼科	大黄属	华北大黄	*Rheum franzenbachii* Munt.
	酸模属	皱叶酸模	*Rumex crispus* L.
	蓼属	叉分蓼	*Polygonum divaricatum* L.
	荞麦属	苦荞麦	*Fagopyrum tataricum* （L.） Gaertn.
藜科	盐角草属	盐角草	*Salicornia europaea* L.
	碱蓬属	碱蓬	*Suaeda glauca* （Bunge） Bunge
		角果碱蓬	*Suaeda corniculata* （C. A. Mey.） Bunge
	地肤属	木地肤	*Kochia prostrata* （L.） Schrad.
	藜属	尖头叶藜	*Chenopodium acuminatum* Willd.
		杂配藜	*Chenopodium hybridum* L.
马齿苋科	马齿苋属	马齿苋	*Portulaca oleracea* L.
石竹科	麦瓶草属	狗筋麦瓶草	*Silene vulgaris* （Moench） Garcke
	丝石竹属	草原丝石竹	*Gypsophila davurica* Turcz. ex Fenzl
毛茛科	唐松草属	展枝唐松草	*Thalictrum squarrosum* Steph. ex Willd.
		香唐松草	*Thalictrum foetidum* L.
		箭头唐松草	*Thalictrum simplex* L.
	铁线莲属	棉团铁线莲	*Clematis hexapetala* Pall.

（续表）

科	属	中名	学　名
十字花科	菘蓝属	三肋菘蓝	*Isatis costata* C. A. Mey.
	焯菜属	风花菜	*Rorippa palustris*（L.）Bess.
	菥蓂属	菥蓂	*Thlaspi arvense* L.
	葶苈属	葶苈	*Draba nemorosa* L.
	播娘蒿属	播娘蒿	*Descurainia sophia*（L.）Webb. ex Prantl
景天科	瓦松属	瓦松	*Orostachys fimbriata*（Turcz.）A. Berger
		黄花瓦松	*Orostachys spinosa*（L.）Sweet
	费菜属	费菜	*Phedimus aizoon*（L.）'t Hart.
蔷薇科	苹果属	山荆子	*Malus baccata*（L.）Borkh.
	蔷薇属	山刺玫	*Rosa davurica* Pall.
	地榆属	地榆	*Sanguisorba officinalis* L.
	水杨梅属	水杨梅	*Geum aleppicum* Jacq.
	龙牙草属	龙牙草	*Agrimonia pilosa* Ledeb.
	委陵菜属	鹅绒委陵菜	*Potentilla anserina* L.
豆科	甘草属	甘草	*Glycyrrhiza uralensis* Fsich. ex DC.
牻牛儿苗科	牻牛儿苗属	牻牛儿苗	*Erodium stephanianum* Willd.
亚麻科	亚麻属	野亚麻	*Linum stelleroides* Planch.
		宿根亚麻	*Linum perenne* L.
白刺科	白刺属	小果白刺	*Nitraria sibirica* Pall.
大戟科	大戟属	地锦	*Euphorbia humifusa* Willd.
锦葵科	苘麻属	苘麻	*Abutilon theophrasti* Medic.
伞形科	毒芹属	毒芹	*Cicuta virosa* L.
萝藦科	鹅绒藤属	地梢瓜	*Cynanchum thesioides*（Freyn）K. Schum.
	萝藦属	萝藦	*Metaplexis japonica*（Thunb.）Makino
旋花科	打碗花属	打碗花	*Calystegia hederacea* Wall. ex Roxb.
紫草科	紫丹属	砂引草	*Messerschmidia sibirica* L. var. *angustior*（DC.）W. T.Wang
	鹤虱属	异刺鹤虱	*Lappula heteracantha*（Ledeb.）Gürke
马鞭草科	莸属	蒙古莸	*Caryopteris mongholica* Bunge
唇形科	黄芩属	盔状黄芩	*Scutellaria galericulata* L.
	百里香属	百里香	*Thymus serpyllum* L. var. *mongolicus* Ronn.

（续表）

科	属	中名	学　名
茄科	泡囊草属	泡囊草	*Physochlaina physaloides*（L.）G. Don
茜草科	拉拉藤属	蓬子菜	*Galium verum* L.
菊科	苍耳属	苍耳	*Xanthium strumarium* L.
		蒙古苍耳	*Xanthium mongolicum* Kitag.
	绢蒿属	东北绢蒿	*Seriphidium finitum*（Kitag.）Y. Ling et Y. R. Ling
禾本科	芦苇属	芦苇	*Phragmites australis*（Cav.）Trin. ex Steudel.
	燕麦属	野燕麦	*Avena fatua* L.
	芨芨草属	羽茅	*Achnatherum sibiricum*（L.）Keng ex Tzvel.
	稗属	稗	*Echinochloa crusgalli*（L.）P. Beauv.
		无芒稗	*Echinochloa crusgalli*（L.）P. Beauv. var. *mitis*（Pursh）Peterm.
		长芒稗	*Echinochloa caudata* Roshev.
	狗尾草属	金色狗尾草	*Setaria pumila*（Poirt.）Roem. et Schult.
		狗尾草	*Setaria viridis*（L.）Beauv.
莎草科	三棱草属	荆三棱	*Bolboschoenus yagara*（Ohwi）Y. C. Yang et M. Zhan
		扁秆三棱草	*Bolboschoenus planiculmis*（F. Schmidt）T. V. Egorova
	藨草属	东方藨草	*Scirpus orientalis* Ohwi
	薹草属	凸脉薹草	*Carex lanceolata* Boott

水土保持植物名录

科	属	中名	学　　名
杨柳科	杨属	山杨	*Populus davidiana* Dode
	柳属	乌柳	*Salix cheilophila* C. K. Schneid.
		小红柳	*Salix microstachya* Turcz. ex. Trautv. var. *bordensis* (Nakai) C. F. Fang,
		筐柳	*Salix linearistipularis* K. S. Hao
榆科	榆属	大果榆	*Ulmus macrocarpa* Hance
		榆树	*Ulmus pumila* L.
蓼科	木蓼属	东北木蓼	*Atraphaxis manshurica* Kitag.
	沙蓬属	沙蓬	*Agriophyllum pungens* (Vahl) Link ex A. Dietr.
藜科	盐爪爪属	盐爪爪	*Kalidium foliatum* (Pall.) Moq. - Tandon
		细枝盐爪爪	*Kalidium gracile* Fenzl
	驼绒藜属	驼绒藜	*Krascheninnikovia ceratoides* (L.) Gueld.
	地肤属	木地肤	*Kochia prostrata* (L.) Schrad.
蔷薇科	绣线菊属	柳叶绣线菊	*Spiraea salicifolia* L.
		楼斗叶绣线菊	*Spiraea aquilegifolia* Pall.
	苹果属	山荆子	*Malus baccata* (L.) Borkh.
	蔷薇属	山刺玫	*Rosa davurica* Pall.
	金露梅属	小叶金露梅	*Potentilla parvifolia* Fisch. apud Lehm.
	杏属	西伯利亚杏	*Armeniaca sibirica* (L.) Lam.
豆科	黄耆属	草木樨状黄耆	*Astragalus melilotoides* Pall.
		糙叶黄耆	*Astragalus scaberrimus* Bunge
	锦鸡儿属	狭叶锦鸡儿	*Caragana stenophylla* Pojark.
		小叶锦鸡儿	*Caragana microphylla* Lam.
	野豌豆属	广布野豌豆	*Vicia cracca* L.
		歪头菜	*Vicia unijuga* A. Br.
	苜蓿属	天蓝苜蓿	*Medicago lupulina* L.
	草木樨属	草木樨	*Melilotus officinalis* (L.) Lam.
		细齿草木樨	*Melilotus dentatus* (Wald. et Kit.) Pers.
		白花草木樨	*Melilotus albus* Medik.

（续表）

科	属	中名	学　　名
豆科	扁蓿豆属	扁蓄豆	*Melilotoides ruthenica*（L.）Sojak
	岩黄耆属	山岩黄耆	*Hedysarum alpinum* L.
	山竹子属	山竹子	*Corethrodendron fruticosum*（Pall.）B. H. Choi et H. Ohashi
	胡枝子属	牛枝子	*Lespedeza potaninii* V. N. Vassil.
		多花胡枝子	*Lespedeza floribunda* Bunge
		尖叶胡枝子	*Lespedeza juncea*（L. f.）Pers.
白刺科	白刺属	小果白刺	*Nitraria sibirica* Pall.
柽柳科	红砂属	红砂	*Reaumuria songarica*（Pall.）Maxim.
紫草科	紫丹属	细叶砂引草	*Tournefortia sibirica* L. var. *angustior*（DC.）G.L.Chu et M. G. Gilbert
马鞭草科	莸属	蒙古莸	*Caryopteris mongholica* Bunge
菊科	蒿属	白莲蒿	*Artemisia sacrorum* Ledeb.
		密毛白莲蒿	*Artemisia gmelinii* Web. ex Stechm. var. *messerschmidtiana*（Bess.）Pojak.
		灰莲蒿	*Artemisia gmelinii* Web. ex Stechm. var. *incana*（Bess.）H. C. Fu
		差不嘎蒿	*Artemisia halodendron* Turcz. ex Bess.
禾本科	獐毛属	獐毛	*Aeluropus sinensis*（Debeaux）Tzvel.

观赏植物名录

科	属	中名	学　名
松科	松属	樟子松	*Pinus sylvestris* L. var. *mongolica* Litv.
麻黄科	麻黄属	草麻黄	*Ephedra sinica* Stapf
石竹科	丝石竹属	草原丝石竹	*Gypsophila davurica* Turcz. ex Fenzl
	石竹属	瞿麦	*Dianthus superbus* L.
		石竹	*Dianthus chinensis* L.
		兴安石竹	*Dianthus chinensis* L. var. *versicolor* (Fisch. ex Link) Y. C. Ma
毛茛科	耧斗菜属	耧斗菜	*Aquilegia viridiflora* Pall.
	翠雀花属	翠雀花	*Delphinium grandiflorum* L.
	唐松草属	瓣蕊唐松草	*Thalictrum petaloideum* L.
		欧亚唐松草	*Thalictrum minus* L.
罂粟科	罂粟属	野罂粟	*Papaver nudicaule* L.
景天科	八宝属	紫八宝	*Hylotelephium triphyllum* （Haworth） Holub
	费菜属	费菜	*Phedimus aizoon* （L.） 't Hart.
虎耳草科	梅花草属	梅花草	*Parnassia palustris* L.
	茶藨属	小叶茶藨	*Ribes pulchellum* Turcz.
蔷薇科	绣线菊属	柳叶绣线菊	*Spiraea salicifolia* L.
		耧斗叶绣线菊	*Spiraea aquilegifolia* Pall.
	苹果属	山荆子	*Malus baccata* （L.） Borkh.
	蔷薇属	山刺玫	*Rosa davurica* Pall.
	金露梅属	小叶金露梅	*Potentilla parvifolia* Fisch. apud Lehm.
	杏属	西伯利亚杏	*Armeniaca sibirica* （L.） Lam.
豆科	岩黄耆属	山岩黄耆	*Hedysarum alpinum* L.
瑞祥科	狼毒属	狼毒	*Stellera chamaejasme* L.
柳叶菜科	柳叶菜属	柳兰	*Epilobium angustifolium* L.

（续表）

科	属	中名	学　名
报春花科	报春花属	段报春	*Primula maximowiczii* Regel
马鞭草科	莸属	蒙古莸	*Caryopteris mongholica* Bunge
玄参科	柳穿鱼属	柳穿鱼	*Linaria vulgaris* Mill. subsp. *sinensis* （Bunge ex Debeaux） D. Y. Hong
		多枝柳穿鱼	*Linaria buriatica* Turcz. ex Benth.
忍冬科	接骨木属	接骨木	*Sambucus williamsii* Hance
败酱科	败酱属	西伯利亚败酱	*Patrinia sibirica* （L.） Juss.
川续断科	蓝盆花属	窄叶蓝盆花	*Scabiosa comosa* Fisch. ex Roem. et Schult.
		华北蓝盆花	*Scabiosa tschiliensis* Grunning
菊科	马兰属	全叶马兰	*Kalimeris integrifolia* Turcz. ex DC.
	菊属	紫花野菊	*Dendranthema zawadskii* （Herb.） Tzvel.
	狗舌草属	红轮狗舌草	*Tephroseris flammea* （Turcz. ex DC.） Holub
	千里光属	额河千里光	*Senecio argunensis* Turcz.
百合科	百合属	山丹	*Lilium pumilum* Redoute
	萱草属	小黄花菜	*Hemerocallis minor* Mill.

食用植物名录

科	属	中名	学　　名
荨麻科	荨麻属	麻叶荨麻	*Urtica cannabina* L.
		狭叶荨麻	*Urtica angustifolia* Fisch. ex Hornem.
蓼科	酸模属	酸模	*Rumex acetosa* L.
	荞麦属	苦荞麦	*Fagopyrum tataricum*（L.）Gaertn.
藜科	猪毛菜属	猪毛菜	*Salsola collina* Pall.
	地肤属	木地肤	*Kochia prostrata*（L.）Schrad.
	沙蓬属	沙蓬	*Agriophyllum squarrosum*（L.）Moq. - Tandon
	藜属	尖头叶藜	*Chenopodium acuminatum* Willd. subsp. *acuminatum*
苋科	苋属	反枝苋	*Amaranthus retroflexus* L.
马齿苋科	马齿苋属	马齿苋	*Portulaca oleracea* L.
石竹科	麦瓶草属	狗筋麦瓶草	*Silene vulgaris*（Moench）Garcke
十字花科	焯菜属	风花菜	*Rorippa palustris*（L.）Bess.
	菥蓂属	菥蓂	*Thlaspi arvense* L.
	荠属	荠	*Capsella bursa- pastoris*（L.）Medic.
	播娘蒿属	播娘蒿	*Descurainia sophia*（L.）Webb. ex Prantl
景天科	瓦松属	瓦松	*Orostachys fimbriata*（Turcz.）A. Berger
		黄花瓦松	*Orostachys spinosa*（L.）Sweet
虎耳草科	茶藨属	小叶茶藨	*Ribes pulchellum* Turcz.
蔷薇科	蔷薇属	山刺玫	*Rosa davurica* Pall.
	金露梅属	小叶金露梅	*Potentilla parvifolia* Fisch. apud Lehm.
白刺科	白刺属	小果白刺	*Nitraria sibirica* Pall.
锦葵科	锦葵属	野葵	*Malva verticillata* L.
萝藦科	鹅绒藤属	地梢瓜	*Cynanchum thesioides*（Freyn）K. Schum.
忍冬科	接骨木属	接骨木	*Sambucus williamsii* Hance
菊科	栉叶蒿属	栉叶蒿	*Neopallasia pectinata*（Pall.）Poljak.
	蒲公英属	蒲公英	*Taraxacum mongolicum* Hand. -Mazz.
	苦苣菜属	苣荬菜	*Sonchus brachyotus* DC.

（续表）

科	属	中名	学　名
禾本科	菰属	菰	*Zizania latifolia*（Griseb.）Turcz. ex Stapf
	稗属	稗	*Echinochloa crusgalli*（L.）P. Beauv.
		无芒稗	*Echinochloa crusgalli*（L.）P. Beauv. var. *mitis*（Pursh）Peterm.
		长芒稗	*Echinochloa caudata* Roshev.
	狗尾草属	金色狗尾草	*Setaria pumila*（Poirt.）Roem. et Schult.
		狗尾草	*Setaria viridis*（L.）Beauv.
百合科	葱属	野韭	*Allium ramosum* L.
		蒙古葱	*Allium mongolicum* Regel
		细叶葱	*Allium tenuissimum* L.
		山葱	*Allium senescens* L.
	萱草属	小黄花菜	*Hemerocallis minor* Mill.

内蒙古自治区重点保护植物名录

科	属	中名	学　　名
木贼科	问荆属	问荆	*Equisetum arvense* L.
松科	松属	樟子松	*Pinus sylvestris* L. var. *mongolica* Litv.
麻黄科	麻黄属	草麻黄	*Ephedra sinica* Stapf
蓼科	大黄属	华北大黄	*Rheum franzenbachii* Munt.
石竹科	繁缕属	银柴胡	*Stellaria lanceolata*（Bunge）Y. S. Lian
景天科	费菜属	费菜	*Phedimus aizoon*（L.）'t Hart.
蔷薇科	金露梅属	小叶金露梅	*Potentilla parvifolia* Fisch. apud Lehm.
豆科	甘草属	甘草	*Glycyrrhiza uralensis* Fsich.
	苜蓿属	黄花苜蓿	*Medicago falcata* L.
	山竹子属	山竹子	*Corethrodendron fruticosum*（Pall.）B. H. Choi et H.Ohashi
芸香科	白鲜属	白鲜	*Dictamnus dasycarpus* Turcz.
远志科	远志属	细叶远志	*Polygala tenuifolia* Willd.
伞形科	柴胡属	红柴胡	*Bupleurum scorzonerifolium* Willd.
	防风属	防风	*Saposhnikovia divaricata*（Turcz.）Schischk.
	蛇床属	蛇床	*Cnidium monnieri*（L.）Cuss.
白花丹科	补血草属	黄花补血草	*Limonium aureum*（L.）Hill
		二色补血草	*Limonium bicolor*（Bunge）Kuntze
马鞭草科	莸属	蒙古莸	*Caryopteris mongholica* Bunge
唇形科	益母草属	细叶益母草	*Leonurus sibiricus* L.
	薄荷属	薄荷	*Mentha canadensis* L.
茄科	泡囊草属	泡囊草	*Physochlaina physaloides*（L.）G. Don
列当科	列当属	黄花列当	*Orobanche pycnostachya* Hance
桔梗科	沙参属	狭叶沙参	*Adenophora gmelinii*（Beihler）Fisch.
		长柱沙参	*Adenophora stenanthina*（Ledeb.）Kitag.
菊科	绢蒿属	东北绢蒿	*Seriphidium finitum*（Kitag.）Y. Ling et Y. R. Ling
	蝟菊属	蝟菊	*Olgaea lomonosowii*（Trautv.）Iljin
泽泻科	泽泻属	泽泻	*Alisma plantago-aquatica* L.

（续表）

科	属	中名	学　名
禾本科	冰草属	沙芦草	*Agropyron mongolicum* Keng
百合科	葱属	蒙古葱	*Allium mongolicum* Regel
	百合属	山丹	*Lilium pumilum* Redoute
	萱草属	小黄花菜	*Hemerocallis minor* Mill.
	黄精属	玉竹	*Polygonatum odoratum*（Mill.） Druce
		黄精	*Polygonatum sibiricum* Redoute
鸢尾科	鸢尾属	白花马蔺	*Iris lactea* Pall.
		黄花鸢尾	*Iris flavissima* Pall.

主要参考文献

波沛云，1995. 东北植物检索表［M］. 北京：科学技术出版社.
陈默君，贾慎修，2002. 中国饲用植物［M］. 北京：中国农业出版社.
陈山，1994. 中国草地饲用植物资源［M］. 沈阳：辽宁民族出版社.
马毓泉，1989. 内蒙古植物志. 第三卷. 第二版［M］. 呼和浩特：内蒙古人民出版社.
马毓泉，1991. 内蒙古植物志. 第二卷. 第二版［M］. 呼和浩特：内蒙古人民出版社.
马毓泉，1992. 内蒙古植物志. 第四卷. 第二版［M］. 呼和浩特：内蒙古人民出版社.
马毓泉，1994. 内蒙古植物志. 第五卷. 第二版［M］. 呼和浩特：内蒙古人民出版社.
马毓泉，1998. 内蒙古植物志. 第一卷. 第二版［M］. 呼和浩特：内蒙古人民出版社.
潘学清，2009. 呼伦贝尔市药用植物［M］. 北京：中国农业出版社.
吴虎山，潘英，王伟共，2009. 呼伦贝尔市饲用植物［M］. 北京：中国农业出版社.
赵一之，赵利清，2014. 内蒙古维管植物检索表［M］. 北京：中国科学技术出版社.

索引

A

B

C

D

E

F

G

H

J

K

L

M

N

O

P

Q

R

S

T

W

X

Y

Z